본

통합과학1

이투스북 과학 연간검토단

물리학 파트

고민규	미래탐구	민관식	예산고등학교
김경남	서울보성고등학교	민지홍	본과학전문학원
김남용	싸이코과학	박상준	마산용마고등학교
김도곤	더오름수학과학학원	박영지	한양대학교 사범대학 부속고등학교
김민경	판다교육학원	박우진	박우진과학김민재수학학원
김세원	에듀EMS학원	방재식	목동 깡수학과학학원
김재길	과수원학원	방철환	엠에스스퀘어학원
김재동	계성고등학교	백대성	하이탑수학과학전문학원
김종필	올에이과학학원	송승헌	부산대성학원

화학 파트

강태훈	강태훈과학학원	김지연	델타사이언스
곽일룡	미르과학교습소	김진효	전문과외
구민수	단국대학교 사범대학교 부속고등학교	김학재	중계토피아 고등부
권일준	HM학원	김한나	케이비즈학원
김남형	해찬과학교습소	박선혜	썬즈과학학원
김병조	유베스트학원	박지현	응곡중학교
김승경	하이필학원	신승태	연세과학전문학원
김은석	플라즈마학원	안종수	충남 서산 미래학원
김종인	서초메가스터디 기숙학원	엄순근	이에스케이엄순근과학전문학원

생명과학 파트

강지우	더오름수학과학학원	김태양	본수학과학전문학원
곽민진	동원고등학교	김태형	퀀텀 과학 전문학원
김건형	영훈고등학교	박수경	바름국어과학
김경중	코하과학학원	박진영	JYP과학교습소
김대성	포텐수학과학입시학원	박희원	전문과외
김용웅	대원국제중학교	배소영	f(x)수학과학전문학원
김은지	탑브레인수학과학학원	백법렬	목동깡수학과학학원
김웅록	일동고등학교	변경훈	플레인사이언스
김정민	전주우석고등학교	서준한	전인기독학교
김정연	대치S학원	성열호	신한고등학교
김종욱	오름수학과학학원	송영훈	뉴런과학학원
김진혁	청어람과학학원	송준호	과사람학원
김태관	문화고등학교	송지현	메타수학

지구과학 파트

곽한종	동국대학교 사범대학 부속고등학교	김형은	이투스247송파
구본우	인천아라고등학교	박유선	한양대학교 사범대학 부속고등학교
김제중	청람과학전문학원	서지현	서울 세화고등학교
김치권	본과학학원	송창석	에스원영수학원

01 핵심 개념 정리

이 단원에서 반드시 알아야 할 핵심 개념을 체계적으로 정리하여 쉽고 정확하게
이해할 수 있도록 하였습니다.

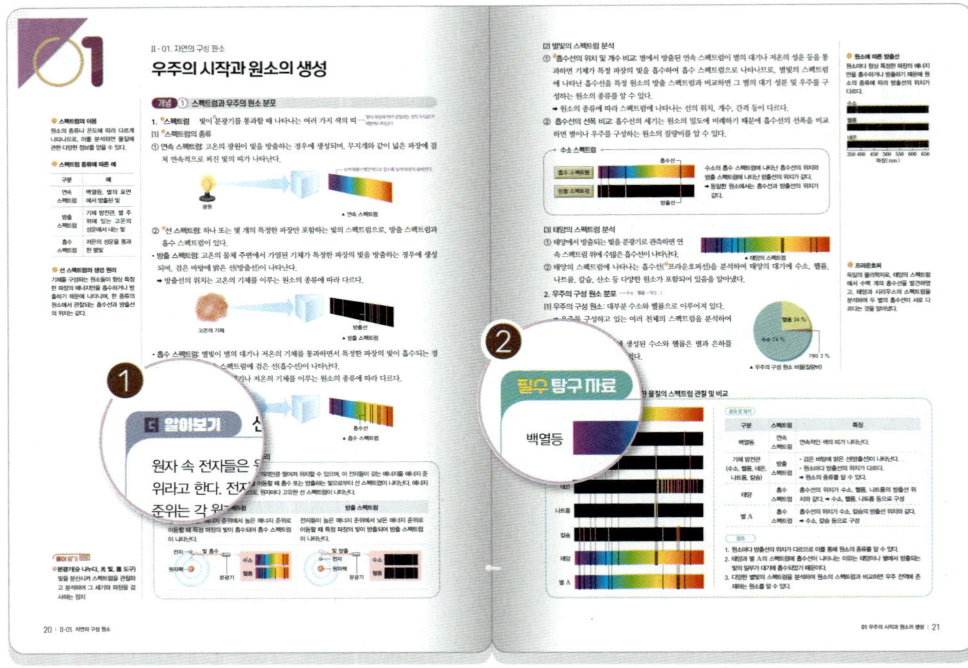

❶ 더 알아보기

시험에 출제되는 심화 개념을 제시 하
였습니다.

❷ 필수 탐구 자료

교과서 속 필수 탐구와 자료를 출제 경향
에 맞춰 제시 하였습니다.

❸ BON 특강

자료 집중 분석, 어려운 개념에 대한 자
세한 설명, 반복 학습 등을 할 수 있도록
제시하였습니다.

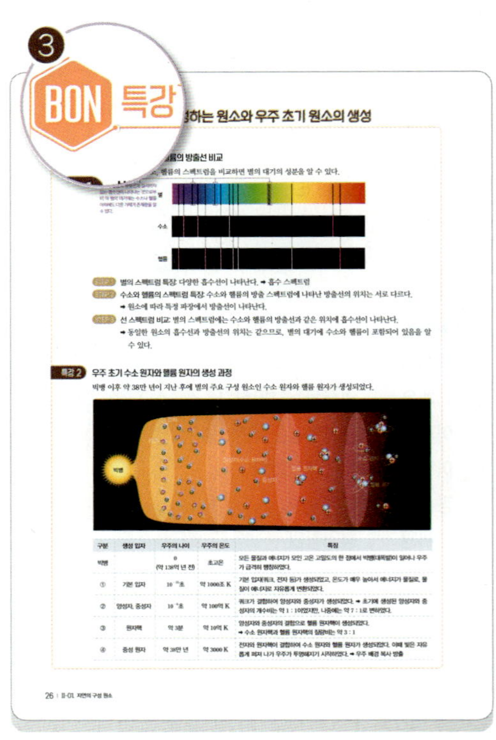

난이도별 단계적 문제 구성

학교별 최다 빈출 문제를 난이도에 따라 단계적으로 풀어 보면서 실전에 대비하고 문제 풀이를 통해 개념을
확실하게 다질 수 있도록 하였습니다.

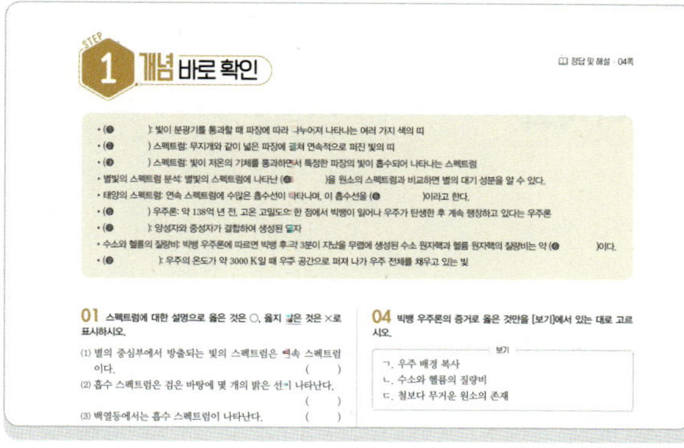

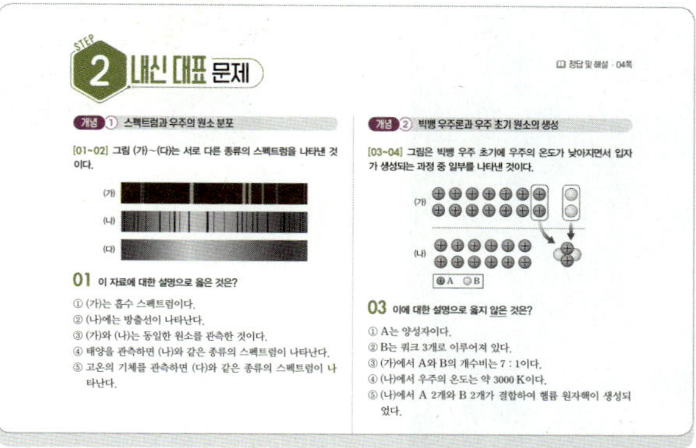

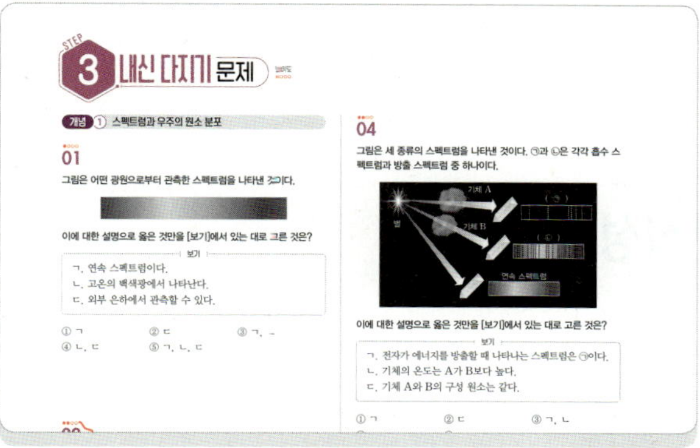

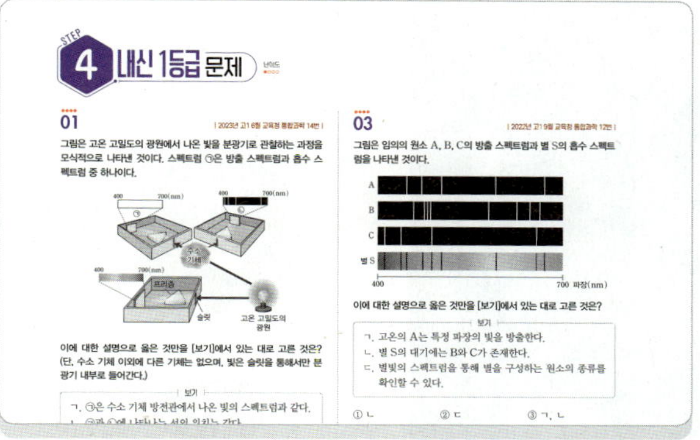

시험 전 중단원별 반복 학습

중단원 핵심 요약을 복습한 후 중단원 핵심 기출 문제 풀이를 통해 시험 전에 한 번 더 실력을 점검할 수 있도록 하였
습니다.

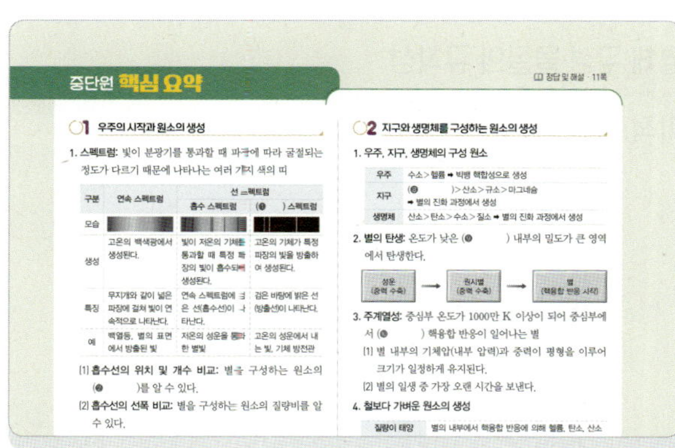

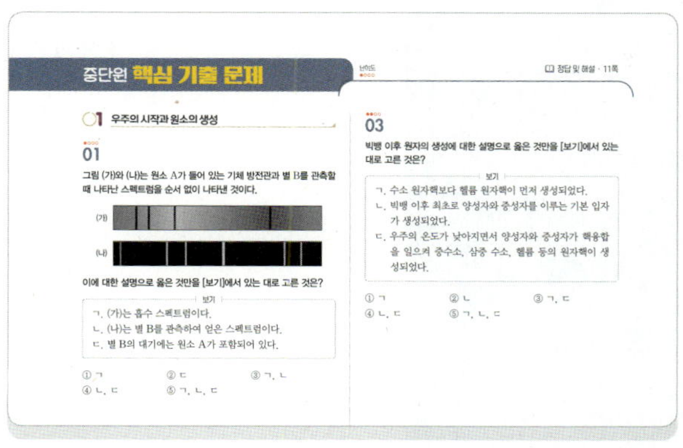

차례

Contents

Ⅲ 시스템과 상호작용

시스템과 상호작용

I. 과학의 기초

과학의 기본량

개념 ① 자연 세계의 시간과 공간

1. 자연 세계 미시 세계와 거시 세계로 구분할 수 있다.

(1) 아주 작은 수소 원자부터 매우 큰 태양계까지 다양한 범위에 걸쳐 있다.

(2) 다양한 범위의 자연 세계는 시간과 공간의 범위를 구분 짓는 ❶규모(scale)로 표현된다.

❶ 규모(scale)
- 자연 세계에서 시간과 공간의 크기 범위를 규모라고 한다.
- 자연에서 일어나는 다양한 현상이나 물체의 크기는 시간과 공간의 규모가 다르기 때문에 각 현상마다 관찰이나 측정하는 방법이 다르다.

구분	미시 세계	거시 세계
범위(대상)	• 원자 수준의 아주 작은 규모를 나타낸다. • 수소 원자, 물 분자, 나트륨 이온 등과 같이 아주 작은 물체나 현상을 다룬다.	• 미시 세계보다 훨씬 큰 규모를 나타낸다. • 사과나무, 동물, 태풍, 지진, 천체 등과 같이 큰 물체나 현상을 다룬다.
시간 규모	나노초 이하 단위 사용	초, 분 등의 단위 사용
공간 규모	나노미터 이하 단위 사용	미터, 천문단위 등의 단위 사용

필수 탐구 자료 미시 세계와 거시 세계의 물체 크기에 따른 차이점 분석

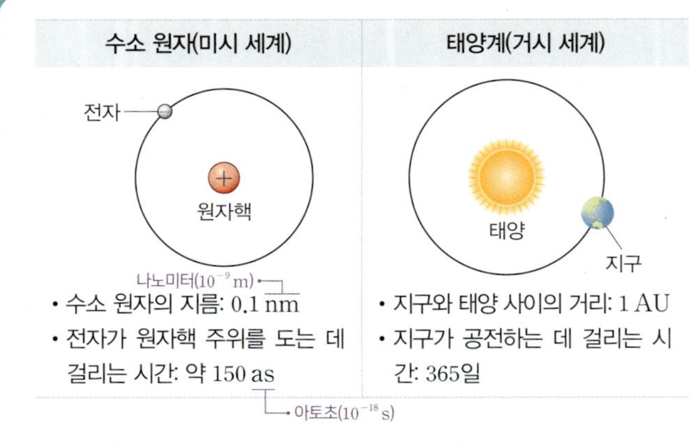

결과 및 해석

❶ 공간을 나타내는 단위를 미터(m)로 바꾸어 표현할 때

수소 원자	$0.1\,nm = 10^{-10}$ m
태양계	$1\,AU =$ 약 150,000,000,000 m

❷ 시간을 나타내는 단위를 초(s)로 바꾸어 표현할 때

수소 원자	약 $150\,as =$ 약 1.5×10^{-16} s
태양계	365일 = 31,536,000 s

정리
- 자연 현상을 탐구할 때 측정 대상의 규모를 고려해 적절한 방법으로 시간과 길이를 측정해야 한다.

---

❷ 세슘 원자 시계
세슘 원자 시계는 3000만 년의 시간이 지나야 1초의 오차가 생길 만큼 정밀하다.

세슘 원자 시계를 탑재한다.

❸ 지구 크기 측정 방법
현대에는 인공위성을 이용하여 지구의 크기와 지구가 자전하는 데 걸리는 시간을 측정한다.

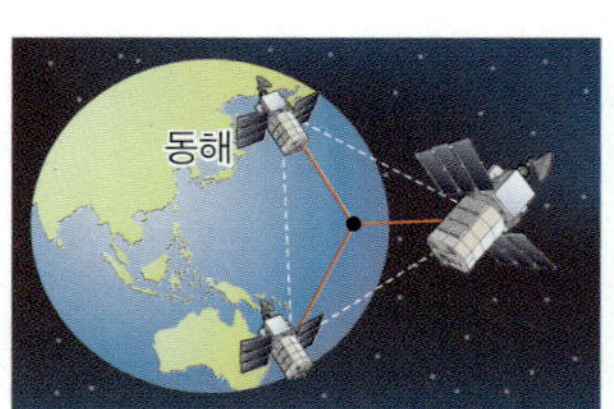

2. 시간과 공간 측정 규모에 따라 시간과 길이를 측정하는 방법이 다르다.

(1) 자연 현상을 탐구할 때 측정 대상의 규모를 고려해 적절한 방법으로 시간과 길이를 측정해야 한다.

(2) 시간과 공간(길이) 측정 방법의 발전

원자의 고유 진동수가 일정한 성질을 이용하여 만든 시계로 중력이나 온도 등 외부 영향을 받지 않으며, 매우 정확하고 정밀하게 시간을 측정할 수 있다.

시간	태양의 위치나 달의 모양 변화로 시간을 나타냄.	→	앙부일구 등과 같은 도구를 개발해 측정	→	괘종시계, 디지털 시계 등을 개발해 측정	→	❷세슘 원자 시계를 이용해 몇백만 분의 1초 단위까지 정밀한 시간 측정

조선시대에 만든 해시계

길이	손가락 마디의 길이, 발걸음 폭 등으로 측정	→	일정한 길이의 막대나 정밀한 자를 이용해 측정	→	전자 현미경을 이용해 나노 단위로 물체를 측정	→	위성 위치 확인 시스템(GPS)을 이용해 넓은 영역이나 미세한 이동 거리 측정

사람마다 길이가 달라 정확한 표현에 한계가 있다.

지구는 완전한 구형이라고 가정한다.

더 알아보기 에라토스테네스의 ❸지구 크기 측정

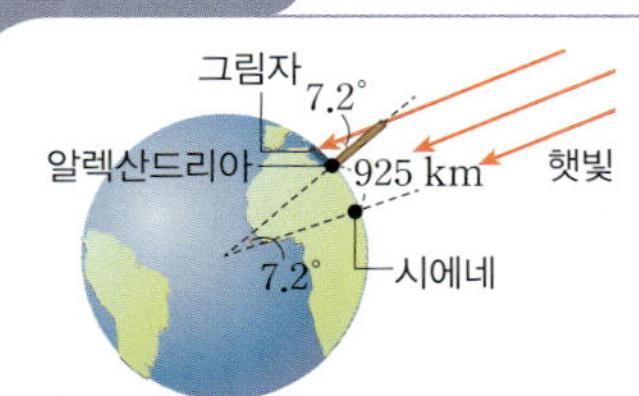

에라토스테네스(Eratosthenes, ?B.C. 275~?B.C. 194)는 시에네에서 그림자가 생기지 않을 때 알렉산드리아에서의 막대 그림자를 이용하여 중심각을 측정하고 시에네와 알렉산드리아의 거리를 측정하여 지구 둘레를 구했다.

$$360° : 7.2° = x : 925\,km, \quad x = 46{,}250\,km$$

3. 다양한 시간 규모와 공간 규모

(1) 자연 세계의 규모를 고려해 관찰하고 측정하는 것은 과학의 중요한 기초이다.

└ 천체 사이의 거리를 나타내는 단위로 1 kpc=3260광년이다.　　　└ 10^{-12} m

(2) 다양한 규모의 시간과 공간 측정의 확장

과학자들의 노력으로 측정할 수 있는 시간과 공간의 규모가 다양해졌다. → 인간이 경험할 수 있는 자연 세계를 확장시켰다. → ❹인간의 경험 범위가 크게 확장되었다.

개념 ② 기본량과 단위

1. 과학의 ❺기본량 　자연 현상이나 우리 주변의 현상을 설명하기 위해 필요한 기본적인 양이다.

➡ 시간, 길이, 질량, 전류, 온도 등의 기본량은 자연 현상을 설명하거나 예측하는 탐구 방법을 개발하는 데 기초가 된다.
　　　　　└ 다른 물리량으로 바꿔서 사용할 수 없는 고유의 양

2. 기본량과 단위

(1) 기본량의 크기를 나타내거나 비교하기 위해 단위를 사용한다.

(2) 같은 기본량을 다른 단위로 나타내면 혼란을 일으킬 수 있으므로 과학에서는 각 기본량마다 기본이 되는 단위를 정해 사용한다.

> **❻국제단위계의 기본량과 단위**
>
> • **과거**: 자연에서 주기적으로 반복하는 현상을 시간의 단위로, 물체의 크기나 공간 사이의 거리를 길이의 단위로 정하였다.
> • **현재**: 국제도량형총회에서 정한 국제단위계(SI)를 따른다.
>
> ➡ 시간이 지나도 변하지 않는 기본 상수를 구하는 실험 방법을 사용하여 정의한다.
> ➡ ❼기본 상수를 구하는 새로운 방법이 발견되면 단위의 정의가 변할 수 있다.
>
> • 국제단위계의 기본량과 단위
>
> 
>

3. 기본량의 활용

(1) 시간, 길이, 질량 등의 기본량을 활용하면 일상생활의 여러 현상이나 과학 개념을 명확하게 설명할 수 있다.

(2) 유도량: 기본량으로부터 유도된 양으로, 넓이, 부피, 속력 등이 있다.

➡ 유도량의 단위는 기본량의 단위를 조합하여 표현한다.

유도량	넓이	부피	속력	가속도	밀도	힘	농도	배터리 용량
기본량의 이용	길이	길이	길이, 시간	길이, 시간	질량, 길이	질량, 길이, 시간	물질량, 길이	전류, 시간
단위	m^2	m^3	m/s	m/s^2	kg/m^3	$kg \cdot m/s^2$	mol/m^3	Ah

(3) 기본량과 유도량의 표준화된 단위계는 과학 기술의 발전뿐만 아니라 산업 기술의 표준을 마련하는 데 유용하게 이용된다.

❹ 인간의 경험 범위 확장의 예
• 세포, 원자, 분자 내부 등 작은 규모를 측정하면서 의학이나 반도체 분야가 발전하였다.
• 태양계, 외부 은하 등 큰 규모를 측정하면서 항공 우주 분야가 발전하였다.

❺ 기본량의 확립 과정
• 1799년 프랑스 왕립과학아카데미가 제안한 길이, 질량에 관한 단위계가 표준으로 제정되었다.
• 1875년 국제미터협약 체결 후 시간, 전류, 온도, 광도, 물질량이 추가되어 7개의 기본량으로 확립되었다.
• 1960년 국제도량형총회에서 7개의 기본량을 바탕으로 국제단위계가 확립되었다.

❻ 국제단위계(System of International Unit, SI)
1960년 국제도량형총회에서 결정한 측정 단위를 국제적으로 통일한 체계이다. 길이, 질량, 시간, 전류, 온도, 물질량, 광도 등 7개의 기본량을 결정할 때 공통적으로 적용하는 기준이다.

❼ 기본 상수
자연에서 항상 일정한 양을 가지는 물리량으로 물리 상수라고도 한다. 빛의 속력, 기본 전하, 플랑크 상수, 아보가드로 상수 등이 해당된다.

용어알기
⊙ **광도**(光 빛, 度 정도, luminous intensity) 광원에서 나오는 빛의 밝기와 관계되는 기본량으로 단위는 cd(칸델라)를 사용
⊙ **물질량**(物 물건, 質 바탕, 量 수량) 물질의 원자나 분자의 양을 다룰 때 몰(mole)수로 나타내는 양

STEP 1 개념 바로 확인

- (❶   ): 미시 세계와 거시 세계로 구분할 수 있다.
  - (❷   ): 수소 원자, 물 분자 등과 같이 아주 작은 물체나 현상을 다룬다.
  - (❸   ): 나무, 동물, 천체 등과 같이 큰 물체나 현상을 다룬다.
- 시간과 공간 측정: 측정 대상의 (❹   )에 따라 시간과 길이를 측정하는 방법이 다르다.
  - 현대에는 세슘 (❺   )를 이용해 시간을 정밀하게 측정할 수 있다.
  - 현대에는 위성 위치 확인 시스템(GPS)을 이용해 넓은 영역이나 미세한 이동 (❻   )를 측정할 수 있다.
- 과학자들은 다양한 규모의 시간과 공간을 측정하고자 노력하였고, 그 결과 인간의 (❼   ) 범위가 확장되었다.
- 과학의 (❽   ): 자연 현상이나 우리 주변의 현상을 설명하기 위해 필요한 기본적인 양이다.
- 기본량의 크기를 나타내거나 비교하기 위해 (❾   )를 사용한다.
  - 국제단위계에 따라 길이의 단위는 (❿   ), (⓫   )의 단위는 kg(킬로그램), 온도의 단위는 (⓬   )을 사용한다.
- (⓭   ): 기본량으로부터 유도된 양으로, 넓이, 부피, 속력 등이 있다.

01
자연 세계의 시간과 공간에 대한 설명으로 옳은 것은 ○, 옳지 않은 것은 ✕로 표시하시오.

(1) 자연 세계는 미시 세계와 거시 세계로 구분할 수 있다.
(   )

(2) 나무, 동물, 천체 등은 미시 세계에 해당한다. (   )

(3) 다양한 범위의 자연 세계는 시간과 공간의 범위를 구분 짓는 규모로 표현될 수 있다. (   )

(4) 자연 세계에서 일어나는 현상은 시간과 공간의 규모가 다양하다. (   )

(5) 시간과 길이를 측정할 때는 규모와 관계없이 같은 방법을 사용해야 한다. (   )

02
다음 [보기]는 시간과 공간을 측정하는 모습을 나타낸 것이다.

┤ 보기 ├

(가) 앙부일구 (나) 위성 위치 확인 시스템(GPS) (다) 세슘 원자 시계

(   ) 안에 들어갈 알맞은 도구를 [보기]에서 골라 기호를 쓰시오.

(1) 현대에는 정밀하게 시간을 측정하기 위해 (   )를 이용한다.

(2) (   )를 이용하면 넓은 영역이나 미세한 이동 거리를 측정할 수 있다.

(3) (   )는 조선시대의 해시계로 그림자를 이용하여 시각과 절기를 알 수 있게 한 시계이다.

03
다음에서 공통적으로 설명하는 과학의 기본량은 무엇인지 쓰시오.

- 첨성대의 높이
- 동전의 두께
- 지구와 태양 사이의 거리

04
과학의 기본량과 단위에 대한 설명 중 (   ) 안에 알맞은 말을 고르시오.

(1) 국제도량형총회에서 (5, 7)개의 기본량을 바탕으로 국제단위계(SI)가 확립되었다.

(2) 과학의 기본량으로 시간, 길이, 질량, (전류, 농도), 온도, 물질량, 광도가 있다.

(3) m(미터), km(킬로미터) 등은 (시간, 길이)의 단위이다.

(4) 국제단위계에서는 (물질량, 질량)의 단위로 kg(킬로그램)을 사용한다.

(5) 국제단위계에서는 온도의 단위로 (K(켈빈), ℃(섭씨도))을/를 사용한다.

05
다음은 과학의 유도량에 대한 설명이다.

과학 탐구에서 주로 사용하는 유도량은 과학의 기본량으로부터 유도된 양으로, (㉠)의 단위를 조합하여 표현한다. 따라서 부피의 단위는 (㉡), 속력의 단위는 (㉢)로 나타낸다.

(   ) 안에 알맞은 말을 쓰시오.

STEP 3. 내신 다지기 문제 난이도 ●○○○

개념 ① 자연 세계의 시간과 공간

01

표는 수소 원자와 태양계의 크기에 따른 차이를 비교한 것이다.

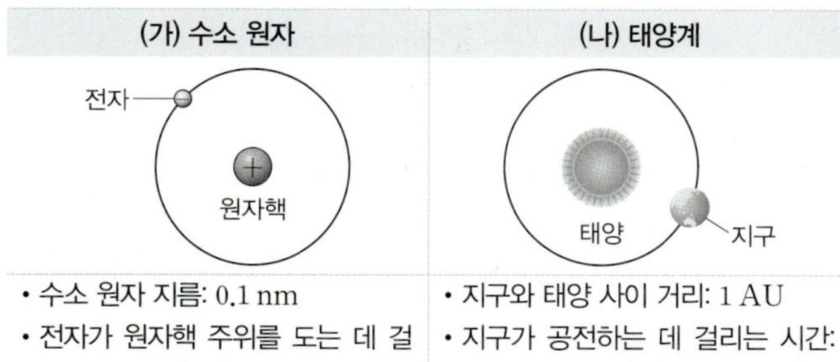

(가) 수소 원자	(나) 태양계
• 수소 원자 지름: 0.1 nm • 전자가 원자핵 주위를 도는 데 걸리는 시간: 약 150 as	• 지구와 태양 사이 거리: 1 AU • 지구가 공전하는 데 걸리는 시간: 365일

이에 대한 설명으로 옳은 것만을 [보기]에서 있는 대로 고른 것은?

> **보기**
> ㄱ. (가)는 거시 세계, (나)는 미시 세계에 해당한다.
> ㄴ. (가)의 수소 원자 지름은 전자 현미경을 이용하여 측정할 수 있다.
> ㄷ. (가)와 (나)의 시간 규모는 동일한 도구를 사용해 측정할 수 있다.

① ㄱ ② ㄴ ③ ㄱ, ㄴ
④ ㄱ, ㄷ ⑤ ㄴ, ㄷ

02

그림 (가)는 에라토스테네스의 지구 크기 측정 방법을, (나)는 현대의 지구 크기 측정 방법을 나타낸 것이다.

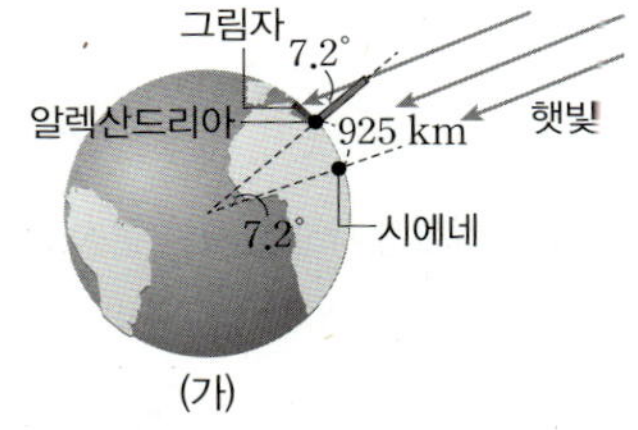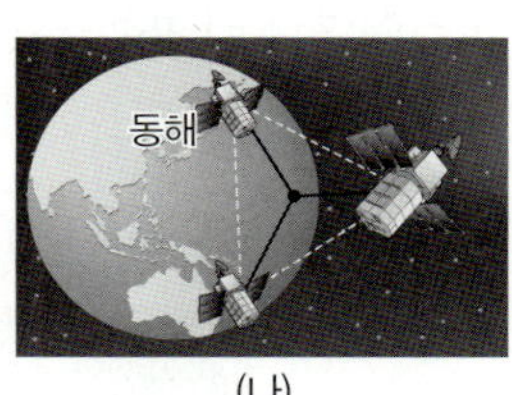

이에 대한 설명으로 옳은 것만을 [보기]에서 있는 대로 고른 것은?

> **보기**
> ㄱ. (가)에서 지구의 둘레를 x라고 하면 $x : 925 \text{ km} = 360° : 7.2°$이다.
> ㄴ. (나)에서 인공위성은 세슘 원자 시계를 이용해 지구가 자전하는 데 걸리는 시간을 측정한다.
> ㄷ. (가)의 지구 모형은 실제 지구인 (나)와 같이 타원형이다.

① ㄱ ② ㄷ ③ ㄱ, ㄴ
④ ㄴ, ㄷ ⑤ ㄱ, ㄴ, ㄷ

03

그림 (가)~(다)는 시간 측정 방법의 발전을 순서없이 나열한 것이다.

이에 대한 설명으로 옳은 것만을 [보기]에서 있는 대로 고른 것은?

> **보기**
> ㄱ. (가)는 태양의 위치 변화에 따른 그림자의 길이로 시각을 측정한다.
> ㄴ. 미시 세계의 시간을 측정할 수 있는 것은 (나)이다.
> ㄷ. 가장 정밀한 시간을 측정하는 것은 (다)이다.

① ㄱ ② ㄷ ③ ㄱ, ㄴ
④ ㄴ, ㄷ ⑤ ㄱ, ㄴ, ㄷ

개념 ② 기본량과 단위

04 중요

그림은 국제단위계(SI)의 기본량과 유도량에 대해 영수, 영희, 철수가 대화하는 모습을 나타낸 것이다.

제시한 내용이 옳은 학생만을 있는 대로 고른 것은?

① 영수 ② 영희 ③ 철수
④ 영수, 영희 ⑤ 영희, 철수

과학의 측정과 우리 사회

❶ 과거 측정의 기준 또는 단위

옛날 사람들은 오늘날의 자 대신 신체의 일부를 측정 기준 또는 단위로 삼았다. 손가락이나 손바닥의 길이로 한 뼘, 두 뼘 등의 길이를 재거나 양손바닥을 모아 가득 담을 수 있는 양으로 한 줌, 두 줌 등의 부피를 측정하였다.

❷ 다양한 길이 단위

길이 단위	단위 환산
인치	2.54 cm
피트	0.3048 m
자	0.3030 m
리	393 m
마일	1609.3 m
해리	1852 m

❸ 어림이 필요한 경우

멀리 있는 천체의 크기를 어림해서 적용하거나 실험을 할 때 어림을 통해 대략의 결과를 예상하여 장치나 과정을 설계한다.

❹ 측정값과 오차

어떤 대상의 길이, 무게, 온도 등은 자, 저울, 온도계와 같은 도구로 잰다. 그러나 저울, 온도계 등 측정 도구의 눈금에도 오차가 있으므로 측정 도구로 얻은 측정값은 참값이 될 수 없으며, 참값에 가까운 근삿값이다. 이때 근삿값과 참값의 차이를 오차라고 한다.

❺ 국제단위계에서 시간과 길이 단위의 정의

- s(초): 세슘 − 133 원자에서 나오는 빛이 9192631770번 진동하는 데 걸리는 시간을 1 s로 정의한다.
- m(미터): 진공에서 빛이 $\dfrac{1}{299792458}$ 초 동안 진행한 경로의 길이를 1 m로 정의한다.

용어 알기

- **측정(測 헤아리다, 定 정하다)** 일정한 양을 기준으로 하여 같은 종류의 다른 양의 크기를 재는 것

개념 ① 측정과 측정 표준

1. 측정과 어림

(1) ❶측정: 측정 도구나 장치를 이용하여 어떤 대상의 물리량을 기준이 되는 양과 비교하여 수치와 ❷단위로 나타내는 것

(2) ❸어림: 측정 도구 없이 현재 알고 있는 정보를 이용하여 그 양을 대략 가늠하는 일

> 어림값은 대략적인 추정값이므로 측정값과 정확도에서 차이가 난다.

필수 탐구 자료 · 스마트 기기를 이용한 기본량 측정과 분석

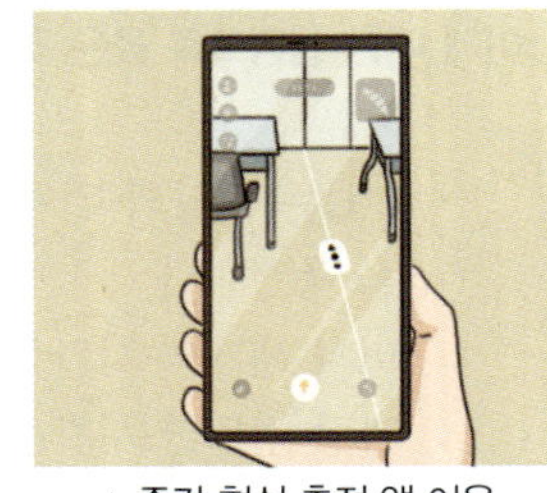

▲ 증강 현실 측정 앱 이용

▲ 레이저 거리 측정기 이용

▲ 경사계 앱 이용

결과 및 해석

1. 교실의 넓이 측정: 증강 현실 측정 앱이나 레이저 거리 측정기를 이용하여 교실의 가로 길이와 세로 길이를 측정하면 교실의 넓이를 구할 수 있다.
2. 건물의 높이 측정: 경사계 앱을 이용하여 건물의 기울기를 측정하고 건물과 관측 지점의 수평 거리를 측정한 후 삼각법을 사용하여 건물의 높이를 구할 수 있다.

정리

1. 어림은 측정에 비해 정확도나 정밀성이 떨어진다.
2. 측정값도 측정에 사용하는 방법에 따라 측정값의 정확도가 달라질 수 있다.

2. 측정 표준

(1) 측정 표준: 단위를 정의하고 이를 재현하는 측정 기기, 측정 방법, 체계를 정한 것

① 사람마다 측정 기준이 다르면 ❹측정값이 서로 다를 수 있다.

② 단위의 정의: ❺국제단위계의 정의가 국제 공통의 표준으로 사용된다.

(2) 측정 표준이 활용되는 사례

실내 공기 질 측정 항목	층간 소음 차단 성능 검사 방법	도시 미세 먼지 인증 표준 물질
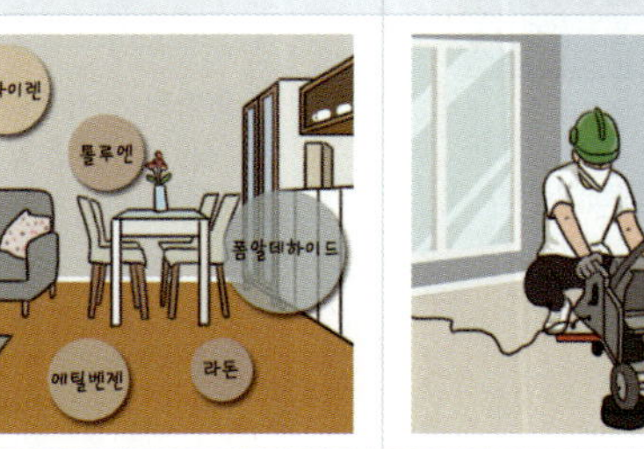		
새로 지은 건물의 실내 공기 질을 검사할 때 측정 항목과 허용 농도 등을 측정 표준으로 정한다.	특정한 기계로 바닥을 칠 때 아래층의 정해진 위치에서 측정한 소리 세기가 허용 기준을 넘는지 검사한다.	미세 먼지 속 유해 성분을 측정할 때 미세 먼지 인증 표준 물질을 활용하여 측정 기기가 정확한지 확인한다.

(3) 측정 표준이 필요한 까닭: 측정값의 유용성을 높이고, 측정 결과의 정확성을 높여 우리 생활을 안전하고 편리하게 만든다.

1. 신호와 정보

(1) 신호: 인간을 둘러싼 자연의 변화가 전달되는 것

① 신호의 발생: 신호를 발생시키는 대상의 에너지 변화 때문에 발생한다.

② 신호의 형태: 빛, 소리, 전자기파, 지진파, 힘, 압력, 온도 등 여러 가지 형태를 띠고 있다.

(2) 정보: 자연의 신호를 측정하고 분석하여 우리에게 의미 있는 형태로 만들거나 형상화한 것

2. 센서

(1) 센서: 외부 자극이나 자연의 신호를 전자 기기가 감지할 수 있는 전기 신호로 변환하는 장치

(2) 센서의 종류: 감지하는 신호의 종류에 따라 여러 가지 종류가 있다.

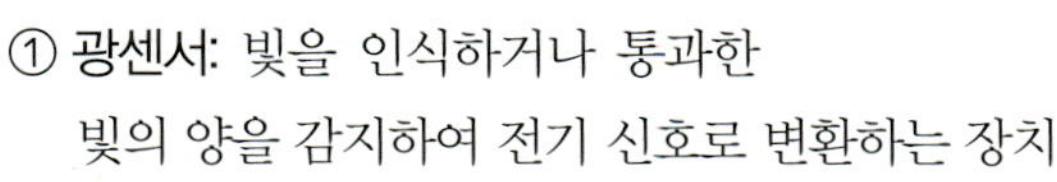

① 광센서: 빛을 인식하거나 통과한 빛의 양을 감지하여 전기 신호로 변환하는 장치

　예　광마우스, 스캐너, 가로등의 자동 점멸기, 디지털 카메라, 비접촉형 온도계 등에 이용

② 가속도 센서: 물체의 가속도나 충격, 진동 등의 세기를 측정하는 센서

　예　제어시스템, 경사계 등에 이용

③ 압력 센서: 외부로부터 가해지는 압력의 정도를 감지하여 전기 신호로 바꾸어 주는 센서

　예　터치스크린, 터치패드 등에 이용

④ 전자기 센서: 전자기 유도를 이용하여 주변의 물체나 환경의 변화를 감지해 전기 신호로 바꾸어 주는 센서

　예　자동차의 충돌 경고 시스템, 금속 탐지기, 도난 방지 시스템, 교통 카드 등에 이용

개념 ③ 디지털 신호와 정보통신

1. 아날로그 신호와 디지털 신호

(1) 아날로그 신호: 자연에서 발생하는 빛, 소리, 지진파, 온도, 압력 등과 같이 연속적으로 변하는 신호이다.

(2) 디지털 신호: 한 값에서 다른 값으로 불연속적으로 변하는 신호로, 0과 1의 이진수로 표시되며, 기본 단위는 비트이다. → 대부분의 전자 기기는 디지털 신호를 사용하여 정보를 처리한다.

① 디지털 정보로 변환하는 과정: 자연의 신호를 센서에서 아날로그 전기 신호로 변환하고 일정한 주기로 잘라 그 각각의 값을 이진수로 표시하여 디지털 정보로 변환한다. → 컴퓨터가 처리하는 불연속적인 정보

② 디지털 정보의 장점: 아날로그 신호에 비해 저장에 필요한 용량이 적고, 복사와 편집이 자유롭다. 또한 오차에 덜 민감하여 안정적이고, 전송 과정에서 정보의 손실이 거의 없으며, 컴퓨터 프로그램에 의해 대량의 정보를 쉽게 처리할 수 있다. → 반영구적 보존 가능

2. 디지털 정보로 변환하는 기술이 현대 문명에 미친 영향

(1) 정보를 저장하고 전달하며 생산하는 능력이 향상되었고, 컴퓨터의 발달로 복잡한 정보를 빠르게 수행할 수 있다.　예　스마트폰으로 사진 촬영, 3D 프린터를 이용한 물품 출력 등

(2) 지구가 하나의 네트워크로 연결되면서 실시간으로 정보와 지식을 전달하는 등 현대 문명 전반에 변화를 가져왔다.　예　사회 관계망 서비스(SNS)를 통해 사진과 영상 공유

(3) 온라인 교육, 전자 상거래, 영상 의학, 음악, 영화 등 문화 예술 분야에서도 다양한 콘텐츠를 디지털 방식으로 저장하고 빠르게 전송하여 큰 변화를 겪었다.

---

❻ **다양한 센서의 종류와 이용**

• 화학 센서: 화학 물질의 존재나 농도를 감지하여 전기 신호로 바꾸어 주는 센서
　예　가스 누설 경보기, 환경 모니터링, 의료 진단 등에 이용

• 소리 센서: 주변 소리를 감지하고 측정하는 센서
　예　소음 수준 모니터링, 음성 인식, 환경 소음 제어 등에 이용

• 온도 센서: 주변 온도를 측정하여 전기 신호로 바꾸어 주는 센서
　예　적외선 온도계, 저항 온도계 등에 이용

❼ **아날로그 신호와 디지털 신호**

아날로그 신호는 끊임없이 도는 시곗바늘처럼 물리량이 연속적으로 변하지만, 디지털 신호는 정해진 간격보다 작은 값은 나타내지 않고 불연속적으로 변한다.

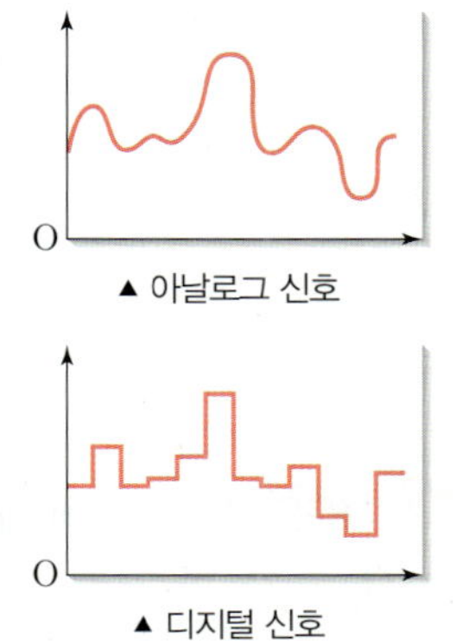

❽ **이진수**

• 이진수: 이진법으로 나타낸 수로, 숫자 0과 1만을 사용하여 둘씩 묶어서 윗자리로 올려 가는 표기법이다.

• 10진수 11을 이진수로 바꾸는 과정: 마지막 몫이 1이 될 때까지 나누어 준 후 아래에서부터 읽으면, 10진수 11은 이진수로 1011이다.

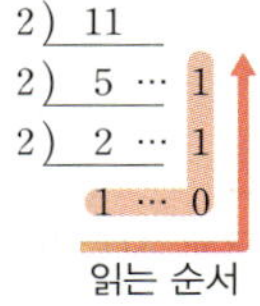

❾ **스마트폰으로 사진을 촬영하는 원리**

렌즈를 통해 들어온 빛 신호는 광센서에서 전기 신호로 변환되는데 이 아날로그 전기 신호를 다시 디지털 신호로 변환한 후 정보를 처리하여 이미지를 얻는다.

STEP 1  개념 바로 확인

- **(❶   )**: 어떤 대상의 물리량을 기준이 되는 양과 비교하여 수치와 단위로 나타내는 것
- **(❷   )**: 현재 알고 있는 정보를 이용하여 그 양을 대략 가늠하는 일
- **(❸   )**: 단위를 정의하고 이를 재현하는 측정 기기, 측정 방법, 체계를 정한 것
- **(❹   )**: 인간을 둘러싼 자연의 변화가 전달되는 것
- **(❺   )**: 자연의 신호를 측정하고 분석하여 우리에게 의미 있는 형태로 만들거나 형상화한 것
- **(❻   )**: 외부 자극이나 자연의 신호를 전자 기기가 감지할 수 있는 전기 신호로 변환하는 장치
- **(❼   ) 신호**: 자연에서 발생하는 빛, 소리, 지진파, 온도, 압력 등과 같이 연속적으로 변하는 신호
- **(❽   ) 신호**: 한 값에서 다른 값으로 불연속적으로 변하는 신호로, 0과 1의 (❾   )로 표시된다.

01 측정과 어림에 대한 설명으로 옳은 것은 ○, 옳지 <u>않은</u> 것은 ✕로 표시하시오.

(1) 어림은 측정 도구 없이 현재 알고 있는 정보를 이용하여 추측하여 값을 정한다. (   )

(2) 측정은 도구나 장치를 이용하여 물체의 길이 등을 구한다. (   )

(3) 측정 도구로 얻은 측정값은 오차가 없다. (   )

(4) 측정 단위가 다르면 측정값이 달라진다. (   )

02 다음은 측정 표준에 대한 설명이다. (   ) 안에 알맞은 말을 쓰시오.

> 측정 단위 또는 양을 정의하고 이를 재현하는 측정 방법, 측정 ㉠(   ), ㉡(   ) 등을 정한 것이다.

03 다음은 신호와 정보에 대한 설명이다. (   ) 안에 알맞은 말을 고르시오.

> 늑대는 밤에 우는 소리를 내어 자신의 위치를 알린다. 이때 소리는 ㉠(신호, 정보)이고, 자신의 위치를 알려 다른 늑대가 자신의 영역에 들어오지 못하도록 알리는 것은 ㉡(신호, 정보)이다.

04 다음 장치에 사용되는 센서의 종류를 [보기]에서 골라 쓰시오.

> ──── 보기 ────
> ㄱ. 광센서　　　　　ㄴ. 압력 센서
> ㄷ. 가속도 센서　　　ㄹ. 전자기 센서

(1) 터치스크린 (   )
(2) 제어시스템 (   )
(3) 금속 탐지기 (   )
(4) 디지털 카메라 (   )

05 10진수 3을 3개의 비트를 사용하여 2진수로 나타내면 011이다. 10진수 5를 3개의 비트를 사용하여 나타내시오.

06 컴퓨터는 켜짐과 꺼짐의 두 가지 상태만을 인식할 수 있는데, 이와 같이 컴퓨터가 처리하는 불연속적인 정보를 무엇이라고 하는지 쓰시오.

07 아날로그 신호에 대한 설명은 '아', 디지털 정보에 대한 설명은 '디'로 표시하시오.

(1) 자연에서 오는 신호이다. (   )
(2) 0과 1로 나타낸 정보만 처리할 수 있다. (   )
(3) 정보의 저장과 이동이 쉽다. (   )
(4) 기록 장치에는 바늘 시계와 알코올 온도계 등이 있다. (   )

개념 ① 측정과 측정 표준

01

어림을 사용하는 까닭으로 옳지 <u>않은</u> 것은?

① 측정의 한계가 있기 때문
② 제한된 영역이 있기 때문
③ 값이 알려져 있지 않기 때문
④ 안전상의 한계가 있기 때문
⑤ 측정보다 정밀도가 높기 때문

02 중요

다음은 과거 여러 나라에서 물건을 측정하는 데 사용했던 다양한 단위에 대한 설명이다.

> 나라마다 사용하는 언어가 다르듯 과거에는 나라마다 물건을 측정하는 단위가 달랐다. 고대 이집트에서는 '큐빗'이라는 단위를 사용했고, 영국에서는 '인치' 또는 '피트'를 사용했으며, 우리나라에서는 '자'나 '척'을 사용했다. 이와 같이 나라마다 다른 측정 단위를 가지고 있어서 서로 무역을 할 때 불편함이 있었다.

이와 같은 불편함을 줄이기 위한 노력으로 옳은 것만을 [보기]에서 있는 대로 고른 것은?

┤ 보기 ├
ㄱ. 측정 방법을 표준화 한다.
ㄴ. 필요에 따라 측정 단위를 바꿔서 사용한다.
ㄷ. 인증 표준 물질을 통해 측정 기기를 점검한다.

① ㄱ   ② ㄴ   ③ ㄱ, ㄷ
④ ㄴ, ㄷ   ⑤ ㄱ, ㄴ, ㄷ

03

인치(inch)라는 단위는 사람의 엄지손가락 끝에서 첫 번째 관절까지의 길이에 해당한다. 이 단위에 대한 설명으로 옳은 것은?

① 부피를 나타내는 단위이다.
② 사람마다 1인치의 길이가 같다.
③ 측정한 값을 수치로 표현할 수 없다.
④ 국제 공통의 표준으로 사용되는 단위이다.
⑤ 같은 길이를 측정할 때 사람마다 측정값이 서로 다를 수 있다.

개념 ② 자연의 신호와 정보

04

다음 장치들에 공통적으로 사용되는 센서는 무엇인가?

> • 도난 방지 시스템   • 교통 카드
> • 자동차의 충돌 경고 시스템

① 광센서   ② 이온 센서   ③ 온도 센서
④ 가속도 센서   ⑤ 전자기 센서

05

광센서를 사용한 예에 해당하는 것만을 [보기]에서 있는 대로 고른 것은?

┤ 보기 ├
ㄱ. 스캐너   ㄴ. 광마우스
ㄷ. 터치스크린   ㄹ. 가로등의 자동 점멸기

① ㄱ, ㄴ   ② ㄴ, ㄷ   ③ ㄷ, ㄹ
④ ㄱ, ㄴ, ㄹ   ⑤ ㄱ, ㄷ, ㄹ

개념 ③ 디지털 신호와 정보통신

06 중요

디지털 정보의 장점에 대한 설명으로 옳지 <u>않은</u> 것은?

① 오차에 덜 민감하여 안정적이다.
② 원래 정보의 완벽한 재생이 가능하다.
③ 전송 과정에서 정보의 손실이 거의 없다.
④ 자료의 손상 없이 반영구적 보존이 가능하다.
⑤ 컴퓨터 프로그램에 의해 쉽게 처리가 가능하다.

07

스마트폰으로 사진을 촬영하는 것은 자연의 신호를 디지털 정보로 변환하고 전송하는 과정이 포함된다. 스마트폰으로 사진을 촬영하는 원리를 다음 용어를 모두 포함하여 서술하시오.

> 빛, 전기, 신호, 센서, 아날로그, 디지털

01

자연의 구성 원소

학습 계획 체크

◆ 학습하기 전 꼭 알아야 할 핵심 개념이 무엇인지 먼저 확인해보세요.
◆ 학습한 후 이해하기 어려운 개념은 □ 안에 표시하고 반복하여 학습하세요.

II-01. 자연의 구성 원소

01 우주의 시작과 원소의 생성
- □ 스펙트럼
- □ 우주의 원소 분포
- □ 빅뱅 우주론
- □ 우주 초기의 원소 생성
- □ 수소와 헬륨의 질량비
- □ 우주 배경 복사

02 지구와 생명체를 구성하는 원소의 생성
- □ 우주, 지구, 생명체의 구성 원소
- □ 별의 탄생
- □ 별의 진화와 원소의 생성
- □ 태양계의 형성
- □ 지구의 형성

우주의 시작과 원소의 생성

개념 ① 스펙트럼과 우주의 원소 분포

1. **①스펙트럼** 빛이 분광기를 통과할 때 나타나는 여러 가지 색의 띠 — 빛이 파장에 따라 굴절되는 정도가 다르기 때문에 나타난다.

(1) **②스펙트럼의 종류**

① 연속 스펙트럼: 고온의 광원이 빛을 방출하는 경우에 생성되며, 무지개와 같이 넓은 파장에 걸쳐 연속적으로 퍼진 빛의 띠가 나타난다.

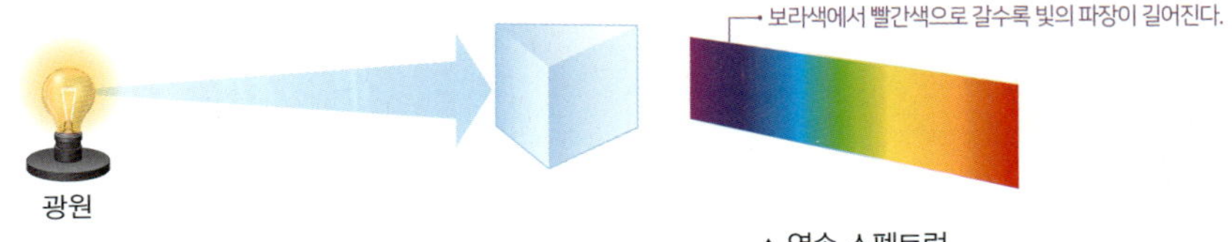

② **③선 스펙트럼**: 하나 또는 몇 개의 특정한 파장만 포함하는 빛의 스펙트럼으로, 방출 스펙트럼과 흡수 스펙트럼이 있다.

• 방출 스펙트럼: 고온의 물체 주변에서 가열된 기체가 특정한 파장의 빛을 방출하는 경우에 생성되며, 검은 바탕에 밝은 선(방출선)이 나타난다.

➡ 방출선의 위치는 고온의 기체를 이루는 원소의 종류에 따라 다르다.

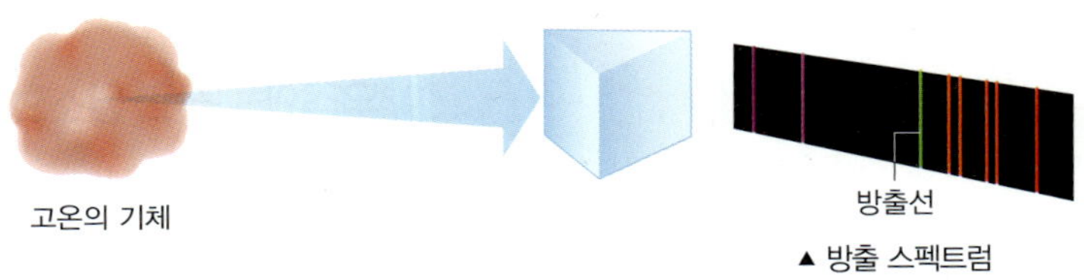

• 흡수 스펙트럼: 별빛이 별의 대기나 저온의 기체를 통과하면서 특정한 파장의 빛이 흡수되는 경우에 생성되며, 연속 스펙트럼에 검은 선(흡수선)이 나타난다.

➡ 흡수선의 위치는 별의 대기나 저온의 기체를 이루는 원소의 종류에 따라 다르다.

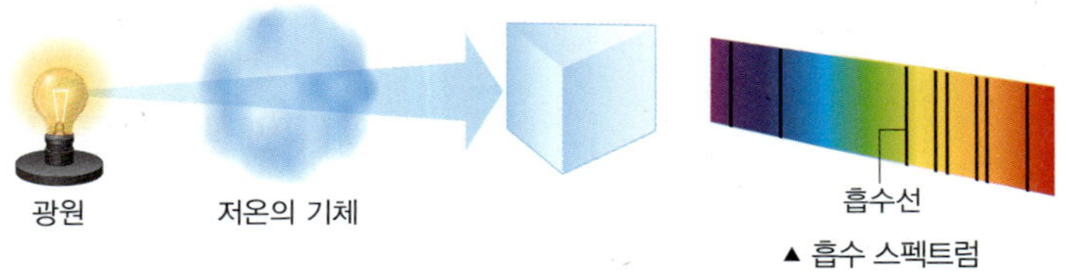

더 알아보기 선 스펙트럼의 생성 원리

원자 속 전자들은 원자핵으로부터 특정한 거리만큼 떨어져 위치할 수 있으며, 이 전자들이 갖는 에너지를 에너지 준위라고 한다. 전자가 에너지 준위 사이를 이동할 때 흡수 또는 방출하는 빛으로부터 선 스펙트럼이 나타난다. 에너지 준위는 각 원자마다 다양하게 나타나므로, 원자마다 고유한 선 스펙트럼이 나타난다.

흡수 스펙트럼	방출 스펙트럼
전자들이 낮은 에너지 준위에서 높은 에너지 준위로 이동할 때 특정 파장의 빛이 흡수되어 흡수 스펙트럼이 나타난다.	전자들이 높은 에너지 준위에서 낮은 에너지 준위로 이동할 때 특정 파장의 빛이 방출되어 방출 스펙트럼이 나타난다.

---

① 스펙트럼의 이용

원소의 종류나 온도에 따라 다르게 나타나므로, 이를 분석하면 물질에 관한 다양한 정보를 얻을 수 있다.

② 스펙트럼 종류에 따른 예

구분	예
연속 스펙트럼	백열등, 별의 표면에서 방출된 빛
방출 스펙트럼	기체 방전관, 별 주위에 있는 고온의 성운에서 내는 빛
흡수 스펙트럼	저온의 성운을 통과한 별빛

③ 선 스펙트럼의 생성 원리

기체를 구성하는 원소들이 항상 특정한 파장의 에너지만을 흡수하거나 방출하기 때문에 나타나며, 한 종류의 원소에서 관찰되는 흡수선과 방출선의 위치는 같다.

용어 알기

◎ **분광기(分 나누다, 光 빛, 器 도구)**
빛을 분산시켜 스펙트럼을 관찰하고 분석하여 그 세기와 파장을 검사하는 장치

(2) 별빛의 스펙트럼 분석

① [4]흡수선의 위치 및 개수 비교: 별에서 방출된 연속 스펙트럼이 별의 대기나 저온의 성운 등을 통과하면 기체가 특정 파장의 빛을 흡수하여 흡수 스펙트럼으로 나타나므로, 별빛의 스펙트럼에 나타난 흡수선을 특정 원소의 방출 스펙트럼과 비교하면 그 별의 대기 성분 및 우주를 구성하는 원소의 종류를 알 수 있다.

➡ 원소의 종류에 따라 스펙트럼에 나타나는 선의 위치, 개수, 간격 등이 다르다.

② 흡수선의 선폭 비교: 흡수선의 세기는 원소의 밀도에 비례하기 때문에 흡수선의 선폭을 비교하면 별이나 우주를 구성하는 원소의 질량비를 알 수 있다.

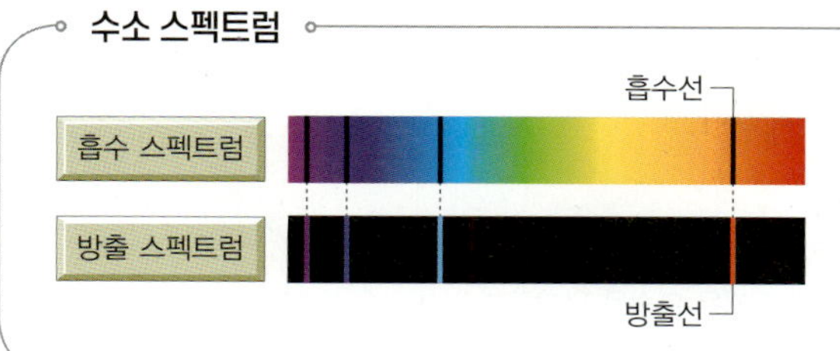

○─ 수소 스펙트럼 ─○

수소의 흡수 스펙트럼에 나타난 흡수선의 위치와 방출 스펙트럼에 나타난 방출선의 위치가 같다.
➡ 동일한 원소에서는 흡수선과 방출선의 위치가 같다.

(3) 태양의 스펙트럼 분석

① 태양에서 방출되는 빛을 분광기로 관측하면 연속 스펙트럼 위에 수많은 흡수선이 나타난다.

▲ 태양의 스펙트럼

② 태양의 스펙트럼에 나타나는 흡수선([5]프라운호퍼선)을 분석하여 태양의 대기에 수소, 헬륨, 나트륨, 칼슘, 산소 등 다양한 원소가 포함되어 있음을 알아냈다.

2. 우주의 구성 원소 분포 ─ 수소 : 헬륨 = 약 3 : 1

(1) 우주의 구성 원소: 대부분 수소와 헬륨으로 이루어져 있다.

➡ 우주를 구성하고 있는 여러 천체의 스펙트럼을 분석하여 알 수 있다.

(2) 빅뱅 이후 우주 초기에 생성된 수소와 헬륨은 별과 은하를 구성하는 주된 원소가 되었다.

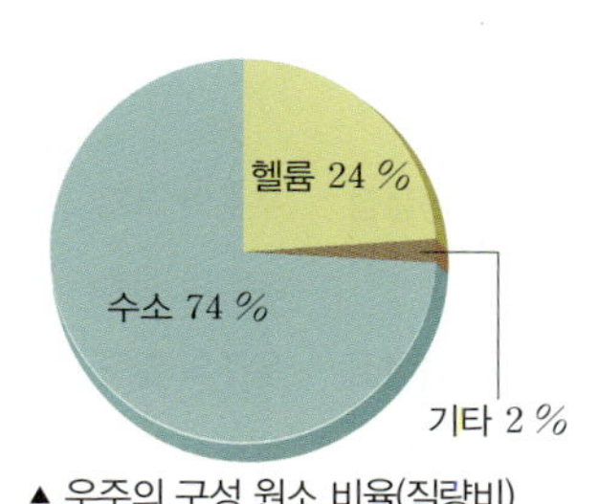

▲ 우주의 구성 원소 비율(질량비)

④ 원소에 따른 방출선

원소마다 항상 특정한 파장의 에너지만을 흡수하거나 방출하기 때문에 원소의 종류에 따라 방출선의 위치가 다르다.

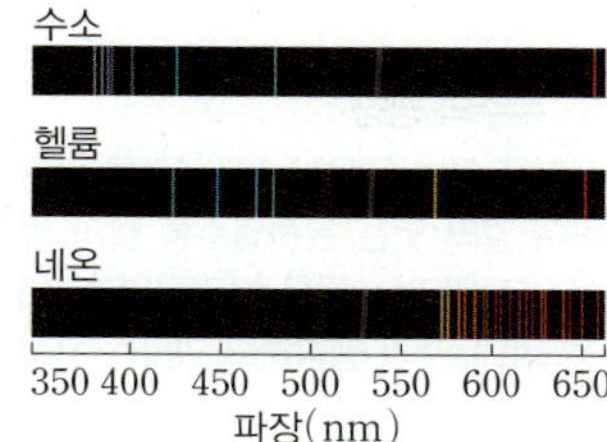

⑤ 프라운호퍼

독일의 물리학자로, 태양의 스펙트럼에서 수백 개의 흡수선을 발견하였고, 태양과 시리우스의 스펙트럼을 분석하여 두 별의 흡수선이 서로 다르다는 것을 알아냈다.

필수 탐구 자료 | 분광기를 활용한 물질의 스펙트럼 관찰 및 비교

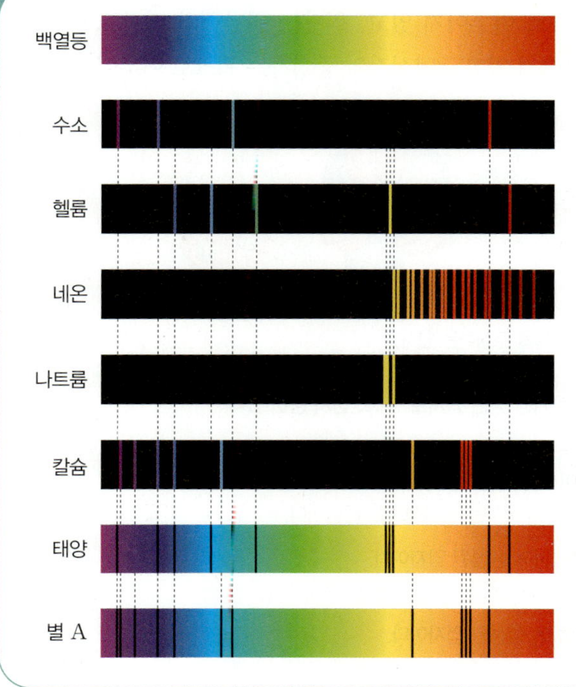

결과 및 해석

구분	스펙트럼	특징
백열등	연속 스펙트럼	연속적인 색의 띠가 나타난다.
기체 방전관 (수소, 헬륨, 네온, 나트륨, 칼슘)	방출 스펙트럼	• 검은 바탕에 밝은 선(방출선)이 나타난다. • 원소마다 방출선의 위치가 다르다. ➡ 원소의 종류를 알 수 있다.
태양	흡수 스펙트럼	흡수선의 위치가 수소, 헬륨, 나트륨의 방출선 위치와 같다. ➡ 수소, 헬륨, 나트륨 등으로 구성
별 A	흡수 스펙트럼	흡수선의 위치가 수소, 칼슘의 방출선 위치와 같다. ➡ 수소, 칼슘 등으로 구성

정리

1. 원소마다 방출선의 위치가 다르므로 이를 통해 원소의 종류를 알 수 있다.
2. 태양과 별 A의 스펙트럼에 흡수선이 나타나는 이유는 태양이나 별에서 방출되는 빛의 일부가 대기에 흡수되었기 때문이다.
3. 다양한 별빛의 스펙트럼을 분석하여 원소의 스펙트럼과 비교하면 우주 전역에 존재하는 원소를 알 수 있다.

⑥ '빅뱅' 용어의 유래
호일이 어느 방송에서 가모프가 주장한 우주론을 우주가 '펑(big bang)' 하고 탄생한 것이냐고 비판하였고, 이후 '빅뱅 우주론'으로 유명해졌다.

⑦ 우주의 팽창
허블은 외부 은하의 스펙트럼을 관측하여 멀리 있는 은하일수록 빨리 멀어지고 있다는 것을 발견하였고, 이것으로 우주가 팽창하고 있다는 사실을 밝혀내었다.

⑧ 빅뱅 우주론의 확립 과정

정적인 우주론과
동적인 우주론
↓
우주 팽창의 증거 발견
(허블의 외부 은하 관측)
↓
빅뱅 우주론과
정상 우주론
↓
빅뱅 우주론의 증거 발견
(우주 배경 복사,
수소와 헬륨의 질량비 약 3 : 1)

⑨ 양성자와 중성자를 이루고 있는 입자
양성자는 위(u) 쿼크 2개와 아래(d) 쿼크 1개로 이루어져 있고, 중성자는 위 쿼크 1개와 아래 쿼크 2개로 이루어져 있다.

용어알기
⊙ **쿼크(Quark)** 빅뱅 직후 빛, 전자 등과 함께 초기 우주에 존재했던 물질의 기본 입자

---

1. **⑥빅뱅 우주론** 약 138억 년 전 온도와 밀도가 매우 높은 한 점에서 빅뱅(대폭발)이 일어나 우주가 탄생하고, 이후 ⑦우주가 계속 팽창하면서 냉각되어 현재의 우주가 되었다는 우주론으로, 현재에도 우주는 계속 팽창하고 있다.

➡ 기본적인 원소는 우주 초기에 만들어졌기 때문에 우주의 밀도는 감소하고 있다.

[1] **⑧확립 과정**: 윌슨과 펜지어스가 우주 배경 복사인 약 2.7 K에 해당하는 전자기파를 발견하였고, 우주 배경 복사는 빅뱅 우주론의 강력한 증거가 되었다.

[2] **관측 증거**: 우주 배경 복사, 우주에 존재하는 수소와 헬륨의 질량비 등

[3] **빅뱅과 물질의 생성**: 빅뱅으로 우주가 탄생한 후 물질과 원소가 생성되었고, 이로부터 지구와 생명체를 포함한 우주의 모든 물질이 생성되었다.

더 알아보기 정상 우주론과 빅뱅 우주론

• **정상 우주론**: 우주가 시간적으로 변함이 없으며, 영원히 같은 모습을 유지하고 있다는 우주론으로, 새로운 물질이 계속 생성되어 우주가 팽창하여도 우주의 온도와 밀도는 변하지 않고 항상 일정한 상태를 유지한다.
• **빅뱅 우주론**: 우주가 팽창함에 따라 우주의 온도와 밀도는 감소하고 질량은 일정한 상태를 유지한다.

구분		정상 우주론	빅뱅 우주론
주장한 과학자		호일	가모프
모형			
공통점	우주의 크기	팽창	팽창
차이점	우주의 질량	증가	일정
	우주의 밀도	일정	감소
	우주의 온도	일정	감소

---

2. **우주 초기 원소의 생성**

[1] **물질을 구성하는 입자**: 모든 물질은 원자로 이루어져 있고, 원자는 원자핵과 전자로 이루어져 있다. 원자핵은 양성자와 중성자로 이루어져 있고, ⑨양성자와 중성자는 쿼크로 이루어져 있다.

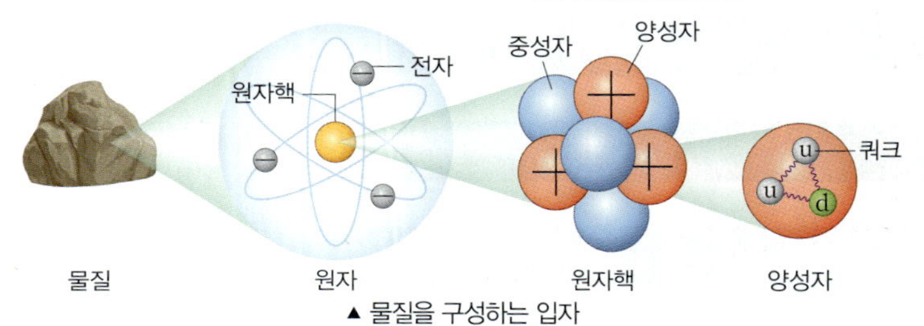

▲ 물질을 구성하는 입자

입자의 종류	기본 입자	• 더 이상 분해할 수 없는 가장 작은 입자로, 쿼크, 전자 등이 있다. • 전자는 음전하를 띤다.
	양성자, 중성자	• 3개의 쿼크가 결합하여 이루어진 입자이다. • 양성자는 양전하를 띠고, 중성자는 전기적으로 중성이다.
	원자핵	• 양성자와 중성자가 결합하여 생성된 입자이다. • 원자핵은 양전하를 띤다. → 양성자는 양전하를, 중성자는 전하를 띠지 않기 때문이다.
	원자	• 원자핵과 전자가 결합하여 생성된 입자이다. • 원자는 전기적으로 중성이다. → 전자 수는 원자핵을 이루는 양성자 수와 같다.

(2) **⑩우주 초기 원소의 생성 과정**: 빅뱅 이후 우주가 팽창하여 온도가 낮아지면서 점차 무거운 입자가 생성되었다.

기본 입자의 생성(우주 탄생 10^{-36}초 후)
빅뱅(약 138억 년 전) 이후 우주가 급격히 팽창하면서 온도가 낮아져 쿼크와 전자 등의 기본 입자가 생성되었다.
➡ 빅뱅 직후 우주는 매우 고온의 상태였기 때문에 입자가 존재할 수 없었다.

양성자와 중성자의 생성(우주 탄생 10^{-6}초 후)
우주의 온도가 약 100억 K으로 낮아지면서 쿼크의 결합으로 양성자(수소 원자핵)와 중성자가 생성되었다.
➡ 생성 초기에는 양성자와 중성자의 개수가 비슷하였지만, 점차 중성자에 비해 양성자의 개수가 많아졌다.

원자핵의 생성(우주 탄생 약 3분 후)
우주의 온도가 계속 낮아짐에 따라 양성자와 중성자들이 핵융합 반응을 일으켜 ⑪중수소와 헬륨 등의 원자핵이 생성되었다.
➡ 우주 초기에는 우주의 온도가 계속 낮아졌기 때문에 더 무거운 원소의 핵융합이 일어나지 못하여 헬륨 원자핵보다 질량이 더 큰 원자핵이 거의 생성되지 못했다.   └ 가벼운 원소보다 더 높은 온도에서 일어난다.

⑫중성 원자의 생성(우주 탄생 약 38만 년 후)
우주의 온도가 약 3000 K으로 낮아지면서 전자의 운동이 느려져서 수소와 헬륨 원자핵이 전자와 결합하여 중성 원자가 생성되었다.

더 알아보기   빅뱅 핵합성

빅뱅 후 약 3분이 지났을 무렵 우주의 온도가 낮아지면서 양성자와 중성자가 결합할 수 있게 되었다. 초기 우주에서 양성자와 중성자가 결합하여 중수소 원자핵, 헬륨 원자핵 등이 만들어지는 과정을 빅뱅 핵합성이라고 한다.

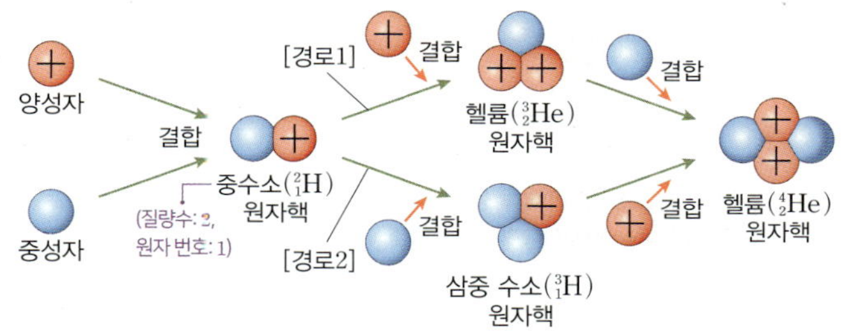

- 양성자 1개와 중성자 1개가 결합하여 중수소 원자핵이 생성된 후 두 가지 경로로 헬륨 원자핵이 생성되었다.
- [경로1] 중수소 원자핵과 양성자 결합 → 질량수가 3인 헬륨 원자핵 생성 → 질량수가 3인 헬륨 원자핵과 중성자가 결합 → 질량수가 4인 헬륨 원자핵 생성
- [경로2] 중수소 원자핵과 중성자 결합 → 질량수가 3인 삼중 수소 원자핵 생성 → 질량수가 3인 삼중 수소 원자핵과 양성자가 결합 → 질량수가 4인 헬륨 원자핵 생성

3. 수소와 헬륨의 질량비

(1) **수소와 헬륨의 질량비의 예측**: 빅뱅 우주론에서는 빅뱅 이후 약 3분이 지났을 때 원자핵이 생성되었으며, 이때 생성된 수소 원자핵과 헬륨 원자핵의 질량비는 약 3 : 1일 것으로 예측하였다.

(2) **수소와 헬륨의 질량비의 관측**: 우주 전역에 수소와 헬륨이 존재하는데 다양한 별빛의 스펙트럼을 분석한 결과 우주를 구성하는 전체 원소 중 수소는 약 74 %, 헬륨은 약 24 %를 차지하는 것으로 관측되었다.
- ➡ 실제 관측된 수소와 헬륨의 질량비＝약 3 : 1

(3) **우주를 구성하는 수소와 헬륨 질량비의 의미**: 빅뱅 우주론에서 예측한 값과 스펙트럼으로 관측한 값이 거의 같으므로 수소와 헬륨의 질량비는 빅뱅 우주론을 지지하는 증거가 된다.
- ➡ 우주를 구성하는 수소와 헬륨은 대부분 빅뱅 우주 초기에 우주가 팽창하는 과정에서 생성되었음을 알 수 있다.

⑬ 양성자와 중성자의 개수비

양성자와 중성자가 생성된 초기에는 양성자와 중성자의 개수가 비슷하였으나 점차 중성자에 비해 양성자의 개수가 많아져 양성자와 중성자의 개수비가 약 7 : 1이 되었다. 양성자는 그 자체로 수소 원자핵이 되었고, 전자는 운동 에너지가 충분히 커서 자유롭게 움직일 수 있었다.

1. **⑬양성자와 중성자 생성 초기 ➡ 양성자와 중성자의 개수비＝1 : 1**
   - 양성자와 중성자가 서로 변환되어 양성자와 중성자의 개수는 비슷하였다.
   - 중성자가 양성자로 변환할 때는 질량 차이만큼 에너지를 방출하면서 변환한다.
   - 양성자가 중성자로 변환할 때는 질량 차이만큼 에너지를 흡수하면서 변환한다.

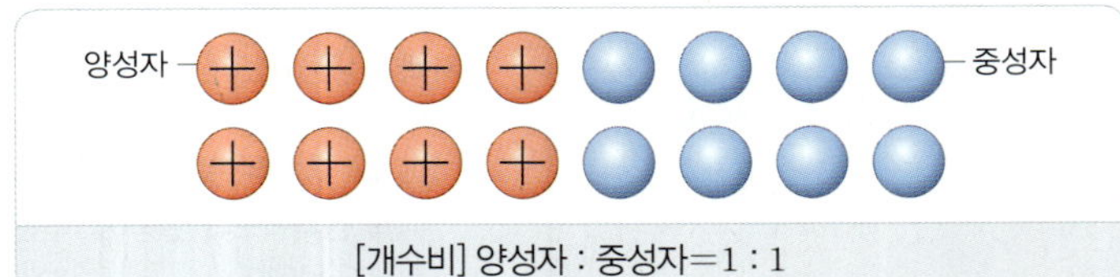

2. **헬륨 원자핵 생성 직전:** 우주의 온도가 낮아지면서 에너지를 방출하는 중성자에서 양성자로의 변환은 일어났지만, 에너지를 흡수하기는 어려워졌으므로 양성자에서 중성자로의 변환은 일어날 수가 없었다. 따라서 중성자의 개수가 줄어들어 중성자에 비해 양성자의 개수가 많아졌다. ➡ 양성자와 중성자의 개수비＝7 : 1

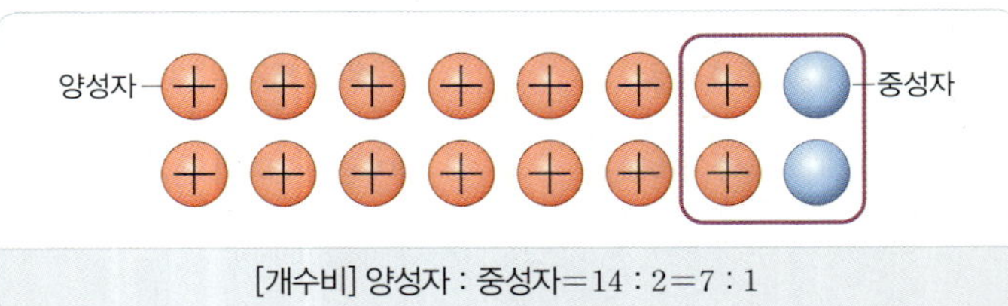

⑭ 입자의 질량 비교

- 양성자와 중성자의 질량: 중성자의 질량이 양성자의 질량보다 조금 더 크지만 두 입자의 질량은 거의 같다.
- 원자핵과 원자의 질량: 원자핵의 질량에 비해 전자의 질량이 매우 작으므로 원자의 질량은 원자핵의 질량과 거의 같다. 따라서 수소 원자와 헬륨 원자의 질량비는 수소 원자핵과 헬륨 원자핵의 질량비로 볼 수 있다.

3. **헬륨 원자핵 생성 후:** 양성자는 그대로 수소 원자핵이 되고, 양성자 2개와 중성자 2개가 결합하여 헬륨 원자핵이 생성되었다. ➡ 수소 원자핵과 헬륨 원자핵의 ⑭질량비＝3 : 1

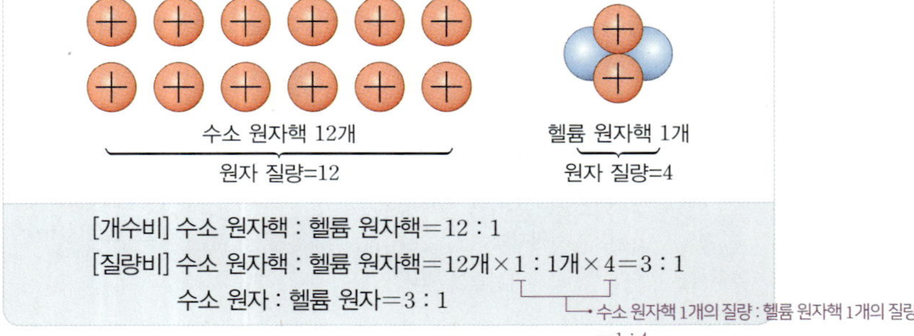

⑮ 우주 배경 복사의 분포와 특징

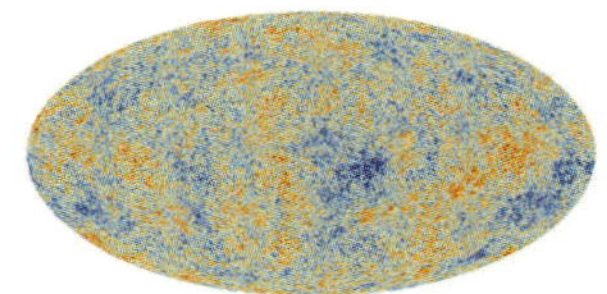

▲ 우주 배경 복사의 분포(플랑크 위성)

우주 배경 복사는 우주의 모든 방향에서 거의 같은 세기로 관측되는데, 최근 인공위성으로 관측한 우주의 온도 분포(약 2.7 K)는 대체로 균일하지만 미세하게 차이가 있다는 것을 밝혀내었다. 그림에서 붉은색은 평균보다 온도가 높은 지역이고, 파란색은 평균보다 온도가 낮은 지역으로, 그 차이는 약 600 μK으로 매우 미세하다.

4. **⑮우주 배경 복사**

(1) **우주 배경 복사:** 빅뱅 약 38만 년 후 우주의 온도가 약 3000 K일 때 중성 원자가 생성되면서 우주 공간으로 자유롭게 퍼져 나간 빛이다. → 우주 배경 복사의 파장은 점차 길어졌다.

➡ 우주의 팽창으로 온도가 낮아지면서 현재는 약 2.7 K의 우주 배경 복사로 관측된다.

(2) **우주 배경 복사의 의미:** 빅뱅 우주론에서 예측한 우주 배경 복사의 존재가 실제로 관측됨으로써 빅뱅 우주론의 증거가 되었다.

- **원자 생성 이전:** 우주의 온도와 밀도가 매우 높아서 빛과 입자들이 마구 뒤섞여 있었으며, 빛이 전자와 끊임없이 충돌하면서 직진하지 못하여 우주가 불투명하였다. ➡ 불투명한 우주
- **원자 생성 이후:** 우주의 온도가 낮아지면서 운동 에너지가 감소한 전자가 원자핵과 결합하여 중성 원자가 생성되었으며, 빛이 직진할 수 있게 되어 우주가 투명해졌다. ➡ 투명한 우주

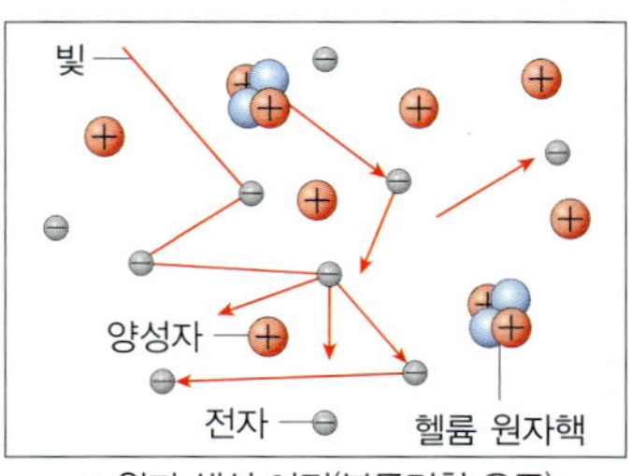

▲ 원자 생성 이전(불투명한 우주)

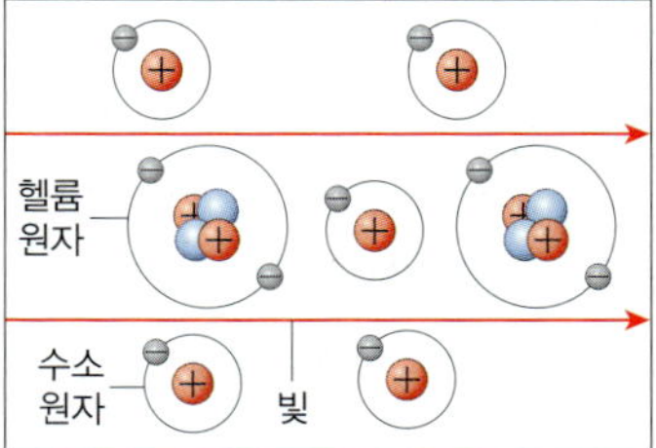

▲ 원자 생성 이후(투명한 우주)

용어 알기

⊘ **복사(輻 바퀴살, 射 쏘다)** 열이나 전자기파가 매질을 통하지 않고 고온의 물체에서 저온의 물체로 직접 전달되는 현상

- (❶): 빛이 분광기를 통과할 때 파장에 따라 나누어져 나타나는 여러 가지 색의 띠
- (❷) 스펙트럼: 무지개와 같이 넓은 파장에 걸쳐 연속적으로 퍼진 빛의 띠
- (❸) 스펙트럼: 빛이 저온의 기체를 통과하면서 특정한 파장의 빛이 흡수되어 나타나는 스펙트럼
- 별빛의 스펙트럼 분석: 별빛의 스펙트럼에 나타난 (❹)을 원소의 스펙트럼과 비교하면 별의 대기 성분을 알 수 있다.
- 태양의 스펙트럼: 연속 스펙트럼에 수많은 흡수선이 나타나며, 이 흡수선을 (❺)이라고 한다.
- (❻) 우주론: 약 138억 년 전, 고온 고밀도의 한 점에서 빅뱅이 일어나 우주가 탄생한 후 계속 팽창하고 있다는 우주론
- (❼): 양성자와 중성자가 결합하여 생성된 입자
- 수소와 헬륨의 질량비: 빅뱅 우주론에 따르면 빅뱅 후 약 3분이 지났을 무렵에 생성된 수소 원자핵과 헬륨 원자핵의 질량비는 약 (❽)이다.
- (❾): 우주의 온도가 약 3000 K일 때 우주 공간으로 퍼져 나가 우주 전체를 채우고 있는 빛

01
스펙트럼에 대한 설명으로 옳은 것은 ○, 옳지 않은 것은 ×로 표시하시오.

(1) 별의 중심부에서 방출되는 빛의 스펙트럼은 연속 스펙트럼이다. ( )
(2) 흡수 스펙트럼은 검은 바탕에 몇 개의 밝은 선이 나타난다. ( )
(3) 백열등에서는 흡수 스펙트럼이 나타난다. ( )
(4) 방출선의 위치는 원소의 종류에 따라 다르다. ( )

04
빅뱅 우주론의 증거로 옳은 것만을 [보기]에서 있는 대로 고르시오.

┌─ 보기 ─┐
ㄱ. 우주 배경 복사
ㄴ. 수소와 헬륨의 질량비
ㄷ. 철보다 무거운 원소의 존재
└─────┘

02
그림 (가)와 (나)는 각각 태양의 스펙트럼과 수소가 들어 있는 기체 방전관을 관찰하여 얻은 스펙트럼을 순서 없이 나타낸 것이다.

(1) (가)는 ㉠( )을 관찰하여 얻은 스펙트럼이고, (나)는 ㉡( )가 들어 있는 기체 방전관을 관찰하여 얻은 스펙트럼이다.
(2) (가)와 (나) 스펙트럼의 종류를 각각 쓰시오.

05
그림은 물질을 구성하는 입자를 크기에 따라 확대하여 나타낸 것이다.

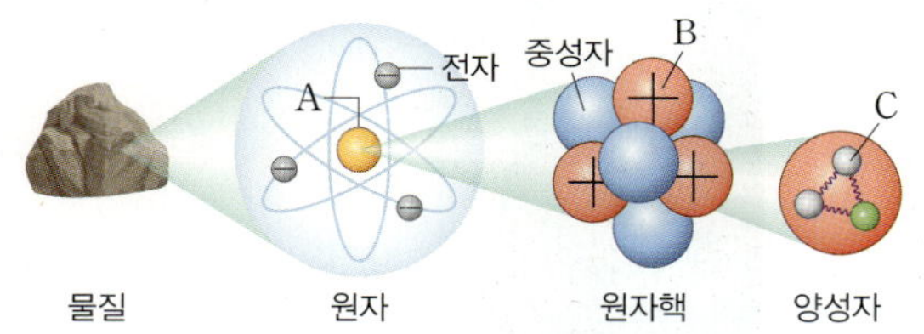

A, B, C 입자의 이름을 각각 쓰시오.

03
빅뱅 우주론에 대한 설명으로 옳은 것은 ○, 옳지 않은 것은 ×로 표시하시오.

(1) 우주는 약 138억 년 전에 한 점에서 시작되었다. ( )
(2) 빅뱅 이후 우주의 밀도는 일정하게 유지되었다. ( )
(3) 빅뱅 직후 우주에는 원자핵과 중성 원자가 존재하였다. ( )

06
다음은 빅뱅 이후 우주 초기에 생성된 여러 입자들을 나타낸 것이다. 입자들을 먼저 생성된 것부터 순서대로 옳게 나열하시오.

┌──────────────────────┐
(가) 양성자   (나) 수소 원자
(다) 쿼크와 전자   (라) 헬륨 원자핵
└──────────────────────┘

별을 구성하는 원소와 우주 초기 원소의 생성

특강 1 별의 스펙트럼과 수소, 헬륨의 방출선 비교

별의 스펙트럼과 수소, 헬륨의 스펙트럼을 비교하면 별의 대기의 성분을 알 수 있다.

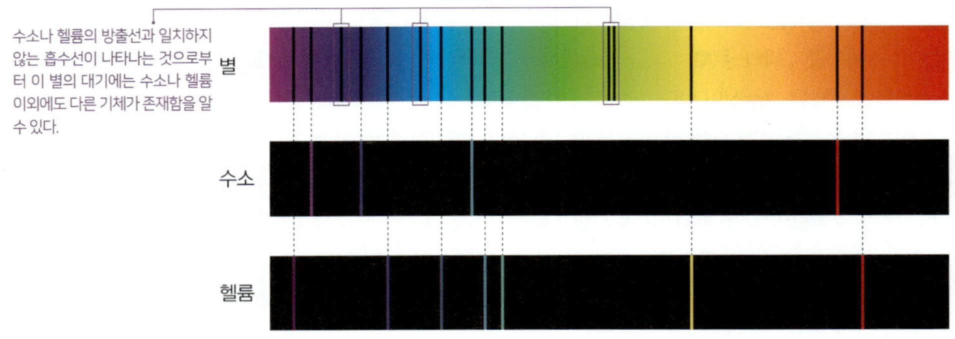

STEP 1 별의 스펙트럼 특징: 다양한 흡수선이 나타난다. ➡ 흡수 스펙트럼

STEP 2 수소와 헬륨의 스펙트럼 특징: 수소와 헬륨의 방출 스펙트럼에 나타난 방출선의 위치는 서로 다르다.
➡ 원소에 따라 특정 파장에서 방출선이 나타난다.

STEP 3 선 스펙트럼 비교: 별의 스펙트럼에는 수소와 헬륨의 방출선과 같은 위치에 흡수선이 나타난다.
➡ 동일한 원소의 흡수선과 방출선의 위치는 같으므로, 별의 대기에 수소와 헬륨이 포함되어 있음을 알 수 있다.

특강 2 우주 초기 수소 원자와 헬륨 원자의 생성 과정

빅뱅 이후 약 38만 년이 지난 후에 별의 주요 구성 원소인 수소 원자와 헬륨 원자가 생성되었다.

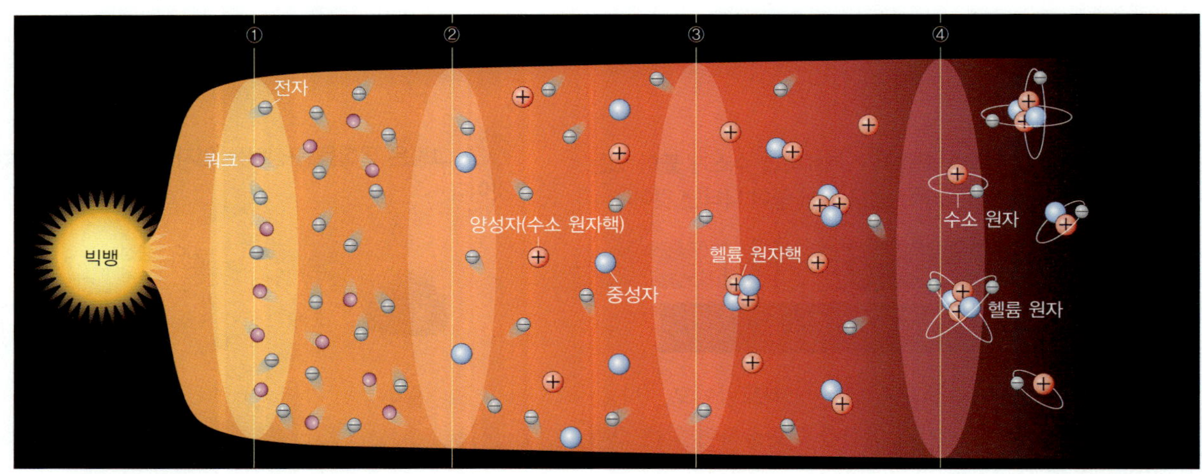

구분	생성 입자	우주의 나이	우주의 온도	특징
빅뱅		0 (약 138억 년 전)	초고온	모든 물질과 에너지가 모인 고온 고밀도의 한 점에서 빅뱅(대폭발)이 일어나 우주가 급격히 팽창하였다.
①	기본 입자	10^{-35}초	약 1000조 K	기본 입자(쿼크, 전자 등)가 생성되었고, 온도가 매우 높아서 에너지가 물질로, 물질이 에너지로 자유롭게 변환되었다.
②	양성자, 중성자	10^{-6}초	약 100억 K	쿼크가 결합하여 양성자와 중성자가 생성되었다. ➡ 초기에 생성된 양성자와 중성자의 개수비는 약 1 : 1이었지만, 나중에는 약 7 : 1로 변하였다.
③	원자핵	약 3분	약 10억 K	양성자와 중성자의 결합으로 헬륨 원자핵이 생성되었다. ➡ 수소 원자핵과 헬륨 원자핵의 질량비는 약 3 : 1
④	중성 원자	약 38만 년	약 3000 K	전자와 원자핵이 결합하여 수소 원자와 헬륨 원자가 생성되었다. 이때 빛은 자유롭게 퍼져 나가 우주가 투명해지기 시작하였다. ➡ 우주 배경 복사 방출

개념 ① 스펙트럼과 우주의 원소 분포

[01~02] 그림 (가)~(다)는 서로 다른 종류의 스펙트럼을 나타낸 것이다.

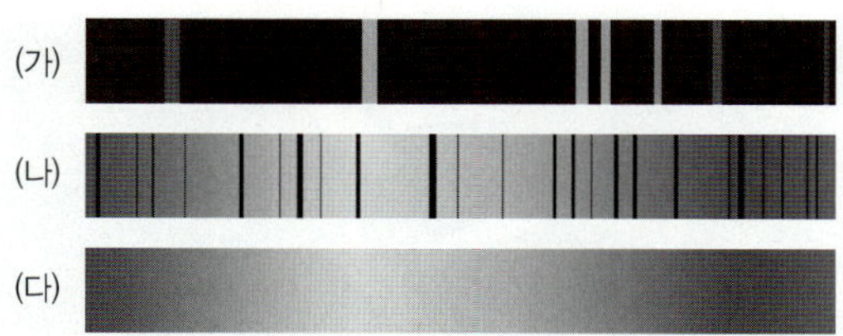

01 이 자료에 대한 설명으로 옳은 것은?

① (가)는 흡수 스펙트럼이다.
② (나)에는 방출선이 나타난다.
③ (가)와 (나)는 동일한 원소를 관측한 것이다.
④ 태양을 관측하면 (나)와 같은 종류의 스펙트럼이 나타난다.
⑤ 고온의 기체를 관측하면 (다)와 같은 종류의 스펙트럼이 나타난다.

02 이 자료에 대한 설명으로 옳은 것만을 [보기]에서 있는 대로 고른 것은?

┤ 보기 ├
ㄱ. 백열등에서는 (다)와 같은 종류의 스펙트럼이 나타난다.
ㄴ. 스펙트럼에 나타난 선의 위치를 분석하면 별의 대기를 구성하는 원소의 종류를 알 수 있다.
ㄷ. 스펙트럼에 나타난 선의 폭을 분석하면 별을 구성하는 원소의 질량비를 알 수 있다

① ㄱ ② ㄷ ③ ㄱ, ㄴ
④ ㄴ, ㄷ ⑤ ㄱ, ㄴ, ㄷ

개념 ② 빅뱅 우주론과 우주 초기 원소의 생성

[03~04] 그림은 빅뱅 우주 초기에 우주의 온도가 낮아지면서 입자가 생성되는 과정 중 일부를 나타낸 것이다.

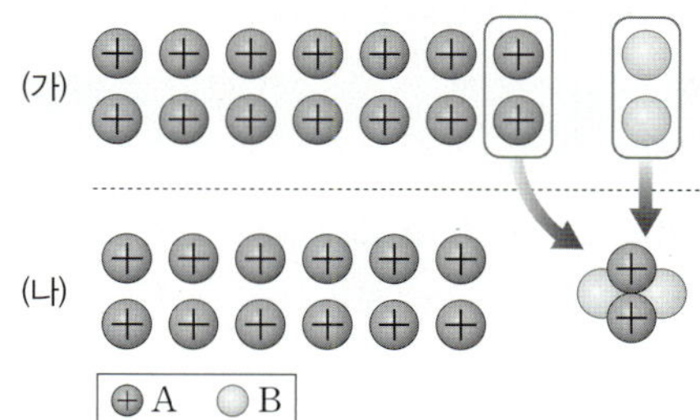

03 이에 대한 설명으로 옳지 <u>않은</u> 것은?

① A는 양성자이다.
② B는 쿼크 3개로 이루어져 있다.
③ (가)에서 A와 B의 개수비는 7 : 1이다.
④ (나)에서 우주의 온도는 약 3000 K이다.
⑤ (나)에서 A 2개와 B 2개가 결합하여 헬륨 원자핵이 생성되었다.

04 이에 대한 설명으로 옳은 것만을 [보기]에서 있는 대로 고른 것은?

┤ 보기 ├
ㄱ. (가)는 헬륨 원자핵이 생성되기 전이다.
ㄴ. (나)는 빅뱅 후 약 3분이 지났을 무렵에 일어났다.
ㄷ. (나) 시기에 수소 원자핵과 헬륨 원자핵의 질량비는 약 12 : 1이었다.

① ㄱ ② ㄷ ③ ㄱ, ㄴ
④ ㄴ, ㄷ ⑤ ㄱ, ㄴ, ㄷ

대표 문제 파헤치기

파악하기
연속 스펙트럼, 흡수 스펙트럼, 방출 스펙트럼을 구분하고, 스펙트럼의 종류별 특징을 파악할 수 있어야 한다.

다가가기
STEP 1 스펙트럼의 종류에는 연속 스펙트럼, 흡수 스펙트럼, 방출 스펙트럼이 있다.
STEP 2 백열등, 태양, 고온의 기체를 관측할 때 나타나는 스펙트럼은 각각 다르다.
STEP 3 흡수선과 방출선의 위치와 선폭을 분석하면 각각 원소의 종류와 원소의 질량비를 알 수 있다.

대표 문제 파헤치기

파악하기
빅뱅 이후 우주의 온도가 낮아지면서 입자가 생성되는 과정을 이해하고, 헬륨 원자핵이 생성되기 전과 후에 우주의 온도, 수소와 헬륨의 개수비와 질량비를 파악할 수 있어야 한다.

다가가기
STEP 1 양성자와 중성자가 생성된 초기에는 양성자와 중성자의 개수가 비슷하였으나 점차 양성자의 개수가 많아졌다.
STEP 2 헬륨 원자핵은 양성자 2개와 중성자 2개가 결합하여 생성되었다.
STEP 3 헬륨 원자핵이 생성된 시기는 빅뱅 후 약 3분이 지났을 무렵이다. 빅뱅 후 약 38만 년이 지났을 때는 우주의 온도가 약 3000 K으로 낮아져 중성 원자가 생성되었다.

개념 ① 스펙트럼과 우주의 원소 분포

01

그림은 어떤 광원으로부터 관측한 스펙트럼을 나타낸 것이다.

이에 대한 설명으로 옳은 것만을 [보기]에서 있는 대로 고른 것은?

| 보기 |

ㄱ. 연속 스펙트럼이다.
ㄴ. 고온의 백색광에서 나타난다.
ㄷ. 외부 은하에서 관측할 수 있다.

① ㄱ   ② ㄷ   ③ ㄱ, ㄴ
④ ㄴ, ㄷ   ⑤ ㄱ, ㄴ, ㄷ

02 중요

그림은 어떤 별 P의 빛을 관찰하여 얻은 스펙트럼을 나타낸 것이다.

이에 대한 설명으로 옳은 것은?

① 방출선이 나타난다.
② 스펙트럼에 나타난 검은 선의 개수는 별의 대기를 구성하는 원소의 가짓수와 같다.
③ 스펙트럼에 나타난 검은 선의 굵기가 다른 것은 별을 구성하는 원소의 종류와 관련이 있다.
④ 스펙트럼에 여러 개의 검은 선이 나타나는 것은 별이 특정 파장의 빛을 방출하기 때문이다.
⑤ 이 스펙트럼과 원소의 스펙트럼을 비교하면 별 P의 대기 구성 성분을 알 수 있다.

03

방출 스펙트럼에 대한 설명으로 옳은 것은?

① 별빛에서 관측할 수 있다.
② 백열등에서 관측할 수 있다.
③ 방출선의 위치는 원소의 종류에 따라 다르다.
④ 연속 스펙트럼을 배경으로 몇 개의 검은 선이 나타난다.
⑤ 고온의 광원에서 방출된 빛이 저온의 기체를 통과할 때 나타난다.

04

그림은 세 종류의 스펙트럼을 나타낸 것이다. ㉠과 ㉡은 각각 흡수 스펙트럼과 방출 스펙트럼 중 하나이다.

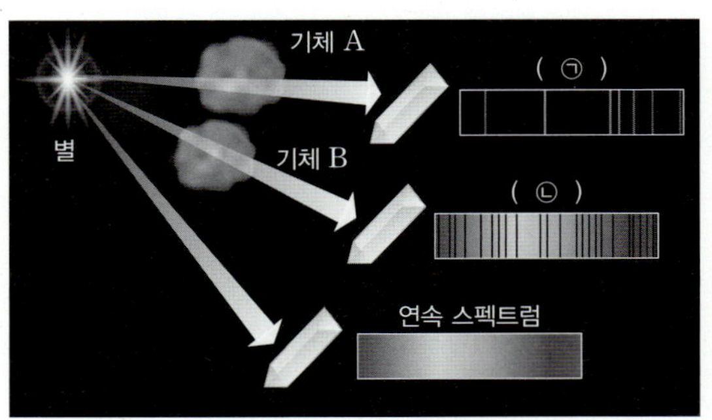

이에 대한 설명으로 옳은 것만을 [보기]에서 있는 대로 고른 것은?

| 보기 |

ㄱ. 전자가 에너지를 방출할 때 나타나는 스펙트럼은 ㉠이다.
ㄴ. 기체의 온도는 A가 B보다 높다.
ㄷ. 기체 A와 B의 구성 원소는 같다.

① ㄱ   ② ㄷ   ③ ㄱ, ㄴ
④ ㄴ, ㄷ   ⑤ ㄱ, ㄴ, ㄷ

05 중요

그림은 세 가지 원소 (가)~(다)와 태양의 스펙트럼을 나타낸 것이다.

이에 대한 설명으로 옳은 것만을 [보기]에서 있는 대로 고른 것은?

| 보기 |

ㄱ. (가)~(다)의 스펙트럼은 모두 방출 스펙트럼이다.
ㄴ. 태양의 스펙트럼은 연속 스펙트럼이다.
ㄷ. (가)~(다)는 모두 태양의 대기를 구성하는 원소이다.

① ㄱ   ② ㄴ   ③ ㄷ
④ ㄱ, ㄷ   ⑤ ㄴ, ㄷ

06

별빛의 스펙트럼을 관측하여 알 수 있는 것만을 [보기]에서 있는 대로 고른 것은?

보기
ㄱ. 우주의 나이 ㄴ. 별을 구성하는 원소의 질량비 ㄷ. 별의 대기를 구성하는 원소의 종류

① ㄱ ② ㄴ ③ ㄱ, ㄷ
④ ㄴ, ㄷ ⑤ ㄱ, ㄴ, ㄷ

07

그림은 우주를 구성하는 주요 원소의 질량비를 나타낸 것이다.

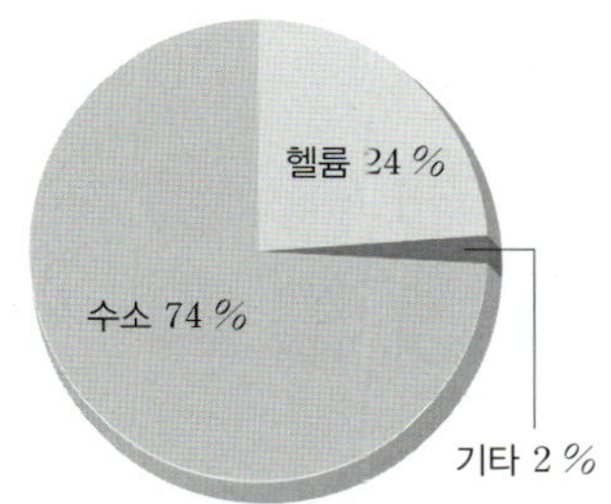

이에 대한 설명으로 옳은 것만을 [보기]에서 있는 대로 고른 것은?

보기
ㄱ. 여러 천체의 스펙트럼을 분석하여 구한 것이다. ㄴ. 우주에 분포하는 수소와 헬륨의 질량비는 약 3 : 1이다. ㄷ. 수소 원자와 헬륨 원자는 별 내부에서 핵융합 반응에 의해 생성된 것이다.

① ㄱ ② ㄷ ③ ㄱ, ㄴ
④ ㄴ, ㄷ ⑤ ㄱ, ㄴ, ㄷ

08

빅뱅 우주론에 대한 설명으로 옳지 <u>않은</u> 것은?

① 빅뱅 이후 우주는 계속 팽창하였다.
② 고온 고밀도의 한 점에서 빅뱅이 일어났다.
③ 우주의 탄생과 기본 입자의 생성 과정을 설명한다.
④ 빅뱅 이후 우주의 온도와 밀도는 계속 증가하였다.
⑤ 우주에 분포하는 수소와 헬륨의 질량비는 빅뱅 우주론을 지지하는 증거이다.

09 중요

빅뱅 우주론에서 우주의 생성 과정에 대한 설명으로 옳은 것만을 [보기]에서 있는 대로 고른 것은?

보기
ㄱ. 중성자 4개가 결합하여 헬륨 원자핵 1개가 생성되었다. ㄴ. 빅뱅 후 약 3분 무렵에 수소 원자핵과 헬륨 원자핵의 질량비는 약 3 : 1이었다. ㄷ. 빅뱅 직후부터 헬륨 원자핵이 생성되기 전까지 우주에는 한 종류의 기본 입자만 있었다.

① ㄱ ② ㄴ ③ ㄱ, ㄷ
④ ㄴ, ㄷ ⑤ ㄱ, ㄴ, ㄷ

10

그림은 원자를 구성하는 입자들을 나타낸 것이다.

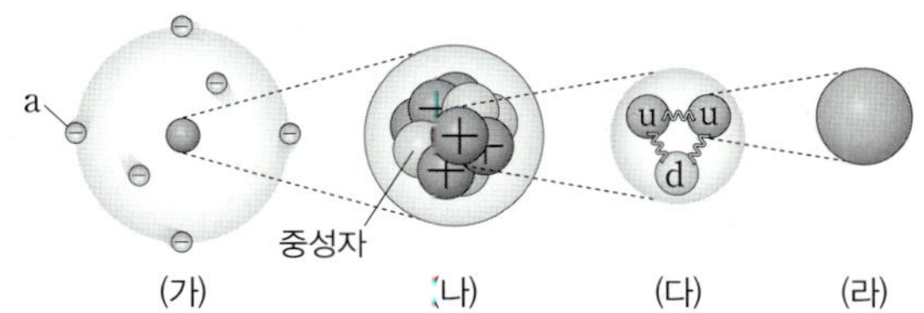

이에 대한 설명으로 옳지 <u>않은</u> 것은?

① a는 전자이다.
② 빅뱅 이후 우주 초기에 (다)는 a보다 먼저 생성되었다.
③ a와 (나) 사이에는 전기적 인력이 작용한다.
④ (가)가 생성되었을 때 빛은 물질과 분리되었다.
⑤ (나)는 핵융합 반응으로 생성된다.

11

그림은 빅뱅 이후 약 38만 년이 지났을 때 우주의 상태에 대해 학생들이 나눈 대화이다.

제시한 내용이 옳은 학생만을 있는 대로 고른 것은?

① A ② C ③ A, B
④ B, C ⑤ A, B, C

12

그림은 빅뱅 이후 우주에서 헬륨 원자핵과 수소 원자의 생성 과정을
나타낸 것이다.

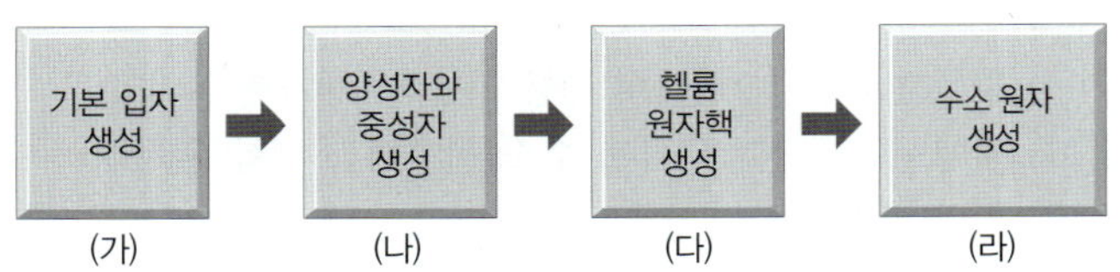

이에 대한 설명으로 옳지 <u>않은</u> 것은?

① 전자는 (가) 시기에 생성되었다.
② (나) 시기에 우주 배경 복사가 우주 전역으로 퍼져 나갔다.
③ 우주의 온도는 (다) 시기가 (나) 시기보다 낮았다.
④ 입자 1개의 질량은 헬륨 원자핵이 수소 원자핵의 약 4배이다.
⑤ (가)에서 (다)까지 걸린 시간이 (다)에서 (라)까지 걸린 시간
　보다 짧다.

13

그림 (가)와 (나)는 빅뱅 이후 서로 다른 시기에 생성된 입자를 모식적
으로 나타낸 것이다.

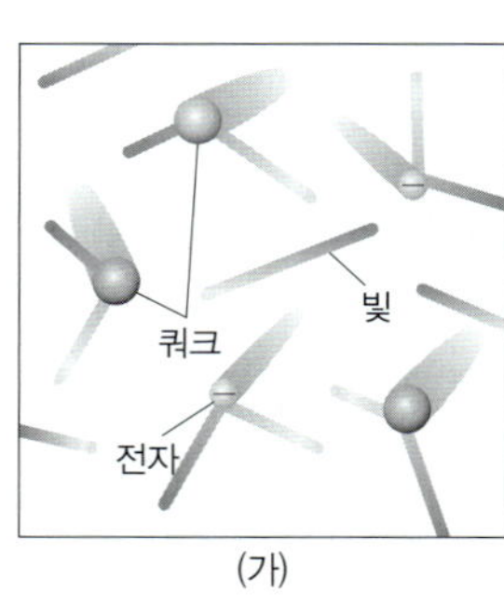

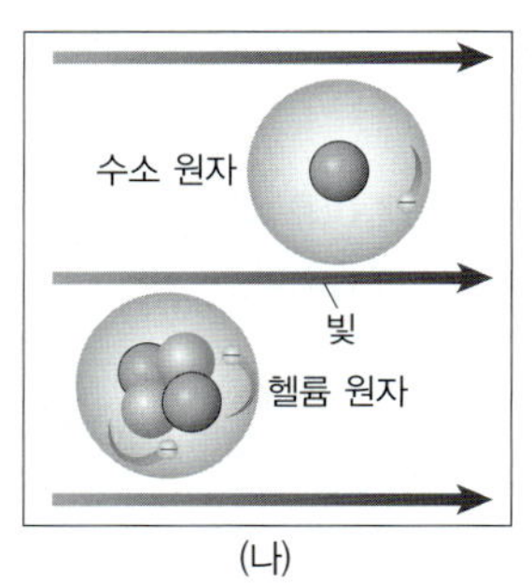

이에 대한 설명으로 옳은 것만을 [보기]에서 있는 대로 고른 것은?

| 보기 |
ㄱ. (가) 시기에 수소 원자핵이 생성되었다.
ㄴ. (나) 시기에 우주 배경 복사가 방출되었다.
ㄷ. (가)에서 (나)까지 걸린 시간은 5분 이하이다.

① ㄱ　　　　② ㄴ　　　　③ ㄱ, ㄷ
④ ㄴ, ㄷ　　　　⑤ ㄱ, ㄴ, ㄷ

14

빅뱅 우주에서 원자핵이 생성되는 과정에 대한 설명으로 옳지 <u>않은</u>
것은?

① 양성자는 그 자체로 수소 원자핵이 되었다.
② 양성자와 중성자가 결합하여 헬륨 원자핵을 생성하였다.
③ 헬륨 원자핵 1개의 질량은 수소 원자핵 1개의 질량보다 약 4
　배 크다.
④ 삼중 수소 원자핵과 헬륨 원자핵에 들어 있는 중성자의 수는
　다르다.
⑤ 빅뱅 후 약 3분 무렵에 우주의 온도가 낮아지면서 헬륨 원자
　핵이 생성되었다.

15 중요

그림은 우주 생성 초기에 생성된 수소 원자핵과 헬륨 원자핵의 개수
분포를 나타낸 것이다.

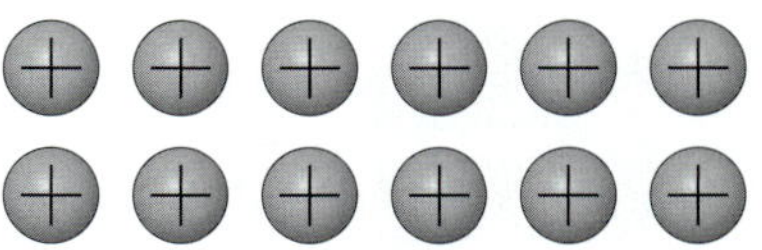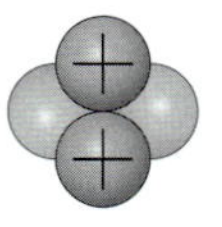

이에 대한 설명으로 옳은 것만을 [보기]에서 있는 대로 고른 것은?

| 보기 |
ㄱ. 헬륨 원자핵 1개의 질량은 수소 원자핵 1개의 약 4배이다.
ㄴ. 이 시기에 수소 원자핵과 헬륨 원자핵의 개수비는 7 : 1
　이다.
ㄷ. 이 시기에 우주에 존재하는 수소 원자핵과 헬륨 원자핵
　의 질량비는 약 12 : 1이다.

① ㄱ　　　　② ㄷ　　　　③ ㄱ, ㄴ
④ ㄴ, ㄷ　　　　⑤ ㄱ, ㄴ, ㄷ

16

우주 배경 복사에 대한 설명으로 옳은 것만을 [보기]에서 있는 대로
고른 것은?

| 보기 |
ㄱ. 빅뱅 우주론의 증거이다.
ㄴ. 우주의 온도가 약 2.7 K일 때 우주 전역으로 퍼져 나갔다.
ㄷ. 우주가 팽창함에 따라 우주 배경 복사의 파장은 점차
　짧아졌다.

① ㄱ　　　　② ㄷ　　　　③ ㄱ, ㄴ
④ ㄴ, ㄷ　　　　⑤ ㄱ, ㄴ, ㄷ

서술형 문제

개념 ① 스펙트럼과 우주의 원소 분포

17

그림 (가)와 (나)는 서로 다른 종류의 스펙트럼이 생성되는 과정을 나타낸 것이다. (가)와 (나)는 각각 흡수 스펙트럼과 방출 스펙트럼 중 하나이다.

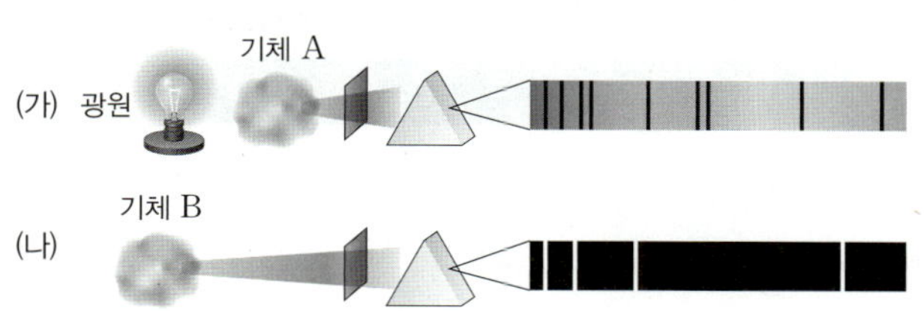

(1) (가)와 (나)에 나타나는 스펙트럼의 종류를 각각 쓰고, 기체 A와 B의 온도를 부등호로 비교하시오.

(2) 우주 전역에서 오는 빛의 스펙트럼 선폭을 통해 알 수 있는 빅뱅 우주론의 증거는 무엇인지 서술하시오.

18 중요

그림은 어느 별 S의 흡수 스펙트럼과 원소 A, B의 방출 스펙트럼을 나타낸 것이다.

(1) 별 S의 대기에 포함된 원소의 기호를 쓰시오.

(2) 별의 스펙트럼이 흡수 스펙트럼으로 나타나는 까닭을 서술하시오.

개념 ② 빅뱅 우주론과 우주 초기 원소의 생성

19

그림은 빅뱅 이후 우주에서 입자의 생성 과정을 나타낸 것이다.

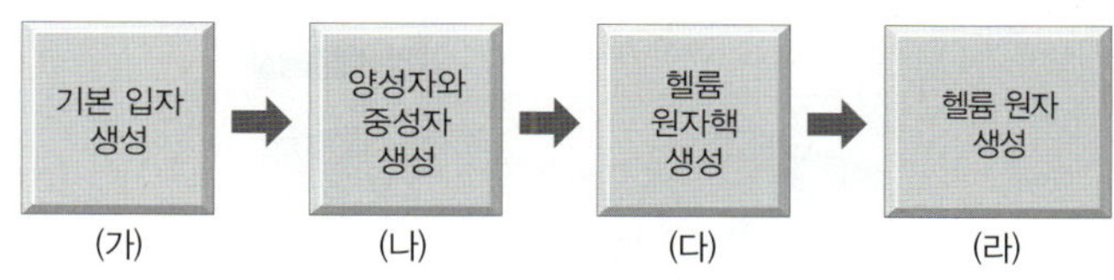

(1) 빅뱅 이후 가장 먼저 생성된 원자핵의 종류와 그 시기의 기호를 쓰시오.

(2) (가)~(라) 중 빛과 물질이 분리된 시기를 쓰고, 그 과정을 서술하시오.

20 중요

그림은 빅뱅 후 약 3분 무렵, 우주에서 생성된 수소 원자핵과 헬륨 원자핵의 개수 분포를 나타낸 것이다.

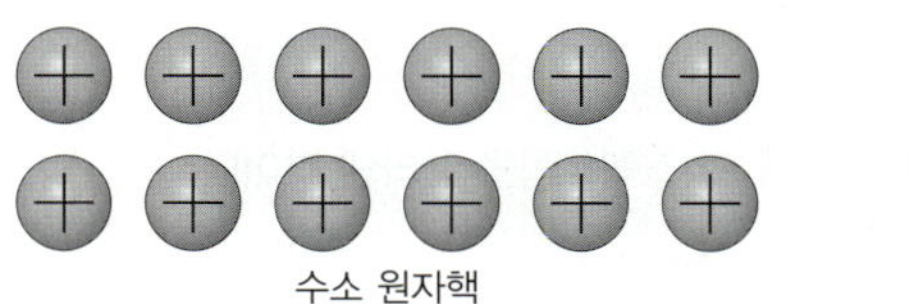
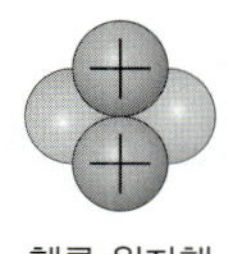

초기 우주에 생성된 수소 원자핵과 헬륨 원자핵의 총질량 중 헬륨 원자핵이 차지하는 질량의 비율을 수소 원자핵과 헬륨 원자핵의 개수비를 이용하여 구하시오.

21

빅뱅 우주론의 증거 두 가지를 서술하시오.

01

| 2023년 고1 6월 교육청 통합과학 14번 |

그림은 고온 고밀도의 광원에서 나온 빛을 분광기로 관찰하는 과정을 모식적으로 나타낸 것이다. 스펙트럼 ㉠은 방출 스펙트럼과 흡수 스펙트럼 중 하나이다.

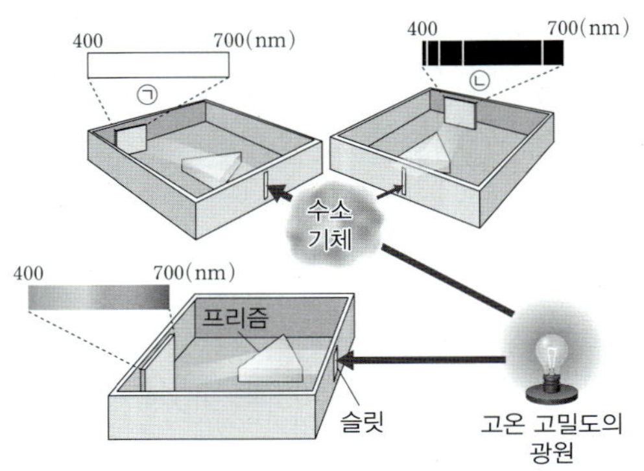

이에 대한 설명으로 옳은 것만을 [보기]에서 있는 대로 고른 것은? (단, 수소 기체 이외에 다른 기체는 없으며, 빛은 슬릿을 통해서만 분광기 내부로 들어간다.)

┤ 보기 ├

ㄱ. ㉠은 수소 기체 방전관에서 나온 빛의 스펙트럼과 같다.

ㄴ. ㉠과 ㉡에 나타나는 선의 위치는 같다.

ㄷ. 태양에서 나온 빛이 태양의 대기를 통과하여 나타나는 스펙트럼의 종류는 ㉡과 같다.

① ㄱ   ② ㄴ   ③ ㄱ, ㄷ
④ ㄴ, ㄷ   ⑤ ㄱ, ㄴ, ㄷ

02

그림은 태양과 원소 ㉠, ㉡의 스펙트럼을 나타낸 것이다.

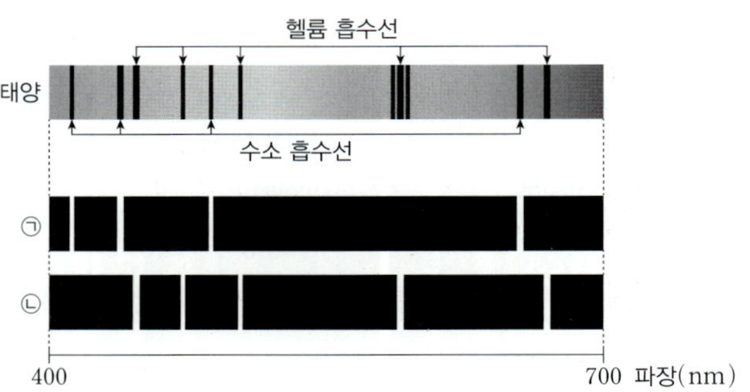

이에 대한 설명으로 옳은 것만을 [보기]에서 있는 대로 고른 것은?

┤ 보기 ├

ㄱ. ㉡은 헬륨이다.

ㄴ. 태양의 대기에는 ㉠이 있다.

ㄷ. 우주를 구성하고 있는 천체의 스펙트럼을 분석하면 우주를 구성하고 있는 원소의 종류를 알 수 있다.

① ㄱ   ② ㄷ   ③ ㄱ, ㄴ
④ ㄴ, ㄷ   ⑤ ㄱ, ㄴ, ㄷ

03

| 2022년 고1 9월 교육청 통합과학 12번 |

그림은 임의의 원소 A, B, C의 방출 스펙트럼과 별 S의 흡수 스펙트럼을 나타낸 것이다.

이에 대한 설명으로 옳은 것만을 [보기]에서 있는 대로 고른 것은?

┤ 보기 ├

ㄱ. 고온의 A는 특정 파장의 빛을 방출한다.

ㄴ. 별 S의 대기에는 B와 C가 존재한다.

ㄷ. 별빛의 스펙트럼을 통해 별을 구성하는 원소의 종류를 확인할 수 있다.

① ㄴ   ② ㄷ   ③ ㄱ, ㄴ
④ ㄱ, ㄷ   ⑤ ㄱ, ㄴ, ㄷ

04

| 2020년 고1 9월 교육청 통합과학 1번 |

다음은 우주의 생성 과정에 대한 설명의 일부이다.

- 우주는 온도와 밀도가 매우 높은 한 점에서 대폭발하여 탄생하였다.
- 대폭발 이후 우주 온도가 내려가면서 기본 입자가 결합하여 양성자와 중성자가 만들어졌다.
- 원자핵과 ㉠ 전자가 결합하여 원자가 만들어졌다.
- 수소와 헬륨으로 이루어진 성운은 중력에 의해 수축하여 원시별이 되고, 내부 온도가 충분히 올라가면 별의 중심부에서 ㉡ 수소 원자핵이 헬륨 원자핵으로 바뀌는 반응이 일어나 많은 양의 에너지가 방출된다.

이에 대한 설명으로 옳은 것만을 [보기]에서 있는 대로 고른 것은?

┤ 보기 ├

ㄱ. ㉠은 양(+) 전하를 띤다.

ㄴ. ㉡은 수소 핵융합 반응이다.

ㄷ. 빅뱅 우주론에 대한 설명이다.

① ㄱ   ② ㄴ   ③ ㄱ, ㄷ
④ ㄴ, ㄷ   ⑤ ㄱ, ㄴ, ㄷ

05

| 2022년 고1 11월 교육청 통합과학 3번 |

표는 빅뱅 이후 초기 우주에서 A와 B 시기의 입자의 생성에 대한 설명을 나타낸 것이다.

시기	입자의 생성
A	기본 입자인 쿼크가 결합하여 양성자와 중성자가 생성되었다.
B	원자핵과 (㉠)이/가 결합하여 원자가 생성되었다.

이에 대한 설명으로 옳은 것만을 [보기]에서 있는 대로 고른 것은?

보기
- ㄱ. '전자'는 ㉠에 해당한다.
- ㄴ. 우주의 온도는 A일 때가 B일 때보다 낮다.
- ㄷ. B 이후 우주에 존재하는 수소 원자들의 총질량은 헬륨 원자들의 총질량보다 크다.

① ㄱ   ② ㄴ   ③ ㄱ, ㄷ
④ ㄴ, ㄷ   ⑤ ㄱ, ㄴ, ㄷ

06

그림은 빅뱅 이후 초기 우주에서 원자가 생성되는 과정을 나타낸 것이다.

이에 대한 설명으로 옳은 것만을 [보기]에서 있는 대로 고른 것은?

보기
- ㄱ. ㉠에는 전자, 쿼크 등이 있다.
- ㄴ. ㉡은 양성자 2개와 중성자 2개로 이루어져 있다.
- ㄷ. ㉢의 생성으로 빛이 퍼져 나가기 시작했다.

① ㄱ   ② ㄴ   ③ ㄱ, ㄷ
④ ㄴ, ㄷ   ⑤ ㄱ, ㄴ, ㄷ

07

| 2023년 고1 6월 교육청 통합과학 9번 |

그림 (가)는 우주의 탄생과 진화의 과정을, (나)의 ㉠과 ㉡은 각각 A와 B 시기에 해당하는 우주의 일부를 순서 없이 나타낸 것이다.

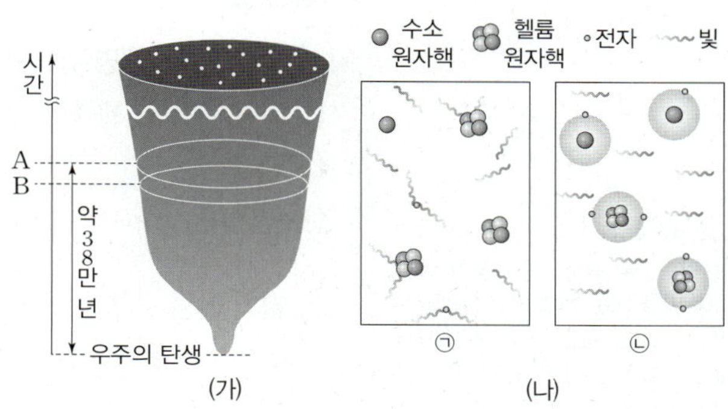

이에 대한 설명으로 옳은 것만을 [보기]에서 있는 대로 고른 것은?

보기
- ㄱ. ㉠은 A 시기에 해당한다.
- ㄴ. A 시기 이후에 우주 배경 복사의 파장은 점차 길어졌다.
- ㄷ. B 시기에 빛과 물질이 분리되어 우주는 투명해졌다.

① ㄱ   ② ㄴ   ③ ㄱ, ㄷ
④ ㄴ, ㄷ   ⑤ ㄱ, ㄴ, ㄷ

08

그림 (가)와 (나)는 우주의 진화 과정에서 원자가 생성되기 전과 후의 우주의 모습을 순서 없이 나타낸 것이다.

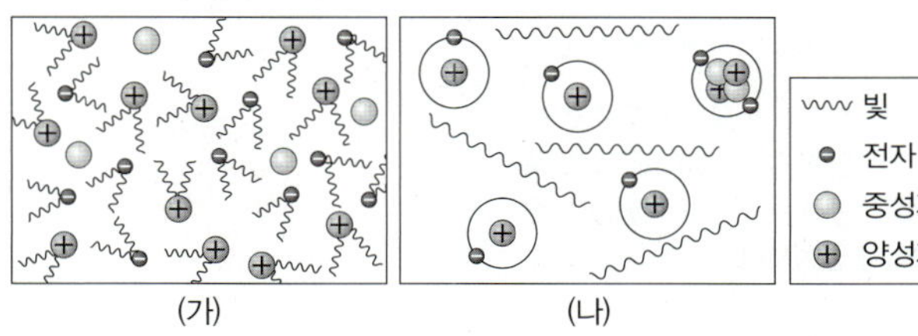

이에 대한 설명으로 옳은 것만을 [보기]에서 있는 대로 고른 것은?

보기
- ㄱ. (가)일 때 우주 배경 복사가 방출되었다.
- ㄴ. 우주의 진화 과정은 (가) → (나) 순이다.
- ㄷ. 우주의 온도는 (가)일 때가 (나)일 때보다 높다.

① ㄱ   ② ㄴ   ③ ㄱ, ㄷ
④ ㄴ, ㄷ   ⑤ ㄱ, ㄴ, ㄷ

지구와 생명체를 구성하는 원소의 생성

개념 ① 지구와 생명체를 구성하는 원소의 생성

1. 우주, 지구, 생명체의 구성 원소 → 지구와 생명체를 구성하는 주요 원소는 우주를 구성하는 주요 원소와 다르다.

(1) 우주: 수소와 헬륨이 전체 원소의 약 98 %를 차지한다. ➡ 빅뱅 핵합성으로 생성

(2) 지구: 철, 산소, 규소, 마그네슘 등으로 이루어져 있다. ➡ 별의 진화 과정에서 생성

(3) 생명체: 산소와 탄소가 대부분을 차지한다. ➡ 별의 진화 과정에서 생성

2. 별의 탄생   별은 온도가 낮은 성운 내부의 밀도가 큰 영역에서 탄생한다.

   ➡ 밀도가 큰 영역은 중력이 크기 때문에 더 많은 물질을 끌어당겨 별이 탄생할 수 있다.

(1) 별의 탄생 과정: 성운을 구성하고 있는 물질들은 자체 중력에 의해 서서히 수축되어 온도가 약 1000만 K에 도달하면 중심부에서 수소 핵융합 반응이 시작되면서 별(주계열성)이 된다.

성간 물질 수축	➡	❶ 원시별의 생성	➡	별(주계열성)의 탄생
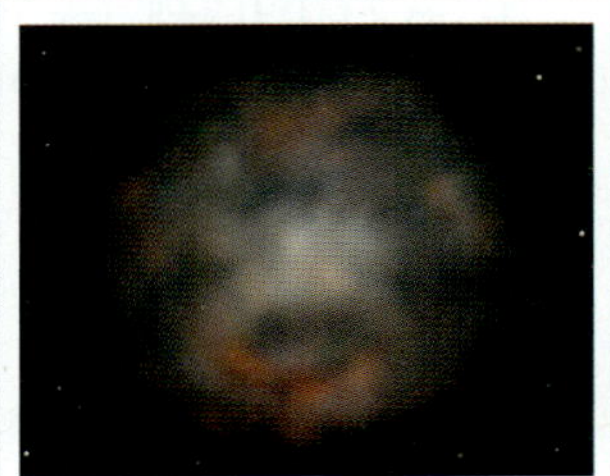				
수소, 헬륨, 먼지가 모여 성운이 형성되고, 성운 내부의 밀도가 큰 영역을 중심으로 중력 수축이 일어난다.		성운이 중력 수축하여 성운 중심부의 밀도가 커져 원시별이 생성된다.		원시별이 중력 수축하여 원시별 중심부 온도가 1000만 K 이상이 되면 수소 핵융합 반응이 일어나 별(주계열성)이 된다.

(2) 주계열성

① 별의 중심부 온도가 1000만 K 이상이 되면 중심부에서 수소 핵융합 반응이 일어나 헬륨이 생성된다.

② ❷별은 일생 중 가장 오랜 시간을 주계열성으로 보낸다.

┌ 기체가 중력에 의해 중심부로 수축한다.

③ ❸수소 핵융합 반응으로 내부 온도가 높아져 기체압이 커지면 별의 <u>중심쪽으로 향하는 중력</u>과 <u>바깥쪽으로 향하는 기체압</u>이 평형을 이루게 되어 크기가 일정하게 유지된다.

└ 기체의 운동 에너지가 높아져서 팽창한다.

수소 핵융합 반응

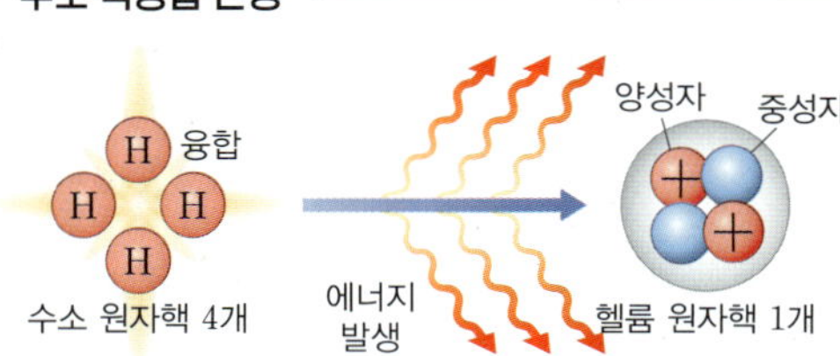

• 수소 핵융합 반응은 수소 원자핵 4개가 융합하여 헬륨 원자핵 1개를 생성하는 반응이다.

• 수소 4개의 질량은 헬륨 1개의 질량보다 큰데, 핵융합 반응에서 감소한 질량이 에너지로 전환된다.   빛의 형태로 방출 ┘

$$4H \longrightarrow He + 에너지$$

3. 별의 진화와 원소의 생성   성운에서 탄생한 별은 질량에 따라 진화 과정이 다르다. 질량이 큰 별일수록 에너지를 빨리 소모하여 진화 속도가 빠르고, 수명이 짧으며, 중심부에서 핵융합 반응에 의해 더 무거운 원소를 생성한다.

(1) 철보다 가벼운 원소의 생성: 별의 중심부에서 수소가 모두 헬륨으로 바뀌면 중력 수축이 일어나 온도가 높아지고, 중심부 온도가 약 1억 K 이상이 되면 헬륨 핵융합 반응이 일어나 <u>탄소와 산소가 생성</u>된다. → 생명체를 이루는 원소 생성

---

❶ 원시별과 별

• 원시별: 중력 수축으로 온도가 상승하여 빛을 내는 천체이다. 원시별은 밀도가 크고, 온도가 낮은 성운에서 중력 수축에 의해 물질들이 밀집되어 생성된다.

• 별: 핵융합 반응을 통해 스스로 빛을 내는 천체이다.

❷ 별의 일생 중 주계열성에 머무르는 시간

• 별에서 가장 풍부한 원소는 수소이므로 별은 수소 핵융합 반응에 의해 에너지를 생성하는 시간이 매우 길다. 따라서 별의 일생 중 주계열성에 머무르는 시간이 가장 길다.

• 별의 질량이 클수록 핵융합 반응이 활발하게 일어나기 때문에 주계열성에 머무르는 시간이 짧다.

• 태양은 현재 주계열성으로, 약 50억 년 후 중심부의 수소 핵융합 반응이 끝날 것으로 추정된다.

❸ 주계열성에서 힘의 평형과 별의 크기

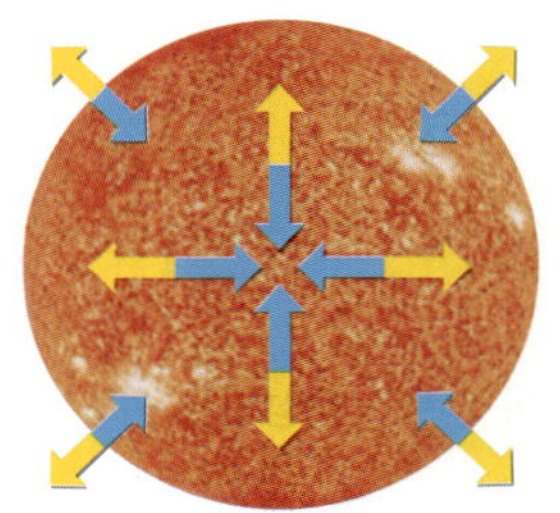

주계열성은 수소 핵융합 반응으로 발생한 기체압과 별의 질량에 의해 중심으로 작용하는 중력이 평형을 이루어 크기가 일정하다.

용어 알기

⊙ 성운(星 별, 雲 구름) 가스와 먼지 등으로 이루어진 성간 물질

⊙ 핵융합(核 씨, 融 화합하다, 合 합하다) 고온에서 가벼운 원자핵이 융합하여 더 무거운 원자핵이 되는 과정

⊙ 성간 물질(星 별, 間 사이, 物 물건, 質 본질) 별과 별 사이의 공간을 채우고 있는 물질

① 질량이 태양 정도인 별: 별의 내부에서 ❹핵융합 반응에 의해 헬륨, 탄소, 산소까지 생성된다.

② 질량이 태양의 10배 이상인 별: 여러 단계의 핵융합 반응을 거쳐 탄소, 산소, 네온, 마그네슘, 규소, 황 등의 무거운 원소가 생성되며, 마지막에는 중심부에서 철이 생성된다.

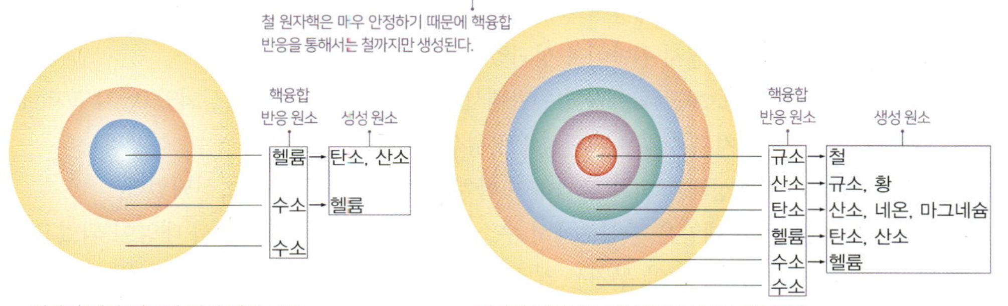

▲ 질량이 태양 정도인 별의 내부 구조　　▲ 질량이 태양의 10배 이상인 별의 내부 구조

[2] ❺철보다 무거운 원소의 생성: 핵융합 반응에 의해 철이 생성된 후에는 핵융합 반응이 멈추고 중심부가 계속 수축하다가 초신성 폭발이 일어난다. 이 과정에서 핵으로부터 다량으로 방출된 중성자들이 별에 존재하던 철 원자핵에 흡수되어 금, 납, 우라늄 등의 철보다 무거운 원소가 생성된다.

[3] ❻별에서 생성된 원소의 방출: 형성상 성운 및 초신성 폭발 과정에서 우주 공간으로 방출된 다양한 원소들은 새로운 별, 행성, 생명체의 재료가 된다.

핵융합 반응이 일어날 때 생성되는 원소는 에너지를 방출하는 과정에서 생성되지만, 철보다 무거운 원소는 주변의 에너지를 흡수하는 과정에서 생성되기 때문에 초신성 폭발 때 일시적으로 생성된다.

더 알아보기　질량에 따른 별의 진화

• **질량이 태양 정도인 별의 진화:** 주계열성의 중심부에서 수소 핵융합 반응이 멈추면 적색 거성으로 진화하고, 적색 거성의 중심부에서 헬륨 핵융합 반응이 멈추면 별의 바깥층은 팽창하여 우주 공간에 퍼져 행성상 성운이 되고, 중심부는 수축하여 백색 왜성이 된다.

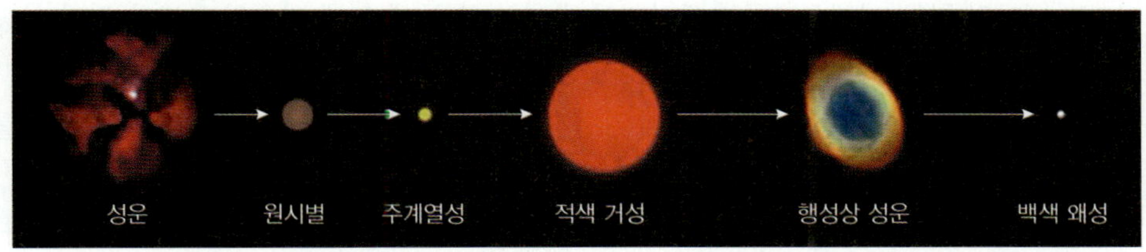

• **질량이 태양의 10배 이상인 별의 진화:** 주계열성의 중심부에서 수소 핵융합 반응이 멈추면 초거성으로 진화하고, 초거성의 중심부에서 핵융합 반응이 멈추면 중심부는 계속 수축하다가 한계에 도달하면 초신성으로 폭발한다. 이후 중심부가 더욱 수축하여 중성자로만 이루어진 중성자별이 되거나 질량이 매우 큰 경우 밀도와 표면 중력이 너무 커서 빛조차 빠져나갈 수 없는 블랙홀이 되기도 한다.

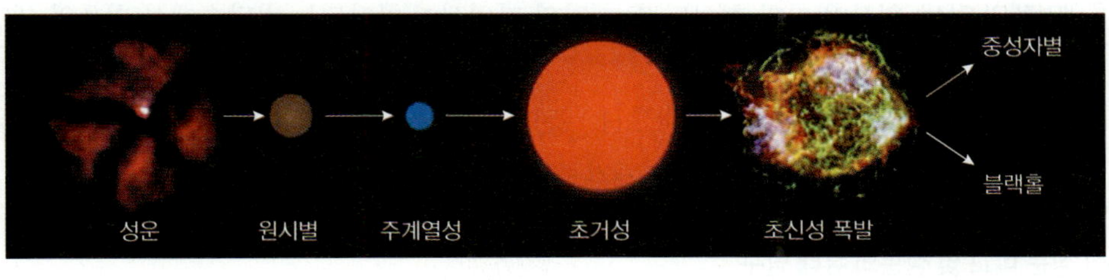

개념 ② 태양계와 지구의 형성

1. 태양계의 형성　초신성 폭발로 형성된 태양계 성운에서 밀도가 큰 부분을 중심으로 수축하여 태양계가 형성되었다.

미행성체가 형성되는 곳으로 목성형 행성의 고리와 다르다.

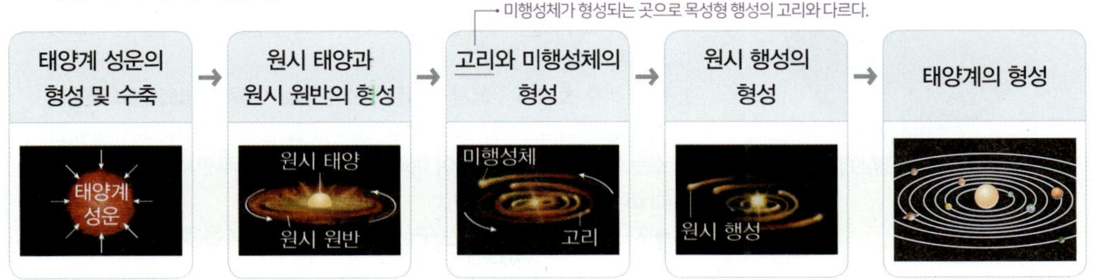

---

❹ 핵융합 반응으로 생성되는 원소와 반응 온도

별의 내부에서는 중력 수축 에너지에 의해 온도가 상승하는데, 별의 질량이 클수록 중력 수축 에너지가 커서 더 높은 온도까지 상승할 수 있으므로 여러 단계의 핵융합 반응이 일어나 무거운 원소가 생성된다.

핵융합 반응 원소	생성 원소	반응 온도(K)
H(수소)	He(헬륨)	1000만
He(헬륨)	C(탄소), O(산소)	1억
C(탄소)	O(산소), Ne(네온), Mg(마그네슘)	8억
O(산소)	Si(규소), S(황)	20억
Si(규소)	Fe(철)	30억

꼭! 암기

❺ 별의 진화와 원소의 생성

• 철보다 가벼운 원소: 별의 내부에서 핵융합 반응에 의해 생성
  ➡ 질량이 태양 정도인 별에서는 헬륨, 탄소, 산소까지 생성되고, 질량이 태양보다 10배 이상인 별에서는 네온, 마그네슘, 황, 규소, 철까지 생성된다.
• 철보다 무거운 원소(금, 납, 우라늄 등): 초신성 폭발 과정에서 생성

❻ 원소의 생성과 순환

빅뱅 이후 핵합성으로 수소와 헬륨이 생성되었고, 그 수소와 헬륨이 모여 별을 만들었다. 이후 별이 진화하는 과정에서 만들어진 다양한 원소는 별이 소멸하면서 우주로 퍼져 나가 성운을 이루고, 새로운 별과 행성, 생명체를 만드는 재료가 된다.

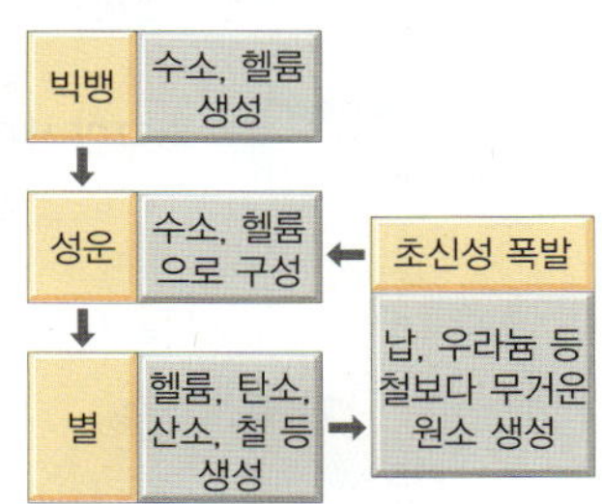

구분	지구형 행성	목성형 행성
행성	수성, 금성, 지구, 화성	목성, 토성, 천왕성, 해왕성
주요 성분	암석과 철질 성분 ➡ 녹는점이 높은 무거운 원소로 구성	기체 성분 ➡ 녹는점이 낮은 가벼운 원소로 구성
평균 밀도	크다	작다

(1) ❼태양계 성운의 형성 및 수축: 약 50억 년 전 초신성 폭발로 거대한 태양계 성운이 형성된 후 중력에 의해 수축하면서 회전하기 시작하였다. → 성운을 이루는 물질이 중력에 의해 중심부로 모일 때 위치 에너지가 감소하면서 발생한 중력 수축 에너지에 의해 온도가 높아진다.

(2) 원시 태양과 원시 원반의 형성: 태양계 성운이 수축하면서 중심부는 온도가 높아지고 밀도가 커져 성운의 중심부에는 원시 태양이 형성되었고, 회전 속도가 점점 빨라지면서 성운의 바깥쪽에는 납작한 원반 모양의 원시 원반이 형성되었다.

(3) 고리와 °미행성체의 형성: 회전하는 원시 원반에서는 여러 개의 고리가 형성되었고, 각 고리에서는 가스와 먼지가 뭉쳐져서 수많은 미행성체가 형성되었다.

(4) 원시 행성의 형성: 미행성체가 서로 충돌하여 합쳐지면서 원시 행성이 형성되었다.

(5) ❽❾태양계의 형성: 원시 태양은 중심부에서 수소 핵융합 반응이 일어나면서 태양이 되었고, 태양에 가까운 곳은 온도가 높아 무거운 물질(철, 규소 등)로 된 지구형 행성이 형성되었으며, 태양에서 먼 곳은 온도가 낮아 가벼운 물질(수소, 헬륨 등)로 된 목성형 행성이 형성되었다.
→ 암석 성분의 행성으로 평균 밀도가 크다.
→ 기체 성분의 행성으로 평균 밀도가 작다.

2. 지구의 형성과 생명체의 탄생

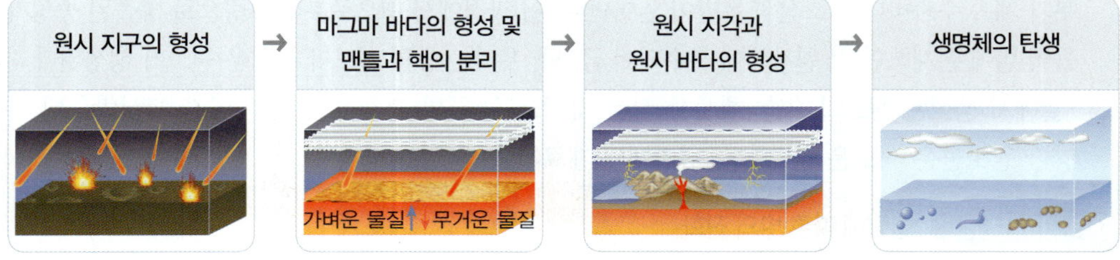

(1) 원시 지구의 형성: 태양계 성운에서 미행성체들이 서로 합쳐져 원시 행성이 형성되는 과정에서 원시 지구가 형성되었다. → 지구 내부의 밀도는 균질하였다.

(2) 마그마 바다의 형성: 미행성체가 충돌하면서 발생한 열 등에 의해 지구의 온도가 점점 상승하였고, 지구 전체가 거의 녹아 액체 상태의 마그마 바다를 형성하였다.

(3) 맨틀과 핵의 분리: 마그마 바다에서 가벼운 규산염 물질(규소, 산소 등)은 위로 떠올라 맨틀을 형성하였고, 무거운 금속 물질(철, 니켈 등)은 가라앉아 지구의 핵을 형성하였다. → 지구 중심부의 밀도가 증가

(4) 원시 지각의 형성: 미행성체들의 충돌이 감소하면서 지구의 온도는 점점 낮아졌고, 지표가 식으면서 단단한 원시 지각이 형성되었다.

(5) 원시 바다의 형성: 화산 활동 등으로 대기에 공급된 수증기가 응결하여 비가 내렸고, 낮은 곳으로 모인 물이 원시 바다를 형성하였다.

(6) ❿생명체의 탄생: 원시 바다가 형성된 후 태양의 자외선이 차단되는 바닷속에서 최초의 생명체가 탄생하였다. → 행성에서 생명체가 존재할 수 있는 가장 중요한 조건: 액체 상태의 물 존재

➡ 암모니아(NH_3), 메테인(CH_4), 수소(H_2) 등의 무기물이 큰 에너지를 받아 간단한 유기물로 합성된 후 화학적 진화를 거쳐 생명체가 탄생하였을 것으로 추정된다.

필수 탐구 자료 지구와 생명체의 구성 성분 비교 및 성분의 유래 탐구

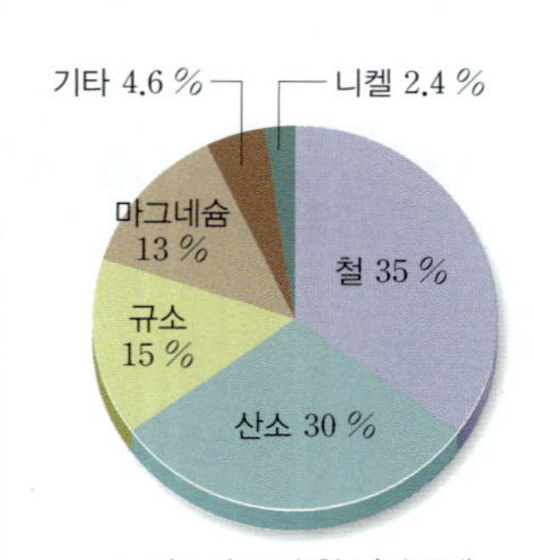

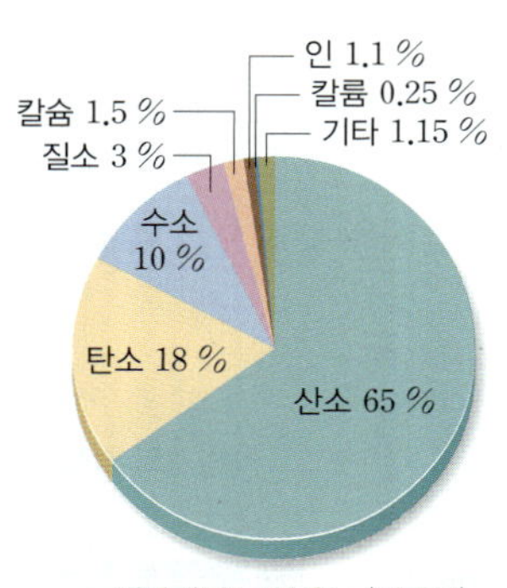

결과 및 해석

1. 지구를 구성하는 원소 중 가장 많은 질량을 차지하는 것은 철이다.
2. 생명체를 구성하는 원소 중 가장 많은 질량을 차지하는 것은 산소이다.

정리

1. 우주를 구성하는 주요 원소는 수소와 헬륨이지만, 지구와 생명체를 구성하는 주요 원소는 각각 철과 산소로 수소와 헬륨보다 무거운 원소로 이루어져 있다.
2. 빅뱅 이후 초기 우주에서 생성된 원소는 별을 만들고, 별의 진화 과정에서 생성된 다양한 원소들이 태양계와 지구를 형성하였으며, 지구에서 탄소는 다른 원소와 결합하여 여러 가지 화합물을 이루면서 생명체를 구성하였다.

➡ 지구와 생명체를 이루는 구성 성분은 우주로부터 온 것이다.

- 지구의 구성 원소: 가장 많은 양을 차지하는 원소는 (❶)이다.
- 생명체의 구성 원소: 가장 많은 양을 차지하는 원소는 (❷)이다.
- 별의 탄생: 별은 온도가 낮은 (❸) 내부의 밀도가 큰 영역에서 생성된다.
- (❹): 중심부에서 수소 핵융합 반응이 일어나고, 크기가 일정하게 유지되는 별
- 질량이 태양 정도인 별: 별의 중심부에서 헬륨 핵융합 반응으로 (❺)와 산소까지 생성된다.
- 질량이 태양의 10배 이상인 별: 여러 단계의 핵융합 반응을 거친 후 가장 마지막에 (❻)로 된 핵이 생성되고 핵융합 반응이 멈춘다.
- 태양계의 형성: 태양계 성운이 수축하면서 회전하기 시작한 후 (❼)과 원시 원반이 형성되었다.
- (❽): 원시 원반에서 가스와 먼지가 뭉쳐 형성된 것으로, 이들이 충돌하고 합쳐지면서 원시 행성이 형성되었다.
- 태양에 가까운 곳에는 (❾)형 행성이, 먼 곳에는 (❿)형 행성이 형성되었다.
- (⓫) 바다: 미행성체의 충돌로 발생한 열 등에 의해 온도가 상승하여 액체 상태로 녹아 있는 지구

01 지구와 생명체를 구성하는 원소 중 공통적으로 많이 포함되어 있는 원소를 쓰시오.

02 별의 탄생 과정에 대한 설명으로 옳은 것은 ○, 옳지 <u>않은</u> 것은 ×로 표시하시오.

(1) 별은 온도가 높은 성운 내부의 밀도가 큰 영역에서 탄생한다.
( )
(2) 원시별은 중력 수축에 의해 온도가 상승한다. ( )
(3) 중심부 온도가 1000만 K 이상이 되면 수소 핵융합 반응이 일어나는 별이 된다. ( )

03 다음은 주계열성에 대한 설명이다. ( ) 안에 알맞은 말을 쓰시오.

주계열성의 중심부에서는 ㉠( ) 반응으로 헬륨이 생성되고, 기체압(내부 압력)과 ㉡( )이 평형을 이루어 크기가 일정하게 유지된다. 또한 별은 일생의 대부분을 주계열성으로 보낸다.

04 철보다 가벼운 원소의 생성에 대한 설명으로 옳은 것은 ○, 옳지 <u>않은</u> 것은 ×로 표시하시오.

(1) 별의 내부에서 핵융합 반응에 의해 처음으로 생성되는 원소는 수소이다. ( )
(2) 수소 핵융합 반응에 의해 헬륨이 생성된다. ( )
(3) 질량이 태양 정도인 별은 탄소 핵융합 반응까지 일어난다. ( )
(4) 질량이 태양의 10배 이상인 별의 내부에서는 수소 핵융합 반응이 일어나지 않는다. ( )
(5) 질량이 큰 별일수록 핵융합 반응에 의해 무거운 원소가 생성된다. ( )

05 원소의 생성에 대한 설명 중 ( ) 안에 알맞은 말을 고르시오.

(1) 철은 (초신성 폭발, 핵융합 반응)에 의해 생성된다.
(2) 우라늄은 (초신성 폭발, 핵융합 반응)에 의해 생성된다.
(3) 탄소는 규소보다 더 (높은, 낮은) 온도의 핵융합 반응으로 생성된다.

06 태양계의 형성 과정에 대한 설명으로 옳은 것은 ○, 옳지 <u>않은</u> 것은 ×로 표시하시오.

(1) 태양계 성운은 빅뱅으로 형성되었다. ( )
(2) 회전하는 태양계 성운의 중심부에는 원시 태양이 형성되었고, 바깥쪽에는 원반 모양의 원시 원반이 형성되었다.
( )
(3) 원시 행성은 원시 태양의 일부가 떨어져 나와서 형성되었다.
( )
(4) 태양계가 형성될 때 태양과 가까운 곳에는 기체 성분의 목성형 행성이 형성되었다. ( )

07 다음은 지구의 형성 과정 일부를 순서 없이 나타낸 것이다. 지구의 형성 과정을 순서대로 옳게 나열하시오.

(가) 원시 바다의 형성	(나) 맨틀과 핵의 분리
(다) 원시 지각의 형성	(라) 마그마 바다의 형성

STEP 2 내신 대표 문제

개념 ① 지구와 생명체를 구성하는 원소의 생성

[01~02] 표는 별 (가)와 (나)의 질량을 태양의 질량과 비교하여 나타낸 것이다.

별	질량(태양=1)
(가)	1
(나)	10

01 별 (가), (나)의 중심부에서 최종적으로 핵융합 반응이 끝났을 때에 대한 설명으로 옳은 것만을 [보기]에서 있는 대로 고른 것은?

┤ 보기 ├

ㄱ. (가)에서 생성된 원소들은 (나)에 모두 존재한다.
ㄴ. (가)의 중심부에서 최종적으로 일어나는 핵융합 반응은 탄소 핵융합 반응이다.
ㄷ. (나)의 중심부에서는 철보다 무거운 원소가 생성된다.

① ㄱ   ② ㄷ   ③ ㄱ, ㄴ
④ ㄴ, ㄷ   ⑤ ㄱ, ㄴ, ㄷ

02 (가)와 질량이 비슷한 별의 진화 과정에 대한 설명으로 옳은 것만을 [보기]에서 있는 대로 고른 것은?

┤ 보기 ├

ㄱ. 별의 중심부에서는 최종적으로 헬륨 핵융합 반응에 의해 탄소가 생성된다.
ㄴ. 원시별의 중심부 온도가 1000만 K 이상이 되면 수소 핵융합 반응이 일어나기 시작한다.
ㄷ. 행성상 성운으로 진화할 때 철보다 무거운 원소가 생성되어 우주 공간으로 방출된다.

① ㄱ   ② ㄷ   ③ ㄱ, ㄴ
④ ㄴ, ㄷ   ⑤ ㄱ, ㄴ, ㄷ

대표 문제 파헤치기

파악하기

질량이 태양 정도인 별과 질량이 태양의 10배 이상인 별에서 핵융합 반응에 의해 생성되는 원소의 종류를 파악할 수 있어야 한다.

다가가기

STEP 1 질량이 태양 정도인 별은 헬륨 핵융합 반응까지만 일어난다.
STEP 2 질량이 큰 별일수록 여러 단계의 핵융합 반응을 거쳐 더 무거운 원소를 생성한다.
STEP 3 별 중심부에서는 최종적으로 철로 된 핵이 생성되고, 철보다 무거운 원소는 핵융합 반응으로 생성되지 않는다.

개념 ② 태양계와 지구의 형성

[03~04] 그림 (가)~(라)는 태양계 형성 과정을 순서 없이 나타낸 것이다.

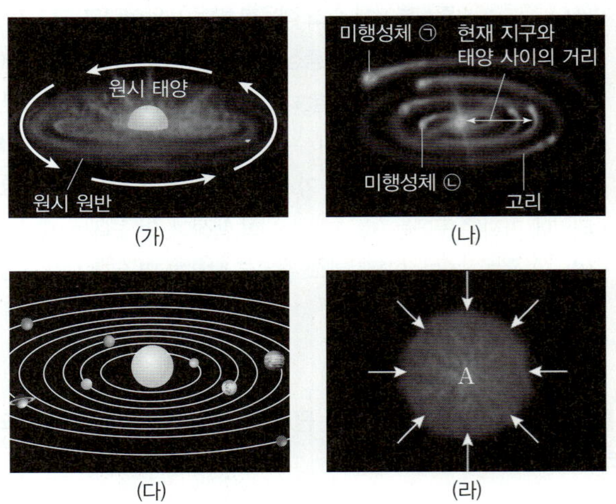

03 이에 대한 설명으로 옳은 것만을 [보기]에서 있는 대로 고른 것은?

┤ 보기 ├

ㄱ. 태양계의 형성 순서는 (라) → (나) → (가) → (다)이다.
ㄴ. (가)에서 원시 태양의 중심부 온도는 점점 높아진다.
ㄷ. (라)에서 A는 수소와 헬륨으로만 구성되어 있다.

① ㄱ   ② ㄴ   ③ ㄱ, ㄷ
④ ㄴ, ㄷ   ⑤ ㄱ, ㄴ, ㄷ

04 이에 대한 설명으로 옳은 것만을 [보기]에서 있는 대로 고른 것은?

┤ 보기 ├

ㄱ. (가)에서 성운의 회전 속도는 점차 빨라졌다.
ㄴ. (나)에서 미행성체의 평균 밀도는 ㉠이 ㉡보다 작다.
ㄷ. (라)의 A는 초신성 폭발로 형성되었다.

① ㄱ   ② ㄷ   ③ ㄱ, ㄴ
④ ㄴ, ㄷ   ⑤ ㄱ, ㄴ, ㄷ

대표 문제 파헤치기

파악하기

태양계 성운으로부터 태양계가 형성되는 과정을 순서대로 알고, 각 과정에서 일어나는 물리량의 변화 및 형성된 천체의 특징을 이해하고 있어야 한다.

다가가기

STEP 1 초신성 폭발에 의해 철보다 무거운 원소들이 생성된다.
STEP 2 태양계는 초신성 폭발로 만들어진 성운으로부터 형성되므로, 태양계를 이루는 천체들에는 철보다 무거운 원소도 포함되어 있다.
STEP 3 (가)는 원시 태양과 원시 원반의 형성, (나)는 미행성체의 형성, (다)는 태양계의 형성, (라)는 태양계 성운의 수축을 나타낸다.

STEP 3 내신 다지기 문제   난이도 ●○○○

개념 ① 지구와 생명체를 구성하는 원소의 생성

01

표는 생명체와 지구를 구성하는 원소의 질량비(%)를 순서 없이 나타낸 것이다.

구분	A	B	탄소	규소	수소
(가)	65	—	18	—	10
(나)	30	35	—	15	—

이에 대한 설명으로 옳은 것만을 [보기]에서 있는 대로 고른 것은?

┌─────── 보기 ───────┐
ㄱ. (가)는 생명체, (나)는 지구에 해당한다.
ㄴ. A는 대부분 빅뱅 핵합성으로 생성되었다.
ㄷ. B는 대부분 초신성 폭발 과정에서 생성되었다.
└──────────────────┘

① ㄱ   ② ㄷ   ③ ㄱ, ㄴ
④ ㄴ, ㄷ   ⑤ ㄱ, ㄴ, ㄷ

02

그림은 성운으로부터 별(주계열성)이 형성되는 과정의 일부를 나타낸 것이다.

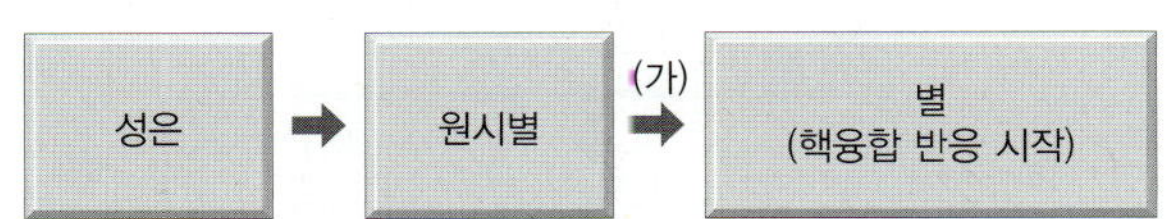

이에 대한 설명으로 옳은 것만을 [보기]에서 있는 대로 고른 것은?

┌─────── 보기 ───────┐
ㄱ. 성운은 성간 물질이 중력의 작용으로 수축하여 형성된다.
ㄴ. (가) 과정에서 별 중심부의 온도는 높아진다.
ㄷ. 별에서 처음 일어나는 핵융합 반응으로 생성되는 원소는 헬륨이다.
└──────────────────┘

① ㄱ   ② ㄷ   ③ ㄱ, ㄴ
④ ㄴ, ㄷ   ⑤ ㄱ, ㄴ, ㄷ

03

주계열성에 대한 설명으로 옳은 것만을 [보기]에서 있는 대로 고른 것은?

┌─────── 보기 ───────┐
ㄱ. 별의 크기가 일정하게 유지된다.
ㄴ. 별의 일생 중 가장 오랜 시간을 보낸다.
ㄷ. 별의 중심부에서 헬륨 핵융합 반응이 일어난다.
└──────────────────┘

① ㄱ   ② ㄷ   ③ ㄱ, ㄴ
④ ㄴ, ㄷ   ⑤ ㄱ, ㄴ, ㄷ

04 중요

별의 탄생과 진화에 대한 설명으로 옳지 **않은** 것은?

① 온도가 낮은 성운 내부의 밀도가 큰 영역에서 별이 탄생한다.
② 원시별이 중력 수축하여 중심부의 온도가 1000만 K 이상이 되면 수소 핵융합 반응이 일어난다.
③ 별은 일생의 대부분을 중심부에서 수소 핵융합 반응이 일어나는 단계로 보낸다.
④ 별의 중심부에서는 핵융합 반응에 의해 헬륨보다 무거운 원소를 생성할 수 있다.
⑤ 별의 중심부에서 핵융합 반응이 모두 끝나면 별의 기체압(내부 압력)이 중력보다 커진다.

05

그림은 어느 별의 내부 구조와 각 층의 주요 구성 원소를 나타낸 것이다.

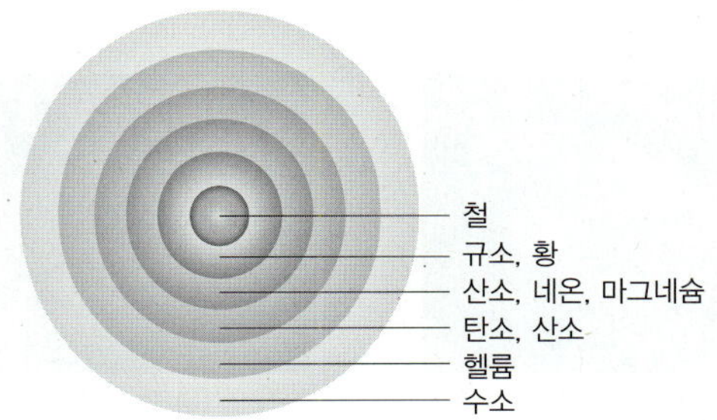

이 별에 대한 설명으로 옳은 것만을 [보기]에서 있는 대로 고른 것은?

┌─────── 보기 ───────┐
ㄱ. 주계열성이다.
ㄴ. 중심부로 갈수록 온도가 높아진다.
ㄷ. 시간이 지나면 중심부에서 철 핵융합 반응이 일어난다.
└──────────────────┘

① ㄱ   ② ㄴ   ③ ㄱ, ㄷ
④ ㄴ, ㄷ   ⑤ ㄱ, ㄴ, ㄷ

06 중요

그림 (가)와 (나)는 질량이 서로 다른 두 별의 진화 과정에서 중심부의 핵융합 반응이 끝난 직후 별의 내부 구조를 나타낸 것이다. 주계열성일 때 (가)와 (나)의 질량은 각각 태양 질량의 1배와 10배 중 하나이다.

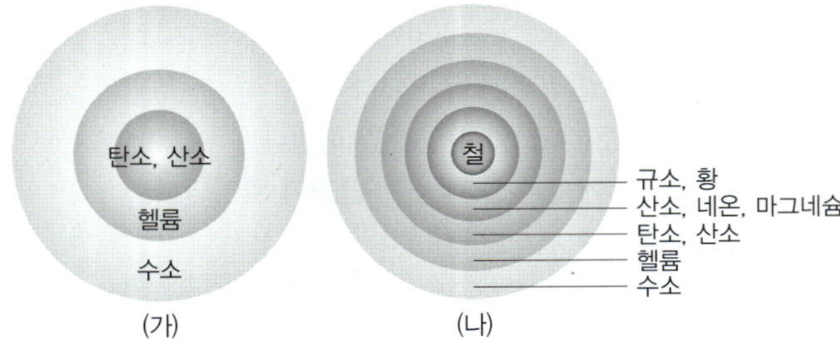

이에 대한 설명으로 옳은 것만을 [보기]에서 있는 대로 고른 것은?

> **보기**
> ㄱ. (가)는 시간이 지나면 중성자별이 된다.
> ㄴ. (나)의 질량은 태양 질량의 10배이다.
> ㄷ. 중심부 온도는 (가)가 (나)보다 높다.

① ㄱ ② ㄴ ③ ㄱ, ㄷ
④ ㄴ, ㄷ ⑤ ㄱ, ㄴ, ㄷ

07

그림 (가)와 (나)는 질량이 다른 두 별의 진화 과정에서 관측된 모습을 나타낸 것이다.

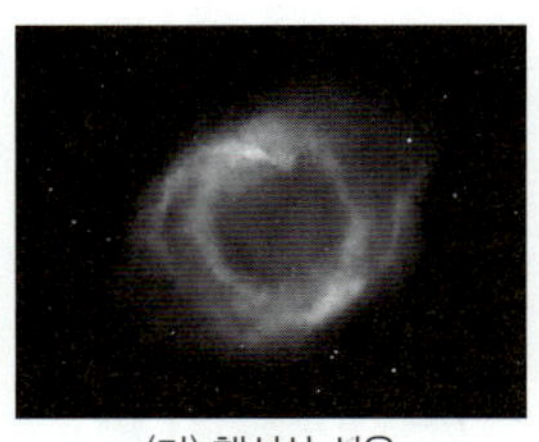 

이에 대한 설명으로 옳은 것만을 [보기]에서 있는 대로 고른 것은?

> **보기**
> ㄱ. (가)로 진화한 별은 (나)로 진화한 별보다 질량이 작다.
> ㄴ. (나)의 잔해가 중력 수축하여 백색 왜성이 된다.
> ㄷ. 철보다 무거운 원소는 (나)에서 생성된다.

① ㄱ ② ㄴ ③ ㄱ, ㄷ
④ ㄴ, ㄷ ⑤ ㄱ, ㄴ, ㄷ

08 중요

그림 (가)와 (나)는 태양계 형성 과정의 일부를 순서대로 나타낸 것이다.

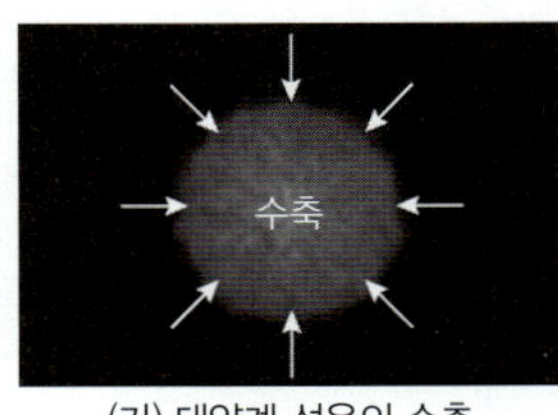 

이에 대한 설명으로 옳은 것만을 [보기]에서 있는 대로 고른 것은?

> **보기**
> ㄱ. 태양계 성운은 수축하고 회전하면서 중심부의 온도가 높아졌다.
> ㄴ. 태양은 태양계 성운의 모든 물질이 응축되어 형성되었다.
> ㄷ. 태양계 성운 중심부의 밀도는 (나)가 (가)보다 크다.

① ㄱ ② ㄴ ③ ㄱ, ㄷ
④ ㄴ, ㄷ ⑤ ㄱ, ㄴ, ㄷ

09

그림은 태양계 형성 과정의 일부를 나타낸 것이다.

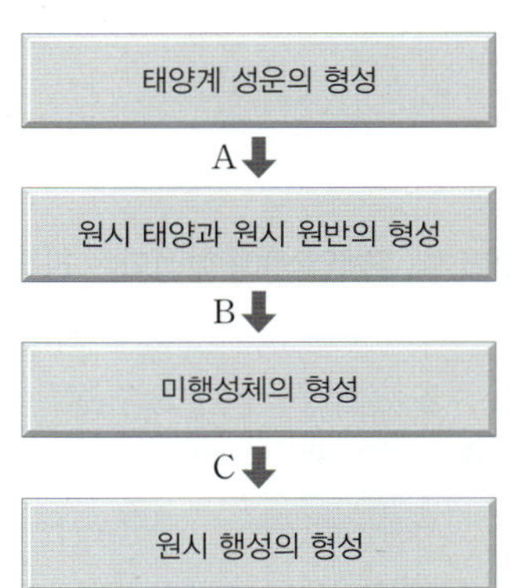

이에 대한 설명으로 옳은 것만을 [보기]에서 있는 대로 고른 것은?

> **보기**
> ㄱ. A 과정에서 성운 중심부의 밀도는 커졌다.
> ㄴ. B 과정에서 원시 태양 중심부의 온도는 높아졌다.
> ㄷ. C 과정에서 미행성체의 개수는 감소하였다.

① ㄱ ② ㄷ ③ ㄱ, ㄴ
④ ㄴ, ㄷ ⑤ ㄱ, ㄴ, ㄷ

10

그림은 지구형 행성과 목성형 행성의 물리량을 A와 B로 순서 없이 나타낸 것이다. 이에 대한 설명으로 옳은 것만을 [보기]에서 있는 대로 고른 것은?

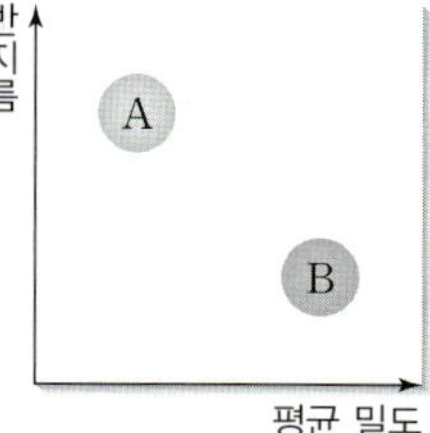

보기
- ㄱ. A의 주요 구성 원소는 철과 산소이다.
- ㄴ. B는 표면이 단단한 암석으로 되어 있다.
- ㄷ. 태양으로부터의 거리는 A가 B보다 멀다.

① ㄱ   ② ㄴ   ③ ㄱ, ㄷ
④ ㄴ, ㄷ   ⑤ ㄱ, ㄴ, ㄷ

11

그림은 지구 형성 과정의 일부를 나타낸 것이다. A와 B 과정을 거치는 동안 지구의 크기는 계속 커졌다.

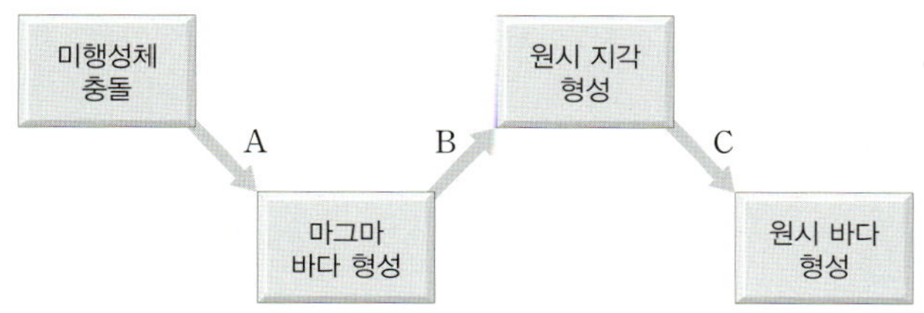

이에 대한 설명으로 옳은 것만을 [보기]에서 있는 대로 고른 것은?

보기
- ㄱ. A 과정에서 지구의 온도는 높아졌다.
- ㄴ. B 과정에서 지구는 미행성체와 충돌하지 않았다.
- ㄷ. C 과정에서 지구에 최초의 생명체가 탄생하였다.

① ㄱ   ② ㄴ   ③ ㄱ, ㄷ
④ ㄴ, ㄷ   ⑤ ㄱ, ㄴ, ㄷ

12 중요

지구의 형성 과정에 대한 설명으로 옳은 것만을 [보기]에서 있는 대로 고른 것은?

보기
- ㄱ. 원시 바다가 원시 지각보다 먼저 형성되었다.
- ㄴ. 초신성 폭발로 형성된 성운에서 원시 지구가 생성되었다.
- ㄷ. 미행성체의 충돌로 지구의 온도가 높아져 마그마 바다가 형성되었다.
- ㄹ. 지구가 용융 상태일 때 규소와 산소 등의 가벼운 물질은 표면 쪽으로 떠올라 맨틀을 형성하였다.

① ㄱ, ㄷ   ② ㄱ, ㄹ   ③ ㄴ, ㄹ
④ ㄱ, ㄴ, ㄷ   ⑤ ㄴ, ㄷ, ㄹ

서술형 문제

개념 ① 지구와 생명체를 구성하는 원소의 생성

13 중요

그림은 주계열성 내부에서 작용하는 힘을 나타낸 것이다.

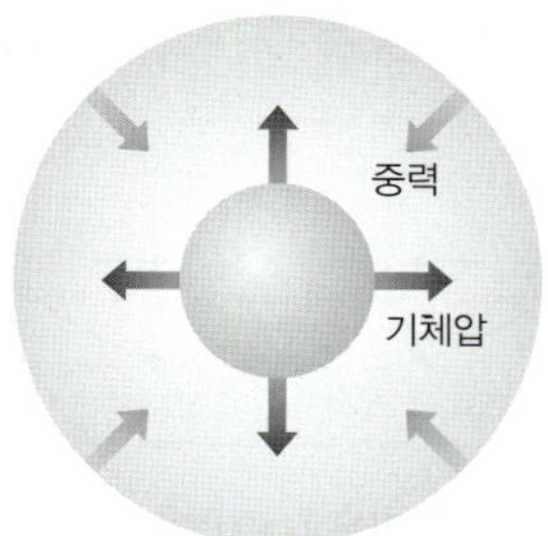

주계열성의 크기가 일정한 이유를 주계열성 내부에서 작용하는 힘의 방향과 힘의 크기를 관련지어 서술하시오.

14

그림은 질량이 태양 정도인 별의 진화 단계 중 어느 시기의 내부 모습을 나타낸 것이다.

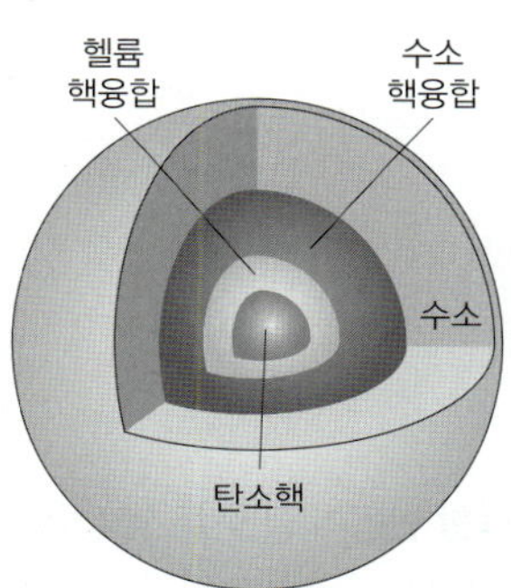

현재 이후 이 별의 중심부에서 더 이상 핵융합 반응이 일어날 수 없는 이유를 별의 질량과 중력 수축 에너지 크기의 관계를 이용하여 서술하시오.

개념 ② 태양계와 지구의 형성

15

태양계가 형성되는 과정 중 원시 태양의 온도가 점차 높아진 이유를 다음 내용을 모두 포함하여 서술하시오.

> 중력, 위치 에너지, 중력 수축 에너지

01
| 2022년 고1 6월 교육청 통합과학 6번 |

그림은 별의 탄생과 진화의 순환 과정 일부를 단계별로 나타낸 것이다.

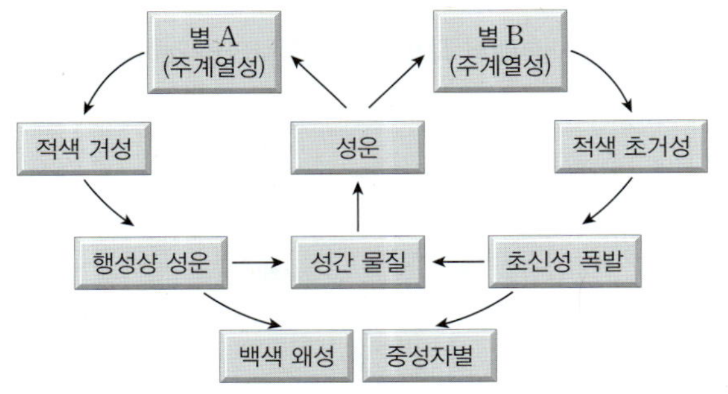

이에 대한 설명으로 옳은 것만을 [보기]에서 있는 대로 고른 것은?

보기
- ㄱ. 별의 질량은 B가 A보다 크다.
- ㄴ. 초신성 폭발 과정에서 철보다 무거운 원소가 생성된다.
- ㄷ. 별의 탄생과 진화의 순환 과정이 거듭될수록 우주 전체의 수소의 양은 증가한다.

① ㄱ   ② ㄷ   ③ ㄱ, ㄴ
④ ㄴ, ㄷ   ⑤ ㄱ, ㄴ, ㄷ

02

그림은 중심부의 핵융합 반응이 끝난 두 별 (가)와 (나)의 내부 구조를 모식적으로 나타낸 것이다.

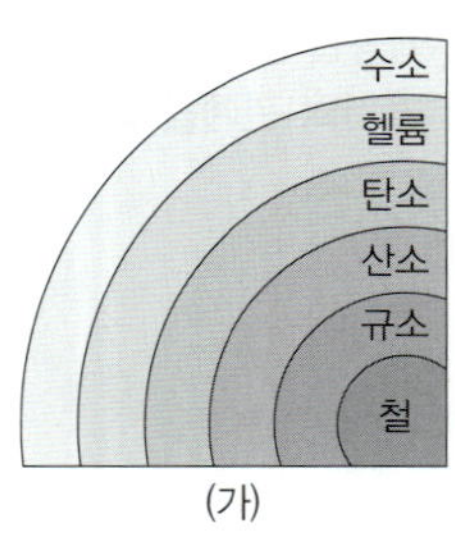

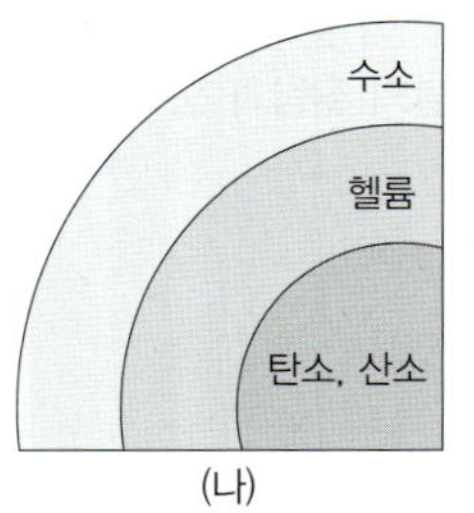

이에 대한 설명으로 옳은 것만을 [보기]에서 있는 대로 고른 것은?

보기
- ㄱ. (가)는 초신성 폭발을 할 수 있다.
- ㄴ. 별의 질량은 (가)가 (나)보다 크다.
- ㄷ. (나)의 중심부에서 최종적으로 일어나는 핵융합 반응은 탄소 핵융합 반응이다.

① ㄱ   ② ㄷ   ③ ㄱ, ㄴ
④ ㄴ, ㄷ   ⑤ ㄱ, ㄴ, ㄷ

03
| 2022년 고1 11월 교육청 통합과학 4번 |

그림은 과학 신문 기사의 일부를 나타낸 것이다.

과학신문
○○○○년 ○○월 ○○일

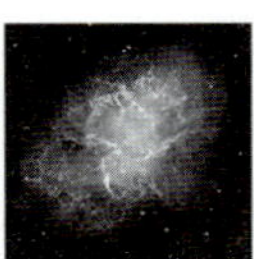

게성운은 어느 별이 ㉠초신성 폭발을 거친 후 남은 잔해이다. ㉡게성운을 만든 별은 중심부에서 ____A____ 반응을 통해 철까지 생성하였다.

이에 대한 설명으로 옳은 것만을 [보기]에서 있는 대로 고른 것은?

보기
- ㄱ. ㉠의 과정에서 철보다 무거운 원소가 생성된다.
- ㄴ. ㉡의 질량은 태양의 질량보다 크다.
- ㄷ. '핵융합'은 A에 해당한다.

① ㄱ   ② ㄴ   ③ ㄱ, ㄷ
④ ㄴ, ㄷ   ⑤ ㄱ, ㄴ, ㄷ

04

그림 (가)는 태양보다 질량이 큰 별의 내부 구조를, (나)는 초신성 폭발 모습을 나타낸 것이다. A와 B는 각각 철과 수소 중 하나이다.

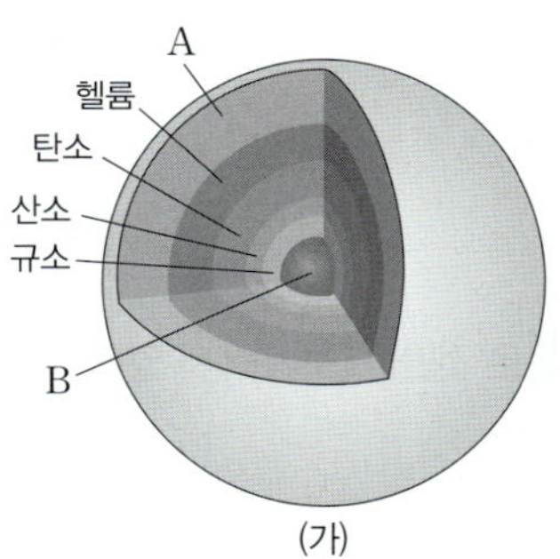

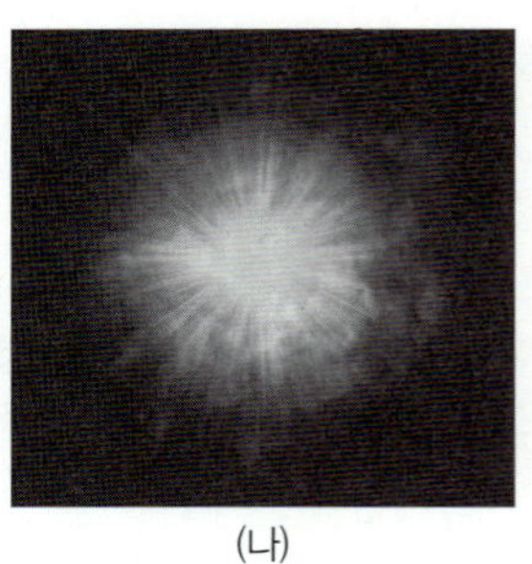

이에 대한 설명으로 옳은 것만을 [보기]에서 있는 대로 고른 것은?

보기
- ㄱ. 원소의 질량은 A가 B보다 크다.
- ㄴ. (가)의 중심에서는 철 핵융합 반응이 일어난다.
- ㄷ. (나)의 폭발 과정에서 철보다 무거운 원소가 생성된다.

① ㄱ   ② ㄷ   ③ ㄱ, ㄴ
④ ㄴ, ㄷ   ⑤ ㄱ, ㄴ, ㄷ

05

그림 (가)~(라)는 태양계가 형성되는 과정을 순서대로 나타낸 것이다.

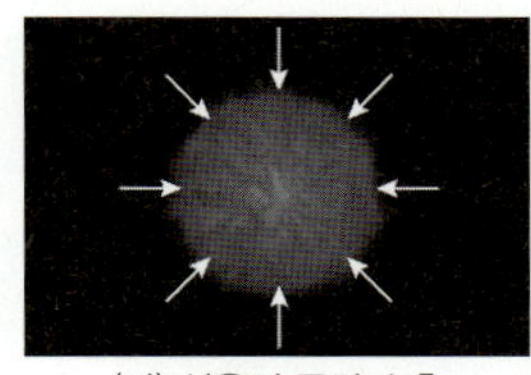

(가) 성운의 중력 수축

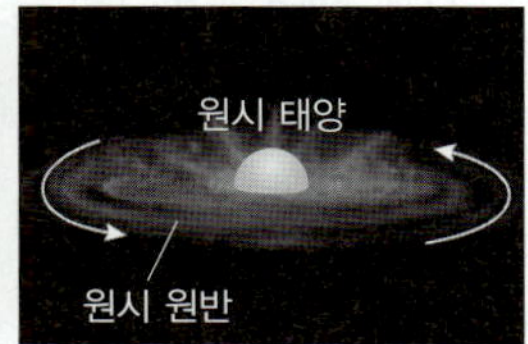

(나) 원시 태양과 원시 원반 형성

(다) 원시 행성 형성

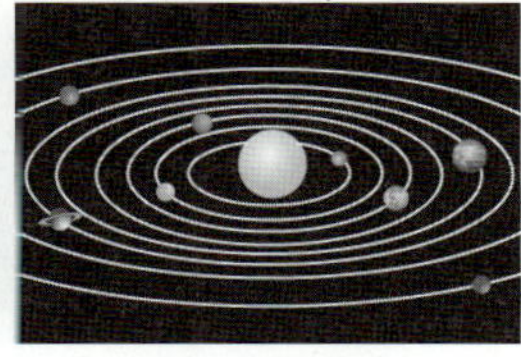

(라) 태양계 형성

이에 대한 설명으로 옳은 것만을 [보기]에서 있는 대로 고른 것은?

| 보기 |
ㄱ. 행성들의 공전 궤도면은 거의 일치한다.
ㄴ. 행성들은 거의 같은 시기어 형성되었다.
ㄷ. 태양의 자전 방향과 행성들의 공전 방향은 같다.
ㄹ. (라)에서 태양으로부터 먼 곳에서는 무거운 암석과 철
   질로 된 지구형 행성이 형성되었다.

① ㄱ, ㄷ　　　② ㄱ, ㄹ　　　③ ㄴ, ㄹ
④ ㄱ, ㄴ, ㄷ　　　⑤ ㄴ, ㄷ, ㄹ

06

| 2021년 고2 3월 교육청 지구과학 I 10번 |

그림 (가)와 (나)는 태양계가 형성되는 과정 중 일부를 나타낸 것이다.

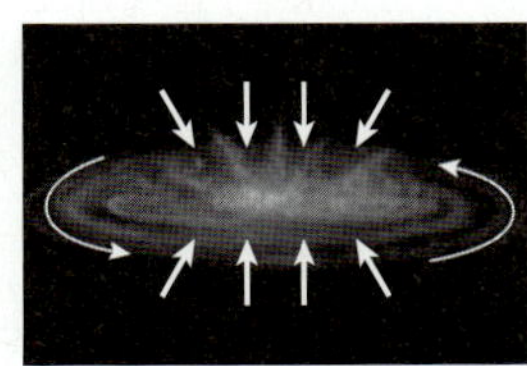

(가) 태양계 성운의 회전 수축

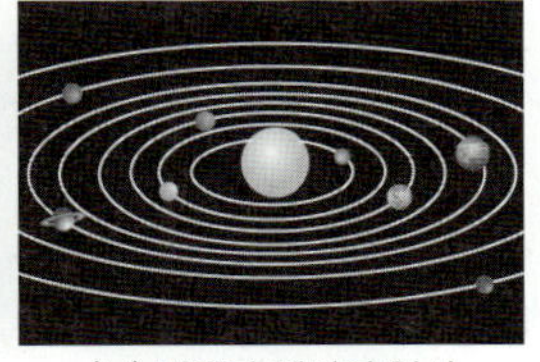

(나) 태양과 행성의 형성

이에 대한 설명으로 옳은 것만을 [보기]에서 있는 대로 고른 것은?

| 보기 |
ㄱ. (가)의 성운이 수축하면 성운 중심부의 밀도는 작아진다.
ㄴ. (나)의 행성들은 미행성체의 충돌을 거쳐 만들어졌다.
ㄷ. (나)에서 행성의 공전 방향은 (가)에서 성운의 회전 방
   향과 같다.

① ㄱ　　　② ㄷ　　　③ ㄱ, ㄴ
④ ㄴ, ㄷ　　　⑤ ㄱ, ㄴ, ㄷ

07

| 2022년 고1 6월 교육청 통합과학 7번 |

그림 (가)는 어느 별의 진화 과정에서 중심부의 핵융합 반응이 끝난 직후 별의 내부 구조를, (나)는 지구를 구성하는 원소의 질량비를 나타낸 것이다. ㉠~㉢은 각각 규소, 산소, 철 중 하나이다.

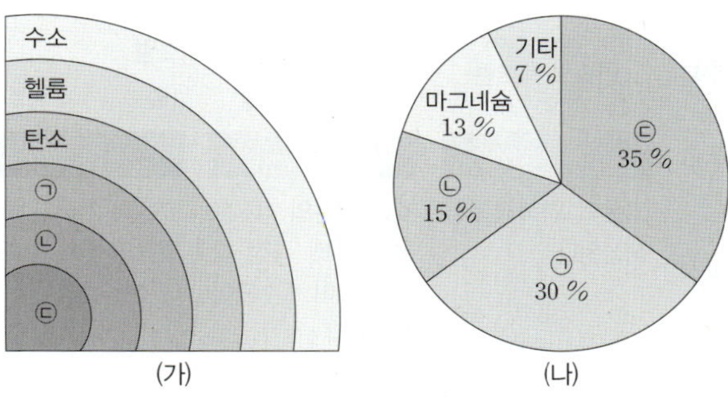

이에 대한 설명으로 옳은 것만을 [보기]에서 있는 대로 고른 것은?

| 보기 |
ㄱ. ㉠은 규소이다.
ㄴ. 별의 진화 과정에서 ㉡은 ㉢보다 먼저 만들어졌다.
ㄷ. 별의 진화 과정에서 생성된 물질들의 일부는 지구를 형
   성하는 재료가 되었다.

① ㄱ　　　② ㄴ　　　③ ㄱ, ㄷ
④ ㄴ, ㄷ　　　⑤ ㄱ, ㄴ, ㄷ

08

표는 태양계와 지구가 형성되는 과정의 일부를 설명한 것이다.

(가) 태양계 성운 형성	우리은하의 나선팔에 위치한 거대한 성운에서 가스와 먼지가 모여 태양계 성운이 형성되었다.
(나) 원시 행성 형성	미행성체가 충돌하고 결합하여 원시 지구와 같은 원시 행성들이 형성되었다.
(다) 원시 지구의 진화	미행성체의 충돌열로 지구의 온도가 상승하여 마그마 바다가 형성되었고, 이후 지구 표면 온도는 점차 낮아져 원시 지각과 원시 바다가 형성되었다.

이에 대한 설명으로 옳은 것만을 [보기]에서 있는 대로 고른 것은?

| 보기 |
ㄱ. (가)에서 태양계 성운을 구성하는 주요 원소는 수소와
   헬륨이다.
ㄴ. (나)에서 원시 행성들을 구성하는 원소는 거의 같다.
ㄷ. (다)에서 철, 니켈 등의 무거운 물질들은 가라앉아 맨
   틀을 형성하였다.

① ㄱ　　　② ㄷ　　　③ ㄱ, ㄴ
④ ㄴ, ㄷ　　　⑤ ㄱ, ㄴ, ㄷ

01 우주의 시작과 원소의 생성

1. 스펙트럼: 빛이 분광기를 통과할 때 파장에 따라 굴절되는 정도가 다르기 때문에 나타나는 여러 가지 색의 띠

구분	연속 스펙트럼	선 스펙트럼	
		흡수 스펙트럼	(❶) 스펙트럼
모습			
생성	고온의 백색광에서 생성된다.	빛이 저온의 기체를 통과할 때 특정 파장의 빛이 흡수되어 생성된다.	고온의 기체가 특정 파장의 빛을 방출하여 생성된다.
특징	무지개와 같이 넓은 파장에 걸쳐 빛이 연속적으로 나타난다.	연속 스펙트럼에 검은 선(흡수선)이 나타난다.	검은 바탕에 밝은 선(방출선)이 나타난다.
예	백열등, 별의 표면에서 방출된 빛	저온의 성운을 통과한 별빛	고온의 성운에서 내는 빛, 기체 방전관

(1) **흡수선의 위치 및 개수 비교:** 별을 구성하는 원소의 (❷)를 알 수 있다.

(2) **흡수선의 선폭 비교:** 별을 구성하는 원소의 질량비를 알 수 있다.

2. 우주의 구성 원소: 대부분 (❸)와 헬륨으로 이루어져 있다.

3. (❹) 우주론: 고온 고밀도의 한 점에서 빅뱅(대폭발)이 일어나 우주가 탄생하고, 이후 우주가 팽창하면서 우주를 구성하는 물질이 생성되었다는 우주론이다.
➡ 증거: 우주 배경 복사, 수소와 헬륨의 질량비(약 3 : 1)

4. 우주 초기 원소의 생성: 빅뱅 이후 우주가 팽창하여 온도가 낮아지면서 점차 무거운 입자가 생성되었다.

기본 입자 생성 (쿼크, 전자 등) → 양성자와 중성자 생성 → 원자핵 생성 → 중성 원자 생성

기본 입자	더 이상 분해되지 않는 가장 작은 입자 예 쿼크, 전자 등
양성자, 중성자	쿼크 3개가 결합하여 이루어진 입자
원자핵	양성자와 중성자가 결합하여 생성된 입자 ➡ 빅뱅 후 약 3분 무렵
원자	원자핵과 (❺)가 결합하여 생성된 입자 ➡ 빅뱅 후 약 38만 년 무렵, 우주 온도 약 3000 K일 때 생성

5. 수소와 헬륨의 질량비: 원자핵이 생성된 후 수소와 헬륨의 질량비는 약 (❻)이다.

6. (❼): 빅뱅 후 약 38만 년이 지났을 때 우주의 온도가 약 3000 K으로 낮아지면서 중성 원자가 생성되었고, 이때 빛과 물질이 분리되어 투명한 우주가 되면서 우주로 퍼져 나간 빛이다.
➡ 현재 우주 전역에서 약 2.7 K의 복사로 관측된다.

02 지구와 생명체를 구성하는 원소의 생성

1. 우주, 지구, 생명체의 구성 원소

우주	수소 > 헬륨 ➡ 빅뱅 핵합성으로 생성
지구	(❽) > 산소 > 규소 > 마그네슘 ➡ 별의 진화 과정에서 생성
생명체	산소 > 탄소 > 수소 > 질소 ➡ 별의 진화 과정에서 생성

2. 별의 탄생: 온도가 낮은 (❾) 내부의 밀도가 큰 영역에서 탄생한다.

성운 (중력 수축) → 원시별 (중력 수축) → 별 (핵융합 반응 시작)

3. 주계열성: 중심부 온도가 1000만 K 이상이 되어 중심부에서 (❿) 핵융합 반응이 일어나는 별

(1) 별 내부의 기체압(내부 압력)과 중력이 평형을 이루어 크기가 일정하게 유지된다.

(2) 별의 일생 중 가장 오랜 시간을 보낸다.

4. 철보다 가벼운 원소의 생성

질량이 태양 정도인 별	별의 내부에서 핵융합 반응에 의해 헬륨, 탄소, 산소까지 생성된다.
질량이 태양의 10배 이상인 별	여러 단계의 핵융합 반응을 거쳐 점점 무거운 원소가 생성되며 최종적으로 (⓫)까지 생성된다.

5. 철보다 무거운 원소의 생성: (⓬) 폭발에 의해 금, 납, 우라늄과 같은 철보다 무거운 원소가 생성되어 우주 공간으로 방출된다.

6. 태양계의 형성 과정

태양계 성운 형성 및 수축 → 원시 태양 및 원시 원반 형성 → 미행성체 형성 → 원시 행성 형성 → 태양계 형성

(1) 초신성 폭발로 형성된 태양계 성운이 회전하면서 수축하여 성운 중심부에는 (⓭)이, 바깥쪽에는 원시 원반이 형성되었다.

(2) 원시 원반에서는 (⓮)가 충돌하여 뭉쳐져서 원시 행성이 형성되었다.
➡ 태양과 가까운 곳에는 무거운 물질(철, 규소 등)로 된 지구형 행성이, 태양에서 먼 곳에는 가벼운 물질(수소, 헬륨 등)로 된 목성형 행성이 형성되었다.

7. 지구의 형성 과정

미행성체 충돌 → 마그마 바다 형성 → 맨틀과 핵의 분리 → 원시 지각과 바다의 형성

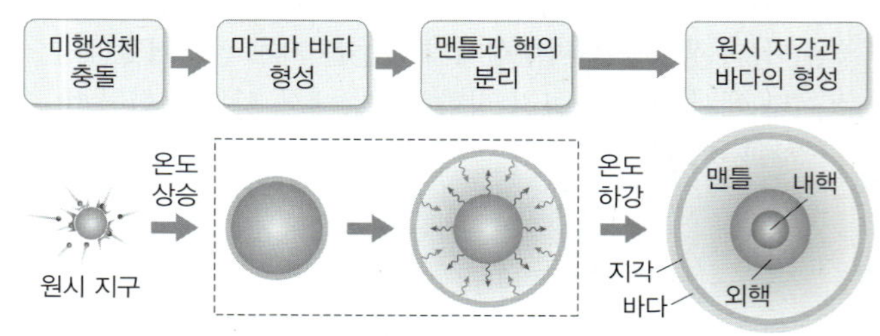

01 우주의 시작과 원소의 생성

01

그림 (가)와 (나)는 원소 A가 들어 있는 기체 방전관과 별 B를 관측할 때 나타난 스펙트럼을 순서 없이 나타낸 것이다.

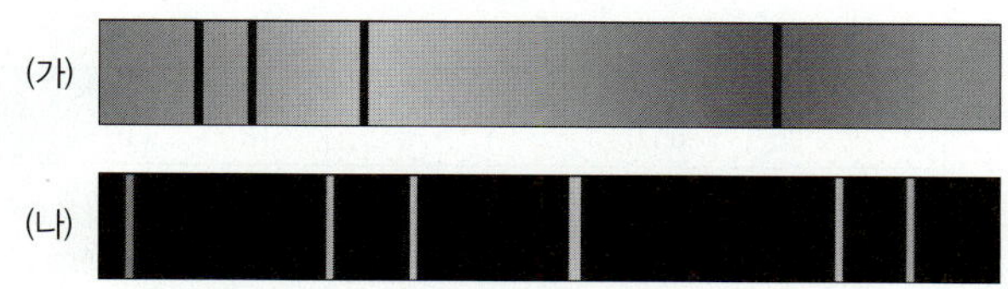

이에 대한 설명으로 옳은 것만을 [보기]에서 있는 대로 고른 것은?

┌─────── 보기 ───────┐
ㄱ. (가)는 흡수 스펙트럼이다.
ㄴ. (나)는 별 B를 관측하여 얻은 스펙트럼이다.
ㄷ. 별 B의 대기에는 원소 A가 포함되어 있다.
└──────────────────┘

① ㄱ　　　　　② ㄷ　　　　　③ ㄱ, ㄴ
④ ㄴ, ㄷ　　　　⑤ ㄱ, ㄴ, ㄷ

02 단원 통합형 : 개념 20쪽, 52쪽

그림 (가)는 원자핵과 전자의 에너지 준위를 나타낸 것이고, (나)와 (다)는 각각 흡수 스펙트럼과 방출 스펙트럼을 순서 없이 나타낸 것이다.

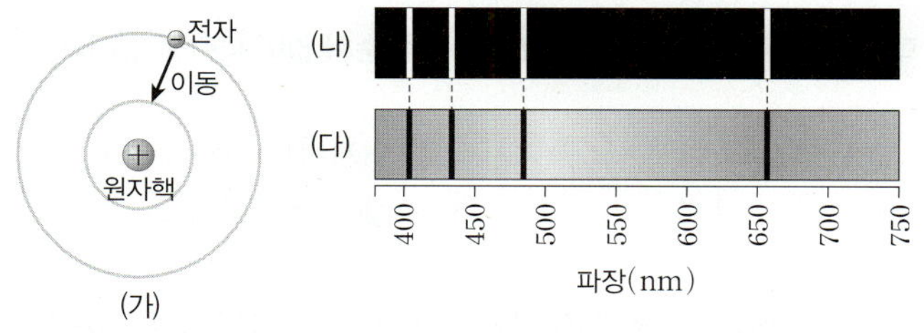

이에 대한 설명으로 옳은 것만을 [보기]에서 있는 대로 고른 것은?

┌─────── 보기 ───────┐
ㄱ. 태양을 관측하여 얻을 수 있는 스펙트럼은 (나)이다.
ㄴ. (나)와 (다)는 동일한 원소에 의해 얻어진 스펙트럼이다.
ㄷ. (가)와 같은 과정이 일어나는 경우 얻을 수 있는 스펙트럼의 종류는 (다)이다.
└──────────────────┘

① ㄱ　　　　　② ㄴ　　　　　③ ㄱ, ㄷ
④ ㄴ, ㄷ　　　　⑤ ㄱ, ㄴ, ㄷ

03

빅뱅 이후 원자의 생성에 대한 설명으로 옳은 것만을 [보기]에서 있는 대로 고른 것은?

┌─────── 보기 ───────┐
ㄱ. 수소 원자핵보다 헬륨 원자핵이 먼저 생성되었다.
ㄴ. 빅뱅 이후 최초로 양성자와 중성자를 이루는 기본 입자가 생성되었다.
ㄷ. 우주의 온도가 낮아지면서 양성자와 중성자가 핵융합을 일으켜 중수소, 삼중 수소, 헬륨 등의 원자핵이 생성되었다.
└──────────────────┘

① ㄱ　　　　　② ㄴ　　　　　③ ㄱ, ㄷ
④ ㄴ, ㄷ　　　　⑤ ㄱ, ㄴ, ㄷ

04 단원 통합형 : 개념 23쪽, 52쪽

그림은 중수소와 삼중 수소가 융합하여 헬륨 원자핵이 생성되는 과정을 나타낸 것이다.

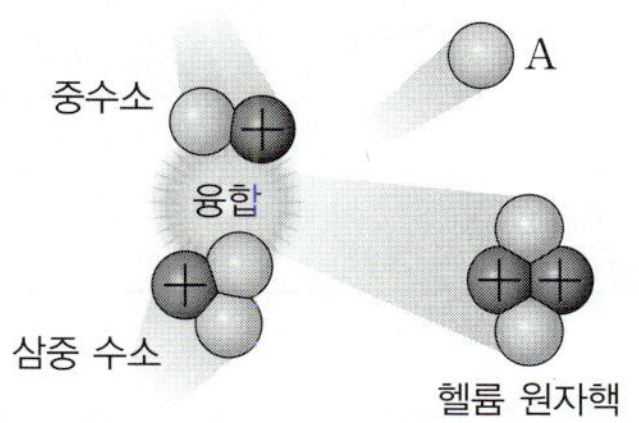

이에 대한 설명으로 옳은 것만을 [보기]에서 있는 대로 고른 것은?

┌─────── 보기 ───────┐
ㄱ. A는 수소 원자핵이다.
ㄴ. 원자핵의 전하는 헬륨이 수소보다 크다.
ㄷ. 수소 핵융합 반응은 별의 내부에서 일어나지 않는다.
└──────────────────┘

① ㄱ　　　　　② ㄴ　　　　　③ ㄱ, ㄷ
④ ㄴ, ㄷ　　　　⑤ ㄱ, ㄴ, ㄷ

05

그림은 빅뱅 이후 입자들이 생성되는 과정을 나타낸 것이다.

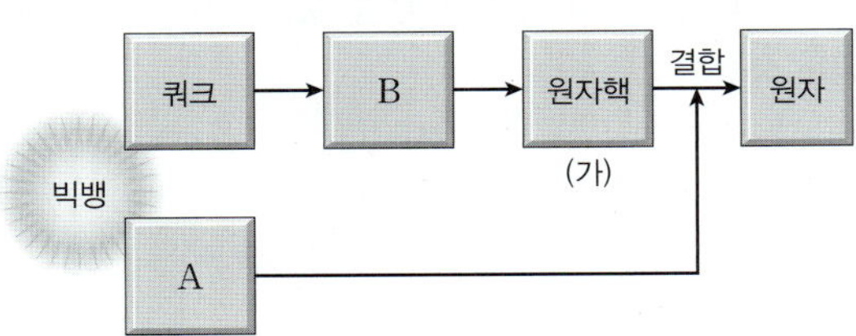

이에 대한 설명으로 옳은 것만을 [보기]에서 있는 대로 고른 것은?

보기
ㄱ. A는 양(＋)전하를 띠는 입자이다.
ㄴ. B는 원자핵을 구성하는 입자이다.
ㄷ. (가) 시기에 우주 배경 복사가 우주 전역으로 퍼져 나갔다.

① ㄱ ② ㄴ ③ ㄱ, ㄷ
④ ㄴ, ㄷ ⑤ ㄱ, ㄴ, ㄷ

06

그림은 빅뱅 이후 우주 공간 내에서 시간에 따른 입자의 변화 과정을 나타낸 모식도이다. A와 D는 각각 원자와 양성자 중 하나이고, B와 C는 각각 수소와 헬륨 중 하나이다.

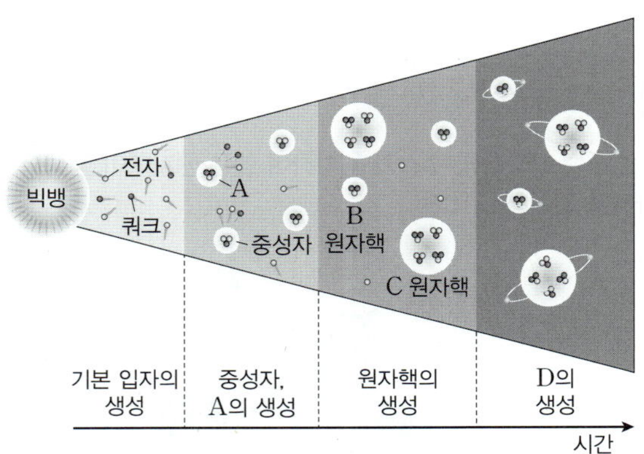

이에 대한 설명으로 옳은 것만을 [보기]에서 있는 대로 고른 것은?

보기
ㄱ. A는 위 쿼크 2개와 아래 쿼크 1개로 구성되어 있다.
ㄴ. 현재 우주에 존재하는 B와 C의 질량비는 약 3 : 1이다.
ㄷ. D가 생성된 직후 우주로 퍼져 나간 빛의 파장은 현재와 같다.

① ㄱ ② ㄷ ③ ㄱ, ㄴ
④ ㄴ, ㄷ ⑤ ㄱ, ㄴ, ㄷ

○2 지구와 생명체를 구성하는 원소의 생성

07

그림 (가)와 (나)는 각각 생명체와 지구를 구성하는 원소의 질량비를 순서 없이 나타낸 것이다.

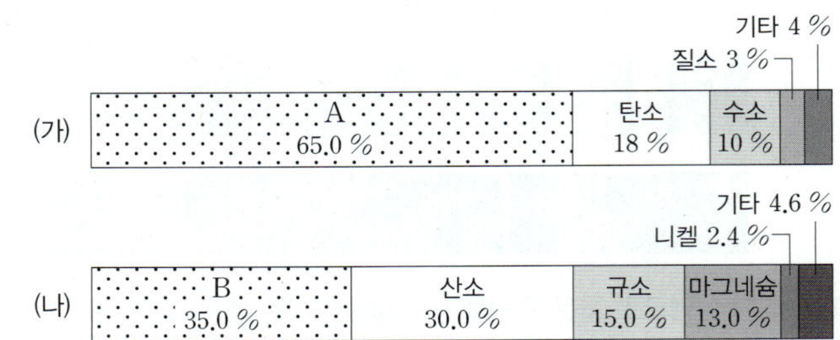

이에 대한 설명으로 옳은 것만을 [보기]에서 있는 대로 고른 것은?

보기
ㄱ. (가)는 생명체, (나)는 지구에 해당한다.
ㄴ. A는 질량이 태양의 10배 이상인 별의 내부에서만 생성된다.
ㄷ. B는 대부분 빅뱅 직후에 핵합성으로 생성되었다.

① ㄱ ② ㄷ ③ ㄱ, ㄴ
④ ㄴ, ㄷ ⑤ ㄱ, ㄴ, ㄷ

08

다음은 우주 초기에 별이 탄생한 과정을 순서 없이 나타낸 것이다.

(가) 성운의 형성
(나) 원시별의 탄생
(다) 별의 탄생
(라) 성간 물질의 수축

이에 대한 설명으로 옳은 것만을 [보기]에서 있는 대로 고른 것은?

보기
ㄱ. 별의 탄생 과정은 (라) → (가) → (나) → (다) 순이다.
ㄴ. (나)에서는 중력 수축에 의해 에너지가 생성되어 중심부의 온도가 상승한다.
ㄷ. (다)에서 별(주계열성)이 탄생하기 위해서는 중심부 온도가 약 1만 K 이상이 되어야 한다.

① ㄱ ② ㄷ ③ ㄱ, ㄴ
④ ㄴ, ㄷ ⑤ ㄱ, ㄴ, ㄷ

09

별의 진화와 원소의 생성에 대한 설명으로 옳은 것만을 [보기]에서 있는 대로 고른 것은?

─ 보기 ─

ㄱ. 질량이 태양 정도인 별의 중심부에서는 핵융합 반응으로 철까지 생성된다.
ㄴ. 질량이 태양의 10배 이상인 별의 중심부에서는 탄소 핵융합 반응까지만 일어난다.
ㄷ. 철보다 무거운 원소는 별의 내부에서 핵융합 반응이 끝난 후 초신성 폭발 과정에서 생성된다.

① ㄱ ② ㄷ ③ ㄱ, ㄴ
④ ㄴ, ㄷ ⑤ ㄱ, ㄴ, ㄷ

11

그림은 태양계 형성 과정 중 일부를 나타낸 것이다. A는 중심부, B는 원반부에 해당한다.

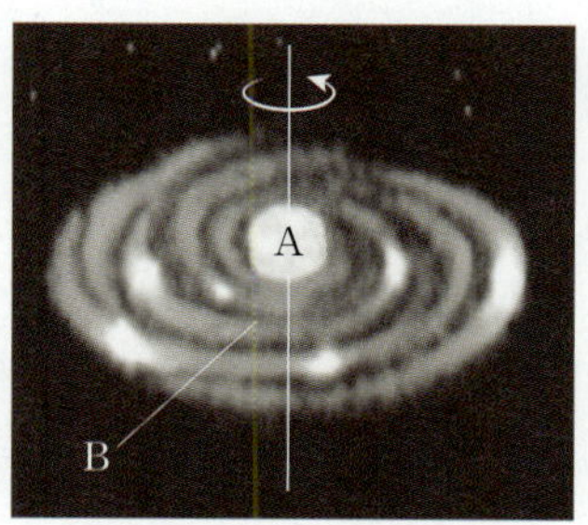

이에 대한 설명으로 옳은 것만을 [보기]에서 있는 대로 고른 것은?

─ 보기 ─

ㄱ. 구성 물질의 밀도는 A와 B가 같다.
ㄴ. B의 회전 방향은 A의 자전 방향과 같다.
ㄷ. 이 과정으로부터 태양계 행성의 공전 궤도면이 거의 나란하다는 사실을 설명할 수 있다.

① ㄱ ② ㄷ ③ ㄱ, ㄴ
④ ㄴ, ㄷ ⑤ ㄱ, ㄴ, ㄷ

10

표는 태양과 별 (가), (나)의 질량과 중심부에서 일어나고 있는 핵융합 반응을 나타낸 것이다.

별	질량 (상댓값)	중심부에서 일어나고 있는 핵융합 반응 (핵융합 반응 원소 → 생성 원소)
태양	100	$H \rightarrow He$
(가)	90	$He \rightarrow C, O$
(나)	㉠	$Si \rightarrow$ ㉡

이에 대한 설명으로 옳은 것만을 [보기]에서 있는 대로 고른 것은?

─ 보기 ─

ㄱ. ㉠은 100보다 크다.
ㄴ. ㉡은 Pb(납)이다.
ㄷ. 중심부의 온도는 별 (가)가 태양보다 높다.
ㄹ. 별 (가)에서 헬륨(He) 핵융합 반응이 끝나면 탄소(C) 핵융합 반응이 일어난다.

① ㄱ, ㄷ ② ㄱ, ㄹ ③ ㄴ, ㄹ
④ ㄱ, ㄴ, ㄷ ⑤ ㄴ, ㄷ, ㄹ

12

그림 (가)~(다)는 지구 형성 과정의 일부를 나타낸 것이다. (가)~(다)는 각각 맨틀과 핵의 분리, 마그마 바다 형성, 원시 지각의 형성 시기 중 하나이다.

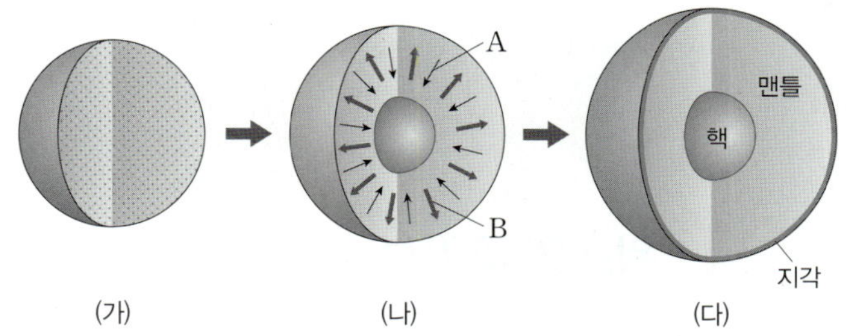

이에 대한 설명으로 옳은 것만을 [보기]에서 있는 대로 고른 것은?

─ 보기 ─

ㄱ. A는 금속 물질이고, B는 규산염 물질이다.
ㄴ. (가) → (나) 과정에서 미행성의 충돌이 있었다.
ㄷ. (나) → (다) 과정에서 지구 표면의 온도는 낮아졌다.

① ㄱ ② ㄷ ③ ㄱ, ㄴ
④ ㄴ, ㄷ ⑤ ㄱ, ㄴ, ㄷ

02 물질의 규칙성과 성질

원소의 주기성

개념 ①　주기율표

1. 원소　물질을 이루는 기본 성분으로, 더 이상 다른 물질로 분해되지 않는다.

2. 주기율표

(1) 주기율표: 유사한 성질을 갖는 원소들이 주기적으로 나타나도록 원소를 배열한 표

(2) ❶주기율표의 역사

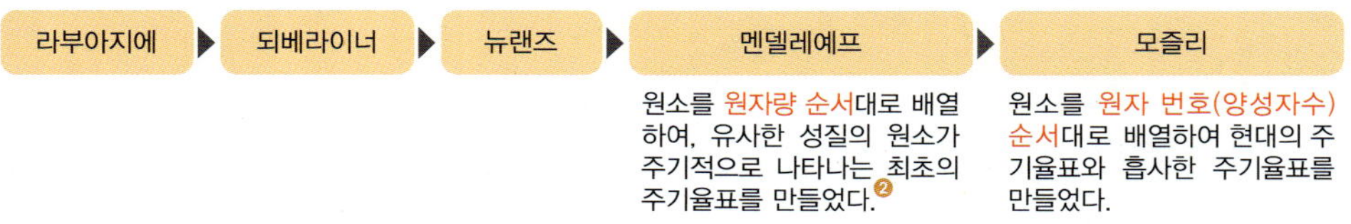

(3) 현대의 주기율표: 원소들을 원자 번호(양성자수) 순으로 나열하여 화학적 성질이 비슷한 원소들이 같은 세로줄에 오도록 배열한 표

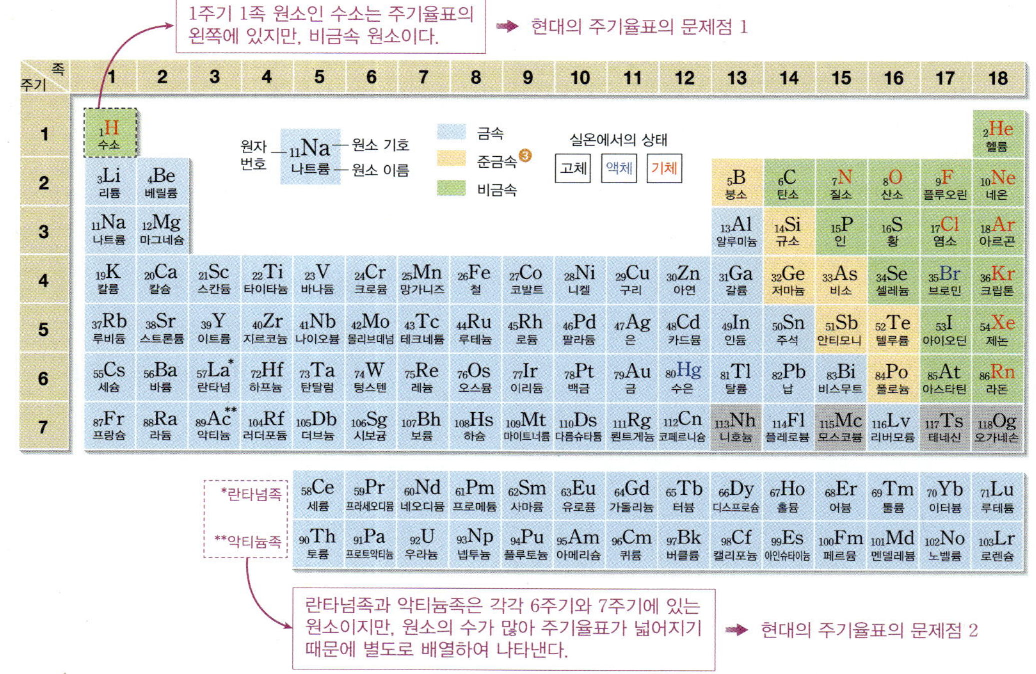

① 족: 주기율표의 세로줄로, 1~18족까지 있다.

② 주기: 주기율표의 가로줄로, 1~7주기까지 있다.

3. 금속 원소와 비금속 원소　원소는 성질에 따라 크게 금속 원소와 비금속 원소로 나뉜다.

구분	금속 원소	비금속 원소
주기율표의 위치	주로 왼쪽과 가운데 부분	주로 오른쪽 부분 (단, 수소는 왼쪽)
이온의 형성	전자를 잃어 양이온이 되기 쉽다.	전자를 얻어 음이온이 되기 쉽다. (단, 18족 원소는 제외)
성질	• 대부분 광택이 있다. • 열 전도성, 전기 전도성이 크다. ┌ 전성(펴짐성) • 외부에서 힘을 가하면 넓게 펴지거나 가늘게 뽑히는 성질이 있다. 연성(뽑힘성)	• 광택이 없다. • 열전도성, 전기 전도성이 매우 작다. (단, ❹흑연은 제외)
실온에서 상태	대부분 고체 (단, 수은은 액체)	대부분 기체, 고체 (단, 브로민은 액체)

---

❶ 주기율표의 역사

• 라부아지에: 당시까지 발견된 33종의 물질을 성질에 따라 기체, 비금속, 금속, 화합물의 4가지로 분류했다.

• 되베라이너: 화학적 성질이 비슷한 세 쌍의 원소가 존재하며, 이 원소들의 원자량 사이에 일정한 관계가 있음을 알아냈다.

• 뉴랜즈: 원소들을 원자량 순으로 나열할 때 8번째마다 화학적 성질이 비슷한 원소가 나타남을 발견했다.

❷ 멘델레예프가 고안한 주기율표의 문제점

몇몇 원소의 성질은 주기성을 벗어난다는 문제점이 있었다.

❸ 준금속 원소

금속 원소와 비금속 원소의 중간 성질이 있거나, 금속 원소와 비금속 원소의 성질이 모두 있는 원소이다.

❹ 흑연의 전도성

흑연은 비금속 원소인 탄소(C) 원자로 이루어져 있지만, 자유롭게 움직일 수 있는 전자가 있어 열전도성과 전기 전도성이 크다.

용어알기

◈ 전도성(傳 전하다, 導 통하게 하다, 性 성질) 어떤 물질에서 열, 전기 등이 얼마나 잘 흐르는지를 나타내는 성질

└→ 물에 녹아 염기성을 나타낸다는 의미를 지니고 있다.

1. 알칼리 금속 주기율표의 1족에서 수소를 제외한 금속 원소

예 리튬(Li), 나트륨(Na), 칼륨(K), 루비듐(Rb) 등

(1) 실온에서 모두 고체 상태이며, 은백색 광택을 띤다.

(2) 다른 금속에 비해 밀도가 작고, 칼로 쉽게 잘릴 정도로 무르다.

(3) 반응성이 매우 크다. ❺

① 공기 중의 산소와 빠르게 반응하여 광택을 잃는다. 예 $4Na + O_2 \longrightarrow 2Na_2O$

② 실온에서도 물과 격렬하게 반응한다. 예 $2Na + 2H_2O \longrightarrow 2NaOH + H_2$

　– 물과 알칼리 금속이 반응할 때 수소 기체(H_2)가 발생한다.

　– 물과 알칼리 금속의 반응으로 생성된 수용액은 염기성을 띤다.
　　　　　　　　　　　　　　　　　└→ ❻ 페놀프탈레인 용액을 떨어뜨리면 붉게 변한다.

③ 원자 번호가 클수록 반응성이 크다. ➡ 반응성: $K > Na > Li$

2. 할로젠 주기율표의 17족에 속하는 비금속 원소

예 플루오린(F), 염소(Cl), 브로민(Br), 아이오딘(I) 등

(1) 실온에서 원자 2개가 결합한 이원자 분자 상태로 존재하고, 특유의 색깔을 띤다.

할로젠	F_2	Cl_2	Br_2	I_2
❼ 색깔	옅은 노란색	노란색	적갈색	보라색

(2) 반응성이 매우 크다.

① 금속과 잘 반응한다. 예 ❽ $Cl_2 + 2Na \longrightarrow 2NaCl$

② 수소와 반응하여 수소 화합물(할로젠화 수소)을 생성한다. 예 $Cl_2 + H_2 \longrightarrow 2HCl$

③ 원자 번호가 작을수록 반응성이 크다. ➡ 반응성: $F_2 > Cl_2 > Br_2 > I_2$
　　　　　　　　　　　　└→ 물에 녹아 산성을 띤다.

3. 일상생활에서 이용되는 알칼리 금속과 할로젠

원소	알칼리 금속		할로젠	
	리튬	나트륨	플루오린	염소
이용	휴대 전화의 배터리	도로, 터널의 조명	치약	소독제, 표백제

❼ 할로젠의 색깔

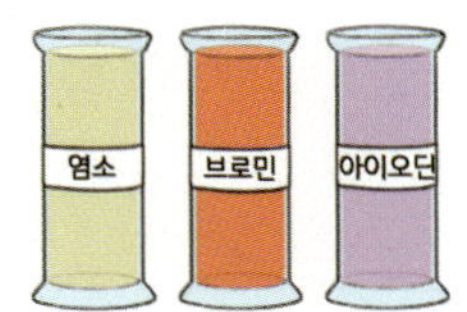

❽ 염소(Cl_2)와 나트륨(Na)의 반응

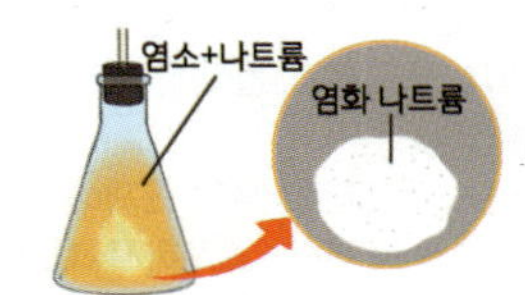

염소는 나트륨과 격렬하게 반응하여 열과 빛을 낸다.

필수 탐구 자료 알칼리 금속의 성질

1. 알칼리 금속을 칼로 잘랐을 때

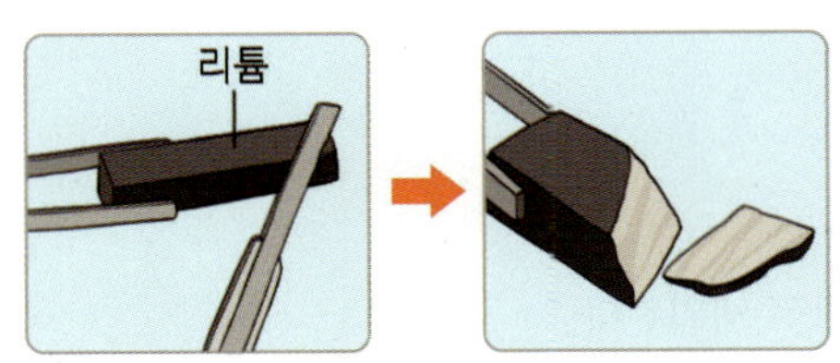

2. 물과 페놀프탈레인 용액 1~2 방울이 섞인 비커에 쌀알 크기의 알칼리 금속을 넣었을 때

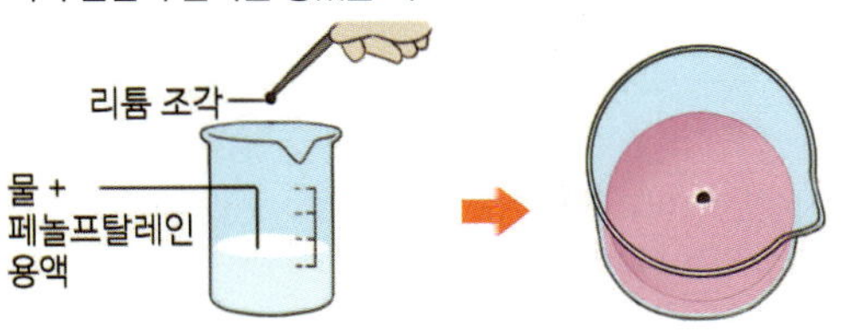

결과 및 해석

1. 알칼리 금속을 칼로 잘랐을 때
　• 쉽게 잘린다. ➡ 알칼리 금속은 칼로 잘릴 정도로 무르다.
　• 단면의 광택이 빠르게 사라진다. ➡ 알칼리 금속은 반응성이 커서 공기 중의 산소와 빠르게 반응한다.

2. 물과 페놀프탈레인 용액 1~2 방울이 섞인 비커에 쌀알 크기의 알칼리 금속을 넣었을 때
　• 수용액의 색이 붉게 변한다. ➡ 수용액은 염기성이다.
　• 기체가 발생한다. ➡ 반응성이 커서 물과 잘 반응하고, 반응성의 크기는 $K > Na > Li$이다.

리튬	물과 잘 반응하여 기체가 발생한다.
나트륨	물과 격렬하게 반응하여 불꽃과 기체가 발생한다.
칼륨	물과 매우 격렬하게 반응하여 불꽃과 기체가 발생한다.

　• 발생한 기체를 포집해 불꽃을 대었을 때 '펑' 소리를 내며 탄다. ➡ 발생한 기체는 수소이다.

1. 원자의 구조

(1) 원자는 양전하를 띠는 원자핵을 중심으로 하여, 그 주위를 음전하를 띠는 전자가 운동하고 있다.

(2) 원자핵은 양성자와 중성자로 이루어져 있다. ❾

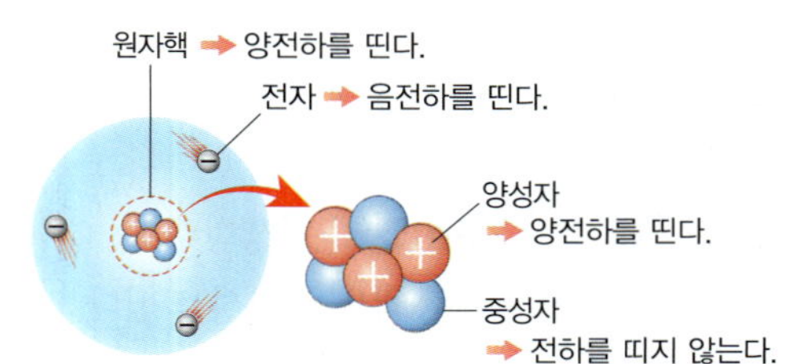

(3) 원자를 구성하는 양성자수(원자 번호)와 전자 수는 같다. ➡ 원자는 전기적으로 중성이다.

$$원자\ 번호 = 양성자수 = 전자\ 수$$

더 알아보기 원자 모형의 변천

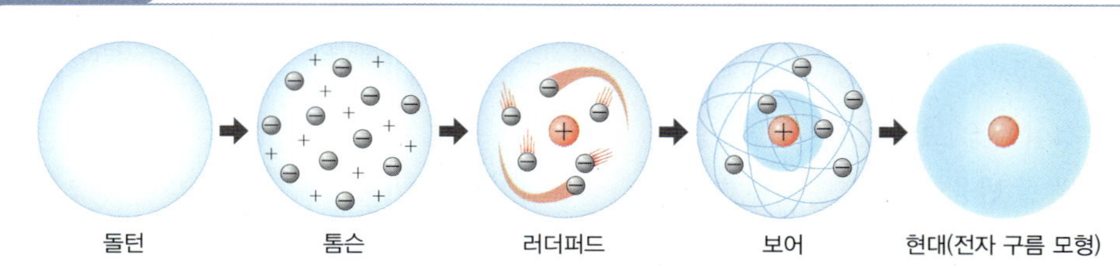

원자 모형은 원자의 존재를 알게 된 이후 현재까지 계속 변화되어 왔다. 현대의 원자 모형은 전자 구름 모형인데, 원자의 전자 배치를 쉽게 설명하기 위해 ❿보어의 원자 모형을 사용한다.

2. 원자의 전자 배치

(1) **전자 껍질**: 원자핵 주위의 전자가 돌고 있는 특정한 에너지 준위의 궤도

➡ 원자핵에 가까운 전자 껍질일수록 에너지 준위가 낮다.

(2) **최외각 전자**: 원자의 전자 배치에서 가장 바깥 전자 껍질에 들어 있는 전자

(3) **원자가 전자**: 최외각 전자 중 화학 결합에 참여하는 전자

① 화학 결합에 참여하므로 원소의 화학적 성질을 결정한다.

② 원자가 전자 수는 원소가 속한 족 번호의 끝자리 수와 같다. (단, ⓫18족 원소는 제외)

족	1	2	13	14	15	16	17	18
최외각 전자 수	1	2	3	4	5	6	7	8
원자가 전자 수	1	2	3	4	5	6	7	0

(4) ⓬전자 배치의 원리

① 전자는 원자핵에서 가까운 전자 껍질부터 차례로 채워진다.

② 각 전자 껍질에 채워질 수 있는 전자 수는 정해져 있다.

➡ 첫 번째 전자 껍질에는 최대 2개, 두 번째 전자 껍질에는 최대 8개의 전자가 채워진다.

전자 배치의 원리

예 나트륨

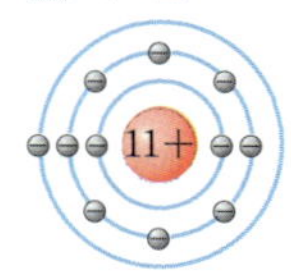

나트륨 원자의 원자 번호(양성자수)는 11이고 전자 수도 11이다.
① 첫 번째 전자 껍질에 전자 2개가 먼저 채워진다.
② 두 번째 전자 껍질에 전자 8개가 채워진다.
③ 세 번째 전자 껍질에 전자 1개가 채워진다.

---

❾ **원자핵을 구성하는 입자**

수소 원자를 제외한 대부분의 원자에서 원자핵은 양성자와 중성자로 이루어져 있지만, 수소 원자의 원자핵은 양성자 1개로만 이루어져 있다.

❿ **보어의 원자 모형**

- 전자는 특정한 에너지 준위를 갖는 원형 궤도(전자 껍질)를 따라 원운동한다.
- 전자는 전자 껍질에만 존재하며, 전자 껍질 사이에는 존재하지 않는다.
- 원자핵에 가까운 전자 껍질부터 K, L, M, N… 등의 기호를 붙인다.

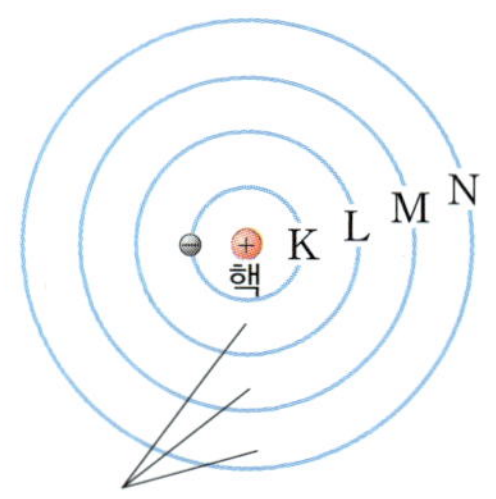

전자 껍질과 전자 껍질 사이에는 전자가 존재하지 않는다.

⓫ **18족 원소의 원자가 전자 수**

18족 원소는 화학적으로 안정하여 화학 반응에 참여하는 전자가 없으므로 원자가 전자 수가 0이다.

꼭! 암기

⓬ **전자 배치의 원리**

- 원자핵에서 가까운 전자 껍질부터 전자가 채워진다.
  → 첫 번째, 두 번째, 세 번째… 순서
- 각 전자 껍질에 들어갈 수 있는 최대 전자 수

첫 번째	2
두 번째	8

수소, 산소, 마그네슘의 전자 배치

원소	수소(H)	산소(O)	마그네슘(Mg)
원자 번호	①	⑧	⑫
전자 수	1	8	12
전자 배치	1+	8+	12+
전자 껍질에 들어 있는 전자 수 — 첫 번째	1	2	2
두 번째	−	6	8
세 번째	−	−	2
원자가 전자 수	1	6	2
족	1	16	2
전자가 들어 있는 전자 껍질 수	1	2	3
주기	1	2	3

① 원자가 전자 수와 족의 관계
 • H, O, Mg의 원자가 전자 수는 각각 1, 6, 2이다. ┐ 원자가 전자 수는 족 번호의 끝자리 수와 같다.
 • H, O, Mg은 각각 1족, 16족, 2족 원소이다. ┘
② 전자가 들어 있는 전자 껍질 수와 주기의 관계
 • H, O, Mg에서 전자가 들어 있는 전자 껍질 수는 각각 1, 2, 3이다. ┐ 전자가 들어 있는 전자 껍질 수는 주기 번호와 같다.
 • H, O, Mg은 각각 1주기, 2주기, **3**주기 원소이다. ┘

3. ⑱전자 배치와 주기율표의 관계

(1) 같은 족 원소(동족 원소)들의 전자 배치에서 공통점: 원자가 전자 수가 같다.
 ➡ 화학적 성질이 비슷하다. (단, 수소와 3~12족 원소는 제외)

(2) 같은 주기 원소들의 전자 배치에서 공통점: 전자가 들어 있는 전자 껍질 수가 같다.
 ➡ 전자가 들어 있는 전자 껍질 수는 주기 번호와 같다.

같은 주기 원소들은 전자가 들어 있는 전자 껍질 수가 같고, 전자 껍질 수는 주기 번호와 같다.

주기＼족	1족	2족	13족	14족	15족	16족	17족	18족	전자 껍질 수
1주기	₁H							₂He	1
2주기	₃Li	₄Be	₅B	₆C	₇N	₈O	₉F	₁₀Ne	2
3주기	₁₁Na	₁₂Mg	₁₃Al	₁₄Si	₁₅P	₁₆S	₁₇Cl	₁₈Ar	3
원자가 전자 수	1	2	3	4	5	6	7	0	

같은 족 원소들은 원자가 전자 수가 같고, 원자가 전자 수는 족 번호의 끝자리 수와 같다.
➡ 화학적 성질이 비슷하다.

(3) 원소의 주기성이 나타나는 까닭: 같은 족에 속하는 원소들은 화학 결합에 참여하는 원자가 전자 수가 같으므로 화학적 성질이 비슷하다.
 ➡ 원자 번호가 증가함에 따라 원자가 전자 수가 변하므로 원소의 주기성이 나타난다.

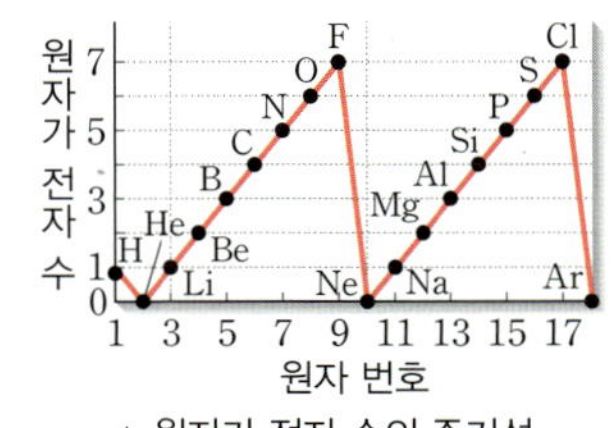

▲ 원자가 전자 수의 주기성

STEP 1 개념 바로 확인

- 현대의 주기율표
  - 원소들을 (❶   ) 순으로 배열하여 화학적 성질이 비슷한 원소들이 같은 세로줄에 오도록 배열하였다.
  - 같은 족에 있는 원소들은 (❷   )가 같고, 같은 주기에 있는 원소들은 전자가 들어 있는 (❸   )가 같다.
- 금속 원소는 전자를 잃어 (❹   )이 되기 쉽고, 비금속 원소는 전자를 얻어 (❺   )이 되기 쉽다.
- 알칼리 금속은 주기율표의 (❻   )족에 속하는 원소로 원자가 전자 수가 (❼   )이고, 할로젠 원소는 주기율표의 (❽   )족에 속하는 원소로 원자가 전자 수가 (❾   )이다.
- 알칼리 금속이 물과 반응하면 (❿   ) 기체가 발생하고, 수용액의 액성은 (⓫   )이다.
- 할로젠이 수소와 반응하면 (⓬   )이 생성된다.
- (⓭   ): 원자핵 주위의 전자가 돌고 있는 특정한 에너지 준위의 궤도이다.
- (⓮   ): 원자의 전자 배치에서 가장 바깥 전자 껍질에 들어 있는 전자 중 화학 결합에 참여하는 전자이므로 원소의 화학적 성질을 결정한다.

01 그림은 주기율표의 일부를 나타낸 것이다.

족 주기	1	2	13	14	15	16	17	18
1	A							
2	B						C	
3		D		E				

A~E에 대한 설명으로 옳은 것은 ○, 옳지 않은 것은 ×로 표시하시오. (단, A~E는 임의의 원소 기호이다.)

(1) A와 B는 화학적 성질이 같다. ( )
(2) 금속 원소는 3가지이다. ( )
(3) B와 C는 전자가 들어 있는 전자 껍질 수가 같다. ( )
(4) 원자가 전자 수는 C>E이다. ( )

02 그림은 산소(O) 원자의 전자 배치를 모형으로 나타낸 것이다.

이에 대한 설명으로 옳은 것은 ○, 옳지 않은 것은 ×로 표시하시오.

(1) 양성자수는 8이다. ( )
(2) 2주기 16족 원소이다. ( )
(3) 원자가 전자 수는 6이다. ( )

03 금속 원소와 비금속 원소에 대한 설명으로 옳은 것은 ○, 옳지 않은 것은 ×로 표시하시오.

(1) 금속 원소는 전자를 잃고 양이온이 되기 쉽다. ( )
(2) 비금속 원소는 주기율표에서 주로 오른쪽에 위치한다. ( )
(3) 1족 원소는 모두 금속 원소이다. ( )
(4) 금속 원소는 열과 전기가 잘 통한다. ( )

04 다음은 몇 가지 원소를 나열한 것이다.

H C O Mg Al

금속 원소와 비금속 원소로 분류하여 쓰시오.

(1) 금속 원소: (   )
(2) 비금속 원소: (   )

05 그림은 나트륨(Na) 원자의 전자 배치를 모형으로 나타낸 것이다.

(1) 전자가 들어 있는 전자 껍질 수는 (   )이다.
(2) 원자를 구성하는 양성자수(원자 번호)는 (㉠   )이고, 이는 (㉡   ) 수와 같다.

개념 ① 주기율표　　**개념 ②** 알칼리 금속과 할로겐

[01~02] 그림은 주기율표의 일부를 나타낸 것이다. (단, A~G는 임의의 원소 기호이다.)

족 주기	1	2	13	14	15	16	17	18
1	A							
2	B			C		D		E
3	F						G	

01 이에 대한 설명으로 옳은 것만을 [보기]에서 있는 대로 고른 것은?

보기
ㄱ. A와 B는 같은 주기 원소이다.
ㄴ. D는 전자를 얻기 쉽다.
ㄷ. B~G 중 전자를 잃기 쉬운 원소는 2가지이다.

① ㄱ　　　　② ㄷ　　　　③ ㄱ, ㄴ
④ ㄴ, ㄷ　　　⑤ ㄱ, ㄴ, ㄷ

02 B와 F의 공통적인 성질에 해당하는 것만을 [보기]에서 있는 대로 고른 것은?

보기
ㄱ. 공기 중의 산소와 빠르게 반응한다.
ㄴ. 물과 반응하면 수소 기체가 발생한다.
ㄷ. 물과 반응하여 생성된 수용액에 페놀프탈레인 용액을 떨어뜨리면 붉게 변한다.

① ㄱ　　　　② ㄷ　　　　③ ㄱ, ㄴ
④ ㄴ, ㄷ　　　⑤ ㄱ, ㄴ, ㄷ

개념 ③ 원소의 주기성이 나타나는 까닭

[03~04] 그림은 원자 A~C의 전자 배치를 모형으로 나타낸 것이다. (단, A~C는 임의의 원소 기호이다.)

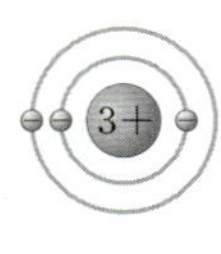
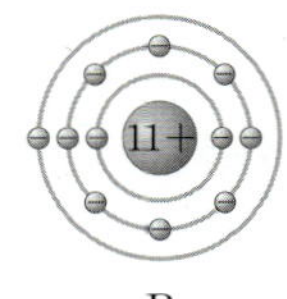
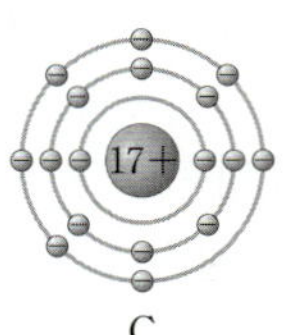

03 A~C에 대한 설명으로 옳은 것만을 [보기]에서 있는 대로 고른 것은?

보기
ㄱ. A와 B는 같은 족 원소이다.
ㄴ. B와 C는 같은 주기 원소이다.
ㄷ. 원자가 전자 수가 가장 큰 것은 C이다.

① ㄱ　　　　② ㄷ　　　　③ ㄱ, ㄴ
④ ㄴ, ㄷ　　　⑤ ㄱ, ㄴ, ㄷ

04 A~C 중 화학적 성질이 비슷한 것을 모두 고르면?

① 없음　　　② A, B　　　③ A, C
④ B, C　　　⑤ A, B, C

대표 문제 파헤치기

파악하기
주기율표의 위치를 보고 금속 원소와 비금속 원소, 알칼리 금속과 할로겐으로 분류할 수 있으며, 알칼리 금속과 할로겐의 성질을 이해하고 있어야 한다.

다가가기
STEP 1 주기율표의 왼쪽과 가운데에 위치한 금속 원소는 전자를 잃기 쉽고, 오른쪽에 위치한 비금속 원소는 전자를 얻기 쉽다.
STEP 2 주기율표의 1족은 알칼리 금속이고, 17족은 할로겐이다.
STEP 3 알칼리 금속은 공기 중의 산소와 물에 반응하고, 할로겐은 금속 및 수소와 반응한다.

대표 문제 파헤치기

파악하기
전자 배치를 보고 원자가 전자 수를 확인하여 원소의 주기성이 나타나는 까닭을 설명할 수 있어야 한다.

다가가기
STEP 1 전자가 들어 있는 전자 껍질 수는 주기 번호와 같고, 원자가 전자 수는 족 번호의 끝자리 수(단, 18족 원소는 제외)와 같다.
STEP 2 원자가 전자 수에 따라 원소의 화학적 성질이 달라진다.
STEP 3 원자가 전자 수가 같은 원소는 화학적 성질이 비슷하다.

개념 ① 주기율표

01

다음은 현대의 주기율표에 대한 설명이다.

> 현대의 주기율표는 원소를 ㉠ 순으로 나열했을 때 화학적 성질이 비슷한 원소들이 같은 세로줄에 오도록 배열한 표이다.

다음 중 ㉠으로 가장 적절한 것은?

① 원자량 ② 양성자수 ③ 중성자수
④ 전자 껍질 수 ⑤ 원자가 전자 수

02

주기율표와 원소에 대한 설명으로 옳은 것만을 [보기]에서 있는 대로 고른 것은?

┤ 보기 ├
ㄱ. 주기율표에서 세로줄을 족이라고 하며, 같은 족에 있는 원소들은 물리적 성질이 비슷하다.
ㄴ. 금속 원소는 전자를 잃어 양이온이 되기 쉽다.
ㄷ. 비금속 원소는 주로 주기율표의 오른쪽에 배열된다.

① ㄱ ② ㄴ ③ ㄷ
④ ㄱ, ㄷ ⑤ ㄴ, ㄷ

개념 ② 알칼리 금속과 할로젠

03 

다음은 원소 X의 성질을 알아보기 위한 실험이다.

> [실험 과정 및 결과]
> (가) X를 칼로 잘랐더니 쉽게 잘렸고, 잘린 단면의 광택이 빠르게 사라졌다.
> (나) 쌀알 크기의 X를 물에 넣었더니 물의 표면에서 격렬하게 반응하면서 ㉠ 기체가 발생했다.
> (다) (나)의 수용액에 페놀프탈레인 용액을 넣었더니 붉게 변했다.

이에 대한 설명으로 옳지 <u>않은</u> 것은? (단, X는 임의의 원소 기호이다.)

① X는 실온에서 고체 상태이다.
② X는 공기 중의 산소와 빠르게 반응한다.
③ ㉠은 '산소'이다.
④ (다)에서 수용액은 염기성을 띤다.
⑤ 나트륨(Na)은 X로 적절하다.

04

할로젠에 대한 설명으로 옳지 <u>않은</u> 것은?

① 주기율표의 17족에 속한다.
② 실온에서 이원자 분자로 존재한다.
③ 수소와 반응하여 수소 화합물을 생성한다.
④ 나트륨과 격렬히 반응하여 열과 빛을 낸다.
⑤ F, Cl, Br 중 반응성이 가장 큰 것은 Br이다.

05

표는 알칼리 금속과 할로젠이 일상생활에서 이용되는 사례를 나타낸 것이다.

원소	(가)	(나)	(다)
사례	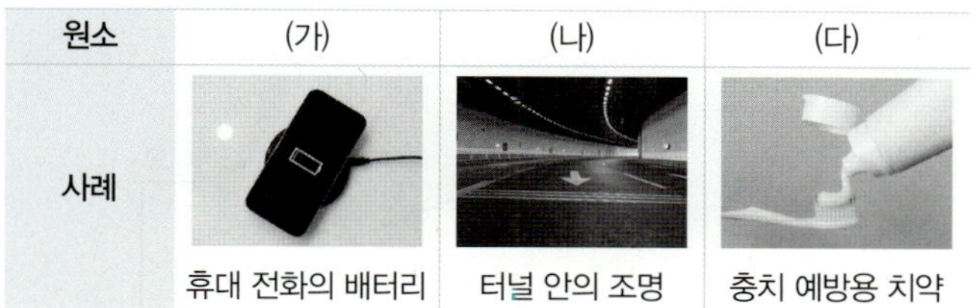		
	휴대 전화의 배터리	터널 안의 조명	충치 예방용 치약

(가)~(다)에 대한 설명으로 옳은 것만을 [보기]에서 있는 대로 고른 것은?

보기
- ㄱ. (가)를 물에 넣으면 수소 기체가 발생한다.
- ㄴ. 반응성은 (가)가 (나)보다 크다.
- ㄷ. (가)와 (다)는 같은 주기 원소이다.

① ㄱ   ② ㄴ   ③ ㄷ
④ ㄱ, ㄷ   ⑤ ㄱ, ㄴ, ㄷ

07

그림은 플루오린(F) 원자의 전자 배치를 모형으로 나타낸 것이다.

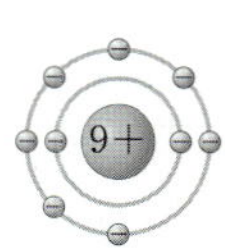

이에 대한 설명으로 옳지 <u>않은</u> 것은?

① 원자 번호는 9이다.
② 2주기 원소이다.
③ 7족 원소이다.
④ 원자가 전자 수는 7이다.
⑤ 전자를 얻어 음이온이 되기 쉽다.

개념 ③ 원소의 주기성이 나타나는 까닭

06

그림은 원자 (가)와 (나)를 모형으로 나타낸 것이다. ◦, ●, ○은 각각 양성자, 중성자, 전자 중 하나이다.

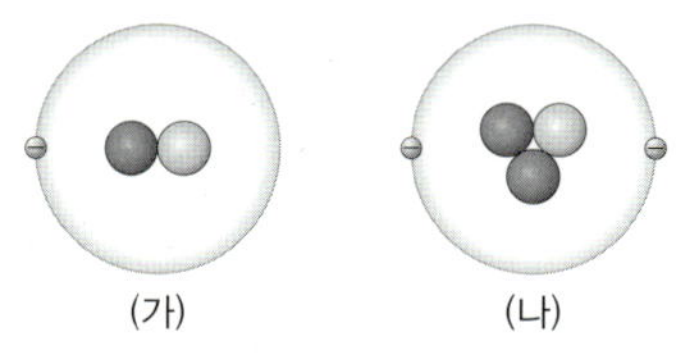

(가)   (나)

이에 대한 설명으로 옳은 것만을 [보기]에서 있는 대로 고른 것은?

보기
- ㄱ. ●은 양성자이다.
- ㄴ. (가)와 (나)는 중성자수가 다르다.
- ㄷ. (나)는 18족 원소이다.

① ㄱ   ② ㄴ   ③ ㄱ, ㄷ
④ ㄴ, ㄷ   ⑤ ㄱ, ㄴ, ㄷ

08 중요

그림은 원자 A~C의 전자 배치를 모형으로 나타낸 것이다.

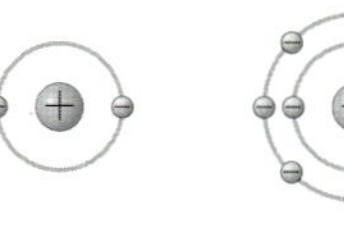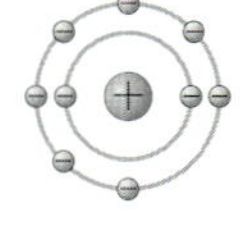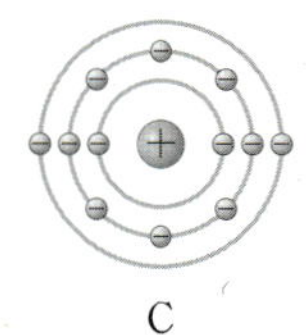

A   B   C

A~C에 대한 설명으로 옳은 것만을 [보기]에서 있는 대로 고른 것은? (단, A~C는 임의의 원소 기호이다.)

보기
- ㄱ. 양성자수는 C가 가장 크다.
- ㄴ. A와 C는 화학적 성질이 비슷하다.
- ㄷ. 비금속 원소는 2가지이다.

① ㄱ   ② ㄴ   ③ ㄱ, ㄷ
④ ㄴ, ㄷ   ⑤ ㄱ, ㄴ, ㄷ

09 중요

그림은 주기율표의 일부를 나타낸 것이다.

족 주기	1	2	13	14	15	16	17	18
1	A							
2	B						C	
3		D			E		F	

A~F에 대한 설명으로 옳은 것만을 [보기]에서 있는 대로 고른 것은? (단, A~F는 임의의 원소 기호이다.)

보기
ㄱ. 전자가 들어 있는 전자 껍질 수가 2인 원소는 1가지이다.
ㄴ. 원자가 전자 수가 7인 원소는 2가지이다.
ㄷ. 금속 원소는 2가지이다.

① ㄱ   ② ㄷ   ③ ㄱ, ㄴ
④ ㄴ, ㄷ   ⑤ ㄱ, ㄴ, ㄷ

10

표는 원소 ㉠~㉢을 2가지 분류 기준에 따라 분류한 것이다. ㉠~㉢은 각각 F, Na, Cl 중 하나이다.

분류 기준	예	아니요
3주기 원소인가?	㉠, ㉢	㉡
원자가 전자 수가 7인가?	㉠, ㉡	㉢

㉠~㉢에 대한 설명으로 옳은 것만을 [보기]에서 있는 대로 고른 것은?

보기
ㄱ. 원자 번호는 ㉠이 가장 크다.
ㄴ. ㉢은 전자를 잃어 양이온이 되기 쉽다.
ㄷ. ㉠과 ㉡은 화학적 성질이 비슷하다.

① ㄱ   ② ㄴ   ③ ㄱ, ㄷ
④ ㄴ, ㄷ   ⑤ ㄱ, ㄴ, ㄷ

11

전자 배치의 원리에 대한 설명으로 옳은 것만을 [보기]에서 있는 대로 고른 것은?

보기
ㄱ. 원자핵에서 가까운 전자 껍질부터 전자가 배치된다.
ㄴ. 모든 전자 껍질에는 최대 8개씩의 전자가 배치될 수 있다.
ㄷ. 원자 번호가 8인 산소(O)의 전자 배치에서 가장 바깥 전자 껍질에 들어 있는 전자 수는 6이다.

① ㄱ   ② ㄴ   ③ ㄱ, ㄷ
④ ㄴ, ㄷ   ⑤ ㄱ, ㄴ, ㄷ

12

그림은 3가지 원소를 기준에 따라 분류한 것이다. A~C는 각각 Li, Na, Cl 중 하나이다.

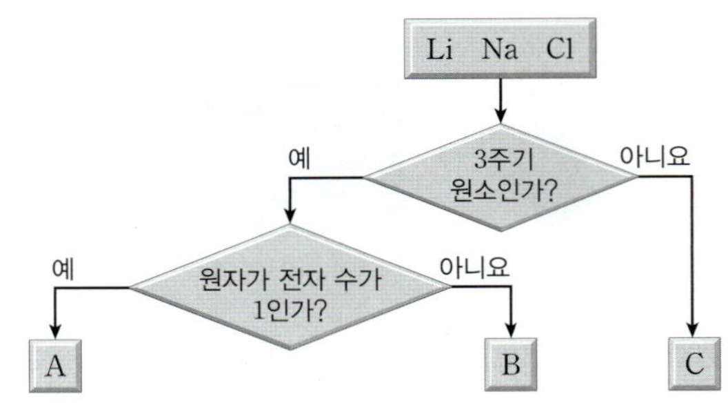

A~C에 대한 설명으로 옳은 것만을 [보기]에서 있는 대로 고른 것은?

보기
ㄱ. C는 Na이다.
ㄴ. 양성자수는 B가 가장 크다.
ㄷ. 전자가 들어 있는 전자 껍질 수는 A가 B보다 크다.

① ㄱ   ② ㄴ   ③ ㄱ, ㄷ
④ ㄴ, ㄷ   ⑤ ㄱ, ㄴ, ㄷ

13

그림은 원자 (가)와 (나)의 전자 배치를 모형으로 나타낸 것이다.

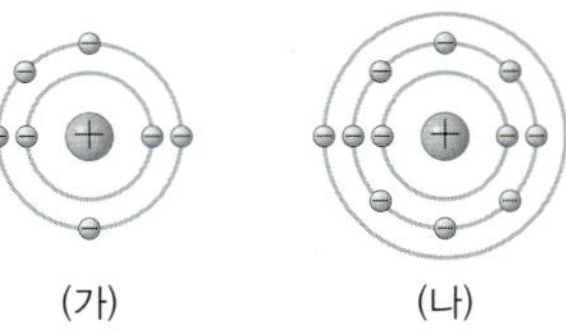

(가)가 (나)보다 큰 값을 갖는 것만을 [보기]에서 있는 대로 고른 것은?

보기
ㄱ. 양성자수
ㄴ. 원자가 전자 수
ㄷ. 전자가 들어 있는 전자 껍질 수

① ㄱ   ② ㄴ   ③ ㄱ, ㄷ
④ ㄴ, ㄷ   ⑤ ㄱ, ㄴ, ㄷ

서술형 문제

개념 ② 알칼리 금속과 할로젠

14

다음은 알칼리 금속의 성질에 대한 실험이다.

> (가) 리튬을 페트리 접시에 올려놓고 칼로 잘랐더니, 쉽게
> 잘렸고 잘린 단면의 광택이 빠르게 사라졌다.
> (나) 물이 담긴 비커에 페놀프탈레인 용액을 떨어뜨린 후
> 쌀알 크기의 리튬 조각을 넣었더니, 물과 잘 반응하였
> 고 수용액은 붉은색으로 변하였다.
> (다) 나트륨과 칼륨을 이용해 (가)와 (나)를 반복하였더니,
> 비슷한 결과가 얻어졌다.

(1) 리튬, 나트륨, 칼륨이 비슷한 화학적 성질을 나타내는 까닭
을 원자의 전자 배치를 이용하여 설명하시오.

(2) 알칼리 금속의 보관 방법을 반응성을 근거로 서술하시오.

개념 ③ 원소의 주기성이 나타나는 까닭

15 

그림은 원자 A~C의 전자 배치를 모형으로 나타낸 것이다. (단,
A~C는 임의의 원소 기호이다.)

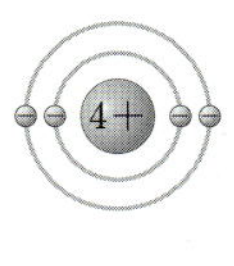 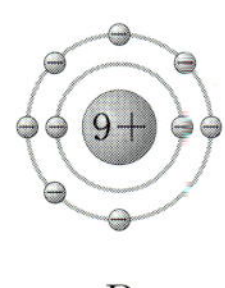 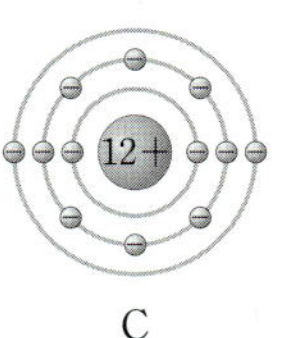

(1) A~C의 원자가 전자 수를 각각 쓰시오.

(2) A~C 중 화학적 성질이 비슷한 원소를 찾아 쓰고, 그렇게
생각한 까닭을 서술하시오.

16

그림은 주기율표에서 18족 원소를 제외한 2주기 원자의 원자 번호에
따른 물리량 ㉠을 나타낸 것이다.

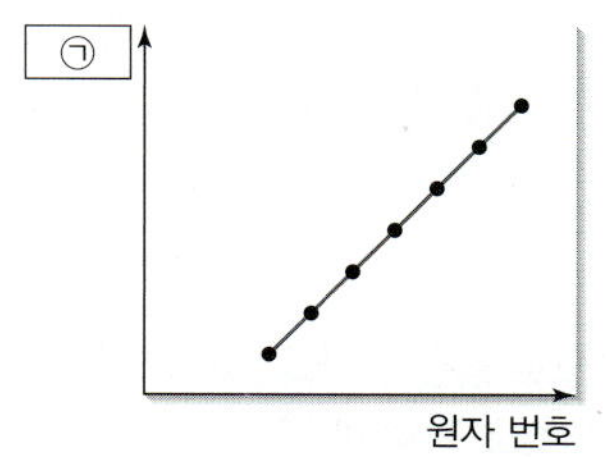

(1) 다음 중 ㉠으로 적절한 것을 모두 쓰시오.

> 전자가 들어 있는 전자 껍질 수, 원자가 전자 수, 전
> 자 수, 양성자수

(2) (1)과 같이 답한 까닭을 서술하시오.

17

표는 몇 가지 원소의 원자 번호와 원소 기호를 나타낸 것이다.

원자 번호	9	10	12	17
원소 기호	F	Ne	Mg	Cl

(1) 4가지 원자의 전자 배치를 모형으로 나타내시오.

(2) 같은 주기에 해당하는 원소를 분류하여 쓰시오.

(3) 금속 원소와 비금속 원소를 분류하여 쓰시오.

01

그림은 원자 A~D의 전자 배치를 모형으로 나타낸 것이다.

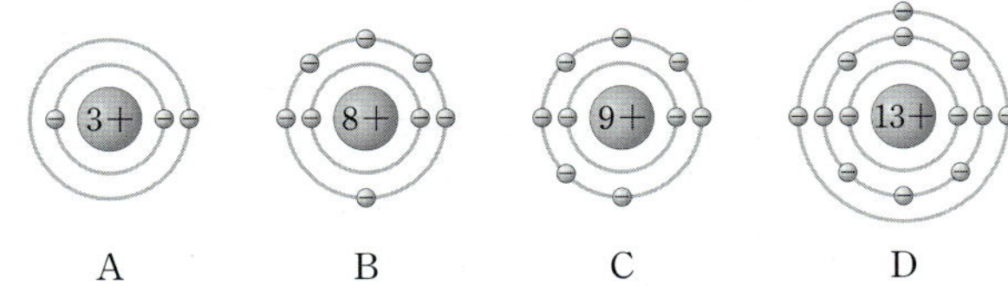

A~D에 대한 설명으로 옳은 것만을 [보기]에서 있는 대로 고른 것은? (단, A~D는 임의의 원소 기호이다.)

보기
ㄱ. 금속 원소는 2가지이다.
ㄴ. (원자 번호＋원자가 전자 수)는 D가 B보다 크다.
ㄷ. 주기율표에서 같은 가로줄에 배열되는 원자는 A와 C 뿐이다.

① ㄴ   ② ㄷ   ③ ㄱ, ㄴ
④ ㄱ, ㄷ   ⑤ ㄱ, ㄴ, ㄷ

02

그림은 원소 Li, F, Cl를 분류 기준 (가)와 (나)로 분류한 벤 다이어그램을 나타낸 것이다.

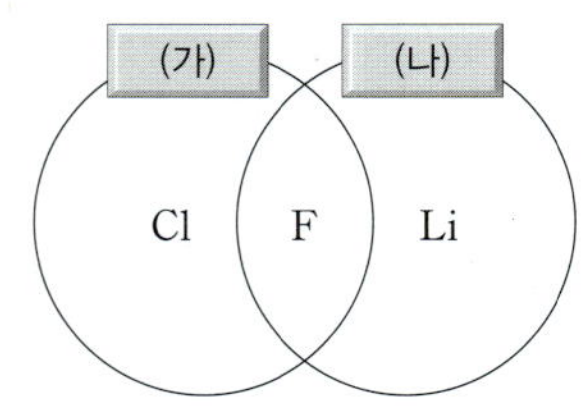

(가)와 (나)로 적절한 기준을 옳게 짝 지은 것은?

	(가)	(나)
①	할로젠	2주기 원소
②	비금속 원소	금속 원소
③	원자가 전자 수＝7	비금속 원소
④	금속 원소	전자가 들어 있는 전자 껍질 수＝2
⑤	전자가 들어 있는 전자 껍질 수＝2	금속 원소

03

| 2022년 고1 6월 교육청 통합과학 9번 |

다음은 학생 A가 같은 족의 세 금속 리튬(Li), 나트륨(Na), 칼륨(K)의 성질을 알아보기 위해 수행한 실험이다.

[가설]
㉠

[실험 과정]
(가) Li, Na, K을 각각 칼로 자른 후 단면의 변화를 관찰한다.
(나) Li, Na, K을 쌀알 크기로 잘라 물이 든 3개의 비커에 각각 넣고 변화를 관찰한다.
(다) (나)의 비커에 페놀프탈레인 용액을 각각 2~3방울 떨어뜨리고 변화를 관찰한다.

[실험 결과]
• (가)에서 모든 금속에서 단면의 광택이 사라졌다.
• (나)에서 모든 금속은 물과 잘 반응했다.
• (다)에서 모든 수용액은 붉은색으로 변했다.

[결론]
• 가설은 옳다.

학생 A의 결론이 타당할 때, 이에 대한 설명으로 옳은 것만을 [보기]에서 있는 대로 고른 것은?

보기
ㄱ. (가)에서 금속은 산소와 반응한다.
ㄴ. (다)에서 수용액은 산성이다.
ㄷ. '같은 족의 금속 원소들은 화학적 성질이 비슷하다.'는 ㉠으로 적절하다.

① ㄱ   ② ㄷ   ③ ㄱ, ㄴ
④ ㄱ, ㄷ   ⑤ ㄴ, ㄷ

04

표는 원자 A~D의 전자 껍질에 들어 있는 전자 수에 대한 자료이다.

전자 껍질	전자 수			
	A	B	C	D
첫 번째 전자 껍질	1	2	2	x
두 번째 전자 껍질	0	6	y	8
세 번째 전자 껍질	0	0	1	8

이에 대한 설명으로 옳은 것만을 [보기]에서 있는 대로 고른 것은? (단, A~D는 임의의 원소 기호이다.)

> ┤ 보기 ├
> ㄱ. $x+y=10$이다.
> ㄴ. A~D 중 금속 원소는 2가지이다.
> ㄷ. 각 원자에서 에너지 준위가 가장 낮은 전자 껍질에 들어 있는 전자 수는 같다.

① ㄱ   ② ㄷ   ③ ㄱ, ㄴ
④ ㄴ, ㄷ   ⑤ ㄱ, ㄴ, ㄷ

05

| 2021년 고1 6월 교육청 통합과학 18번 |

다음은 주기율표의 빗금 친 부분에 위치하는 원소 A~E에 대한 자료이다.

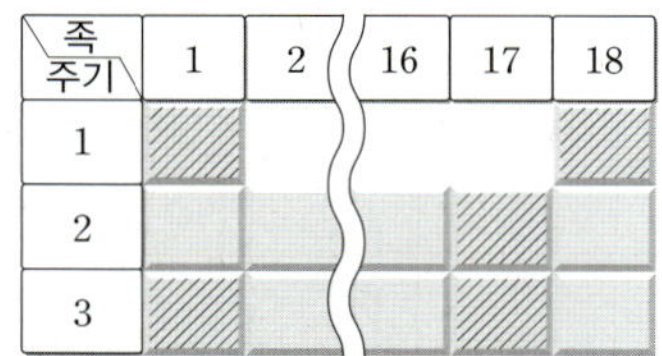

족 주기	1	2	16	17	18
1					
2					
3					

- A와 D는 같은 족 원소이다.
- B와 D는 전자가 들어 있는 전자 껍질 수가 같다.
- C와 E는 화학적 성질이 비슷하다.
- E는 충치 예방용 치약에 사용된다.

이에 대한 설명으로 옳은 것만을 [보기]에서 있는 대로 고른 것은? (단, A~E는 임의의 원소 기호이다.)

> ┤ 보기 ├
> ㄱ. 원자 번호는 A가 B보다 크다.
> ㄴ. A와 C는 같은 주기 원소이다.
> ㄷ. 원자가 전자 수는 D가 E보다 크다.

① ㄱ   ② ㄷ   ③ ㄱ, ㄴ
④ ㄴ, ㄷ   ⑤ ㄱ, ㄴ, ㄷ

06

그림은 원자 A~C의 전자 배치를 모형으로 나타낸 것이다.

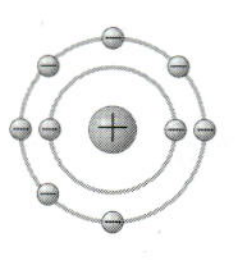 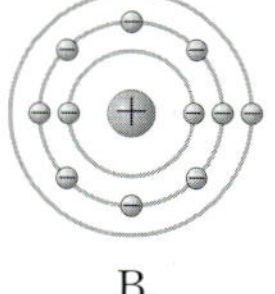 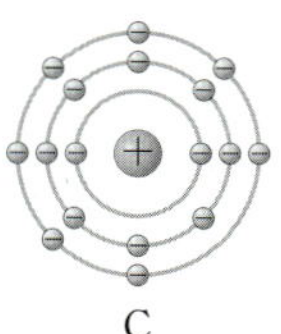

이에 대한 설명으로 옳은 것만을 [보기]에서 있는 대로 고른 것은? (단, A~C는 임의의 원소 기호이다.)

> ┤ 보기 ├
> ㄱ. (주기 번호＋원자가 전자 수)는 A＞B이다.
> ㄴ. A~C 중 양성자수는 C가 가장 크다.
> ㄷ. 원자 번호가 20 이하인 원소 중에서 B보다 원자 번호가 작은 금속 원소의 가짓수는 2이다.

① ㄱ   ② ㄷ   ③ ㄱ, ㄴ
④ ㄴ, ㄷ   ⑤ ㄱ, ㄴ, ㄷ

07

표는 2, 3주기 원자 A~C의 전자 배치에 대한 자료이고, $x \neq y$이다.

원자	A	B	C
전자가 들어 있는 전자 껍질 수	x	y	x
원자가 전자 수	$x-1$	$2y+1$	$3x$

이에 대한 설명으로 옳은 것만을 [보기]에서 있는 대로 고른 것은? (단, A~C는 임의의 원소 기호이다.)

> ┤ 보기 ├
> ㄱ. $y＞x$이다.
> ㄴ. 전자가 들어 있는 전자 껍질 수가 $(y+1)$이고, 원자가 전자 수가 $(y-1)$인 원자의 양성자수는 19이다.
> ㄷ. A~C 중 금속 원소는 1가지이다.

① ㄱ   ② ㄴ   ③ ㄱ, ㄷ
④ ㄴ, ㄷ   ⑤ ㄱ, ㄴ, ㄷ

화학 결합과 물질의 성질

개념 1 화학 결합의 원리

1. 18족 원소 주기율표의 18족에 속하는 원소로, 비활성 기체라고도 한다.

예 헬륨(He), 네온(Ne), 아르곤(Ar) 등

(1) 화학적으로 안정하고, 반응성이 작아 다른 원소와 거의 반응하지 않고 원자 상태로 존재한다.

(2) 화학적으로 안정한 까닭: 가장 바깥 전자 껍질에 8개의 전자가 모두 채워진 안정한 전자 배치를 이룬다. (단, 헬륨(He)은 2개)

➡ 원자가 전자 수는 0이다.

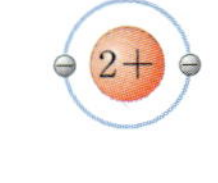

(3) 18족 원소의 이용

원소	헬륨(He)	네온(Ne)	아르곤(Ar)
이용	광고용 풍선, 비행선 밀도가 작고 ❶수소 기체보다 안정하여 적합	광고판의 충전 기체	형광등의 충전 기체, ❷용접 부위의 보호

2. 화학 결합의 원리 18족에 속하지 않는 원소들은 18족 원소와 같은 전자 배치를 하여 안정해지려고 한다. → ❸옥텟 규칙

주기 \ 족	1	2	13	14	15	16	17	18
1	1+ ₁H			15족 원소는 전자 3개를, 16족 원소는 전자 2개를, 17족 원소는 전자 1개를 얻거나 다른 원자와 전자쌍을 공유함으로써 Ne과 같은 안정한 전자 배치를 가지려고 한다.				2+ ₂He
2	3+ ₃Li	4+ ₄Be	5+ ₅B	6+ ₆C	7+ ₇N	8+ ₈O	9+ ₉F	10+ ₁₀Ne
3	11+ ₁₁Na	12+ ₁₂Mg	13+ ₁₃Al	14+ ₁₄Si	15+ ₁₅P	16+ ₁₆S	17+ ₁₇Cl	18+ ₁₈Ar

1족 원소는 원자가 전자 1개를, 2족 원소는 원자가 전자 2개를,
13족 원소는 원자가 전자 3개를 잃어 Ne과 같은 안정한 전자 배치를 가지려고 한다.

18족 원소와 같은 전자 배치가 되는 방법

원소	산소(O)	플루오린(F)	마그네슘(Mg)
전자 배치	8+	9+	12+
18족 원소의 전자 배치를 갖는 방법	전자 6개를 잃는다. 전자 2개를 얻는다.	전자 7개를 잃는다. 전자 1개를 얻는다.	전자 2개를 잃는다. 전자 6개를 얻는다.

• 비금속 원소: 산소와 플루오린은 전자를 얻는 것이 더 쉬우므로 전자를 얻어 안정한 전자 배치를 이룬다.
• 금속 원소: 마그네슘은 전자를 잃는 것이 더 쉬우므로 전자를 잃어 안정한 전자 배치를 이룬다.

---

❶ **수소 기체(H₂)**
밀도가 작지만 공기와 혼합되어 있을 때 폭발의 위험이 있어 광고용 풍선이나 비행선의 충전 기체로 부적합하다.

❷ **용접 부위의 보호**
용접할 때 용접 부위가 산소와 반응하지 않도록 보호하는 데 이용된다.

❸ **옥텟 규칙**
주기율표의 18족에 속하지 않는 원소들이 18족 원소와 같이 가장 바깥 전자 껍질에 전자 8개를 채워 안정한 전자 배치를 가지려는 경향

용어알기

◎ **비활성(非 아니다, 活 생기가 있다, 性 성질)** 다른 물질과 쉽게 반응하지 않는 성질

1. 이온 결합   양이온과 음이온 사이의 정전기적 인력으로 형성되는 결합

(1) ④ 이온의 생성

구분	양이온	음이온
정의	원자가 전자를 잃어 양전하를 띤 입자	원자가 전자를 얻어 음전하를 띤 입자
생성 원리	원자가 전자 수가 1~3인 금속 원소는 대체로 가장 바깥 전자 껍질의 전자를 잃어 18족 원소와 같은 전자 배치를 이룬다.	원자가 전자 수가 5~7인 비금속 원소는 대체로 가장 바깥 전자 껍질에 전자를 얻어 18족 원소와 같은 전자 배치를 이룬다.
예	나트륨 원자 → 나트륨 이온 (전자 1개를 잃는다.)	염소 원자 → 염화 이온 (전자 1개를 얻는다.)

더 알아보기 주기율표로 살펴보는 안정한 이온의 생성

주기 \ 족	1	2	13	14	15	16	17	18
1	H							He
2	Li	Be	B	C	N	O	F	Ne
3	Na	Mg	Al	Si	P	S	Cl	Ar
4	K	Ca						
원자가 전자 수	1	2	3		5	6	7	
⑤ 이온의 전하	+1	+2	+3		−3	−2	−1	

- **2주기 금속 원소**는 전자를 잃고 He고· 같은 전자 배치를 갖는 이온이 된다.
- **2주기 비금속 원소**는 전자를 얻고, **3주기 금속 원소**는 전자를 잃어 Ne과 같은 전자 배치를 갖는 이온이 된다.
- **3주기 비금속 원소**는 전자를 얻고, **4주기 금속 원소**는 전자를 잃어 Ar과 같은 전자 배치를 갖는 이온이 된다.

(2) 이온 결합의 형성: 금속 원소의 원자와 비금속 원소의 원자가 서로 전자를 주고받아 양이온과 음이온이 된 후, 이 이온들 사이에 정전기적 인력이 작용하여 결합이 형성된다.

└→ 주로 금속 원소와 비금속 원소 사이에 형성

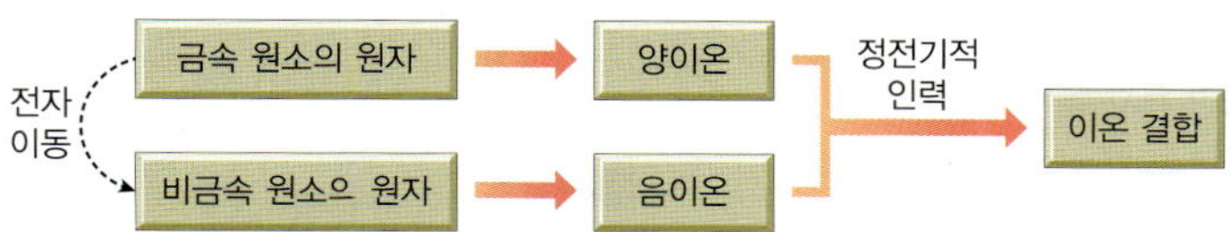

염화 나트륨의 형성 과정

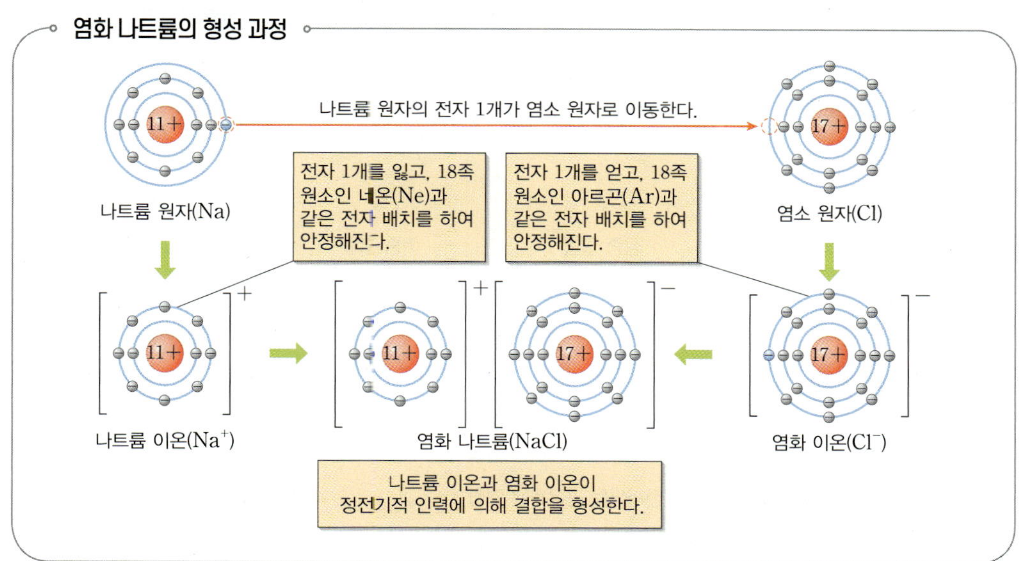

⑤ 족에 따른 안정한 이온의 전하

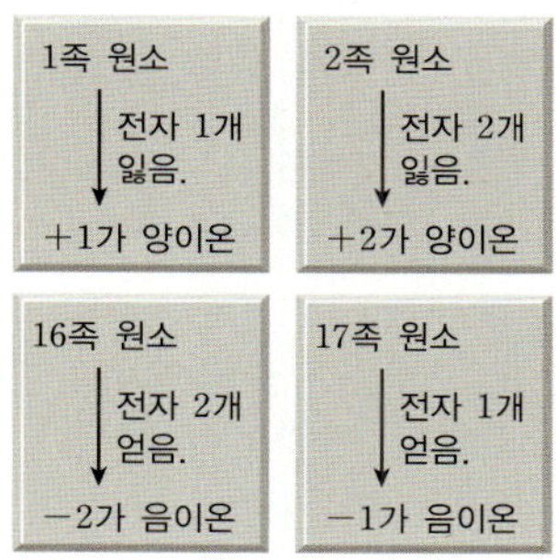

용어 알기

⊙ **정전기적 인력(引 끌다, 力 힘)** 서로 다른 전하를 띤 입자들이 서로 끌어당기는 힘

❻ 비금속 원소 간의 결합에서 전자쌍을 공유하는 까닭

비금속 원소의 원자들은 전자를 얻으려는 경향이 있어 전자를 주고받아 이온을 형성하기 어렵다. ➡ 전자쌍을 공유하여 18족 원소와 같은 전자 배치를 갖는다.

꼭! 암기

• 이온 결합
 ➡ 금속＋비금속 원소 간의 결합
• 공유 결합
 ➡ 비금속＋비금속 원소 간의 결합

2. 공유 결합 비금속 원소의 원자들이 전자쌍을 서로 공유하여 형성되는 결합

(1) 공유 전자쌍: 두 원자에 서로 공유되어 결합에 참여하는 전자쌍

(2) 공유 결합의 형성: 비금속 원소의 원자들이 서로의 전자를 내놓아 전자쌍을 형성하고, 이 전자쌍을 공유하면서 결합이 형성된다. ➡ 각 원자의 전자 배치는 18족 원소와 같아진다.

물 분자의 형성 과정

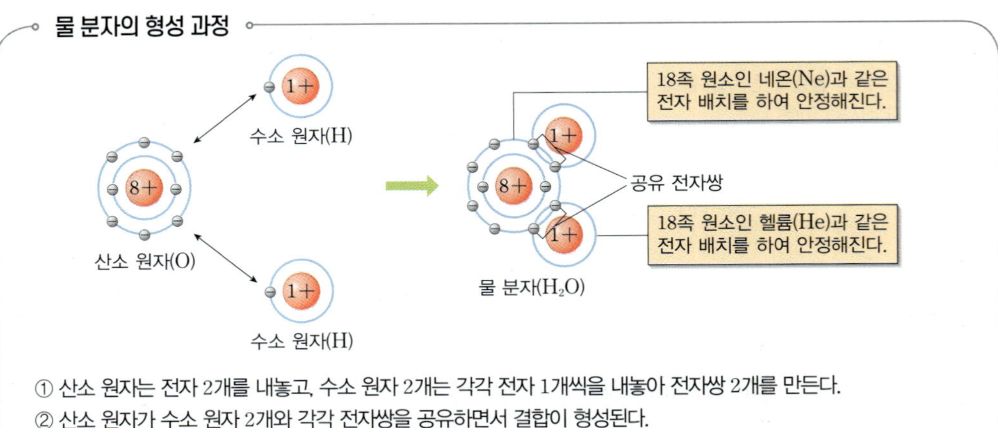

① 산소 원자는 전자 2개를 내놓고, 수소 원자 2개는 각각 전자 1개씩을 내놓아 전자쌍 2개를 만든다.
② 산소 원자가 수소 원자 2개와 각각 전자쌍을 공유하면서 결합이 형성된다.
 ➡ 수소 원자와 산소 원자의 전자 배치는 각각 18족 원소와 같아진다.

(3) 원자가 전자 수와 공유 전자쌍 수: 비금속 원소의 원자는 가장 바깥 전자 껍질을 채우기 위해 필요한 전자 수만큼 전자쌍을 공유한다.

$$공유\ 전자쌍\ 수 = 8 - 원자가\ 전자\ 수$$

질소, 산소, 플루오린 분자의 공유 전자쌍 수

원자	질소 원자(N)	산소 원자(O)	플루오린 원자(F)
전자 배치	7+	8+	9+
원자가 전자 수	5	6	7
가장 바깥 전자 껍질을 채우기 위해 필요한 전자 수	3	2	1

분자	질소 분자(N_2)	산소 분자(O_2)	플루오린 분자(F_2)
결합 모형	7+ 7+	8+ 8+	9+ 9+
공유 전자쌍 수	3	2	1
공유 결합의 종류	삼중 결합	이중 결합	단일 결합

(4) 공유 결합의 종류

단일 결합	두 원자 사이에 1개의 전자쌍을 공유하는 결합
이중 결합	두 원자 사이에 2개의 전자쌍을 공유하는 결합
삼중 결합	두 원자 사이에 3개의 전자쌍을 공유하는 결합

이중 결합과 삼중 결합을 통틀어 다중 결합이라고 한다.

용어 알기

⊙ 공유(共 함께, 有 있다) 두 사람 이상이 한 물건을 공동으로 소유함

1. 이온 결합 물질   이온 결합으로 생성된 물질

(1) 양이온과 음이온이 정전기적 인력에 의해 연속적으로 결합하여 [7]삼차원 구조를 이루고 있다.

(2) 이온 결합 물질의 화학식

① 양이온과 음이온의 개수비를 가장 간단한 정수비로 나타낸다.

② 이온 결합 물질은 전기적으로 중성이므로 양이온의 총 (+)전하와 음이온의 총 (−)전하의 합이 0이 되어야 한다.

$$(양이온의 전하 \times 양이온의 수) + (음이온의 전하 \times 음이온의 수) = 0$$

[8]이온 결합 물질의 화학식을 나타내는 방법

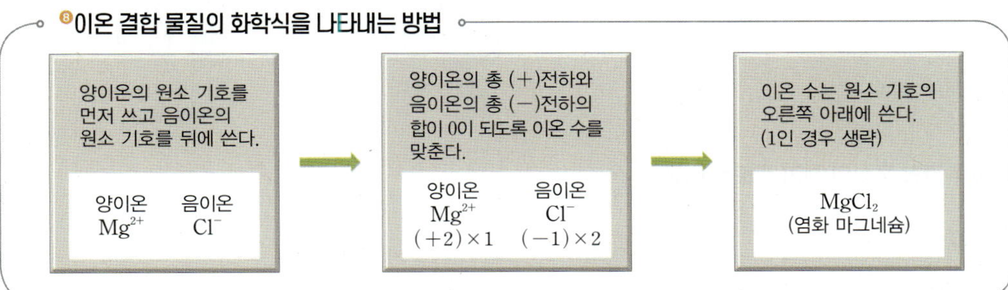

③ 여러 가지 이온 결합 물질의 화학식과 [9]이름

양이온	음이온	거수비(양이온 : 음이온)	화학식	이름
Li^+	F^-	1 : 1	LiF	플루오린화 리튬
Na^+	O^{2-}	2 : 1	Na_2O	산화 나트륨
Mg^{2+}	S^{2-}	1 : 1	MgS	황화 마그네슘
Al^{3+}	O^{2-}	2 : 3	Al_2O_3	산화 알루미늄

(3) 이온 결합 물질의 성질

녹는점과 끓는점	양이온과 음이온이 강한 정전기적 인력에 의해 결합하므로 녹는점과 끓는점이 매우 높다.
물에 대한 용해성	대부분 물에 잘 용해되며, 물에 녹으면 양이온과 음이온으로 이온화된다.[10]
전기 전도성	① 고체 상태: 이온들이 강하게 이온 결합하고 있어 자유롭게 이동할 수 없으므로 전기 전도성이 없다. ② 수용액 상태: 이온들이 자유롭게 이동할 수 있으므로 전기 전도성이 있다.

쪼개짐과 부스러짐	비교적 단단하지만, 외부에서 힘을 가하면 쉽게 쪼개지거나 부스러진다. ➡ 외부에서 힘을 가하면 이온층이 밀리면서 같은 전하를 띠는 이온들이 만나 이들 사이에 반발력이 작용하기 때문

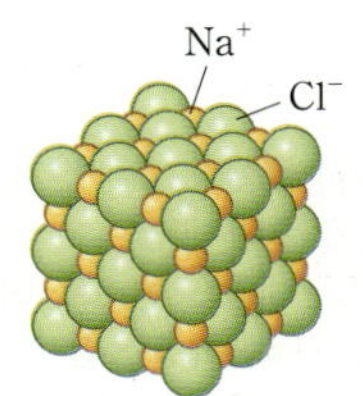

▲ 염화 나트륨(NaCl)

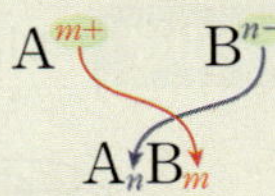

· 원소 기호는 양이온 → 음이온 순으로
· 전하의 합이 0이 되도록 이온 수 결정
· 이온 수는 간단한 정수비로 (1은 생략)

[9] 이온 결합 물질의 이름

이온 결합 물질의 이름을 읽을 때는 음이온의 이름을 먼저 읽은 후 양이온의 이름을 읽되 '이온'은 생략한다.

[10] 이온 결합 물질의 용해

이온 결합 물질이 물에 녹으면 양이온과 음이온이 물 분자에 둘러싸인 상태(수화 상태)로 존재하기 때문에 쉽게 나누어진다.

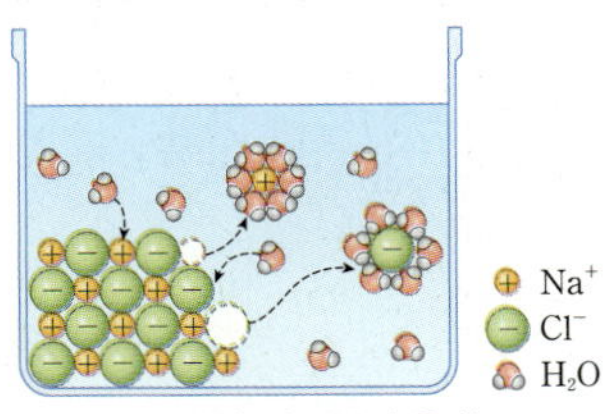

▲ 염화 나트륨의 용해

2. 공유 결합 물질 공유 결합으로 생성된 물질

(1) 일정한 수의 원자들이 전자쌍을 공유하여 형성된 ⑪분자로 이루어져 있다.

(2) 공유 결합 물질의 성질

녹는점과 끓는점	이온 결합 물질에 비해 녹는점과 끓는점이 비교적 낮아 대부분 실온에서 액체나 기체 상태로 존재한다.
⑫전기 전도성	① 고체 상태: 전기적으로 중성인 분자로 이루어져 있어 대부분 전기 전도성이 없다. ② 수용액 상태: 물에 녹여도 분자 상태로 존재하므로 대부분 전기 전도성이 없다.

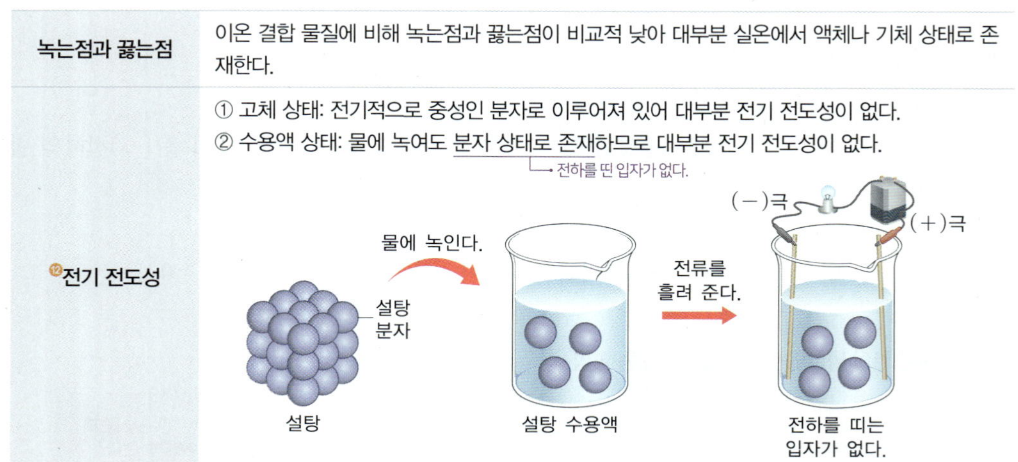

필수 탐구 자료 이온 결합 물질과 공유 결합 물질의 전기 전도성 비교

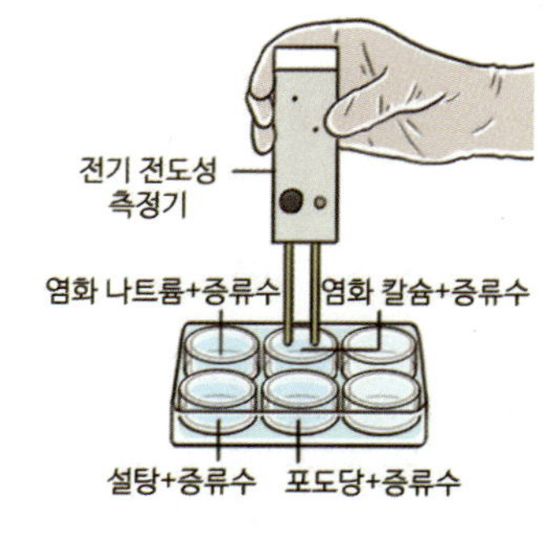

결과 및 해석

물질		염화 나트륨	염화 칼슘	설탕	포도당
전기 전도성	고체	없음	없음	없음	없음
	수용액	있음	있음	없음	없음

• 염화 나트륨, 염화 칼슘: 이온 결합 물질
• 설탕, 포도당: 공유 결합 물질

정리

• 이온 결합 물질은 고체 상태에서는 전기 전도성이 없지만, 수용액 상태에서는 전기 전도성이 있다.
• 공유 결합 물질은 고체 상태와 수용액 상태에서 모두 전기 전도성이 없다.

3. 우리 주변의 이온 결합 물질과 공유 결합 물질

(1) 우리 주변의 이온 결합 물질

염화 칼슘($CaCl_2$)	염화 나트륨($NaCl$)	탄산수소 나트륨($NaHCO_3$)
제설제	소금의 주성분	제빵 소다

(2) 우리 주변의 공유 결합 물질

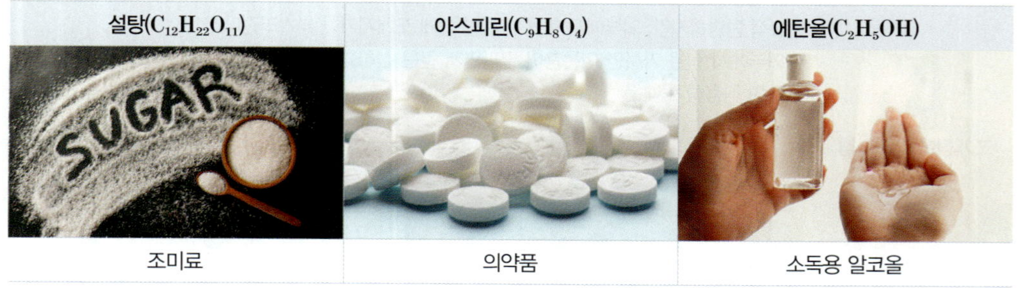

설탕($C_{12}H_{22}O_{11}$)	아스피린($C_9H_8O_4$)	에탄올(C_2H_5OH)
조미료	의약품	소독용 알코올

- (❶　　　　)족 원소는 반응성이 매우 작아 다른 원소와 거의 반응하지 않고 원자 상태로 존재한다.
- 물질을 구성하는 원소들은 화학 결합을 통해 (❷　　　　)족 원소와 같은 전자 배치를 하여 안정해진다.
- (❸　　　　): 금속 원소의 원자와 비금속 원소의 원자가 서로 전자를 주고받아 양이온과 음이온이 된 후, 이 이온들 사이에 (❹　　　　)이 작용하여 형성되는 결합
- (❺　　　　): 비금속 원소의 원자들이 서로의 전자를 내놓아 (❻　　　　)을 형성하고 이 전자쌍을 공유하면서 형성되는 결합
- Na과 Cl가 결합하여 안정한 화합물을 형성할 때 전자는 (❼　　　　)에서 (❽　　　　)로 이동한다.
- 원자 번호가 8인 O 원자의 원자가 전자 수는 (❾　　　　)이므로 O_2에서 O 원자와 O 원자는 (❿　　　　)개의 전자쌍을 공유하여 결합을 형성한다.
- Ca과 Cl는 (⓫　　　　) 결합으로 물질을 형성하며 안정한 화합물의 화학식은 (⓬　　　　)이다.
- 고체 상태에서는 전기 전도성이 없지만, 수용액 상태에서 전기 전도성이 있는 물질은 (⓭　　　　) 결합 물질이다.

01

원소들의 화학 결합에 대한 설명으로 옳은 것은 ○, 옳지 <u>않은</u> 것은 ×로 표시하시오.

(1) 모든 원소들은 화학 결합을 형성하여 안정해지려고 한다.
　　　　　　　　　　　　　　　　　　　　(　)

(2) 18족에 속하지 않는 원소들은 화학 결합을 형성하여 18족 원소와 같은 전자 배치를 이룬다. 　　　　(　)

(3) 화학 결합을 형성할 때 원자들 사이에 전자가 이동하거나 전자쌍을 공유한다. 　　　　　　　　(　)

[02~03] 표는 원자 A와 B에 대한 자료이다. (단, A와 B는 임의의 원소 기호이다.)

원자	A	B
전자 배치		
가장 안정한 이온이 될 때 얻거나 잃는 전자 수	㉠ (　)	㉡ (　)
안정한 이온의 이온식	㉢ (　)	㉣ (　)

02

㉠~㉣에 알맞은 말을 쓰시오.

03

A와 B가 결합하여 형성된 안정한 화합물의 화학식을 쓰시오.

04

그림은 원자 A~C의 전자 배치를 모형으로 나타낸 것이다. 이에 대한 설명으로 옳은 것은 ○, 옳지 <u>않은</u> 것은 ×로 표시하시오. (단, A~C는 임의의 원소 기호이다.)

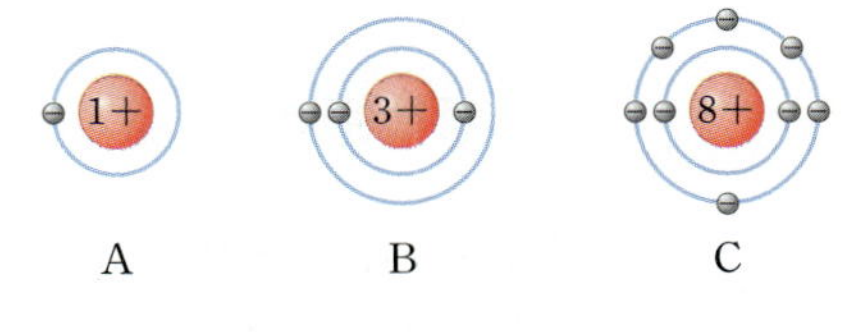

(1) A와 C는 이온 결합한다. 　　　　　　　(　)
(2) B와 C가 결합할 때 B에서 C로 전자가 이동한다. (　)
(3) C_2에서 공유 전자쌍 수는 2이다. 　　　　(　)
(4) 수용액 상태에서 전기 전도성은 A와 C로 이루어진 화합물이 B와 C로 이루어진 화합물보다 크다. 　　(　)

05

이온 결합 물질과 공유 결합 물질에 대한 설명으로 옳은 것은 ○, 옳지 <u>않은</u> 것은 ×로 표시하시오.

(1) 공유 결합 물질은 고체 상태와 수용액 상태에서 모두 전류가 흐른다. 　　　　　　　　　(　)
(2) 이온 결합 물질은 고체 상태에서 전류가 흐르지 않는다.
　　　　　　　　　　　　　　　　　　　　(　)
(3) NaCl은 수용액 상태에서 전류가 흐른다. 　　(　)
(4) 이온 결합 물질은 물에 녹아 양이온과 음이온으로 나누어진다. 　　　　　　　　　　　(　)

특강 공유 결합 물질의 여러 가지 화학식

특강 1 분자에서 원자 사이의 공유 전자쌍 수

원자는 공유 결합을 형성함으로써 18족 원소와 같은 전자 배치를 이룬다. 따라서 18족 원소의 전자 배치를 이루기 위해 필요한 전자 수만큼 다른 원자와 전자쌍을 공유한다.

➡ 원자가 전자 수＋공유 전자쌍 수＝8이다.

（단, 수소(H)는 1주기 원소이므로 원자가 전자 수＋공유 전자쌍 수＝2이다.）

원자	H	C	N	O	F
원자가 전자 수	1	4	5	6	7
공유 전자쌍 수	1	4	3	2	1

특강 2 루이스 전자점식과 루이스 구조식

① **루이스 전자점식**: 원자가 전자를 쉽게 나타내기 위해 원소 기호 주변에 원자가 전자를 점으로 표시한 식

• 원소 기호의 상하좌우에 원자가 전자를 1개씩 점으로 표시한 뒤, 5번째 전자부터 쌍을 이루도록 표시한다.

족	1	2	13	14	15	16	17
루이스 전자점식	H·						
	Li·	·Be·	·B·	·C·	·N·	:O·	:F·
	Na·	·Mg·	·Al·	·Si·	·P·	:S·	:Cl·
원자가 전자 수	1	2	3	4	5	6	7

• 공유 전자쌍은 두 원자의 원소 기호 사이에 표시하고, 비공유 전자쌍은 각 원소 기호 주변에 표시한다.

② **루이스 구조식**: 공유 전자쌍은 결합선(−)으로 나타내고, 비공유 전자쌍은 그대로 나타내거나 생략한 식

예 플루오린 분자(F_2)

전자 배치 모형	루이스 전자점식	루이스 구조식
	:F:F:	F−F

특강 3 이산화 탄소의 루이스 전자점식과 루이스 구조식

① 분자의 공유 전자쌍 수 구하기	·공유 전자쌍 수＝[(8×원자 수)−(원자가 전자 수의 합)]÷2 ➡ CO_2에서 공유 전자쌍 수는 [(8×3)−(4+6+6)]÷2＝4
② 원자의 결합선 수 찾기	·C의 원자가 전자 수＝4 → 전자 4개 필요 → 4개의 전자쌍 공유 ·O의 원자가 전자 수＝6 → 전자 2개 필요 → 2개의 전자쌍 공유
③ ①과 ②를 동시에 만족하는 구조식 그리기	O＝C＝O
④ 전자 배치 모형으로 나타내기	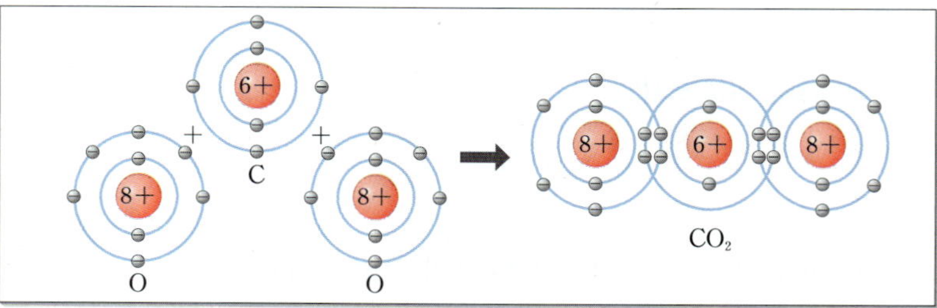

개념 ② 화학 결합의 종류

01 그림은 원자 A~C의 전자 배치를 모형으로 나타낸 것이다.

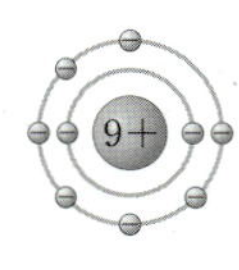 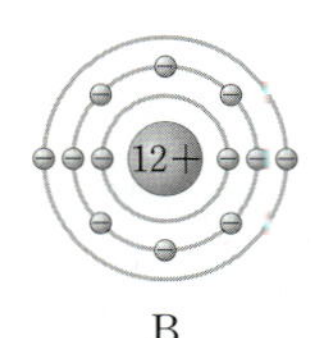 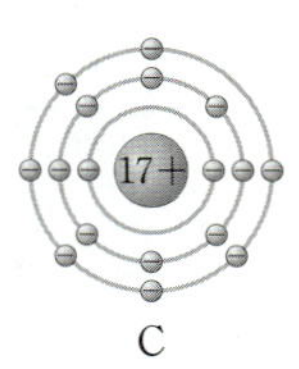

이에 대한 설명으로 옳은 것만을 [보기]에서 있는 대로 고른 것은? (단, A~C는 임의의 원소 기호이다.)

─── 보기 ───
ㄱ. B는 금속 원소이다.
ㄴ. A와 C는 화학적 성질이 비슷하다.
ㄷ. B와 C로 이루어진 안정한 화합물의 화학식은 BC_2이다.

① ㄱ   ② ㄷ   ③ ㄱ, ㄴ
④ ㄴ, ㄷ   ⑤ ㄱ, ㄴ, ㄷ

개념 ③ 화학 결합의 종류에 따른 물질

02 그림은 원소 A와 C로 이루어진 화합물 (가)와, B와 C로 이루어진 화합물 (나)의 화학 결합 모형을 나타낸 것이다.

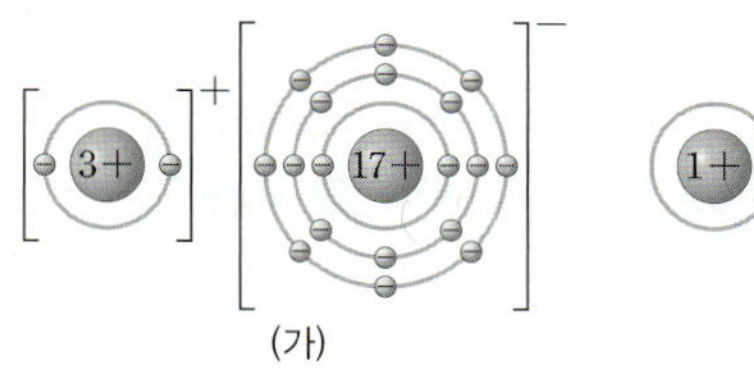

이에 대한 설명으로 옳은 것만을 [보기]에서 있는 대로 고른 것은? (단, A~C는 임의의 원소 기호이다.)

─── 보기 ───
ㄱ. A의 원자가 전자 수는 7이다.
ㄴ. B_2에서 공유 전자쌍 수는 1이다.
ㄷ. (가)는 수용액 상태에서 전기 전도성이 있다.

① ㄱ   ② ㄷ   ③ ㄱ, ㄴ
④ ㄴ, ㄷ   ⑤ ㄱ, ㄴ, ㄷ

대표 문제 파헤치기

▌파악하기

원소의 전자 배치로부터 각 원소를 금속 원소와 비금속 원소로 분류하고, 결합하는 원소에 따른 화학 결합의 종류를 구분할 수 있어야 한다.

▌다가가기

(STEP 1) 전자 배치를 토대로 금속 원소와 비금속 원소로 분류한다.
(STEP 2) 이온 결합은 금속 원소와 비금속 원소 간의 결합, 공유 결합은 비금속 원소 간의 결합 형태이다.
(STEP 3) 양이온과 음이온이 결합하여 형성된 이온 결합 물질은 전기적으로 중성이므로 이를 토대로 양이온과 음이온의 결합 개수비를 판단하여 물질의 화학식을 추론한다.

대표 문제 파헤치기

▌파악하기

이온 결합은 금속 원소와 비금속 원소 간의 결합이고, 공유 결합은 비금속 원소 간의 결합 형태임을 토대로, (가)와 (나)의 화학 결합을 구분하고 물질을 구성하는 원소를 파악할 수 있어야 한다.

▌다가가기

(STEP 1) 화합물의 화학 결합을 이용하여 (가)와 (나)에 공통으로 들어 있는 C가 비금속 원소임을 알아낸다.
(STEP 2) A~C의 원자가 전자 수를 구한 후, B_2에서 공유 전자쌍 수를 파악한다.
(STEP 3) 이온 결합 물질의 전기 전도성에 대한 개념을 토대로 수용액 상태일 때의 전기 전도성을 판단한다.

개념 1 화학 결합의 원리   개념 2 화학 결합의 종류

01

그림은 원자 X와 Y의 전자 배치를 모형으로 나타낸 것이다.

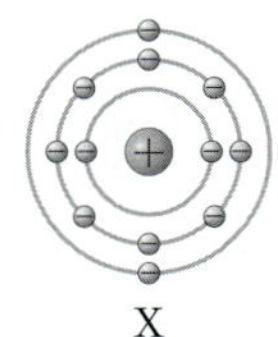 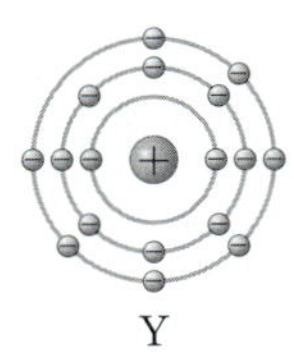

X   Y

이에 대한 설명으로 옳은 것만을 [보기]에서 있는 대로 고른 것은? (단, X와 Y는 임의의 원소 기호이다.)

보기
ㄱ. X는 금속 원소이다.
ㄴ. 안정한 X 이온의 전자 배치와 Y 이온의 전자 배치는 같다.
ㄷ. 안정한 이온의 전하 크기는 X 이온이 Y 이온보다 크다.

① ㄱ   ② ㄴ   ③ ㄱ, ㄷ
④ ㄴ, ㄷ   ⑤ ㄱ, ㄴ, ㄷ

02

표는 원소 A~C의 원자 또는 이온의 전자 배치에 대한 자료이다.

원자 또는 이온	A	B^-	C^{2+}
전자가 들어 있는 전자 껍질 수	2	2	2
가장 바깥 전자 껍질에 들어 있는 전자 수	6	8	8

A~C에 대한 설명으로 옳지 <u>않은</u> 것은? (단, A~C는 임의의 원소 기호이다.)

① C는 16족 원소이다.
② 원자 번호는 C가 가장 크다.
③ A와 B는 같은 주기 원소이다.
④ 원자가 전자 수는 B가 가장 크다.
⑤ A는 전자 2개를 얻어 B^-과 같은 전자 배치를 갖는다.

03

그림은 주기율표의 일부를 나타낸 것이다.

족 주기	1	2	13	14	15	16	17	18
1	A							
2						B	C	
3		D					E	

A~E에 대한 설명으로 옳은 것만을 [보기]에서 있는 대로 고른 것은? (단, A~E는 임의의 원소 기호이다.)

보기
ㄱ. 비금속 원소는 3가지이다.
ㄴ. 안정한 이온의 전자 배치가 Ne과 같은 원소는 3가지이다.
ㄷ. C와 E는 안정한 이온의 전하가 같다.

① ㄱ   ② ㄴ   ③ ㄱ, ㄷ
④ ㄴ, ㄷ   ⑤ ㄱ, ㄴ, ㄷ

04 중요

그림은 원자 A~C의 전자 배치를 모형으로 나타낸 것이다.

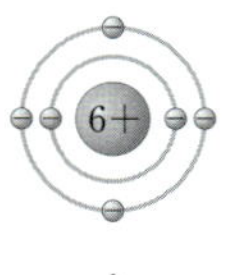 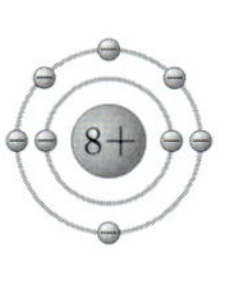 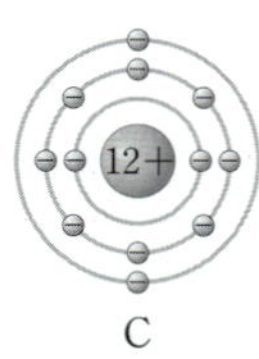

A   B   C

이에 대한 설명으로 옳은 것만을 [보기]에서 있는 대로 고른 것은? (단, A~C는 임의의 원소 기호이다.)

보기
ㄱ. B_2의 공유 전자쌍 수는 2이다.
ㄴ. A 원자 1개는 수소 원자 4개와 공유 결합하여 AH_4를 형성한다.
ㄷ. B와 C가 결합할 때 전자는 C에서 B로 이동한다.

① ㄱ   ② ㄷ   ③ ㄱ, ㄴ
④ ㄴ, ㄷ   ⑤ ㄱ, ㄴ, ㄷ

05

그림은 주기율표의 일부를 나타낸 것이다.

족 주기	1	2	13	14	15	16	17	18
1	A							
2	B						C	D
3	E	F						

이에 대한 설명으로 옳은 것만을 [보기]에서 있는 대로 고른 것은? (단, A~F는 임의의 원소 기호이다.)

보기
ㄱ. AC는 이온 결합 물질이다.
ㄴ. B와 C가 결합하여 형성된 물질에서 B와 C의 전자 배치는 모두 D와 같다.
ㄷ. 화학식을 구성하는 원자 수는 C와 F로 이루어진 화합물이 C와 E로 이루어진 화합물보다 크다.

① ㄱ   ② ㄷ   ③ ㄱ, ㄴ
④ ㄴ, ㄷ   ⑤ ㄱ, ㄴ, ㄷ

06

그림은 화합물 XY_2를 화학 결합 모형으로 나타낸 것이다.

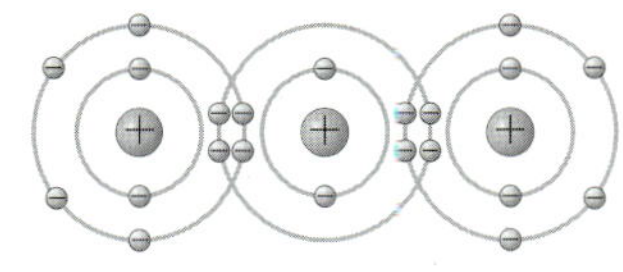

이에 대한 설명으로 옳은 것만을 [보기]에서 있는 대로 고른 것은? (단, X와 Y는 임의의 원소 기호이다.)

보기
ㄱ. X와 Y는 모두 비금속 원소이다.
ㄴ. 양성자수는 Y>X이다.
ㄷ. X의 원자가 전자 수는 6이다.

① ㄱ   ② ㄷ   ③ ㄱ, ㄴ
④ ㄴ, ㄷ   ⑤ ㄱ, ㄴ, ㄷ

07

플루오린화 나트륨(NaF)과 플루오린화 산소(OF_2)의 공통점으로 옳은 것만을 [보기]에서 있는 대로 고른 것은?

보기
ㄱ. 이온 결합 물질이다.
ㄴ. 화합물을 구성하는 원소는 모두 2주기 원소이다.
ㄷ. 각 화합물에서 구성 원소는 모두 Ne의 전자 배치를 갖는다.

① ㄴ   ② ㄷ   ③ ㄱ, ㄴ
④ ㄱ, ㄷ   ⑤ ㄱ, ㄴ, ㄷ

08 중요

그림은 화합물 AB_2와 CB_2를 화학 결합 모형으로 나타낸 것이다.

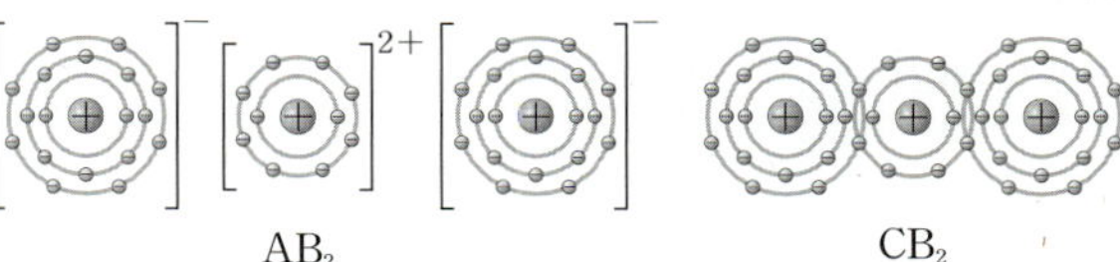

AB₂   CB₂

이에 대한 설명으로 옳은 것만을 [보기]에서 있는 대로 고른 것은? (단, A~C는 임의의 원소 기호이다.)

보기
ㄱ. A와 B는 같은 주기 원소이다.
ㄴ. 원자가 전자 수는 C>B>A이다.
ㄷ. C_2에서 공유 전자쌍 수는 2이다.

① ㄱ   ② ㄴ   ③ ㄱ, ㄷ
④ ㄴ, ㄷ   ⑤ ㄱ, ㄴ, ㄷ

09 중요

그림은 이온 X^+, Y^{2-}, Z^{2-}의 전자 배치를 모형으로 나타낸 것이다.

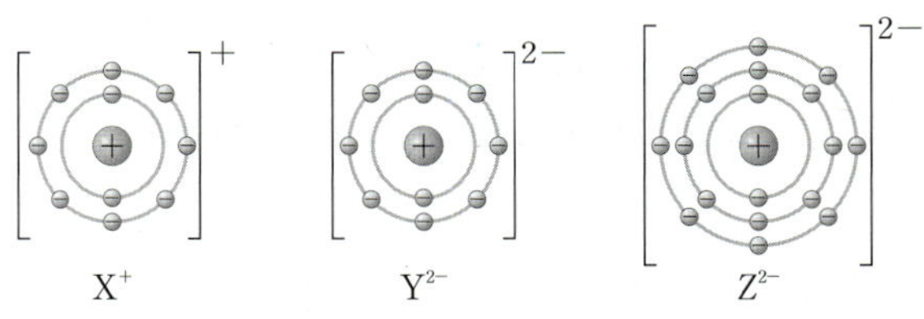

X^+ Y^{2-} Z^{2-}

이에 대한 설명으로 옳은 것만을 [보기]에서 있는 대로 고른 것은? (단, X~Z는 임의의 원소 기호이다.)

보기
ㄱ. X와 Y는 같은 주기 원소이다.
ㄴ. X와 Y가 결합하여 안정한 화합물을 생성할 때 전자는 X에서 Y로 이동한다.
ㄷ. Z_2에서 공유 전자쌍 수는 1이다.

① ㄱ   ② ㄴ   ③ ㄱ, ㄷ
④ ㄴ, ㄷ   ⑤ ㄱ, ㄴ, ㄷ

3 내신 다지기 문제

개념 **3** 화학 결합의 종류에 따른 물질

10

표는 화합물 (가)와 (나)의 전기 전도성을 나타낸 것이다.

화합물		(가)	(나)
전기 전도성	고체	없음	없음
	수용액	없음	있음

염화 나트륨($NaCl$), 물(H_2O), 플루오린화 마그네슘(MgF_2) 중 (가)와 (나)를 옳게 짝 지은 것은?

	(가)	(나)
①	$NaCl$	H_2O, MgF_2
②	H_2O	$NaCl$, MgF_2
③	MgF_2	$NaCl$, H_2O
④	$NaCl$, H_2O	MgF_2
⑤	$NaCl$, MgF_2	H_2O

11

표는 화합물 (가)~(다)에 대한 자료이다. (가)~(다)는 각각 염화 마그네슘($MgCl_2$), 포도당($C_6H_{12}O_6$), 산화 마그네슘(MgO) 중 하나이다.

화합물	(가)	(나)	(다)
수용액 상태에서 전기 전도성	㉠	없음	있음
화학식을 구성하는 $\dfrac{\text{금속 원자 수}}{\text{비금속 원자 수}}$	1	x	y

이에 대한 설명으로 옳은 것만을 [보기]에서 있는 대로 고른 것은?

보기
ㄱ. '있음'은 ㉠으로 적절하다.
ㄴ. (다)는 MgO이다.
ㄷ. $x+y=1$이다.

① ㄱ ② ㄷ ③ ㄱ, ㄴ
④ ㄴ, ㄷ ⑤ ㄱ, ㄴ, ㄷ

12 종요

그림은 화합물 X_2Y의 화학 결합과 이온 Z^-의 전자 배치를 모형으로 나타낸 것이다.

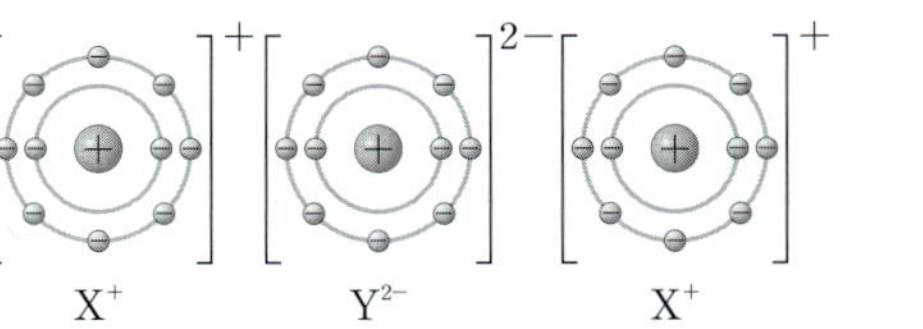

이에 대한 설명으로 옳은 것만을 [보기]에서 있는 대로 고른 것은? (단, X~Z는 임의의 원소 기호이다.)

보기
ㄱ. X_2Y는 이온 결합 물질이다.
ㄴ. 공유 전자쌍 수는 $Y_2 > Z_2$이다.
ㄷ. X와 Z가 결합하여 형성된 화합물은 수용액 상태에서 전기 전도성이 있다.

① ㄱ ② ㄷ ③ ㄱ, ㄴ
④ ㄴ, ㄷ ⑤ ㄱ, ㄴ, ㄷ

13

다음은 물질 A와 B의 성질을 알아보기 위한 실험이다. A와 B는 각각 포도당($C_6H_{12}O_6$)과 염화 나트륨($NaCl$) 중 하나이다.

[실험 과정]
(가) 전기 전도성 측정기로 고체 상태 A의 전기 전도성을 확인한다.
(나) 전기 전도성 측정기로 수용액 상태 A의 전기 전도성을 확인한다.
(다) A 대신 B를 이용하여 과정 (가)와 (나)를 반복한다.

[실험 결과]

물질	A	B
(가)	없음	없음
(나)	㉠	있음

이에 대한 설명으로 옳은 것만을 [보기]에서 있는 대로 고른 것은?

보기
ㄱ. '없음'은 ㉠으로 적절하다.
ㄴ. A는 $NaCl$이다.
ㄷ. 산화 칼슘(CaO)을 이용하여 (가)와 (나)를 반복하면 결과는 B와 같다.

① ㄱ ② ㄴ ③ ㄱ, ㄷ
④ ㄴ, ㄷ ⑤ ㄱ, ㄴ, ㄷ

서술형 문제

개념 ② 화학 결합의 종류

14

그림은 원자 A와 B의 전자 배치를 모형으로 나타낸 것이다. (단, A와 B는 임의의 원소 기호이다.)

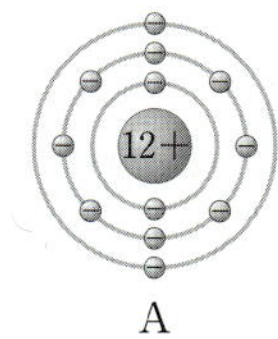 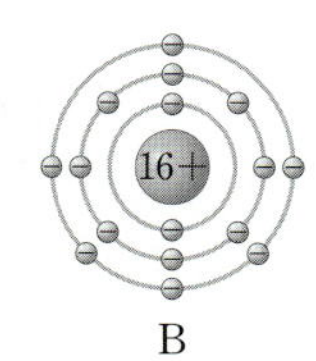

(1) A와 B의 원자가 전자 수를 각각 쓰시오.

(2) A와 B가 결합하여 화합물이 형성되는 과정을 서술하시오. (단, 다음 [조건]을 포함할 것)

조건
화학 결합의 종류, 화합물의 화학식

15

그림은 산소(O_2)와 질소(N_2)의 화학 결합 모형을 나타낸 것이다.

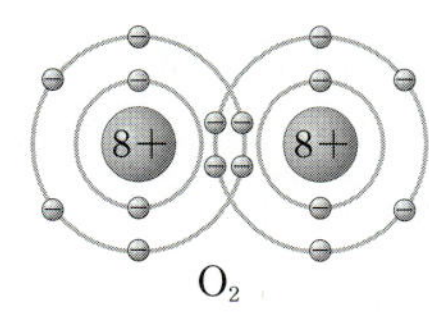 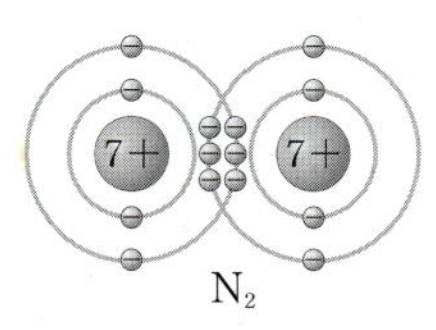

O_2와 N_2에 각각 이중 결합과 삼중 결합이 형성되는 까닭을 각 원자의 원자가 전자 수를 언급하여 서술하시오.

개념 ③ 화학 결합의 종류에 따른 물질

16 중요

그림은 원소 X와 Y로 이루어진 화합물 (가)와, 원소 Y와 Z로 이루어진 화합물 (나)를 화학 결합 모형으로 나타낸 것이다. (단, X~Z는 임의의 원소 기호이다.)

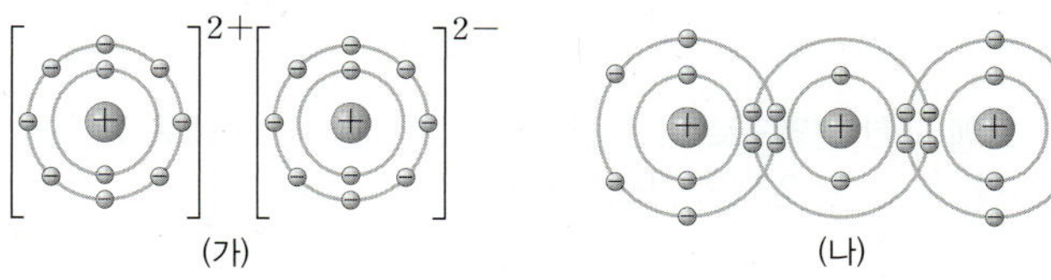

(1) 수용액 상태의 (가)와 (나)의 전기 전도성을 화학 결합의 종류를 언급하여 서술하시오.

(2) X~Z의 원자가 전자 수를 각각 쓰고, 그렇게 생각한 까닭을 서술하시오.

17

그림은 원자 A와 B의 전자 배치와, A와 B로 이루어진 고체 X를 모형으로 나타낸 것이다. (단, A와 B는 임의의 원소 기호이다.)

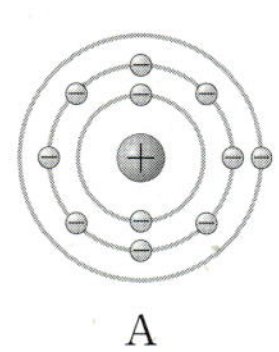 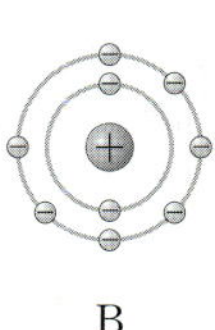 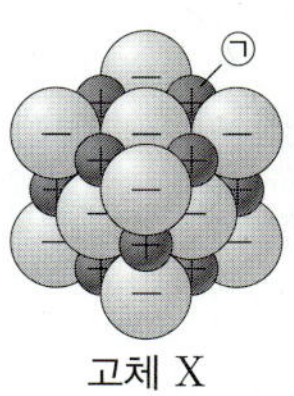

(1) X에서 ㉠은 어떤 원소의 이온인지 쓰고, 그 까닭을 서술하시오.

(2) 고체 상태와 수용액 상태에서 X의 전기 전도성을 비교하여 서술하시오.

01

| 2021년 고1 9월 교육청 통합과학 9번 |

다음은 주기율표의 일부를 나타낸 것이다.

족 주기	1	2	13	14	15	16	17	18
1	A							B
2				C				
3		D					E	

A~E에 대한 설명으로 옳은 것만을 [보기]에서 있는 대로 고른 것은? (단, A~E는 임의의 원소 기호이다.)

── 보기 ──

ㄱ. A와 B는 같은 족 원소이다.
ㄴ. CA_4는 공유 결합 물질이다.
ㄷ. DE_2 수용액은 전기 전도성이 있다.

① ㄱ   ② ㄴ   ③ ㄷ
④ ㄱ, ㄴ   ⑤ ㄴ, ㄷ

02

그림은 화합물 AB의 화학 결합 모형을, 표는 A^{2+}과 B^{2-}의 구성 입자 수를 나타낸 것이다. ㉠과 ㉡은 각각 양성자와 중성자 중 하나이다.

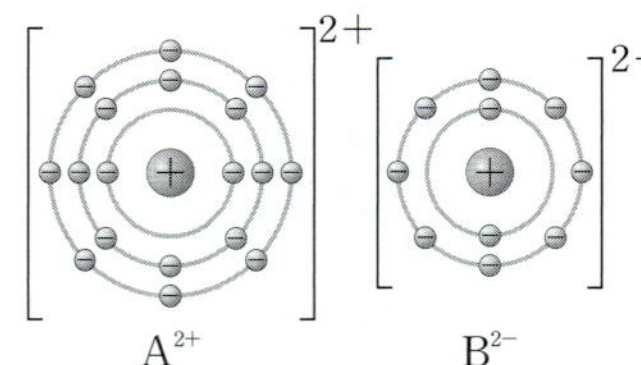

이온	구성 입자 수	
	㉠	㉡
A^{2+}	18	20
B^{2-}	8	x

이에 대한 설명으로 옳은 것만을 [보기]에서 있는 대로 고른 것은? (단, A와 B는 임의의 원소 기호이다.)

── 보기 ──

ㄱ. ㉡은 양성자이다.
ㄴ. $x=6$이다.
ㄷ. 전자가 들어 있는 전자 껍질 수는 A가 B보다 크다.

① ㄱ   ② ㄴ   ③ ㄱ, ㄷ
④ ㄴ, ㄷ   ⑤ ㄱ, ㄴ, ㄷ

03

그림은 4가지 물질을 기준에 따라 분류한 것이다.

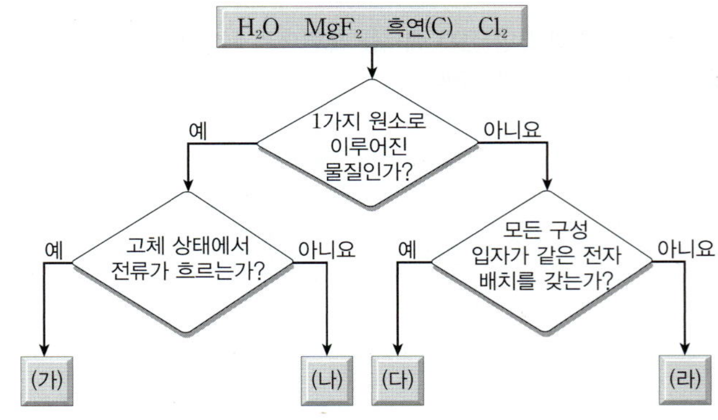

(가)~(라)에 해당하는 물질을 옳게 짝 지은 것은?

	(가)	(나)	(다)	(라)
①	흑연(C)	Cl_2	H_2O	MgF_2
②	흑연(C)	Cl_2	MgF_2	H_2O
③	Cl_2	흑연(C)	H_2O	MgF_2
④	Cl_2	흑연(C)	MgF_2	H_2O
⑤	MgF_2	Cl_2	H_2O	흑연(C)

04

그림은 X 수용액, Y 수용액의 전기 전도성을 확인하는 실험 장치를 나타낸 것이다. X, Y는 각각 염화 나트륨(NaCl), 설탕($C_{12}H_{22}O_{11}$) 중 하나이고, Y 수용액에서만 전구에 불이 켜졌다.

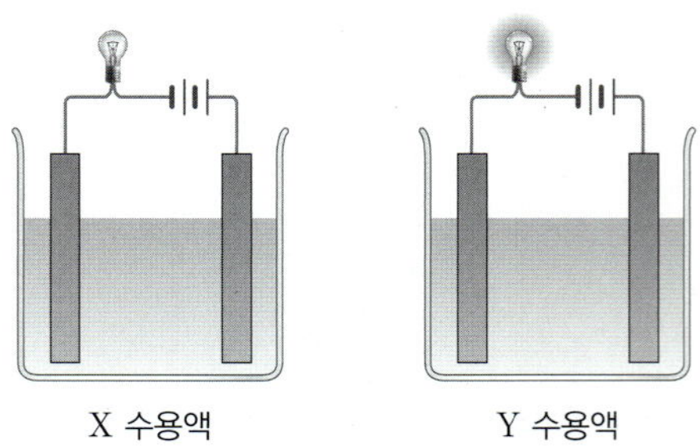

이에 대한 설명으로 옳은 것만을 [보기]에서 있는 대로 고른 것은?

── 보기 ──

ㄱ. X는 수용액에서 분자로 존재한다.
ㄴ. Y 수용액에서 양이온은 (−)극으로 이동한다.
ㄷ. Y는 고체 상태에서 전기 전도성이 있다.

① ㄱ   ② ㄷ   ③ ㄱ, ㄴ
④ ㄴ, ㄷ   ⑤ ㄱ, ㄴ, ㄷ

05

그림은 원자 A와 B의 전자 배치를 모형으로 나타낸 것이다.

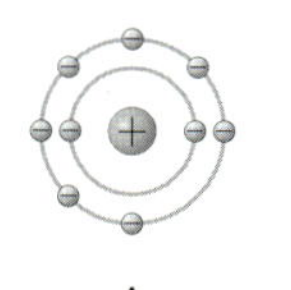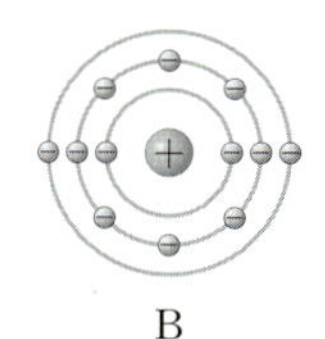

A와 B가 결합하여 안정한 화합물 X를 형성할 때, X에 대한 설명으로 옳은 것만을 [보기]에서 있는 대로 고른 것은? (단, A와 B는 임의의 원소 기호이다.)

보기
ㄱ. 화학식은 AB_2이다.
ㄴ. 구성하는 모든 입자의 전자 배치는 같다.
ㄷ. 수용액은 전기 전도성이 있다.

① ㄱ   ② ㄷ   ③ ㄱ, ㄴ
④ ㄴ, ㄷ   ⑤ ㄱ, ㄴ, ㄷ

06

그림은 물질 (가)와 (나)의 화학 결합 모형을 나타낸 것이다. (나)에는 (가)를 구성하는 원소가 포함되며, 구성 이온의 전하 크기는 3 이하이다.

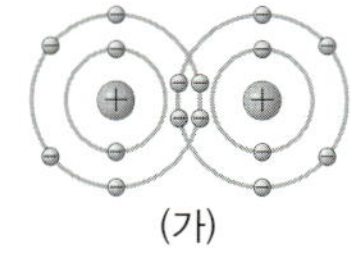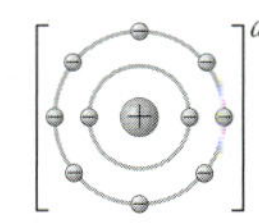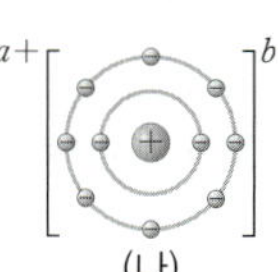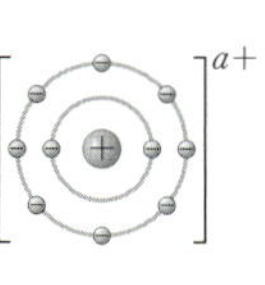

이에 대한 설명으로 옳은 것만을 [보기]에서 있는 대로 고른 것은?

보기
ㄱ. (가)를 구성하는 원소의 원자가 전자 수는 6이다.
ㄴ. (나)를 구성하는 모든 원소는 같은 주기 원소이다.
ㄷ. $a+b=3$이다.

① ㄱ   ② ㄴ   ③ ㄱ, ㄷ
④ ㄴ, ㄷ   ⑤ ㄱ, ㄴ, ㄷ

07

그림은 분자 (가)와 (나)를 화학 결합 모형으로 나타낸 것이다. (가)의 구성 원소는 W, X, Y이고, (나)의 구성 원소는 W, X, Z이며, 원자가 전자 수는 X>Z이다.

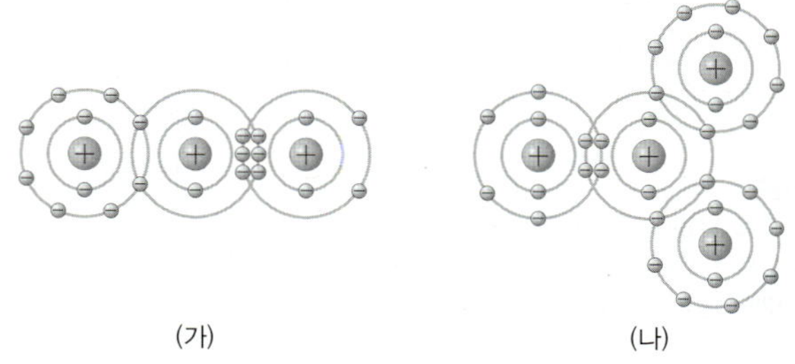

이에 대한 설명으로 옳은 것만을 [보기]에서 있는 대로 고른 것은? (단, W~Z는 임의의 원소 기호이다.)

보기
ㄱ. W~Z 중 원자가 전자 수는 X가 가장 크다.
ㄴ. WZ_2는 다중 결합이 있다.
ㄷ. 공유 전자쌍 수는 Y_2가 Z_2의 3배이다.

① ㄱ   ② ㄷ   ③ ㄱ, ㄴ
④ ㄴ, ㄷ   ⑤ ㄱ, ㄴ, ㄷ

08

다음은 물질 AB와 CB_2에 대한 자료이다.

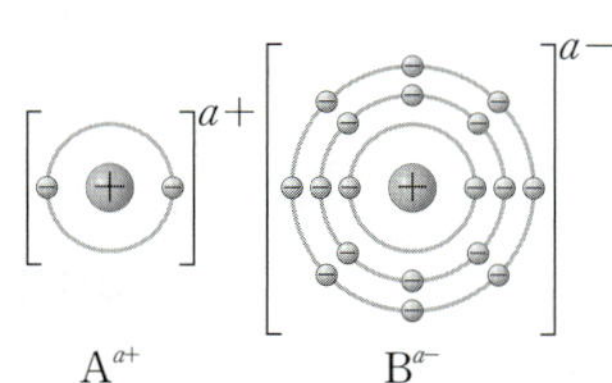

- CB_2에서 공유 전자쌍 수는 2이고, C의 전자 배치는 Ne과 같다.

이에 대한 설명으로 옳은 것만을 [보기]에서 있는 대로 고른 것은? (단, A~C는 임의의 원소 기호이다.)

보기
ㄱ. A~C 중 원자가 전자 수는 B가 가장 크다.
ㄴ. A와 C는 모두 2주기 원소이다.
ㄷ. $a=1$이다.

① ㄴ   ② ㄷ   ③ ㄱ, ㄴ
④ ㄱ, ㄷ   ⑤ ㄱ, ㄴ, ㄷ

03 지각과 생명체 구성 물질의 규칙성

개념 ① 지각과 생명체의 구성 물질

1. 지각의 구성 물질
(1) 구성 물질
① 지각은 암석으로, 암석은 광물로 구성되어 있다.
② 지각을 구성하는 대부분의 광물은 산소와 **❶규소**로 이루어진 규산염 광물이다.
(2) **❷주요 구성 원소의 질량비**: 산소 > 규소 > 알루미늄 > 철

2. 생명체의 구성 물질
(1) 구성 물질
① 주로 단백질, 핵산, 지질, 탄수화물 등의 유기물로 구성되어 있다.   → 물과 소량의 무기물도 포함되어 있다.
② 단백질은 아미노산, 핵산은 뉴클레오타이드를 기본 단위체로 한다.
(2) 주요 구성 원소의 질량비: 산소 > 탄소 > 수소 > 질소

3. 지각과 생명체 구성 물질의 공통점
(1) 구성 원소: 산소가 가장 많다.
➡ 수소, 탄소, 규소 등 다른 원소와 쉽게 결합하여 다양한 물질을 만들 수 있기 때문이다.
(2) **❸원소의 기원**: 대부분 별의 진화 과정에서 생성되었다.

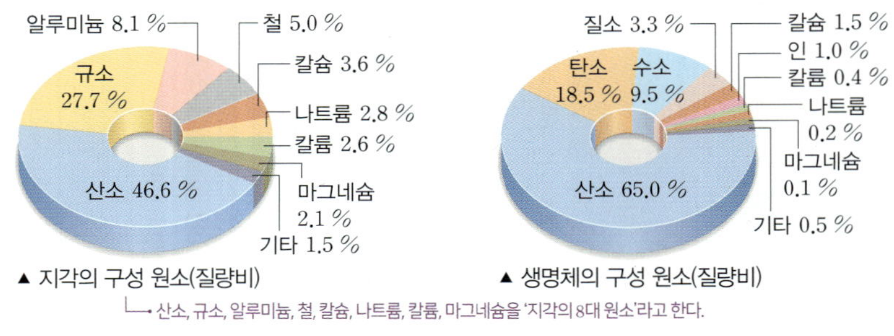

▲ 지각의 구성 원소(질량비)   ▲ 생명체의 구성 원소(질량비)

└→ 산소, 규소, 알루미늄, 철, 칼슘, 나트륨, 칼륨, 마그네슘을 '지각의 8대 원소'라고 한다.

개념 ② 지각을 구성하는 물질의 규칙성

1. 규산염 광물
지각을 구성하는 전체 광물의 약 92 %를 차지한다.
산소와 규소가 결합한 규산염 사면체를 기본 단위체로 하는 광물
➡ 산소 원자를 여러 형태로 공유하면서 규칙적인 구조를 보이며, 결정 구조에 따라 물리적, 화학적, 광학적 성질이 달라진다.

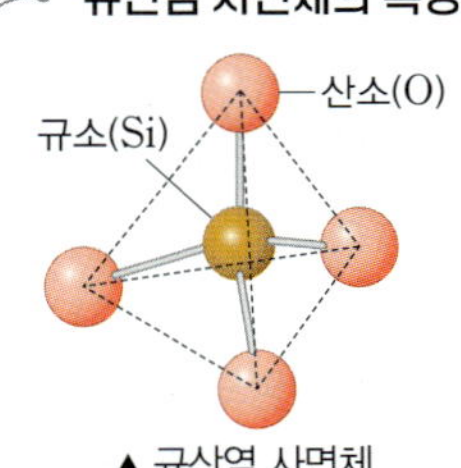

규산염 사면체의 특징
· 규소(Si) 1개와 산소(O) 4개가 공유 결합을 하여 형성된 정사면체 모양의 물질이다.
· 중심부에 규소 원자 1개가 위치하고 사면체의 각 모서리에 산소 원자 4개가 위치한다.
· 전기적 성질은 −4가이다.

▲ 규산염 사면체

2. 규산염 광물의 결합 구조
(1) 규산염 사면체의 결합: 규산염 사면체는 음전하를 띠므로 양이온과 결합하거나 **❹다른 규산염** 사면체와 산소를 공유하여 다양한 광물을 만든다.
(2) 규산염 사면체의 결합 구조: 규산염 사면체는 독립적으로 모여 기본 골격을 형성하기도 하고 한 줄이나 두 줄로 이어진 구조, 평면으로 이루어진 구조를 형성하기도 한다.

---

❶ 규소
원자 번호 14번(14족, 3주기)으로 원자가 전자가 4개인 원소이다. 따라서 최대 4개의 원자와 결합할 수 있다.

❷ 우주, 지구, 지각, 생명체 구성 원소의 질량비
· 우주: 수소 > 헬륨 > …
· 지구: 철 > 산소 > 규소 > …
· 지각: 산소 > 규소 > 알루미늄 > …
· 생명체: 산소 > 탄소 > 수소 > …

❸ 지각과 생명체의 구성 원소의 기원

원소	원소의 기원
수소, 헬륨	빅뱅 이후 초기 우주
헬륨, 탄소, 산소, 규소, 철	별 내부의 핵융합 반응
철보다 무거운 원소	초신성 폭발

❹ 두 규산염 사면체의 결합

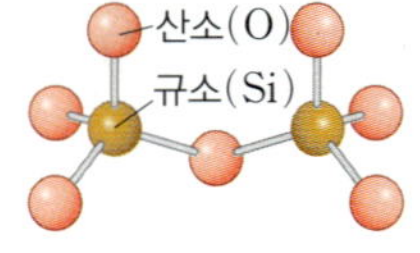

용어 알기
⊘ **유기물**(有 있다, 機 틀, 物 만물)
생명체를 구성하는 탄소 화합물
⊘ **단위체**(單 홑, 位 자리, 體 몸) 크고 복잡한 물질을 만들 때 기본 단위로 반복되어 사용되는 물질

⁵ 결합 구조	독립형 구조	단사슬 구조	복사슬 구조	판상 구조	망상 구조
결합 형태	규소(Si) / 산소(O)				
	규산염 사면체 1개가 독립적으로 양이온(마그네슘이나 철 등)과 결합	규산염 사면체가 산소 2개를 공유하여 단일 사슬 모양으로 결합	이중 사슬 모양으로 결합 단사슬 구조 2개가 서로 엇갈려 규산염 사면체가 산소를 2개 또는 3개를 공유한다.	규산염 사면체가 산소 3개를 공유하여 얇은 판 모양으로 결합	규산염 사면체가 산소 4개를 모두 공유하여 입체적인 모양으로 결합
광물	감람석	휘석	각섬석	흑운모	석영 장석도 망상 구조인 규산염 광물이다.
특징	• 단순한 결합 구조 • 약한 결합력 • 풍화에 약함 • 공유 산소 수 적음	⟷			• 복잡한 결합 구조 • 강한 결합력 • 풍화에 강함 • 공유 산소 수 많음

규산염 사면체 간의 공유 결합이 복잡할수록 결합을 끊는 데 필요한 에너지가 많아지기 때문이다.

⑤ 규산염 광물의 결합 구조와 각 구조의 대표적인 광물
- 독립형 구조 – 감람석
- 단사슬 구조 – 휘석
- 복사슬 구조 – 각섬석
- 판상 구조 – 흑운모
- 망상 구조 – 석영, 장석

더 알아보기 생명체를 구성하는 탄소 화합물의 결합 구조

- **⑥탄소 화합물**: 탄소가 수소, 산소, 질소, 인 등과 공유 결합을 하여 이루어진 고분자 화합물로, 생명체를 이루는 기본 물질이 된다. ➡ 탄소 화합물 중 일부는 생명체를 구성할 뿐만 아니라 에너지원으로도 사용된다.
- **탄소 화합물의 결합 구조**: 탄소는 원자가 전자가 4개로, 최대 4개의 다른 원자와 공유 결합을 할 수 있다.
- **탄소 공유 결합과 결합 구조**: 탄소는 다른 탄소와 단일 결합뿐만 아니라, 이중 결합이나 삼중 결합을 하여 다양한 형태의 구조를 만들 수 있다.

⑥ 생명체를 구성하는 탄소 화합물

탄소 화합물	구성 원소
탄수화물	C, H, O
단백질	C, H, O, N, S
지질	C, H, O
핵산	C, H, O, N, P

개념 ③ 생명체를 구성하는 물질의 규칙성

1. 단백질 → 사람의 몸을 구성하는 비율은 단백질이 핵산보다 높다.

(1) **단백질의 기본 단위체**: 아미노산

(2) **단백질의 형성**

① 2개의 아미노산이 결합할 때 펩타이드결합을 형성하고, 이때 하나의 물 분자가 빠져나온다.

② **폴리펩타이드 형성**: 많은 수의 아미노산이 펩타이드결합으로 길게 연결되어 폴리펩타이드가 형성된다.

③ **단백질의 규칙성**: 폴리펩타이드를 이루는 ⑦아미노산의 종류와 수, 배열에 따라 고유한 입체 구조를 형성하고, 입체 구조에 따라 ⑧단백질의 기능이 결정된다. 또한, 여러 폴리펩타이드가 모여 하나의 단백질을 이루기도 한다.

⑦ 아미노산의 종류와 구조

사람이 이용하는 아미노산의 종류는 약 20종류이고, 아미노산마다 탄소를 중심으로 아미노기, 카복실기, 수소, 곁사슬(R)이 결합되어 있다.

⑧ 단백질의 변성

단백질은 온도와 pH 등에 의해 입체 구조가 바뀌는데, 이를 단백질의 변성이라고 한다. 단백질의 입체 구조가 바뀌면 가지고 있던 기능을 잃어버릴 수 있다.

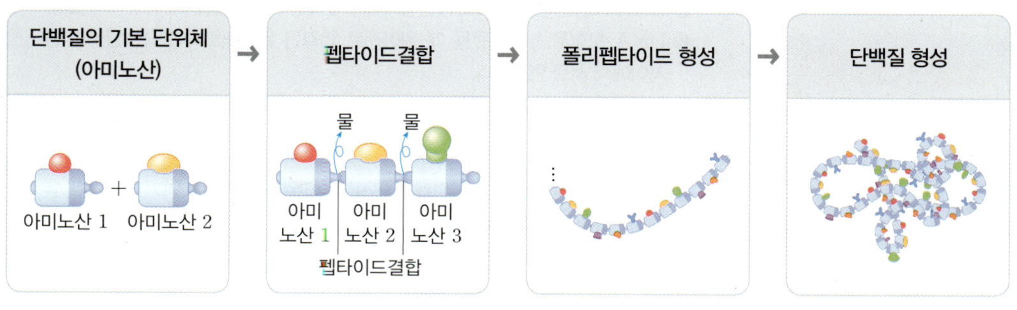

(3) **⑨단백질의 기능**

① 효소와 호르몬의 주성분으로 몸의 생리 기능을 조절한다.

② 항체의 성분으로 몸속에 들어온 병원체로부터 우리 몸을 보호한다.

③ 에너지원으로 사용되고, 근육, 머리카락 등 몸을 구성하는 성분이다.

⑨ 단백질의 종류

헤모글로빈(적혈구), 콜라젠(피부), 케라틴(공작의 깃털, 양의 뿔), 마이오글로빈(근육), 실크 단백질(거미줄) 등

2. ⑩핵산 생명체를 구성하는 세포에서 유전정보를 저장하고, 단백질을 합성하는 데 관여하는 물질로, DNA와 RNA가 있다.

(1) ⑪핵산의 기본 단위체: 뉴클레오타이드 — 인산, 당, 염기가 1 : 1 : 1로 결합되어 있다.

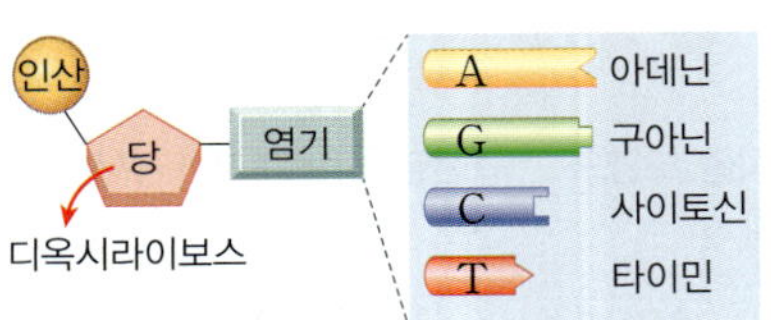

▲ DNA를 구성하는 뉴클레오타이드

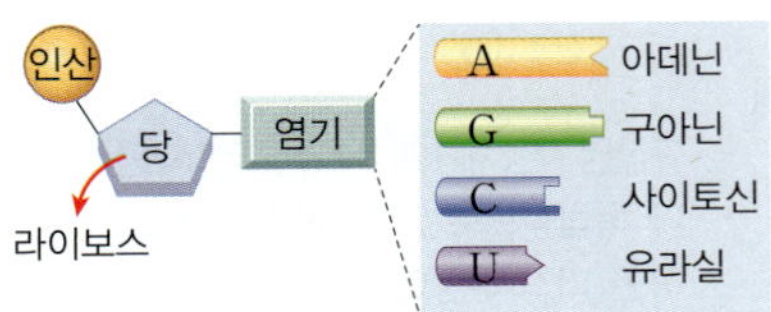

▲ RNA를 구성하는 뉴클레오타이드

(2) 핵산의 형성과 기능

① 하나의 뉴클레오타이드에 있는 당과 이웃한 뉴클레오타이드의 인산이 결합하면서 ⑫폴리뉴클레오타이드가 만들어진다.

② 염기의 종류: 아데닌(A), 사이토신(C), 구아닌(G), 타이민(T), 유라실(U)이 있다.

③ 상보결합: 뉴클레오타이드의 염기는 서로 짝이 되는 염기와 결합하는데, 이러한 결합을 상보결합이라고 한다. DNA에서 아데닌(A)은 타이민(T)과, 사이토신(C)은 구아닌(G)과 각각 상보적으로 결합하여 이중나선구조를 이룬다.

④ DNA에서 A, C, G, T 4종류의 염기를 가진 뉴클레오타이드가 다양한 순서로 결합하여 여러 종류의 염기서열을 만든다. 단백질을 구성하는 아미노산의 배열 순서는 DNA의 염기서열에 따라 달라진다.

(3) 핵산의 종류

구분	DNA		RNA	
구조		두 가닥의 폴리뉴클레오타이드가 꼬여 있는 이중나선구조		한 가닥의 폴리뉴클레오타이드로 이루어진 단일 가닥 구조
염기의 종류	아데닌(A), 사이토신(C), 구아닌(G), 타이민(T)		아데닌(A), 사이토신(C), 구아닌(G), 유라실(U)	
당	디옥시라이보스		라이보스	
기능	유전정보를 저장하며, 염기서열에 따라 서로 다른 유전정보를 가진다.		세포 내에서 DNA의 유전정보를 전달하거나, 단백질을 합성하는 과정에 관여한다.	

필수 탐구 자료 DNA 모형 제작 시 DNA의 구조적 특징과 규칙성 탐구

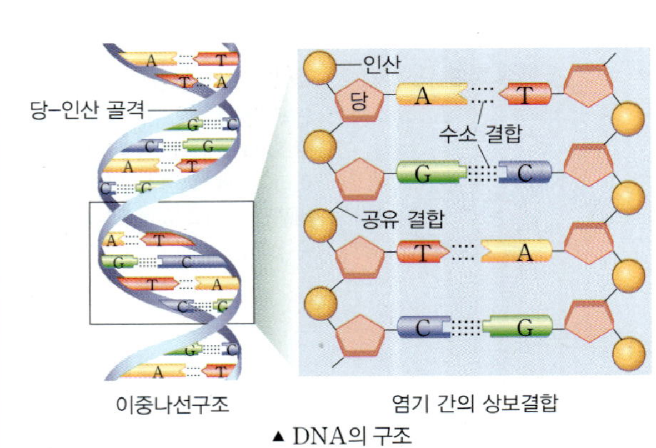

▲ DNA의 구조

결과 및 해석
❶ DNA 모형은 전체적으로 나선형이며, 2개의 긴 가닥이 결합해 이루어져 있다.
❷ DNA 모형을 늘어뜨렸을 때 위아래로 연결된 뉴클레오타이드는 인산과 당 사이에서 서로 연결된다.
❸ 두 가닥은 염기 부분에 결합되며, 염기는 쌍을 이루고 있다.

정리
❶ DNA를 구성하는 기본 단위체는 인산, 당(디옥시라이보스), 염기로 구성된 뉴클레오타이드이다.
❷ DNA의 기본 단위체를 이루는 염기의 종류는 4가지이며, 아데닌(A), 사이토신(C), 구아닌(G), 타이민(T)이다.
❸ DNA는 두 가닥의 폴리뉴클레오타이드가 나선형으로 꼬여 있는 이중나선구조이다.
❹ 나선의 바깥쪽에는 당과 인산으로 이루어진 골격이 있고, 당과 인산은 공유 결합으로 연결되어 규칙적으로 반복된다.
❺ 가닥의 안쪽에는 염기쌍이 일정한 간격을 두고 규칙적으로 배열되어 있으며, 아데닌(A)은 타이민(T)과, 구아닌(G)은 사이토신(C)과 수소 결합으로 연결된다.

- 지각의 구성 물질: 지각을 구성하고 있는 광물은 대부분 산소와 (❶   )로 이루어진 규산염 광물이다.
- 지각과 생명체의 구성 물질: 지각과 생명체를 구성하는 원소 중 가장 많은 양을 차지하는 원소는 (❷   )이다.
- (❸   ) 광물: 1개의 규소와 4개의 산소가 결합한 규산염 사면체를 기본 단위체로 하는 광물
- 규산염 광물의 결합 구조: 독립형 구조, 단사슬 구조, (❹   ) 구조, 판상 구조, 망상 구조
- (❺   ): 단백질의 기본 단위체로, 사람의 경우 약 20종류가 있다.
- (❻   ): 2개의 아미노산이 결합할 때 하나의 물 분자가 빠져나오면서 형성되는 결합이다.
- 뉴클레오타이드: (❼   )의 기본 단위체로, 인산, 당, 염기가 1 : 1 : 1로 결합되어 있다.
- (❽   )결합: DNA와 같은 두 가닥 폴리뉴클레오타이드에서 마주 보는 뉴클레오타이드의 염기 중 짝이 되는 염기끼리 결합하는 것
- 핵산의 종류: (❾   )는 유전정보를 저장하며, (❿   )는 세포 내에서 유전정보를 전달하거나 단백질을 합성하는 과정에 관여한다.

01
지각과 생명체를 구성하는 물질에 대한 설명으로 옳은 것은 ○, 옳지 <u>않은</u> 것은 ×로 표시하시오.

(1) 지각을 이루는 광물은 대부분 규산염 광물이다. (   )
(2) 지각을 구성하는 원소 중 가장 많은 것은 철이다. (   )
(3) 지각을 구성하는 원소는 대부분 별의 내부에서 핵융합 반응에 의해 생성되었고, 생명체를 구성하는 원소는 대부분 초신성 폭발에 의해 생성되었다. (   )

02
그림은 규산염 사면체의 기본 구조를 나타낸 것이다.

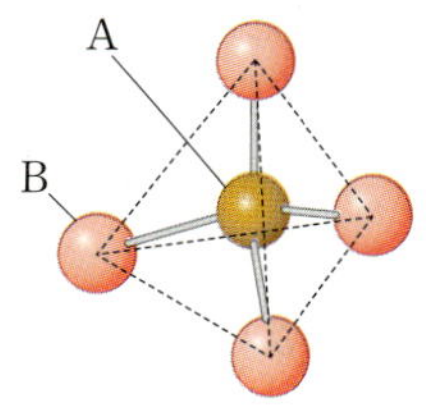

A와 B에 해당하는 원소의 이름을 각각 쓰시오.

03
규산염 광물에 대한 설명 중 (   ) 안에 알맞은 말을 쓰시오.

(1) 산소와 규소가 결합한 (   ) 사면체를 기본 단위체로 한 광물이다.
(2) 규산염 광물을 이루는 규소는 원자가 전자가 ㉠(   )개이므로 ㉡(   )개의 산소와 전자를 공유한다.
(3) 감람석은 ㉠(   ) 구조, 흑운모는 ㉡(   ) 구조이다.

04
단백질에 대한 설명으로 옳은 것은 ○, 옳지 <u>않은</u> 것은 ×로 표시하시오.

(1) 단백질의 기본 단위체는 DNA이다. (   )
(2) 펩타이드결합이 형성될 때 물 분자가 빠져나온다. (   )
(3) 단백질의 기능은 아미노산의 종류와 수, 배열과 상관없다. (   )
(4) 근육이나 머리카락을 구성하는 성분이다. (   )
(5) 유전정보를 저장하고 전달하는 역할을 한다. (   )

05
그림은 핵산의 기본 단위체를 나타낸 것이다.

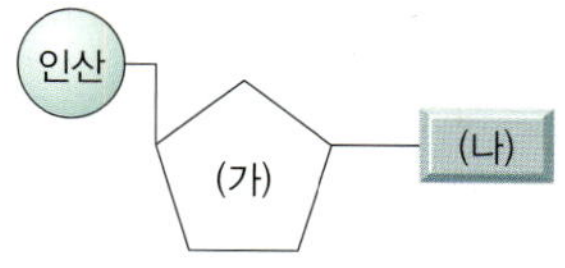

(1) (가)와 (나)가 각각 무엇인지 쓰시오.
(2) (나)에 해당하는 물질 중 ㉠ <u>DNA만 구성하는 것</u>과 ㉡ <u>RNA만 구성하는 것</u>에는 어떤 것이 있는지 쓰시오.

06
DNA와 RNA를 구성하는 염기 중 공통적으로 포함된 염기를 모두 쓰시오.

규산염 광물, 단백질, 핵산의 결합의 규칙성

특강 1 규산염 광물의 결합의 규칙성

규산염 사면체는 음전하를 띤다.

$$규소(+4가) \times 1개 + 산소(-2가) \times 4개$$
$$= 규산염 \; 사면체(-4가)$$

➡ 양전하를 띤 금속 이온과 결합하거나 다른 규산염 사면체와 산소를 공유하여 결합한다.

➡ 결합 구조에 따라 다양한 화합물(규산염 광물)을 만든다.

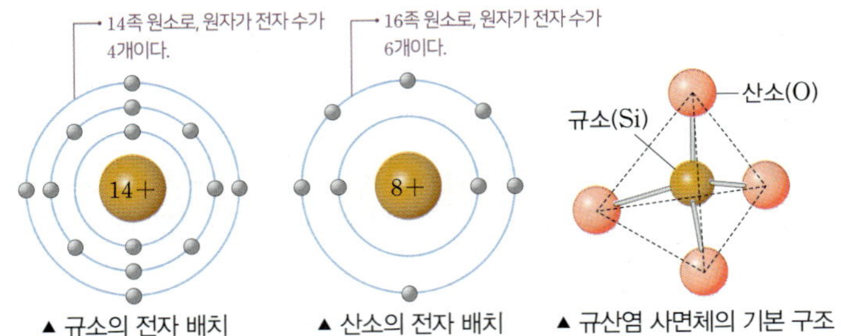

특강 2 단백질 결합의 규칙성

사람에서 단백질을 합성할 때 사용하는 아미노산은 총 20종류이다.

➡ n개의 아미노산으로 이루어진 폴리펩타이드는 20^n가지의 다양한 아미노산 서열이 가능하다.

STEP 1 한 아미노산에 있는 카복실기의 $-OH$와 다른 아미노산에 있는 아미노기의 $-H$가 결합하여 물(H_2O)이 빠져나오면서 펩타이드결합이 형성되고, 이후 여러 개의 펩타이드결합으로 폴리펩타이드가 형성된다.

STEP 2 아미노산의 종류와 수, 배열 순서에 따라 폴리펩타이드 사슬이 규칙적으로 접혀 2차 구조인 병풍 구조를 만들거나 일정한 방향으로 회전하여 나선 구조를 만든다. 이런 구조들이 모여 단백질의 3차원 입체 구조를 만든다. 단백질은 하나 혹은 여러 개의 폴리펩타이드가 모여 특정 기능을 나타낸다.

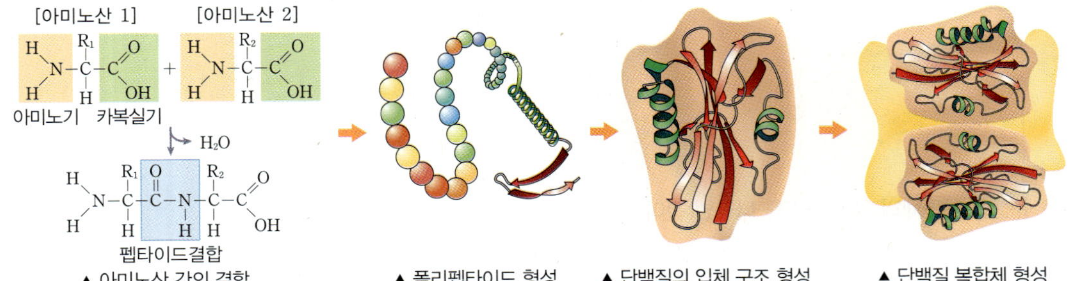

특강 3 핵산 결합의 규칙성

핵산을 구성하는 뉴클레오타이드는 염기 종류에 따라 총 5가지가 있다. DNA의 염기에는 아데닌(A), 구아닌(G), 타이민(T), 사이토신(C)이 있고, RNA의 염기에는 타이민(T) 대신 유라실(U)이 있다.

STEP 1 이웃한 뉴클레오타이드의 당−인산 결합을 통해 긴 폴리뉴클레오타이드가 만들어진다.

STEP 2 DNA는 폴리뉴클레오타이드 두 가닥이 나선 모양으로 꼬여 있는 이중나선구조를 하고 있고, 마주 보는 뉴클레오타이드끼리 상보결합을 이루고 있다. 아데닌(A)은 타이민(T)과만, 구아닌(G)은 사이토신(C)과만 결합한다.

STEP 3 RNA는 한 가닥의 폴리뉴클레오타이드로 이루어진 단일 가닥 구조이다.

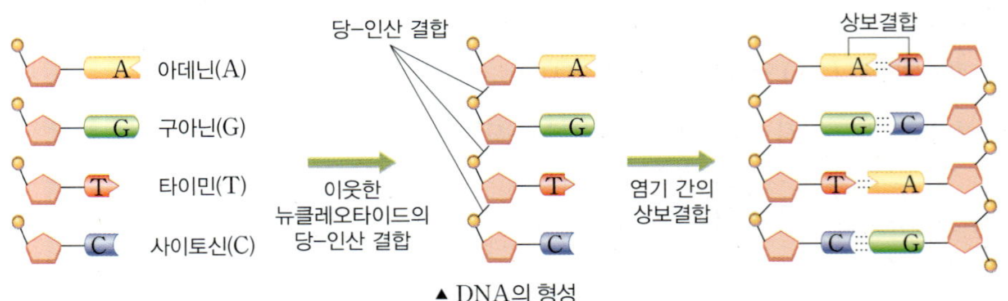

개념 ② 지각을 구성하는 물질의 규칙성

[01~02] 그림 (가)는 규산염 사면체의 기본 구조를, (나)는 규산염 광물 중 한 가지를 나타낸 것이다.

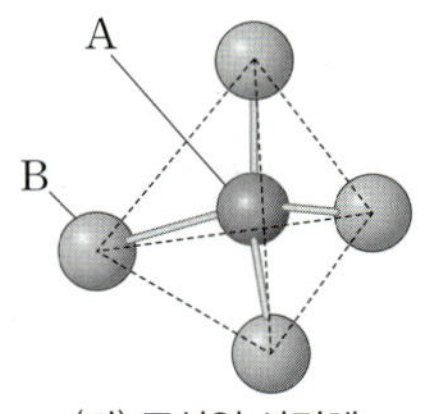
(가) 규산염 사면체

(나) 각섬석

01 (가)에 대한 설명으로 옳은 것만을 [보기]에서 있는 대로 고른 것은?

┌─ 보기 ─┐
ㄱ. A는 산소, B는 규소이다.
ㄴ. A와 B의 원자가 전자의 수는 같다.
ㄷ. A와 B는 공유 결합을 하여 정사면체 모양을 이룬다.
└────────┘

① ㄱ   ② ㄷ   ③ ㄱ, ㄴ
④ ㄴ, ㄷ   ⑤ ㄱ, ㄴ, ㄷ

02 이에 대한 설명으로 옳은 것만을 [보기]에서 있는 대로 고른 것은?

┌─ 보기 ─┐
ㄱ. (가)는 전기적으로 음전하를 띤다.
ㄴ. (나)는 장석보다 풍화에 강하다.
ㄷ. (나)는 (가)가 산소를 2개 또는 3개를 공유하여 이중 사슬 모양으로 결합한 구조이다.
└────────┘

① ㄱ   ② ㄴ   ③ ㄱ, ㄷ
④ ㄴ, ㄷ   ⑤ ㄱ, ㄴ, ㄷ

개념 ③ 생명체를 구성하는 물질의 규칙성

[03~04] 그림은 생명체를 구성하는 핵산의 일부를 나타낸 것이다. (가)는 공유 결합과 수소 결합 중 하나이고, (나)와 (다)는 각각 당과 인산 중 하나이다.

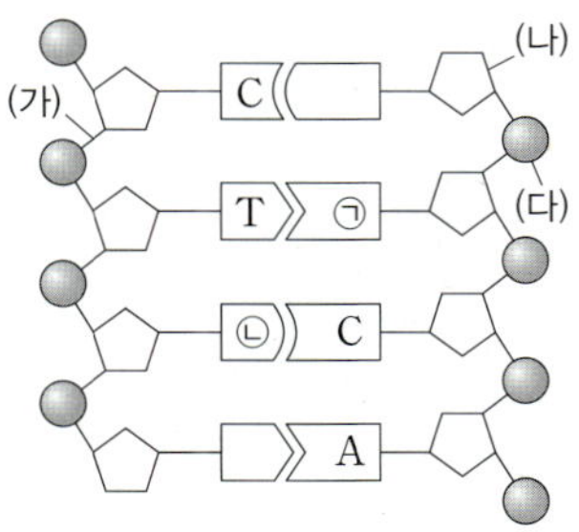

03 이에 대한 설명으로 옳은 것만을 [보기]에서 있는 대로 고른 것은?

┌─ 보기 ─┐
ㄱ. ㉠은 아데닌(A)이다.
ㄴ. ㉡은 유라실(U)이다.
ㄷ. 인산 : 당 : 염기의 개수비는 1 : 1 : 2이다.
└────────┘

① ㄱ   ② ㄴ   ③ ㄱ, ㄷ
④ ㄴ, ㄷ   ⑤ ㄱ, ㄴ, ㄷ

04 이에 대한 설명으로 옳지 않은 것은?

① (가)는 공유 결합이다.
② (나)는 라이보스이다.
③ (다)는 인산이다.
④ 이 핵산은 DNA이다.
⑤ 이 핵산은 세포에서 유전정보를 저장한다.

대표 문제 파헤치기

파악하기
규산염 사면체의 기본 구조를 이해하고, 규산염 광물의 결합 구조에 따른 광물의 예와 특징을 파악할 수 있어야 한다.

다가가기
STEP 1 규산염 사면체는 산소와 규소로 이루어져 있다.
STEP 2 규산염 광물은 규산염 사면체를 기본 단위체로 한다.
STEP 3 각섬석은 복사슬 구조이며, 규산염 사면체 간의 공유 결합이 복잡한 결합 구조를 가진 규산염 광물일수록 풍화에 강하다.

대표 문제 파헤치기

파악하기
핵산의 구조를 이해하고, 염기의 종류와 상보결합을 통해 핵산의 종류와 특징을 파악할 수 있어야 한다.

다가가기
STEP 1 핵산은 뉴클레오타이드로 이루어져 있으며, 인산, 당, 염기의 개수비가 1 : 1 : 1로 같다.
STEP 2 염기 중 타이민(T)은 DNA에만 있고, 유라실(U)은 RNA에만 있다.
STEP 3 DNA와 RNA를 구성하는 당이 다르므로 기능도 서로 다르다.

개념 ① 지각과 생명체의 구성 물질

01 중요

그림은 지각을 구성하는 원소의 질량비를 나타낸 것이다.

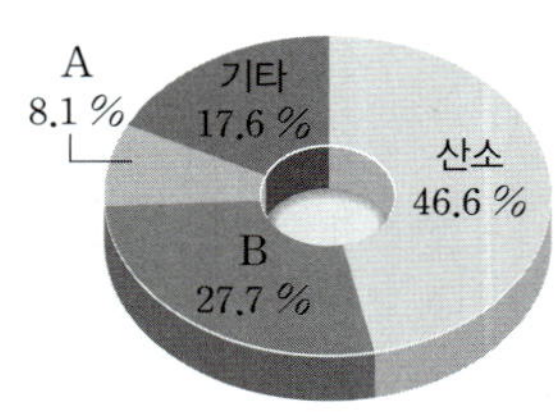

이에 대한 설명으로 옳은 것만을 [보기]에서 있는 대로 고른 것은?

― 보기 ―
ㄱ. A는 철이다.
ㄴ. B는 산소와 함께 규산염 사면체를 이룬다.
ㄷ. A와 B는 적색 거성 내부에서 핵융합 반응으로 생성된다.

① ㄴ ② ㄷ ③ ㄱ, ㄴ
④ ㄱ, ㄷ ⑤ ㄱ, ㄴ, ㄷ

02

그림 (가)와 (나)는 지각과 사람을 구성하는 원소의 질량비를 순서 없이 나타낸 것이다.

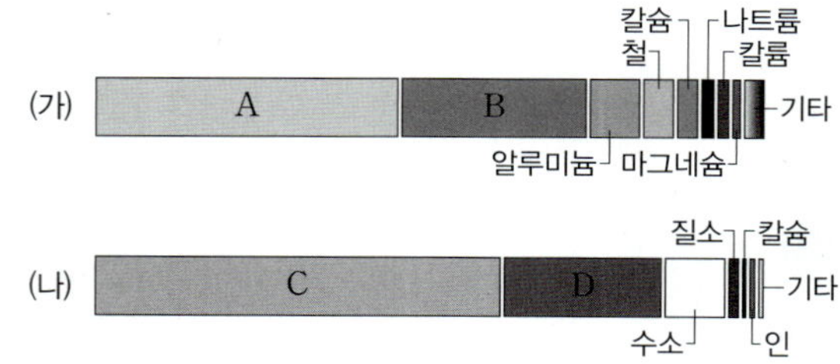

이에 대한 설명으로 옳은 것만을 [보기]에서 있는 대로 고른 것은?

― 보기 ―
ㄱ. A를 중심으로 규산염 사면체를 이룬다.
ㄴ. B와 D는 모두 최대 4개의 원자와 공유 결합이 가능하다.
ㄷ. C는 산소이다.

① ㄱ ② ㄷ ③ ㄱ, ㄴ
④ ㄴ, ㄷ ⑤ ㄱ, ㄴ, ㄷ

03 중요

지각과 생명체를 구성하는 물질에 대한 설명으로 옳은 것만을 [보기]에서 있는 대로 고른 것은?

― 보기 ―
ㄱ. 지각은 암석으로 구성되어 있다.
ㄴ. 생명체를 구성하는 원소 중 탄소가 가장 많은 양을 차지한다.
ㄷ. 지각과 생명체의 주요 구성 원소는 대부분 별의 진화 과정에서 생성될 수 있다.
ㄹ. 산소는 다른 원소들과 쉽게 결합할 수 있으므로 지각과 생명체에 공통적으로 많이 포함되어 있다.

① ㄱ, ㄴ ② ㄱ, ㄷ ③ ㄴ, ㄹ
④ ㄱ, ㄷ, ㄹ ⑤ ㄴ, ㄷ, ㄹ

개념 ② 지각을 구성하는 물질의 규칙성

04

다음은 광물에 대한 설명이다.

지각을 구성하는 광물 중에서 가장 많은 양을 차지하는 광물은 (㉠) 광물이다. (㉠) 광물은 (㉡) 사면체가 기본 구조이다.

㉠과 ㉡에 알맞은 말을 옳게 짝 지은 것은?

	㉠	㉡		㉠	㉡
①	규산염	SiO_2	②	규산염	SiO_3
③	규산염	SiO_4	④	탄산염	SiO_2
⑤	탄산염	SiO_4			

05

그림은 규소의 전자 배치 모형을 나타낸 것이다.
규소에 대한 설명으로 옳은 것만을 [보기]에서 있는 대로 고른 것은?

― 보기 ―
ㄱ. 원자 번호는 14이다.
ㄴ. 최외각 전자 수는 4개이다.
ㄷ. 지각에서 두 번째로 많이 분포하는 원소이다.

① ㄱ ② ㄷ ③ ㄱ, ㄴ
④ ㄴ, ㄷ ⑤ ㄱ, ㄴ, ㄷ

06 중요

그림 (가) ~ (다)는 지각을 구성하는 여러 가지 광물의 결합 구조를 나타낸 것이다.

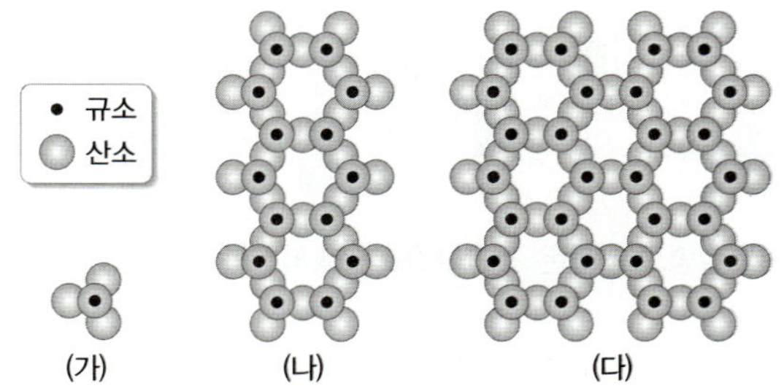

이에 대한 설명으로 옳은 것은?

① (가)는 각섬석에서 볼 수 있는 결합 구조이다.
② (나)는 단사슬 구조이다.
③ (다)는 (가)보다 풍화에 강하다.
④ (나)는 산소를 전부 공유한다.
⑤ 규산염 광물의 결합 구조에 해당하는 것은 (다)뿐이다.

07

그림은 지각을 구성하는 어느 광물의 결합 구조와 규산염 사면체를 확대하여 나타낸 것이다.

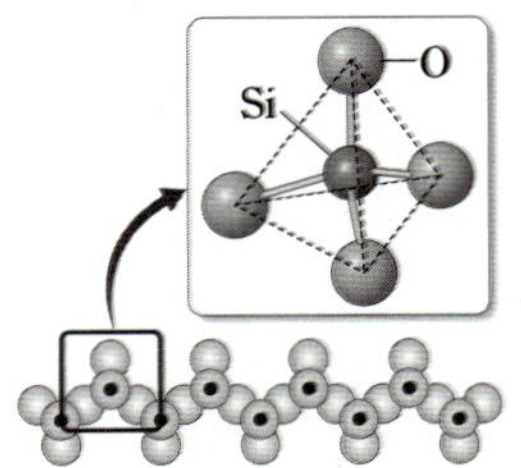

이에 대한 설명으로 옳은 것만을 [보기]에서 있는 대로 고른 것은?

보기
ㄱ. 휘석은 이 광물에 해당한다.
ㄴ. 규산염 사면체는 전기적으로 양전하를 띤다.
ㄷ. 이 광물은 규산염 사면체가 산소 1개를 공유하여 결합한 구조이다.

① ㄱ   ② ㄷ   ③ ㄱ, ㄴ
④ ㄴ, ㄷ   ⑤ ㄱ, ㄴ, ㄷ

08

다음은 규산염 광물의 SiO_4 사면체 결합 구조를 알아보기 위한 탐구 활동이다. A와 B는 서로 다른 규산염 광물의 결합 구조를 나타낸다.

[탐구 과정]
(가) ㉠검은색 스타이로폼 공, ㉡회색 스타이로폼 공, 이쑤시개를 준비한다.
(나) 검은색 스타이로폼 공 1개와 회색 스타이로폼 공 4개를 이쑤시개로 연결하여 A의 모형을 만든다.
(다) (나)를 반복하여 A의 모형을 여러 개 만든다.
(라) (다)에서 만든 모형들을 이용하여 B의 모형을 만든다.

[탐구 결과]

결합 구조	A	B
모형		

이에 대한 설명으로 옳은 것만을 [보기]에서 있는 대로 고른 것은?

보기
ㄱ. ㉠은 산소, ㉡은 규소에 해당한다.
ㄴ. A와 같은 결합 구조를 이루고 있는 광물에는 감람석이 있다.
ㄷ. B는 A의 구조가 두 줄로 길게 결합한 형태로, 복사슬 구조이다.

① ㄱ   ② ㄴ   ③ ㄱ, ㄷ
④ ㄴ, ㄷ   ⑤ ㄱ, ㄴ, ㄷ

개념 3 생명체를 구성하는 물질의 규칙성

09 중요

단백질의 종류를 다양하게 만들 수 있는 조건으로 옳은 것만을 [보기]에서 있는 대로 고른 것은?

보기
ㄱ. 아미노산의 종류와 수
ㄴ. 아미노산의 배열 순서
ㄷ. 아미노기와 카복실기 사이의 결합의 종류

① ㄱ   ② ㄷ   ③ ㄱ, ㄴ
④ ㄴ, ㄷ   ⑤ ㄱ, ㄴ, ㄷ

10 중요

그림은 아미노산 A와 B가 결합하는 과정을 나타낸 것이다.

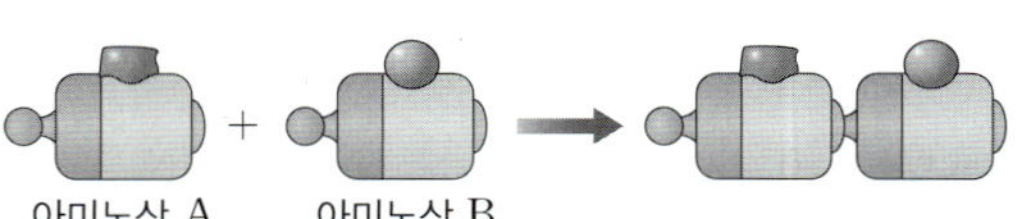

이에 대한 설명으로 옳은 것만을 [보기]에서 있는 대로 고른 것은?

| 보기 |

ㄱ. 상보결합으로 연결된다.
ㄴ. 이 과정에서 물 분자 1개가 빠져나온다.
ㄷ. A와 B는 아미노기와 카복실기를 모두 가지고 있다.

① ㄱ　　　　② ㄴ　　　　③ ㄱ, ㄷ
④ ㄴ, ㄷ　　　⑤ ㄱ, ㄴ, ㄷ

11

그림은 생명체를 구성하는 물질 X의 일부를 나타낸 것이다. ㉠~㊀은 각각 물질 X의 기본 단위체이며, 각 기본 단위체는 펩타이드결합으로 연결되어 있다.

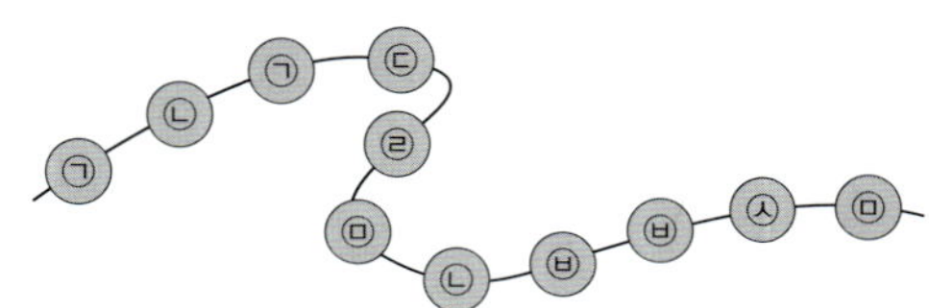

물질 X에 대한 설명으로 옳은 것만을 [보기]에서 있는 대로 고른 것은?

| 보기 |

ㄱ. 유전정보를 저장한다.
ㄴ. ㉠~㊀은 아미노산이다.
ㄷ. 고온에서도 쉽게 변성되지 않는다.

① ㄱ　　　　② ㄴ　　　　③ ㄱ, ㄷ
④ ㄴ, ㄷ　　　⑤ ㄱ, ㄴ, ㄷ

12

다음 중 RNA를 구성하는 염기의 종류가 <u>아닌</u> 것은?

① 아데닌(A)　　② 사이토신(C)　　③ 구아닌(G)
④ 타이민(T)　　⑤ 유라실(U)

13 중요

그림은 DNA와 RNA 중 하나의 일부를 나타낸 것이다. (가)와 (나)는 각각 당과 인산 중 하나이다.

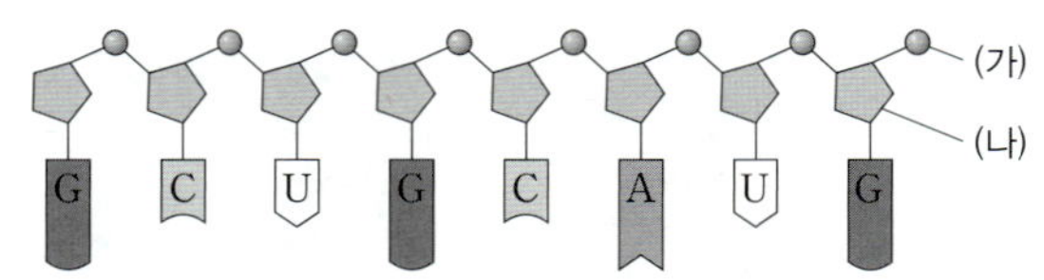

이에 대한 설명으로 옳은 것만을 [보기]에서 있는 대로 고른 것은?

| 보기 |

ㄱ. 기본 단위체는 뉴클레오타이드이다.
ㄴ. 기본 단위체에서 (가)와 (나)의 개수비는 1 : 1이다.
ㄷ. DNA의 이중나선 중 한 가닥을 나타낸 것이다.

① ㄱ　　　　② ㄷ　　　　③ ㄱ, ㄴ
④ ㄴ, ㄷ　　　⑤ ㄱ, ㄴ, ㄷ

14

그림은 핵산의 기본 단위체를 나타낸 것이다. (가)와 (나)는 각각 당과 인산 중 하나이다. 이 기본 단위체에 대한 설명으로 옳은 것만을 [보기]에서 있는 대로 고른 것은?

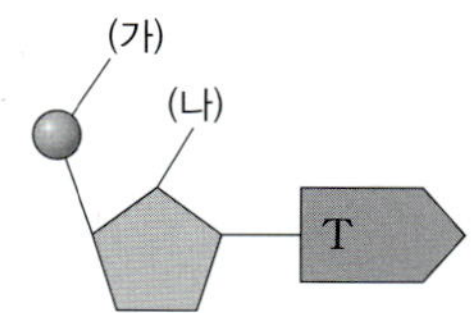

| 보기 |

ㄱ. 뉴클레오타이드이다.
ㄴ. (가)는 인산이고, (나)에는 탄소가 포함된다.
ㄷ. 한 기본 단위체의 (가)와 이웃한 기본 단위체의 (나)가 결합할 수 있다.

① ㄱ　　　　② ㄷ　　　　③ ㄱ, ㄴ
④ ㄴ, ㄷ　　　⑤ ㄱ, ㄴ, ㄷ

15

DNA에서 한 가닥에 있는 염기는 서로 마주 보고 있는 다른 가닥의 염기와 상보결합을 한다.
다음 중 DNA를 구성하는 염기의 상보결합으로 옳은 것은?

① 아데닌(A)과 구아닌(G)의 결합
② 사이토신(C)과 아데닌(A)의 결합
③ 구아닌(G)과 사이토신(C)의 결합
④ 타이민(T)과 구아닌(G)의 결합
⑤ 유라실(U)과 아데닌(A)의 결합

서술형 문제

16

그림 (가)와 (나)는 각각 지각과 생명체를 구성하는 주요 원소의 질량비를 나타낸 것이다.

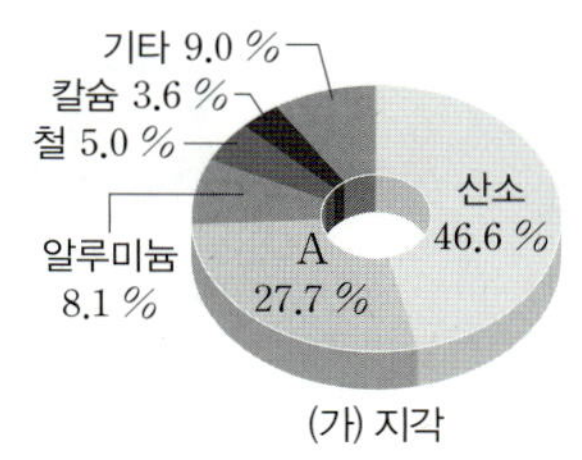

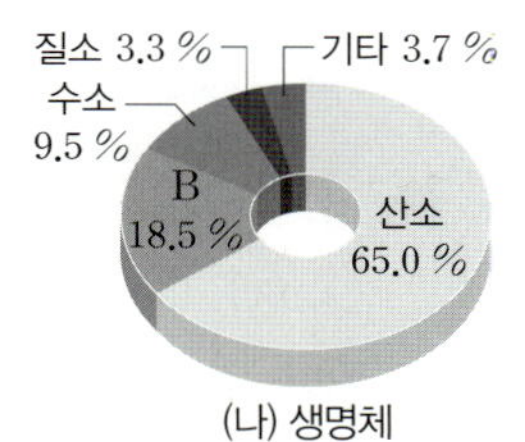

(1) A와 B에 해당하는 원소의 이름을 각각 쓰시오.

(2) 지각과 생명체를 구성하는 원소 중 산소가 공통적으로 많은 양을 차지하는 까닭을 서술하시오.

17 중요

그림 (가)와 (나)는 서로 다른 규산염 광물의 결합 구조를 나타낸 것이다.

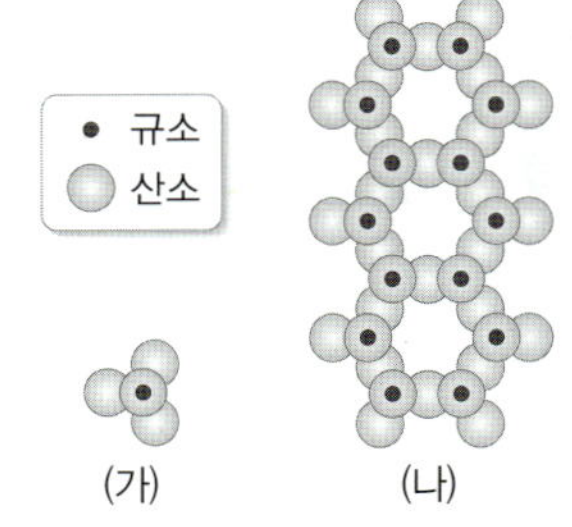

(1) (가)와 (나)의 결합 구조의 이름을 각각 쓰시오.

(2) (가)와 (나)에 해당하는 광물의 예를 한 가지씩 쓰시오.

(3) (가)와 (나)에 해당하는 광물의 풍화 안정도를 비교하고, 그 까닭을 서술하시오.

18

다음은 어느 규산염 광물에 대한 설명이다.

> 규산염 사면체가 산소 4개를 모두 공유하여 입체적인 모양으로 결합한 광물로, 규소와 산소로만 이루어져 있다.
>
> 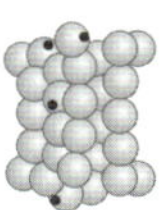

이 광물에 해당하는 광물을 한 가지 쓰고, 이 광물이 규소와 산소로만 이루어져 있는 까닭을 서술하시오.

19

우리 몸을 구성하는 아미노산은 약 20종류이다. 5개의 아미노산이 결합하여 만들어질 수 있는 단백질은 몇 종류일지 계산 과정을 포함하여 서술하시오. (단, 단백질의 입체 구조는 고려하지 않는다.)

20 중요

DNA 이중나선 중 한쪽 가닥의 염기 순서가 그림과 같을 때, 반대쪽 가닥의 염기서열을 순서대로 쓰고, 그렇게 판단한 까닭을 서술하시오.

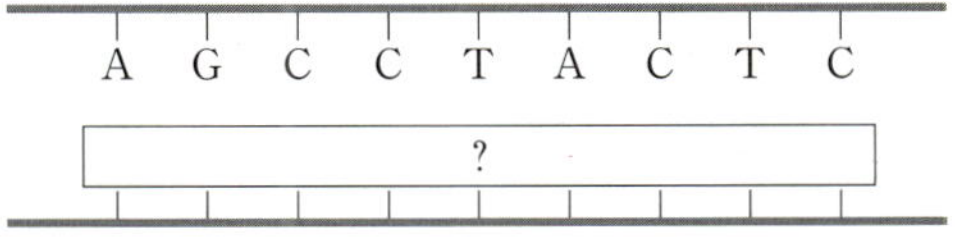

01

| 2022년 고1 6월 교육청 통합과학 10번 |

그림 (가)와 (나)는 사람과 지각을 구성하는 원소의 질량비를 순서 없이 나타낸 것이다. ㉠ ~ ㉢은 각각 규소, 산소, 탄소 중 하나이다.

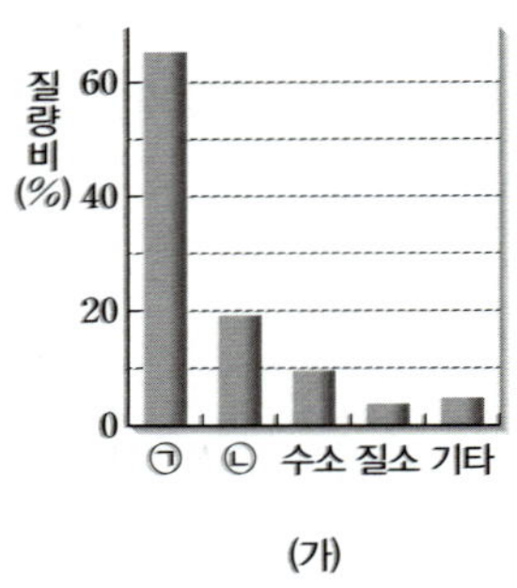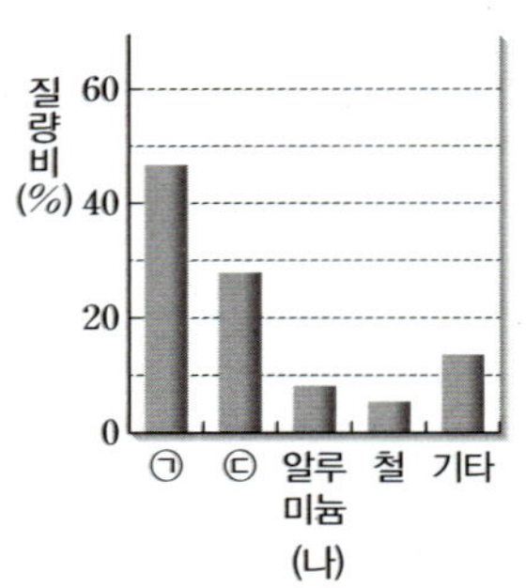

(가) (나)

이에 대한 설명으로 옳은 것만을 [보기]에서 있는 대로 고른 것은?

보기
ㄱ. (가)는 지각을 구성하는 원소의 질량비이다.
ㄴ. ㉡은 산소이다.
ㄷ. 규산염 광물은 ㉠과 ㉢을 포함한다.

① ㄱ ② ㄷ ③ ㄱ, ㄴ
④ ㄴ, ㄷ ⑤ ㄱ, ㄴ, ㄷ

02

표는 지각과 생명체를 구성하는 원소의 질량비를 나타낸 것이다. (가)와 (나)는 각각 지각과 생명체 중 하나이다.

구분	(가)				(나)			
구성 원소	산소	규소	알루미늄	기타	산소	탄소	수소	기타
질량비(%)	46	28	8	18	65	18	10	7

이에 대한 설명으로 옳은 것만을 [보기]에서 있는 대로 고른 것은?

보기
ㄱ. (가)는 생명체를 구성하는 원소의 질량비이다.
ㄴ. (나)를 이루는 물질은 주로 규산염 사면체로 이루어져 있다.
ㄷ. (가)와 (나)를 구성하는 원소 중 가장 큰 질량비를 차지하는 원소는 별 내부의 핵융합 반응으로 생성될 수 있다.

① ㄱ ② ㄷ ③ ㄱ, ㄴ
④ ㄴ, ㄷ ⑤ ㄱ, ㄴ, ㄷ

03

그림 (가)~(다)는 규산염 광물인 휘석, 감람석, 흑운모의 결합 구조를 순서 없이 나타낸 것이다.

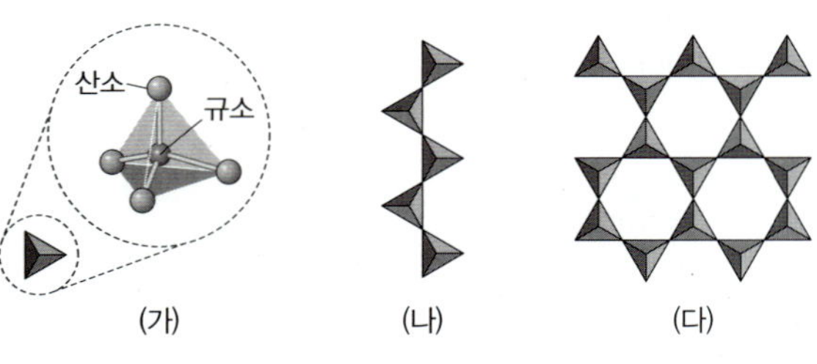

(가) (나) (다)

이에 대한 설명으로 옳은 것만을 [보기]에서 있는 대로 고른 것은?

보기
ㄱ. (가)는 휘석, (나)는 감람석, (다)는 흑운모의 결합 구조이다.
ㄴ. 규산염 사면체 사이에 공유하는 산소의 개수가 가장 많은 구조는 (다)이다.
ㄷ. (나)는 (다)보다 결합력이 약하기 때문에 풍화에 약하다.

① ㄱ ② ㄷ ③ ㄱ, ㄴ
④ ㄴ, ㄷ ⑤ ㄱ, ㄴ, ㄷ

04

| 2021년 고1 11월 교육청 통합과학 19번 |

그림 (가)는 규소와 산소로 이루어진 규산염 사면체를, (나)는 규산염 광물 중 흑운모의 결합 구조를 나타낸 것이다.

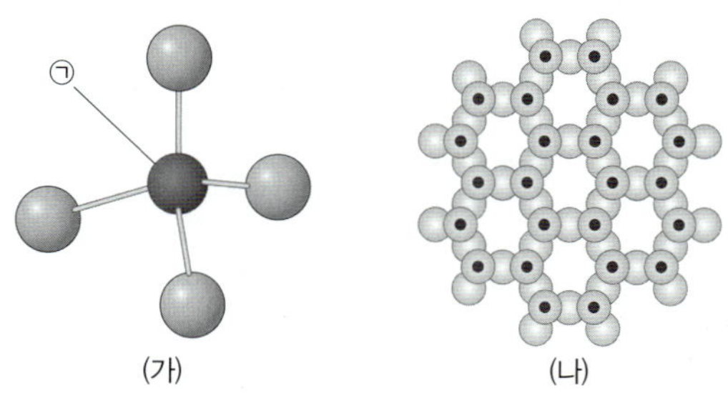

(가) (나)

이에 대한 설명으로 옳은 것만을 [보기]에서 있는 대로 고른 것은?

보기
ㄱ. ㉠은 규소이다.
ㄴ. (가)는 규산염 광물의 기본 구조이다.
ㄷ. (나)에서 각각의 규산염 사면체는 산소를 공유한다.

① ㄱ ② ㄷ ③ ㄱ, ㄴ
④ ㄴ, ㄷ ⑤ ㄱ, ㄴ, ㄷ

05

| 2021년 고1 6월 교육청 통합과학 14번 |

그림은 단백질을 구성하는 기본 단위체 A와 B 사이의 결합 과정을 모식적으로 나타낸 것이다.

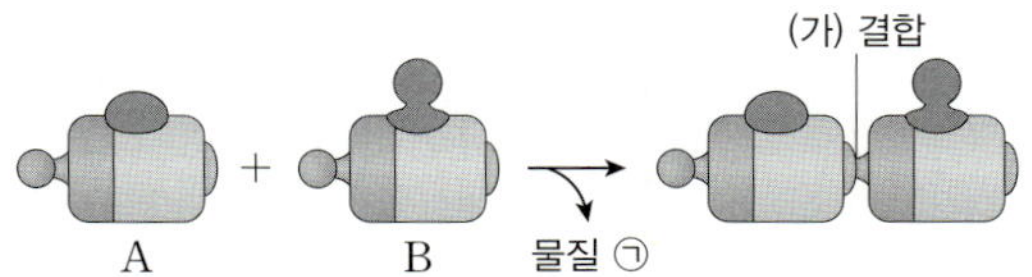

이에 대한 설명으로 옳은 것만을 [보기]에서 있는 대로 고른 것은?

보기

ㄱ. A와 B는 포도당이다.
ㄴ. ㉠은 탄소(C)와 산소(O)로 구성된다.
ㄷ. (가) 결합은 펩타이드결합이다.

① ㄱ   ② ㄷ   ③ ㄱ, ㄴ
④ ㄴ, ㄷ   ⑤ ㄱ, ㄴ, ㄷ

06

| 2021년 고1 6월 교육청 통합·과학 3번 |

그림 (가)와 (나)는 DNA와 RNA 모형을 순서 없이 나타낸 것이다.

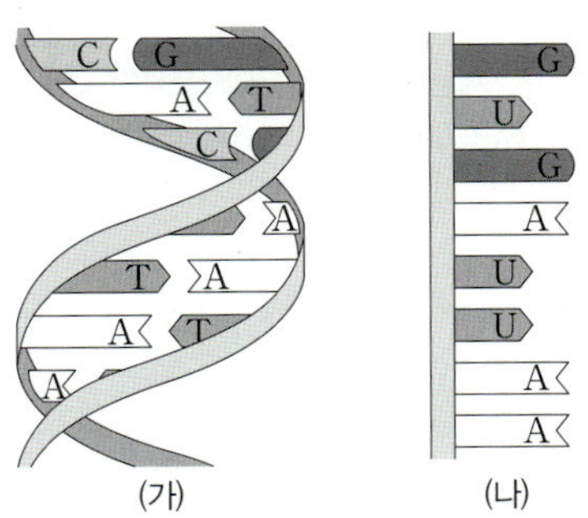

이에 대한 설명으로 옳은 것만을 [보기]에서 있는 대로 고른 것은?

보기

ㄱ. (가)는 DNA 모형이다.
ㄴ. (나)는 단일 가닥 구조이다.
ㄷ. (가)와 (나)를 구성하는 기본 단위체는 뉴클레오타이드이다.

① ㄱ   ② ㄷ   ③ ㄱ, ㄴ
④ ㄴ, ㄷ   ⑤ ㄱ, ㄴ, ㄷ

07

| 2021년 고1 6월 교육청 통합과학 1번 |

그림은 생명체를 구성하는 핵산의 일부를 모형으로 나타낸 것이다. ㉠과 ㉡은 각각 아데닌(A)과 사이토신(C) 중 하나이며, (가)는 핵산의 기본 단위체이다.

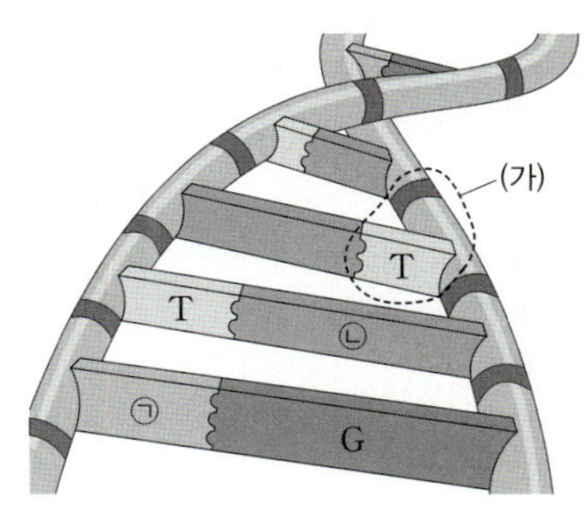

이에 대한 설명으로 옳은 것만을 [보기]에서 있는 대로 고른 것은?

보기

ㄱ. 이 핵산은 RNA이다.
ㄴ. (가)는 뉴클레오타이드이다.
ㄷ. ㉠은 사이토신(C), ㉡은 아데닌(A)이다.

① ㄱ   ② ㄷ   ③ ㄱ, ㄴ
④ ㄴ, ㄷ   ⑤ ㄱ, ㄴ, ㄷ

08

| 2023년 고1 6월 교육청 통합과학 1번 |

그림은 DNA의 일부를 나타낸 것이다.

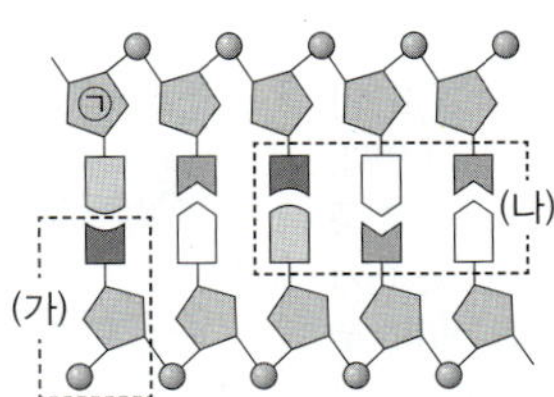

이에 대한 설명으로 옳은 것만을 [보기]에서 있는 대로 고른 것은?

보기

ㄱ. ㉠은 인산이다.
ㄴ. (가)는 뉴클레오타이드이다.
ㄷ. (나)에서 아데닌(A)의 수와 타이민(T)의 수는 같다.

① ㄱ   ② ㄴ   ③ ㄱ, ㄷ
④ ㄴ, ㄷ   ⑤ ㄱ, ㄴ, ㄷ

04 물질의 전기적 성질

개념 ① 전기적 성질에 따른 물질의 구분

1. 물질의 전기적 성질에 따른 구분　물질은 ❶전기 저항 및 물질 내 ❷자유 전자의 이동에 따라 도체, 부도체, 반도체로 구분할 수 있다.

> 음(−)전하

❸물질의 전기적 성질과 종류

구분		도체	부도체(절연체)	반도체
전기적 성질		• 전기 저항이 작아 전류가 잘 흐른다. • 물질 내 자유 전자가 많다.	• 전기 저항이 커서 전류가 잘 흐르지 않는다. • 물질 내 자유 전자가 거의 없다.	• 전기 전도성이 도체와 부도체의 중간 정도이다. • 온도나 압력 등 조건에 따라 전기 저항이 변하여 전류가 흐른다. • 특정한 불순물을 넣어 전류를 잘 흐르게 할 수 있다.
종류		철, 구리, 알루미늄 등	나무, 고무, 유리 등	규소, 저마늄 등

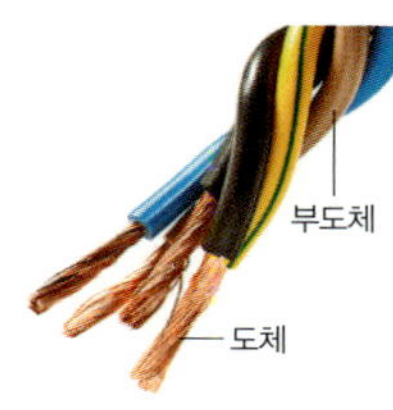

전류가 잘 흘러야 하는 곳에는 도체를, 전류가 잘 흐르지 않아야 하는 곳에는 부도체를 사용한다.

▲ 전선　　도체인 구리 도선과 이를 감싸고 있는 부도체인 절연 피복

반도체를 이용하여 여러 전기 소자를 하나의 기판에 만든 것이다.

▲ 집적 회로　　데이터 처리와 저장 기능

더 알아보기　도체와 부도체에서 전자의 움직임

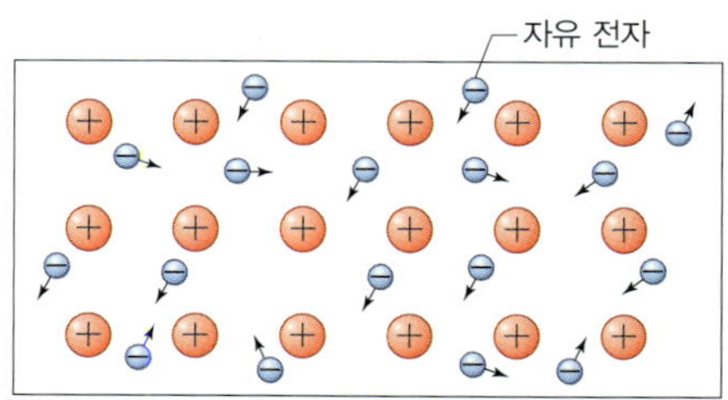

도체는 하나의 원자에 속해 있지 않고 자유롭게 이동할 수 있는 자유 전자가 많기 때문에 전류가 잘 흐른다.

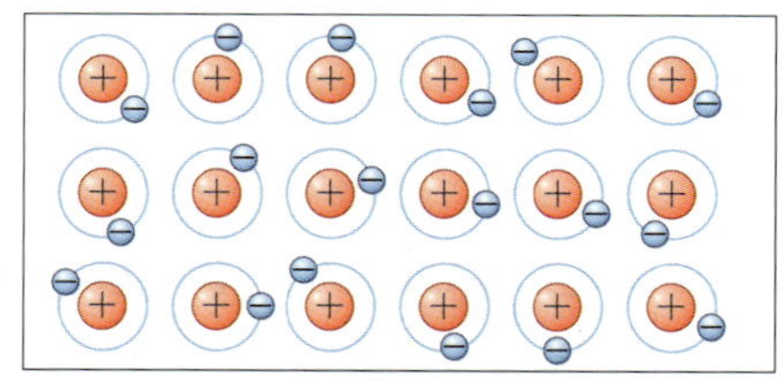

부도체는 전자가 원자핵으로부터 쉽게 벗어날 수 없어 자유롭게 이동하기 어렵기 때문에 전류가 잘 흐르지 않는다. ── 원자핵의 전기력에 의해 전자가 속박되어 있다.

개념 ② 반도체의 전기적 성질

1. ❹순수 반도체　규소(Si)와 같이 원자가 전자가 4개인 원소로만 이루어진 반도체로, 자유 전자가 거의 없어 전류가 잘 흐르지 않는다. 순수 반도체에 특정 불순물을 첨가하면 전류를 흐르게 할 수 있다.

2. 불순물 반도체

[1] p형 반도체: 순수 반도체에 붕소(B), 알루미늄(Al), 갈륨(Ga)과 같이 원자가 전자가 3개인 원소를 첨가하면 공유 결합을 하지 못한 전자의 빈공간이 생긴다. 이 공간으로 전자가 이동하면서 전류가 흐른다.

> 양공

[2] n형 반도체: 순수 반도체에 인(P), 비소(As)와 같이 원자가 전자가 5개인 원소를 첨가하면 공유 결합에 참여하지 않고 남는 전자가 생긴다. 이 전자가 자유롭게 이동하면서 전류가 흐른다.

> 자유 전자

---

❶ 전기 저항
전기 회로에서 전류가 흐르는 것을 방해하는 정도를 말하며, 일정한 온도에서 물체의 저항은 물체의 길이에 비례하고, 물체의 단면적에 반비례한다.

❷ 자유 전자
원자 사이를 자유롭게 옮겨 다니며 전류를 흐르게 하는 전자를 말하며, 자유 전자가 많으면 전류가 잘 흐른다.

꼭! 암기

❸ 물질의 전기적 성질과 종류
• 전기 전도성
도체 > 반도체 > 부도체
• 종류

도체	철, 구리, 금, 은, 알루미늄 등
부도체 (절연체)	나무, 고무, 유리, 플라스틱 등
반도체	규소, 저마늄 등

❹ 순수 반도체
순수 반도체는 원자가 전자가 4개인 14족 원소인 규소, 저마늄 등이 있다.
• 규소(Si): 지각에서 산소 다음으로 풍부할뿐만 아니라 다른 원소와 쉽게 결합하여 전기적 성질이 변하므로 반도체의 원료로 이용된다. 순수한 규소 결정은 원자가 전자가 4개로, 전자쌍을 공유해 공유 결합을 형성한 안정한 구조이다.

용어 알기

⊙ **전기 전도성**(電 전기, 氣 기운, 傳 전하다, 導 인도하다, 性 성질) 전류가 잘 흐르는지를 나타내는 성질이며, 전기 전도성이 좋은 물질일수록 전류가 잘 흐름.

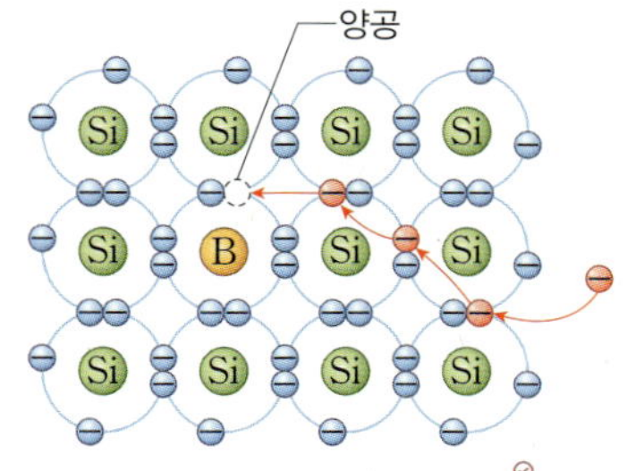

규소(Si)로만 이루어진 순수한 반도체는 자유 전자가 거의 없어 전류가 잘 흐르지 않는다.
└ 부도체에 가깝다.

원자가 전자가 3개인 원소를 첨가할 때

공유 결합을 하지 못한 전자의 빈공간(양공)으로 전자가 이동하면서 전류가 흐른다. → p형 반도체

원자가 전자가 5개인 원소를 첨가할 때

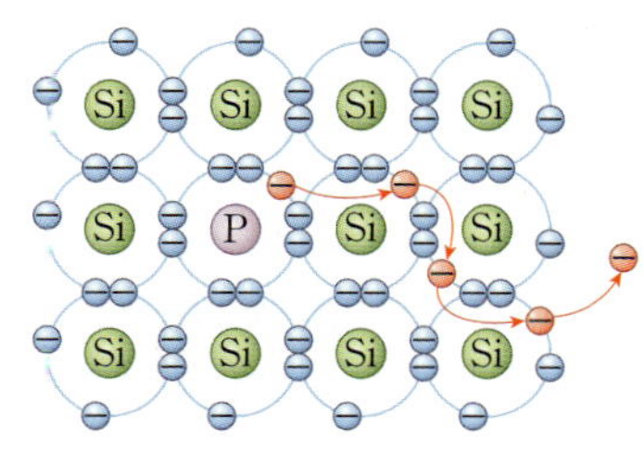

공유 결합에 참여하지 않고 남는 전자가 자유롭게 이동하면서 전류가 흐른다. → n형 반도체

개념 ③ 반도체의 기능과 활용

1. 반도체의 기능

(1) 전기 신호 처리 기능: 전기 신호를 증폭하거나 빛으로 전환하고, 전류를 제어한다. 예 어댑터
　└ 전기 신호의 흐름을 바꾸는 반도체 사용

(2) 데이터 처리 기능: 데이터를 저장 및 기억하는 메모리 반도체와 저장된 데이터를 실행 및 통제하는 시스템 반도체가 있다. 예 자율주행 자동차
　└ 메모리 반도체와 시스템 반도체 사용

2. 반도체의 활용   반도체 소자를 다양한 전자 기기에 활용한다.

다이오드	트랜지스터	집적 회로

n형 반도체와 p형 반도체를 결합한 소자로, 전류를 한 방향으로만 흐르게 한다.	n형 반도체와 p형 반도체를 복합적으로 결합한 소자이다. ❺증폭 작용과 스위치 작용을 한다.	컴퓨터의 중앙 처리 장치(CPU)나 메모리(RAM, ROM) 등에 이용한다.

❻발광 다이오드(LED)	태양 전지

전류가 흐를 때 빛을 방출하는 소자로 영상 장치, 조명 등에 이용한다. 첨가하는 원소의 종류에 따라 방출하는 빛의 색이 다르다.	빛을 비추면 전자가 발생해 전류가 흐른다. 태양의 빛에너지를 이용해 전기 에너지를 생산한다.

❺ **증폭 작용과 스위치 작용**
- 증폭 작용: 전류 또는 전압을 약한 신호에서 강한 신호로 바꾼다.
- 스위치 작용: 전류를 흐르게 하거나 흐르지 않게 제어한다.

❻ **LED 디스플레이**
전류가 흐를 때 빛을 방출하는 발광 다이오드(LED)는 디스플레이에 활용된다.

▲ LED를 이용한 신호등

용어알기

◎ **공유 결합(共 함께, 有 있다, 結 맺다, 合 합하다)** 2개의 원자가 각각 전자 한 개씩을 서로 내놓아 전자쌍으로 공유하여 만든 화학 결합

◎ **양공(陽 양, 孔 구멍)** 전자가 채우지 않는 빈공간으로 양(+)전하를 띤 입자와 같은 격할을 하는 가상의 입자

STEP 1 개념 바로 확인

- (❶   ): 전기 저항이 작고, 물질 내 자유 전자가 많아 전류가 잘 흐르는 물질
- (❷   ): 전기 저항이 크고, 물질 내 자유 전자가 거의 없어 전류가 잘 흐르지 않는 물질
- (❸   ): 전기 전도성이 도체와 부도체의 중간 정도인 물질 → 특정한 불순물을 첨가하면 (❹   )이 증가한다.
- 순수 반도체
  - 대표적인 반도체 물질인 (❺   )는 원자가 전자가 (❻   )인 원소로, 순수한 규소 결정은 공유 결합을 형성한 안정한 구조이다.
  - 순수 반도체는 전류가 (❼   ), 특정 불순물을 첨가하면 전류를 흐르게 할 수 있다.
- 순수 반도체에 원자가 전자가 (❽   )인 원소를 첨가하면 전자의 빈공간(양공)이 생겨 전류가 흐른다.
- 순수 반도체에 원자가 전자가 (❾   )인 원소를 첨가하면 남는 전자(자유 전자)가 생겨 전류가 흐른다.
- 반도체의 활용
  - (❿   ): 증폭 작용, 스위치 작용을 한다.
  - (⓫   ): n형 반도체와 p형 반도체를 결합한 소자로, 전류를 한 방향으로만 흐르게 한다.
  - (⓬   ): 전류가 흐를 때 빛을 방출하는 소자로, 영상 장치, 조명 등에 이용한다.
  - (⓭   ): 빛을 비추면 전자가 발생해 전류가 흐른다.

01
다음은 물질의 전기적 성질에 대한 설명이다. 각 설명에 해당하는 물질을 도체, 부도체, 반도체에서 골라 쓰시오.

(1) 물질 내 자유 전자가 많다. (   )
(2) 전류가 잘 흐르지 않는다. (   )
(3) 불순물을 첨가하여 전류를 잘 흐르게 할 수 있다. (   )

[02~03] 그림 (가)와 (나)는 도체와 부도체 내에서 전자의 움직임을 순서 없이 나타낸 것이다.

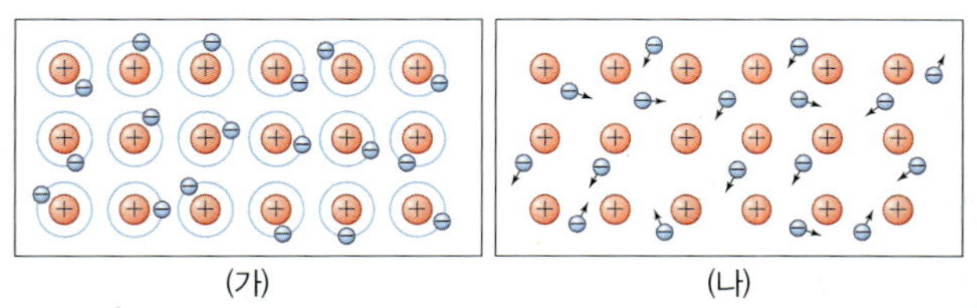

(가)   (나)

02
다음 (   ) 안에 알맞은 말을 쓰시오.

(가)는 (㉠   )을 나타낸 것이고, (나)는 (㉡   )을 나타낸 것이다.

03
(가)와 (나)의 설명으로 옳은 것은 ○, 옳지 않은 것은 ×로 표시하시오.

(1) 전기 전도성은 (나)가 (가)보다 더 좋다. (   )
(2) 전자는 (가)보다 (나)에서 더 자유롭게 움직일 수 있다. (   )

04
그림 (가)와 (나)는 순수한 규소(Si) 결정에 불순물을 첨가했을 때 전자의 이동을 나타낸 것이다.

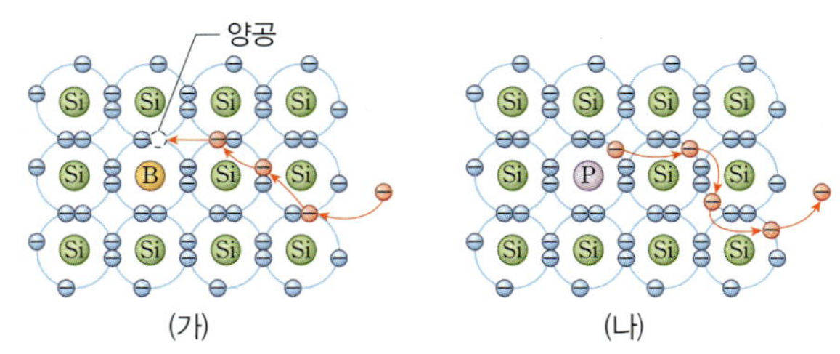

이에 대한 설명으로 옳은 것은 ○, 옳지 않은 것은 ×로 표시하시오.

(1) (가)에서는 빈공간으로 전자가 이동하면서 전류가 흐른다. (   )
(2) (나)는 순수한 규소(Si) 결정에 원자가 전자가 3개인 물질을 첨가한 것이다. (   )
(3) (가)와 (나)를 결합하여 디스플레이, 태양 전지 등에 활용하고 있다. (   )

05
다음은 반도체를 이용하여 만든 여러 전기 소자의 특성에 대한 설명이다. 각 설명에 해당하는 반도체 소자를 쓰시오.

(1) 빛을 비추면 전류가 흐른다. (   )
(2) 증폭 작용, 스위치 작용을 한다. (   )
(3) 전류가 흐를 때 빛을 방출한다. (   )

개념 ② 반도체의 전기적 성질

01 그림은 저마늄(Ge)에 불순물을 첨가하여 만든 물질을 나타낸 것이다.

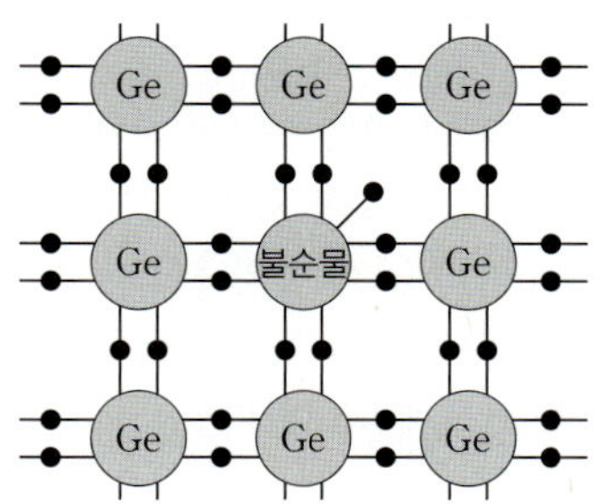

이에 대한 설명으로 옳은 것만을 [보기]에서 있는 대로 고른 것은?

─ 보기 ─
ㄱ. 14족 원소를 불순물로 사용할 수 있다.
ㄴ. 저마늄(Ge)보다 전기 저항이 작아져 전류가 잘 흐른다.
ㄷ. 다이오드, LED, 트랜지스터 등의 제작에 이용된다.

① ㄱ
② ㄷ
③ ㄱ, ㄴ
④ ㄴ, ㄷ
⑤ ㄱ, ㄴ, ㄷ

개념 ③ 반도체의 기능과 활용

02 다음은 규소를 이용한 물질에 대한 자료이다.

규소(Si)는 과거에는 주로 도자기나 (㉠)의 재료로 사용되었으며, 현대에는 전자 제품의 핵심 부품으로 사용되고 있다. 순수한 규소(Si)는 전류가 잘 (㉡), 인(P), 비소(As), 붕소(B) 등의 원소를 소량 첨가하면 전류가 잘 (㉢). 순수한 규소(Si)나 저마늄(Ge)에 미량의 원소를 첨가하여 전기적 성질을 변화시킨 소재를 (㉣)라고 한다.

㉠~㉣에 알맞은 말을 옳게 짝 지은 것은?

	㉠	㉡	㉢	㉣
①	유리	흐르지만	흐르지 않는다	반도체
②	유리	흐르지 않지만	흐른다	반도체
③	유리	흐르지 않지만	흐른다	신소재
④	종이	흐르지만	흐르지 않는다	반도체
⑤	종이	흐르지 않지만	흐른다	신소재

03 반도체를 이용한 예로 옳은 것만을 [보기]에서 있는 대로 고른 것은?

─ 보기 ─
ㄱ. 네오디뮴
ㄴ. 다이오드
ㄷ. 초전도체
ㄹ. 트랜지스터

① ㄱ, ㄴ
② ㄱ, ㄷ
③ ㄴ, ㄷ
④ ㄴ, ㄹ
⑤ ㄷ, ㄹ

대표 문제 파헤치기

파악하기
규소(Si), 저마늄(Ge) 등과 같은 순수 반도체의 원자가 전자가 4개임을 알고, 순수 반도체에 불순물을 첨가하여 전류를 잘 흐르게 할 수 있음을 파악할 수 있어야 한다.

다가가기
STEP 1 순수 반도체는 원자가 전자가 4개다.
STEP 2 순수 반도체에 원자가 전자가 3개인 원소를 첨가하면 전자의 빈공간이 생겨 전류가 흐른다.
STEP 3 순수 반도체에 원자가 전자가 5개인 원소를 첨가하면 남는 전자가 이동하면서 전류가 흐른다.

대표 문제 파헤치기

파악하기
반도체의 전기적 성질을 이해하고, 반도체에 해당하는 물질과 반도체의 이용을 파악하고 있어야 한다.

다가가기
STEP 1 물질은 전기 전도성에 따라 도체, 부도체, 반도체로 구분할 수 있어야 한다.
STEP 2 순수 반도체는 전류가 잘 흐르지 않지만, 미량의 원소를 첨가하여 전류를 잘 흐르게 할 수 있다.
STEP 3 미량의 원소를 첨가한 반도체를 이용하여 만든 트랜지스터, 발광 다이오드(LED), 집적 회로, 태양 전지 등은 다양한 분야에서 활용되고 있다.

STEP 3. 내신 다지기 문제

개념 ① 전기적 성질에 따른 물질의 구분

01 중요

도체, 부도체, 반도체에 대한 설명으로 옳은 것만을 [보기]에서 있는 대로 고른 것은?

— 보기 —

ㄱ. 도선으로 사용되는 구리는 도체이다.
ㄴ. 부도체는 도선의 피복으로 사용된다.
ㄷ. 철, 니켈, 코발트는 대표적인 반도체 물질이다.

① ㄱ   ② ㄷ   ③ ㄱ, ㄴ
④ ㄴ, ㄷ   ⑤ ㄱ, ㄴ, ㄷ

개념 ② 반도체의 전기적 성질

02

그림 (가)는 규소(Si)에 갈륨(Ga)을, (나)는 규소(Si)에 비소(As)를 첨가한 물질의 구조를 나타낸 것이다.

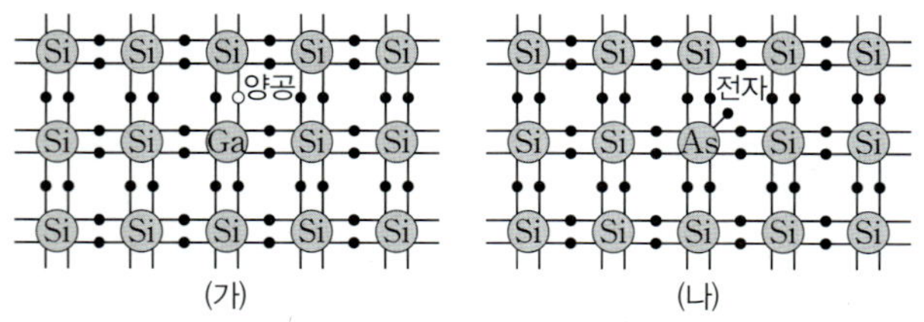

이에 대한 설명으로 옳은 것만을 [보기]에서 있는 대로 고른 것은?

— 보기 —

ㄱ. (가)는 순수한 규소(Si)보다 전류가 잘 흐른다.
ㄴ. (나)는 순수 반도체이다.
ㄷ. 첨가한 물질의 원자가 전자 수는 (나)에서가 (가)에서
   보다 1개 더 많다.

① ㄱ   ② ㄴ   ③ ㄱ, ㄷ
④ ㄴ, ㄷ   ⑤ ㄱ, ㄴ, ㄷ

개념 ③ 반도체의 기능과 활용

03 중요

다음은 규소(Si)를 이용한 반도체에 대한 설명이다.

> 규소(Si)는 반도체의 재료가 되어 전자 제품의 핵심 부품으로 사용되고 있다. 순수한 규소는 전류가 잘 흐르지 않지만, ㉠붕소(B), 비소(As) 등의 원소를 소량 첨가하면 전류가 잘 흐른다. 순수한 규소에 미량의 원소를 첨가하여 (㉡) 소재를 반도체라고 한다.

이에 대한 설명으로 옳은 것만을 [보기]에서 있는 대로 고른 것은?

— 보기 —

ㄱ. ㉠에서 원자가 전자 수는 붕소(B)와 비소(As)가 같다.
ㄴ. ㉡에는 '전류가 잘 흐르는'이 적절하다.
ㄷ. 규소(Si)를 이용하여 만든 반도체는 항공 및 우주 산업
   분야에서도 중요하게 사용된다.

① ㄱ   ② ㄷ   ③ ㄱ, ㄴ
④ ㄴ, ㄷ   ⑤ ㄱ, ㄴ, ㄷ

서술형 문제

개념 ③ 반도체의 기능과 활용

04

다음은 반도체에 대한 설명이다.

> 순수 반도체인 (㉠)은(는) 원자가 전자가 4개로, (㉡)을(를) 하고 있어 전류가 잘 흐르지 않는다. (㉠)에 불순물을 첨가하면 전류가 잘 흐르게 되는데, 이를 불순물 반도체라고 한다.
> … 중략 …
> 한편 발광 다이오드(LED)는 종류가 다른 불순물 반도체를 결합하여 만든 반도체 소자이다.

(1) ㉠, ㉡에 들어갈 단어를 쓰시오. (단, ㉠은 원소, ㉡은 화학 결합의 종류이다.)

(2) 발광 다이오드(LED)의 특징과 이용을 서술하시오.

STEP 4  내신 1등급 문제 _{난이도}

01
| 2019년 고2 3월 교육청 물리학 I 8번 |

그림은 반도체가 일상생활에서 이용되는 예를 나타낸 것이다.

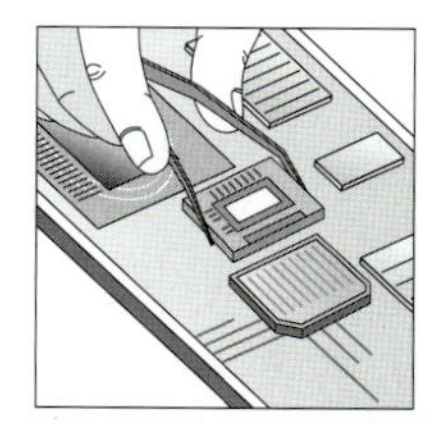
▲ 컴퓨터 중앙 처리 장치(CPU)

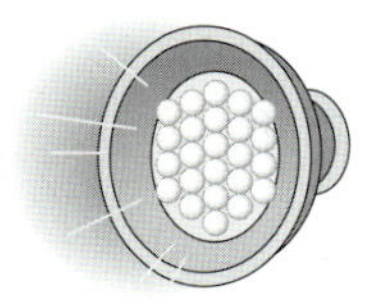
▲ 발광 다이오드(LED)

반도체에 대한 설명으로 옳은 것만을 [보기]에서 있는 대로 고른 것은?

— 보기 —
ㄱ. 전기적 성질을 이용한다.
ㄴ. 규소(Si)는 대표적인 반도체 물질이다.
ㄷ. 전기 에너지를 빛에너지로 전환하는 데 이용할 수 있다.

① ㄱ　　　　② ㄴ　　　　③ ㄱ, ㄷ
④ ㄴ, ㄷ　　　⑤ ㄱ, ㄴ, ㄷ

02
| 2021년 고1 11월 교육청 통합과학 12번 |

다음은 신소재 A에 대한 설명이다.

A는 전기적으로 도체와 절연체의 중간 정도인 특성을 가진다. 지각을 구성하는 원소 중 산소 다음으로 풍부한 (㉠)는 A를 이용한 전기 소자를 만드는 데 이용된다.

A를 이용한 전기 소자

A와 ㉠으로 가장 적절한 것은?

	A	㉠
①	그래핀	규소
②	그래핀	탄소
③	반도체	규소
④	반도체	탄소
⑤	초전도체	탄소

03

그림 (가)와 (나)는 저마늄(Ge)에 각각 붕소(B), 인(P)을 첨가한 반도체를 나타낸 것이다.

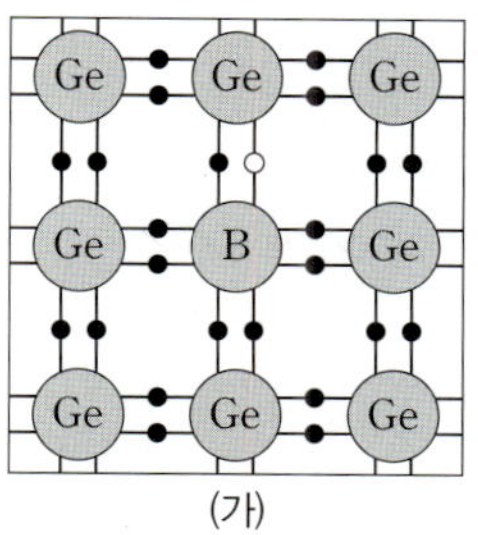
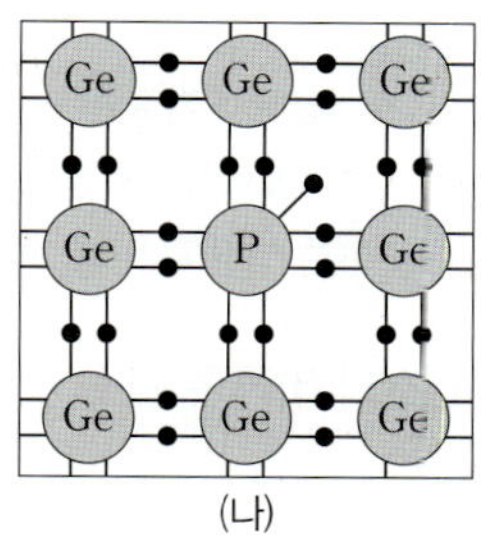
(가)　　　　(나)

이에 대한 설명으로 옳은 것만을 [보기]에서 있는 대로 고른 것은?

— 보기 —
ㄱ. 붕소(B)의 원자가 전자는 5개이다.
ㄴ. (나)는 순수한 저마늄(Ge)보다 전기 전도성이 좋다.
ㄷ. (가)와 (나)를 결합하여 전류를 한 방향으로만 흐르게 할 수 있다.

① ㄱ　　　　② ㄷ　　　　③ ㄱ, ㄴ
④ ㄴ, ㄷ　　　⑤ ㄱ, ㄴ, ㄷ

04
| 2022년 고2 3월 교육청 물리학 I 6번 |

다음은 반도체에 관한 설명이다.

불순물 반도체는 ㉠ 순수한 반도체에 ㉡ 미량의 다른 원소(불순물)를 첨가하여 만든 소재로 ㉢ 태양 전지, 스마트폰의 전기 소자 등을 만드는 데 활용된다.

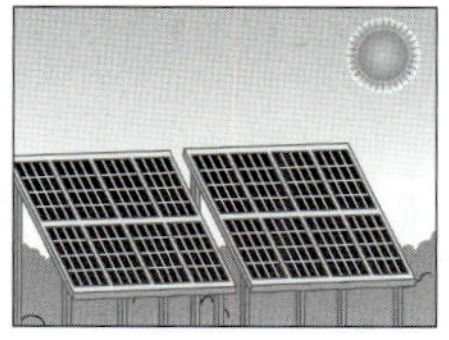
태양 전지

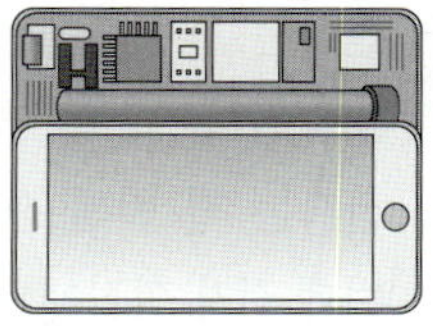
스마트폰의 전기 소자

이에 대한 설명으로 옳은 것만을 [보기]에서 있는 대로 고른 것은?

— 보기 —
ㄱ. 규소(Si)로만 이루어진 물질은 ㉠에 해당한다.
ㄴ. ㉡을 통해 ㉠의 전기적 성질을 변화시킬 수 있다.
ㄷ. ㉢은 빛에너지를 전기 에너지로 전환한다.

① ㄱ　　　　② ㄴ　　　　③ ㄱ, ㄷ
④ ㄴ, ㄷ　　　⑤ ㄱ, ㄴ, ㄷ

○1 원소의 주기성

1. 현대의 주기율표: 원소들을 (❶　　　　) 순으로 나열하여 화학적 성질이 비슷한 원소들이 같은 세로줄에 오도록 배열한 표

주기	주기율표의 가로줄로, 1~7주기까지 있다.
족	• 주기율표의 세로줄로, 1~18족까지 있다. • 같은 족의 원소들은 화학적 성질이 비슷하다.

2. 금속 원소와 비금속 원소

구분	금속 원소	비금속 원소
주기율표의 위치	주로 왼쪽과 가운데	주로 오른쪽 (단, 수소는 왼쪽)
이온의 형성	전자를 잃어 (❷　　)이 되기 쉽다.	전자를 얻어 (❸　　)이 되기 쉽다.
열전도성과 전기 전도성	크다.	매우 작다. (단, 흑연은 제외)
실온에서 상태	대부분 고체 (단, 수은은 액체)	대부분 기체나 고체 (단, 브로민은 액체)

3. 알칼리 금속과 할로젠

구분	알칼리 금속	할로젠
족	1족	17족
원소	Li, Na, K, Rb 등	F, Cl, Br, I 등
특성	• 다른 금속에 비해 밀도가 작고 무르다. • 공기 중의 (❹　　)와 반응하여 광택을 잃는다. • 물과 반응하여 (❺　　) 기체가 발생하며, 물과 반응한 수용액은 (❻　　)을 띤다.	• 실온에서 (❼　　) 분자 (F_2, Cl_2, Br_2, I_2)로 존재한다. • 금속과 잘 반응한다. • 수소와 반응하여 수소 화합물을 생성하고, 생성된 수소 화합물은 물에 녹아 산성을 띤다.

4. 원자의 전자 배치

(1) 전자 배치의 원리

－ 전자는 원자핵에서 가까운 전자 껍질부터 차례대로 채워진다.

－ 전자는 첫 번째 전자 껍질에 최대 (❽　　)개, 두 번째 전자 껍질에 최대 (❾　　)개가 채워진다.

(2) (❿　　): 최외각 전자 중 화학 결합에 참여하는 전자로, 원소의 화학적 성질을 결정한다.

5. 전자 배치와 주기율표의 관계

(1) 같은 족 원소: (⓫　　)가 같다. ➡ 화학적 성질이 비슷하다.

(2) 같은 주기 원소: 전자가 들어 있는 (⓬　　)가 같다.

(3) 원소의 주기성이 나타나는 까닭: 원자 번호가 증가함에 따라 (⓭　　)가 주기적으로 변하기 때문이다.

○2 화학 결합과 물질의 성질

1. 화학 결합의 원리

18족에 속하지 않는 원소들은 (⓮　　) 원소와 같은 전자 배치를 하여 안정해지려고 한다.

2. 이온 결합

금속 원소의 원자와 비금속 원소의 원자가 서로 전자를 주고받아 양이온과 음이온이 된 후 이 이온들 사이에 (⓯　　)이 작용하여 결합이 형성된다.

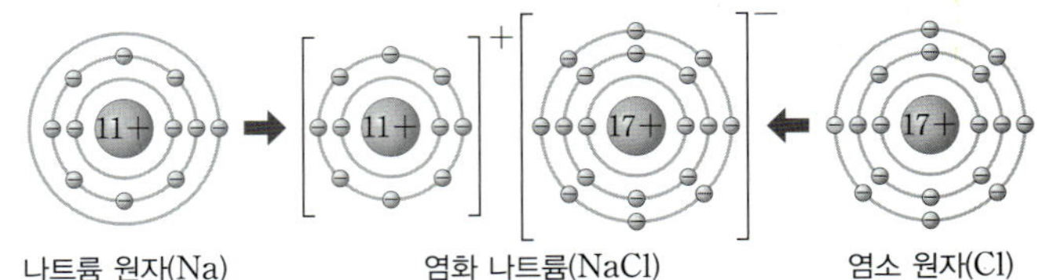

3. 공유 결합

비금속 원소의 원자들이 서로의 전자를 내놓아 전자쌍을 형성하고, 이 전자쌍을 공유하면서 결합이 형성된다.

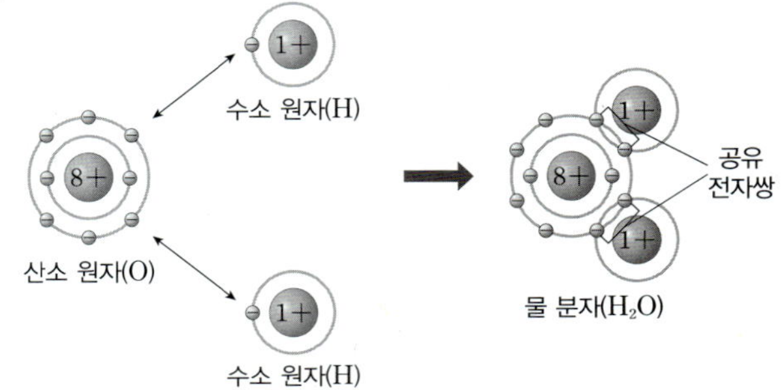

4. 화학 결합의 종류에 따른 물질

(1) 이온 결합 물질의 화학식　예 $MgCl_2$

－ 원소 기호는 (⓰　　), (⓱　　) 순으로 적는다.

－ 물질의 전하의 합이 0이 되도록 이온 수를 결정한다.

－ 이온 수는 원소 기호의 오른쪽 아래에 쓴다.

(2) 화학 결합의 종류에 따른 물질의 성질

물질	(⓲　　) 물질	(⓳　　) 물질
녹는점과 끓는점	이온 사이의 정전기적 인력에 의해 결합하므로 매우 높다.	이온 결합 물질에 비해 비교적 낮다.
전기 전도성	• 고체 상태: 없음 • 수용액 상태: 있음 (−)극　(+)극 ➡ 이온들이 이동하므로 전류가 흐른다.	• 고체 상태: 없음 • 수용액 상태: 없음 (−)극　(+)극 ➡ 물에 분자 상태로 녹아 있어 전류가 흐르지 않는다.

◯3 지각과 생명체의 구성 물질의 규칙성

1. 지각과 생명체의 구성 물질

구분	지각	생명체
주요 구성 물질	규산염 광물	탄소 화합물(유기물)
공통점	구성 원소 중 (⑳　　　)가 가장 많다. ➡ 산소는 수소, 탄소, 규소 등 다른 원소와 쉽게 결합하여 다양한 물질을 만들 수 있기 때문이다.	

2. 규산염 광물

(1) (㉑　　　): 1개의 규소와 4개의 산소가 공유 결합을 하여 형성된 정사면체 모양의 물질

(2) **규산염 광물**: 산소와 규소가 결합한 규산염 사면체를 기본 단위체로 한 광물로, 지각을 구성하는 광물의 대부분을 차지한다.

(3) **규산염 광물의 결합 구조**: 독립형 구조에서 망상 구조로 갈수록 결합 구조가 복잡하고, 공유 산소 수가 많으며, 결합력이 강하고, 풍화에 강하다.

결합 구조	독립형 구조	단사슬 구조	복사슬 구조	(㉒　) 구조	망상 구조
광물	감람석	휘석	각섬석	흑운모	석영, 장석
결합 형태	규소(Si) 산소(O)				

3. 단백질

(1) (㉓　　　): 단백질의 기본 단위체로, 약 20종류가 있으며, 아미노산의 종류와 수, 배열에 따라 다양한 단백질이 만들어진다.

(2) **단백질의 기능**: 에너지원으로 이용, 몸의 구성 성분, 효소와 호르몬의 주성분, 항체의 주성분 등

4. 핵산

(1) **뉴클레오타이드**: 핵산의 기본 단위체로, 인산 : (㉔　　　) : 염기가 1 : 1 : 1로 결합되어 있다.

(2) **염기의 종류와 상보결합**: 염기에는 아데닌(A), 사이토신(C), 구아닌(G), 타이민(T), 유라실(U)이 있는데, 아데닌(A)은 타이민(T) 또는 유라실(U)과만, 사이토신(C)은 구아닌(G)과만 상보결합을 한다.

(3) **종류**

구분	염기의 종류	당 종류	구조	기능
DNA	A, C, G, T	디옥시 라이보스	이중나선구조	유전정보를 저장
RNA	A, C, G, U	(㉕　　)	단일 가닥 구조	유전정보를 전달, 단백질 합성에 관여

◯4 물질의 전기적 성질

1. 전기적 성질에 따른 물질의 구분

물질은 전기적 성질에 따라 도체, 부도체, 반도체로 구분할 수 있다.

구분	(㉖　　　)	(㉗　　　)	(㉘　　　)
전기 저항	작다.	크다.	온도, 압력 등에 따라 변한다.
자유 전자	많다.	거의 없다.	특정 조건에 따라 생긴다.
전기 전도성	좋다.	나쁘다.	도체와 부도체의 중간 정도
종류	철, 구리 등	고무, 유리 등	규소, 저마늄 등

2. 반도체의 전기적 성질

(1) 대표적 순수 반도체인 (㉙　　　)는 반도체 소자의 재료로 많이 쓰인다.

(2) 규소(Si) 원자는 원자가 전자가 (㉚　　　)르 전자쌍을 공유해 (㉛　　　)을 형성한 안정한 구조이다.

(3) 순수 반도체에 특정 불순물을 첨가하면 (㉜　　　)를 잘 흐르게 할 수 있다.

(4) **불순물 반도체**

순수 반도체에 원자가 전자가 (㉝　　　)인 원소를 첨가할 때	순수 반도체에 원자가 전자가 (㉞　　　)인 원소를 첨가할 때
공유 결합을 하지 못한 전자의 빈 공간(양공)으로 전자가 이동하면서 전류가 흐른다.	공유 결합에 참여하지 않고 남는 전자(자유 전자)가 자유롭게 이동하면서 전류가 흐른다.

3. 반도체의 기능과 활용

(1) **반도체의 기능**: 반도체는 전기 신호 처리 기능과 데이터 처리 기능을 수행한다.

(2) **반도체의 활용**

- (㉟　　　): 신호의 증폭 작용과 전류를 흐르거나 흐르지 않게 하는 스위치 작용을 한다.
- (㊱　　　): n형 반도체와 p형 반도처를 결합하여 만든 소자로, 전류를 한 방향으로만 흐르게 한다.
- 발광 다이오드(LED): 전류가 흐를 때 (㊲　　　)을 방출하고, 첨가하는 원소의 종류에 따라 방출하는 (㊳　　　)이 다르다.
- 태양 전지: 빛을 비추면 (㊴　　　)가 흐른다.

01 원소의 주기성

01
●○○○

그림은 주기율표의 일부를 나타낸 것이다.

족 주기	1	2	13	14	15	16	17	18
1								A
2	B					C		D
3		E						

A~E에 대한 설명으로 옳은 것만을 [보기]에서 있는 대로 고른 것은? (단, A~E는 임의의 원소 기호이다.)

─── 보기 ───
ㄱ. 금속 원소는 2가지이다.
ㄴ. 원자가 전자 수는 D가 가장 크다.
ㄷ. 전자가 들어 있는 전자 껍질 수는 E>B이다.

① ㄱ   ② ㄴ   ③ ㄱ, ㄷ
④ ㄴ, ㄷ   ⑤ ㄱ, ㄴ, ㄷ

02
●●○○

다음은 알칼리 금속인 Li, Na, K과 할로젠인 Cl, Br, I을 작은 원에 배치하기 위한 3가지 규칙이다.

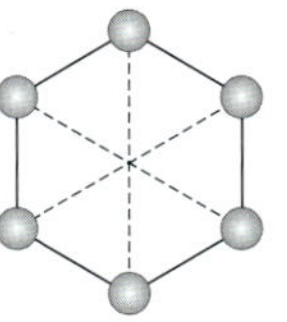

- 할로젠은 서로 이웃하지 않게 둔다.
- 전자 껍질 수가 같은 원소는 서로 이웃하지 않게 둔다.
- 실온에서 액체인 할로젠 옆에 원자 번호가 가장 작은 금속을 둔다.

이에 대한 설명으로 옳은 것만을 [보기]에서 있는 대로 고른 것은?

─── 보기 ───
ㄱ. Cl의 맞은편에 있는 원소는 K이다.
ㄴ. I의 맞은편에 있는 원소는 알칼리 금속 중 물과 반응성이 가장 크다.
ㄷ. Br의 양 옆에 있는 원소의 원자 번호를 더하면 14이다.

① ㄱ   ② ㄷ   ③ ㄱ, ㄴ
④ ㄴ, ㄷ   ⑤ ㄱ, ㄴ, ㄷ

03
●●○○

그림은 이온 X^+, Y^{2+}, Z^-의 전자 배치를 모형으로 나타낸 것이다.

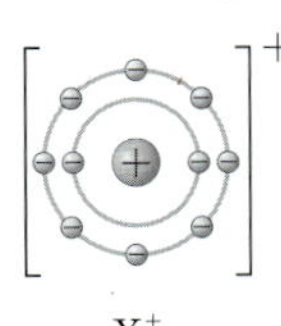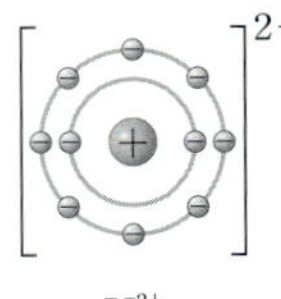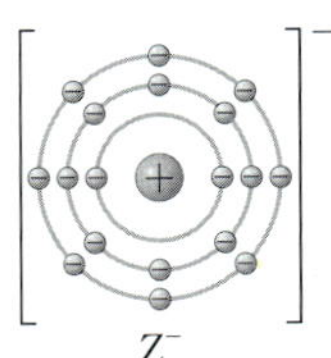

X~Z에 대한 설명으로 옳은 것만을 [보기]에서 있는 대로 고른 것은? (단, X~Z는 임의의 원소 기호이다.)

─── 보기 ───
ㄱ. 양성자수는 Y가 가장 크다.
ㄴ. 원자가 전자 수는 Z가 가장 크다.
ㄷ. 모두 같은 주기 원소이다.

① ㄱ   ② ㄷ   ③ ㄱ, ㄴ
④ ㄴ, ㄷ   ⑤ ㄱ, ㄴ, ㄷ

04
●●○○

표는 2, 3주기 원자 A~C에 대한 자료이다.

원자	A	B	C
$\dfrac{\text{원자가 전자 수}}{\text{전자가 들어 있는 전자 껍질 수}}$ (상댓값)	3	4	18

A~C에 대한 설명으로 옳은 것만을 [보기]에서 있는 대로 고른 것은? (단, A~C는 임의의 원소 기호이다.)

─── 보기 ───
ㄱ. B는 산소(O)이다.
ㄴ. 2주기 원소는 2가지이다.
ㄷ. A와 C는 모두 전자를 잃기 쉽다.

① ㄱ   ② ㄴ   ③ ㄱ, ㄷ
④ ㄴ, ㄷ   ⑤ ㄱ, ㄴ, ㄷ

02 화학 결합과 물질의 성질

05

다음은 2주기 원소 A~C에 대한 자료이다.

- A는 할로젠이다.
- C는 15족 원소이다.
- 원자가 전자 수는 A>B>C이다.

이에 대한 설명으로 옳은 것만을 [보기]에서 있는 대로 고른 것은?
(단, A~C는 임의의 원소 기호이다.)

보기
ㄱ. A~C 중 안정한 이온의 전하 크기는 A가 가장 크다.
ㄴ. 공유 전자쌍 수는 $CA_3 > BA_2$이다.
ㄷ. A, B, C로 이루어진 삼원자 분자의 공유 전자쌍 수는 3이다.

① ㄱ   ② ㄴ   ③ ㄱ, ㄷ
④ ㄴ, ㄷ   ⑤ ㄱ, ㄴ, ㄷ

07

다음은 원소 X~Z로 이루어진 물질 (가)와 (나)에 대한 자료이다. (가)와 (나)에서 X~Z의 전자 배치는 모두 Ne과 같다.

- (가)는 16족 원소인 X와 17족 원소인 Y로 이루어진 삼원자 분자이다.
- (나)에서 $\dfrac{Y\ 이온\ 수}{Z\ 이온\ 수} = 1$이다.

이에 대한 설명으로 옳은 것만을 [보기]에서 있는 대로 고른 것은?
(단, X~Z는 임의의 원소 기호이다.)

보기
ㄱ. X~Z 중 원자 번호는 Z가 가장 크다.
ㄴ. 화학식을 구성하는 원자 수는 (가)가 (나)보다 크다.
ㄷ. (나)는 수용액 상태에서 전류가 흐른다.

① ㄱ   ② ㄴ   ③ ㄱ, ㄷ
④ ㄴ, ㄷ   ⑤ ㄱ, ㄴ, ㄷ

06

그림은 원자 A~D의 전자 배치를 모형으로 나타낸 것이다.

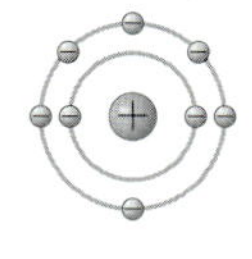 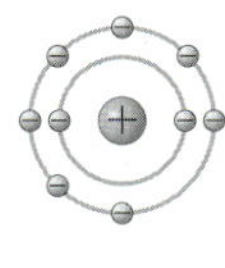 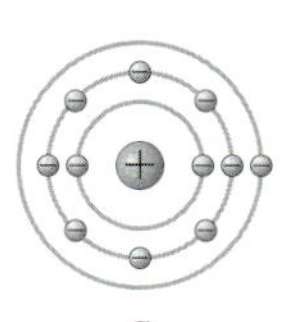 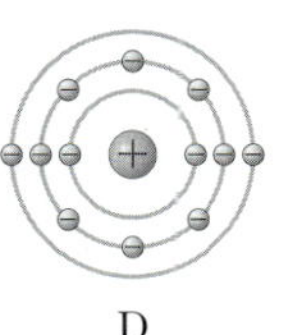

A   B   C   D

이에 대한 설명으로 옳은 것만을 [보기]에서 있는 대로 고른 것은?
(단, A~D는 임의의 원소 기호이다.)

보기
ㄱ. 공유 전자쌍 수는 A_2가 B_2보다 크다.
ㄴ. B와 C가 결합할 때 전자는 C에서 B로 이동한다.
ㄷ. 수용액 상태에서 전기 전도성은 AB_2가 DB_2보다 크다.

① ㄱ   ② ㄷ   ③ ㄱ, ㄴ
④ ㄴ, ㄷ   ⑤ ㄱ, ㄴ, ㄷ

08

그림은 물질 AB와 C_2의 화학 결합 모형을 나타낸 것이다.

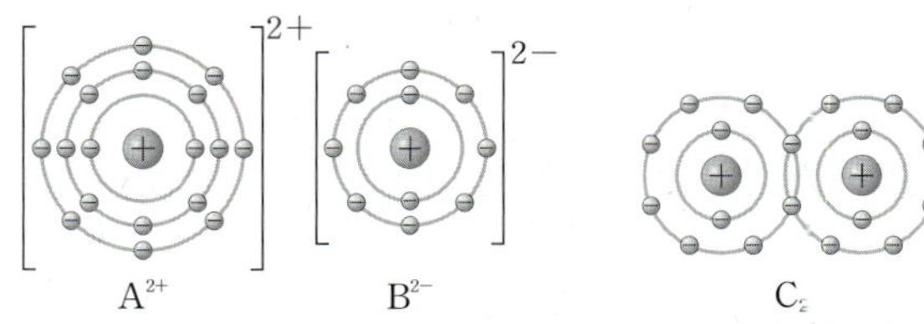

A^{2+} B^{2-} C_2

이에 대한 설명으로 옳은 것만을 [보기]에서 있는 대로 고른 것은?
(단, A~C는 임의의 원소 기호이다.)

보기
ㄱ. A~C 중 원자가 전자 수는 C가 가장 크다.
ㄴ. 공유 전자쌍 수는 BC_2가 B_2보다 크다.
ㄷ. A와 C가 결합할 때 전자는 A에서 C로 이동한다.

① ㄴ   ② ㄷ   ③ ㄱ, ㄴ
④ ㄱ, ㄷ   ⑤ ㄱ, ㄴ, ㄷ

◯3 지각과 생명체의 구성 물질의 규칙성

09

표는 지각을 구성하는 원소의 질량비를 나타낸 것이다.

원소	산소	A	B	C	기타
질량비(%)	46.6	27.7	8.1	5.0	12.6

이에 대한 설명으로 옳은 것만을 [보기]에서 있는 대로 고른 것은?

보기
ㄱ. A는 최외각 전자 수가 4개이다.
ㄴ. B는 지각에 가장 많은 금속 원소이다.
ㄷ. C는 초거성 내부에서 핵융합 반응에 의해 생성될 수 있다.

① ㄱ ② ㄴ ③ ㄱ, ㄷ
④ ㄴ, ㄷ ⑤ ㄱ, ㄴ, ㄷ

10 단원 통합형: 개념 50쪽, 77쪽

그림은 규산염 사면체와 규산염 광물의 결합 구조를 나타낸 것이다. (가)와 (나)는 각각 단사슬 구조와 복사슬 구조 중 하나이다.

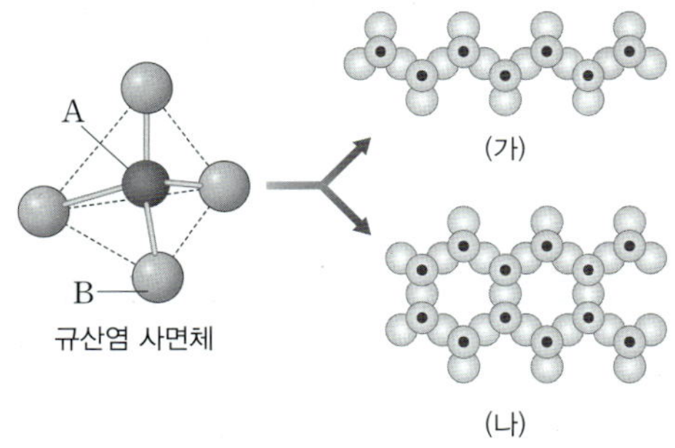

이에 대한 설명으로 옳은 것만을 [보기]에서 있는 대로 고른 것은?

보기
ㄱ. B는 지각과 생명체에서 가장 높은 질량비를 차지하는 원소이다.
ㄴ. A와 B는 주기율표에서 같은 족에 속한다.
ㄷ. 휘석은 (가)와 같은 결합 구조를 가지는 대표적인 광물이다.
ㄹ. (나)에서 규산염 사면체는 이웃한 규산염 사면체와 A를 공유한다.

① ㄱ, ㄷ ② ㄱ, ㄹ ③ ㄴ, ㄷ
④ ㄱ, ㄴ, ㄹ ⑤ ㄴ, ㄷ, ㄹ

11

다음은 단백질에 대한 설명이다.

> 2개의 (㉠)이 결합할 때 펩타이드결합을 형성한다. 많은 수의 (㉠)이 펩타이드결합으로 길게 연결되면 (㉡)가 형성된다. (㉡)를 이루는 아미노산의 종류와 수, 배열에 따라 단백질의 (㉢)가 달라진다.

㉠~㉢에 들어갈 말을 옳게 짝 지은 것은?

	㉠	㉡	㉢
①	아미노산	폴리펩타이드	기본 단위체
②	아미노산	폴리펩타이드	입체 구조
③	아미노산	이중나선구조	입체 구조
④	포도당	폴리펩타이드	입체 구조
⑤	포도당	이중나선구조	기본 단위체

12

그림 (가)와 (나)는 생명체를 구성하는 물질을 나타낸 것이다. (가)와 (나)는 각각 DNA와 단백질 중 하나이다.

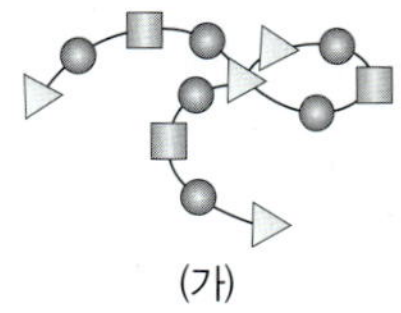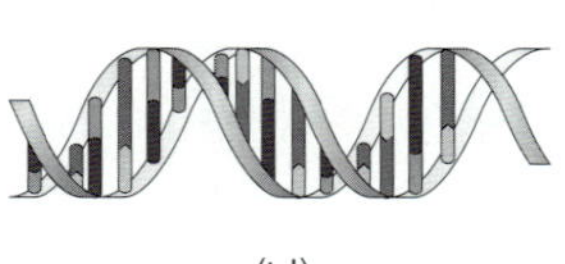

이에 대한 설명으로 옳은 것만을 [보기]에서 있는 대로 고른 것은?

보기
ㄱ. (가)는 DNA이다.
ㄴ. (나)의 기본 단위체에는 당이 존재한다.
ㄷ. 사람의 몸을 구성하는 비율은 (가)가 (나)보다 높다.

① ㄱ ② ㄷ ③ ㄱ, ㄴ
④ ㄴ, ㄷ ⑤ ㄱ, ㄴ, ㄷ

4 물질의 전기적 성질

13

다음은 물질의 전기적 성질에 대한 설명이다.

> 철, 구리, 알루미늄과 같이 전기 저항이 작아 전류가 잘 흐르는 물질을 (㉠), 고무, 유리, 플라스틱 등과 같이 전기 저항이 매우 커서 전류가 거의 흐르지 않는 물질을 (㉡), 온도나 압력 등 조건에 따라 전기 저항이 변하여 도체처럼 활용할 수 있는 물질을 (㉢)라고 한다.

㉠~㉢에 알맞은 말을 옳게 짝 지은 것은?

	㉠	㉡	㉢
①	도체	반도체	부도체
②	도체	부도체	반도체
③	반도체	부도체	도체
④	부도체	도체	반도체
⑤	부도체	반도체	도체

14

그림 (가)~(다)는 반도체를 이용하여 만든 장치를 나타낸 것이다.

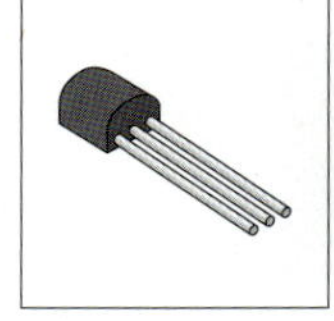  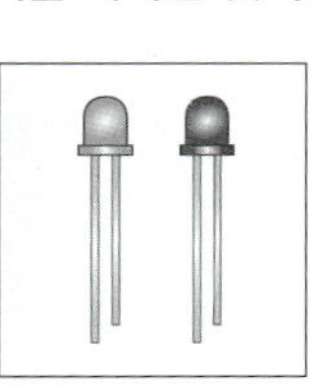

(가) 트랜지스터　　(나) 태양 전지　　(다) 발광 다이오드

이에 대한 설명으로 옳은 것만을 [보기]에서 있는 대로 고른 것은?

> 보기
> ㄱ. (가)는 약한 신호를 강한 신호로 증폭시키는 장치이다.
> ㄴ. (나)는 빛에너지를 전기 에너지로 전환한다.
> ㄷ. (다)에 전류가 흐르면 빛을 방출한다.

① ㄱ　　　　② ㄷ　　　　③ ㄱ, ㄴ
④ ㄴ, ㄷ　　　⑤ ㄱ, ㄴ, ㄷ

15

반도체에 대한 설명으로 옳은 것만을 [보기]에서 있는 대로 고른 것은?

> 보기
> ㄱ. 순수한 규소(Si)에 붕소(B)를 소량 첨가하면 전류가 잘 흐르지 않게 된다.
> ㄴ. 스마트폰의 부품으로 이용된다.
> ㄷ. 트랜지스터와 발광 다이오드를 연결하는 회로는 반도체로 이루어진다.

① ㄱ　　　　② ㄷ　　　　③ ㄱ, ㄴ
④ ㄴ, ㄷ　　　⑤ ㄱ, ㄴ, ㄷ

16

그림은 규소(Si)에 원소 a를 첨가하여 만든 반도체 A를 나타낸 것이다.

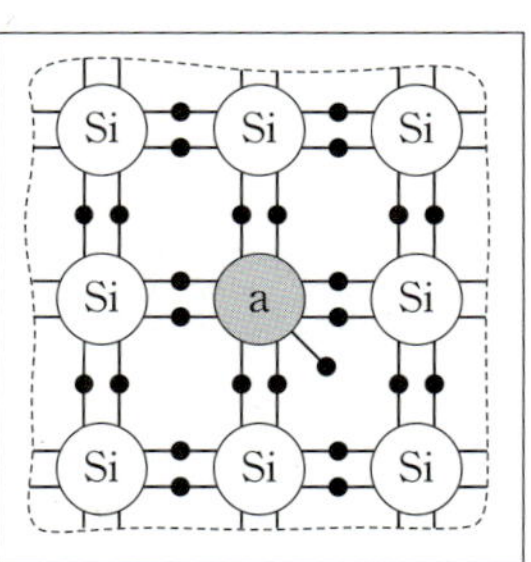

이에 대한 설명으로 옳은 것만을 [보기]에서 있는 대로 고른 것은?

> 보기
> ㄱ. a의 원자가 전자 수는 5개이다.
> ㄴ. a에는 붕소(B), 비소(As) 등이 해당된다.
> ㄷ. A는 남는 전자가 자유롭게 이동하여 규소(Si)보다 전류가 잘 흐른다.

① ㄱ　　　　② ㄴ　　　　③ ㄱ, ㄷ
④ ㄴ, ㄷ　　　⑤ ㄱ, ㄴ, ㄷ

01

지구시스템

학습 계획 체크

◆ 학습하기 전 꼭 알아야 할 핵심 개념이 무엇인지 먼저 확인해보세요.
◆ 학습한 후 이해하기 어려운 개념은 □ 안에 표시하고 반복하여 학습하세요.

Ⅲ-01. 지구시스템

01 지구시스템의 구성과 상호작용

- □ 태양계와 지구시스템
- □ 지구시스템의 구성요소
- □ 지구시스템의 상호작용
- □ 지구시스템의 에너지원
- □ 지구시스템의 에너지 흐름
- □ 지구시스템의 물질 순환

02 지권의 변화와 영향

- □ 지진과 화산 활동
- □ 변동대
- □ 판의 구조
- □ 판 구조론
- □ 판 경계의 종류
- □ 판 경계와 지각 변동
- □ 화산 활동
- □ 지진
- □ 지각 변동이 지구시스템에 미치는 영향

지구시스템의 구성과 상호작용

개념 ① 지구시스템의 구성요소

1. 태양계와 ❶지구시스템

(1) 태양계: 태양을 비롯한 구성 천체들 사이에 작용하는 만유인력으로 유지되는 역학적 시스템으로, 태양, 행성, 왜소 행성, 위성, 소행성, 혜성 등으로 구성되어 있다.

(2) 지구시스템: 지구를 구성하는 요소들이 서로 영향을 주고받으면서 이루어진 시스템이다.

2. 지구시스템의 구성요소

지구시스템은 지권, 수권, 기권, 생물권, 외권으로 구성되어 있으며, 각 권역 사이에서 ⊙상호작용이 일어난다.

(1) ❷지권: 지구의 겉 부분과 지구 내부를 포함한 영역으로, 지각, 맨틀, 외핵, 내핵으로 구분한다. └→ 지표면 ~ 깊이 약 6400 km까지의 영역

└→ 깊이에 따른 지진파의 속도를 기준으로 구분

구분		물질의 상태	구성 물질	특징	❸지권의 ⊙성층 구조
지각		고체	규산염 물질	• 대륙 지각과 해양 지각으로 구분한다. • 두께: 대륙 지각 > 해양 지각 • 밀도: 대륙 지각 < 해양 지각	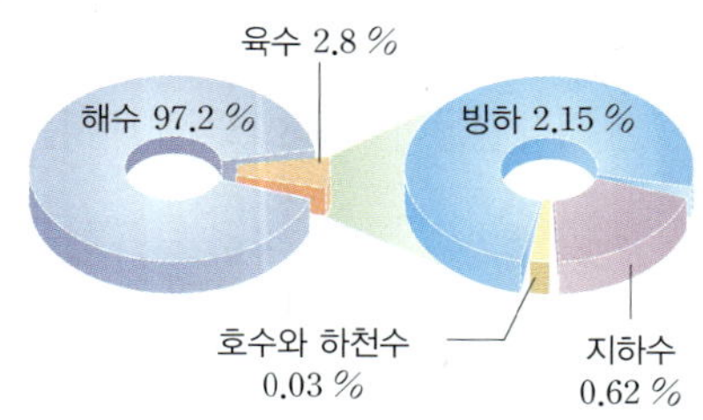
맨틀		고체	규산염 물질	• 지권 전체 부피의 약 80 %를 차지한다. • 고체 상태이지만 일부는 유동성이 있어 대류가 일어난다.	
핵	외핵	액체	금속 물질 (철, 니켈 등)	• 바깥쪽에 있는 외핵과 안쪽에 있는 내핵으로 구분한다. • 외핵 물질의 대류로 지구 자기장이 형성된다.	
	내핵	고체			

└→ 지권에서 평균 밀도가 가장 크다.

(2) ❹수권: 지구에 물이 분포하는 영역으로, 해수의 성층 구조는 혼합층, 수온 약층, 심해층으로 구분한다. → 깊이에 따른 수온 분포를 기준으로 구분

구분	특징	해수의 성층 구조
혼합층	• 태양 에너지에 의해 가열되어 수온이 높다. • 바람의 혼합 작용으로 깊이에 따른 수온이 거의 일정한 층이다. ➡ 바람이 강하게 불수록 두껍게 발달한다.	
수온 약층	• 깊이가 깊어질수록 수온이 급격히 낮아지는 층이다. • 매우 안정한 층으로 대류가 거의 없어 혼합층과 심해층의 물질과 에너지 교환을 차단한다.	
심해층	• 태양 에너지가 거의 도달하지 않아 수온이 매우 낮다. • 계절이나 깊이에 따른 수온 변화가 거의 없다.	

더 알아보기 수권의 분포

• 수권은 해수와 육수로 구분된다.
• 수권의 대부분은 해수이다.
• 육수의 대부분은 빙하이다.
➡ 빙하는 주로 극지방과 고산 지대에 분포한다.

해수 97.2 % 육수 2.8 % 빙하 2.15 % 호수와 하천수 0.03 % 지하수 0.62 %

측면 설명

❶ 지구시스템
지구는 태양계의 구성요소이면서 그 자체로도 수많은 생명체와 요소를 포함한 하나의 시스템이다.

❷ 지권의 역할
• 생물권에 서식처를 제공해 주고, 생명 활동에 필요한 무기 염류를 공급해 준다.
• 태양 에너지를 흡수하고 방출하며 온도를 조절한다.
• 화산 활동에 의한 기후 변화가 발생한다.
• 수륙 분포는 대기와 해수의 순환에 영향을 준다.

❸ 지구시스템 각 권역 성층 구조의 구분 기준

지권	깊이에 따른 지진파의 속도 분포
수권 (해수)	깊이에 따른 수온 분포
기권	높이에 따른 기온 분포

❹ 수권의 역할
• 태양 에너지를 저장한다.
• 물이 순환하는 과정을 통해 에너지를 지구 전체에 고르게 분산시킨다.
• 지형의 변화와 생명 유지 활동에 관여한다.

용어알기
⊙ 상호작용(相 서로, 互 서로, 作 짓다, 用 쓰다) 각각 따로 존재하는 것이 아니라 물질의 교환과 에너지의 이동이 일어나는 작용
⊙ 성층 구조(成 이루다, 層 층, 構 얽다, 造 짓다) 성질이 균질한 층 몇 개가 겹쳐 전체로서 일체가 되어 있는 구조

(3) **⑤기권**: 지구를 둘러싸고 있는 대기가 분포하는 영역으로, 열권, 중간권, 성층권, 대류권으로 구분한다. → 높이에 따른 기온 분포를 기준으로 구분

➡ 중력의 영향으로 대기 질량의 약 99 %가 높이 약 32 km 이내에 집중되어 있다.

구분	특징	대기 안정 (대류 현상)	⑥기권의 성층 구조
열권	• 높이 올라갈수록 기온이 높아진다. • 대기가 희박하여 기온의 일교차가 매우 크고, 오로라가 나타난다.	안정 (대류 ×)	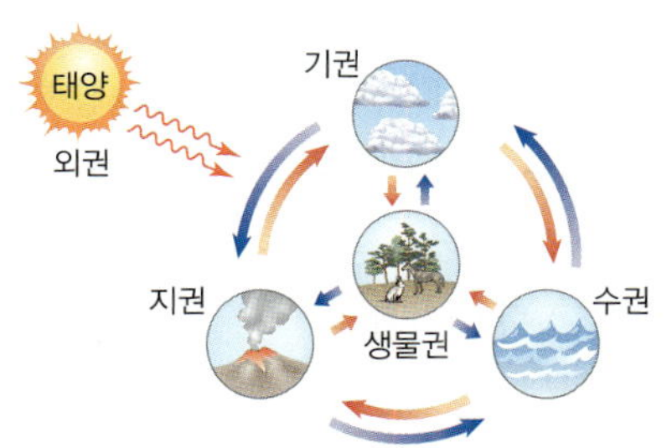
중간권	• 높이 올라갈수록 기온이 낮아진다. • 수증기가 거의 없어 기상 현상이 나타나지 않는다. • 중간권 상부에서는 유성이 나타난다.	불안정 (대류 ○)	
성층권	• 높이 올라갈수록 기온이 높아진다. ➡ 오존이 태양의 자외선을 흡수하기 때문이다. • 높이 약 20∼30 km 구간에 오존층이 존재한다.	안정 (대류 ×)	
대류권	• 높이 올라갈수록 기온이 낮아진다. ➡ 높이 올라갈수록 지표에서 방출되는 지구 복사 에너지가 적게 도달하기 때문이다. • 기상 현상(눈, 비, 구름 등)이 나타난다.	불안정 (대류 ○)	

(4) **생물권**: 지구에 살고 있는 모든 생명체와 분해되지 않은 유기물을 포함하며, 지권, 수권, 기권과 공간적으로 겹쳐 있다. → 생물권은 지구시스템의 구성요소 중 가장 나중에 형성되었다.

➡ 생물권은 지표의 풍화, 광합성 등을 통해 지구시스템의 다른 권역과 상호작용을 한다.

(5) **외권**: 지구를 둘러싸고 있는 기권의 바깥 영역으로, 지구시스템의 다른 권역과 물질 교환이 거의 없다. └ 높이 약 1000 km 이상

① 태양으로부터 오는 태양 복사 에너지는 지구의 가장 중요한 에너지원이다.

② **⑦지구 자기권**은 태양풍과 우주에서 들어오는 우주선을 막아주는 역할을 한다.

개념 ② 지구시스템의 상호작용

1. 지구시스템의 상호작용

(1) 지구시스템을 구성하는 하위 권역들은 물질과 에너지를 끊임없이 주고받으면서 상호작용을 하며, 각 권역은 균형을 이룬다.

(2) 어느 한 권역에서 일어나는 변화는 자신의 권역 또는 다른 권역에 영향을 준다.

▲ 지구시스템 구성요소의 상호작용

2. 지구시스템의 구성요소가 생명 유지에 기여하는 과정

지권	• 과거에 판게아가 분리되면서 기후가 다양해져 다양한 생물이 출현하였다. • 생명체에 서식처를 제공하고, 생명 활동에 필요한 무기 염류를 공급한다.
수권	이산화 탄소 저장고 역할을 하여 생명체가 살기 적절한 온도를 유지한다. → 과도한 온실 효과 방지
기권	• 자외선과 유성체를 대부분 차단하여 생명체가 살기 적절한 환경을 조성한다. • 강수 현상으로 물을 공급하여 생물의 성장을 촉진한다.
생물권	• 생물권 내에서 먹이 사슬을 통해 물질이 순환되어 생명 활동을 유지한다. • 광합성을 통해 대기 중으로 산소를 공급한다.
외권	태양이 지구로부터 적당한 거리에 있어 생명체가 살기 적절한 온도를 유지한다.

⑤ 기권의 역할

• 생물의 호흡 및 광합성에 필요한 기체를 공급한다.
• 온실 효과로 적절한 온도를 유지시켜 주는 등 생명체가 살아갈 수 있는 적절한 환경을 만들어 준다.
• 대기 순환 과정을 통해 에너지를 지구 전체에 고르게 분산시킨다.

⑥ 기권의 높이에 따른 온도 변화

구분	온도 변화	이유
열권	상승	태양 복사 에너지를 직접 흡수하기 때문
중간권	하강	지구 복사 에너지의 영향을 받기 때문
성층권	상승	오존층에서 태양의 자외선을 흡수하기 때문
대류권	하강	지구 복사 에너지의 영향을 받기 때문

⑦ 지구 자기권

지구 자기장이 분포하는 공간으로, 대부분 외권에 해당한다.

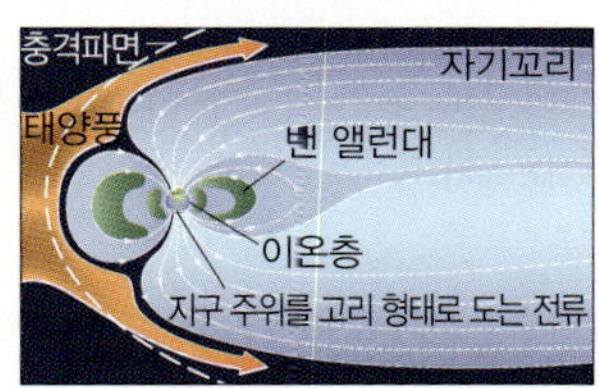

3. 지구시스템의 상호작용 예

근원＼영향	기권	수권	지권	생물권
기권	기단의 상호작용, 전선 형성, 일기 변화, 대기 대순환	바람에 의해 해파와 표층 해류 발생	풍화·침식 작용에 따른 지형 변화(사구, 버섯바위 형성 등)	광합성에 필요한 이산화 탄소 공급, 종자와 포자의 운반
수권	수증기 공급, 물의 증발, 열 교환, 태풍 발생	해수의 혼합, 심층수의 순환	물과 빙하의 침식 작용에 따른 지형 변화(해식 동굴, V자곡 형성 등)	세포 내의 물 공급, 수중 생물의 서식처 제공
지권	화산 가스 방출, 황사 발생	지진 해일의 발생, 염류 공급	판의 운동, 대륙의 이동	생물의 서식처 제공, 생물에 영양분 공급
생물권	호흡과 광합성에 의한 기체 이동, 증산 작용에 의한 수증기 공급	생물체에 의한 용해, 부패 물질의 이동	풍화 작용, 토양 생성, 화석 연료 생성	먹이 사슬 유지

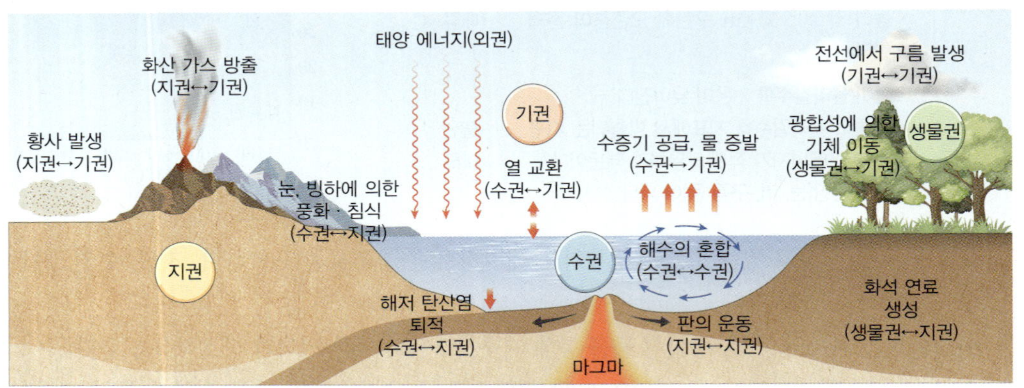

▲ 지구시스템의 상호작용의 예

개념 3 지구시스템의 에너지 이동과 물질 순환

1. **지구시스템의 에너지원** 태양 에너지, 지구 내부 에너지, 조력 에너지가 있다.

[1] 태양 에너지 → 지구 생명체의 근원적인 에너지로 지구시스템의 에너지원 중 가장 많은 양을 차지한다.

① 발생 원인: 태양 중심부에서 일어나는 **수소 핵융합 반응**에 의해 발생한다.

② 지구 환경 변화에 미치는 영향: 풍화와 침식 작용에 의한 지표의 변화, 해수의 순환, 날씨의 변화와 대기의 순환, 식물의 광합성에 이용 등 → 지구 환경 변화에 가장 큰 영향을 미친다.

[2] 지구 내부 에너지

① 발생 원인: 지구 내부의 방사성 원소의 붕괴열 등에 의해 발생한다. ⌐ 불안정한 원자핵이 스스로 붕괴하면서 방사선을 방출하는 원소

② 지구 환경 변화에 미치는 영향: 맨틀 대류에 의한 지진과 화산 활동, 외핵의 운동에 의한 지구 자기장 형성

[3] **조력 에너지**

① 발생 원인: 달과 태양이 지구에 작용하는 인력에 의해 발생한다.

② 지구 환경 변화에 미치는 영향: 밀물과 썰물에 의한 해안 지형의 변화, 해안 주변의 생태계에 영향 등

지구시스템의 에너지원

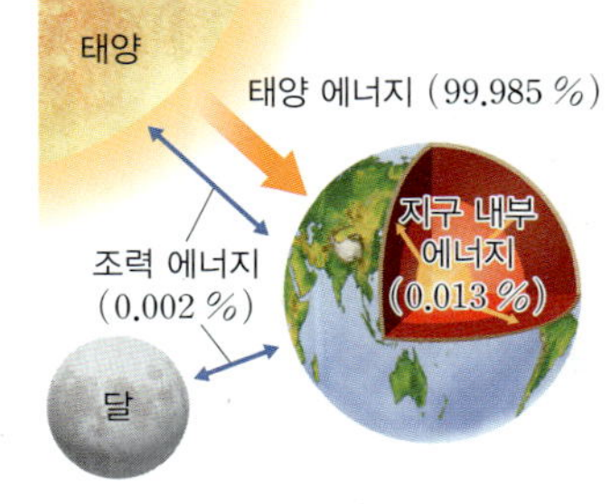

- **지구 환경과 에너지원**: 지구 환경은 태양 에너지, 지구 내부 에너지, 조력 에너지에 의해 발생한 자연 현상에 의해 끊임없이 변화하고 있다.
- **지구시스템에 영향을 미치는 에너지원의 크기**: 태양 에너지＞지구 내부 에너지＞조력 에너지 순이다.
- **지구시스템 에너지원의 특징**: 태양 에너지, 지구 내부 에너지, 조력 에너지는 상호 전환되지 않는 독립적인 관계이다.

왼쪽 여백

❽ 외권과 다른 권역 사이의 상호 작용의 예

- 태양에서 방출된 대전 입자의 일부가 지구 자기장에 이끌려 대기로 들어오면서 공기 입자와 충돌하여 빛을 내는 오로라가 발생한다.
➡ 외권과 기권의 상호작용
- 태양계를 떠돌던 유성체가 지구 대기로 진입할 때 마찰에 의해 밝은 빛을 내면서 떨어지는 유성이 나타난다. ➡ 외권과 기권의 상호작용
- 외핵의 대류로 지구 자기장이 형성된다. ➡ 외권과 지권의 상호작용
- 태양 복사 에너지를 흡수하여 식물의 광합성이 일어난다.
➡ 외권과 생물권의 상호작용

❾ 급격한 환경 변화에 의한 지구시스템 상호작용의 예

- 사막화 현상: 사막 주변 지역의 사막화에 따른 생물의 서식지 파괴
➡ 지권과 생물권의 상호작용
- 지구 온난화: 기후 변화에 따른 식생 분포와 어종의 변화
➡ 기권과 생물권의 상호작용
- 엘니뇨: 수온 변화에 따른 기후 변화
➡ 수권과 기권의 상호작용

꼭! 암기

❿ 지구시스템의 에너지원
- 태양 에너지, 지구 내부 에너지, 조력 에너지
- 가장 많은 양을 차지하는 것은 태양 에너지이다.

⓫ 수소 핵융합 반응
별의 중심부 온도가 약 1000만 K 이상일 때 일어나는 핵융합 반응으로, 수소 원자 4개가 융합하여 헬륨 원자 1개가 만들어지는 과정에서 에너지가 발생한다.

⓬ 기조력
달과 태양이 지구에 작용하는 만유인력에 의해 조석 현상이나 조류를 일으키는 힘이다.

2. 지구시스템의 에너지 흐름 → 지구시스템의 각 권역 사이를 에너지가 이동하면서 다양한 자연 현상 및 물질의 순환을 일으킨다.

(1) **⑬위도별 에너지 불균형**: 저위도에서 고위도로 갈수록 태양 에너지의 흡수량이 감소하므로 위도에 따라 에너지 불균형 상태이다.

(2) **지구 전체의 에너지 평형**: 대기와 해수의 순환을 통해 저위도의 남는 에너지가 고위도로 운반되어 지구 전체적으로 에너지 평형을 이룬다.

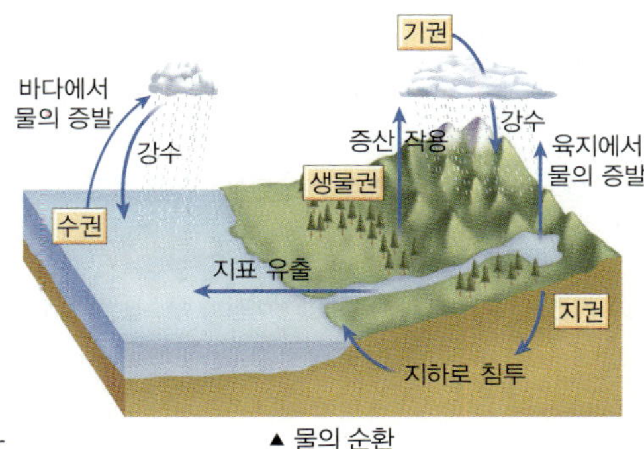

▲ 위도별 태양 복사 에너지의 흡수량

3. 지구시스템의 물질 °순환

(1) 물의 순환

① 물을 순환시키는 주요 에너지: 태양 에너지

② 물의 순환 과정: 물은 ⑭고체, 액체, 기체로 상태가 변하면서 지구시스템을 순환하고, 지권, 수권, 기권, 생물권에 다양한 영향을 미치며, 지구 전체에 에너지를 고르게 분산시킨다.

➡ 물이 순환하고 에너지가 이동하는 과정에서 ⑮지표 변화와 날씨 변화 등이 일어난다.

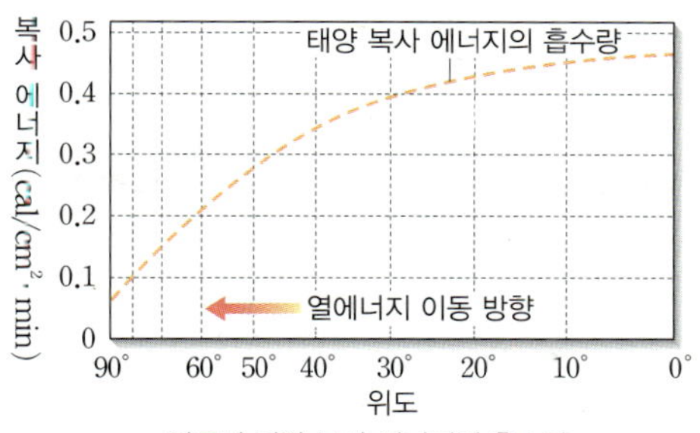

▲ 물의 순환

기권 → 지권	대기 중의 수증기는 응결되어 구름을 형성하며, 비나 눈이 되어 지표로 이동한다.
지권 → 기권	화산 활동으로 방출된 수증기가 대기 중으로 이동한다.
지권 → 수권	지표에 내린 강수는 하천수, 호수, 지하수가 되고, 대부분 바다로 이동한다.
수권 → 생물권	지표와 바다에 내린 강수의 일부는 생물체에 흡수된다.
수권 → 기권	바다와 육지의 물은 태양 에너지에 의해 증발하여 수증기 형태로 대기 중으로 이동한다.
생물권 → 기권	증산 작용으로 식물에서 물이 대기 중으로 이동한다.

더 알아보기 물수지 평형

지구시스템 전체 물의 양은 일정하며, 각 권역에 분포하는 물의 양도 일정하게 유지된다.

➡ 대기, 바다, 육지에서 각각 유입되는 물의 양과 유출되는 물의 양은 같아 평형 상태를 이룬다. → 물수지 평형

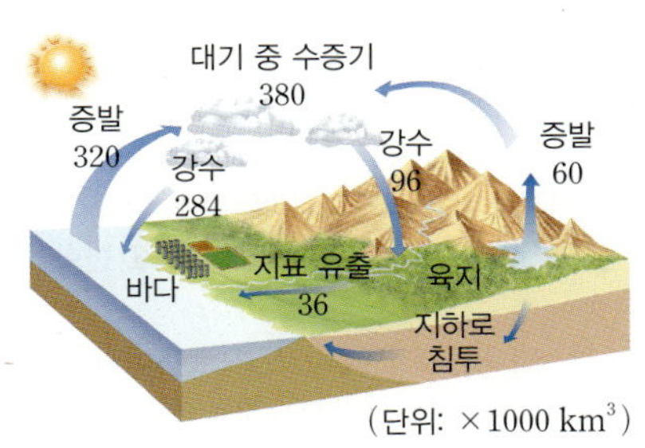

구분	유입량		유출량
육지	강수(96)	=	증발(60) +바다로 유출(36)
바다	강수(284) +육지에서 유입(36)	=	증발(320)
대기	바다에서 증발(320) +육지에서 증발(60)	=	바다로 강수(284) +육지로 강수(96)

(2) 탄소의 순환

① **탄소의 분포**: 탄소는 지구시스템의 각 권역에서 다양한 형태로 존재한다. → 지권에 가장 많이 분포한다.

구분	형태	형성 과정
기권	이산화 탄소(CO_2)	화산 활동, 화석 연료의 연소, 생물의 호흡
수권	탄산 이온(CO_3^{2-})	이산화 탄소가 바닷물에 용해
지권	탄산염(석회암), 화석 연료	바다에 녹아 있던 이온의 침전, 생물체의 퇴적
생물권	유기물	식물의 광합성

---

⑬ 위도에 따른 태양 복사 에너지량

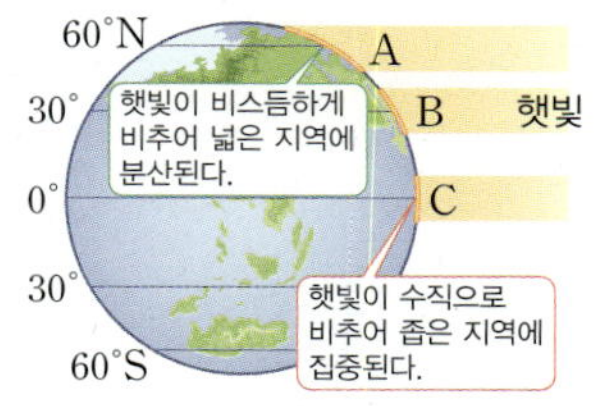

- 지구는 구형이기 때문에 고위도로 갈수록 태양의 남중 고도가 낮아 단위 면적의 지표면이 받는 태양 복사 에너지량이 적다.
- 단위 면적당 단위 시간에 입사하는 태양 복사 에너지량: C>B>A

⑭ 물의 상태 변화에 따른 에너지 이동

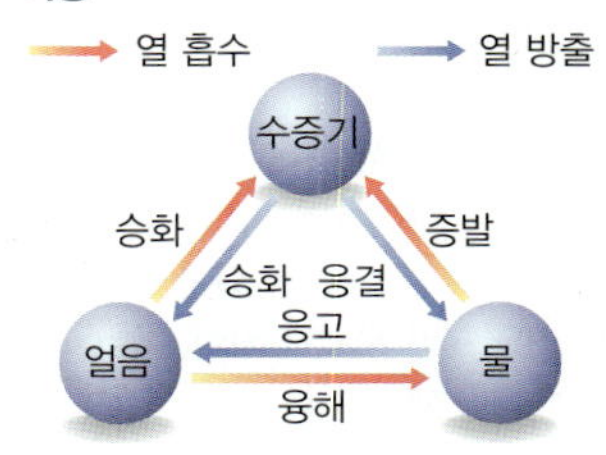

⑮ 물에 의한 지표 변화의 예

- V자곡: 강의 상류에서 물의 침식 작용으로 형성된 V자 모양의 계곡
- 선상지: 산지와 평지가 만나는 곳에서 유속이 급격하게 느려지면서 퇴적물이 부채꼴 모양으로 퇴적되어 형성된 지형
- 곡류: 유속이 느린 강의 중류나 하류에서 형성된 구불구불한 지형
- 삼각주: 강의 하구에서 바다로 유입되는 퇴적물이 유속이 감소하는 곳에 퇴적되어 생긴 삼각형 모양의 지형

용어알기

⊘ 순환(循 돌다, 環 고리) 주기적으로 자꾸 되풀이하여 도는 현상이나 그런 과정

② 탄소의 순환 과정: 탄소는 다양한 형태로 지권, 수권, 기권, 생물권을 순환하면서 지구 시스템에 영향을 준다.

➡ 지구시스템에서 전체 탄소의 양은 일정하며, 각 권역에 있는 탄소의 양은 오랜 시간이 지나는 동안 흡수와 방출 작용으로 조절되어 거의 평형을 이루고 있다.

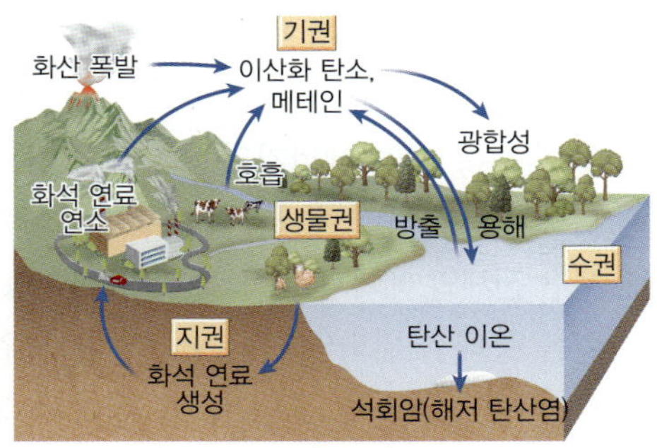

▲ 탄소의 순환

지권 → 기권	• 화산 활동이 일어날 때 이산화 탄소가 대기로 방출된다. ➡ 지구 내부 에너지 방출 • 화석 연료의 연소 과정에서 이산화 탄소가 대기로 방출된다. ➡ 열에너지 또는 빛에너지 방출
지권 → 수권	강물이나 지하수가 흐르면서 암석 내의 탄산염 광물을 녹여 해양으로 이동한다.
수권 → 기권	수온이 상승하면 해수 중의 탄산 이온은 이산화 탄소 형태로 대기로 방출된다. ➡ 태양 에너지 흡수
수권 → 지권	해수 중의 탄산 이온은 대부분 칼슘 이온과 결합한 후 침전되어 석회암(해저 탄산염)을 만든다.
수권 → 생물권	해수 중의 탄산 이온은 생물체에 흡수되어 탄소 화합물을 만든다. ➡ 화학 에너지로 저장
기권 → 지권	대기 중의 이산화 탄소가 녹아 약산성을 띠는 빗물이 지표로 내린다.
기권 → 수권	대기 중의 이산화 탄소는 해수에 녹아(용해) 탄산 이온이 된다.
기권 → 생물권	대기 중의 이산화 탄소는 광합성에 의해 생물체에 흡수되어 포도당을 만든다. ➡ 화학 에너지로 저장
생물권 → 지권	• 어패류 등 생물체의 사체가 해저 바닥에 가라앉아 석회암을 만든다. • 육상 식물의 유해가 퇴적되어 화석 연료를 만든다. ➡ 화학 에너지로 저장

⑯ 수온과 이산화 탄소의 방출량

기체의 용해도는 압력이 낮을수록, 온도가 높을수록 감소한다. 따라서 지구의 온도가 높아지면 해수에서 대기로 방출되는 이산화 탄소의 양이 증가한다.

⑰ 석회암의 생성

석회암은 대부분 해양에서 화학적으로 침전(수권 → 지권)되어 생성되거나 생물체의 사체가 퇴적(생물권 → 지권)되어 생성된다.

⑱ 화석 연료의 생성

생물권에서 유기물의 형태로 존재하던 탄소는 생물체가 죽은 후 오랜 시간 동안 열과 압력에 의한 탄화 작용을 받아 석탄이나 석유의 형태로 변해 지권에 저장된다.
➡ 탄소의 이동 방향: 생물권 → 지권

용어 알기

⊙ **화석 연료(化 되다, 石 돌, 燃 사르다, 料 되질하다)** 석탄, 석유, 천연가스와 같이 고생물의 유해가 지하에 매장되어 생성된 자원

더 알아보기 그 밖의 물질 순환

• **질소의 순환:** 대기 중 질소는 토양에 존재하는 세균에 의해 질산 이온으로 바뀐 후 식물에 흡수되고 동물에게 이동한다. 동식물의 사체나 배설물은 분해자를 통해 분해되어 질소가 다시 기권으로 이동한다. ➡ 질소 순환은 물의 순환이나 탄소 순환에 비해 지구시스템에 주는 영향이 작다.
• **그 외 물질의 순환:** 지권에서는 지구 내부 에너지에 의해 맨틀 대류가 일어나면서 지각의 생성과 소멸, 암석의 순환 등과 같은 물질 순환이 일어난다.

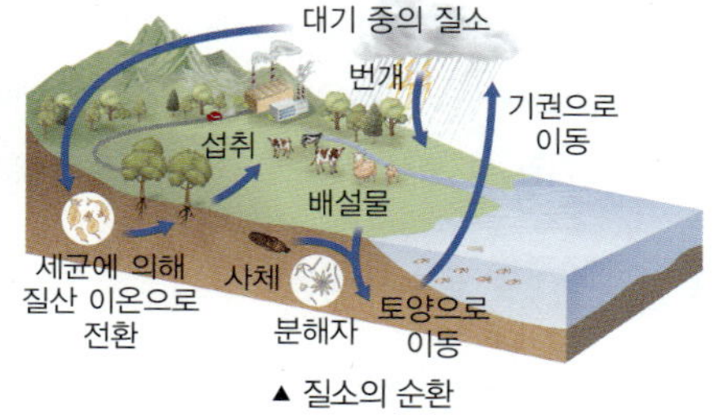

▲ 질소의 순환

필수 탐구 자료 지구시스템 권역 간의 물질 순환과 에너지 흐름

(가) 화산 폭발

(나) 태풍의 발생과 영향

결과 및 해석

1. (가) 화산 폭발: 지구 내부 에너지가 방출되고, 마그마와 화산 가스가 분출되면서 대기 중으로 수증기와 이산화 탄소가 이동하며, 지표 변화와 날씨 변화를 일으킨다.
➡ 지권에서 기권으로 물과 탄소의 이동, 지권에서 기권으로 에너지 흐름
2. (나) 태풍의 발생과 영향: 따뜻한 바다에서 태양 에너지를 흡수한 후 해수가 증발하여 태풍이 발생한다. 이 과정에서 물은 수증기가 되었다가 구름을 형성하면서 물이나 얼음으로 변하고, 다시 강수 현상으로 지권에 비나 눈으로 내리며, 저위도에서 고위도로 이동하면서 저위도의 남는 에너지를 고위도로 전달하여 지구의 에너지 평형을 도와주는 역할을 한다.
➡ 수권에서 기권으로 물 이동, 수권에서 기권으로 에너지 흐름

정리

자연 현상	물질 이동	에너지 흐름
(가) 화산 폭발	지권에서 기권으로 이산화 탄소(탄소의 순환)와 수증기 이동(물의 순환)	지구 내부 에너지 방출
(나) 태풍의 발생과 영향	수권에서 기권으로 수증기가 이동하며 태풍과 구름 형성(물의 순환) 기권에서 지권 또는 수권으로 강수(물의 순환)	태양 에너지 흡수, 열에너지 방출

- (❶   ): 지구를 구성하는 요소들이 서로 영향을 주고받으면서 이루어진 시스템
- (❷   ): 지구의 겉 부분과 지구 내부를 포함한 영역으로, 지각, (❸   ), 외핵, 내핵으로 구분한다.
- 수권: 해수의 성층 구조는 깊이에 따른 수온 분포를 기준으로 깊이가 깊어짐에 따라 (❹   ), 수온 약층, (❺   )으로 구분한다.
- 기권: 높이 올라갈수록 기온이 높아지는 층인 (❻   )에는 높이 약 20~30 km 구간에 오존층이 존재한다.
- (❼   ): 지구에 살고 있는 모든 생명체에 해당하는 지구시스템의 구성 요소이다.
- (❽   ): 지구를 둘러싸고 있는 기권의 바깥 영역에 해당하는 지구시스템의 구성 요소이다.
- 지구시스템의 에너지원: (❾   ) 에너지가 가장 많은 양을 차지하고, 지구 내부 에너지, 조력 에너지가 있다.
- 지구시스템의 물질 순환: 물과 탄소는 지구시스템의 각 권역 사이를 순환하고, 이 과정에서 물질의 순환과 (❿   )의 흐름이 일어난다.
- 물의 순환을 일으키는 주요 에너지원은 (⓫   ) 에너지이다.
- 탄소는 지구시스템 각 권역에 다양한 형태로 분포하며, (⓬   )에 가장 많이 분포한다.

01 지구시스템에 대한 설명으로 옳은 것은 ○, 옳지 않은 것은 ×로 표시하시오.

(1) 지권에서 가장 큰 부피를 차지하는 영역은 맨틀이다. (   )
(2) 대륙 지각이 해양 지각보다 두껍다. (   )
(3) 해수의 성층 구조는 깊이에 따른 수온 분포를 기준으로 혼합층과 심해층으로 구분한다. (   )
(4) 기권의 중간권에서는 대류가 활발하게 일어나고 기상 현상이 나타난다. (   )
(5) 토양 속 미생물은 생물권에 속한다. (   )

02 지권의 성층 구조 중 다음 특징에 해당하는 층의 이름을 각각 쓰시오.

(1) 지권에서 가장 큰 부피를 차지한다. (   )
(2) 지권의 가장 바깥쪽에 있는 얇은 층이다. (   )
(3) 액체 상태의 물질로 이루어져 있다. (   )
(4) 지권에서 평균 밀도가 가장 크다. (   )

03 그림은 기권의 성층 구조를 나타낸 것이다.

(1) A~D 각 층의 이름을 쓰시오.
(2) 대류가 일어나는 층의 기호를 모두 쓰시오.
(3) 외권과의 상호작용으로 오로라가 나타나는 층의 기호를 쓰시오.

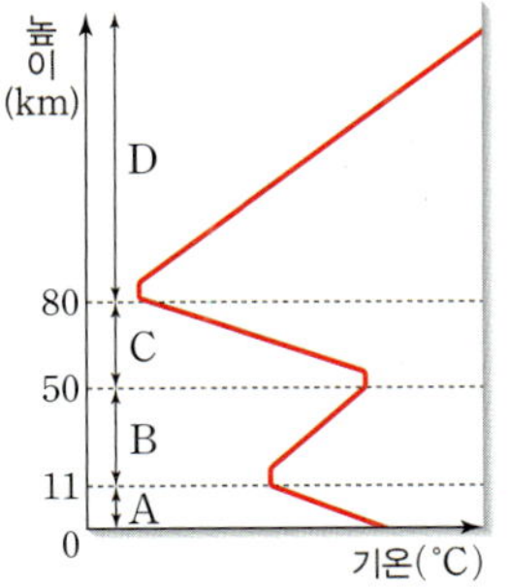

04 그림은 지구시스템의 상호작용을 나타낸 것이다.

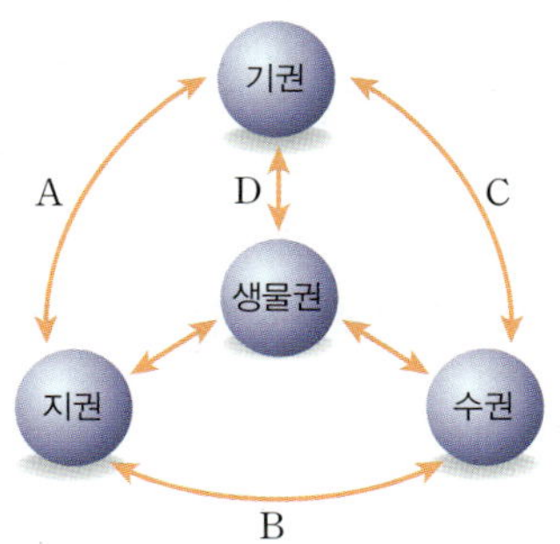

다음 현상에 해당하는 상호작용을 A~D에서 고르시오.

(1) 황사의 발생
(2) 오존층 형성에 의한 육상 생물의 출현
(3) 바람에 의한 표층 해류 발생
(4) 해저 화산의 폭발로 인한 지진 해일 발생

05 지구시스템의 에너지원과 물질 순환에 대한 설명으로 옳은 것은 ○, 옳지 않은 것은 ×로 표시하시오.

(1) 지구 내부 에너지는 주로 달과 태양의 인력에 의해 발생한다. (   )
(2) 태양 복사 에너지의 흡수량은 저위도에서 고위도로 갈수록 감소한다. (   )
(3) 대기와 해수의 순환은 저위도의 남는 에너지를 고위도로 운반한다. (   )
(4) 지구의 평균 기온이 낮아지면 지구 전체에 분포하는 물의 양은 감소한다. (   )
(5) 수온이 높을수록 해수 속으로 녹아들어가는 이산화 탄소의 양은 감소한다. (   )

개념 ① 지구시스템의 구성요소

[01~02] 그림 (가)와 (나)는 각각 기권과 해수의 성층 구조를 나타낸 것이다.

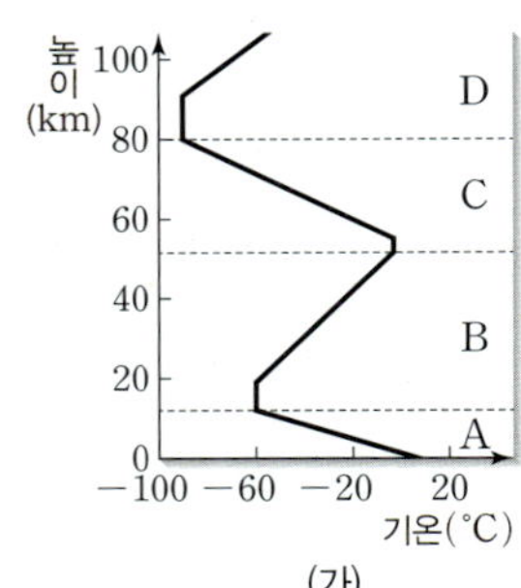
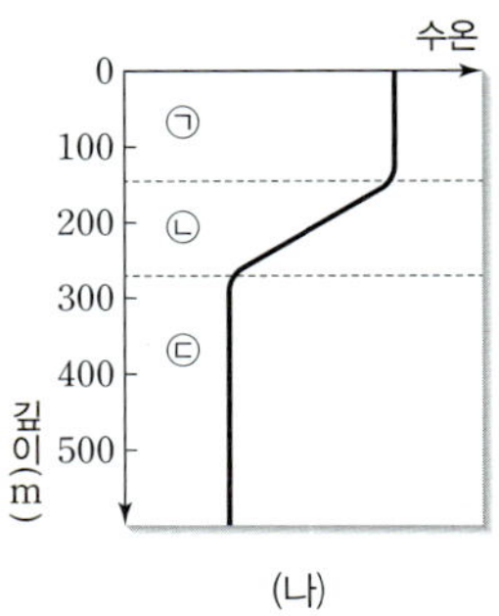

01 (가)에 대한 설명으로 옳은 것만을 [보기]에서 있는 대로 고른 것은?

보기
ㄱ. A에서 높이 올라갈수록 온도가 낮아지는 것은 지구 복사 에너지량이 감소하기 때문이다.
ㄴ. B의 오존층은 자외선을 차단하여 생물을 보호한다.
ㄷ. C에서는 대류는 일어나지만, 기상 현상은 나타나지 않는다.

① ㄱ　　　　② ㄷ　　　　③ ㄱ, ㄴ
④ ㄴ, ㄷ　　　⑤ ㄱ, ㄴ, ㄷ

02 이에 대한 설명으로 옳은 것만을 [보기]에서 있는 대로 고른 것은?

보기
ㄱ. (가)에서 공기의 평균 밀도가 가장 큰 층은 D이다.
ㄴ. (나)에서 ㉠의 두께는 표층 해수의 온도에 의해 결정된다.
ㄷ. B와 ㉡은 대류가 거의 일어나지 않는 안정한 층이다.

① ㄱ　　　　② ㄷ　　　　③ ㄱ, ㄴ
④ ㄴ, ㄷ　　　⑤ ㄱ, ㄴ, ㄷ

대표 문제 파헤치기

파악하기
기권과 해수의 성층 구조와 각 층의 특징을 이해하고, 연직 온도 분포에 따른 층의 안정도를 파악할 수 있어야 한다.

다가가기
STEP 1 기권은 높이에 따른 온도 분포를 기준으로 대류권, 성층권, 중간권, 열권으로 구분한다.
STEP 2 해수는 깊이에 따른 온도 분포를 기준으로 혼합층, 수온 약층, 심해층으로 구분한다.
STEP 3 위로 올라갈수록 온도가 낮아지는 층은 불안정하여 대류가 활발하게 일어난다.

개념 ② 지구시스템의 상호작용

[03~04] 그림은 지구시스템의 상호작용을 나타낸 것이다.

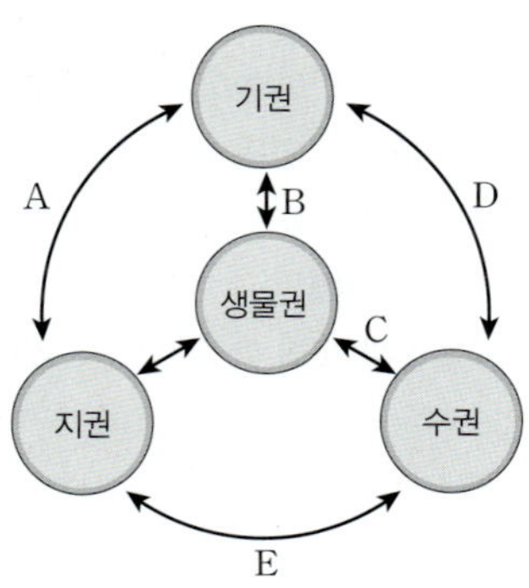

03 이에 대한 설명으로 옳은 것만을 [보기]에서 있는 대로 고른 것은?

보기
ㄱ. 화산 가스 방출로 대기 조성이 변하는 것은 A에 해당한다.
ㄴ. 화석 연료 생성은 C에 해당한다.
ㄷ. 표층 해류의 발생은 D에 해당한다.

① ㄱ　　　　② ㄴ　　　　③ ㄱ, ㄷ
④ ㄴ, ㄷ　　　⑤ ㄱ, ㄴ, ㄷ

04 A~E에 해당하는 자연 현상의 예로 옳지 <u>않은</u> 것은?

① A − 모래 먼지가 바람에 날려 황사를 일으킨다.
② B − 식물에 의해 암석이 풍화 작용을 받아 토양이 생성된다.
③ C − 수중 식물의 광합성으로 해수에 산소를 공급한다.
④ D − 대기 대순환에 의해 해수의 표층 순환이 발생한다.
⑤ E − 흐르는 물에 의한 침식 작용으로 V자곡이 형성된다.

대표 문제 파헤치기

파악하기
자연 현상의 예를 통해 지구시스템의 어느 권역들 사이의 상호작용인지를 파악할 수 있어야 한다.

다가가기
STEP 1 화산 폭발, 화석 연료, 모래 먼지, V자곡은 지권, 해수와 흐르는 물은 수권, 식물은 생물권, 수증기와 바람은 기권에 해당한다.
STEP 2 자연 현상에서 근원이 되는 권역과 영향을 주는 권역을 구분한다.
STEP 3 상호작용을 나타낸 그림에서 근원이 되는 권역과 영향을 주는 권역에 유의한다.

개념 3 지구시스템의 에너지 이동과 물질 순환

[05~06] 그림은 지구에서 일어나는 탄소 순환 과정의 일부를 나타낸 것이다.

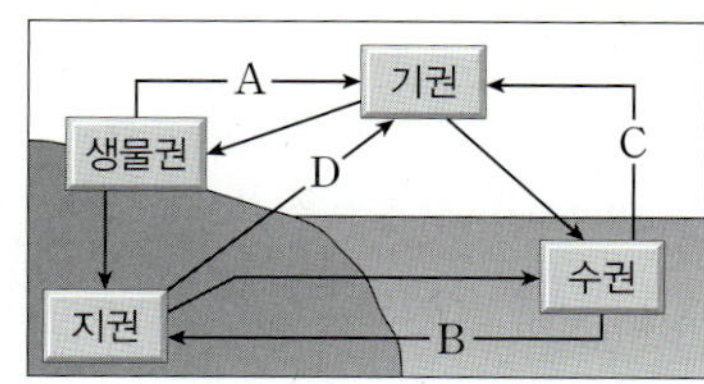

05 이에 대한 설명으로 옳은 것만을 [보기]에서 있는 대로 고른 것은?

| 보기 |

ㄱ. 식물의 광합성은 A에 해당한다.
ㄴ. 화산 활동이 일어날 때 대기 중의 탄소량은 증가한다.
ㄷ. 해수의 탄산 이온이 침전되어 석회암이 생성되는 과정은 B에 해당한다.

① ㄱ   ② ㄷ   ③ ㄱ, ㄴ
④ ㄴ, ㄷ   ⑤ ㄱ, ㄴ, ㄷ

06 위의 그림과 지구시스템에서 탄소의 순환에 대한 설명으로 옳지 <u>않은</u> 것은?

① 탄소는 지권에 가장 많이 분포한다.
② 기권에서 탄소는 주로 이산화 탄소로 존재한다.
③ C 과정에서 수권은 태양 에너지를 흡수한다.
④ 지구 온난화가 일어나면 지구시스템 전체에 존재하는 탄소의 양이 증가한다.
⑤ D 과정에서 지구 내부 에너지가 방출되는 경우가 있다.

대표 문제 파헤치기

파악하기

지구시스템의 각 권역에 존재하는 탄소의 형태를 알고, 탄소의 순환 과정과 에너지 흐름을 파악할 수 있어야 한다.

다가가기

STEP 1 탄소는 주로 지권에서는 탄산염(석회암), 수권에서는 탄산 이온, 기권에서는 이산화 탄소, 생물권에서는 유기물의 형태로 존재한다.

STEP 2 지구시스템 전체에 존재하는 탄소의 양은 일정하며, 존재 형태를 변화시키면서 각 권역 사이를 순환한다.

STEP 3 탄소가 다른 권역으로 이동할 때는 에너지를 흡수하거나 방출하기도 한다.

개념 ① 지구시스템의 구성요소

01
●●○○

지구시스템에 대한 설명으로 옳은 것만을 [보기]에서 있는 대로 고른 것은?

― 보기 ―
ㄱ. 기권은 지권보다 평균 밀도가 작다.
ㄴ. 수권은 모두 액체 상태로 되어 있다.
ㄷ. 생물권은 지권, 기권, 수권에 모두 분포한다.

① ㄱ　　　② ㄴ　　　③ ㄱ, ㄷ
④ ㄴ, ㄷ　　　⑤ ㄱ, ㄴ, ㄷ

02
●●○○

다음은 지구시스템의 어느 권역에 대한 설명이다.

• 생물의 광합성에 필요한 에너지를 공급한다.
• 태양풍과 우주에서 들어오는 우주선을 막아주는 보호막 역할을 하는 지구 자기권이 분포한다.

이에 해당하는 지구시스템 권역으로 옳은 것은?

① 지권　　　② 수권　　　③ 기권
④ 외권　　　⑤ 생물권

03 
●●○○

그림은 지권의 성층 구조를 나타낸 것이다.
이에 대한 설명으로 옳은 것만을 [보기]에서 있는 대로 고른 것은?

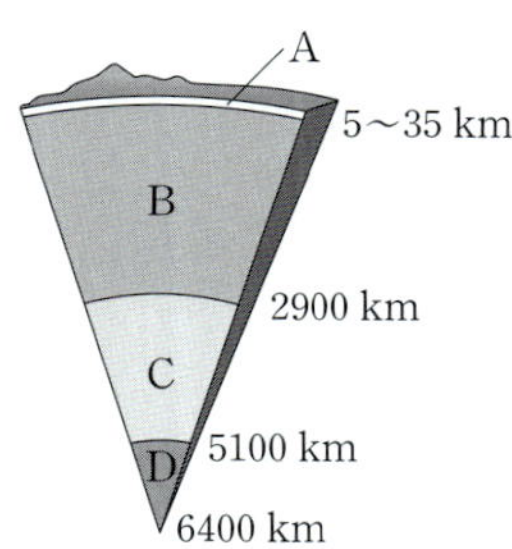

― 보기 ―
ㄱ. A는 대륙과 해양의 두께가 거의 같다.
ㄴ. B에는 대류가 일어나는 부분이 있다.
ㄷ. C는 고체 상태, D는 액체 상태이다.
ㄹ. C의 성분은 B보다 D와 비슷하다.

① ㄱ, ㄷ　　　② ㄴ, ㄹ　　　③ ㄷ, ㄹ
④ ㄱ, ㄴ, ㄹ　　　⑤ ㄴ, ㄷ, ㄹ

04 
●●●○

그림은 해수의 성층 구조를 나타낸 것이다.

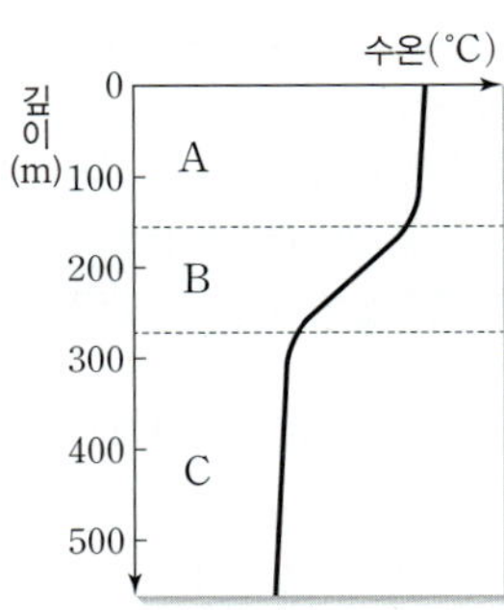

이에 대한 설명으로 옳은 것만을 [보기]에서 있는 대로 고른 것은?

― 보기 ―
ㄱ. A층은 햇빛이 강할수록 두껍게 발달한다.
ㄴ. B층은 A층과 C층의 물질 교환을 도와주는 역할을 한다.
ㄷ. C층은 계절에 관계없이 수온이 거의 일정하다.

① ㄱ　　　② ㄷ　　　③ ㄱ, ㄴ
④ ㄴ, ㄷ　　　⑤ ㄱ, ㄴ, ㄷ

05
●●○○

기권에 대한 설명으로 옳은 것은?

① 대류권과 열권에서는 대류가 일어난다.
② 태양의 자외선은 주로 중간권에서 흡수된다.
③ 낮과 밤의 기온 차가 가장 큰 층은 성층권이다.
④ 중간권에는 수증기가 분포하여 기상 현상이 나타난다.
⑤ 성층권에서 높이 올라갈수록 기온이 높아지는 것은 오존층이 있기 때문이다.

06
●●○○

생물권에 대한 설명으로 옳은 것만을 [보기]에서 있는 대로 고른 것은?

― 보기 ―
ㄱ. 태양계 행성 중 지구에만 존재한다.
ㄴ. 지표의 변화와 대기 조성 변화에 영향을 준다.
ㄷ. 지구시스템의 구성요소 중 가장 먼저 형성되었다.

① ㄱ　　　② ㄷ　　　③ ㄱ, ㄴ
④ ㄴ, ㄷ　　　⑤ ㄱ, ㄴ, ㄷ

 **개념 ② 지구시스템의 상호작용**

07 중요

다음은 지구시스템의 상호작용으로 발생하는 현상들을 나타낸 것이다.

- 지하수에 의해 석회 동굴이 형성된다.
- 화산 분출에 의해 대기 조성이 변한다.
- 고생물의 유해가 쌓여서 화석 연료가 생성된다.

이 상호작용에 공통적으로 관여하는 지구시스템의 권역으로 옳은 것은?

① 지권   ② 수권   ③ 기권
④ 외권   ⑤ 생물권

08

그림은 지구시스템의 두 권역 사이에서 일어나는 상호작용 A, B를 나타낸 것이다.

기권   수권

A와 B에 해당하는 상호작용을 [보기]에서 골라 옳게 짝 지은 것은?

보기
ㄱ. 광합성으로 산소 방출   ㄴ. 물의 증발
ㄷ. 황사 발생   ㄹ. 표층 해류 발생

	A	B		A	B
①	ㄱ	ㄷ	②	ㄴ	ㄹ
③	ㄷ	ㄱ	④	ㄹ	ㄴ
⑤	ㄹ	ㄷ			

09

지구시스템에서 외권과 다른 권역과의 상호작용으로 나타나는 현상으로 옳지 <u>않은</u> 것은?

① 유성   ② 오로라
③ 지진 해일   ④ 밀물과 썰물
⑤ 오존층에서 자외선 흡수

10

다음은 태풍의 발생과 피해에 대한 설명이다.

⑤ 태풍은 수온 27 ℃ 이상의 열대 해상에서 열과 수증기를 공급받아 발생한다. 태풍이 해안 지역으로 이동해 가면 ⑥ 강한 바람의 영향으로 폭풍 해일이 발생하여 해안 저지대가 침수될 수 있으며, ⑥ 경사가 급한 산비탈에서는 강풍에 의해 낙석 등으로 산사태가 발생할 수도 있다.

이에 대한 설명으로 옳은 것만을 [보기]에서 있는 대로 고른 것은?

보기
ㄱ. ⑤은 기권과 수권의 상호작용에 해당한다.
ㄴ. ⑥은 기권과 수권의 상호작용에 해당한다.
ㄷ. ⑥은 기권과 지권의 상호작용에 해당한다.

① ㄱ   ② ㄷ   ③ ㄱ, ㄴ
④ ㄴ, ㄷ   ⑤ ㄱ, ㄴ, ㄷ

11 중요

그림은 지구시스템의 구성요소 사이에서 일어나는 상호작용을 나타낸 것이다.

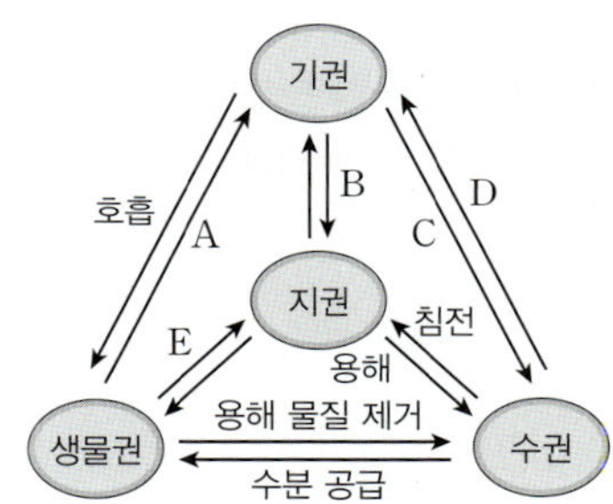

A~E에 해당하는 상호작용의 예로 옳은 것은?

① A – 먹이 사슬 유지   ② B – 화산 가스 방출
③ C – 물의 증발   ④ D – 표층 해류 발생
⑤ E – 화석 연료 생성

12

다음은 엘니뇨의 발생과 기후 변화에 대한 설명이다.

무역풍이 약화되어 엘니뇨가 발생하면 동태평양 적도 부근 해역의 수온이 평상시보다 높은 상태가 지속되어 동태평양에서는 홍수가 자주 발생하고, 서태평양에서는 가뭄이 발생한다.

엘니뇨가 발생할 때 상호작용하는 지구시스템의 구성요소를 옳게 짝 지은 것은?

① 수권과 지권   ② 수권과 기권   ③ 지권과 기권
④ 기권과 생물권   ⑤ 지권과 생물권

3 내신 다지기 문제

개념 ③ 지구시스템의 에너지 이동과 물질 순환

13 중요

표는 지구시스템의 서로 다른 에너지원에 의해 일어나는 현상을 나타낸 것이다.

이에 대한 설명으로 옳은 것만을 [보기]에서 있는 대로 고른 것은?

에너지원	현상
A	화산 활동
B	밀물과 썰물
C	풍화와 침식 작용

― 보기 ―
ㄱ. A에 의해 태풍이 발생한다.
ㄴ. B는 대부분 방사성 원소의 붕괴열에 의해 발생한다.
ㄷ. C는 지구시스템의 에너지원 중 가장 많은 양을 차지한다.

① ㄱ　　　　② ㄷ　　　　③ ㄱ, ㄴ
④ ㄴ, ㄷ　　　　⑤ ㄱ, ㄴ, ㄷ

14

지구에서 일어나는 다양한 자연 현상 중 태양 에너지가 근원 에너지로 작용한 것만을 [보기]에서 있는 대로 고른 것은?

― 보기 ―
ㄱ. 대기와 해수의 순환이 일어난다.
ㄴ. 조수 간만의 차를 이용하여 발전을 한다.
ㄷ. 풍화와 침식 작용을 받아 지표면의 지형이 변한다.

① ㄱ　　　　② ㄴ　　　　③ ㄱ, ㄷ
④ ㄴ, ㄷ　　　　⑤ ㄱ, ㄴ, ㄷ

15

그림은 지구시스템에서 물의 순환 및 물의 연간 이동량을 나타낸 것이다.

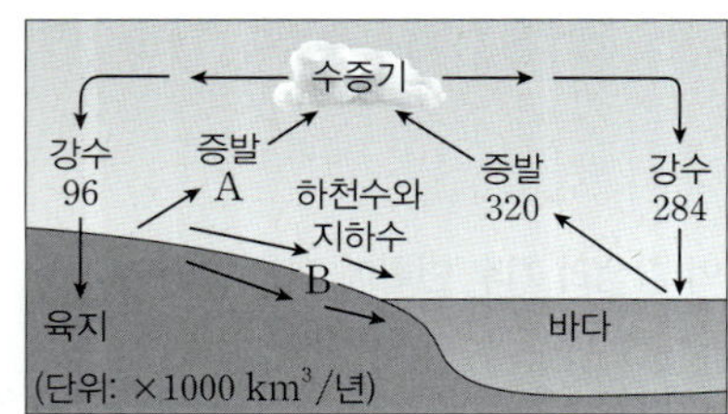

이에 대한 설명으로 옳은 것만을 [보기]에서 있는 대로 고른 것은?

― 보기 ―
ㄱ. (A−B)는 24이다.
ㄴ. 물의 순환은 주로 태양 에너지에 의해 발생한다.
ㄷ. 지구 온난화가 증대되면 B는 증가할 것이다.

① ㄱ　　　　② ㄴ　　　　③ ㄱ, ㄷ
④ ㄴ, ㄷ　　　　⑤ ㄱ, ㄴ, ㄷ

16 중요

물의 순환에 대한 설명으로 옳지 않은 것은?

① 날씨 변화에 영향을 준다.
② 지형을 변화시키는 역할을 한다.
③ 지구시스템 각 권역 사이에서 에너지를 이동시킨다.
④ 물의 순환을 일으키는 주요 에너지원은 태양 에너지이다.
⑤ 수권과 기권 사이에서 물의 순환은 일어나지만 에너지의 흐름은 일어나지 않는다.

17

그림은 탄소가 주로 분포하는 형태에 따라 지구시스템의 각 권역을 분류하는 과정을 나타낸 것이다.

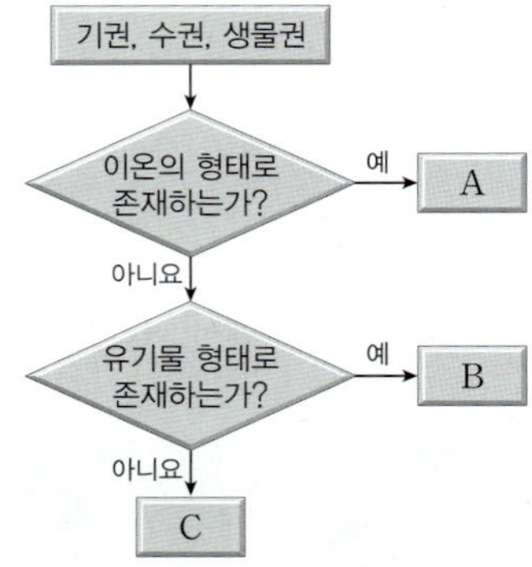

A, B, C에 해당하는 지구시스템의 권역을 옳게 짝 지은 것은?

	A	B	C
①	기권	수권	생물권
②	기권	생물권	수권
③	수권	기권	생물권
④	수권	생물권	기권
⑤	생물권	기권	수권

18 중요

그림은 지구시스템에서 일어나는 탄소의 순환을 나타낸 것이다.

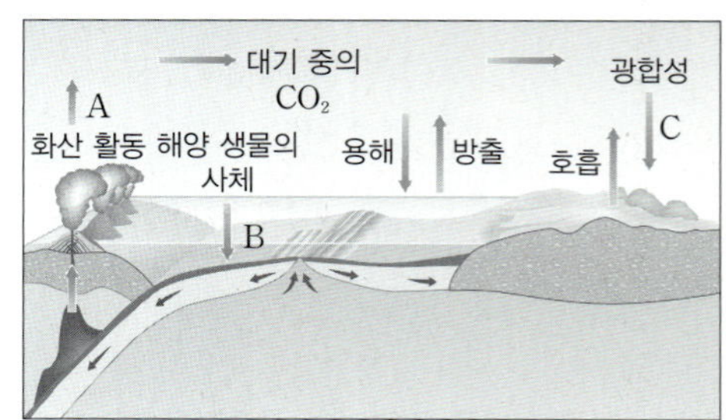

A, B, C 과정 중 기권의 탄소량을 증가시키는 과정으로 옳은 것만을 있는 대로 고른 것은?

① A　　　　② B　　　　③ C
④ A, B　　　　⑤ A, C

개념 ① 지구시스템의 구성요소

19

외핵과 내핵을 구성하는 물질의 상태를 각각 쓰고, 지구가 형성되는 과정에서 마그마 바다가 형성된 이후 현재와 같이 지권의 성층 구조가 형성된 과정을 구성 물질과 관련지어 서술하시오.

20 중요

그림은 기권에서 높이에 따른 기온 분포를 나타낸 것이다.

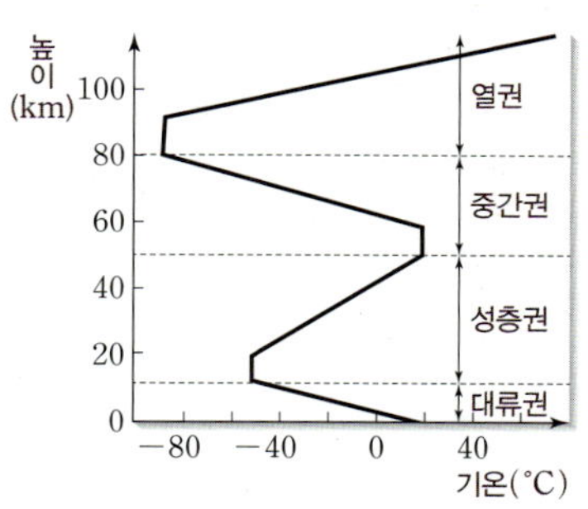

(1) 대류권에서 대류가 일어나는 까닭을 기층의 안정도와 관련지어 서술하시오.

(2) 성층권에서 높이 올라갈수록 기온이 높아지는 까닭을 서술하시오.

개념 ② 지구시스템의 상호작용

21

그림 (가), (나), (다)는 지구시스템 구성요소 사이에서 일어나는 상호작용의 예를 나타낸 것이다.

(가) V자곡 형성   (나) 오로라 발생   (다) 화석 형성

(가), (나), (다)는 각각 어느 구성요소 사이의 상호작용인지 서술하시오.

22

기권이 외권과 상호작용을 하여 생명 유지에 기여하는 경우를 두 가지 서술하시오.

개념 ③ 지구시스템의 에너지 이동과 물질 순환

23

지구 온난화로 지구의 평균 기온이 높아질 때 육수의 양과 지구에 분포하는 물의 총량은 어떻게 변하는지 각각 서술하시오.

24 중요

그림은 탄소의 순환 과정을 나타낸 것이다.

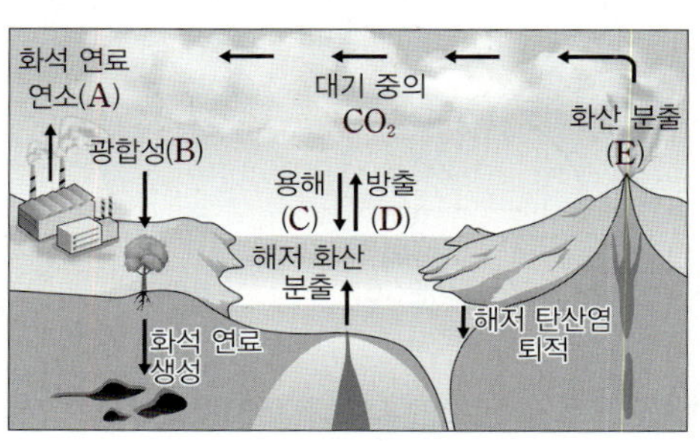

(1) A~E 중 탄소가 지권에서 기권으로 이동하는 현상을 모두 쓰시오.

(2) 탄소가 기권에서 수권으로 이동할 때 존재 형태는 주로 어떻게 변하는지 서술하시오.

01

| 2021년 고1 9월 교육청 통합과학 8번 |

그림 (가)는 해수의 층상 구조를, (나)는 지구 내부의 층상 구조를 나타낸 것이다.

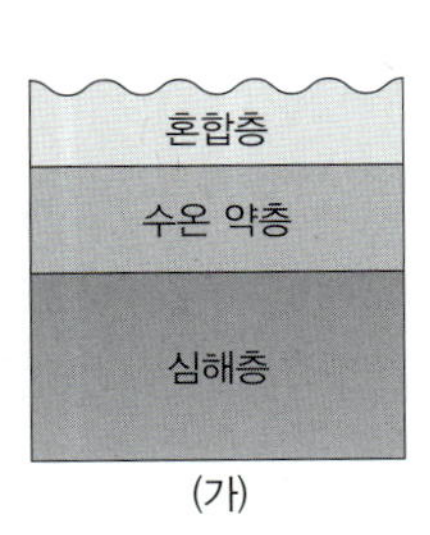
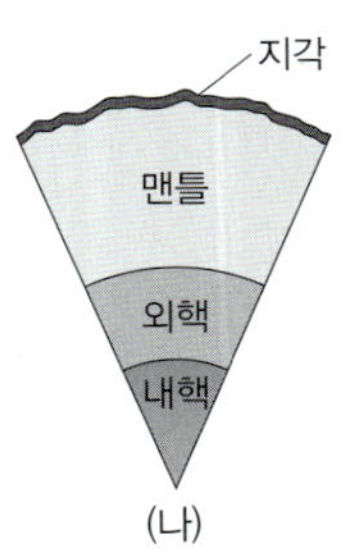

이에 대한 설명으로 옳은 것만을 [보기]에서 있는 대로 고른 것은?

보기
ㄱ. (가)에서 온도는 혼합층이 심해층보다 높다.
ㄴ. (나)의 내핵은 액체 상태이다.
ㄷ. (나)에서 밀도는 맨틀이 외핵보다 크다.

① ㄱ ② ㄷ ③ ㄱ, ㄴ
④ ㄴ, ㄷ ⑤ ㄱ, ㄴ, ㄷ

02

그림 (가)와 (나)는 각각 기권과 지권의 성층 구조를 나타낸 것이다.

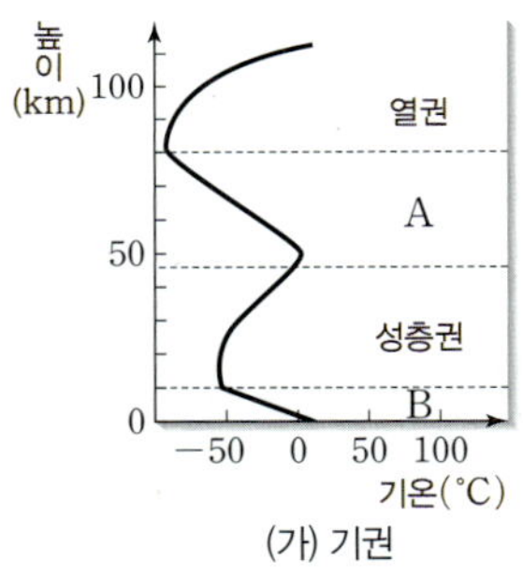
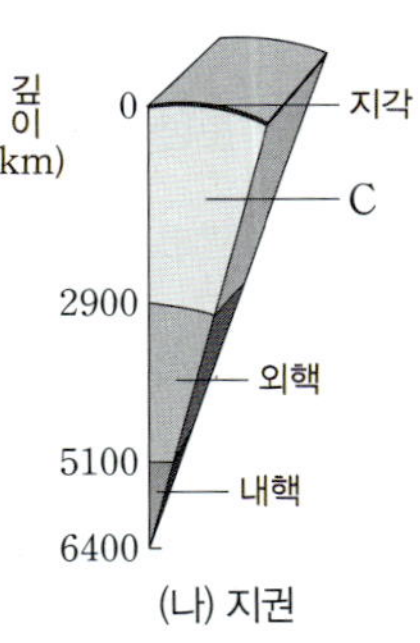

(가) 기권 (나) 지권

이에 대한 설명으로 옳은 것만을 [보기]에서 있는 대로 고른 것은?

보기
ㄱ. B에서 일어나는 기상 현상은 지각의 변화에 영향을 준다.
ㄴ. C는 지권에서 차지하는 부피가 가장 크다.
ㄷ. A, B, C에서는 모두 대류 현상이 일어난다.

① ㄱ ② ㄷ ③ ㄱ, ㄴ
④ ㄴ, ㄷ ⑤ ㄱ, ㄴ, ㄷ

03

| 2023년 고1 9월 교육청 통합과학 15번 |

그림은 지구 시스템에서 일어나는 자연 현상 A, B, C를 나타낸 것이다.

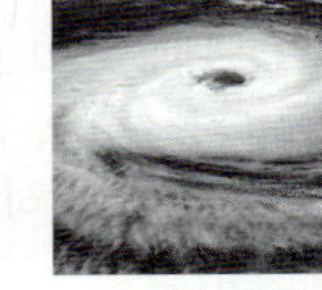

A. 대기 중으로 화산 가스 방출
B. 해수의 증발로 인한 태풍 발생
C. 식물체로부터 석탄 생성

A, B, C를 지구 시스템 구성 요소들의 상호 작용으로 표현할 때 가장 적절한 것은?

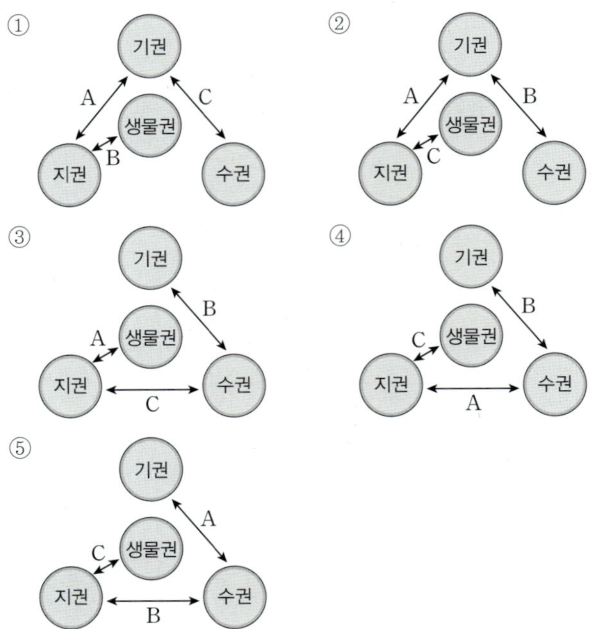

04

그림은 지구시스템에서 지권과 A, B, C 권역과의 상호작용 ㉠, ㉡, ㉢을, 표는 상호작용의 예를 나타낸 것이다. A, B, C는 각각 기권, 수권, 생물권 중 하나이다.

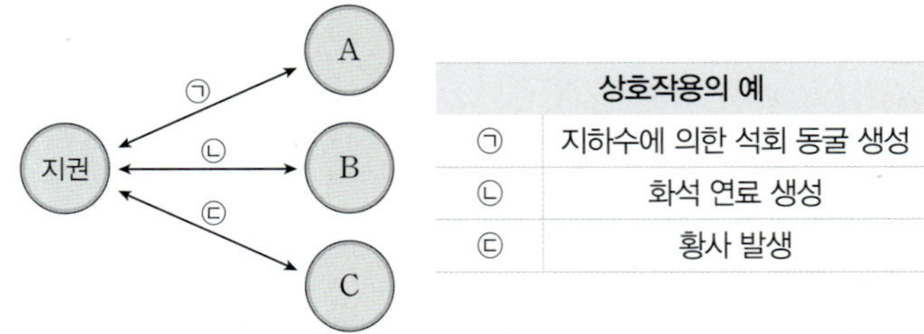

	상호작용의 예
㉠	지하수에 의한 석회 동굴 생성
㉡	화석 연료 생성
㉢	황사 발생

A, B, C에 해당하는 지구시스템의 구성요소를 옳게 짝 지은 것은?

	A	B	C
①	기권	수권	생물권
②	기권	생물권	수권
③	수권	기권	생물권
④	수권	생물권	기권
⑤	생물권	수권	기권

05

그림은 지구 시스템의 에너지원을 나타낸 것이다.

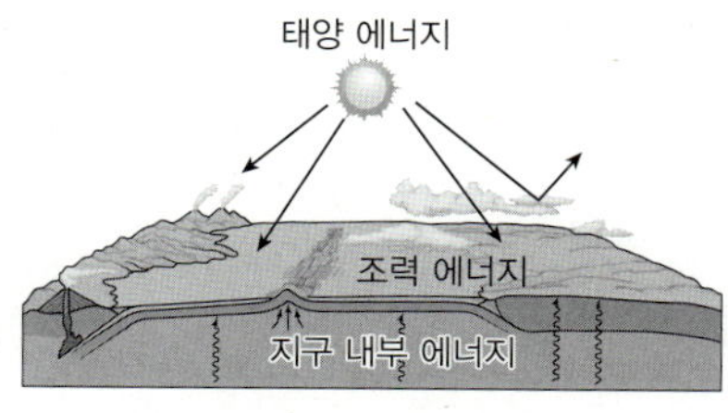

이에 대한 설명으로 옳은 것만을 [보기]에서 있는 대로 고른 것은?

— 보기 —

ㄱ. 태양 에너지는 기상 현상을 일으킨다.
ㄴ. 조력 에너지는 밀물과 썰물을 일으켜 해수면의 높이를 변화시킨다.
ㄷ. 지구 시스템에서 가장 많은 양을 차지하는 에너지원은 지구 내부 에너지이다.

① ㄱ   ② ㄷ   ③ ㄱ, ㄴ
④ ㄴ, ㄷ   ⑤ ㄱ, ㄴ, ㄷ

06

그림 (가)는 지구시스템에서 물의 순환을, (나)는 V자곡을 나타낸 것이다.

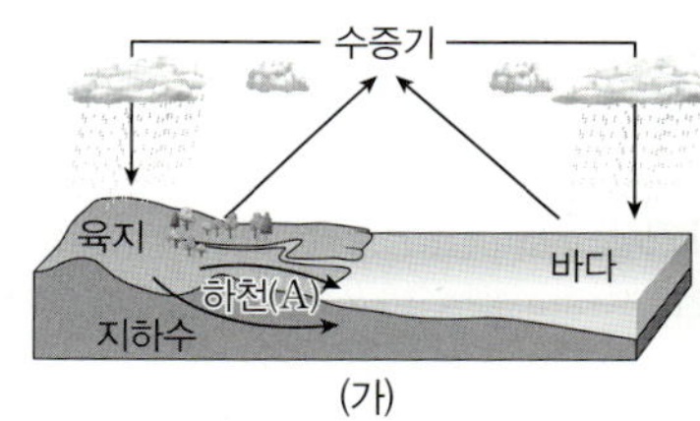

이에 대한 설명으로 옳은 것만을 [보기]에서 있는 대로 고른 것은?

— 보기 —

ㄱ. (가)에서 물질과 에너지가 이동한다.
ㄴ. (가)의 주요 에너지원은 태양 에너지이다.
ㄷ. (나)는 (가)의 A 과정에 의해 지표가 변화되어 형성된 지형이다.

① ㄱ   ② ㄷ   ③ ㄱ, ㄴ
④ ㄴ, ㄷ   ⑤ ㄱ, ㄴ, ㄷ

07

그림은 지구시스템의 구성요소 사이에 일어나는 탄소 순환의 일부를, 표는 탄소 순환의 예를 나타낸 것이다. (가), (나), (다)는 지권, 기권, 생물권 중 하나이다.

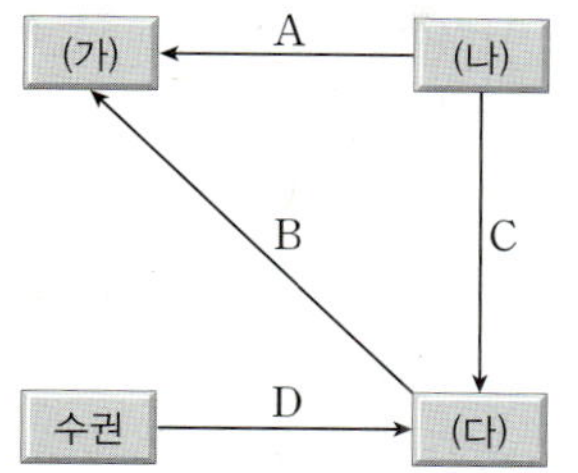

탄소 순환	예
A	호흡
B	화산 가스 분출
C	( )
D	탄산염 생성

이에 대한 설명으로 옳은 것만을 [보기]에서 있는 대로 고른 것은?

— 보기 —

ㄱ. (나)는 생물권이다.
ㄴ. 화석 연료 생성은 C의 예에 해당한다.
ㄷ. (다)에서 탄소는 주로 이산화 탄소 형태로 존재한다.

① ㄱ   ② ㄷ   ③ ㄱ, ㄴ
④ ㄴ, ㄷ   ⑤ ㄱ, ㄴ, ㄷ

08

다음은 지구 시스템의 각 권역에서 탄소가 순환하는 예와 탄소 순환 과정의 일부를 나타낸 것이다.

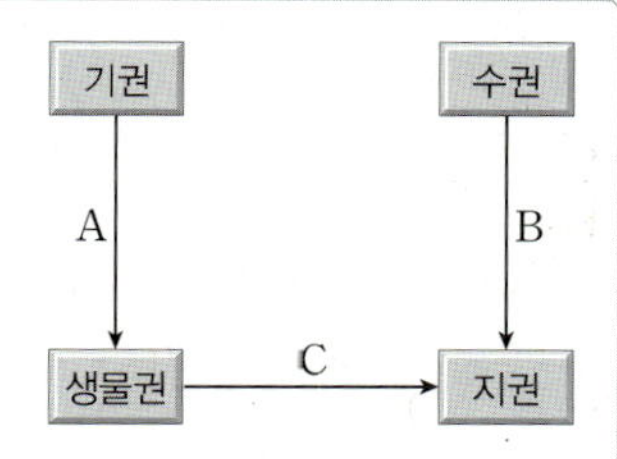

식물은 ㉠ 광합성을 통해 탄소 화합물을 생성하며, ㉡ 식물 중 일부는 죽은 후 화석 연료인 석탄이 된다.

이에 대한 옳은 설명만을 [보기]에서 있는 대로 고른 것은?

— 보기 —

ㄱ. ㉠은 기권의 탄소를 증가시키는 요인이다.
ㄴ. ㉡은 A, B, C 중 C의 예이다.
ㄷ. B를 통해 이동한 탄소는 주로 석회암 형태로 존재한다.

① ㄱ   ② ㄴ   ③ ㄱ, ㄷ
④ ㄴ, ㄷ   ⑤ ㄱ, ㄴ, ㄷ

02 지권의 변화와 영향

개념 ① 지진과 화산 활동

1. 지진과 화산 활동 한 지점에 축적되어 있던 지구 내부 에너지가 급격히 방출될 때 일어난다.
　➡ 지진과 화산 활동 같은 지각 변동을 일으키는 에너지원: 지구 내부 에너지

(1) **❶지진**: 지층이 힘을 받아 변형되다가 한계에 도달하여 끊어지며 단층이 형성될 때 발생한 에너지가 파동의 형태로 사방으로 전달되는 현상이다. ── 화산 활동, 지하 공동의 붕괴 등에 의해서도 발생

(2) **화산 활동**: ❷마그마가 지각의 약한 틈을 뚫고 지표 위로 나오면서 용암, 화산 가스, 화산 쇄설물 등을 분출하는 현상이다.

2. 변동대 지진, 화산 활동, ❸조산 운동과 같은 지각 변동이 활발하게 일어나는 지역

(1) **지진대**: 지진이 활발하게 일어나는 지역

(2) **화산대**: 화산 활동이 활발하게 일어나는 지역

(3) **❷❸변동대의 특징**

① 지진대와 화산대의 분포는 거의 일치하며, 주로 대륙 주변부에 좁고 긴 띠 모양으로 분포한다.
　➡ 변동대는 대체로 판의 경계에 분포한다.

② 지진이 일어나는 곳에서 항상 화산 활동이 일어나는 것은 아니다.
　➡ 지진대가 화산대보다 광범위한 지역에서 나타난다.

③ 환태평양 지역에서 지진과 화산 활동이 가장 활발하게 일어난다.
　➡ 환태평양 지진대·화산대

전 세계 주요 지진대·화산대와 판의 분포

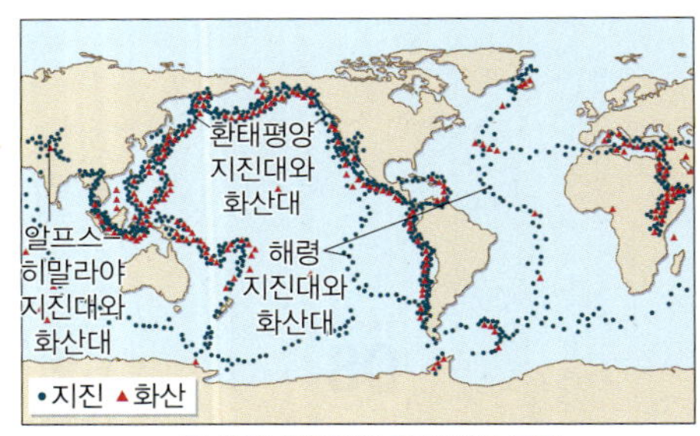

▲ 전 세계 지진대와 화산대의 분포

▲ 전 세계 판의 분포

- **환태평양 지진대·화산대**: 태평양 주변부를 따라 분포하며, 전 세계 화산 활동과 지진의 약 80 %가 이 지역에서 발생한다. ➡ ❹불의 고리'라고도 불린다.
- **알프스-히말라야 지진대·화산대**: 지중해-히말라야산맥-인도네시아에 이르는 지역에 분포하며, 대규모 습곡 산맥이 발달해 있다.
- **해령 지진대·화산대**: 태평양, 대서양, 인도양의 해저에 발달한 해령을 따라 분포한다.

(4) **변동대에 발달하는 지형**

① **해령**: 대양의 해저에 위치한 거대한 해저 산맥으로, 주변보다 수심이 얕고 중심부에 열곡이 있다.
　예 대서양 중앙 해령, 동태평양 해령

② **해구**: 폭이 좁고 깊은 해저 골짜기로, 주로 태평양 가장자리에 발달한다.
　예 일본 해구, 마리아나 해구, 필리핀 해구

③ **호상 열도**: 해구와 나란하게 활 모양으로 화산섬들이 배열되어 있는 지형이다.
　예 일본 열도, 필리핀 열도

④ **습곡 산맥**: 지층이 횡압력을 받아 휘어지면서 융기하여 형성된 대규모 산맥이다.
　예 히말라야산맥, 안데스산맥

왼쪽 여백

❶ 지진의 발생 과정

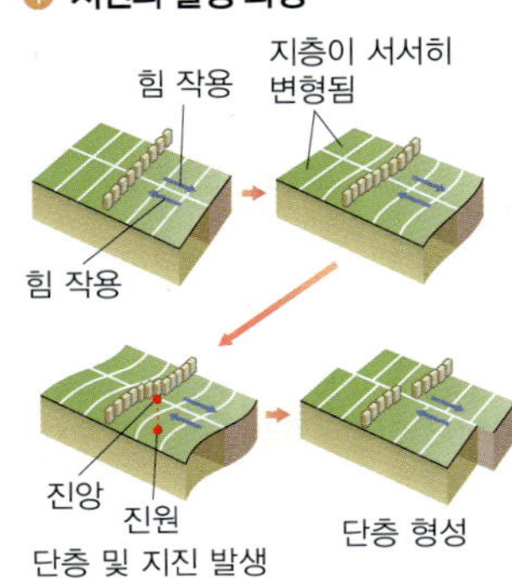

꼭! 암기

❷ 지진대와 화산대가 거의 일치하는 까닭
지진과 화산 활동은 대부분 판의 경계에서 판의 상대적인 운동에 의해 발생하기 때문이다.

❸ 변동대가 좁고 긴 띠 모양으로 분포하는 이유
지진과 화산 활동은 주로 판의 상대적인 운동에 의해 발생하므로 변동대는 주로 판의 경계를 따라 좁고 긴 띠 모양으로 발달한다.

❹ 불의 고리
환태평양 화산대는 태평양 주변에 고리 모양으로 분포하여 '불의 고리'라고도 부른다.

용어알기

⊙ **마그마(magma)** 지구 내부 깊은 곳에서 높은 온도와 압력으로 암석이 녹은 상태의 물질

⊙ **조산 운동(造 짓다, 山 산, 運 돌다, 動 움직이다)** 판이 수평 방향의 힘(횡압력)을 받아 운동하면서 대규모의 습곡 산맥을 형성하는 지각 변동

1. 판의 구조

(1) **❺암석권**: 지각과 맨틀의 최상부를 포함한 두께 약 100 km 구간의 단단한 부분이다.

➡ 지구의 변동대를 따라 크고 작은 10여 개의 조각으로 구분되는데, 이 조각을 판이라고 한다.

(2) **연약권**: 암석권 아래의 깊이 약 100~400 km 구간으로, ◎부분 용융되어 있어 유동성을 띠며, 맨틀 ◎대류가 일어난다.
└ 상부와 하부의 온도 차이로 인해 대류가 일어난다.

(3) **❻판의 구분**: 판을 구성하는 지각의 종류에 따라 대륙판과 해양판으로 구분한다.

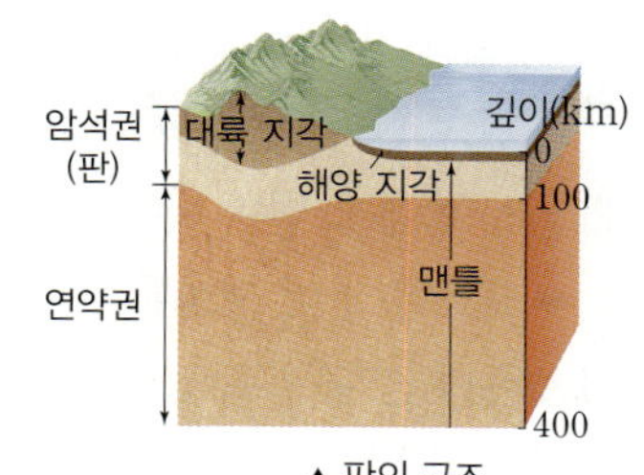

구분	구성	주요 구성 암석	두께	밀도
대륙판	대륙 지각+상부 맨틀 일부	화강암질 암석 → 밀도: 약 2.7 g/cm³	두껍다.	작다.
해양판	해양 지각+상부 맨틀 일부	현무암질 암석 → 밀도: 약 3.0 g/cm³	얇다.	크다.

2. 판 구조론

지구 표면은 여러 개의 판으로 이루어져 있으며, 판들의 상대적인 운동에 의해 지진이나 화산 활동과 같은 지각 변동이 일어난다는 이론이다.

➡ 지진이나 화산 활동과 같은 지권의 변화는 판의 움직임으로 설명할 수 있다.

(1) **판의 이동**: 판마다 이동 방향과 이동 속도가 다르며, 밀도도 다르다.

➡ 약 1~10 cm/년의 속도로 이동한다.

(2) **판 경계의 종류**: 이웃하는 판의 상대적인 이동 방향에 따라 발산형 경계, 수렴형 경계, 보존형 경계로 구분된다.

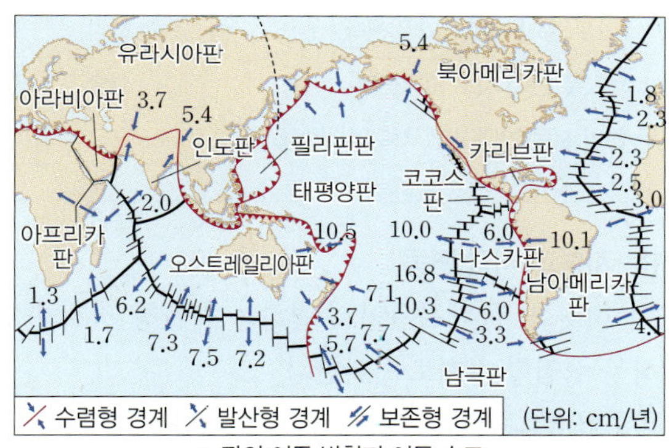

(3) **❼판 이동의 원동력**: **❽맨틀 대류**

① 온도가 높은 부분은 밀도가 작아져 상승하고, 점차 식으면서 이동하여 온도가 낮아지면 밀도가 커져 하강하면서 맨틀 대류가 일어난다.

② 연약권에서 맨틀 대류가 일어나면서 연약권 위에 떠 있는 판이 맨틀 대류를 따라 이동한다.

> **더 알아보기 나스카판과 남아메리카판의 이동 속도 비교와 판 경계의 특징**
>
> • **판의 이동 속도**: 나스카판이 남아메리카판보다 빠르다.
>
> ➡ 태평양과 대서양에서 각각 해령으로부터 나이가 2천만 년인 해양 지각까지의 거리를 비교해 보면 태평양의 경우가 훨씬 멀다. 이것은 A(태평양)의 해령에서 생성된 해양 지각이 C(대서양)의 해령에서 생성된 해양 지각보다 빨리 이동하였기 때문이다.
>
> • A와 C 지역은 발산형 경계인 해령에 위치한다.
>
> ➡ A와 C 지역은 맨틀 대류의 상승부에 위치하며, 주로 천발 지진이 발생한다.
>
> • B 지역은 판이 섭입되는 수렴형 경계에 위치한다.
>
> ➡ B 지역은 맨틀 대류의 하강부에 위치하며, 천발~심발 지진이 발생한다.

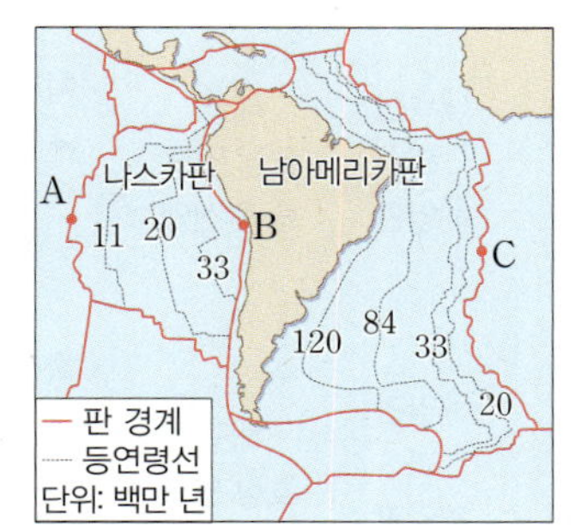

---

❺ 암석권과 지각

암석권과 지각을 같은 개념으로 착각하는 경우가 있는데 암석권은 지각과 맨틀 상부의 일부를 포함하므로 지각보다 넓은 공간 범위인 것에 유의한다.

❻ 대륙판과 해양판

해양판은 대륙판보다 밀도가 크기 때문에 두 판이 부딪히면 해양판이 대륙판 아래로 가라앉는다.

구분	예
대륙판	유라시아판, 남아메리카판, 북아메리카판 등
해양판	태평양판, 필리핀판, 나스카판 등

❼ 판 이동의 원동력

판은 연약권에서 일어나는 맨틀 대류에 의해서만 이동하는 것은 아니다. 맨틀 대류 이외에 판 자체에서 만들어지는 물리적인 힘(섭입하는 판이 잡아 당기는 힘, 해령에서 판을 밀어내는 힘), 플룸 운동 등에 의해서도 판이 이동한다.

❽ 맨틀 대류와 판의 이동

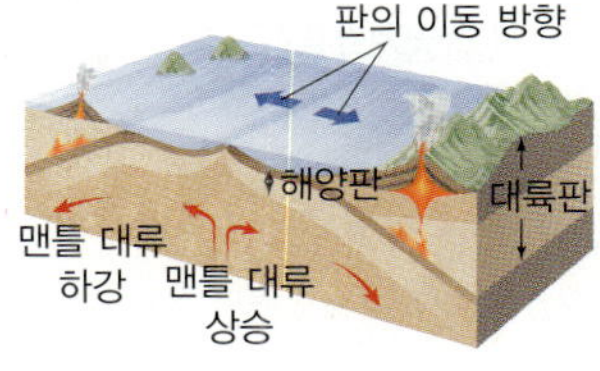

용어 알기

◎ **부분 용융(部 나누다, 分 나누다, 鎔 쇠를 녹이다, 融 녹다)** 고온의 환경에서 고체 상태의 암석이 부분적으로 용융되는 현상

◎ **대류(對 대하다, 流 흐르다)** 온도 차에 의해 생긴 유체의 흐름에서 열이 전달되는 방법

⑨ 판의 경계 부근에서 판의 이동에 따라 작용하는 힘
- 장력: 판을 양쪽으로 잡아당기는 힘
- 횡압력: 판을 양쪽에서 밀어서 압축하는 힘

구분	작용하는 힘
수렴형 경계	횡압력
발산형 경계	장력
보존형 경계	–

1. ⑨판 경계의 종류　이웃하는 판의 상대적인 이동 방향에 따라 구분된다.

(1) °수렴형 경계: 맨틀 대류의 하강으로 두 판이 서로 가까워지는 판의 경계이다.
　➡ 판과 판이 충돌하거나 하나의 판이 다른 판 아래로 °섭입하여 소멸한다.

(2) 발산형 경계: 맨틀 대류의 상승으로 두 판이 서로 멀어지는 판의 경계이다.
　➡ 새로운 판이 생성된다.

(3) 보존형 경계: 서로 접해 있는 두 판이 반대 방향으로 어긋나는 판의 경계이다.
　➡ 판의 생성이나 소멸이 일어나지 않는다.

◦ 여러 가지 판 경계와 지형 ◦

맨틀 대류를 따라 판이 이동하면서 나타나는 세 종류의 판 경계에는 다양한 지형이 형성된다.

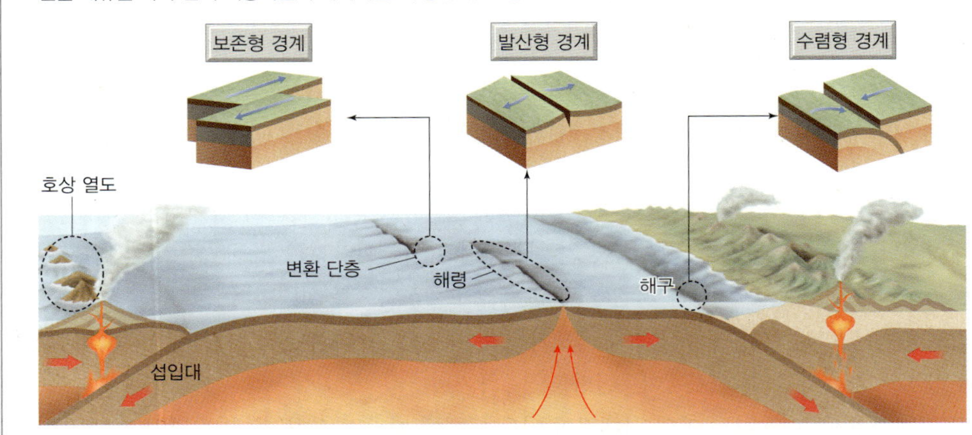

구분	판의 상대적인 운동	맨틀 대류	판의 생성 및 소멸
수렴형 경계	두 판이 서로 가까워진다.	하강	소멸
발산형 경계	두 판이 서로 멀어진다.	상승	생성
보존형 경계	두 판이 서로 반대 방향으로 어긋난다.	–	없음

⑩ 수렴형 경계에서 발달하는 지형
- 해구: 깊은 해저 골짜기로 태평양 가장 자리에 잘 발달해 있다.
　[예] 일본 해구, 마리아나 해구
- 호상 열도: 해구와 나란하게 활(호) 모양으로 화산섬들이 배열되어 있는 지형이다.
　[예] 일본 열도
- 습곡 산맥: 지층이 횡압력을 받아 휘어지면서 융기하여 형성된 대규모 산맥이다.
　[예] 안데스산맥, 히말라야산맥

2. 판의 경계에서 발달하는 지형과 지각 변동

(1) ⑩⑪수렴형 경계: 밀도가 비슷한 두 대륙판이 수렴하는 충돌형 경계와 밀도가 큰 판이 밀도가 작은 판 아래로 섭입하는 섭입형 경계로 구분한다.

① 충돌형 경계: 밀도가 비슷한 두 대륙판이 충돌하는 경계이다. → 습곡 산맥 형성

② 섭입형 경계: 밀도가 큰 해양판이 밀도가 작은 해양판이나 대륙판 아래로 섭입하는 경계이다. ┌ 해구, 호상 열도, 습곡 산맥 형성

	구분	지형	지각 변동	예	모식도
충돌형 경계	대륙판과 대륙판	습곡 산맥	• 지진: 천발 지진, 중발 지진 • 화산 활동: 거의 일어나지 않는다.	히말라야산맥, 알프스산맥	
섭입형 경계	대륙판과 해양판	해구, 호상 열도, 습곡 산맥	• 지진: 천발 지진~심발 지진 ➡ 판의 경계에서 밀도가 작은 판 쪽으로 갈수록 지진이 발생하는 깊이가 깊어진다.	일본 해구와 일본 열도, 페루−칠레 해구와 안데스산맥	
	해양판과 해양판	해구, 호상 열도	• 화산 활동: 호상 열도와 습곡 산맥 부근에서 활발하다. ➡ 화산 활동은 주로 밀도가 작은 판 쪽에서 일어난다.	마리아나 해구와 마리아나 제도	

[쏙] 암기

⑪ 수렴형 경계의 특징
- 맨틀 대류 하강
- 판 소멸
- 발달 지형: 해구, 습곡 산맥, 호상 열도
- 섭입형 경계의 지각 변동: 천발~심발 지진 활발, 화산 활동 활발
- 충돌형 경계의 지각 변동: 천발~중발 지진 활발, 화산 활동 거의 없음

[용어] 알기
- ⊙ 수렴(收 거두다, 斂 거두다) 하나로 모이는 현상
- ⊙ 섭입(攝 당기다, 入 들어가다) 판과 판이 서로 충돌하여 하나의 판이 다른 판 밑으로 들어가는 현상

(2) ⑫**발산형 경계**: 해양판과 해양판이 멀어지는 곳에는 해령과 열곡이 형성되고, 대륙판과 대륙판이 멀어지는 곳에는 열곡대가 형성된다.

① **해령**: 대양의 해저에 위치한 거대한 해저 산맥으로, 주변 해양저보다 높다.

② **열곡**: 대륙 또는 해양에 발달하는 폭이 좁고 긴 V자 모양의 골짜기이다.

③ **열곡대**: 맨틀 대류가 상승하는 곳에 열곡이 길게 이어져 형성된 지역으로, 대륙의 열곡대가 점점 넓고 깊어지면 좁은 바다를 형성하고 더욱 발달하면 새로운 대양을 형성한다.

구분	지형	지각 변동	예	모식도
해양판과 해양판	해령, 열곡	• ⑬지진: 천발 지진 • 화산 활동: 활발	대서양 중앙 해령, 동태평양 해령	
대륙판과 대륙판	열곡대	• 지진: 천발 지진 • 화산 활동: 활발	동아프리카 열곡대	

(3) ⑭**보존형 경계**: 해령과 해령 사이에 해령을 거의 수직으로 절단하는 형태로 변환 단층이 형성된다.

구분	지형	지각 변동	예	모식도
대륙판과 대륙판	변환 단층	• 지진: 천발 지진 • 화산 활동: 없음	⑮산안드레아스 단층	
해양판과 해양판	변환 단층	• 지진: 천발 지진 • 화산 활동: 없음	케인 단층	

개념 ④ 지권의 변화가 지구시스템에 미치는 영향

1. 화산 활동 마그마가 지각의 약한 부분을 뚫고 상승하면서 화산 분출물을 방출하는 현상이다.

(1) 화산 분출물

① **화산 가스**: 화산 활동으로 분출되는 기체 물질로, 대부분 수증기이고, 그 외에 이산화 탄소, 이산화 황 등이 포함되어 있다.

② **용암**: 마그마에서 화산 가스가 빠져나가고 남은 고온의 액체 물질이 지표로 흘러나온 것이다.

③ **화산 쇄설물**: 화산 활동으로 분출되는 고체 물질로, <u>입자의 크기에 따라 화산암괴, 화산력, 화산재, 화산진 등으로 구분</u>한다.

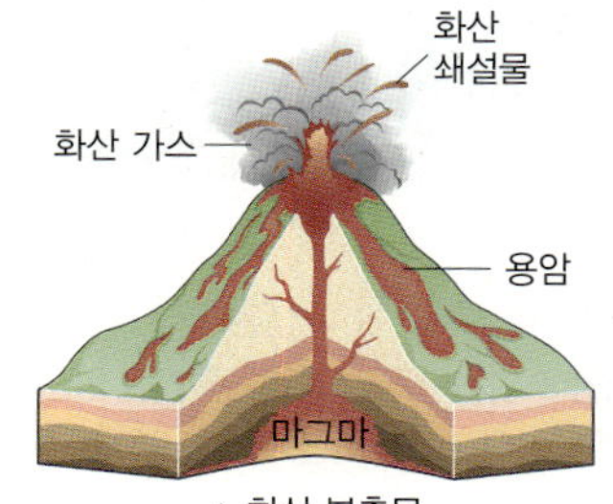

▲ 화산 분출물

└ 입자의 크기 비교: 화산암괴 > 화산력 > 화산재 > 화산진 ┘

(2) 화산 활동의 영향

① **피해(부정적인 영향)**: 화산 분출은 직접적으로 용암류, °화산 쇄설류, 화산재 및 화산 가스의 영향으로 피해를 줄 뿐만 아니라 이차적으로 산사태 및 화재 등의 재해를 일으킨다.

② **이용(긍정적인 영향)**: 비옥한 토양, 유용한 광상, 지열 에너지, 온천을 포함한 관광 자원 등을 제공한다.
└ 화산재에는 무기질이 풍부하여 오랜 시간이 지나면 토양이 비옥해진다.

③ **대책**: ⑯화산 분출을 예측할 수 있는 현상들에 대한 정보를 체계적으로 수집한다. 또한 화산 주변에 제방 쌓기, 화산 분출구 주변에 댐과 수로 건설, 용암에 물 뿌리기 등의 방법이 있다.

⑰ 지진의 세기

진원으로부터 방출된 에너지를 기준으로 나타낸 지진의 세기인 규모와 지진에 의한 피해 정도를 기준으로 나타낸 지진의 세기인 진도가 있다.

⑱ 지진 해일(쓰나미)

해저 지각 변동에 의해 지반의 상하 운동이 일어날 때 발생하는 해파로, 파고가 비정상적으로 높아지면 해안 지역에 피해를 줄 수 있다.

2. ⑰지진 지층에 축적된 에너지가 급격히 방출되면서 진동이 일어나는 현상이다.

(1) **지진의 발생**: 단층 형성, 화산 활동, 지하 공동의 붕괴 등에 의해 발생한다.

(2) **지진의 영향**

① **피해(부정적인 영향)**: 지진은 직접적으로 건물, 도로, 구조물 등을 파괴시켜 인명과 재산 피해를 주며, 이차적으로 화재, 질병, ⑱지진 해일, 산사태 등의 재해를 일으킨다.

② **이용(긍정적인 영향)**: 지진파 분석을 이용한 지하자원 탐사, 지진 기록을 통한 지구 내부 구조 연구, 인공 지진을 이용한 건설 적합지 조사 등 지진을 다양한 용도로 이용할 수 있다.

③ **대책**: 인공위성을 이용한 지형 변화 관측, 지진계 설치, 내진 설계 적용, 주기적인 안전 교육 시행 등의 방법이 있다.

3. 지각 변동이 지구시스템에 미치는 영향

(1) **지권에 미치는 영향** → 지권 → 지권

① 용암이 흐르면서 지표를 덮거나 화산 쇄설물이 퇴적되어 지형이 변한다.

② 지진이나 화산 활동에 의해 산사태가 발생하여 지형이 변한다.

③ 무기질이 풍부한 화산재가 쌓인 후 오랜 시간이 지나면서 토양을 비옥하게 한다.

(2) **수권에 미치는 영향** → 지권 → 수권

① 해저에서 발생한 지진이나 화산 폭발에 의해 지진 해일(쓰나미)이 발생한다.

② 화산재나 화산 가스가 지표수를 오염시킨다.

(3) **기권에 미치는 영향** → 지권 → 기권

① 대기 중으로 방출된 다량의 화산재가 햇빛을 차단하여 지구의 기온을 낮춘다.

② 대기 중으로 방출된 이산화 탄소나 수증기 등의 화산 가스가 온실 효과로 지구의 기온을 높인다.
└ 온실 효과를 일으키는 온실 기체

(4) **생물권에 미치는 영향** → 지권 → 생물권

① 화산 폭발로 분출된 용암과 화산재에 의해 생물의 서식지가 파괴된다.

② 화산 가스에 의해 생성된 산성비가 내려 생태계가 파괴된다.

필수 탐구 자료 화산 분출로 인한 피해와 피해 대책 수립

(가) 통가 화산 분출 전 모습

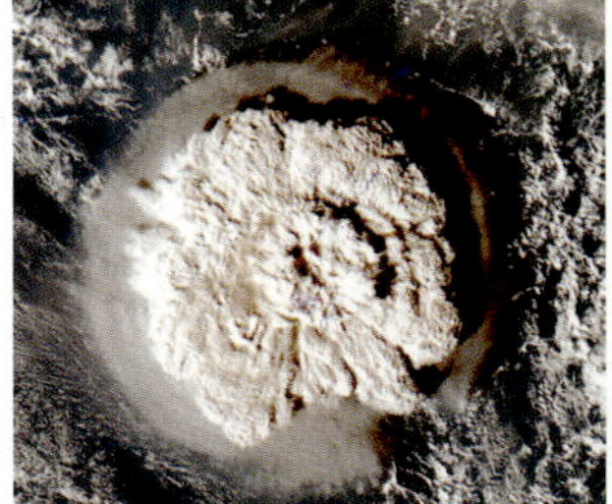
(나) 통가 화산 분출 모습

(다) 통가 화산 분출 후 모습

결과 및 해석

1. 통가 화산 분출: 2015년에는 남태평양에 위치한 통가의 훙가통가섬 인근 해저에서 일어난 대규모 화산 분출로 인해 훙가통가섬과 훙가하파이섬이 서로 연결되어 하나의 큰 섬이 되었고, 2022년에는 대규모의 화산 분출이 일어나 두 섬은 다시 분리되었다.

2. 2022년에 일어난 화산 분출로 인한 피해

환경적 피해	• 대규모 지진 해일이 발생하여 여러 나라에서 피해(수몰, 지형 변화 등)가 발생하였다. ➜ 최고 15 m 이상의 지진 해일 발생 • 화산재와 화산 가스가 대규모 방출되었으나 대기 중에 방출된 이산화 황의 양이 비교적 적어 기후 변화에는 큰 영향을 주지 않았다. ➜ 남반구의 겨울철 기온 하강(약 0.1~0.5 ℃) • 우주와 닿아 있는 최상층 대기인 전리권에 매우 강력한 바람이 불었고, 이상 전류가 흐르는 등 우주까지 영향을 주었다.
사회 경제적 피해	피지와 통가를 잇는 해저 케이블 파손으로 통신 두절, 건물과 활주로 및 기타 시설 파괴로 인한 재산 피해, 화산 분출물로 인한 교통 정체, 지진 해일로 인한 인명 피해, 지진 해일로 인한 기름 유출 발생 등

3. 화산 분출로 인한 피해 대책 수립: 해저 화산 폭발에 의해 발생한 지진 해일의 2차 피해를 대비해야 한다. 화산 분출이나 지진 해일은 정확하게 예측할 수 없으므로 인공위성을 통해 지형 변화를 관측하여 화산 분출을 예상하고, 지진 활동을 감시하여 지진 해일 경보 체계를 통해 위험을 미리 알린다. 또한 지진 해일 발생 시 대피 방법과 행동 요령을 미리 숙지해 둔다.

- (❶   ): 지진, 화산 활동, 조산 운동과 같은 지각 변동이 활발하게 일어나는 지역
- (❷   ): 지각과 맨틀의 최상부를 포함한 두께 약 100 km 구간의 단단한 부분
- (❸   ): 암석권 아래의 깊이 약 100~400 km 구간으로, 부분 용융되어 있어 맨틀 대류가 일어나는 영역
- (❹   ): 지구 표면은 여러 개의 판으로 이루어져 있으며, 판들의 상대적인 운동에 의해 지각 변동이 일어난다는 이론
- 판 이동의 원동력: 연약권에서 일어나는 (❺   )에 의해 판이 움직인다.
- (❻   ) 경계: 두 판이 서로 가까워지는 경계로, 충돌형 경계와 섭입형 경계가 있다.
- (❼   ) 경계: 두 판이 서로 멀어지는 경계로, 해령과 열곡대가 발달한다.
- (❽   ) 경계: 두 판이 서로 반대 방향으로 어긋나게 이동하는 경계로, 화산 활동은 일어나지 않고 천발 지진은 활발하게 일어난다.
- 판의 경계에서 발달하는 지형: 히말라야산맥은 수렴형 경계 중 (❾   ) 경계에 형성된 지형이고, 산안드레아스 단층은 (❿   ) 경계에 형성된 지형이다.
- (⓫   )의 변화는 지구시스템의 각 권역에 환경적, 사회적, 경제적으로 영향을 준다.

01 변동대에 대한 설명으로 옳은 것은 ○, 옳지 <u>않은</u> 것은 ×로 표시하시오.

(1) 지진과 화산 활동 등의 지각 변동을 일으키는 에너지원은 태양 에너지이다.   (   )
(2) 지진대와 화산대는 변동대에 해당한다.   (   )
(3) 지진대와 화산대의 분포는 거의 일치한다.   (   )
(4) 지진대는 대부분 대륙 주변부에 분포하고, 화산대는 대부분 대양 중앙부에 분포한다.   (   )
(5) 화산 활동이 일어나는 곳에서는 대체로 지진이 함께 발생한다.   (   )

02 그림은 지각과 맨틀 일부를 나타낸 것이다.

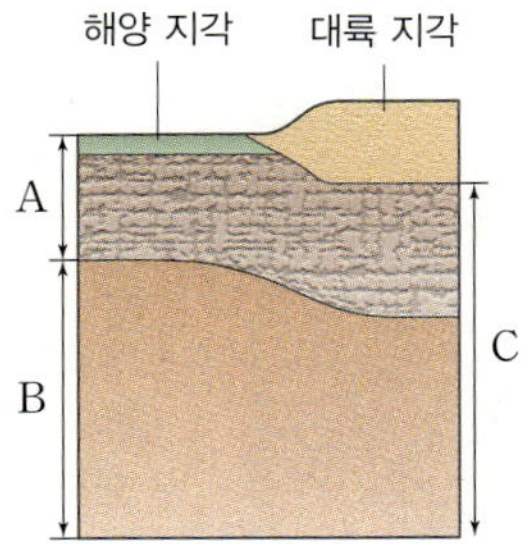

A, B, C의 이름을 각각 쓰시오.

03 판 구조론에 대한 설명으로 옳은 것은 ○, 옳지 <u>않은</u> 것은 ×로 표시하시오.

(1) 판은 암석권과 연약권을 포함한 부분으로, 연약권 아래에서 일어나는 맨틀 대류에 의해 움직인다.   (   )
(2) 판마다 이동 속도와 이동 방향이 다르다.   (   )
(3) 발산형 경계, 수렴형 경계, 보존형 경계에서는 모두 판의 상대적인 운동에 의해 화산 활동이 활발하게 일어난다.   (   )

04 수렴형 경계에 해당하는 특징과 지형은 '수', 발산형 경계에 해당하는 특징과 지형은 '발', 보존형 경계에 해당하는 특징과 지형은 '보'로 표시하시오.

(1) 맨틀 대류의 상승부에서 발달한다.   (   )
(2) 두 판이 충돌하면서 습곡 산맥이 형성된다.   (   )
(3) 변환 단층이 발달한다.   (   )
(4) 해령을 축으로 해양판이 양쪽으로 확장된다.   (   )
(5) 판이 생성되거나 소멸되지 않는다.   (   )
(6) 맨틀 대류의 하강부로, 천발 지진~심발 지진이 발생하고, 화산 활동이 활발하다.   (   )

05 지권의 변화가 지구시스템에 미치는 영향에 대한 설명으로 옳은 것은 ○, 옳지 <u>않은</u> 것은 ×로 표시하시오.

(1) 대기 중으로 다량의 화산재가 분출하면 지구의 평균 기온은 낮아진다.   (   )
(2) 지진 해일은 주로 지반의 수평 운동이 일어날 때 발생한다.   (   )
(3) 화산 분출을 예측할 수 있는 현상 중 화산체의 사면 경사가 증가하면 화산 분출 가능성이 높아진다.   (   )

06 다음은 화산 분출물에 대한 설명이다. ( ) 안에 알맞은 말을 쓰시오.

> 화산 활동에 의해 분출되는 기체 물질인 ㉠ (   ), 액체 물질인 ㉡ (   ), 고체 물질인 ㉢ (   ) 등이 있다.

전 세계 판 경계와 특징 모아 보기

특강 1 전 세계 판의 분포와 판의 경계에서 발달하는 지형 및 특징 알아보기

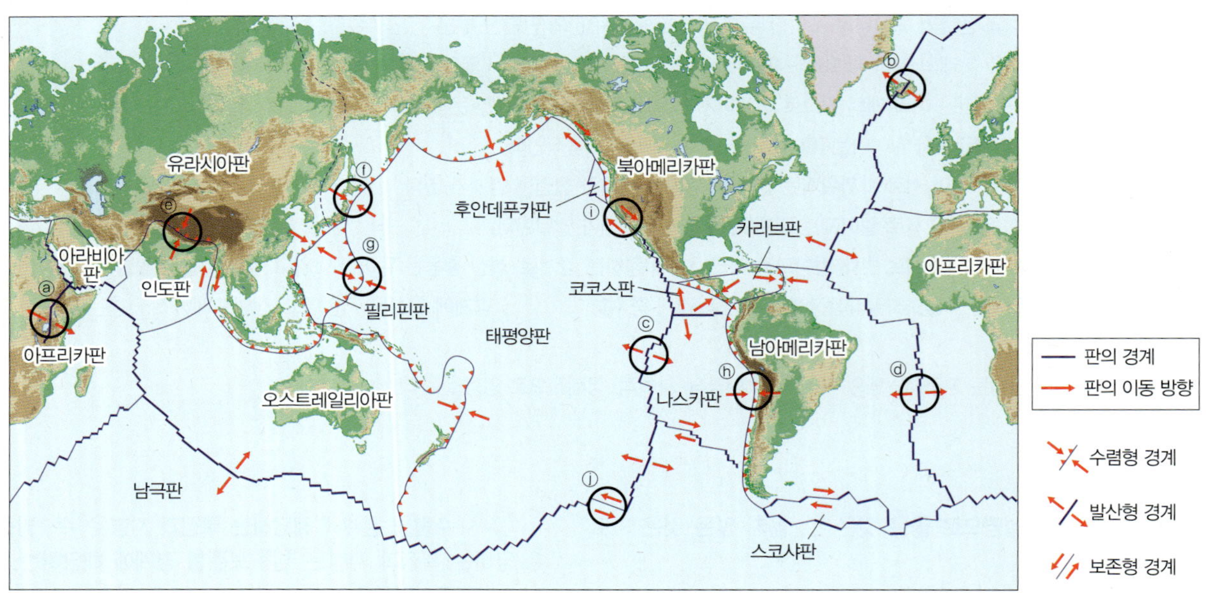

판 경계		발달 지형	관련된 판	모식도	특징
발산형 경계		ⓐ 동아프리카 열곡대	아프리카판	열곡대 / 대륙판 / 대륙판 / 지진	• 맨틀 대류의 상승부 • 판의 생성 • 천발 지진 발생 • 화산 활동 활발
발산형 경계		ⓑ 아이슬란드 열곡대 대서양 중앙 해령에 위치	북아메리카판과 유라시아판		
발산형 경계		ⓒ 동태평양 해령	태평양판과 나스카판	해령 / 열곡 / 해양판 / 해양판 / 지진	• 맨틀 대류의 상승부 • 판의 생성 • 천발 지진 발생 • 화산 활동 활발
발산형 경계		ⓓ 대서양 중앙 해령	남아메리카판과 아프리카판		
수렴형 경계	충돌형 경계	ⓔ 히말라야산맥 습곡 산맥	유라시아판과 인도판	습곡 산맥 / 대륙판 / 대륙판 / 지진	• 맨틀 대류의 하강부 • 천발~중발 지진 발생 • 화산 활동 없음
수렴형 경계	섭입형 경계	ⓕ 일본 해구와 일본 열도	유라시아판과 태평양판	호상 열도 / 해구 / 해양판 / 해양판 / 지진	• 맨틀 대류의 하강부 • 판의 소멸 • 천발~심발 지진 발생 • 화산 활동 활발
수렴형 경계	섭입형 경계	ⓖ 마리아나 해구와 마리아나 제도 호상 열도	필리핀판과 태평양판		
수렴형 경계	섭입형 경계	ⓗ 페루−칠레 해구와 안데스산맥 습곡 산맥	나스카판과 남아메리카판	해구 / 습곡 산맥 / 해양판 / 대륙판 / 지진	• 맨틀 대류의 하강부 • 판의 소멸 • 천발~심발 지진 발생 • 화산 활동 활발
보존형 경계		ⓘ 산안드레아스 단층 변환 단층	태평양판과 북아메리카판	변환 단층 / 판 / 판 / 지진	• 판의 생성이나 소멸 없음 • 천발 지진 발생 • 화산 활동 없음
보존형 경계		ⓙ 해령 주변 변환 단층	태평양판과 남극판		

개념 ① 지진과 화산 활동

[01~02] 그림 (가)는 변동대(지진대와 화산대)의 분포를, (나)는 전 세계 판의 분포를 나타낸 것이다.

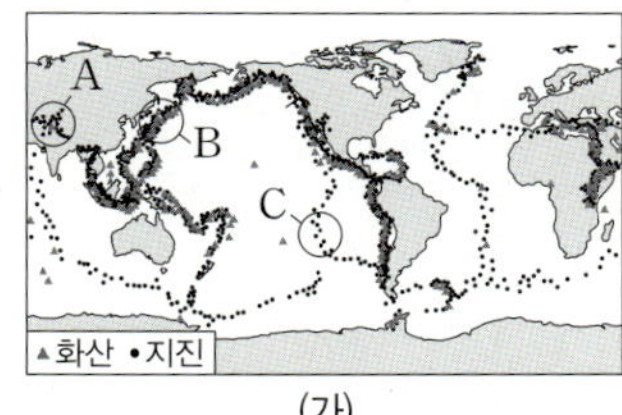
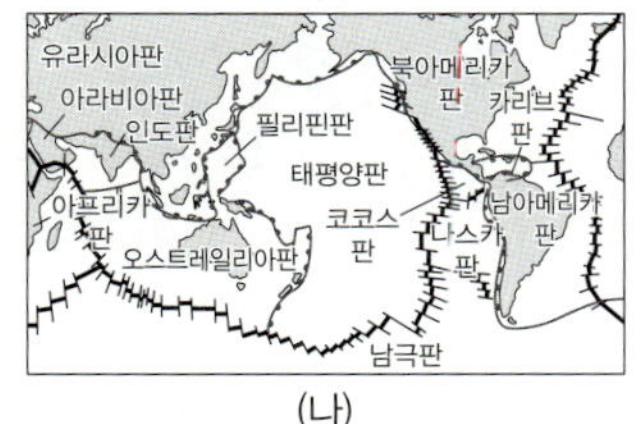

(가)　　　　　　　　　(나)

01 이에 대한 설명으로 옳지 않은 것은?

① A는 알프스–히말라야 변동대이다.
② 화산대는 지진대보다 광범위한 지역에서 나타난다.
③ 변동대는 판의 경계를 따라 좁고 긴 띠 모양으로 분포한다.
④ 태평양 주변부에 분포하는 지진대와 화산대는 거의 일치한다.
⑤ C는 대체로 태평양 해저에 발달한 해령을 따라 분포한다.

02 이에 대한 설명으로 옳은 것만을 [보기]에서 있는 대로 고른 것은?

보기
ㄱ. 대서양에서 화산 활동은 주로 발산형 경계 부근에서 발생한다.
ㄴ. A 부근에서는 지진은 발생하지만 화산 활동은 거의 발생하지 않는다.
ㄷ. B는 수렴형 경계에 해당한다.

① ㄱ　　　　② ㄷ　　　　③ ㄱ, ㄴ
④ ㄴ, ㄷ　　　⑤ ㄱ, ㄴ, ㄷ

개념 ③ 판의 경계와 지각 변동

[03~04] 그림 (가)~(다)는 서로 다른 판의 경계, A~C는 각 판의 경계에서 발달하는 지형을 나타낸 것이다.

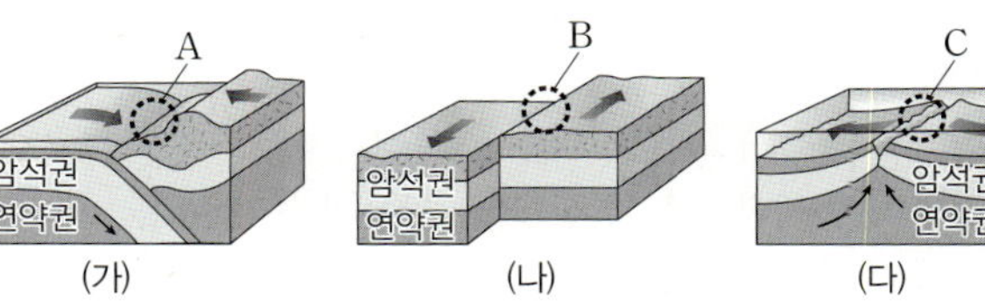

(가)　　　　　　　(나)　　　　　　　(다)

03 판의 경계에서 발달한 지형 A, B, C의 이름을 옳게 짝 지은 것은?

	A	B	C
①	해령	호상 열도	습곡 산맥
②	해령	변환 단층	습곡 산맥
③	해구	변환 단층	해령
④	해구	해령	변환 단층
⑤	변환 단층	해구	해령

04 이에 대한 설명으로 옳은 것만을 [보기]에서 있는 대로 고른 것은?

보기
ㄱ. (가)는 수렴형 경계, (나)는 발산형 경계이다.
ㄴ. A, B, C 중 화산 활동은 B 부근에서만 일어난다.
ㄷ. A, B, C에서는 공통적으로 천발 지진이 일어난다.

① ㄱ　　　　② ㄷ　　　　③ ㄱ, ㄴ
④ ㄴ, ㄷ　　　⑤ ㄱ, ㄴ, ㄷ

대표 문제 파헤치기

파악하기
전 세계 화산대와 지진대의 분포와 판의 경계를 비교하여 판의 경계에서 일어나는 지각 변동의 특징을 파악할 수 있어야 한다.

다가가기
STEP 1 환태평양 변동대는 태평양 가장자리를 따라 분포하고, 해령 변동대는 해령을 따라 분포한다.
STEP 2 화산대와 지진대는 거의 일치하며, 판 경계의 분포와도 거의 일치한다.
STEP 3 대륙판과 대륙판이 충돌하는 수렴형 경계나 변환 단층이 발달하는 보존형 경계에서는 화산 활동이 거의 일어나지 않는다.

대표 문제 파헤치기

파악하기
판 경계의 종류를 구분하고, 각 판의 경계에서 발달하는 지형과 일어나는 지각 변동을 파악할 수 있어야 한다.

다가가기
STEP 1 두 판이 상대적으로 가까워지는 곳은 수렴형 경계, 서로 반대 방향으로 어긋나게 이동하는 곳은 보존형 경계이다.
STEP 2 해구, 호상 열도, 습곡 산맥은 수렴형 경계, 해령은 발산형 경계, 변환 단층은 보존형 경계에 발달하는 지형이다.
STEP 3 모든 판의 경계에서는 천발 지진이 발생하며, 화산 활동은 충돌형 경계와 보존형 경계에서는 거의 발생하지 않는다.

개념 ① 지진과 화산 활동

01

지진과 화산 활동에 대한 설명으로 옳은 것만을 [보기]에서 있는 대로 고른 것은?

┤ 보기 ├
ㄱ. 지진이 발생할 때는 항상 화산 활동이 동반된다.
ㄴ. 지진과 화산 활동의 에너지원은 지구 내부 에너지이다.
ㄷ. 지진이나 화산 활동이 발생하는 지역은 전 세계에 고르게 분포한다.

① ㄱ ② ㄴ ③ ㄱ, ㄷ
④ ㄴ, ㄷ ⑤ ㄱ, ㄴ, ㄷ

02

그림은 전 세계 화산, 지진, 해령, 해구의 분포를 나타낸 것이다.

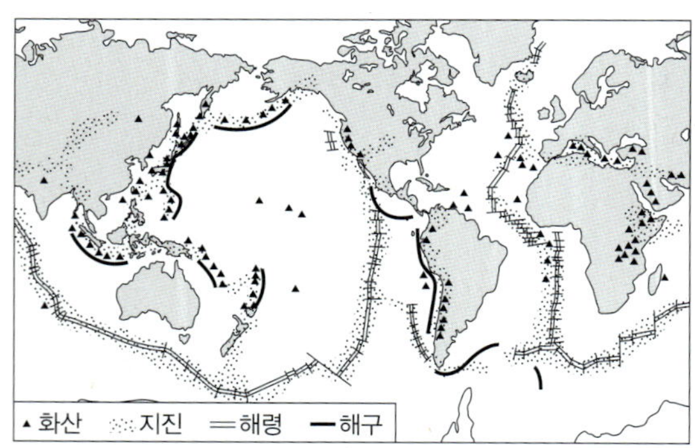

이에 대한 설명으로 옳은 것만을 [보기]에서 있는 대로 고른 것은?

┤ 보기 ├
ㄱ. 화산 활동이 활발한 곳에서는 지진도 활발하다.
ㄴ. 해령과 해구는 주로 대륙의 중앙부에 분포한다.
ㄷ. 태평양의 주변부는 대서양의 주변부보다 지각 변동이 활발하다.

① ㄱ ② ㄴ ③ ㄱ, ㄷ
④ ㄴ, ㄷ ⑤ ㄱ, ㄴ, ㄷ

03 중요

그림은 지진대와 화산대의 분포를 나타낸 것이다.

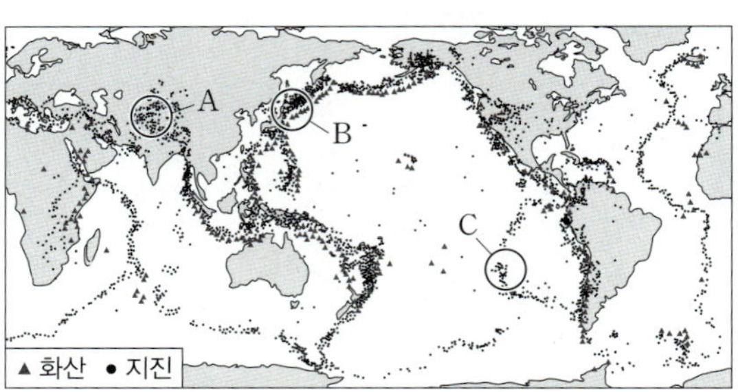

이에 대한 설명으로 옳은 것만을 [보기]에서 있는 대로 고른 것은?

┤ 보기 ├
ㄱ. 지진대와 화산대는 지구 전체적으로 고르게 분포한다.
ㄴ. A는 알프스–히말라야 지진대와 화산대에 속한다.
ㄷ. B와 C에서는 모두 화산 활동이 활발하게 일어난다.

① ㄱ ② ㄴ ③ ㄱ, ㄷ
④ ㄴ, ㄷ ⑤ ㄱ, ㄴ, ㄷ

개념 ② 판 구조론과 지권의 변화

04 중요

그림은 지표면부터 상부 맨틀까지의 지구 내부 구조를 나타낸 것이다. 이에 대한 설명으로 옳은 것만을 [보기]에서 있는 대로 고른 것은?

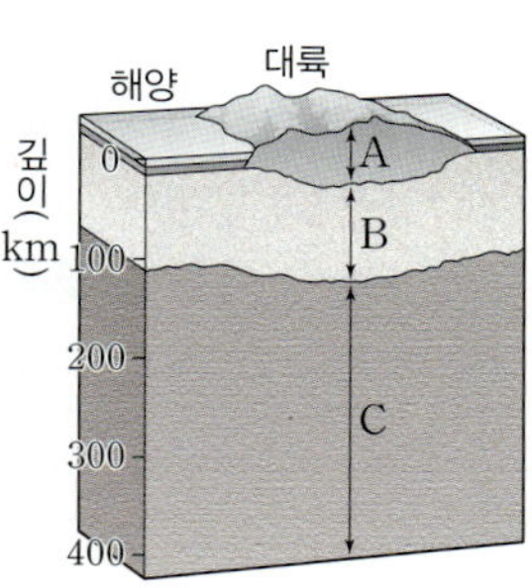

┤ 보기 ├
ㄱ. A와 B를 합친 부분은 암석권이다.
ㄴ. B와 C는 모두 맨틀에 해당한다.
ㄷ. C는 유동성을 띠는 물질로 이루어져 있어 대류가 일어난다.

① ㄱ ② ㄴ ③ ㄱ, ㄷ
④ ㄴ, ㄷ ⑤ ㄱ, ㄴ, ㄷ

05

판 구조론에서 판을 이동시키는 힘의 근원은 무엇인가?

① 맨틀 대류 ② 조력 에너지 ③ 태양 에너지
④ 지구의 중력 ⑤ 지구의 자기력

06

판 구조론에 대한 설명으로 옳은 것은?

① 판의 이동 속도는 모두 같다.
② 판의 두께는 지각의 두께와 같다.
③ 대륙판은 해양판보다 평균 두께가 두껍다.
④ 지구 표면은 커다란 한 개의 판으로 이루어져 있다.
⑤ 전 세계의 지진과 화산 활동은 모두 판의 경계부에서 일어난다.

07  중요

그림은 전 세계 주요 판의 경계와 이동 방향을 나타낸 것이다.

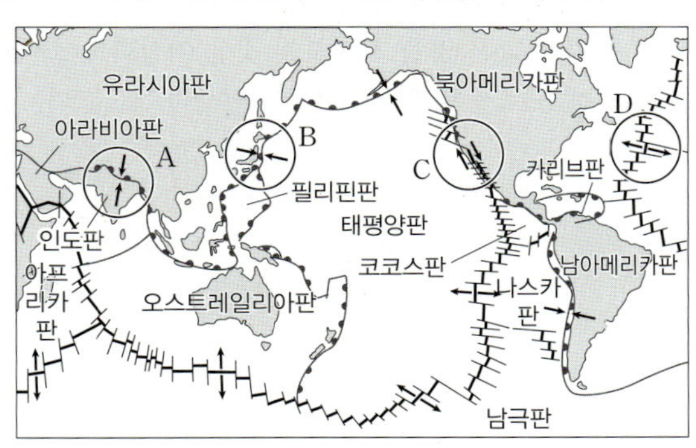

이에 대한 설명으로 옳은 것만을 [보기]에서 있는 대로 고른 것은?

보기
ㄱ. 같은 판 내부에서는 판의 이동 방향이 모두 같다.
ㄴ. A~D 중 수렴형 경계에 해당하는 지역은 A와 C이다.
ㄷ. 태평양판은 유라시아판보다 밀도가 크다.

① ㄱ　　　　② ㄷ　　　　③ ㄱ, ㄴ
④ ㄴ, ㄷ　　　⑤ ㄱ, ㄴ, ㄷ

개념 ③ 판의 경계와 지각 변동

08

두 판이 서로 멀어지는 경계 부근에서 발달할 수 있는 지형으로 옳은 것만을 [보기]에서 있는 대로 고른 것은?

보기
ㄱ. 해령　　　　　ㄴ. 해구
ㄷ. 열곡대　　　　ㄹ. 변환 단층

① ㄱ, ㄴ　　　② ㄱ, ㄷ　　　③ ㄴ, ㄷ
④ ㄴ, ㄹ　　　⑤ ㄷ, ㄹ

09

그림은 판의 경계와 이동 방향을 나타낸 것이다.

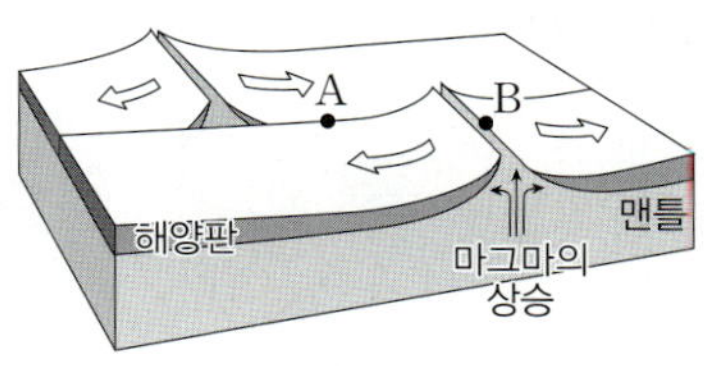

판 경계에 위치한 A, B 지점에 대한 설명으로 옳은 것만을 [보기]에서 있는 대로 고른 것은?

보기
ㄱ. A는 보존형 경계에 위치한다.
ㄴ. B에서는 새로운 판이 생성된다.
ㄷ. 화산 활동은 A보다 B에서 활발하다.

① ㄱ　　　　② ㄷ　　　　③ ㄱ, ㄴ
④ ㄴ, ㄷ　　　⑤ ㄱ, ㄴ, ㄷ

10 중요

그림은 판의 경계와 판의 이동 방향을 나타낸 것이다.

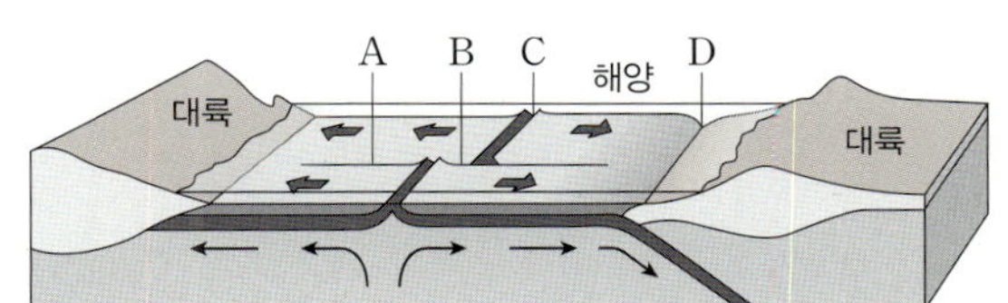

이에 대한 설명으로 옳은 것만을 [보기]에서 있는 대로 고른 것은?

보기
ㄱ. A는 보존형 경계에 위치한다.
ㄴ. B와 C에서는 화산 활동이 활발하게 일어난다.
ㄷ. D에서는 판의 섭입이 일어난다.

① ㄱ　　　　② ㄷ　　　　③ ㄱ, ㄴ
④ ㄴ, ㄷ　　　⑤ ㄱ, ㄴ, ㄷ

11

해령, 해구, 변환 단층에서 공통적으로 일어나는 지각 변동에 대한 설명으로 옳은 것은?

① 지진이 발생한다.
② 열곡이 형성된다.
③ 습곡 산맥이 형성된다.
④ 맨틀 물질이 상승한다.
⑤ 화산 활동이 활발하게 일어난다.

12 중요

그림 (가), (나), (다)는 서로 다른 판의 경계와 주변 판들의 상대적 이동 방향을 나타낸 것이다.

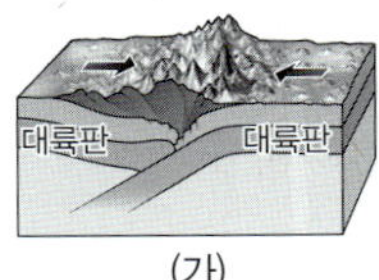
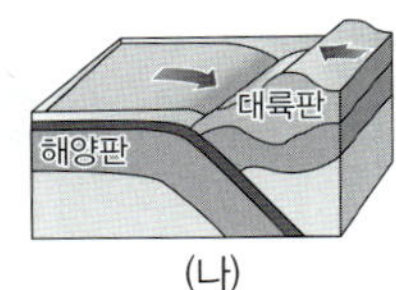
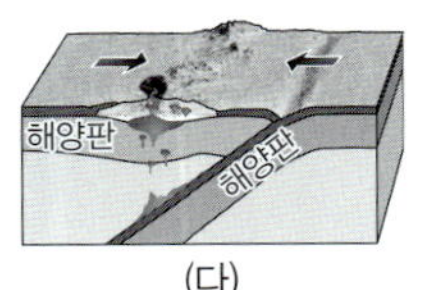

(가)~(다)에 대한 설명으로 옳은 것만을 [보기]에서 있는 대로 고른 것은?

―― 보기 ――
ㄱ. 모두 화산 활동이 활발하다.
ㄴ. 모두 맨틀 대류 하강부에 형성된다.
ㄷ. 히말라야산맥은 (가)와 같은 판의 경계 부근에 발달한 지형이다.

① ㄱ   ② ㄴ   ③ ㄱ, ㄷ
④ ㄴ, ㄷ   ⑤ ㄱ, ㄴ, ㄷ

13

그림은 전 세계 주요 판의 경계와 판의 경계에 발달한 지형을 나타낸 것이다.

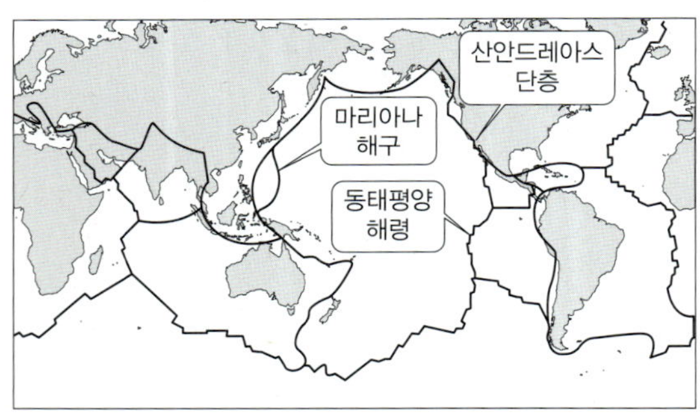

이에 대한 설명으로 옳은 것만을 [보기]에서 있는 대로 고른 것은?

―― 보기 ――
ㄱ. 마리아나 해구에서는 해양판과 해양판이 수렴한다.
ㄴ. 동태평양 해령에서는 새로운 해양 지각이 생성된다.
ㄷ. 산안드레아스 단층에서는 심발 지진이 활발하게 일어난다.

① ㄱ   ② ㄷ   ③ ㄱ, ㄴ
④ ㄴ, ㄷ   ⑤ ㄱ, ㄴ, ㄷ

개념 ④ 지권의 변화가 지구시스템에 미치는 영향

14

그림은 용암, 화산 가스, 화산 쇄설물을 특징에 따라 구분하는 과정을 나타낸 것이다. 이에 대한 설명으로 옳은 것만을 [보기]에서 있는 대로 고른 것은?

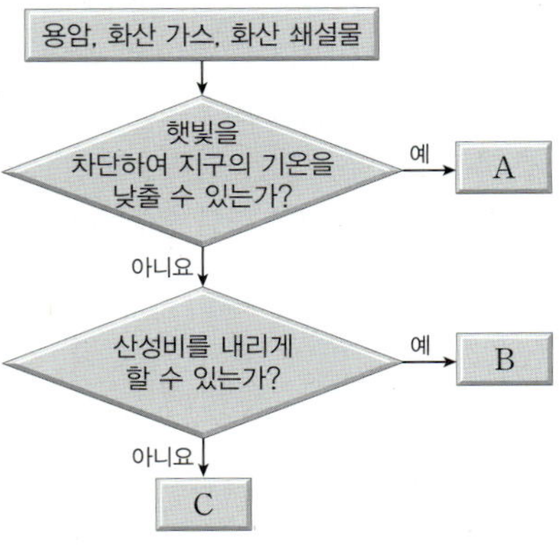

―― 보기 ――
ㄱ. A는 지형을 변화시킬 수 있다.
ㄴ. B에서 가장 많은 양을 차지하는 것은 이산화 탄소이다.
ㄷ. C로 인해 도로가 파괴되고 화재가 발생하기도 한다.

① ㄱ   ② ㄴ   ③ ㄱ, ㄷ
④ ㄴ, ㄷ   ⑤ ㄱ, ㄴ, ㄷ

15 중요

지각 변동이 지구시스템에 미치는 영향에 대한 설명으로 옳지 <u>않은</u> 것은?

① 화산 분출물 중 화산재는 토양을 산성화시키는 주요 분출물이다.
② 지진에 의해 산사태가 발생해 지형이 변한다.
③ 지진파를 분석하여 지하자원을 탐사한다.
④ 화산 폭발로 분출된 화산 가스가 지표수를 오염시킨다.
⑤ 화산 폭발로 분출된 용암이 흐르면서 지표를 덮거나 화산 쇄설물이 퇴적되어 지형이 변한다.

16

그림 (가), (나), (다)는 지각 변동에 의해 발생한 서로 다른 자연 현상을 나타낸 것이다.

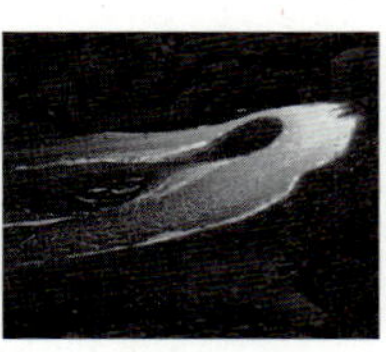

(가) 지진 해일   (나) 용암 분출   (다) 산사태

지각 변동이 지권에 영향을 주어 발생한 현상을 있는 대로 고른 것은?

① (가)   ② (나)   ③ (가), (다)
④ (나), (다)   ⑤ (가), (나), (다)

서술형 문제

17 중요

그림은 전 세계의 지진과 화산 분포를 나타낸 것이다.

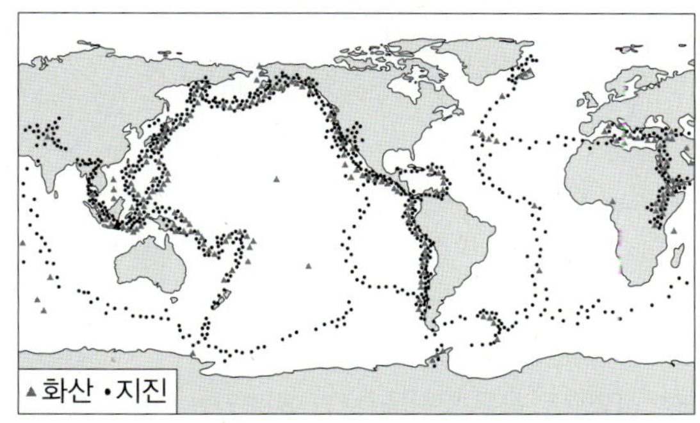

지진과 화산 활동이 대체로 특정 지역에서만 일어나는 까닭을 서술하시오.

18

그림은 판의 구조를 모식적으로 나타낸 것이다. A~E는 각각 대륙판, 해양판, 대륙 지각, 해양 지각, 연약권 중 하나이다.

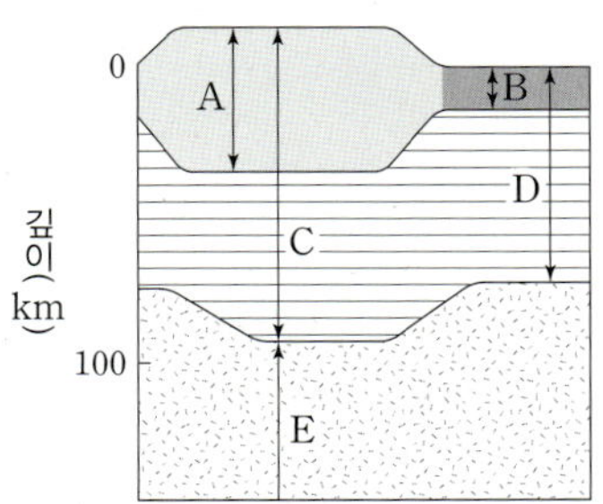

(1) A~E 중 대륙판과 해양판의 기호를 쓰고, 판의 두께와 밀도를 비교하여 서술하시오.

(2) 판을 이동시키는 원동력은 맨틀 대류이다. A~E 중 맨틀 대류가 일어나는 구간의 기호와 명칭을 쓰고, 해당 층에서 맨틀 대류가 일어나는 과정을 다음 내용을 모두 포함하여 서술하시오.

> 물질의 상태, 온도, 밀도

19 중요

그림은 우리나라 주변 판의 분포와 지진이 발생한 깊이를 나타낸 것이다.

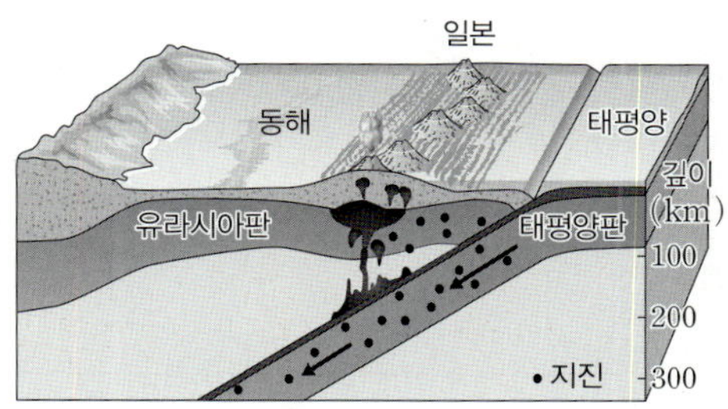

일본에서 우리나라 쪽으로 올수록 지진이 발생한 깊이는 어떻게 변하는지 쓰고, 그 까닭을 서술하시오.

20

그림은 히말라야산맥이 형성되는 과정의 일부를 모식적으로 나타낸 것이다.

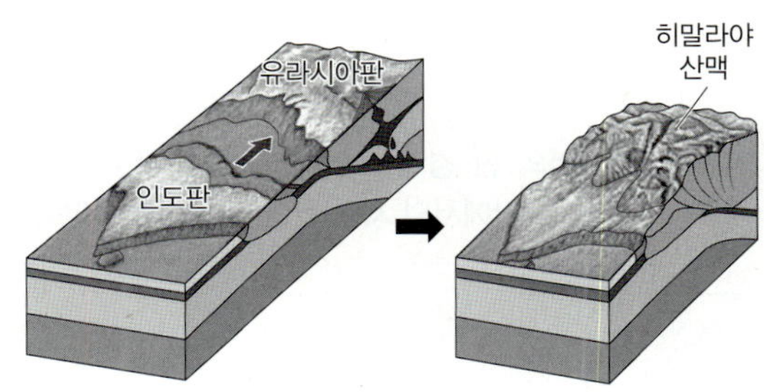

네 가지 판의 경계 중 히말라야산맥이 발달한 판의 경계를 쓰고, 히말라야산맥이 형성되는 과정을 판의 운동과 관련지어 서술하시오.

21 중요

화산이 폭발할 때 분출된 화산재가 기권과 지권에 미치는 영향을 각각 한 가지씩 서술하시오.

01

그림은 진원의 깊이에 따른 지진의 진앙 분포와 주요 변동대 A∼D를 나타낸 것이다.

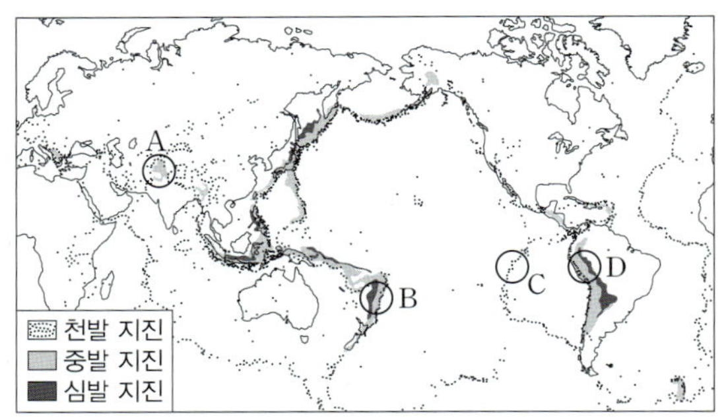

지역 A∼D에 대한 설명으로 옳은 것만을 [보기]에서 있는 대로 고른 것은?

┤ 보기 ├
ㄱ. A에는 해구가 발달한다.
ㄴ. 인접한 두 판의 밀도 차는 C가 D보다 작다.
ㄷ. B와 D는 맨틀 대류의 상승부에 위치한다.

① ㄱ   ② ㄴ   ③ ㄱ, ㄷ
④ ㄴ, ㄷ   ⑤ ㄱ, ㄴ, ㄷ

02

| 2022년 고1 11월 교육청 통합과학 11번 |

그림 (가)는 어느 지역의 판 경계 A와 판의 상대적인 이동 방향을, (나)는 (가)의 X−X′ 구간에서의 지형 단면을 나타낸 것이다.

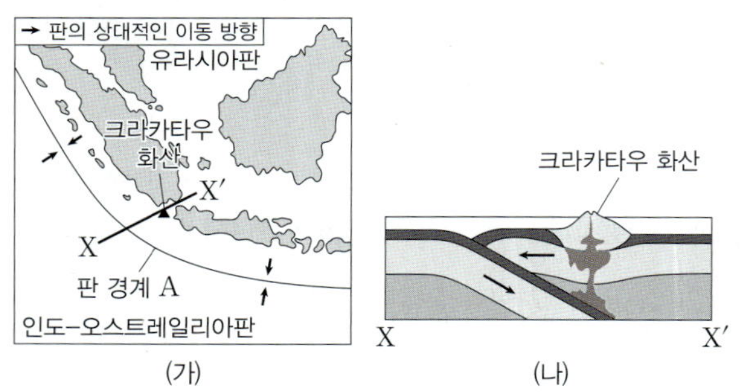

이에 대한 설명으로 옳은 것만을 [보기]에서 있는 대로 고른 것은?

┤ 보기 ├
ㄱ. A는 발산형 경계이다.
ㄴ. 크라카타우 화산에서 용암이 분출될 때 지구 내부 에너지가 방출된다.
ㄷ. A에 인접한 판의 밀도는 인도-오스트레일리아판이 유라시아판보다 작다.

① ㄱ   ② ㄴ   ③ ㄱ, ㄷ
④ ㄴ, ㄷ   ⑤ ㄱ, ㄴ, ㄷ

03

그림은 판의 경계에 위치한 지역 A, B, C와 각 지역에 인접한 판의 상대적인 이동 방향을 나타낸 것이다.

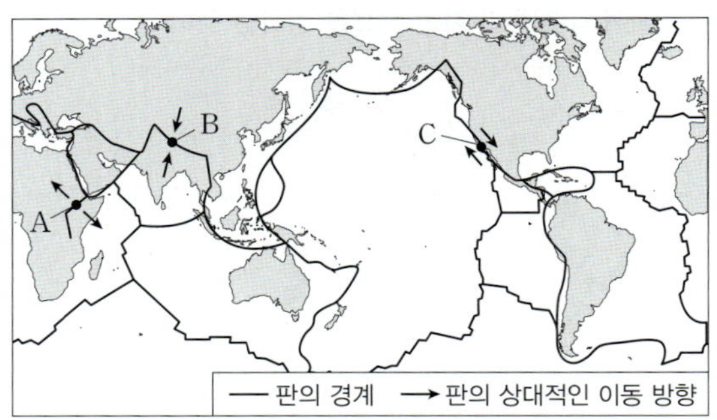

이에 대한 설명으로 옳은 것만을 [보기]에서 있는 대로 고른 것은?

┤ 보기 ├
ㄱ. A는 맨틀 대류가 상승하는 곳에 위치한다.
ㄴ. B에서는 화산 활동이 활발하게 일어난다.
ㄷ. C에서는 판이 생성된다.

① ㄱ   ② ㄴ   ③ ㄱ, ㄷ
④ ㄴ, ㄷ   ⑤ ㄱ, ㄴ, ㄷ

04

| 2024년 고2 3월 교육청 지구과학I 18번 |

그림은 어느 지역의 판 A, B와 진앙 분포를 나타낸 것이다. 판 A는 ㉠과 ㉡ 중 한 방향으로 움직인다.

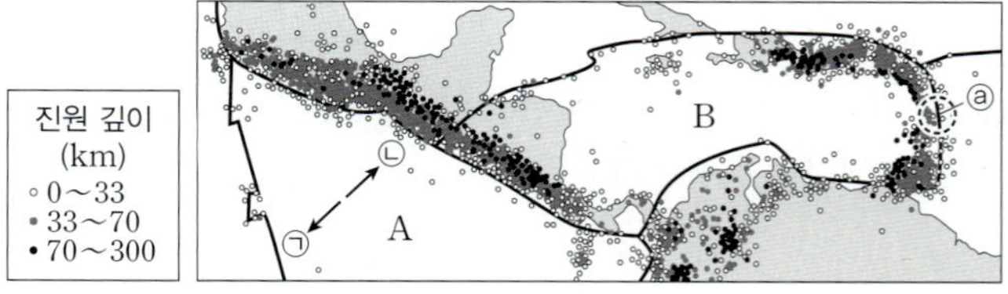

이에 대한 설명으로 옳은 것만을 [보기]에서 있는 대로 고른 것은?

┤ 보기 ├
ㄱ. 판 A의 이동 방향은 ㉡이다.
ㄴ. 판 A의 밀도는 판 B의 밀도보다 작다.
ㄷ. ⓐ에서는 새로운 판이 생성된다.

① ㄱ   ② ㄷ   ③ ㄱ, ㄴ
④ ㄴ, ㄷ   ⑤ ㄱ, ㄴ, ㄷ

05

그림 (가)는 판의 경계에 위치한 지역 A, B와 주변 판들의 상대적 이동 방향을 나타낸 것이다. (나)는 (가)의 A, B에서 발달하는 지형 또는 지각 변동 ㉠, ㉡, ㉢을 벤 다이어그램으로 나타낸 것이다.

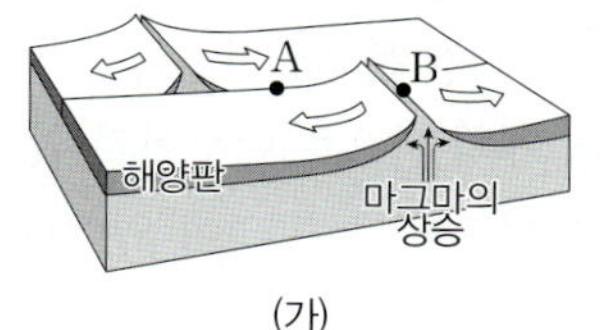

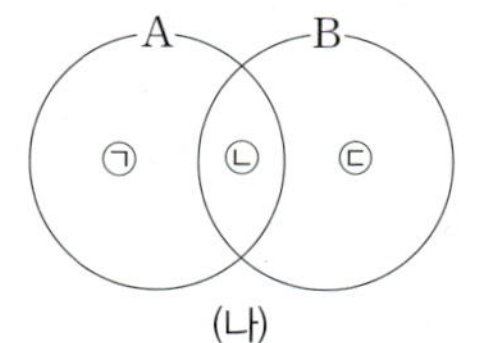

(가)　　　　　　　(나)

이에 대한 설명으로 옳은 것만을 [보기]에서 있는 대로 고른 것은?

| 보기 |

ㄱ. A에서는 해구가, B에서는 해령이 발달한다.
ㄴ. 지진은 ㉡에 속한다.
ㄷ. 습곡 산맥은 ㉢에 속한다.

① ㄱ　　　　② ㄴ　　　　③ ㄱ, ㄷ
④ ㄴ, ㄷ　　　　⑤ ㄱ, ㄴ, ㄷ

06

| 2021년 고2 3월 교육청 지구과학Ⅰ 19번 |

다음은 조선왕조실록에 실린 백두산 화산 폭발에 대한 기록이다.

- 일자: 숙종 28년 5월 20일(1702년)
- 지역: 함경도 부령 및 경성
- 내용: 하늘과 땅이 갑자기 캄캄해졌는데 연기와 불꽃같은 것이 일어나는 듯하였고, 비릿한 냄새가 방에 꽉 찬 것 같기도 하였다. 큰 화로에 들어앉은 듯 몹시 무덥고, 흩날리는 ㉠ 화산재는 마치 눈과 같이 사방에 떨어졌는데 그 높이가 한 치* 가량 되었다.

＊ 한 치: 약 3 cm

이에 대한 옳은 설명만을 [보기]에서 있는 대로 고른 것은?

| 보기 |

ㄱ. ㉠은 지표면에 도달하는 태양 복사 에너지를 감소시킨다.
ㄴ. 백두산 폭발로 다양한 화산 분출물이 방출되었다.
ㄷ. ㉠은 토양을 비옥하게 만들어 주기도 한다.

① ㄱ　　　　② ㄷ　　　　③ ㄱ, ㄴ
④ ㄴ, ㄷ　　　　⑤ ㄱ, ㄴ, ㄷ

07

표는 2010년에 아이티와 칠레에서 발생한 지진을 비교한 것이다.

구분	아이티	칠레
규모	7.0	8.8
진앙으로부터의 거리(km)	15	115
사망자 수(명)	316000	521
건축물의 내진 설계	부족	의무

이에 대한 설명으로 옳은 것만을 [보기]에서 있는 대로 고른 것은?

| 보기 |

ㄱ. 발생한 지진의 에너지는 칠레가 아이티보다 크다.
ㄴ. 지진의 피해는 규모가 클수록 크다.
ㄷ. 건축물의 내진 설계는 지진의 피해를 줄이기 위한 방법이다.

① ㄱ　　　　② ㄴ　　　　③ ㄱ, ㄷ
④ ㄴ, ㄷ　　　　⑤ ㄱ, ㄴ, ㄷ

08

| 2022년 고1 9월 교육청 통합과학 13번 |

다음은 인도네시아 스메루 화산 폭발에 대한 신문 기사의 일부이다.

2021년 12월 4일 스메루 화산이 폭발하였다. ㉠ 화산재와 뜨거운 ㉡ 가스가 십여 km 높이까지 분출되어, 인근 마을은 온통 시커먼 화산재로 뒤덮였다.

주택과 차량은 물론 마을을 잇는 다리가 파손되고, 뜨거운 열기와 화산재로 가축이 질식사하는 등 피해가 속출하였다.

이에 대한 설명으로 옳은 것만을 [보기]에서 있는 대로 고른 것은?

| 보기 |

ㄱ. 화산 활동으로 지구 내부 에너지가 급격하게 방출된다.
ㄴ. 성층권에 ㉠이 대량으로 유입될 경우 지표에 도달하는 태양 복사 에너지양이 일시적으로 감소한다.
ㄷ. ㉡이 퍼져 나간 지역은 산성비로 인한 피해가 발생할 수 있다.

① ㄱ　　　　② ㄷ　　　　③ ㄱ, ㄴ
④ ㄴ, ㄷ　　　　⑤ ㄱ, ㄴ, ㄷ

①1 지구시스템의 구성과 상호작용

1. 지구시스템의 구성요소

구분	특징
지권	• 지구의 겉 부분과 지구 내부를 포함한 영역 • 성층 구조: 지각, 맨틀, 외핵, 내핵 ➡ 지권에서 가장 많은 부피를 차지하는 부분은 (❶　　　)이고, 액체 상태인 부분은 외핵이다.
수권	• 지구에 물이 분포하는 영역 • 해수의 성층 구조: 혼합층, 수온 약층, 심해층
기권	• 지구를 둘러싸고 있는 대기가 분포하는 영역 • 성층 구조: 대류권, 성층권, 중간권, 열권 ➡ 대류권과 중간권에서는 대류 현상이 나타나고, 성층권에는 (❷　　　)층이 있다.
생물권	• 분해되지 않은 유기물을 포함한 지구에 살고 있는 모든 생명체 • 지권, 수권, 기권에 모두 분포한다.
외권	• 지구를 둘러싸고 있는 기권 바깥의 영역

2. 지구시스템의 상호작용:
지구시스템의 구성요소들은 에너지와 (❸　　　)을 주고받으며 상호작용을 한다.
➡ 한 권역에서 일어나는 변화는 자신의 권역 또는 다른 권역에 영향을 미친다.

3. 지구시스템의 구성요소가 생명 유지에 기여하는 과정

구분	특징
지권	생명체에 서식처를 제공, 무기 염류 공급
수권	태양 에너지 저장, 지구의 온도 조절
기권	자외선과 유성체 차단
생물권	먹이 사슬을 통한 물질 순환
외권	지구 자기권에 의한 태양풍, 우주선 등 차단

4. 지구시스템의 에너지원과 에너지 흐름:
저위도의 남는 에너지는 대기와 해수의 순환을 통해 고위도로 운반되어 지구 전체적으로 에너지 평형을 이룬다.

구분	특징	발생 원인
(❹　　　) 에너지	날씨 변화, 풍화·침식 작용 등을 일으킨다.	태양의 수소 핵융합 반응
지구 내부 에너지	맨틀 대류에 의해 지각 변동을 일으킨다.	방사성 원소의 붕괴열 등
조력 에너지	밀물과 썰물을 발생시킨다.	달과 태양의 인력

5. 지구시스템의 물질 순환

구분	특징
물의 순환	• 물은 순환하면서 지구 전체에 다양한 영향을 미치며, 지구 전체에 에너지를 고르게 분산시킨다. ➡ 지표 변화와 날씨 변화 등이 일어난다. • 물을 순환시키는 주요 에너지: (❺　　　) 에너지 • 지구시스템 전체 물의 양은 일정하게 유지된다.
탄소의 순환	• 탄소는 지권(탄산염, 화석 연료), 기권(이산화 탄소), 수권(탄산 이온), 생물권(유기물)에 다양한 형태로 존재한다. ➡ (❻　　　)에 가장 많이 존재한다. • 탄소의 순환 과정에서 에너지의 흐름이 함께 발생한다. ➡ 지구시스템 전체 탄소의 양은 일정하게 유지된다.

②2 지권의 변화와 영향

1. 변동대:
화산대, 지진대와 같이 지각 변동이 활발하게 일어나는 지역으로, 주로 대륙 주변부에 좁고 긴 띠 모양으로 분포한다. ➡ 대체로 (❼　　　)에 분포한다.

2. 판 구조론:
지구 표면은 여러 개의 판으로 이루어져 있으며, 판들의 상대적인 운동에 의해 (❽　　　)이 일어난다는 이론이다.

암석권(판)	지각＋상부 맨틀의 일부 ➡ 두께: 대륙판＞해양판
(❾　　　)	암석권 아래에 유동성을 띠며 맨틀 대류가 일어나는 부분 ➡ 밀도: 대륙판＜해양판＜연약권

3. 판의 경계와 지각 변동

 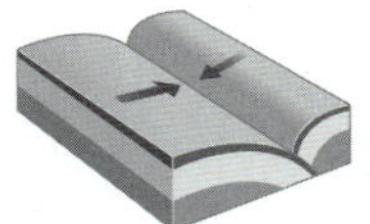 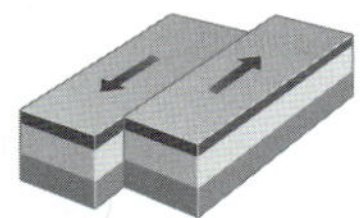

판의 경계	인접한 판	발달 지형	예	지각 변동	특징
발산형 경계	대륙판－대륙판	열곡대	동아프리카 열곡대	천발 지진, 화산 활동 활발	판의 생성, 맨틀 대류 상승
	해양판－해양판	해령, 열곡	대서양 중앙 해령		
수렴형 경계 (충돌형)	대륙판－대륙판	습곡 산맥	히말라야 산맥	천발～중발 지진, 화산 활동 거의 없음	판의 소멸, 맨틀 대류 하강
수렴형 경계 (섭입형)	해양판－대륙판	해구, 호상 열도	일본 해구, 일본 열도	천발～심발 지진, 화산 활동 활발	
		해구, 습곡 산맥	페루－칠레 해구, 안데스산맥		
	해양판－해양판	해구, 호상 열도	마리아나 해구, 필리핀 열도		
보존형 경계	대륙판－대륙판	(⓫　　　)	산안드레아스 단층	천발 지진, 화산 활동 없음	판의 생성과 소멸 없음
	해양판－해양판		케인 단층 (해령 주변)		

4. 지권의 변화가 지구시스템에 미치는 영향

구분	피해(부정적인 영향)	이용(긍정적인 영향)
화산 활동	• (⓬　　　)에 의한 산성비 생성(지권 → 기권) • 용암에 의한 지형 변화 (지권 → 지권) • 화산재에 의한 농작물 수확량 감소(지권 → 생물권)	비옥한 토양, 지열 에너지, 관광 자원 등을 제공
지진	• 도로 및 건물 붕괴, 산사태 (지권 → 지권) • 지진 해일 발생(지권 → 수권)	지하자원 탐사, 지구 내부 연구 등에 이용

①1 지구시스템의 구성과 상호작용

01

표는 지권 내부 각 층의 물리적 특성을 나타낸 것이다.

구분	깊이(km)	주요 구성 물질
A	0~5	규산염 물질
B	0~35	(㉠)
C	5(35)~2900	(㉡)
D	2900~5100	(㉢)
E	5100~6400	철, 니켈 등의 금속 물질

이에 대한 설명으로 옳은 것만을 [보기]에서 있는 대로 고른 것은?

보기
ㄱ. A는 해양 지각, B는 대륙 지각이다.
ㄴ. 지권 중에서 부피는 C가 가장 크다.
ㄷ. D는 고체 상태, E는 액체 상태이다.
ㄹ. ㉡의 성분은 ㉠보다 ㉢과 비슷하다.

① ㄱ, ㄴ   ② ㄴ, ㄷ   ③ ㄷ, ㄹ
④ ㄱ, ㄴ, ㄹ   ⑤ ㄱ, ㄷ, ㄹ

02

지구시스템에서 수권의 역할에 대한 설명으로 옳은 것만을 [보기]에서 있는 대로 고른 것은?

보기
ㄱ. 태양 복사 에너지를 저장하여 지구 기온의 변화 폭을 증가시킨다.
ㄴ. 물은 지구시스템의 각 권역 사이를 순환하면서 지표면의 형태를 변화시킨다.
ㄷ. 해수의 순환은 저위도의 남는 에너지를 고위도로 수송하여 저위도와 고위도의 온도 차를 줄여준다.

① ㄱ   ② ㄷ   ③ ㄱ, ㄴ
④ ㄴ, ㄷ   ⑤ ㄱ, ㄴ, ㄷ

03

다음은 지구시스템의 구성요소 사이에서 일어나는 상호작용의 예를 나타낸 것이다.

(가) 태풍으로 인해 폭풍 해일이 발생한다.
(나) 해수에 녹아 있던 탄산 이온이 침전되어 퇴적암이 생성된다.
(다) 지하수에 의해 석회 동굴이 만들어진다.

(가), (나), (다)에서 상호작용 하는 권역을 옳게 짝 지은 것은?

	(가)	(나)	(다)
①	기권-지권	기권-수권	수권-지권
②	기권-지권	기권-지권	수권-기권
③	기권-수권	수권-지권	수권-지권
④	기권-수권	수권-생물권	지권-지권
⑤	기권-기권	수권-지권	수권-지권

04

그림은 지구시스템 구성요소의 상호작용을 나타낸 것이다.

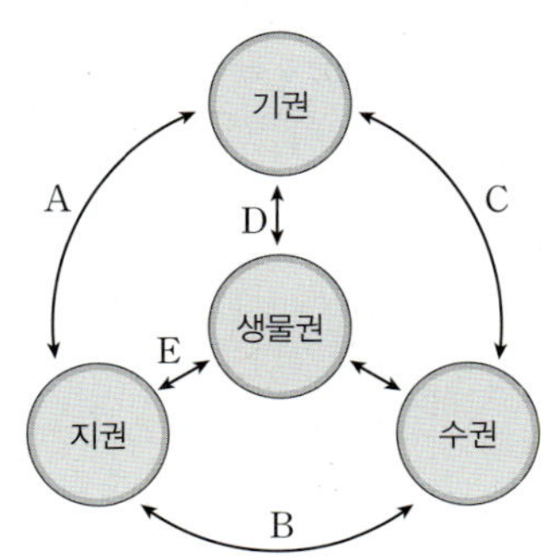

A~E에 해당하는 예로 옳지 않은 것은?

① A: 화산이 폭발할 때 대기 중으로 분출된 화산재에 의해 지구의 기온이 낮아진다.
② B: 파도의 침식 작용으로 해식 동굴이 생성되었다.
③ C: 성층권의 오존층이 파괴되어 지구에 도달하는 자외선의 양이 증가한다.
④ D: 식물의 광합성 작용으로 대기 중의 산소 농도가 증가한다.
⑤ E: 식물의 사체가 썩어 토양에 흡수된다.

05

지구 내부 에너지에 의해 발생하는 현상으로 옳은 것만을 [보기]에서 있는 대로 고른 것은?

—— 보기 ——
ㄱ. 태풍
ㄴ. 화산 폭발
ㄷ. 지진 해일
ㄹ. 해수의 증발

① ㄱ, ㄴ ② ㄱ, ㄷ ③ ㄴ, ㄷ
④ ㄴ, ㄹ ⑤ ㄷ, ㄹ

06

그림은 지구시스템의 각 권역에 존재하는 탄소의 형태와 탄소의 순환을 나타낸 것이다.

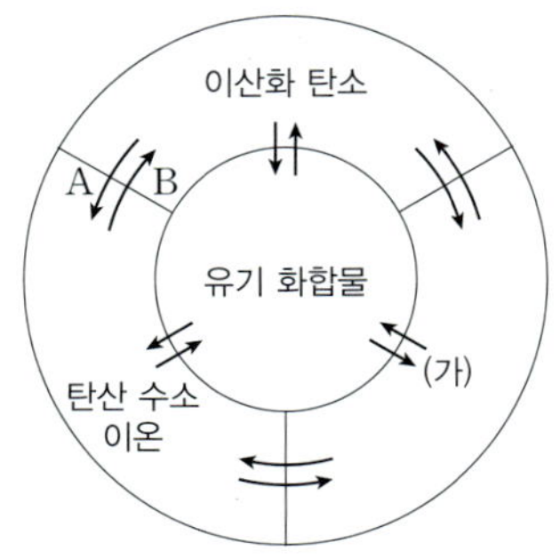

이에 대한 설명으로 옳은 것만을 [보기]에서 있는 대로 고른 것은?

—— 보기 ——
ㄱ. A는 탄소가 기권에서 수권으로 이동하는 과정이다.
ㄴ. 지구 온난화가 진행되면 B 과정에 의한 탄소의 이동량이 증가한다.
ㄷ. (가)에서 탄소는 주로 메테인 형태로 존재한다.

① ㄱ ② ㄷ ③ ㄱ, ㄴ
④ ㄴ, ㄷ ⑤ ㄱ, ㄴ, ㄷ

◯2 지권의 변화와 영향

07

그림은 전 세계 주요 판의 경계와 판의 이동 방향을 나타낸 것이다.

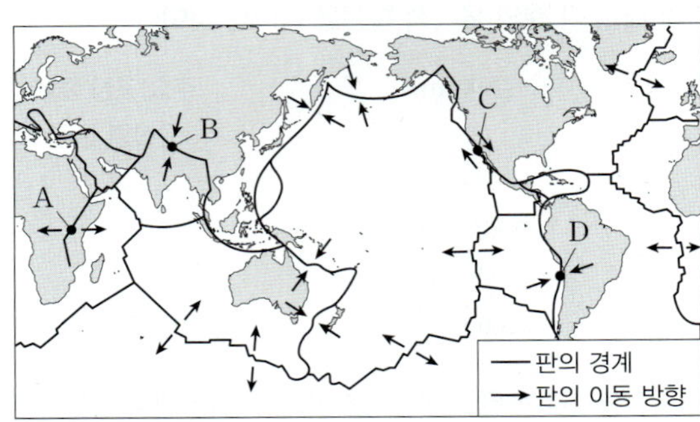

이에 대한 설명으로 옳은 것만을 [보기]에서 있는 대로 고른 것은?

—— 보기 ——
ㄱ. A에는 남북 방향으로 습곡 산맥이 발달해 있다.
ㄴ. C에서는 천발 지진과 심발 지진이 모두 활발하게 발생한다.
ㄷ. B와 D의 하부에서는 맨틀 대류가 하강한다.

① ㄱ ② ㄷ ③ ㄱ, ㄴ
④ ㄴ, ㄷ ⑤ ㄱ, ㄴ, ㄷ

08

그림 (가), (나), (다)는 서로 다른 종류의 판의 경계를 나타낸 것이다. 화살표는 판의 상대적인 이동 방향을 나타낸다.

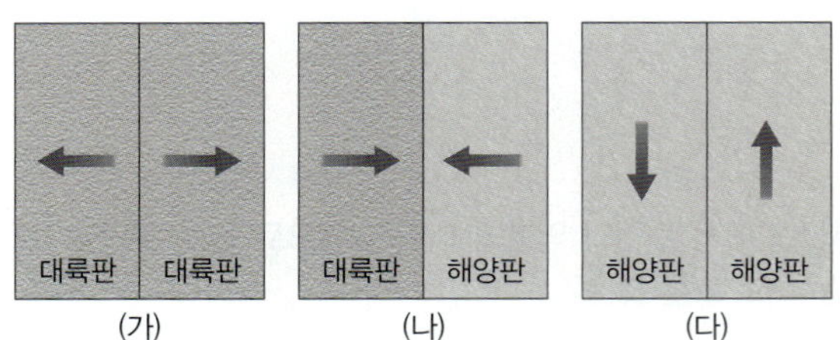

이에 대한 설명으로 옳은 것만을 [보기]에서 있는 대로 고른 것은?

—— 보기 ——
ㄱ. (가)에서는 습곡 산맥이 형성된다.
ㄴ. (나)에서 지각 변동은 해양판보다 대륙판에서 주로 발생한다.
ㄷ. (다)는 대체로 해령 부근에서 해령과 나란하게 형성된다.

① ㄱ ② ㄴ ③ ㄱ, ㄷ
④ ㄴ, ㄷ ⑤ ㄱ, ㄴ, ㄷ

09

그림은 여러 가지 판의 경계와 지형을 나타낸 것이다.

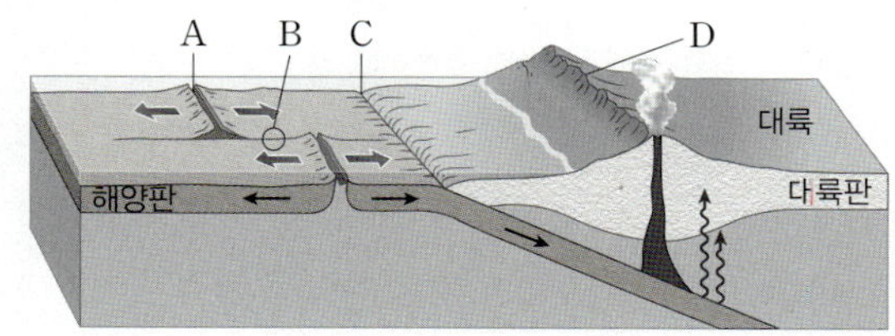

이에 대한 설명으로 옳은 것만을 [보기]에서 있는 대로 고른 것은?

보기
ㄱ. A와 B는 맨틀 대류가 상승하는 곳에 위치한다.
ㄴ. C에서는 해양판이 대륙판 아래로 섭입하면서 소멸한다.
ㄷ. D에서 형성된 대규모 습곡 산맥의 예로 안데스산맥이 있다.

① ㄱ   ② ㄷ   ③ ㄱ, ㄴ
④ ㄴ, ㄷ   ⑤ ㄱ, ㄴ, ㄷ

10

그림은 아프리카 동부 지역 주변 판의 경계와 판의 이동 방향을 나타낸 것이다.

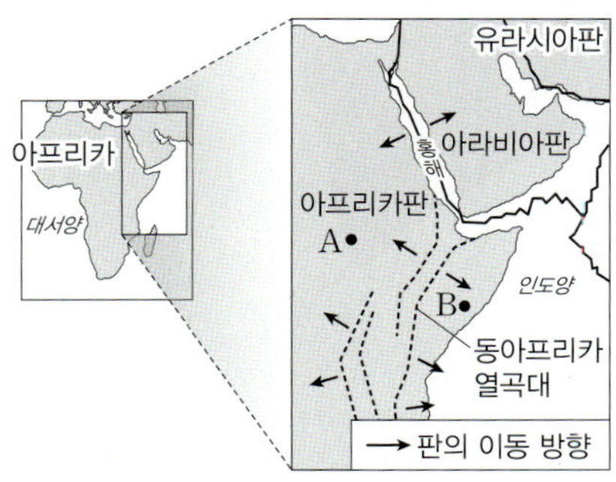

이 지역에 대한 설명으로 옳은 것만을 [보기]에서 있는 대로 고른 것은?

보기
ㄱ. 맨틀 대류의 상승부에 위치한다.
ㄴ. 지진과 화산 활동이 활발하게 일어난다.
ㄷ. A가 위치한 판은 대륙판이고 B가 위치한 판은 해양판이다.

① ㄱ   ② ㄷ   ③ ㄱ, ㄴ
④ ㄴ, ㄷ   ⑤ ㄱ, ㄴ, ㄷ

11

그림은 어느 판의 경계에서 발달하는 지형과 판의 이동 방향을 나타낸 것이다.

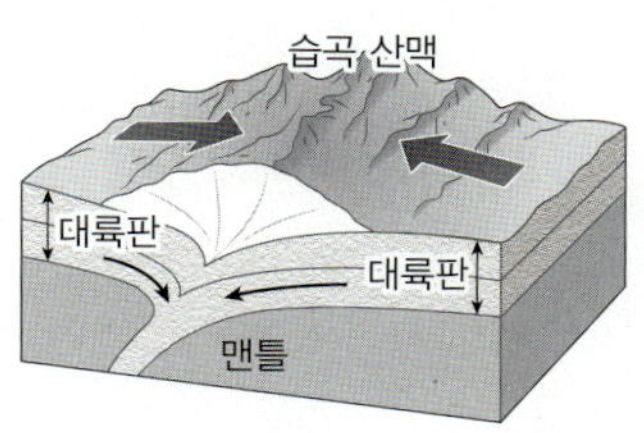

이 판의 경계에 대한 설명으로 옳은 것만을 [보기]에서 있는 대로 고른 것은?

보기
ㄱ. 천발~중발 지진이 발생한다.
ㄴ. 맨틀 대류의 상승부에 위치한다.
ㄷ. 화산 활동이 활발하게 일어난다.

① ㄱ   ② ㄴ   ③ ㄱ, ㄷ
④ ㄴ, ㄷ   ⑤ ㄱ, ㄴ, ㄷ

12

그림은 어느 화산이 폭발에 의해 모습이 변하는 과정을 나타낸 것이다.

폭발 전   폭발   폭발 후

이에 대한 설명으로 옳은 것만을 [보기]에서 있는 대로 고른 것은?

보기
ㄱ. 화산 폭발에 의해 대기 중으로 분출된 화산재는 지구의 기온을 높인다.
ㄴ. 화산 주변 지역에서는 화산 활동에 의해 산사태가 발생할 수 있다.
ㄷ. 폭발 전과 폭발 후의 화산 지형 변화는 지권과 지권의 상호작용으로 발생하였다.

① ㄱ   ② ㄷ   ③ ㄱ, ㄴ
④ ㄴ, ㄷ   ⑤ ㄱ, ㄴ, ㄷ

02 역학 시스템

└ 중력이 다른 힘들과 상호작용 하여 지구상의 모든 물체의 운동 체계를 유지한다.

중력을 받는 물체의 운동

개념 ① 자유 낙하 운동

1. **①중력** 지구가 물체를 당기는 힘으로, **②**질량을 가진 물체가 **③**상호 작용 하여 서로 끌어당기는 힘이다.

(1) 중력의 크기: 물체의 질량이 클수록, 두 물체 사이의 거리가 가까울수록 중력의 크기가 크다.

(2) 중력의 방향: 지구의 위치에 관계없이 지구 중심 방향이다. ┌ 연직 방향

③중력이 지구의 자연 현상과 생명에 미치는 영향

밀물과 썰물이 발생하는 데 영향을 준다.	대기의 구성 성분(대기권)을 이루는 데 영향을 준다.
태양과 지구, 달과 지구 사이에 작용하는 중력은 밀물과 썰물 현상을 일으키는데, 달이 태양에 비해 지구와의 거리가 가까워 영향력이 크다.	수소나 헬륨과 같은 기체는 가벼워서 중력의 영향을 벗어나 우주로 날아가고, 산소나 질소와 같이 무거운 기체는 지구에 남아 대기를 구성한다.
기상 현상과 물의 순환의 원인이 된다.	**생물의 구조와 생활 방식을 결정하는 요인이 된다.**
공기 중의 수증기가 비 또는 눈으로 지표에 떨어져 낮은 곳으로 흘러 오랜 기간에 걸쳐 지표를 변화시킨다.	사람의 귀에는 중력을 감지하여 평형을 유지하는 전정 기관이 있고, 식물의 뿌리는 땅속을 향해 자란다.

└ 대부분의 동물이 다리로 몸을 지탱한다.

밀물과 썰물	대기의 구성	기상 현상 발생	식물의 뿌리

2. **④자유 낙하 운동** 물체를 정지 상태에서 가만히 놓았을 때 중력만 받으며 아래로 떨어지는 운동 (단, 공기 저항은 무시한다.) 〈예〉번지 점프, 비, 눈 등

(1) 중력 가속도(g): 중력에 의한 **⑤**가속도로, 지표면 근처에서 중력 가속도의 크기는 약 $9.8\,\mathrm{m/s^2}$이고, 물체의 질량과 무관하다.

(2) 공기 중과 진공 중에서 구슬과 깃털을 같은 높이에서 동시에 떨어뜨렸을 때: 진공 중에서는 구슬과 깃털이 동시에 떨어진다.

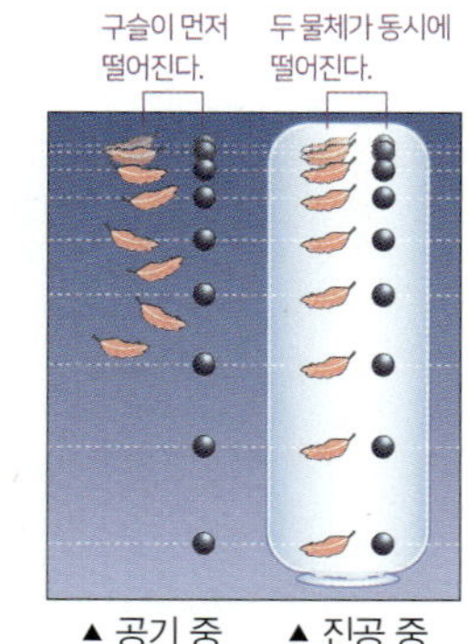

구분	공기 중	진공 중
⑥속력	$v_{구슬} > v_{깃털}$	$v_{구슬} = v_{깃털}$
가속도의 크기	$a_{구슬} > a_{깃털}$	$a_{구슬} = a_{깃털}$
낙하 시간	$t_{구슬} < t_{깃털}$	$t_{구슬} = t_{깃털}$

더 알아보기 등가속도 운동

• 가속도가 일정한 운동으로 속도가 일정하게 증가하거나 감소한다.

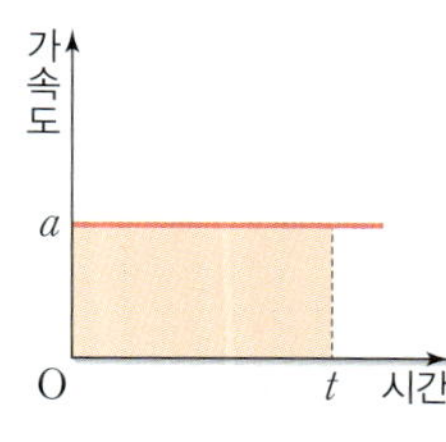
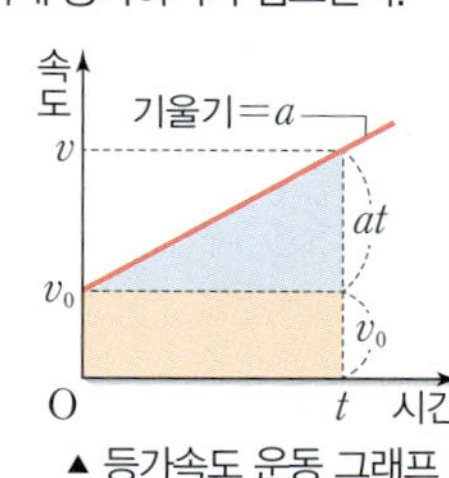
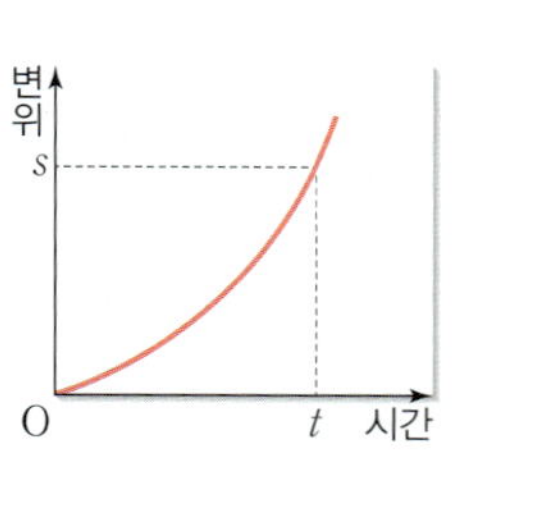

---

① 중력
질량을 가진 물체들 사이에 서로 상호작용 하는 힘

(1) 두 힘의 상호작용: A가 B를 당기는 힘의 크기와 B가 A를 당기는 힘의 크기는 같으며, 힘의 방향은 서로 반대이다.

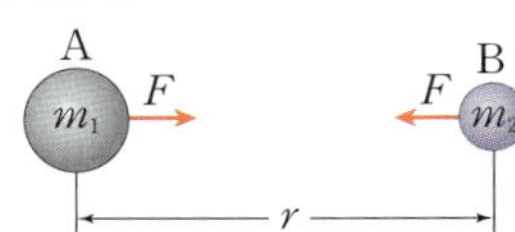

(2) 크기: 중력은 두 물체 A, B의 질량(m_1, m_2)의 곱에 비례하고, 두 물체 사이의 거리(r)의 제곱에 반비례한다.

$$F = G\frac{m_1 m_2}{r^2} \quad (G: 중력\ 상수)$$

② 질량
물체가 가지는 고유한 양으로, 장소에 따라 변하지 않는다. (단위: g(그램), kg(킬로그램))

③ 중력에 의한 현상
지구 위의 모든 물체와 지구에서 일어나는 모든 현상에 중력이 작용하며, 지구 시스템과 생명 시스템을 유지하는 데 중요한 역할을 한다.

④ 자유 낙하 운동
높은 곳에서 물체를 가만히 놓을 때 물체가 중력만 받으며 지구 중심(연직 아래) 방향으로 떨어지는 운동

⑤ 가속도
단위 시간(1초) 동안의 속도 변화량으로, 단위는 $\mathrm{m/s^2}$을 사용한다.

$$가속도 = \frac{나중\ 속도 - 처음\ 속도}{걸린\ 시간}$$

⑥ 속력과 속도
(1) 속력: 물체의 빠르기를 나타내는 물리량으로, 물체의 이동 거리를 움직이는 동안 걸린 시간으로 나눈 값이다.

(2) 속도: 물체의 처음 위치에서 나중 위치까지의 변화량(변위)을 그 동안 걸린 시간으로 나눈 값이며 운동 방향도 함께 표시하는 물리량이다.

용어알기

⊙ 상호작용(相 서로, 互 서로, 作 지으다, 用 쓰다) 두 물체가 서로 밀거나 끌어당기는 작용

- 가상 현실 속 달 표면에서 걷거나 뛰어보기
  - 달 표면에서 작용하는 중력의 크기는 지구 표면에서의 약 $\frac{1}{6}$ 배로 사람이 걷거나 뛰기에 어려움을 느낀다.
  - 달의 중력이 지구의 중력보다 작아 몸이 풍선같이 둥둥 뜨기 때문에 움직이기가 어렵다.
- 달에서와 지구에서 질량이 $6\,kg$인 물체의 중력과 자유 낙하 운동
  - 지구에서 물체를 떨어뜨릴 때 물체에 작용하는 중력의 크기인 ❼무게는 약 $60\,N$이고, 달에서 물체를 떨어뜨릴 때 무게는 약 $10\,N$이다.
  - 달 표면 근처에서 중력 가속도의 크기가 지구 표면 근처에서보다 작으므로 물체가 같은 높이에서 자유 낙하 운동을 할 때 표면에 도착하는 데 걸리는 시간은 달 표면에서가 지구 표면에서보다 길다.

❼ **무게**
- 물체에 작용하는 중력의 크기
- 무게는 중력(F)의 크기이므로 물체의 질량(m)과 중력 가속도(g)에 비례한다.

$$F = mg$$

개념 ② 수평 방향으로 던진 물체의 운동

1. 수평 방향으로 던진 물체의 운동 공기 저항을 무시할 때 물체를 정지 상태에서 수평 방향으로 던지면 물체가 중력만 받으며 포물선 궤도를 그리며 낙하하는 운동 〔예〕 야구공을 수평 방향으로 던질 때

(1) 수평 방향 운동: 힘이 작용하지 않으므로 일정한 속력으로 운동
(2) ❾연직 방향 운동: 중력만 받으며 아래로 떨어지므로 속력이 일정하게 빨라지는 운동

구분	수평 방향	❾연직 방향
힘	0	중력
속도	일정	일정하게 증가
가속도	0	일정 → 중력 가속도
운동	등속 직선 운동	등가속도 운동(자유 낙하 운동)

운동 방향과 속력이 일정 ┘   └ 가속도가 일정한 운동

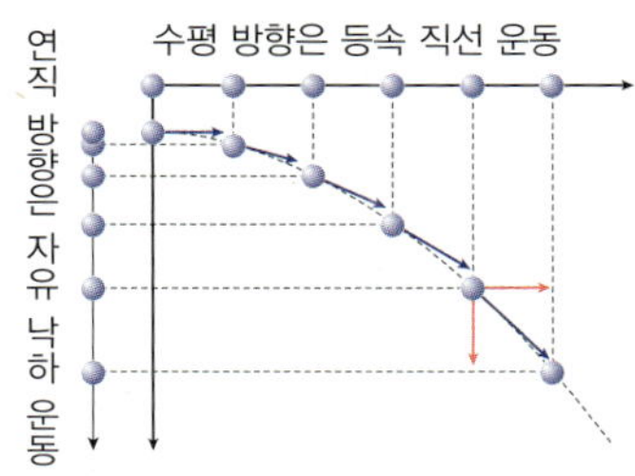

더 알아보기 ❽자유 낙하 운동과 수평 방향으로 던진 물체의 운동

그림과 같이 물체 A를 수평 방향으로 v의 속력으로 던지는 순간 같은 높이에서 물체 B를 가만히 놓았더니 P점에서 A와 B가 충돌하였다. (단, 물체의 크기와 공기 저항은 무시한다.)

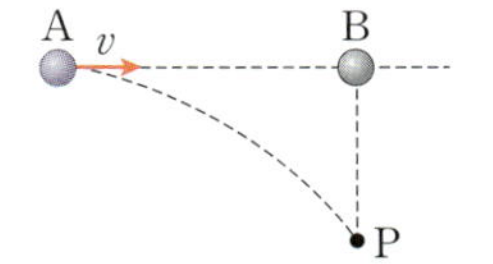

꼭! 암기

❽ 자유 낙하 운동과 수평 방향으로 던진 물체의 운동(같은 높이일 경우)
- 공통점: 가속도의 방향과 크기, 지면에 떨어지는 시간
- 차이점: 운동 방향, 속력

1. 두 물체에 작용하는 힘과 물체의 운동

구분	A 수평 방향	A 연직 방향	B 수평 방향	B 연직 방향
힘	0	중력	0	중력
속도	일정	일정하게 증가	0	일정하게 증가
가속도	0	일정	0	일정
운동	등속 직선 운동	등가속도 운동	0	등가속도 운동
운동 그래프	속도 v / 시간 (0)	속도 / 시간 (0)	속도 / 시간 (0)	속도 / 시간 (0)

2. P에서 충돌하는 이유: A와 B는 연직 방향으로 가속도가 중력 가속도(g)인 등가속도 운동을 동일하게 하므로 같은 시간 동안 낙하 거리(이동 거리)가 같다. 따라서 A와 B는 P에서 충돌한다.

용어 알기

⊙ **연직 방향**(鉛 납, 直 곧다, 方 모 방, 向 향하다) 지구에서 물체에 작용하는 중력의 방향과 나란한 방향

 자유 낙하 운동과 수평 방향으로 던진 물체의 운동 분석

목표

1. 자유 낙하 하는 물체와 수평 방향으로 던진 물체의 운동을 시각화하여 분석할 수 있어야 한다.
2. 수평 방향으로 던진 물체의 처음 속력을 변화할 때 바닥에 도달하는 시간과 수평 방향으로 이동하는 거리의 관계를 이해할 수 있어야 한다.

과정

1. 그림과 같이 책상과 플라스틱 자 위에 동전 A, B를 올려놓는다.
2. 한 손으로 플라스틱 자의 중간을 눌러 회전축으로 하고, 다른 손으로 플라스틱 자를 쳐서 회전시킨다.
3. A와 B가 낙하하여 바닥에 떨어질 때까지의 과정을 촬영한다.
4. 플라스틱 자를 더 세게 쳐서 회전 속력을 크게 하여 과정 3을 반복한다.

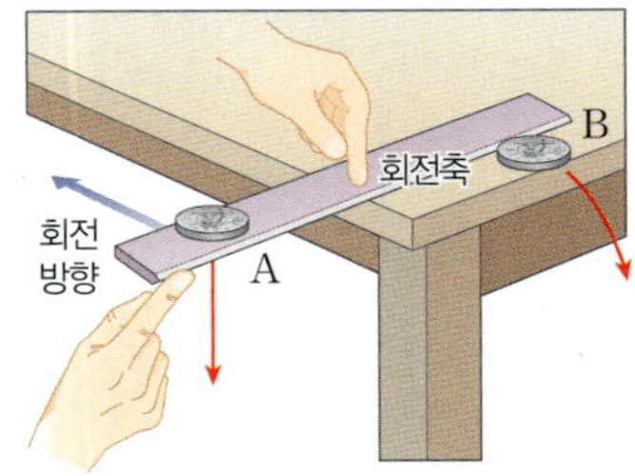

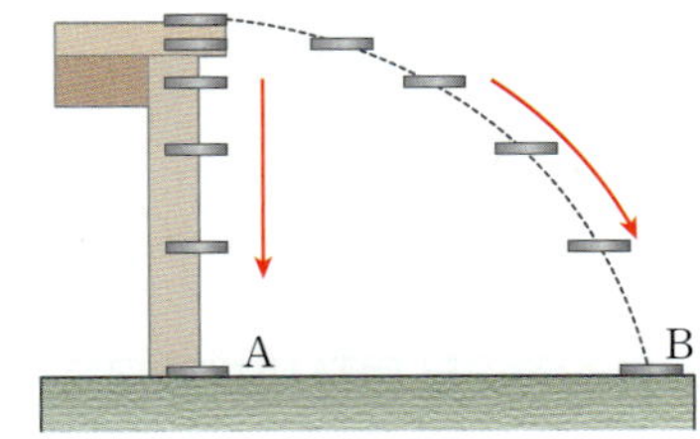

결과

1. A는 자유 낙하 운동을 하고, B는 수평 방향으로 던진 물체의 운동을 한다.
2. A와 B가 바닥에 도달하는 시간은 같다.
3. 플라스틱 자의 회전 속력을 크게 하면 B가 수평 방향으로 이동하는 거리는 증가하지만, A와 B가 바닥에 도달하는 시간은 같다.

정리

1. A의 운동
   A에 작용하는 중력의 크기가 일정하므로 물체의 속력이 일정하게 증가하는 등가속도 운동(자유 낙하 운동)을 한다.
2. B의 운동
   - 수평 방향으로는 작용하는 힘이 0이므로 등속 직선 운동을 한다.
   - 연직 방향으로는 B에 작용하는 중력의 크기가 일정하므로 물체의 속력이 일정하게 증가하는 등가속도 운동을 한다.
   - 플라스틱 자의 회전 속력과 관계없이 바닥에 도달하는 시간은 같지만, 회전 속력이 클수록 책상으로부터 수평 방향으로 이동하는 거리는 증가한다.

개념 ③ 지구를 공전하는 물체의 운동

1. 등속 원운동   원 궤도를 그리며 일정한 속력으로 회전하는 물체의 운동

(1) 물체의 운동 방향: 등속 원운동을 하는 물체는 속력은 일정하지만 운동 방향이 계속 변하는 운동이며, 매 순간 운동 방향은 원의 접선 방향이다.

(2) 물체의 가속도: 원운동을 하려면 물체의 운동 방향은 계속 변해야 하므로 물체는 원의 중심 방향으로 힘을 받는 가속도 운동을 한다.

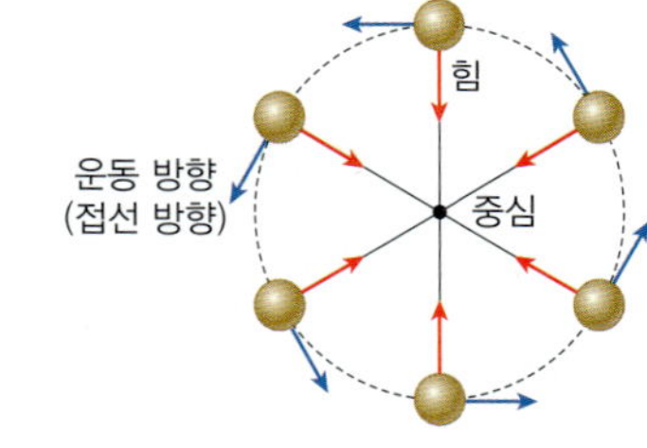

① 가속도 방향은 원궤도의 중심을 향하는 방향이다.
② 가속도의 크기는 일정하지만 방향은 계속 바뀌므로 등가속도 운동은 아니다.

2. 지구 주위를 °공전하는 물체의 운동 [9]

(1) 지구 주위를 공전하는 물체의 예: 달, 인공위성 등

(2) 공전하는 물체의 가속도

① 물체의 가속도 방향은 중력의 방향과 같은 지구 중심을 향하는 방향이다.
② 중력 가속도의 크기는 일정하지만, 방향은 매 순간 바뀌므로 물체의 운동 방향도 매 순간 바뀐다.

(3) 달과 인공위성의 운동: 지구 주위를 공전하는 달과 인공위성의 원운동은 지구 중력에 의한 지구 중심 방향의 가속도 운동이다.

---

[9] 뉴턴의 사고 실험

뉴턴은 지구의 산 꼭대기에서 물체를 수평 방향으로 충분히 세게 던지면 공기의 저항을 무시할 때 물체가 지면에 닿지 않고 지구를 한 바퀴 돌아 원래 자리로 되돌아올 수 있다고 생각했다.

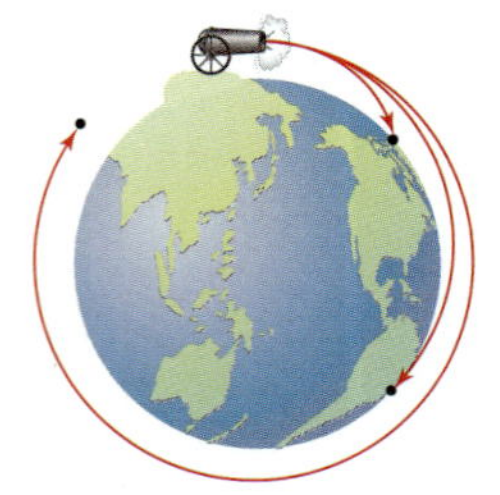

용어 알기

⊙ 공전(公 공평하다, 轉 구르다) 한 천체가 다른 천체의 둘레를 일정한 주기로 도는 운동

- (❶   ): 질량을 가진 물체가 상호작용 하여 끌어당기는 힘
- (❷   ): 물체를 정지 상태에서 가만히 놓았을 때 중력만 받으며 아래로 떨어지는 운동
- (❸   ): 중력에 의한 가속도로, 지표면 근처에서 약 $9.8 \, \text{m/s}^2$이고, 물체의 질량과 무관하다.
- 수평 방향으로 던진 물체의 운동
  - 공기 저항을 무시할 때 (❹   )만 받으며 포물선 궤도를 그리며 아래로 떨어지는 운동
  - 수평 방향으로는 힘을 받지 않으므로 속력이 일정한 (❺   )
  - 연직 방향으로는 중력만을 받아 속도가 일정하게 증가하는 (❻   )
- (❼   ): 원 궤도를 그리며 일정한 속력으로 회전하는 물체의 운동
  - 등속 원운동을 하는 물체의 운동 방향은 매 순간 원의 (❽   ) 방향이다.
- 지구 주위를 공전하는 물체의 운동
  - 지구 주위를 공전하는 물체는 지구 중심 방향으로 (❾   )을 받는다.
  - 지구 주위를 공전하는 물체의 가속도 방향은 (❿   ) 방향이다.

01

그림은 질량이 $0.5 \, \text{kg}$인 사과가 지표면으로부터 높이가 $20 \, \text{m}$인 곳에 정지해 있는 모습을 나타낸 것이다. (단, 중력 가속도는 $10 \, \text{m/s}^2$이고, 공기의 저항은 무시한다.)

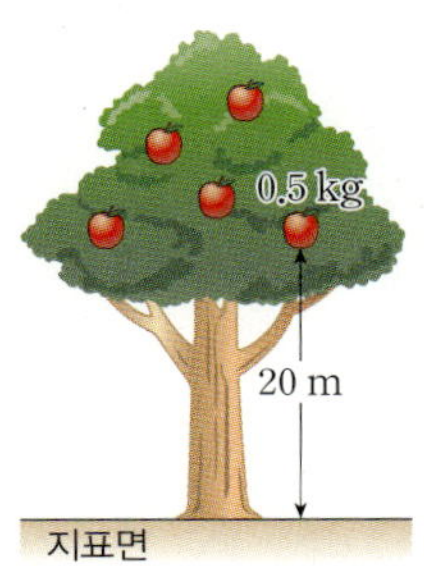

(1) 사과에 작용하는 중력의 크기는 (   )이다.
(2) 사과가 지구를 당기는 힘의 크기는 (   )이다.

02

지표면 근처에서 물체를 가만히 놓았을 때 물체의 운동에 대한 설명으로 옳은 것은 ○, 옳지 않은 것은 ×로 표시하시오.

(1) 물체에 작용하는 중력의 크기는 물체의 질량과 관계없이 일정하다. (   )
(2) 물체의 가속도의 크기는 물체의 질량과 관계없이 같다. (   )
(3) 물체는 자유 낙하 운동을 한다. (   )

03

지표면 근처에서 수평 방향으로 던진 물체의 운동에 대한 설명으로 옳은 것은 ○, 옳지 않은 것은 ×로 표시하시오.

(1) 물체는 수평 방향으로 등속 직선 운동을 한다. (   )
(2) 물체는 연직 방향으로 등가속도 운동을 한다. (   )
(3) 수평 방향으로 물체를 던진 속력이 클수록 물체의 낙하 시간은 길어진다. (   )

04

그림은 같은 높이에서 동전 A를 가만히 놓는 순간, 동전 B를 수평 방향으로 일정한 속력으로 던지는 모습을 나타낸 것이다.

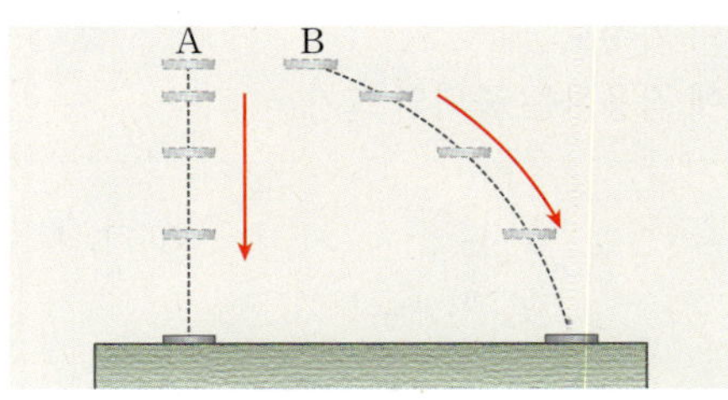

이에 대한 설명으로 옳은 것은 ○, 옳지 않은 것은 ×로 표시하시오. (단, A, B는 동일하며, 공기 저항은 무시한다.)

(1) A의 가속도는 중력 가속도와 같다. (   )
(2) A가 B보다 바닥에 먼저 도달한다. (   )
(3) B의 처음 속력이 클수록 A와 B가 바닥에 도달하는 시간의 차이가 커진다. (   )

05

지구 주위를 공전하는 물체의 운동에 대한 설명으로 옳은 것은 ○, 옳지 않은 것은 ×로 표시하시오.

(1) 지구 주위를 공전하는 물체는 지구 중심 방향으로 중력을 받는다. (   )
(2) 지구 주위를 공전하는 물체의 가속도의 방향은 지구 중심 방향이다. (   )
(3) 물체는 등가속도 운동을 한다. (   )

STEP 2 내신 대표 문제

개념 ① 자유 낙하 운동

01 그림은 낙하하는 물체의 위치를 일정한 시간 간격으로 나타낸 것이다.

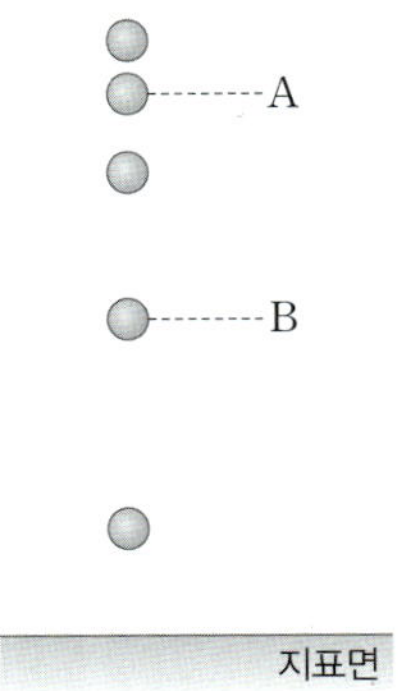

A 지점보다 B 지점에서 큰 물리량을 [보기]에서 있는 대로 고른 것은? (단, 공기 저항은 무시한다.)

─── 보기 ───
ㄱ. 물체의 속력
ㄴ. 물체의 가속도
ㄷ. 물체에 작용하는 중력의 크기

① ㄱ 　　② ㄴ 　　③ ㄱ, ㄷ
④ ㄴ, ㄷ 　　⑤ ㄱ, ㄴ, ㄷ

개념 ② 수평 방향으로 던진 물체의 운동

02 그림은 수평 방향으로 던진 물체의 운동을 나타낸 것이다.

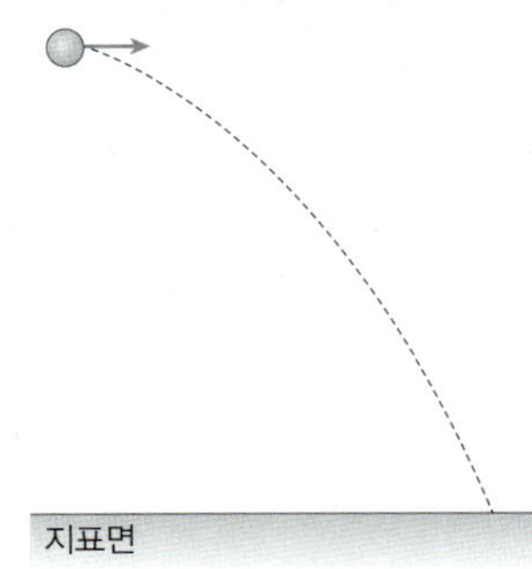

이에 대한 설명으로 옳은 것은? (단, 공기 저항은 무시한다.)

① 수평 방향으로 힘이 작용한다.
② 연직 방향으로 가속도의 크기는 약 $9.8 \, \mathrm{m/s^2}$이다.
③ 수평 방향으로 속도가 일정하게 증가하는 운동을 한다.
④ 연직 방향으로 속도가 일정한 운동을 한다.
⑤ 수평 방향으로 던지는 속력이 클수록 물체의 낙하 시간이 짧다.

대표 문제 파헤치기 🔬

▌파악하기

자유 낙하 하는 물체는 중력만을 받아 속력이 점점 빨라지는 등가속도 운동임을 파악할 수 있어야 한다.

▌다가가기

STEP 1 물체에 작용하는 힘이 일정하면 물체는 등가속도 운동을 한다.
STEP 2 지표면 근처에서 물체를 가만히 놓으면 물체에는 중력만이 작용한다.
STEP 3 가만히 놓은 물체가 낙하하는 동안 중력만을 일정하게 받으므로 물체는 등가속도 운동을 한다.

대표 문제 파헤치기 🔬

▌파악하기

수평 방향으로 던진 물체는 수평 방향으로는 등속 직선 운동을, 연직 방향으로는 등가속도 운동 하는 것을 파악할 수 있어야 한다.

▌다가가기

STEP 1 수평 방향으로 던진 물체의 운동을 수평 방향과 연직 방향으로 구분한다.
STEP 2 수평 방향으로 작용하는 힘이 없으므로 물체는 수평 방향으로 등속 직선 운동을 한다.
STEP 3 연직 방향으로 물체에 중력만이 일정하게 작용하므로 물체는 연직 방향으로 등가속도 운동을 한다.

STEP 3 내신 다지기 문제

난이도 ●○○○

01

●○○○

지구에서 중력에 대한 설명으로 옳지 않은 것은?

① 지구가 물체를 끌어당기는 힘이다.
② 중력의 크기를 무게라고 한다.
③ 중력의 방향은 지구 중심 방향이다.
④ 중력의 크기는 질량과 관계없다.
⑤ 높은 곳에 있는 물체가 지표면으로 떨어지는 원인이다.

02

●○○○

그림 (가)는 식물이 자라는 모습을 나타낸 것이고, (나)는 바다의 밀물과 썰물을 나타낸 것이다.

(가)　　　　　(나)

(가)와 (나)의 자연 현상과 가장 관련 있는 힘의 종류로 옳은 것은?

① 자기력　　　② 전기력　　　③ 마찰력
④ 중력　　　　⑤ 탄성력

03

●○○○ 중요

그림은 행성 A에서 물체를 가만히 놓았을 때 물체의 속력을 시간에 따라 나타낸 것이다.

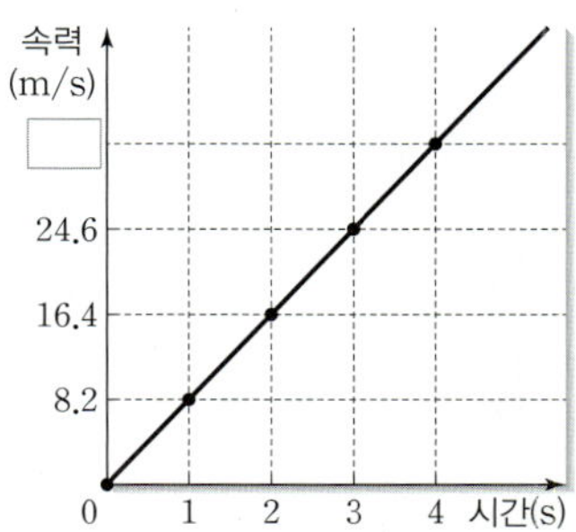

이에 대한 설명으로 옳은 것만을 [보기]에서 있는 대로 고른 것은?

| 보기 |

ㄱ. A에서 물체의 가속도의 크기는 $8.2\,\text{m/s}^2$이다.
ㄴ. 4초일 때 물체의 속력은 $32.8\,\text{m/s}$이다.
ㄷ. 물체에 작용하는 중력의 크기는 A에서가 지구에서보다 작다.

① ㄱ　　　　② ㄴ　　　　③ ㄱ, ㄷ
④ ㄴ, ㄷ　　　⑤ ㄱ, ㄴ, ㄷ

04

●○○○ 중요

그림과 같이 정지해 있던 물체를 가만히 놓았더니 물체가 자유 낙하 운동을 하였다. p 지점을 지나는 순간 물체의 속력은 $5\,\text{m/s}$이고, p를 지난 순간부터 2초 후 q 지점을 지난다. q를 지나는 순간 물체의 속력은 v이다.
이에 대한 설명으로 옳은 것만을 [보기]에서 있는 대로 고른 것은? (단, 중력 가속도는 $10\,\text{m/s}^2$이고, 물체의 크기와 공기 저항은 무시한다.)

| 보기 |

ㄱ. v는 $25\,\text{m/s}$이다.
ㄴ. 1초일 때 p를 지난다.
ㄷ. 이동 거리가 시간에 따라 일정하게 증가하는 운동을 한다.

① ㄱ　　　　② ㄴ　　　　③ ㄱ, ㄷ
④ ㄴ, ㄷ　　　⑤ ㄱ, ㄴ, ㄷ

05

그림은 높은 곳에서 수평 방향으로 처음 속력 v로 운동을 시작한 물체가 포물선을 그리며 지표면으로 떨어지는 모습을 나타낸 것이다.

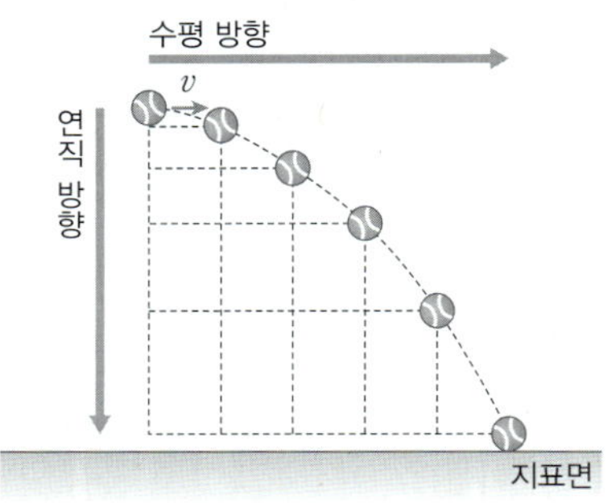

물체의 수평 방향과 연직 방향의 운동으로 옳게 짝 지은 것은? (단, 공기의 저항은 무시한다.)

	수평 방향	연직 방향
①	등가속도 운동	등가속도 운동
②	등가속도 운동	자유 낙하 운동
③	등가속도 운동	등속 직선 운동
④	등속 직선 운동	자유 낙하 운동
⑤	등속 직선 운동	등속 직선 운동

06  중요

그림은 책상 위의 끝에 정지해 있는 물체 A를 플라스틱 자로 튕겨 A가 수평 방향으로 처음 속력 v로 운동하는 모습을 나타낸 것이다. s는 책상에서 A가 바닥에 떨어진 지점까지의 수평 이동 거리이다.

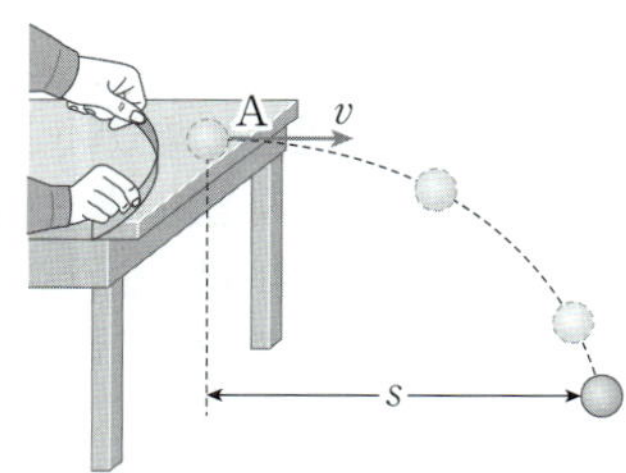

이에 대한 설명으로 옳은 것만을 [보기]에서 있는 대로 고른 것은? (단, 물체의 크기와 공기 저항은 무시한다.)

보기
ㄱ. A가 운동하기 시작한 후 A에는 중력만 작용한다.
ㄴ. A의 수평 방향의 속력은 v로 일정하다.
ㄷ. 플라스틱 자를 튕길 때 휘는 정도를 크게 할수록 s가 증가한다.

① ㄱ ② ㄴ ③ ㄱ, ㄷ
④ ㄴ, ㄷ ⑤ ㄱ, ㄴ, ㄷ

07

그림은 높이가 일정한 건물의 옥상에서 질량이 각각 m, $2m$인 물체 A, B를 각각 $2v$, $3v$의 속력으로 동시에 수평 방향으로 던진 후 A, B가 각각 건물로부터 L_A, L_B만큼 떨어진 지표면 위의 지점에 도달하는 것을 나타낸 것이다.

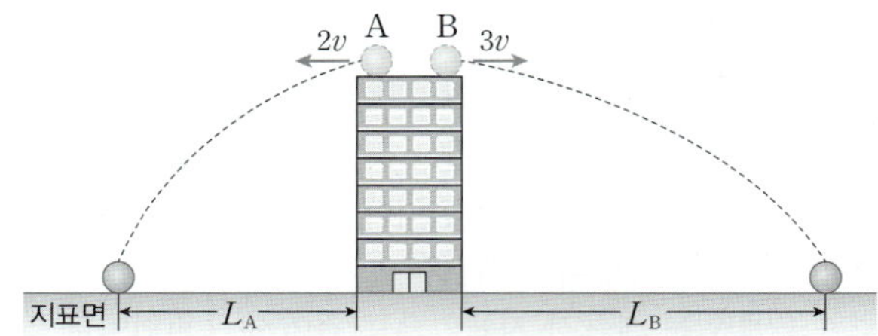

이에 대한 설명으로 옳은 것은? (단, 물체의 크기와 공기 저항은 무시한다.)

① 운동하는 동안 A와 B의 가속도의 크기는 같다.
② 운동하는 동안 A와 B에 작용하는 힘의 크기는 같다.
③ $L_A : L_B = 3 : 2$이다.
④ A는 B보다 지표면에 먼저 도착한다.
⑤ A와 B는 수평 방향으로 등가속도 운동을 한다.

08  중요

그림은 지구의 지표면 근처의 높은 곳에서 속력을 달리 하여 수평 방향으로 동일한 포탄을 발사할 때 운동 경로를 나타낸 것이다.

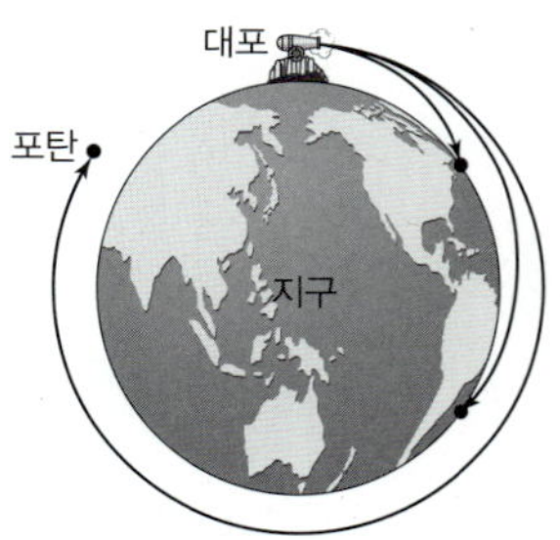

이에 대한 설명으로 옳은 것만을 [보기]에서 있는 대로 고른 것은? (단, 지구는 완전한 구형이고, 공기 저항은 무시한다.)

보기
ㄱ. 포탄이 지표면에 떨어지는 것은 중력 때문이다.
ㄴ. 포탄의 속력이 충분히 크면 지표면에 떨어지지 않고 지구를 한 바퀴 돌아 원래 자리로 되돌아올 수 있다.
ㄷ. 오늘날 인공위성이 지구 주위를 돌고 있는 것에 대한 기초가 되는 생각이다.

① ㄱ ② ㄴ ③ ㄱ, ㄷ
④ ㄴ, ㄷ ⑤ ㄱ, ㄴ, ㄷ

서술형 문제

09 중요

그림은 진공 중에서 깃털과 쇠구슬을 같은 높이에서 동시에 떨어뜨렸을 때 자유 낙하 하는 모습을 나타낸 것이다.

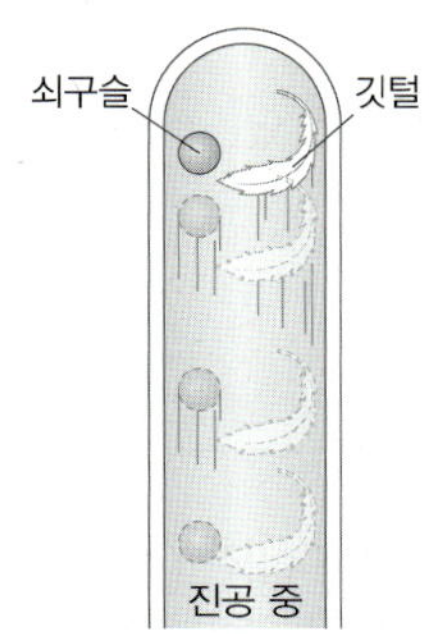

(1) 깃털과 쇠구슬에 작용하는 가속도의 크기를 비교하여 서술하시오.

(2) 깃털과 쇠구슬의 낙하 시간을 (1)과 관련지어 서술하시오.

10

그림은 질량이 각각 m, $5m$인 물체 A, B를 지표면으로부터 높이 h에서 A는 연직 방향으로 2 m/s의 속력으로 던지는 순간 B를 가만히 놓는 것을 나타낸 것이다. (단, 물체의 크기와 공기 저항은 무시한다.)

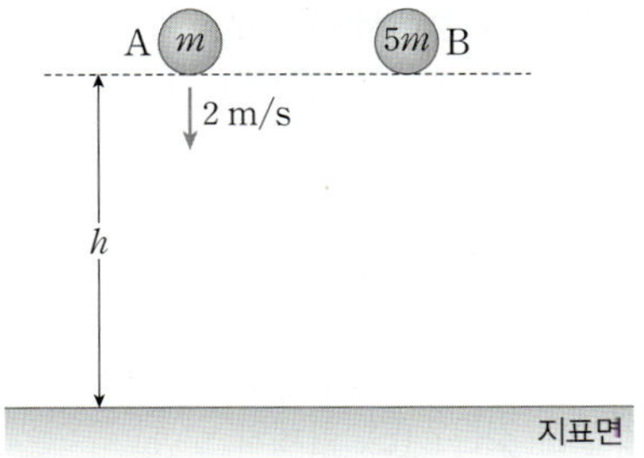

(1) 지표면에 도달할 때까지 A와 B의 높이 차이를 이유와 함께 서술하시오.

(2) A, B가 운동하는 동안 질량이 물체의 운동에 미치는 영향을 서술하시오.

11 중요

그림은 중력만 작용하는 지표면 근처에서 수평 방향으로 던진 물체의 운동을 일정한 시간 간격으로 나타낸 것이다.

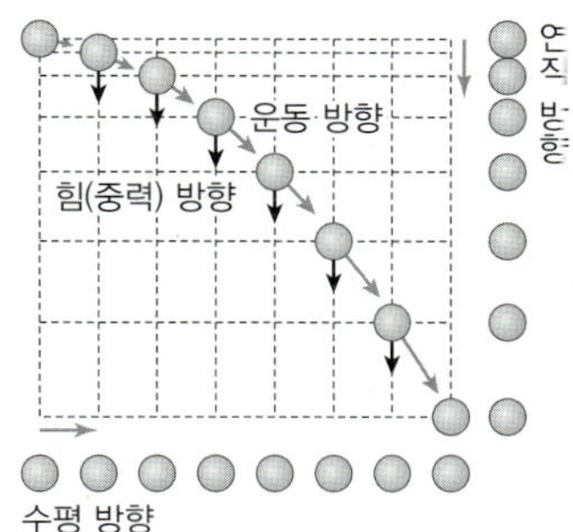

(1) 물체의 수평 방향 운동을 물체에 작용하는 힘과 관련지어 서술하시오.

(2) 물체의 연직 방향 운동을 물체에 작용하는 힘과 관련지어 서술하시오.

12

그림은 자유 낙하 하는 물체 A와 수평 방향으로 던진 물체 B와 C를 나타낸 것이다. 수평 방향으로 던진 속력은 C가 B보다 크다. (단, 물체의 크기와 공기 저항은 무시한다.)

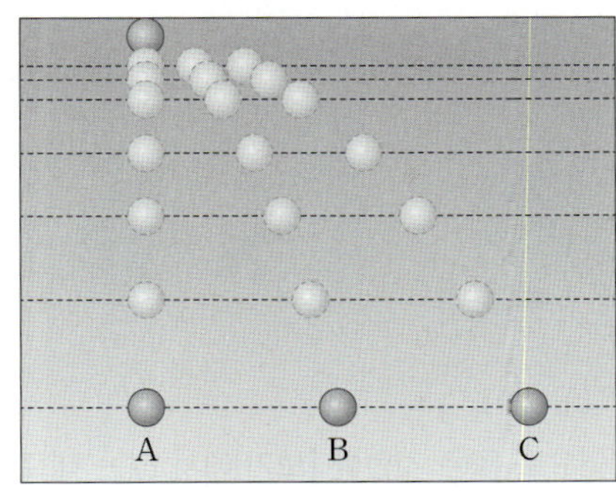

(1) A, B, C가 연직 방향으로 같은 시간 동안 같은 거리만큼 낙하하는 이유를 쓰시오.

(2) 물체를 수평 방향으로 던지는 처음 속력이 B와 C의 운동에 미치는 영향을 서술하시오.

01

| 2023년 고1 6월 교육청 통합과학 7번 |

그림은 질량이 각각 5 kg, 1 kg인 물체 A와 B를 수평면으로부터 같은 높이에서 동시에 가만히 놓은 것을 나타낸 것이다.

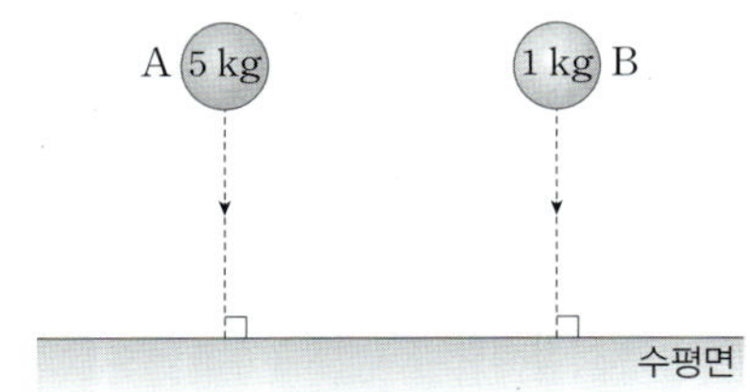

A와 B가 수평면에 도달할 때까지 A가 B보다 큰 물리량만을 [보기]에서 있는 대로 고른 것은? (단, 물체의 크기와 공기 저항은 무시한다.)

보기

ㄱ. 중력의 크기
ㄴ. 수평면에 도달하는 데 걸리는 시간
ㄷ. 단위 시간 동안 속도 변화량의 크기

① ㄱ ② ㄴ ③ ㄱ, ㄷ
④ ㄴ, ㄷ ⑤ ㄱ, ㄴ, ㄷ

02

| 2022년 고1 9월 교육청 통합과학 8번 |

그림 (가)는 연직 아래로 떨어지고 있는 사과 A의 모습을, (나)는 지구 주위를 일정한 속력으로 원운동하는 인공위성 B의 모습을 나타낸 것이다.

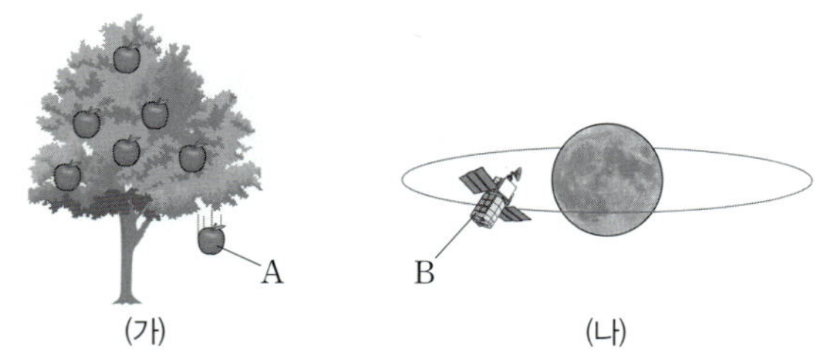

이에 대한 설명으로 옳은 것만을 [보기]에서 있는 대로 고른 것은? (단, 공기 저항은 무시한다.)

보기

ㄱ. A에는 중력이 작용한다.
ㄴ. A는 시간에 따라 속력이 일정하게 증가한다.
ㄷ. B에 작용하는 힘의 방향과 B의 운동 방향은 같다.

① ㄱ ② ㄷ ③ ㄱ, ㄴ
④ ㄴ, ㄷ ⑤ ㄱ, ㄴ, ㄷ

03

그림은 높이가 h인 건물의 옥상 위에서 정지해 있던 물체 A와 수평면 위에서 정지해 있던 물체 B가 동시에 출발하여 수평면 위에서 충돌하는 순간을 나타낸 것이다. A와 B의 처음 속력은 수평 방향으로 각각 2.5 m/s, 2 m/s이다.

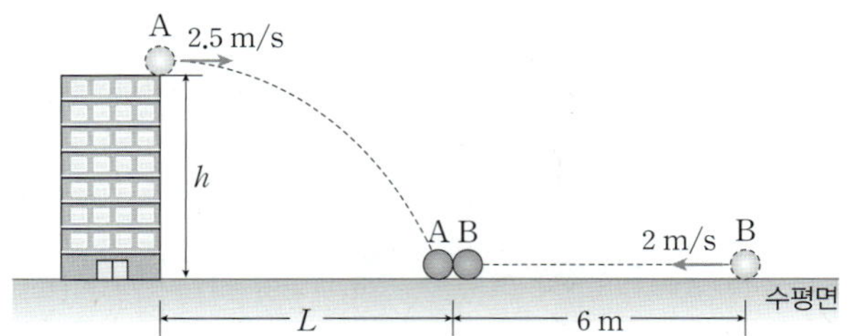

A와 B가 충돌할 때까지 B가 이동한 거리가 6 m이면, A가 수평 방향으로 이동한 거리 L은? (단, 중력 가속도는 10 m/s^{2}이고, 물체의 크기, 공기의 저항과 모든 마찰은 무시한다.)

① 2.5 m ② 5 m ③ 7.5 m
④ 10 m ⑤ 12.5 m

04

그림과 같이 정지해 있던 물체 A를 수평면으로부터 높이 $2h$ 지점에서 가만히 놓는 순간 물체 B를 높이 h인 지점에서 수평 방향으로 속력 v로 던진다. B는 4초일 때 수평면에 도달하며, 0초부터 4초까지 B가 수평 방향으로 이동한 거리는 20 m이다.
이에 대한 설명으로 옳은 것만을 [보기]에서 있는 대로 고른 것은? (단, 물체의 크기와 공기 저항은 무시한다.)

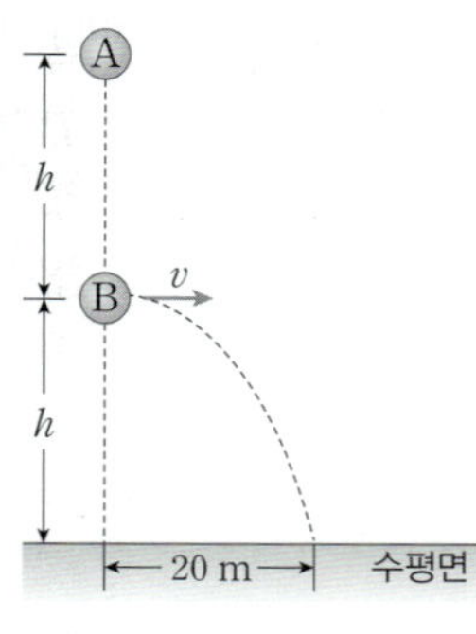

보기

ㄱ. $v=5$ m/s이다.
ㄴ. 2초일 때 물체의 속력은 B가 A보다 크다.
ㄷ. 4초일 때 A의 높이는 h이다.

① ㄱ ② ㄴ ③ ㄱ, ㄷ
④ ㄴ, ㄷ ⑤ ㄱ, ㄴ, ㄷ

05

| 2020년 고1 6월 교육청 통합과학 17번 |

그림은 같은 높이에서 가만히 놓은 물체 A와 수평 방향으로 던진 물체 B가 수평면과 나란한 기준선 P를 동시에 지나는 모습을 나타낸 것이다.

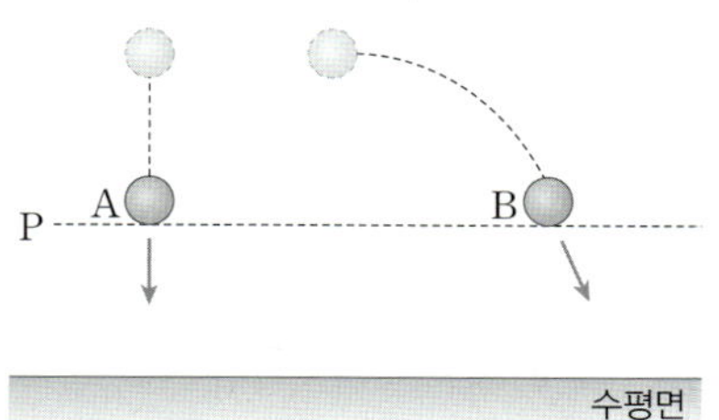

이에 대한 설명으로 옳은 것만을 [보기]에서 있는 대로 고른 것은? (단, 물체의 크기와 공기 저항은 무시한다.)

┌─── 보기 ───
ㄱ. 낙하하는 동안 A의 속력은 증가한다.
ㄴ. 낙하하는 동안 A, B에 작용하는 힘의 방향은 서로 같다.
ㄷ. B는 A보다 수평면에 먼저 도달한다.
└──────────

① ㄴ　　　　② ㄷ　　　　③ ㄱ, ㄴ
④ ㄱ, ㄷ　　　⑤ ㄱ, ㄴ, ㄷ

06

| 2018년 고1 6월 교육청 통합과학 18번 |

그림은 같은 높이에서 공 A를 자유 낙하시키는 동시에 공 B를 수평 방향으로 던졌을 때, 두 공의 위치를 일정한 시간 간격으로 나타낸 것이다.

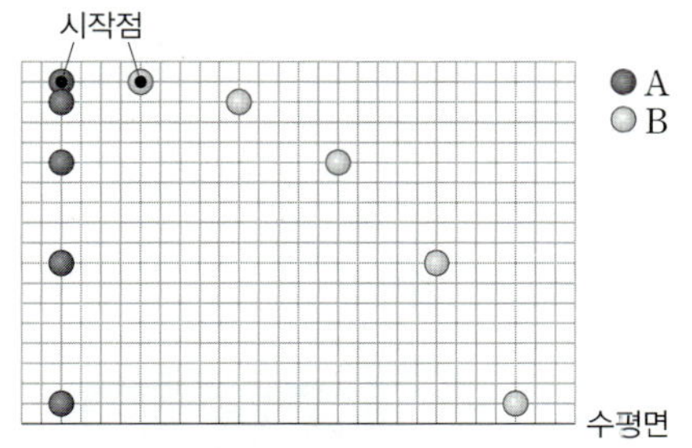

이에 대한 설명으로 옳은 것만을 [보기]에서 있는 대로 고른 것은? (단, 공기 저항은 무시한다.)

┌─── 보기 ───
ㄱ. 알짜힘의 방향은 A와 B가 같다.
ㄴ. 가속도의 크기는 A가 B보다 크다.
ㄷ. B는 수평 방향으로 등속도 운동을 한다.
└──────────

① ㄱ　　　　② ㄴ　　　　③ ㄱ, ㄷ
④ ㄴ, ㄷ　　　⑤ ㄱ, ㄴ, ㄷ

07

그림은 같은 높이에서 가만히 놓은 물체 A와 수평 방향으로 던진 물체 B의 위치를 0.1초 간격으로 나타낸 것이다. 질량은 A가 B의 2배이다. A와 B가 운동하는 동안, 이에 대한 설명으로 옳은 것만을 [보기]에서 있는 대로 고른 것은? (단, A와 B의 크기와 공기 저항은 무시한다.)

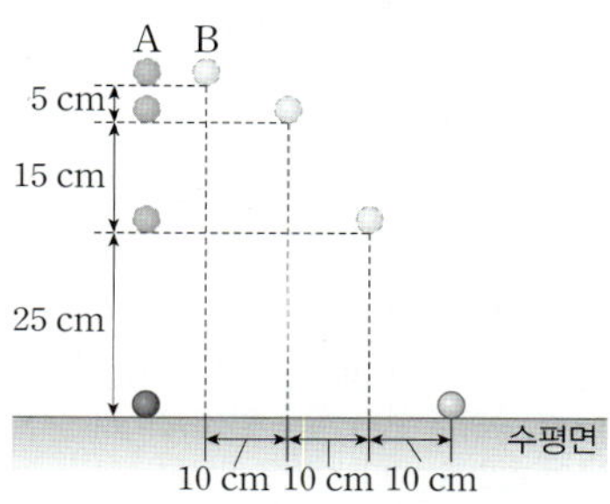

┌─── 보기 ───
ㄱ. A의 속력은 일정하게 증가한다.
ㄴ. B의 수평 방향 속력은 $1\,\mathrm{m/s}$이다.
ㄷ. A와 B에 작용하는 중력의 크기는 같다.
└──────────

① ㄱ　　　　② ㄷ　　　　③ ㄱ, ㄴ
④ ㄴ, ㄷ　　　⑤ ㄱ, ㄴ, ㄷ

08

다음은 자유 낙하 하는 물체와 수평 방향으로 던진 물체의 운동을 비교하는 실험이다.

┌──────────────────────────
[실험 과정]
(가) 자의 한쪽 끝에 동전 A를 올려놓고, 다른 쪽 끝에는 자의 옆에 동전 B를 놓는다.
(나) 자를 ㉠ 방향으로 빠르게 쳐서 A, B를 동시에 낙하시킨다.
(다) A와 B의 운동을 관찰한다.

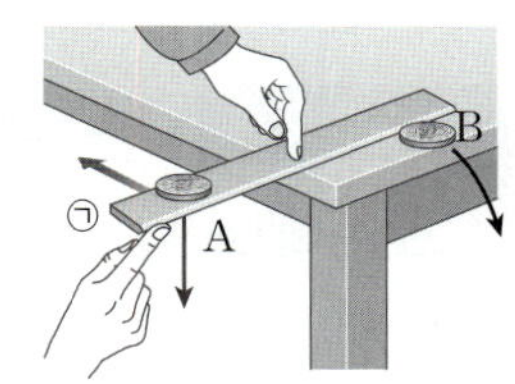

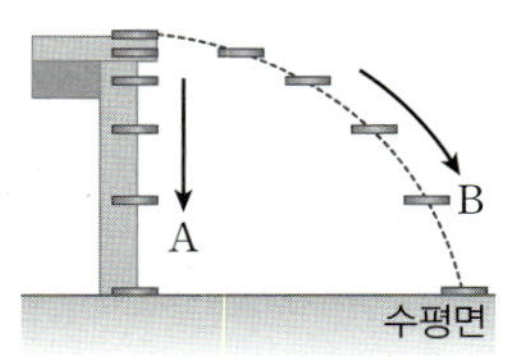

└──────────────────────────

이에 대한 설명으로 옳은 것만을 [보기]에서 있는 대로 고른 것은? (단, 모든 저항과 동전의 크기, 자의 두께는 무시한다.)

┌─── 보기 ───
ㄱ. A와 B는 동시에 바닥에 닿는다.
ㄴ. B의 연직 방향 속력은 일정하게 증가한다.
ㄷ. 낙하하는 B가 받는 힘의 방향은 연직 아래 방향이다.
└──────────

① ㄱ　　　　② ㄴ　　　　③ ㄷ
④ ㄴ, ㄷ　　　⑤ ㄱ, ㄴ, ㄷ

운동과 충돌

1. 관성 물체가 원래의 운동 상태를 유지하려는 성질

2. 관성 법칙 물체에 힘이 작용하지 않거나 물체에 작용하는 **❶알짜힘(합력)**이 0이면 정지해 있던 물체는 계속 정지해 있고, 운동하던 물체는 등속 직선 운동을 한다.

❶ 알짜힘(합력)
한 물체에 여러 힘이 동시에 작용할 때, 작용하는 모든 힘을 합성하여 하나의 힘으로 나타낸 것을 말한다. 알짜힘은 물체의 질량과 가속도의 곱으로도 구할 수 있다.
• 1 N: 중력 가속도가 $10 \, \text{m/s}^2$일 때, 지표면에서 질량이 0.1 kg인 물체에 작용하는 중력의 크기와 같음

갈릴레이의 사고 실험

갈릴레이는 모든 마찰과 공기 저항이 없고, 외부 **⊙힘**이 작용하지 않을 때 물체의 운동을 생각해 보았다.
① 외부 힘이 작용하지 않으면 물체를 A 지점에서 놓았을 때 기울기가 낮아져도 물체는 A와 같은 처음 높이인 B, C, D 지점까지 올라간다.
② 기울기가 없는 수평면일 경우 물체는 A와 같은 높이까지 올라갈 수 없으므로 계속 등속 직선 운동을 하여 E 지점을 지나간다.

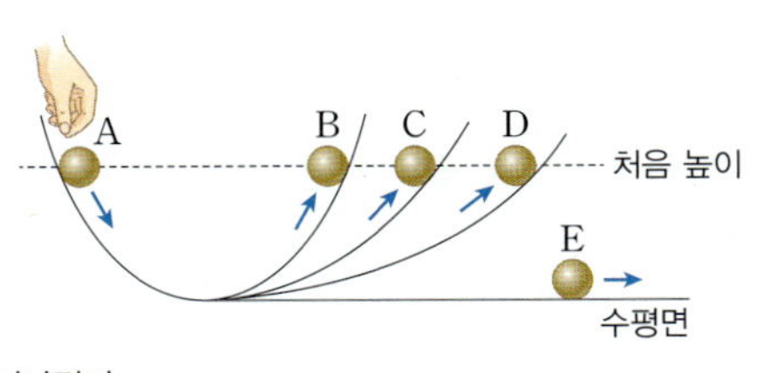

3. 관성의 크기

질량이 큰 물체일수록 관성이 크고, 관성이 클수록 물체의 운동을 변화시키기 위해 큰 힘이 필요하다. 예 같은 속력으로 달리는 자동차와 짐을 가득 실은 화물차 중 질량이 큰 화물차가 정지시키기 더 어렵다.

4. 관성에 의한 현상❷

❷ 관성을 이용한 안전장치
• 안전띠: 자동차의 안전띠는 자동차가 충돌할 때 튕겨 나가지 않게 붙잡아 주는 역할을 한다.
• 안전모의 턱끈: 자전거 등을 타다가 충돌 시 안전모가 벗겨지지 않게 잡아준다.

정지한 물체가 계속 정지해 있으려는 관성		운동하던 물체가 계속 운동하려는 관성	
두루마리 휴지를 재빨리 잡아당기면 중간이 끊어진다. → 잡아당긴 부분은 운동하지만 휴지의 뭉치 부분은 제자리에 있으려고 하기 때문이다.	정지해 있던 버스가 갑자기 앞으로 출발하면 승객은 뒤로 움직인다. → 버스는 운동하지만 승객은 제자리에 정지해 있으려고 하기 때문이다.	달리던 버스가 갑자기 정지하면 승객은 앞으로 움직인다. → 버스는 정지하지만 승객은 운동 상태를 계속 유지하려고 하기 때문이다.	망치를 내리치면 망치 머리가 손잡이에 더 박힌다. → 망치 손잡이는 정지하지만 망치 머리는 운동 상태를 계속 유지하려고 하기 때문이다.

더 알아보기 버스 안에서의 관성

그림은 버스의 운동에 따라 버스 안의 승객의 몸이 움직이는 것을 나타낸 것이다.

구분	버스가 갑자기 출발할 때	버스가 갑자기 멈출 때
속력의 크기	증가한다.	감소한다.
가속도의 방향	운동 방향과 같은 방향	운동 방향과 반대 방향
운동	등가속도 직선 운동	
승객이 쏠리는 이유	승객이 운동 상태를 계속 유지하려고 하기 때문이다.	

용어알기
⊙ **힘** 물체의 운동 상태나 모양을 변화시키는 물리량

1. 운동량(p) 운동하는 물체의 ^①운동 효과를 나타내는 물리량으로, 크기와 방향을 갖는다.

(1) ^②운동량의 크기: 물체의 질량(m)과 속도(v)에 비례한다.

$$운동량(p) = 질량(m) \times 속도(v) \ (단위: \ kg \cdot m/s)$$

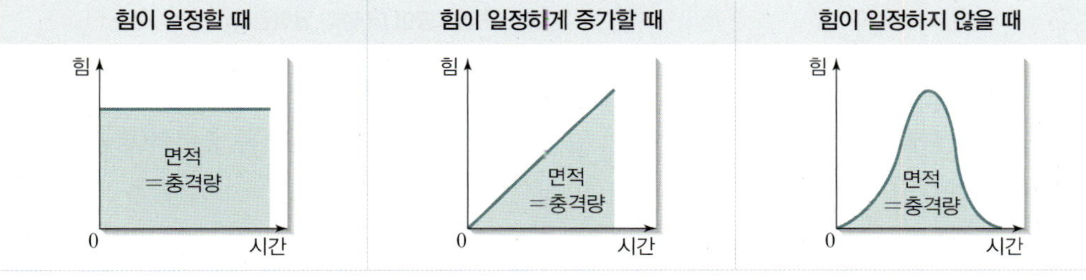

질량이 같을 때 속력이 클수록 운동량이 크다.	속도가 같을 때 질량이 클수록 운동량이 크다.
$p=mv$ $<$ $p'=mV$	$p=mv$ $<$ $p'=Mv$
속도의 크기가 크면($V > v$) 운동량의 크기도 크다.	질량이 크면($M > m$) 운동량의 크기도 크다.

(2) 운동량의 방향: 물체 속도의 방향과 같다.

2. 충격량(I) 물체가 받는 충격의 정도를 나타내는 물리량으로, 크기와 방향을 갖는다.

(1) ^④충격량의 크기: 충돌하는 동안 물체에 작용한 힘(F)과 힘이 작용한 시간(Δt)에 비례한다.

$$충격량(I) = 힘(F) \times 시간(\Delta t) \ (단위: \ N \cdot s, \ kg \cdot m/s)$$

(2) 충격량의 방향: 물체에 작용한 힘의 방향과 같다.

(3) ^⑤힘-시간 그래프: 물체에 작용한 힘의 변화를 시간에 따라 나타낸 그래프에서 그래프 아랫부분의 면적은 충격량을 나타낸다.

힘이 일정할 때	힘이 일정하게 증가할 때	힘이 일정하지 않을 때
면적 =충격량	면적 =충격량	면적 =충격량

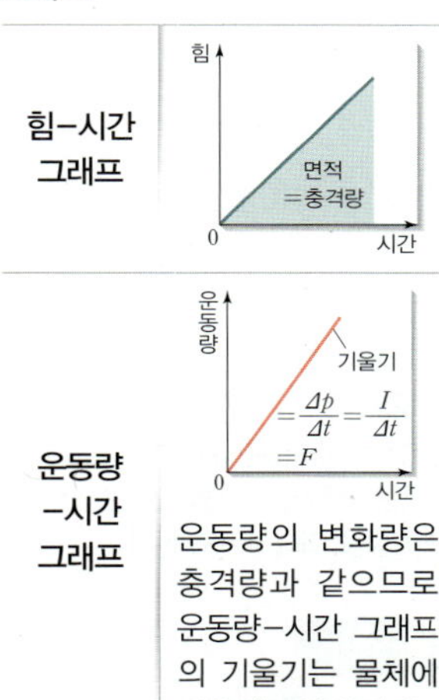

더 알아보기 ^⑥운동량 보존 법칙

❶ 마찰이 없는 수평면 위에서 질량이 각각 m_A, m_B이고 속도가 v_A, v_B인 물체 A, B가 직선상에서 운동하다가 충돌한 후 속도가 각각 v_A', v_B'이 되었다.

❷ ^⑦작용 반작용 법칙에 따라 두 물체는 충돌 과정에서 같은 크기의 힘을 같은 시간 동안 서로 반대 방향으로 받는다. 즉, B가 받은 힘을 F라 하면 A가 받은 힘은 $-F$이다.

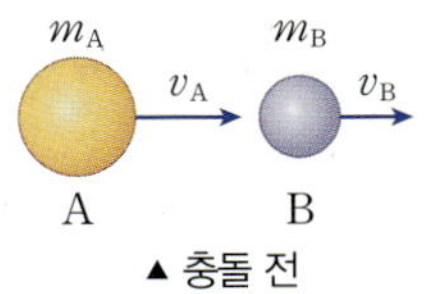
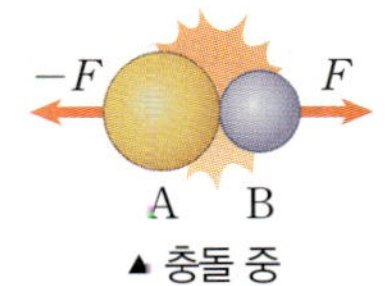
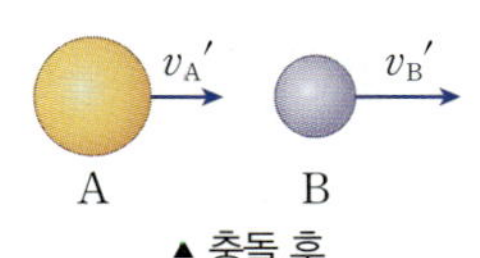

❸ 힘을 받은 시간을 Δt라 하면 ^⑧가속도 법칙에 따라 다음 식이 성립한다.

$$-m_A \frac{v_A' - v_A}{\Delta t} = m_B \frac{v_B' - v_B}{\Delta t}$$

위의 식을 정리하면 다음과 같다.

$$m_A v_A + m_B v_B = m_A v_A' + m_B v_B'$$

❹ 따라서 외부에서 힘이 작용하지 않는 충돌 과정에서 두 물체의 상호작용으로 각각의 운동량은 변하지만 두 물체의 운동량의 합은 일정하게 보존됨을 알 수 있다.

❾ 운동량의 변화량과 충격량
물체가 받는 충격량의 크기가 클수록 물체의 운동량의 변화량 크기도 크다. 따라서 물체에 작용하는 힘이 일정할 때 물체가 힘을 받는 시간을 길게 할수록 물체는 더 멀리 날아간다.

1. ❾운동량의 변화량과 충격량

(1) 물체가 받은 충격량(I)은 운동량의 변화량(Δp, 나중 운동량−처음 운동량)과 같다.

질량이 m, 처음 속도가 v_0인 물체에 일정한 힘 F가 시간 t 동안 작용하여 나중 속도가 v가 되었을 때, $F=ma=m\left(\dfrac{v-v_0}{t}\right)$에서 $Ft=mv-mv_0$이다.

따라서 $I=\Delta p=p-p_0=mv-mv_0$이다.

(2) 충격량을 증가시키는 방법: 힘이 오랜 시간 동안 작용하거나 같은 시간 동안 큰 힘이 작용하면 물체가 받는 충격량이 증가하기 때문에 물체의 운동량의 변화량도 증가한다. → 물체의 속도가 빨라진다.

총신이 긴 총과 짧은 총	골프 선수의 ◉폴로 스루

총신이 길수록 총알이 힘을 받는 시간이 길어지므로 총알이 받는 충격량이 커진다. → 총알이 더 멀리 날아간다.	골프 선수가 스윙을 끝까지(폴로 스루)하면 골프공이 힘을 받는 시간이 길어지므로 골프공이 받는 충격량이 커진다. → 골프공이 더 멀리 날아간다.

❿ 충격력
충격력은 매 순간 변하기 때문에 충격력은 물체에 충격을 가하는 동안의 평균 힘을 의미하기도 한다.

2. ❿충격력(평균 힘) 물체가 충돌하는 동안 물체에 작용하는 평균 힘

(1) ⓫충격력과 충돌 시간의 관계: 충격량(I)이 같을 때 충돌 시간(t)이 길수록 충격력(평균 힘, F)이 작아진다.

꼭! 암기

⓫ **충격량과 충격력의 비교**
- 물체가 충돌할 때 물체가 받는 충격력은 충돌 시간이 길어질수록 감소한다.
- 물체가 충돌할 때 물체가 받는 충격량은 충돌 시간과 관계없다.

힘이 작용한 시간에 따른 충격의 차이

그림은 동일한 유리컵을 같은 높이에서 방석과 콘크리트에 각각 자유 낙하시키는 것을 나타낸 것이고, 그래프는 유리컵이 받는 힘의 변화를 시간에 따라 나타낸 것이다.

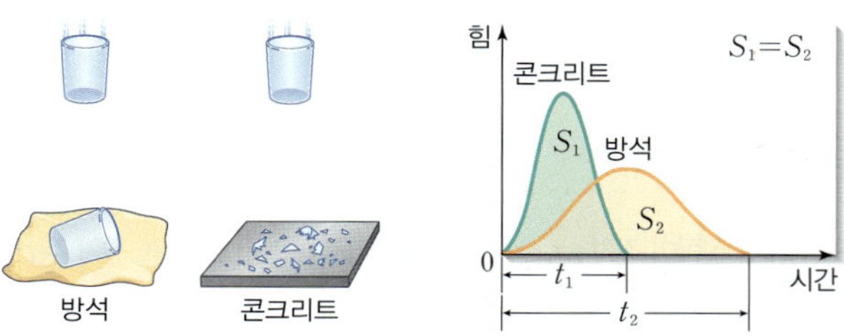

구분	크기 비교	내용
충격량	$I_1=I_2$	힘−시간 그래프 아랫부분의 면적이 충격량이므로 유리컵이 받는 충격량은 같다.
운동량의 변화량	$\Delta p_1=\Delta p_2$	'충격량=운동량의 변화량'이므로 서로 같다.
충격력을 받는 시간	$t_1<t_2$	방석이 푹신하므로 콘크리트보다 충격력을 받는 시간이 길다.
충격력(평균 힘)	$F_1>F_2$	충격량은 같은 데 콘크리트가 방석보다 충격력을 받는 시간이 짧으므로 콘크리트가 방석보다 충격력이 크다. $\left(F=\dfrac{I}{t}\right)$

(2) 충격력을 감소시키는 방법: 충격량이 일정할 때 힘이 작용하는 시간을 길게 하여 충격력(평균 힘)을 감소시킨다.
└ **예** 번지 점프 줄, 배에 달린 타이어 등

용어알기

◉ **폴로 스루(follow through)** 타자가 배팅한 후 몸의 회전 방향으로 타격 자세를 끌고 가는 동작 또는 투수가 투구한 뒤 그 자세를 정지하지 않고 자연스럽게 이어가는 동작과 같은 것을 말한다.

3. 충돌과 안전장치

(1) 충돌과 안전장치: 충격량이 같더라도 충돌 시간(힘을 받는 시간)이 길어질수록 충격력(평균 힘)이 작아지는 원리를 이용하여 안전장치에 적용한다.

(2) ⑫충격을 줄여 주는 안전장치

포수 글러브	태권도 보호대	에어캡 포장지	자동차 범퍼

포수 글러브는 속력이 큰 야구공을 받을 때 충돌 시간을 길게 하여 손이 받는 충격력을 줄이기 위해 두껍게 만든다.	태권도 시합에서 발이나 손과 충돌할 때 충돌 시간을 길게 하여 선수가 받는 충격력을 줄이기 위해 보호대를 착용한다.	포장재에 공기를 충전하여 상품이 외부와 충돌할 때 충돌하는 시간을 길게 하여 상품이 받는 충격력을 줄여 준다.	자동차 범퍼는 자동차가 충돌하여 정지할 때까지 시간을 길게 하여 승객이 받는 충격력을 줄여 주어 승객을 보호한다.

안전하고 편안한 자동차 ⑬

우리가 일상생활에서 자주 이용하는 자동차에는 탑승자에게 전달되는 충격을 줄여 편안한 승차감을 주거나, 사고가 날 때에 탑승자가 차체와 충돌하는 시간을 길게 하여 몸에 전달되는 힘을 줄여 주는 안전장치가 있다.

❶ **충격 흡수기:** 자동차 바퀴에는 충격력을 줄이기 위한 충격 흡수기가 부착되어 있어서 거친 도로면을 달릴 때의 진동을 줄여서 승차감을 좋게 하고 바퀴의 접지력을 향상시켜 안전 운행에 도움을 준다. 충격 흡수기는 튼튼한 용수철과 유체로 가득찬 실린더로 구성되어 있다. 용수철이 눌렸다 펴지면서 충격을 1차적으로 흡수하고, ⓞ피스톤이 실린더 속으로 들어갔다 나오면서 충격을 2차적으로 흡수한다. 도로면으로부터 충격력을 받은 용수철은 연속적으로 진동하게 되는데, 이때 실린더는 용수철의 진동을 빨리 멈추게 하는 역할을 한다.

❷ **에어백:** 자동차 충돌로 인한 충격으로부터 탑승자를 보호하는 대표적인 보호 장치 중 하나이다. 에어백은 자동차가 충돌 시 탑승자의 신체가 충돌하는 시간을 길게 해 줌으로써 탑승자의 신체가 받는 충격력을 줄여 탑승자를 보호한다. 또한 에어백은 탑승자의 머리가 차체와 부딪치기 전에 펴져야 하고, 팽창한 다음에는 다시 수축해 전방 시야를 가리지 않아야 하며, 특정한 충격력 이상이 가해질 때에만 작동해야 하는 등의 여러 가지 조건을 충족해야 한다.

▲ 충격 흡수기

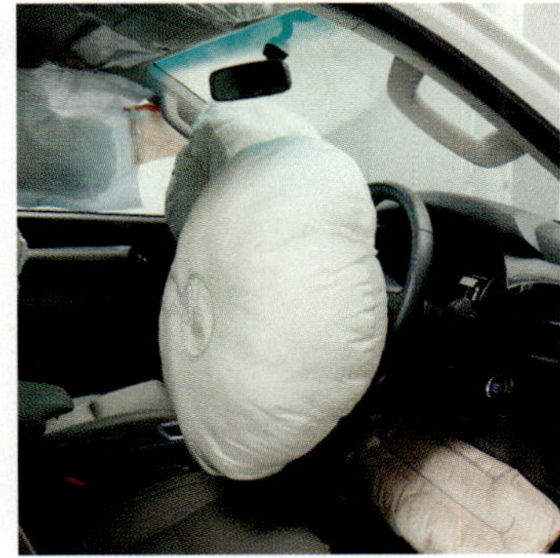

▲ 에어백

관성을 이용한 안전장치

❸ **안전띠:** 자동차가 충돌할 때 안전띠는 몸이 밖으로 튕겨 나가지 않도록 고정하는 역할을 한다. 안전띠는 톱니바퀴 위에 붙어 있는 실패에 감겨 있다. 평소에는 흔들이가 똑바로 서 있어 잠금쇠가 수평을 유지한다. 그러면 잠금쇠가 톱니바퀴의 회전을 방해하지 않으므로 안전띠가 쉽게 당겨진다. 그러나 사고가 나서 자동차의 속력이 갑자기 줄어들면 상대적으로 무거운 흔들이의 아랫부분이 관성 때문에 앞쪽으로 움직이게 된다. 그러면 잠금쇠가 톱니바퀴에 끼여 톱니바퀴의 회전을 방해하므로 안전띠가 풀리지 않는다.

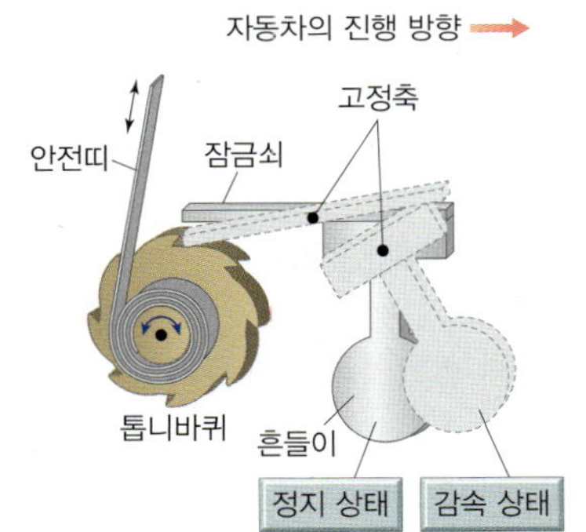

---

⑫ 충격을 줄여 주는 안전장치

- 충돌할 때 발생하는 안전사고를 예방하기 위해 안전장치는 물체에 힘이 작용하는 시간을 길게 하여 물체가 받는 충격력(평균 힘)을 작아지도록 설계되어 있다.
- 구조물이 형태를 유지하는 것은 각 부분을 결합해 주는 힘인 결합력이며, 결합력보다 큰 힘을 받을 때 구조물이 파손되기 때문에 결합력보다 작은 크기의 힘이 작용하도록 안전장치들이 받는 충격력을 줄여 주는 역할을 한다.

⑬ 그 외의 안전장치

- 자전거 안전모: 자전거를 타다가 넘어질 경우 안전모의 충전재가 충돌 시간을 길게 하여 머리에 가해지는 충격력을 줄여 준다.
- 에어 매트: 높은 곳에서 사람이 뛰어내릴 때 충돌 시간을 길게 하여 사람에게 가해지는 충격력을 줄여 준다.

- **피스톤(piston)** 텅 빈 실린더 안에서 압력을 받아 위아래로 왕복 운동을 하는 원통 모양으로 된 부품이다.

- (❶): 물체가 원래의 운동 상태를 유지하려는 성질
- 관성 법칙: 물체에 작용하는 알짜힘이 0일 때 정지해 있던 물체는 계속 (❷)해 있고, 운동하던 물체는 (❸)을 한다.
- (❹): 운동하는 물체의 운동 효과를 나타내는 물리량
  - 운동량＝(❺)×(❻)
- (❼): 물체가 받는 충격의 정도를 나타내는 물리량
  - 충격량＝(❽)×(❾)
- 물체가 받은 충격량은 (❿)과 같다.
- 충격량이 같을 때 충돌 시간이 길수록 충격력이 (⓫).

01
그림은 실 p를 이용하여 천장에 매단 무거운 추가 정지해 있는 모습을 나타낸 것이다. 추 아래에는 실 q를 연결하였다. 이에 대한 설명으로 옳은 것은 ○, 옳지 <u>않은</u> 것은 ×로 표시하시오.

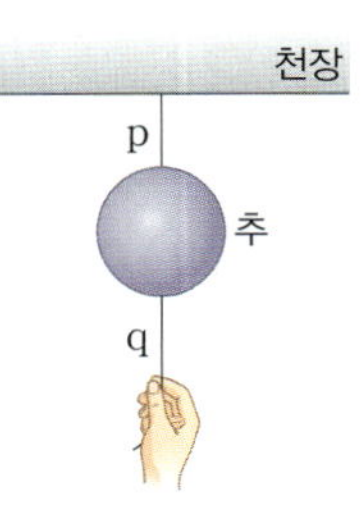

(1) q를 재빨리 당기면 p가 끊어진다.

( )

(2) q를 재빨리 당길 때 추는 정지 상태를 유지하려고 한다.

( )

(3) q를 천천히 당기면 p가 끊어진다. ( )

02
운동량에 대한 설명으로 옳은 것은 ○, 옳지 <u>않은</u> 것은 ×로 표시하시오.

(1) 운동량의 방향은 속도의 방향과 같다. ( )
(2) 질량이 같을 때 운동량의 크기는 속도가 클수록 크다.

( )

(3) 속도가 같을 때 운동량의 크기는 질량이 클수록 작다.

( )

03
충격량에 대한 설명으로 옳은 것은 ○, 옳지 <u>않은</u> 것은 ×로 표시하시오.

(1) 충격량의 방향은 물체에 작용하는 힘의 방향과 같다.

( )

(2) 충격력이 같을 때 물체가 받는 충격량은 충격력이 작용하는 시간과 관계없다. ( )
(3) 충격량이 같을 때 물체가 받는 충격력은 충격력이 작용하는 시간에 비례한다. ( )

04
그림은 정지해 있는 물체 A, B, C에 작용한 힘을 시간에 따라 그래프로 각각 나타낸 것이다. 물체에 힘이 작용한 시간은 모두 t로 같고, 그래프 아랫부분 면적은 각각 S, S, $1.5S$이다.

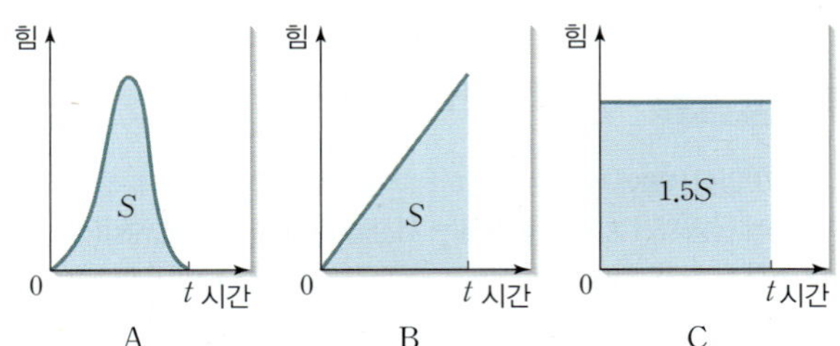

이에 대한 설명으로 옳은 것은 ○, 옳지 <u>않은</u> 것은 ×로 표시하시오.

(1) A와 B의 질량이 같을 때 t초일 때 A와 B의 속력은 같다.

( )

(2) t초일 때 속력이 C가 A의 1.5배이면 A와 C의 질량은 같다.

( )

(3) 0초에서 t초까지 물체가 받은 충격력(평균 힘)의 크기가 가장 큰 물체는 C이다. ( )

05
물체 또는 사람에게 작용하는 충격력의 크기를 줄이기 위한 경우로 옳은 것은 ○, 옳지 <u>않은</u> 것은 ×로 표시하시오.

(1) 포수가 공을 받을 때 손을 뒤로 빼면서 받는다. ( )
(2) 타자가 홈런을 치기 위해 야구 방망이를 끝까지 휘두른다.

( )

(3) 자동차의 범퍼는 잘 찌그러지는 재질로 만든다. ( )
(4) 높은 곳에 있는 사람이 안전하게 뛰어내릴 수 있도록 에어 매트를 설치한다. ( )

특강 1 운동량과 충격량을 힘-시간 그래프와 함께 활용하기

(1) 힘−시간 그래프: 정지 상태에서 물체가 힘을 받아 운동할 때

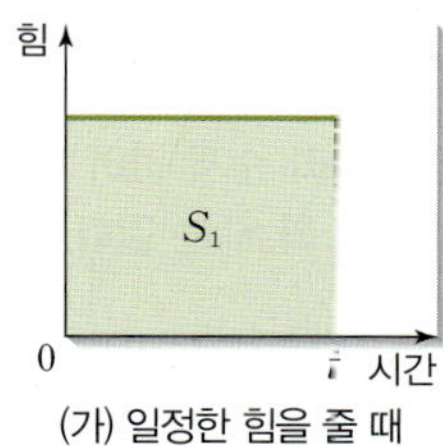

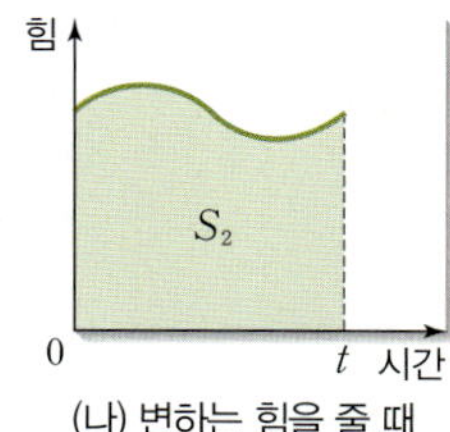

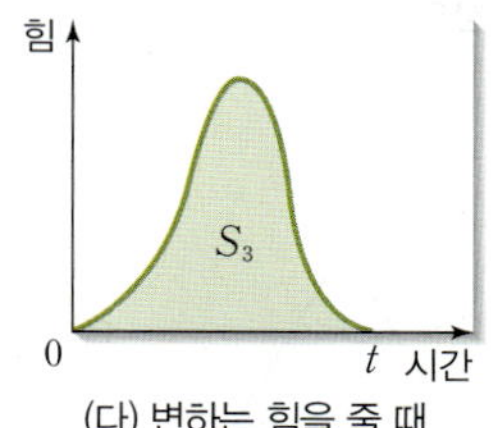

(2) 그래프 아랫부분의 면적이 같을 때($S_1 = S_2$)

① 그래프 아랫부분의 면적은 물체가 받은 충격량으로 운동량의 변화량과 같다.

② 충격력의 크기는 충격량을 힘이 작용하는 시간으로 나눈 값이므로 (가)와 (나)가 같다.

③ 질량이 다른 물체가 같은 크기의 힘을 같은 시간 동안 받아 운동할 때

　→ 질량이 큰 물체의 속도가 작다.

④ 힘−시간 그래프의 모양이 동일하지 않지만 같은 시간 동안 그래프 아랫부분의 면적이 같은 경우에는 물체가 받은 충격력(평균 힘)의 크기가 같다.

(3) 그래프 아랫부분의 면적이 다를 때($S_1 > S_3$)

① 그래프 아랫부분의 면적이 (가)가 (다)보다 크므로 충격량은 (가)가 (다)보다 크다.

② 충격력의 크기는 그래프 아랫부분의 면적이 (가)가 (다)보다 크고 물체가 힘을 받은 시간이 같으므로 (가)가 (다)보다 크다.

③ 질량이 같을 경우 물체의 속도는 충격량이 (가)가 (다)보다 크므로 (가)가 (다)보다 크다.

특강 2 운동량과 충격량을 힘-시간 그래프를 활용하여 적용하기

그림 (가)는 질량이 각각 m, $2m$인 정지해 있는 두 공 A, B를 발로 차 힘을 각각 작용하는 모습을 나타낸 것이다. (나)는 (가)에서 공에 작용한 힘을 시간에 따라 나타낸 것이다. 힘−시간 그래프 아랫부분의 면적인 S_A와 S_B는 같다.

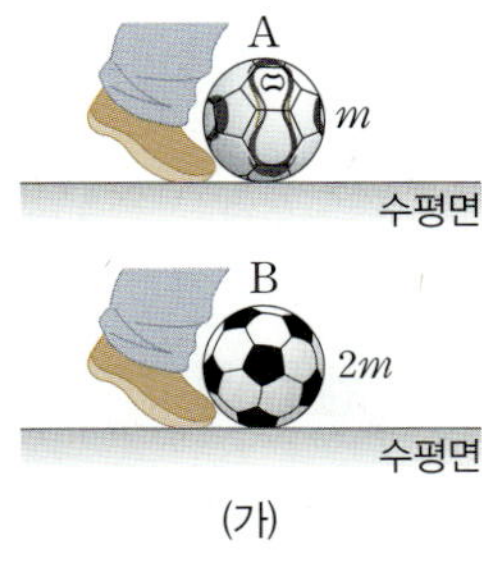

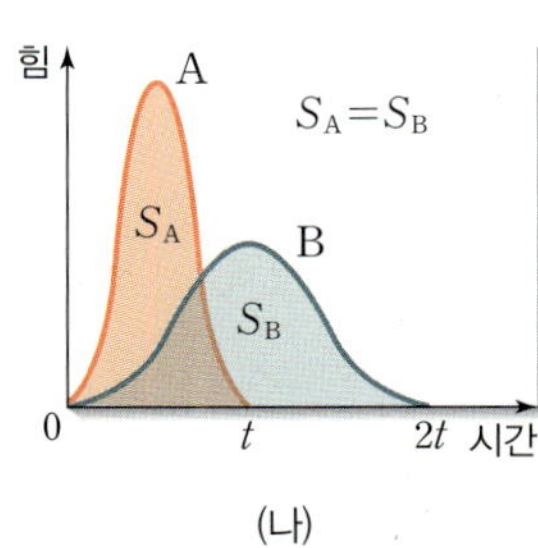

① 힘−시간 그래프 아랫부분의 면적이 같으므로 발로 차는 동안 A와 B가 받은 충격량의 크기는 같다.

② 발에서 떨어질 때 A의 속력을 v라 하면 충격량의 크기가 같으므로 B의 속력은 $\frac{1}{2}v$이다.

③ 발로 차는 동안 충격력(평균 힘)의 크기는 공에 힘이 작용한 시간이 B가 A의 2배이므로 충격력(평균 힘)의 크기는 A가 B의 2배이다.

STEP 2 내신 대표 문제

개념 ② 운동량과 충격량

01 그림은 마찰이 없는 수평면 위에 정지해 있는 질량이 $2\,kg$인 물체에 일정한 방향으로 작용한 힘의 크기를 시간에 따라 나타낸 것이다.

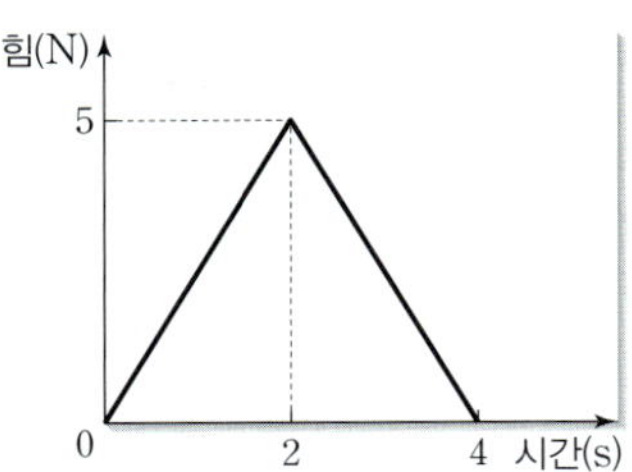

이에 대한 설명으로 옳은 것만을 [보기]에서 있는 대로 고른 것은? (단, 공기 저항과 모든 마찰은 무시한다.)

─ 보기 ─

ㄱ. 2초일 때 물체의 속력은 $5\,m/s$이다.
ㄴ. 4초일 때 물체의 운동량은 0이다.
ㄷ. 0초부터 4초까지 물체가 받은 충격량의 크기는 $10\,N\cdot s$이다.

① ㄱ 　　② ㄷ 　　③ ㄱ, ㄴ
④ ㄴ, ㄷ 　　⑤ ㄱ, ㄴ, ㄷ

개념 ③ 충돌과 안전장치

02 그림 (가)는 동일한 질량의 달걀을 각각 콘크리트 바닥과 방석으로부터 같은 높이에서 가만히 놓는 것을 나타낸 것이고, (나)는 (가)의 달걀이 각각 콘크리트 바닥과 방석에 충돌할 때 달걀에 작용하는 힘을 시간에 따라 순서 없이 나타낸 것으로 A와 B의 그래프 아랫부분의 면적인 S_A와 S_B는 같다.

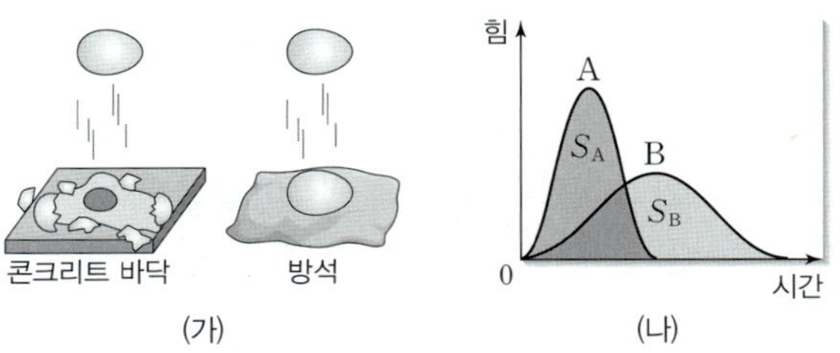

이에 대한 설명으로 옳은 것만을 [보기]에서 있는 대로 고른 것은?

─ 보기 ─

ㄱ. 달걀이 콘크리트 바닥에 충돌하는 경우는 A이다.
ㄴ. 달걀이 받는 충격량의 크기는 콘크리트 바닥에 충돌할 때가 방석에 충돌할 때보다 크다.
ㄷ. B는 자동차의 범퍼, 에어백의 원리와 같다.

① ㄱ 　　② ㄴ 　　③ ㄱ, ㄷ
④ ㄴ, ㄷ 　　⑤ ㄱ, ㄴ, ㄷ

대표 문제 파헤치기

파악하기

힘−시간 그래프 아랫부분의 면적은 충격량임을 파악하고, 충격량이 운동량의 변화량임을 적용할 수 있어야 한다.

다가가기

STEP 1 힘−시간 그래프에서 아랫부분의 면적은 충격량이다.
STEP 2 충격량은 운동량의 변화량과 같다.
STEP 3 힘−시간 그래프 아랫부분의 면적과 물체의 질량을 이용하여 물체의 속력을 계산한다.

대표 문제 파헤치기

파악하기

물체가 받는 충격량은 충격력과 작용하는 시간의 곱임을 파악하고, 안전장치는 충돌 시간을 길게 하여 충격력(평균 힘)을 줄임을 적용할 수 있어야 한다.

다가가기

STEP 1 힘−시간 그래프 아랫부분의 면적이 같을 경우 물체가 받은 충격량은 같다.
STEP 2 충격량은 충격력(평균 힘)과 작용하는 시간의 곱이다.
STEP 3 충격량이 같을 때 물체에 충격력(평균 힘)이 작용하는 시간이 클수록 물체에 작용하는 충격력(평균 힘)은 감소한다.

개념 ① 관성과 관성 법칙

01

관성에 대한 설명으로 옳은 것만을 [보기]에서 있는 대로 고른 것은?

┤ 보기 ├
ㄱ. 정지한 물체도 관성이 있다.
ㄴ. 관성의 크기는 물체의 질량과 관계없다.
ㄷ. 정지한 물체에 힘이 작용하지 않으면 물체는 계속 정지 상태를 유지한다.

① ㄱ　　　② ㄴ　　　③ ㄱ, ㄷ
④ ㄴ, ㄷ　　　⑤ ㄱ, ㄴ, ㄷ

02

관성 법칙에 의해 운동하는 물체에 작용하는 힘이 없을 때 물체는 어떤 운동을 하는가?

① 등속 원운동　　　② 포물선 운동
③ 등가속도 운동　　　④ 등속 직선 운동
⑤ 자유 낙하 운동

03

그림 (가)는 정지해 있던 버스가 갑자기 출발할 때의 모습을, (나)는 달리던 버스가 갑자기 정지할 때의 모습을 나타낸 것이다.

이에 대한 설명으로 옳지 <u>않은</u> 것은?

① (가)에서 사람이 정지 상태를 유지하려고 하기 때문에 사람이 뒤로 밀린다.
② (나)에서 사람이 운동 상태를 유지하려고 하기 때문에 사람이 앞으로 쏠린다.
③ (가)에서 버스 안의 사람이 뒤로 밀리는 현상은 버스의 가속도와 관계없다.
④ (가)와 (나) 모두 관성에 의한 현상이다.
⑤ 버스가 직선 도로에서 일정한 속력으로 달리고 있을 때, 사람은 앞이나 뒤로 밀리지 않는다.

개념 ② 운동량과 충격량

04

그림은 어떤 물체가 폭발하여 질량이 각각 $2m$, m, $3m$인 세 물체 A, B, C로 나누어져 각각 v, $3v$, $2v$의 속력으로 날아가는 모습을 나타낸 것이다.

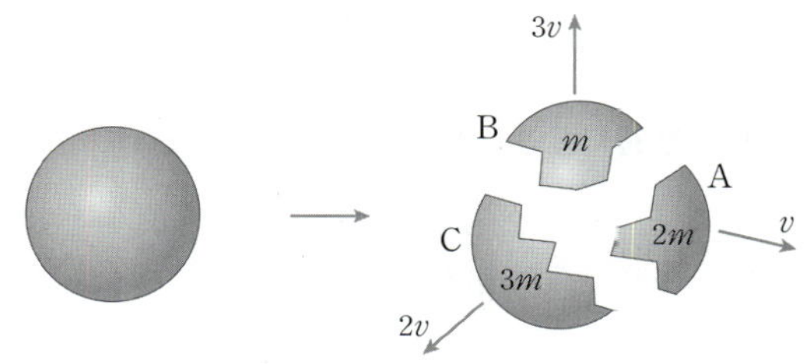

운동량의 크기를 비교한 것으로 옳은 것은?

① A>B>C　　　② B>A>C　　　③ B>C>A
④ C>A>B　　　⑤ C>B>A

05 중요

그림 (가)는 마찰이 없는 수평면 위에서 정지해 있는 물체 A, B에 일정한 힘 F_1, F_2가 작용하는 것을 나타낸 것으로, A와 B의 질량은 각각 2 kg, 3 kg이다. 그림 (나)는 A, B의 가속도를 시간에 따라 나타낸 것이다.

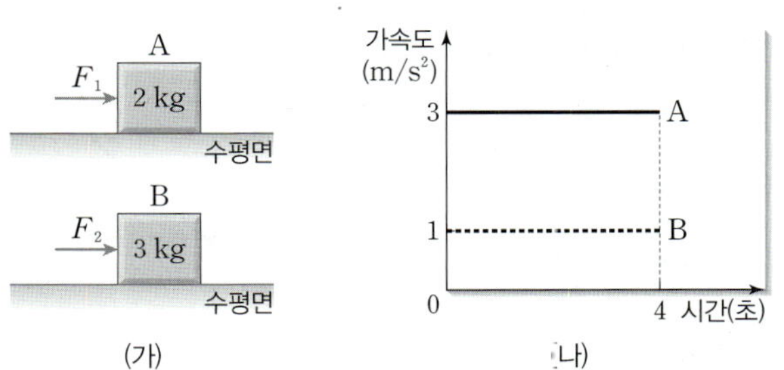

이에 대한 설명으로 옳은 것만을 [보기]에서 있는 대로 고른 것은? (단, A, B의 크기와 모든 마찰은 무시한다.)

┤ 보기 ├
ㄱ. $F_1 : F_2 = 2 : 1$이다.
ㄴ. 0초부터 4초까지 A가 받은 충격량의 크기는 6 N·s이다.
ㄷ. 4초일 때, B의 운동량의 크기는 12 kg·m/s이다.

① ㄱ　　　② ㄷ　　　③ ㄱ, ㄴ
④ ㄱ, ㄷ　　　⑤ ㄴ, ㄷ

06

그림과 같이 질량이 $5\,kg$인 물체가 $3\,m/s$의 속력으로 벽에 수직으로 충돌한 후 물체가 반대 방향으로 v의 속력으로 튕겨 나왔다.

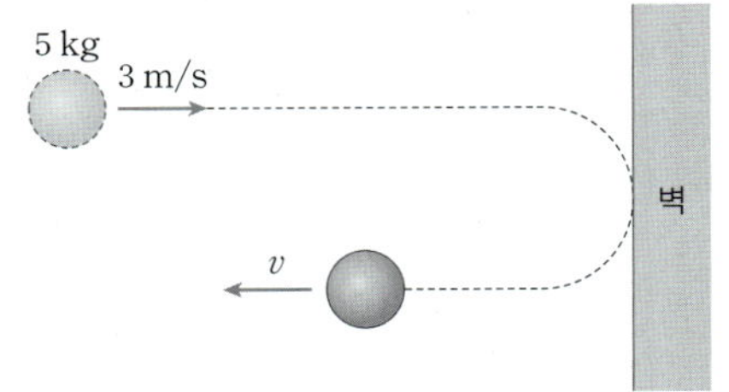

물체가 벽에 가한 충격량의 크기가 $20\,N\cdot s$이라고 할 때, v는?

① $1\,m/s$ ② $2\,m/s$ ③ $3\,m/s$
④ $4\,m/s$ ⑤ $5\,m/s$

07

그림 (가)는 자동차 A가 일정한 속력 v로 기준선을 통과하는 순간 정지해 있던 자동차 B가 기준선에서 일정한 가속도로 운동하는 모습을 나타낸 것으로 A와 B의 질량은 각각 m으로 같다. 그림 (나)는 A, B의 속력을 시간에 따라 나타낸 것이다.

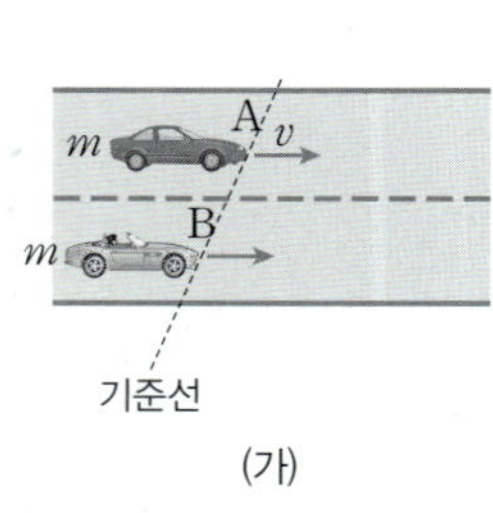

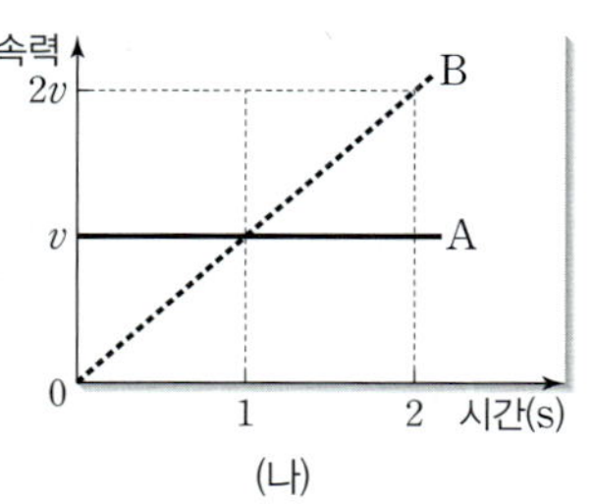

이에 대한 설명으로 옳은 것만을 [보기]에서 있는 대로 고른 것은?

───── 보기 ─────

ㄱ. 1초일 때 A와 B의 운동량은 같다.
ㄴ. 0초부터 2초까지 B가 받은 충격량의 크기는 $2mv$이다.
ㄷ. 0초부터 2초까지 A와 B가 받은 충격량의 크기는 같다.

① ㄱ ② ㄷ ③ ㄱ, ㄴ
④ ㄴ, ㄷ ⑤ ㄱ, ㄴ, ㄷ

08

그림은 수평면 위에서 질량이 $1\,kg$인 물체가 직선 운동을 하는 동안 물체의 운동량을 시간에 따라 나타낸 것이다.

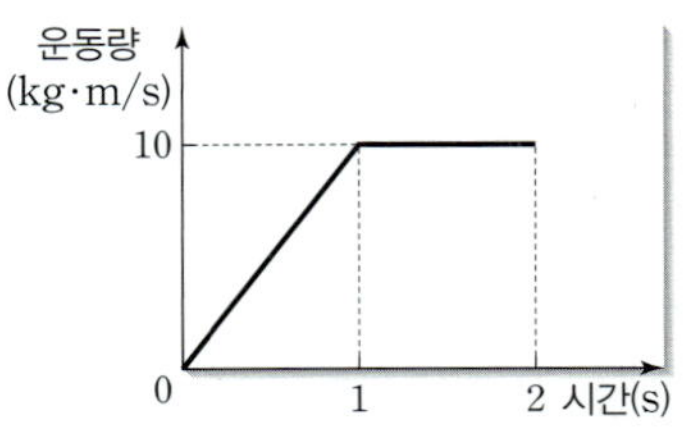

이에 대한 설명으로 옳은 것만을 [보기]에서 있는 대로 고른 것은?

───── 보기 ─────

ㄱ. 1초일 때 물체의 속도의 크기는 $10\,m/s$이다.
ㄴ. 0초부터 1초까지 물체에 작용한 힘의 크기는 $10\,N$이다.
ㄷ. 0초부터 2초까지 물체가 받은 충격량의 크기는 $20\,N\cdot s$이다.

① ㄱ ② ㄷ ③ ㄱ, ㄴ
④ ㄴ, ㄷ ⑤ ㄱ, ㄴ, ㄷ

09

그림 (가)는 마찰이 없는 수평면 위에서 정지해 있는 질량이 $2\,kg$인 물체에 수평 방향으로 힘이 작용하는 모습을, 그림 (나)는 물체가 받은 힘을 시간에 따라 나타낸 것이다.

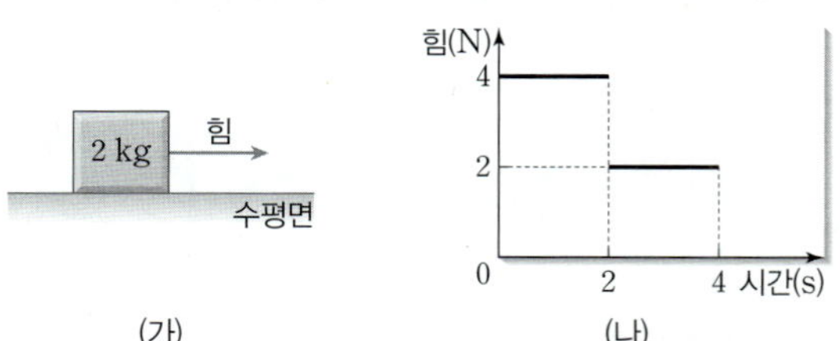

이에 대한 설명으로 옳은 것만을 [보기]에서 있는 대로 고른 것은?

───── 보기 ─────

ㄱ. 0초부터 2초까지 물체는 등속 직선 운동을 한다.
ㄴ. 0초부터 4초까지 물체가 받은 충격량의 크기는 $12\,N\cdot s$이다.
ㄷ. 4초일 때 물체의 속력은 $4\,m/s$이다.

① ㄱ ② ㄴ ③ ㄱ, ㄷ
④ ㄴ, ㄷ ⑤ ㄱ, ㄴ, ㄷ

개념 ③ 충돌과 안전장치

10 중요

그림 (가)는 포수가 날아오는 야구공을 받는 모습을 나타낸 것으로, 한 번은 손을 거의 뒤로 빼지 않고 야구공을 받고, 한 번은 손을 뒤로 빼며 야구공을 받았다. 그림 (나)는 (가)에서 포수가 야구공을 받을 때 손에 작용하는 힘을 시간에 따라 나타낸 것이다. 포수가 야구공을 받기 전 야구공의 속력은 A와 B가 같다.

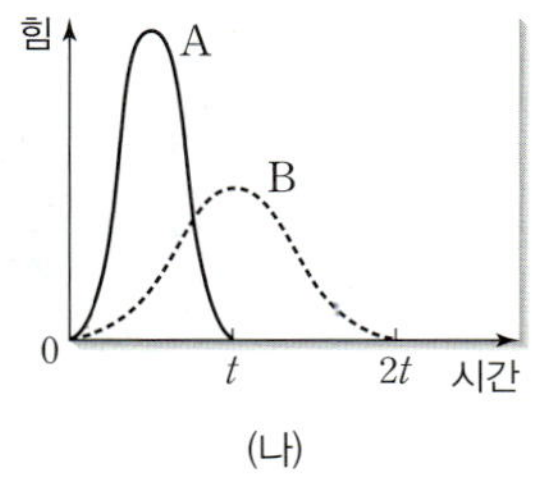

(가)   (나)

포수가 야구공을 받아서 정지할 때까지에 대한 설명으로 옳은 것만을 [보기]에서 있는 대로 고른 것은?

┤ 보기 ├
ㄱ. 손을 뒤로 빼면서 야구공을 받는 경우는 A이다.
ㄴ. A와 B의 충격량의 크기는 같다.
ㄷ. 충격력의 크기는 A가 B보다 크다.

① ㄱ   ② ㄴ   ③ ㄱ, ㄴ
④ ㄱ, ㄷ   ⑤ ㄴ, ㄷ

11

그림 (가)는 자동차 충돌 실험을 하는 장면을, (나)는 (가)의 충돌 실험에서 자동차 안의 더미 인형이 에어백과 충돌하는 모습을 나타낸 것이다.

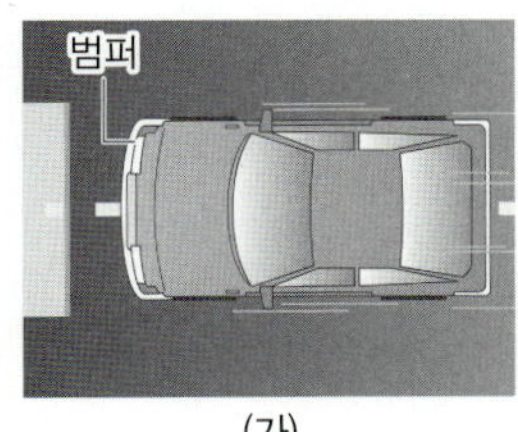

(가)   (나)

이에 대한 설명으로 옳은 것만을 [보기]에서 있는 대로 고른 것은? (단, 공기 저항과 모든 마찰은 무시한다.)

┤ 보기 ├
ㄱ. (가)에서 안전을 위하여 자동차의 범퍼는 찌그러지지 않도록 단단하게 만들어야 한다.
ㄴ. (나)에서 에어백은 더미 인형이 충돌하는 시간을 길게 해 주는 역할을 한다.
ㄷ. (나)에서 에어백은 더미 인형이 받은 충격량의 크기를 줄여 주는 역할을 한다.

① ㄱ   ② ㄴ   ③ ㄱ, ㄴ
④ ㄱ, ㄷ   ⑤ ㄴ, ㄷ

12 중요

그림은 물체의 충돌 과정에서 작용한 시간에 따른 힘의 크기를 나타낸 것이다. 그래프 아랫부분의 면적인 S_1과 S_2는 같다. S_1과 S_2는 충격량은 같지만 충돌 시간이 다름에 따라 힘이 달라진다는 원리를 나타낸 것이다. 이와 같은 원리로 설명할 수 있는 현상으로 옳은 것만을 [보기]에서 있는 대로 고른 것은?

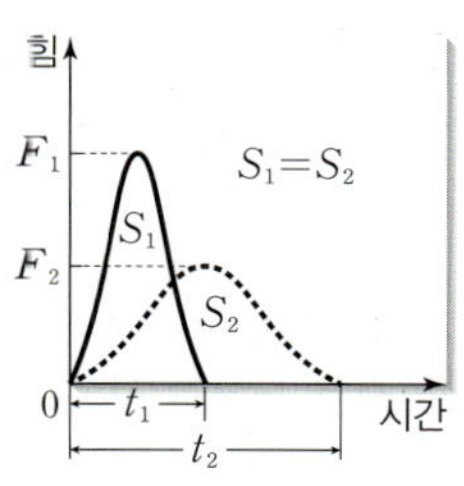

┤ 보기 ├
ㄱ. 체조 선수는 착지할 때 무릎을 구부리면서 착지한다.
ㄴ. 야구공을 받는 포수의 글러브는 투수의 글러브보다 두껍다.
ㄷ. 타자가 야구공을 더 큰 힘으로 치면 야구공은 더 멀리 날아간다.

① ㄱ   ② ㄴ   ③ ㄱ, ㄴ
④ ㄱ, ㄷ   ⑤ ㄴ, ㄷ

13

그림 (가)는 수평면에서 각각 $2v$, $5v$의 속력으로 운동하는 공 A와 B가 발과 충돌하여 떨어지는 순간 처음 운동 방향과 반대 방향으로 각각 $3v$, v_B의 속력으로 운동하는 모습을 나타낸 것으로, A와 B의 질량은 각각 m_A, m이다. 그림 (나)는 (가)의 A와 B가 발과 충돌하는 동안 공에 작용한 힘을 시간에 따라 나타낸 것으로 그래프 아랫부분의 면적은 $10mv$로 같다.

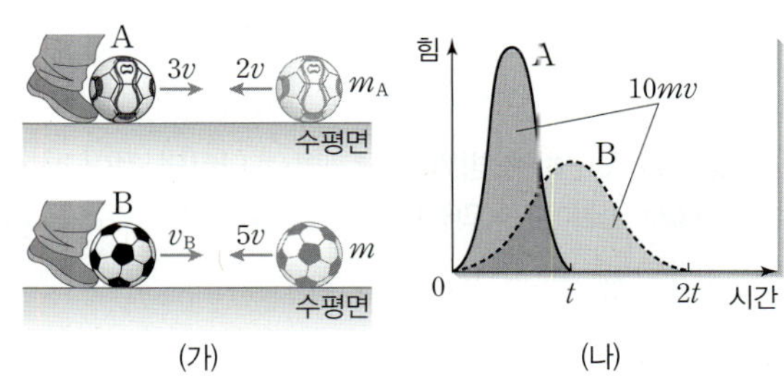

(가)   (나)

이에 대한 설명으로 옳은 것만을 [보기]에서 있는 대로 고른 것은? (단, 공기 저항과 모든 마찰은 무시한다.)

┤ 보기 ├
ㄱ. $m_A = 2m$이다.
ㄴ. $v_B = 15v$이다.
ㄷ. 공이 받은 충격력의 크기는 A와 B가 같다.

① ㄱ   ② ㄷ   ③ ㄱ, ㄴ
④ ㄱ, ㄷ   ⑤ ㄴ, ㄷ

서술형 문제

개념 ① 관성과 관성 법칙

●○○○
14

그림 (가)는 두루마리 휴지의 끝 부분을 잡고 갑자기 당겼을 때 휴지의 중간 부분이 끊어지는 것을 나타낸 것이고, (나)는 망치 손잡이를 단단한 바닥에 내리칠 때, 망치 머리가 망치 손잡이에 박히는 모습을 나타낸 것이다.

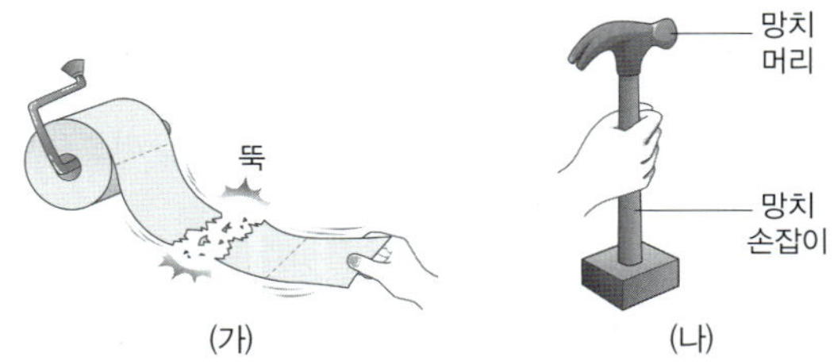

(1) (가)의 현상을 관성과 관련지어 서술하시오.

(2) (나)의 현상을 관성과 관련지어 서술하시오.

개념 ② 운동량과 충격량

●○○○
15

그림은 볼링공을 투구하는 방법을 단계별로 나타낸 것이다. 선수는 마지막 단계에서 공을 놓는 과정에서 공을 끝까지 밀어주는 폴로 스루(follow through)를 한다.

공을 바닥에 놓는 순간 팔을 멈추지 않고 폴로 스루를 하는 이유를 시간과 충격량의 관계를 이용하여 서술하시오.

개념 ③ 충돌과 안전장치

●○○○
16

그림은 기타를 보관하거나 운반하는 데 사용하는 기타 케이스를 나타낸 것으로, 기타 케이스의 내부는 두꺼운 완충재를 넣어 제작한다.

기타가 들어 있는 기타 케이스가 충돌하는 상황에서 충격량, 충격력, 충돌 시간을 이용하여 기타 케이스 내부에 완충재를 넣어 제작하는 이유를 서술하시오.

●●●○
17 중요

그림과 같이 질량이 큰 트럭과 질량이 작은 승용차가 충돌하는 교통사고가 발생하는 경우, 일반적으로 트럭의 운전자보다 승용차의 운전자가 더 크게 다친다.

두 차가 충돌할 때 승용차의 운전자가 트럭의 운전자보다 더 위험한 이유를 운동량과 충격량의 관계를 이용하여 서술하시오.

STEP 4 내신 1등급 문제
난이도 ●○○○

01

| 2019년 고1 11월 교육청 통합과학 7번 |

다음은 에어백이 탑승자를 보호하는 원리에 대한 설명이다.

에어백은 충돌 시간을 길게 하여 탑승자에게 작용하는 평균 힘의 크기를 감소시킨다.

이와 같은 원리를 이용하는 안전장치로 옳은 것만을 [보기]에서 있는 대로 고른 것은?

보기

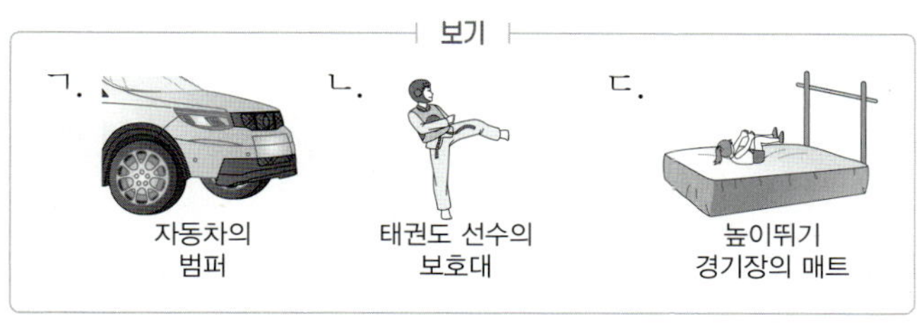

① ㄴ ② ㄷ ③ ㄱ, ㄴ
④ ㄱ, ㄷ ⑤ ㄱ, ㄴ, ㄷ

02

그림 (가)는 수평면에서 일정한 속력으로 직선 운동하는 물체가 벽과 충돌하여 정지한 모습을 나타낸 것이고, (나)는 (가)에서 물체가 벽과 충돌하는 동안 물체가 벽으로부터 받는 힘의 크기를 시간에 따라 나타낸 것이다. 물체와 벽의 충돌 시간은 T이고, 시간 축과 곡선이 만드는 면적은 S이다.

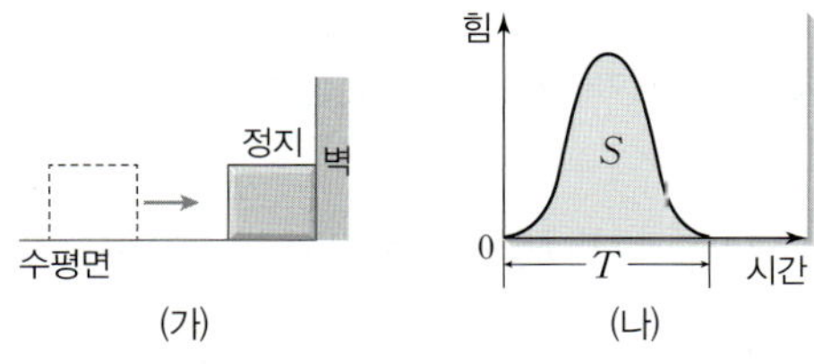

충돌 과정에 대한 설명으로 옳은 것만을 [보기]에서 있는 대로 고른 것은?

보기

ㄱ. 물체가 벽과 충돌한 후 운동량의 크기는 감소한다.
ㄴ. 물체가 벽으로부터 받은 충격량의 크기는 S이다.
ㄷ. 물체가 벽으로부터 받은 평균 힘의 크기는 $\dfrac{S}{T}$이다.

① ㄱ ② ㄷ ③ ㄱ, ㄴ
④ ㄴ, ㄷ ⑤ ㄱ, ㄴ, ㄷ

03

다음은 물체의 충돌 실험이다.

[실험 과정]

(가) 그림과 같이 수평면 위에 고정된 속도 센서와 힘 센서 사이에 물체 A를 놓은 후, A가 힘 센서를 향해 등속 직선 운동 하게 한다.

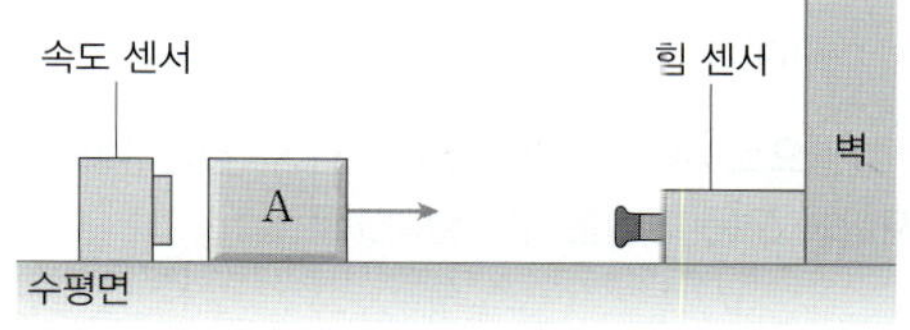

(나) A와 힘 센서의 충돌 직전과 직후의 A의 속력을 측정하고, 힘 센서를 이용하여 충돌하는 동안 A에 작용하는 힘의 크기를 시간에 따라 측정한다.

(다) A를 물체 B로 바꾼 후 (가)와 (나)의 과정을 반복한다.

[실험 결과]

물체	충돌 직전 속력(m/s)	충돌 직후 속력(m/s)
A	2	0
B	3	0

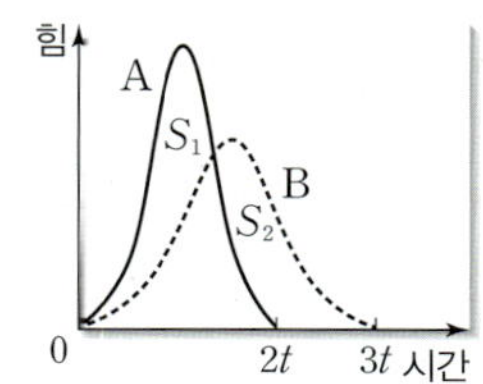

* 그래프에서 각 곡선이 시간 축과 이루는 면적 S_1과 S_2는 같다.

이에 대한 설명으로 옳은 것만을 [보기]에서 있는 대로 고른 것은? (단, 공기 저항과 모든 마찰은 무시한다.)

보기

ㄱ. 충돌하는 동안 물체가 받은 충격량의 크기는 A와 B가 같다.
ㄴ. 충돌하는 동안 물체가 받은 평균 힘의 크기는 A가 B보다 크다.
ㄷ. 물체의 질량은 A가 B보다 크다.

① ㄱ ② ㄷ ③ ㄱ, ㄴ
④ ㄴ, ㄷ ⑤ ㄱ, ㄴ, ㄷ

04

그림 (가)는 질량이 $5\,kg$인 정지해 있는 물체에 수평면과 나란한 방향으로 힘 F가 작용하는 것을, (나)는 F의 크기를 시간에 따라 나타낸 것이다.

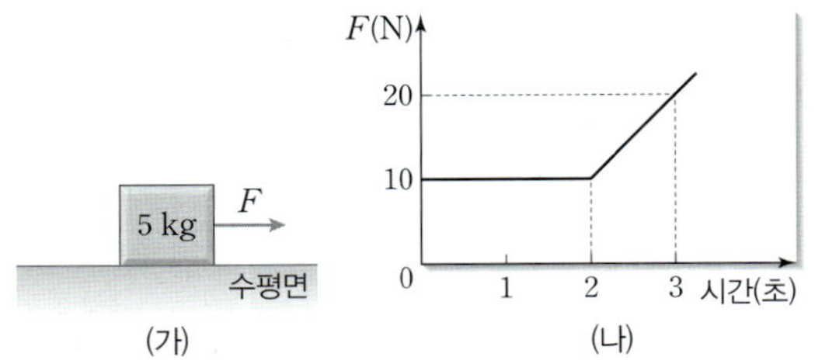

이에 대한 설명으로 옳은 것만을 [보기]에서 있는 대로 고른 것은? (단, 공기 저항과 모든 마찰은 무시한다.)

보기
- ㄱ. 물체가 받은 충격량의 크기는 0초~2초까지가 2초~3초까지보다 크다.
- ㄴ. 물체의 운동량의 크기는 2초일 때가 1초일 때의 2배이다.
- ㄷ. 3초일 때 물체의 속력은 $7\,m/s$이다.

① ㄱ ② ㄴ ③ ㄱ, ㄷ ④ ㄴ, ㄷ ⑤ ㄱ, ㄴ, ㄷ

05

그림은 마찰이 없는 수평면에서 일정한 속력으로 직선 운동하는 물체 A, B가 장애물 P, Q에 각각 충돌하여 정지한 모습을, 표는 물체가 충돌한 순간부터 정지할 때까지 걸린 시간 t와 장애물로부터 받은 평균 힘의 크기 $F_{평균}$을 나타낸 것이다. A와 B의 질량은 m으로 같고, 충돌 전 속력은 v로 같다.

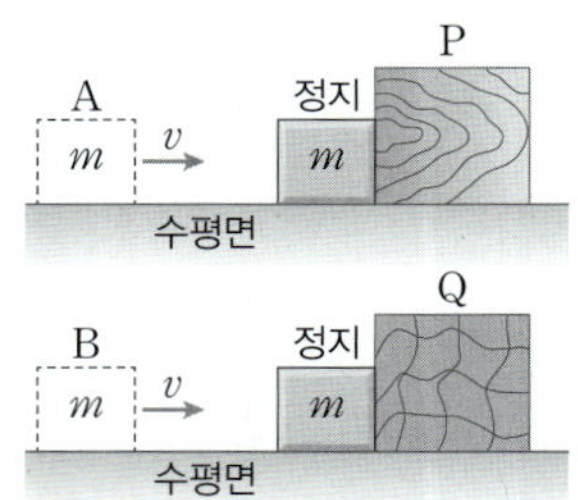

물체	t	$F_{평균}$
A	t_0	F_0
B	㉠	$\dfrac{1}{3}F_0$

이에 대한 설명으로 옳은 것만을 [보기]에서 있는 대로 고른 것은?

보기
- ㄱ. 충돌 전 A의 운동량의 크기는 mv이다.
- ㄴ. 충돌하는 동안, A가 P로부터 받은 충격량의 크기는 B가 Q로부터 받은 충격량의 크기와 같다.
- ㄷ. ㉠은 $3t_0$이다.

① ㄱ ② ㄴ ③ ㄱ, ㄷ ④ ㄴ, ㄷ ⑤ ㄱ, ㄴ, ㄷ

06

| 2020년 고2 3월 교육청 물리학 I 11번 |

그림과 같이 빨대 속에 정지해 있는 물체를 불어서 발사시킨다. 표는 물체 A, B, C의 질량과 각 물체가 빨대를 빠져나온 순간의 속력을 나타낸 것이다.

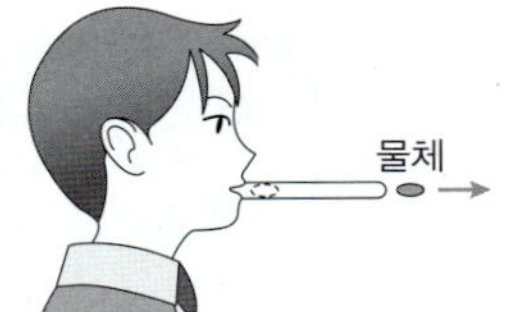

물체	질량	속력
A	$3m$	v
B	m	$2v$
C	$2m$	$2v$

A, B, C가 빨대 속에서 받은 충격량의 크기를 각각 I_A, I_B, I_C라고 할 때, I_A, I_B, I_C를 옳게 비교한 것은?

① $I_A > I_B > I_C$ ② $I_A > I_B = I_C$ ③ $I_B = I_C > I_A$
④ $I_C > I_A > I_B$ ⑤ $I_C > I_B > I_A$

07

| 2024년 고2 3월 교육청 물리학 I 18번 |

그림 (가)는 0초일 때 마찰이 없는 수평면에 정지해 있는 물체에 수평면과 나란하게 일정한 방향으로 힘 F가 작용하는 모습을, (나)는 F의 크기를 시간에 따라 나타낸 것이다. 2초일 때 물체의 속력은 v이다.

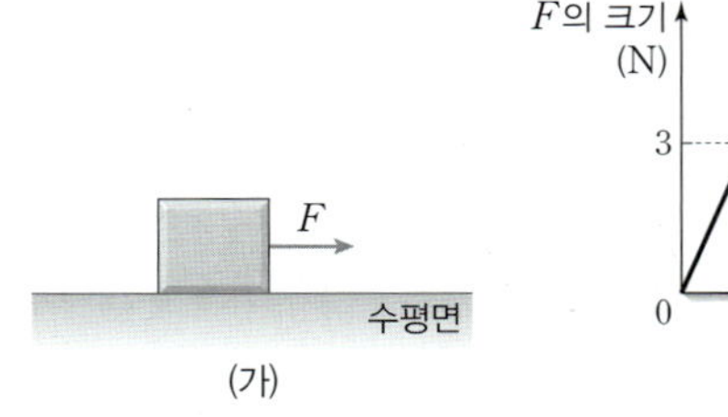
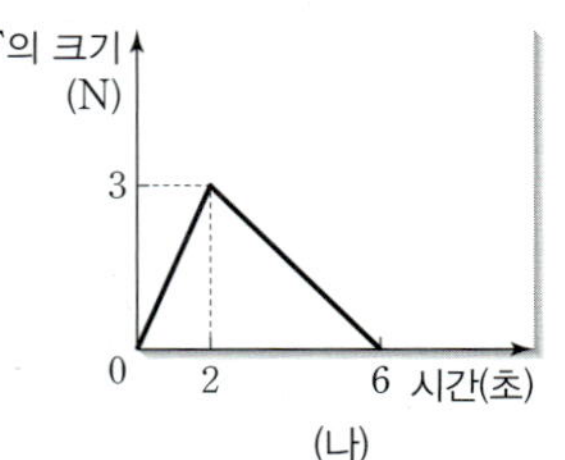

6초일 때 물체의 속력은?

① 0 ② v ③ $2v$ ④ $3v$ ⑤ $4v$

08

| 2019년 고2 3월 교육청 물리학 I 10번 |

그림은 학생 A, B, C가 자동차의 안전장치에 대해 대화하는 모습을 나타낸 것이다.

제시한 내용이 옳은 학생만을 있는 대로 고른 것은?

① A ② C ③ A, B ④ B, C ⑤ A, B, C

09

| 2019년 고2 3월 교육청 물리학 I 20번 |

그림 (가)는 자동차 A, B가 기준선 P를 각각 v_A, v_B의 속력으로 동시에 통과하는 모습을 나타낸 것이다. 그림 (나)는 (가)의 순간부터 서로 나란한 직선 경로를 따라 기준선 Q에 도달할 때까지 A, B의 운동량을 시간에 따라 나타낸 것이다.

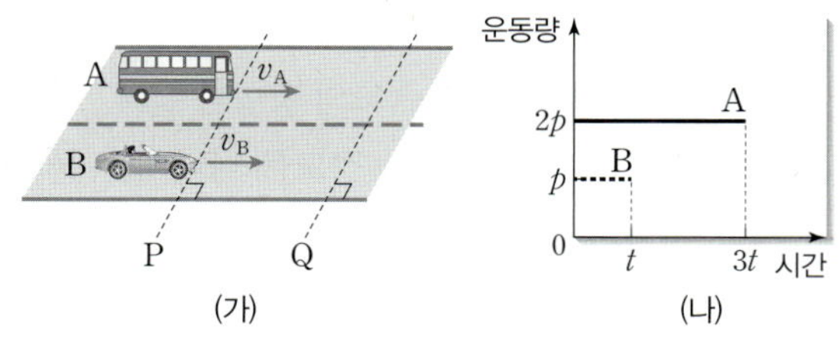

A, B의 질량을 각각 m_A, m_B라고 할 때, $\dfrac{m_A}{m_B}$는?

① $\dfrac{3}{2}$ ② 2 ③ $\dfrac{5}{2}$ ④ 3 ⑤ 6

10

그림 (가)는 수평한 얼음판에서 질량 60 kg인 선수 A와 질량 40 kg인 선수 B가 각각 6 m/s, 2 m/s의 속력으로 운동하는 모습을 나타낸 것이다. 그림 (나)는 B의 속력을 시간에 따라 나타낸 것으로, 2초일 때 A는 B를 밀었다. 밀기 전후의 두 선수의 운동 방향은 같다.

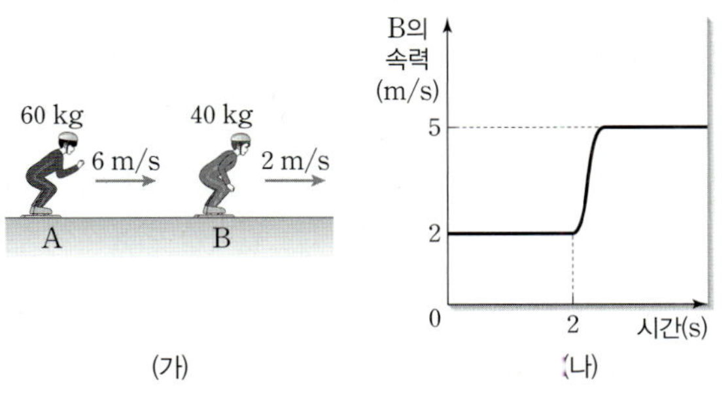

이에 대한 설명으로 옳은 것만을 [보기]에서 있는 대로 고른 것은? (단, 모든 마찰은 무시한다.)

> ─── 보기 ───
> ㄱ. 밀면서 받은 충격량의 크기는 A와 B가 같다.
> ㄴ. 밀기 전후 A의 운동량의 변화량 크기는 120 kg·m/s 이다.
> ㄷ. 밀고 난 후 A의 속력은 3 m/s이다.

① ㄱ ② ㄷ ③ ㄱ, ㄴ
④ ㄴ, ㄷ ⑤ ㄱ, ㄴ, ㄷ

11

| 2019년 고1 6월 교육청 통합과학 17번 |

그림 (가)는 수평면 위에서 일정한 속력 10 m/s로 운동하던 질량 2 kg인 물체에 운동 방향과 같은 방향으로 크기가 F인 힘을 작용시킨 것이고, 그림 (나)는 이 물체에 작용하는 힘 F를 시간에 따라 나타낸 것이다.

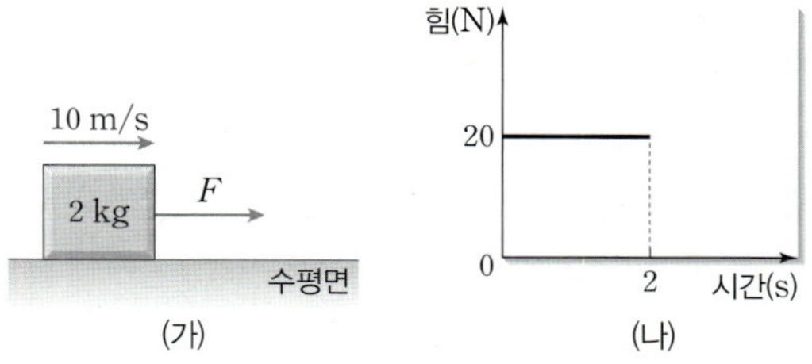

2초 후 이 물체의 속력은? (단, 모든 마찰과 공기 저항은 무시한다.)

① 20 m/s ② 30 m/s ③ 40 m/s
④ 50 m/s ⑤ 60 m/s

12

그림 (가)는 각각 일정한 속력으로 운동하는 물체 A, B가 기준선을 동시에 통과한 후 같은 거리를 이동하여 벽에 충돌해 정지한 모습을 나타낸 것이다. 그림 (나)는 A, B가 기준선을 통과한 순간부터 정지할 때까지 벽으로부터 받는 힘의 크기를 시간에 따라 나타낸 것이다. 시간 축과 A, B의 곡선이 각각 이루는 면적은 같다.

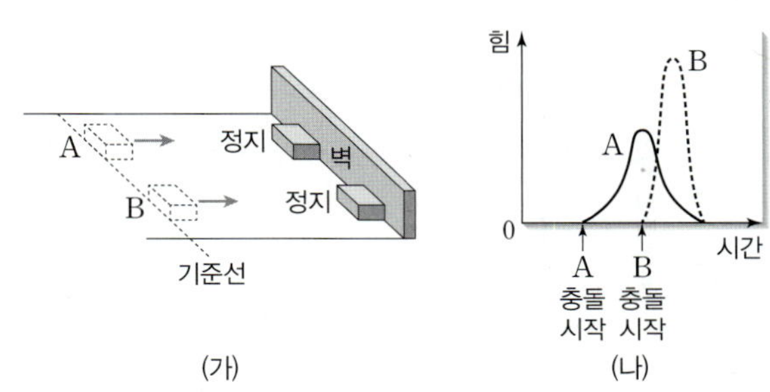

이에 대한 설명으로 옳은 것만을 [보기]에서 있는 대로 고른 것은?

> ─── 보기 ───
> ㄱ. 벽과 충돌하기 전 운동량의 크기는 B가 A보다 크다.
> ㄴ. 질량은 A가 B보다 크다.
> ㄷ. 벽과 충돌하는 동안 벽으로부터 받는 평균 힘의 크기는 A가 B보다 작다.

① ㄱ ② ㄷ ③ ㄱ, ㄴ
④ ㄴ, ㄷ ⑤ ㄱ, ㄴ, ㄷ

01 중력을 받는 물체의 운동

1. 자유 낙하 운동
(1) (❶   ): 질량을 가진 물체들 사이에 서로 끌어당기는 힘
(2) (❷   ): 물체를 정지 상태에서 가만히 놓았을 때 중력만 받으며 아래로 떨어지는 운동
(3) 중력 가속도(g): 중력 가속도의 크기는 약 9.8 m/s^2이고, 물체의 질량과 무관하다.
(4) 공기 중과 진공 중에서 구슬과 깃털을 같은 높이에서 동시에 떨어뜨렸을 때

구분	공기 중	진공 중
속력	$v_{구슬} > v_{깃털}$	$v_{구슬} = v_{깃털}$
가속도의 크기	$a_{구슬} > a_{깃털}$	$a_{구슬} = a_{깃털}$
낙하 시간	$t_{구슬} < t_{깃털}$	$t_{구슬} = t_{깃털}$

2. 수평 방향으로 던진 물체의 운동
(1) 공기 저항을 무시할 때 물체를 정지 상태에서 수평 방향으로 던지면 물체는 (❸   )만 받으며 포물선 궤도를 그리며 낙하한다.
(2) 물체는 수평 방향으로는 (❹   ) 속력으로 운동하고, 연직 방향으로는 중력만 받으며 아래로 떨어진다.

구분	수평 방향	연직 방향
힘	0	중력
가속도	0	일정
속도	일정	일정하게 증가
운동	등속 직선 운동	등가속도 운동

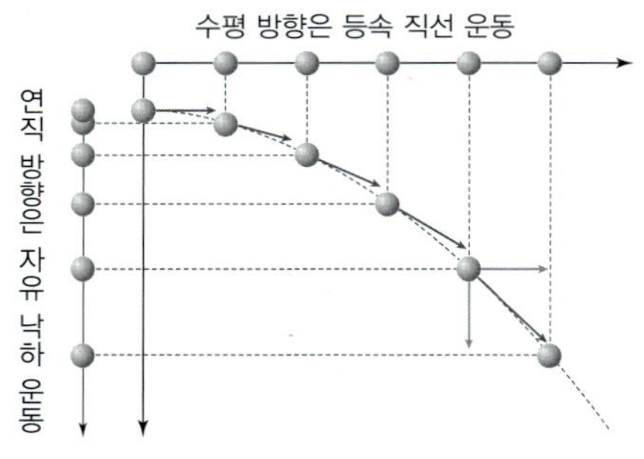

02 운동과 충돌

1. 관성과 관성 법칙
(1) 관성: 물체가 원래의 운동 상태를 유지하려는 성질
　- 관성의 크기: 물체의 질량이 클수록 크다.
(2) 관성 법칙: 물체에 힘이 작용하지 않거나 알짜힘(합력)이 0이면 정지해 있던 물체는 계속 (❺   )해 있고, 운동하던 물체는 (❻   )을 한다.

2. 운동량과 충격량
(1) 운동량: 운동하는 물체의 운동 효과를 나타내는 물리량으로, 크기와 방향을 갖는다.
　- 운동량의 크기: 물체의 (❼   )과 (❽   )에 비례한다.
　- 운동량의 방향: 물체의 속도의 방향과 같다.
(2) 충격량: 물체가 받는 충격의 정도를 나타내는 물리량으로, 크기와 방향을 갖는다.
　- 충격량의 크기: 충돌하는 동안 물체에 작용한 (❾   )과 힘이 작용한 (❿   )에 비례한다.
　- 충격량의 방향: 물체에 작용한 힘의 방향과 같다.
　- 힘-시간 그래프에서 그래프 아랫부분의 면적은 (⓫   )을 나타낸다.

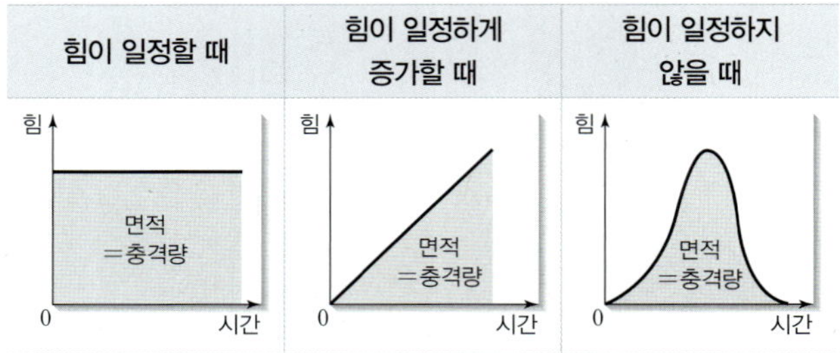

3. 운동량과 충격량의 관계
(1) 물체가 받는 충격량은 (⓬   )과 같다.
(2) 힘이 오랜 시간 동안 작용하거나 같은 시간 동안 큰 힘이 작용하면 물체가 받는 충격량이 (⓭   )하므로 물체의 운동량의 변화량도 (⓮   )한다.
(3) 충격량이 같을 때 충돌 시간이 길수록 충격력(평균 힘)이 (⓯   ).
(4) 충돌과 안전: 충격량이 같더라도 충돌 시간이 길어질수록 충격력(평균 힘)이 작아지는 원리를 이용하여 안전장치에 적용한다.

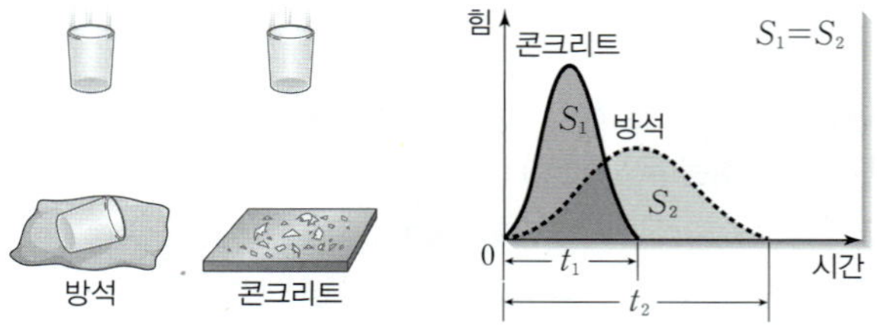

　- 동일한 유리컵을 같은 높이에서 떨어뜨리면 유리컵의 운동량의 변화량이 같으므로 충격량이 (⓰   ).
　- 충격량이 같을 때 충돌 시간이 길어질수록 충격력(평균 힘)이 작아지므로 유리컵을 방석에 낙하시킬 때 유리컵이 받는 충격력(평균 힘)의 크기가 더 (⓱   ).

01 중력을 받는 물체의 운동

01 ●○○○

중력에 대한 설명으로 옳지 <u>않은</u> 것은?

① 두 물체 사이에 서로 작용하는 중력의 크기는 같다.
② 질량이 있는 모든 물체 사이에서 상호작용 하는 힘이다.
③ 중력은 두 물체가 서로 밀어내는 방향으로 작용한다.
④ 지표면 근처의 물체에 작용하는 중력의 크기는 물체의 질량에 비례한다.
⑤ 지구에서 쏜 대포가 떨어지는 궤적과 달의 원운동은 모두 지구의 중력 때문이다.

02 ●●○○

다음은 자유 낙하 운동 실험이다.

[실험 과정]
1. 그림과 같이 물체를 낙하시킬 높이를 고정시키고, 스위치를 눌러 물체를 낙하시킨다.
2. 낙하 시간에 따른 물체의 위치 변화를 확인한다.
3. 물체의 높이를 달리 하여 과정 1, 2를 반복한다.

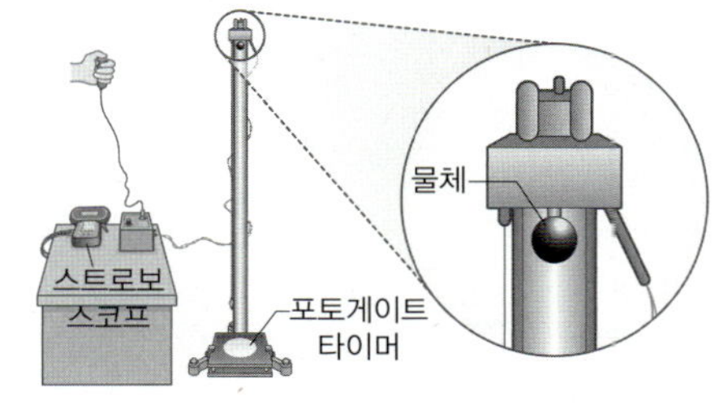

이에 대한 설명으로 옳은 것만을 [보기]에서 있는 대로 고른 것은? (단, 공기의 저항은 무시한다.)

보기
ㄱ. 물체의 가속도는 일정하다.
ㄴ. 처음 높이에 상관없이 물체의 낙하 시간은 동일하다.
ㄷ. 물체가 매 초 이동한 거리는 일정하다.

① ㄱ　　　　② ㄴ　　　　③ ㄱ, ㄷ
④ ㄴ, ㄷ　　　⑤ ㄱ, ㄴ, ㄷ

03 ●●○○

그림 (가)와 (나)는 길이가 같은 유리관 안에서 동일한 깃털과 물체 A를 바닥으로부터 같은 높이에서 가만히 놓았을 때 낙하하는 모습을 나타낸 것이다.
(가)와 (나)는 진공 상태와 공기가 들어 있는 상태 중 하나이며, 질량은 A가 깃털보다 크다. 이에 대한 설명으로 옳은 것은?

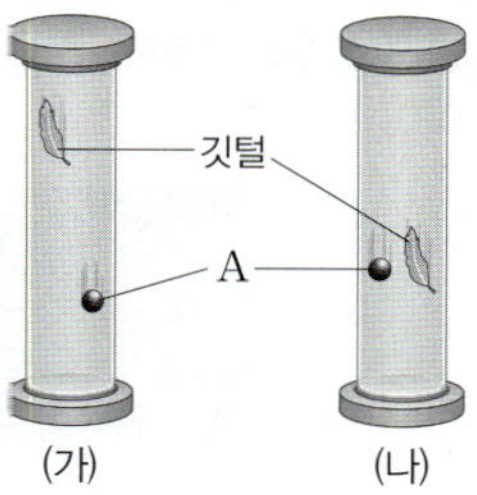

① (가)는 진공 상태이다.
② (가)에서 깃털의 가속도는 중력 가속도와 같다.
③ (나)에서 깃털과 A는 바닥에 동시에 드착한다.
④ (나)에서 깃털과 A에 작용하는 중력의 크기는 같다.
⑤ (가)와 (나)에서 각각 A를 동시에 낙하시키면 A는 (가)에서가 (나)에서보다 바닥에 먼저 도달한다.

04 ●●○○

그림은 지표면 근처의 같은 높이에서 수평 방향으로 질량이 같은 대포알 ㉠, ㉡, ㉢을 쏘았을 때 각각의 운동 경로를 나타낸 것이다.

이에 대한 설명으로 옳은 것만을 [보기]에서 있는 대로 고른 것은? (단, 지구는 완전한 구형이고, 공기 저항은 무시한다.)

보기
ㄱ. ㉠의 발사 속도가 가장 크다.
ㄴ. ㉠, ㉡, ㉢에 작용하는 중력의 크기는 같다.
ㄷ. 대포알의 운동을 통해 달이 지구 주위를 원운동하는 것을 설명할 수 있다.

① ㄱ　　　　② ㄷ　　　　③ ㄱ, ㄴ
④ ㄴ, ㄷ　　　⑤ ㄱ, ㄴ, ㄷ

05

그림은 지표면 근처의 같은 높이에서 자유 낙하 운동을 하는 물체 A와 동시에 수평 방향으로 던져 포물선 운동을 하는 물체 B를 나타낸 것이다.

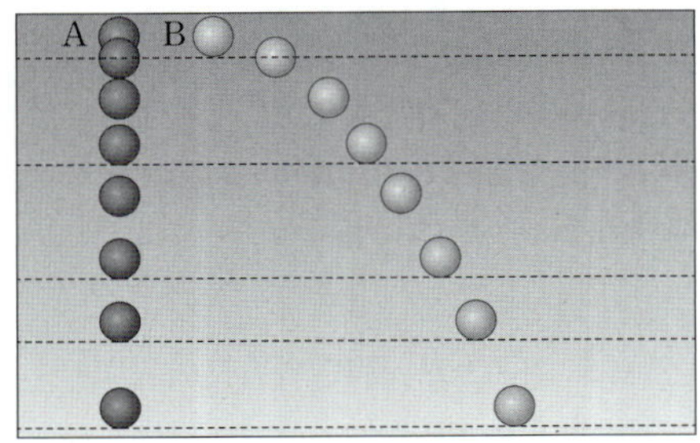

이에 대한 설명으로 옳은 것만을 [보기]에서 있는 대로 고른 것은? (단, 공기의 저항은 무시한다.)

보기
ㄱ. A와 B는 동시에 바닥에 도달한다.
ㄴ. B는 수평 방향으로 등속도 운동을 한다.
ㄷ. B는 연직 방향으로 자유 낙하 운동을 한다.

① ㄱ ② ㄴ ③ ㄱ, ㄷ
④ ㄴ, ㄷ ⑤ ㄱ, ㄴ, ㄷ

06 단원 통합형: 개념 137쪽, 147쪽

그림과 같이 물체 A, B가 수평면과 나란한 책상 면에서 서로 반대 방향으로 각각 등속도 운동한 후 책상 면을 떠나 수평면에 도달한다. 책상 면에서 A, B의 운동량의 크기는 같고, A, B가 책상 면을 떠나는 순간부터 수평면에 도달할 때까지 수평 방향으로 이동한 거리는 각각 L, $2L$이다.

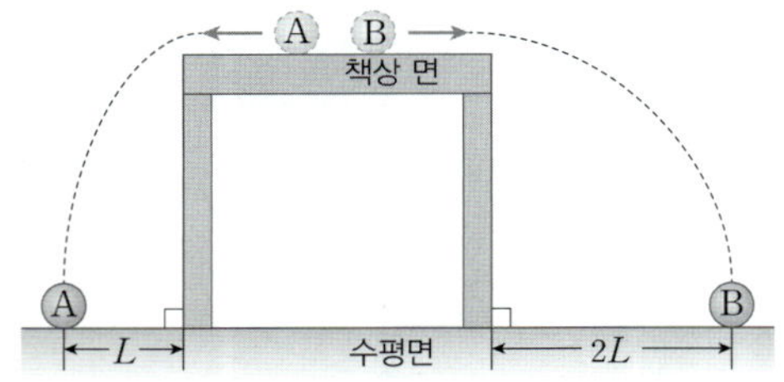

이에 대한 설명으로 옳은 것만을 [보기]에서 있는 대로 고른 것은? (단, 물체의 크기와 공기 저항은 무시한다.)

보기
ㄱ. 책상 면을 떠나는 순간부터 수평면에 도달할 때까지 걸린 시간은 B가 A의 2배이다.
ㄴ. 책상 면에서의 속력은 B가 A의 2배이다.
ㄷ. 질량은 A가 B의 2배이다.

① ㄱ ② ㄴ ③ ㄱ, ㄷ
④ ㄴ, ㄷ ⑤ ㄱ, ㄴ, ㄷ

07

그림 (가)는 컵 위에 놓은 종이 위에 동전을 올려놓은 모습을 나타낸 것이고, (나)는 (가)의 종이를 손으로 쳤을 때 종이는 날아가고 동전은 컵 속으로 떨어지는 모습을 나타낸 것이다.

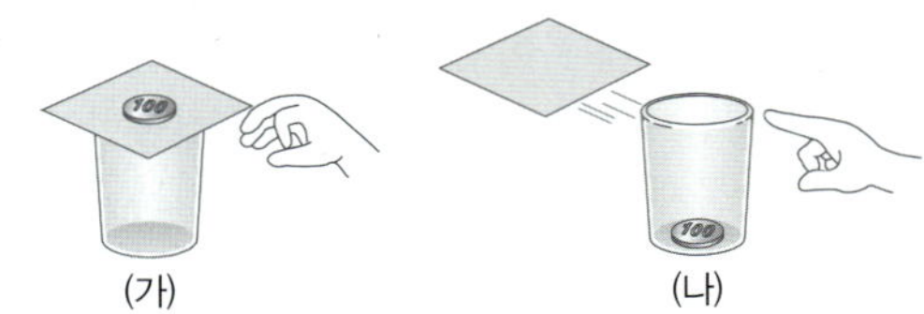

이와 같은 원리로 설명할 수 있는 현상으로 옳은 것은?

① 로켓이 가스를 분출하면서 날아간다.
② 달리기를 하던 사람의 발이 돌에 걸려 넘어진다.
③ 일정한 속력으로 원운동을 하는 물체에 구심력이 작용한다.
④ 운동하던 물체가 반대 방향으로 힘을 받으면 속력이 감소한다.
⑤ 지구가 달을 당기는 힘과 같은 크기의 힘으로 달이 지구를 당긴다.

08

그림은 질량이 2 kg인 물체 A가 오른쪽 방향으로 3 m/s의 일정한 속력으로 직선 운동하여 벽과 충돌한 후 왼쪽 방향으로 2 m/s의 일정한 속력으로 직선 운동하는 것을 나타낸 것이다.

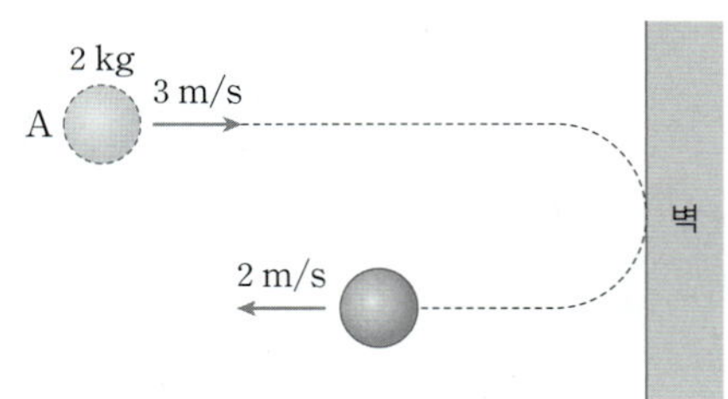

A에 대한 설명으로 옳은 것만을 [보기]에서 있는 대로 고른 것은? (단, 공기 저항과 모든 마찰은 무시한다.)

보기
ㄱ. 운동량의 크기는 충돌 전이 충돌 후보다 크다.
ㄴ. 운동량의 변화량 크기는 2 kg·m/s이다.
ㄷ. 벽이 A로부터 받은 충격량의 크기는 10 N·s이다.

① ㄱ ② ㄴ ③ ㄱ, ㄷ
④ ㄴ, ㄷ ⑤ ㄱ, ㄴ, ㄷ

09

그림 (가)는 마찰이 없는 수평면 위에 질량이 0.5kg인 나무도막을 올려놓고 용수철 저울을 연결하여 수평 방향으로 당기는 모습을 나타낸 것이다. 그림 (나)는 용수철 저울의 측정값을 시간에 따라 나타낸 것이다.

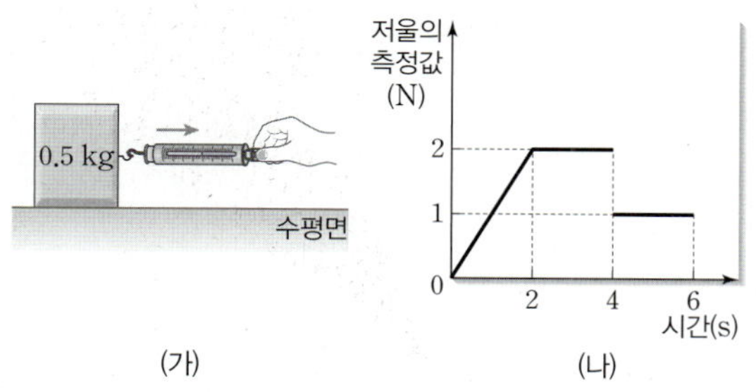

(가)　　　　(나)

이에 대한 설명으로 옳은 것만을 [보기]에서 있는 대로 고른 것은? (단, 용수철 저울의 질량은 무시한다.)

> ─ 보기 ─
> ㄱ. 6초일 때 물체의 속력은 4 m/s이다.
> ㄴ. 2초∼4초 동안 물체는 등속 직선 운동을 한다.
> ㄷ. 0초∼6초 동안 물체가 받은 충격량의 크기는 8 N·s이다.

① ㄴ　　　　② ㄷ　　　　③ ㄱ, ㄴ
④ ㄱ, ㄷ　　　　⑤ ㄴ, ㄷ

10

그림 (가)는 야구 경기에서 포수가 야구공을 받을 때의 모습이고, 그림 (나)는 포수가 동일한 속도의 야구공을 손을 앞으로 내밀면서 받는 경우와 손을 뒤로 빼면서 받는 경우에 손에 작용하는 힘의 크기를 시간에 따라 순서없이 나타낸 것이다.

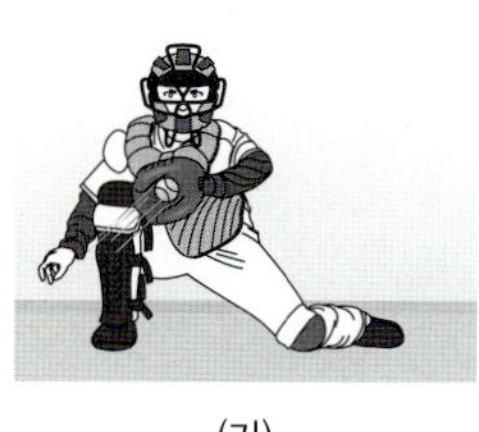
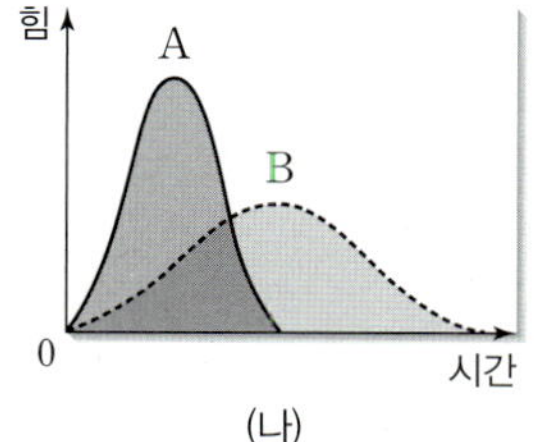

(가)　　　　(나)

이에 대한 설명으로 옳은 것만을 [보기]에서 있는 대로 고른 것은? (단, 공기의 저항은 무시한다.)

> ─ 보기 ─
> ㄱ. 손을 뒤로 빼면서 받는 경우는 B이다.
> ㄴ. (나)에서 시간 축과 곡선이 이루는 면적은 A와 B가 같다.
> ㄷ. 충격량은 A가 B보다 크다.

① ㄱ　　　　② ㄷ　　　　③ ㄱ, ㄴ
④ ㄴ, ㄷ　　　　⑤ ㄱ, ㄴ, ㄷ

11

그림 (가)와 (나)는 각각 에어 매트와 상품을 포장하는 에어캡 포장지를 나타낸 것이다.

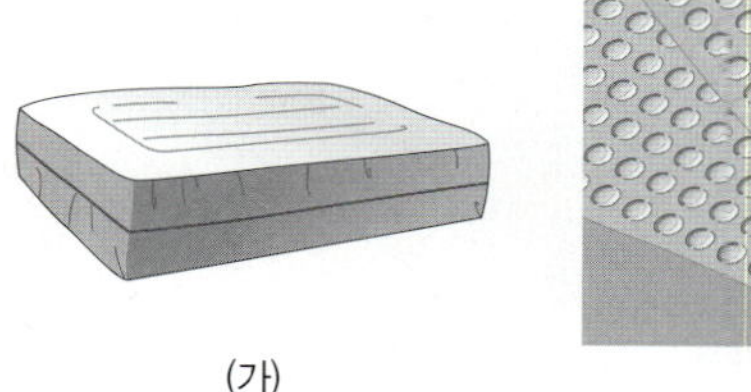
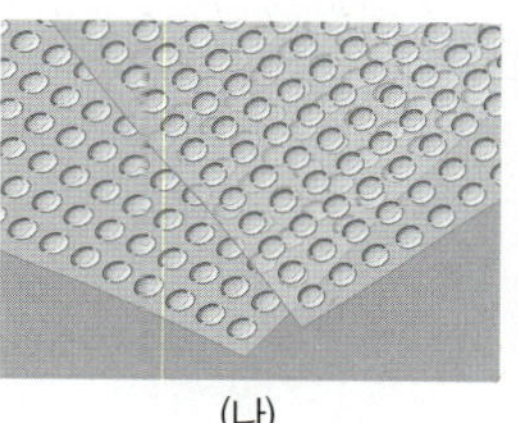

(가)　　　　(나)

(가)와 (나)에서 공통적으로 감소시키는 물리량으로 옳은 것만을 [보기]에서 있는 대로 고른 것은?

> ─ 보기 ─
> ㄱ. 충격량
> ㄴ. 충돌 시간
> ㄷ. 충격력

① ㄱ　　　　② ㄷ　　　　③ ㄱ, ㄴ
④ ㄴ, ㄷ　　　　⑤ ㄱ, ㄴ, ㄷ

12

다음은 어느 신문 기사의 내용을 보고 대화를 나누는 것이다.

2024년 ○○ 거리에서 두 자동차가 정면으로 충돌하였다. 두 자동차는 앞쪽 P 부분만 심하게 찌그러지고 두 자동차에 탄 사람은 다친 곳 없이 창문을 열고 상대방에게 소리치고 있었다.

이에 대해 옳게 말한 사람만을 [보기]에서 있는 대로 고른 것은?

> ─ 보기 ─
> 철수: 안전을 위해서 P 부분은 잘 찌그러지도록 만들어야 해.
> 영희: P 부분이 찌그러지는 정도와 상관없이 자동차가 받은 충격량의 크기는 같아.
> 민수: P 부분이 찌그러지는 것과 안전은 상관관계가 없어.

① 철수　　　　② 민수　　　　③ 철수, 영희
④ 영희, 민수　　　　⑤ 철수, 영희, 민수

03 생명 시스템

생명 시스템에서의 화학 반응

개념 ① 생명 시스템의 기본 단위

① 세포의 기본 구조

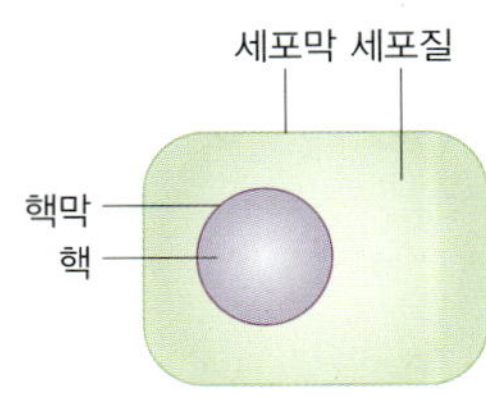

1. 생명 시스템 생물은 지구 시스템의 생물권을 구성하고, 각각의 생물은 몸을 구성하는 여러 요소가 상호작용을 하며 다양한 생명활동을 수행하는 하나의 생명 시스템이다. 생명 시스템 은 하나의 생물 개체일 수도 있고, 하나의 ❶세포일 수도 있다.
└→ 지구상의 생물과 환경을 모두 포함하여 지칭한다.

(1) 생명 시스템의 구성 단계

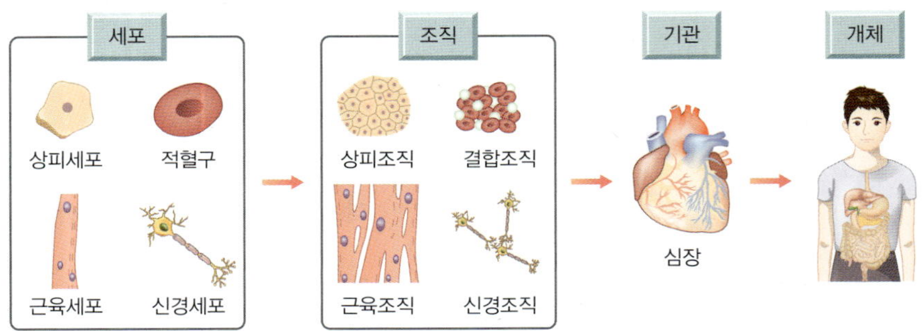

① 세포: 생명 시스템을 구성하는 구조적·기능적 기본 단위
② 조직: 모양과 기능이 비슷한 세포들이 모인 단계
③ 기관: 여러 조직이 모여 고유한 형태와 특정한 기능을 나타내는 단계
④ 개체: 여러 기관이 모여 독립된 구조와 기능을 가지는 하나의 생명체

(2) 생명 시스템의 체계: 여러 세포가 모여 조직, 기관 등의 단계를 거쳐 복잡한 구조를 갖는 개체 가 되며, 세포, 조직, 기관 등의 구성 요소들이 서로 상호작용을 하여 생명 시스템을 체계적으 로 유지한다.

② 세포질
세포소기관이 있는 곳으로, 다양한 생명활동이 일어난다.

2. 생명 시스템의 기본 단위(세포)

(1) 세포는 핵막에 싸여 있는 부분인 핵과 핵의 바깥 부분부터 세포막까지에 해당하는 부분인 ❷세 포질로 구성되며, 여러 세포소기관이 세포에 존재한다.

(2) 세포소기관의 종류와 기능

③ 원핵세포와 진핵세포
• 원핵세포: 핵과 막으로 둘러싸인 세포소기관이 없으며, 유전물질인 DNA가 세포질에 퍼져 있다.
예 대장균
• 진핵세포: 핵과 막으로 둘러싸인 세 포소기관이 있으며, 핵에 유전물질 인 DNA가 있다.
예 동물세포, 식물세포

세포소기관	기능
❸핵	• 유전정보를 가진 DNA가 있어 생명활동을 조절한다. → DNA의 기본 단위체는 뉴클레오타이드이다.
라이보솜	• DNA의 유전정보에 따라 단백질을 합성한다. • 세포질에 떠 있거나 소포체에 붙어 있는 구조이다. → 작은 알갱이 모양으로, 막으로 싸여 있지 않다.
소포체	• 핵막에 연결되어 있는 구조로, 지질을 합성한다. • ❹라이보솜에서 합성된 단백질을 골지체나 세포의 다른 부위로 운반한다.
골지체	• 소포체에서 운반된 단백질을 변형하고 분비하는 데 관여한다.
마이토콘드리아	• 세포호흡이 일어나는 장소이고, 포도당과 같은 유기물을 분해하여 생명활동에 필요한 에너지 를 생성한다. └→ 탄수화물의 기본 단위체 중 하나로 6탄당으로 구성되어 있다. • 근육세포와 같이 많은 에너지가 필요한 세포에 많이 존재한다.
엽록체	• 광합성이 일어나는 장소이며, 식물세포에 존재한다. • 빛에너지를 흡수하여 이산화 탄소와 물로부터 포도당을 합성한다. → 광합성
액포	• 주로 식물세포에서 발달하며 물, 색소, 노폐물을 저장하는 역할을 한다. → 삼투압 조절에 관여한다.
세포막	• 세포를 둘러싸는 막으로, 세포 안팎의 물질 출입을 선택적으로 조절한다. → 인지질과 단백질이 세포막을 구성한다.
세포벽	• 세포막 바깥쪽에 위치하고 있으며, 두껍고 단단한 구조이다. → 식물세포에 있는 구조이다. • 세포를 보호하고 모양을 유지하는 역할을 한다.

④ 단백질의 합성 및 이동 경로
핵 속 DNA의 정보가 라이보솜에 전 달되어 단백질이 합성되고, 이 단백 질 중 일부는 소포체, 골지체를 거쳐 세포 밖으로 분비된다.

라이보솜(단백질 합성) → 소포체 → 골지체 → 세포 밖

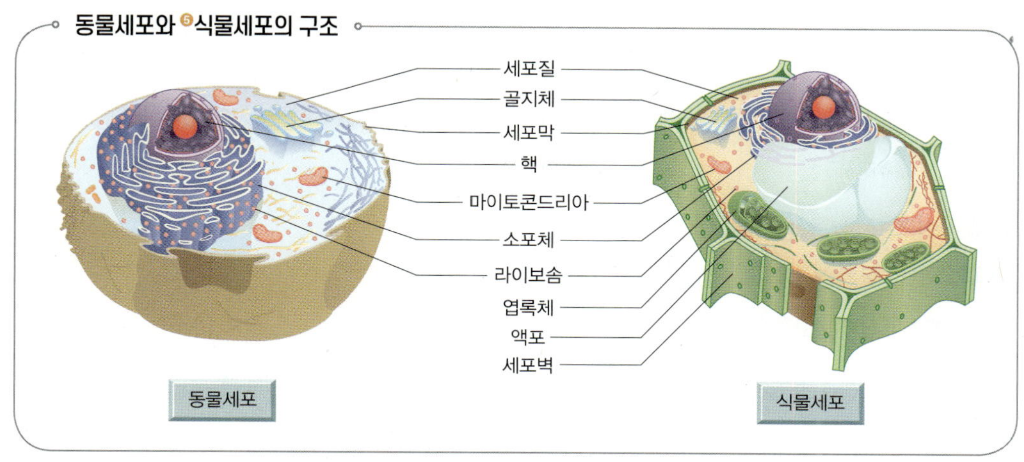

동물세포와 ❺식물세포의 구조

개념 ② 생명 시스템에서의 화학 반응

1. 물질대사 생명체 내에서 생명 시스템을 유지하기 위해 일어나는 모든 화학 반응

(1) 물질대사의 종류: ❻동화작용과 이화작용으로 나눌 수 있다.

동화작용과 이화작용

구분	동화작용	이화작용	동화작용과 이화작용에서의 물질 변화
정의	작고 간단한 물질(저분자 물질)을 크고 복잡한 물질(고분자 물질)로 합성하는 반응	크고 복잡한 물질(고분자 물질)을 작고 간단한 물질(저분자 물질)로 분해하는 반응	
❼에너지 출입	에너지 흡수 (흡열 반응)	에너지 방출 (발열 반응)	
예	단백질 합성, 광합성	소화, 세포호흡	

(2) 생명체 안과 밖에서의 화학 반응 비교

세포호흡(물질대사)과 연소의 비교

구분	세포호흡(물질대사)	연소
반응 위치	생명체 내에서	생명체 밖에서
반응 온도와 압력	체온 정도의 온도와 낮은 압력	높은 온도와 압력
반응 단계	반응이 단계적으로 일어난다.	반응이 한 번에 일어난다.
에너지 출입		

❼ 물질대사 시 에너지 출입

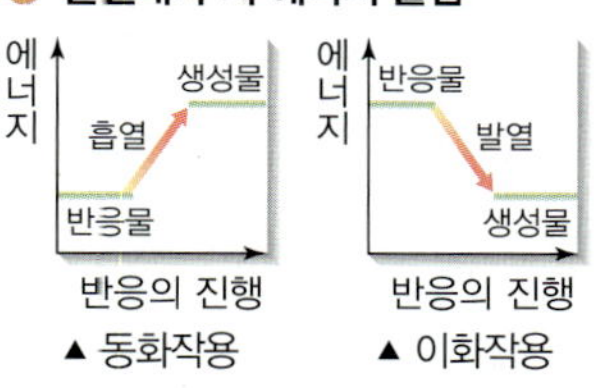

2. 효소(생체촉매)

(1) 촉매: 화학 반응에 참여하여 반응 속도를 변화시키는 물질

① 촉매는 반응 전후의 상태에 변화가 없어 화학 반응이 끝난 뒤에도 재사용될 수 있다.

② 생명체에서 만들어진 생체촉매인 효소는 다양한 화학 반응에 관여한다.

(2) 효소(생체촉매): 생명체에서 물질대사가 빠르게 일어나도록 촉매 역할을 하는 단백질
① 생명체에서 일어나는 물질대사에는 효소가 관여한다.
② 효소의 작용으로 물질대사는 체온 정도의 온도와 낮은 압력에서 진행될 수 있다.

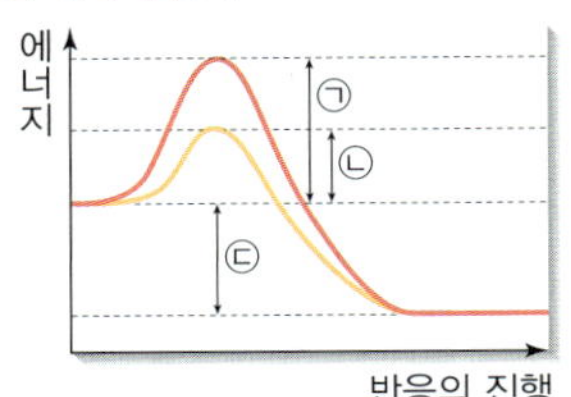

㉠: 효소가 없을 때의 활성화에너지
㉡: 효소가 있을 때의 활성화에너지
㉢: 반응물과 생성물의 에너지 차이
　　(반응열)

3. 효소의 작용과 ❽활성화에너지

(1) 효소는 활성화에너지를 낮추어 화학 반응 속도를 빠르게 한다.

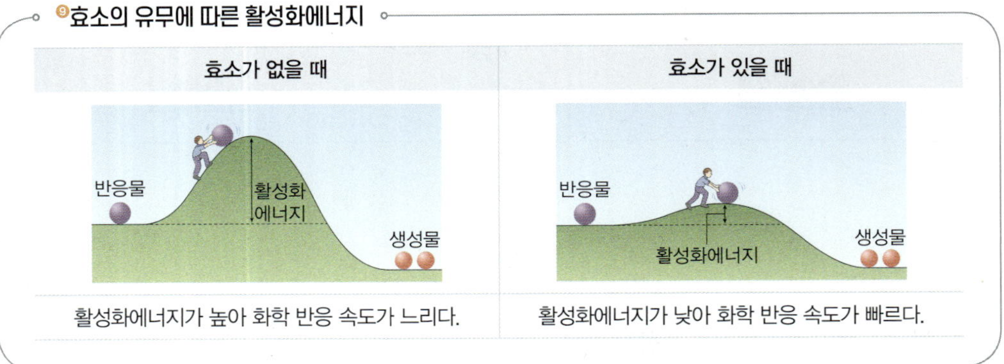

(2) 효소의 작용

① 효소는 적은 양으로도 효율적으로 작용한다.
② 화학 반응에서 자신은 변하지 않아 반응 후 재사용된다.

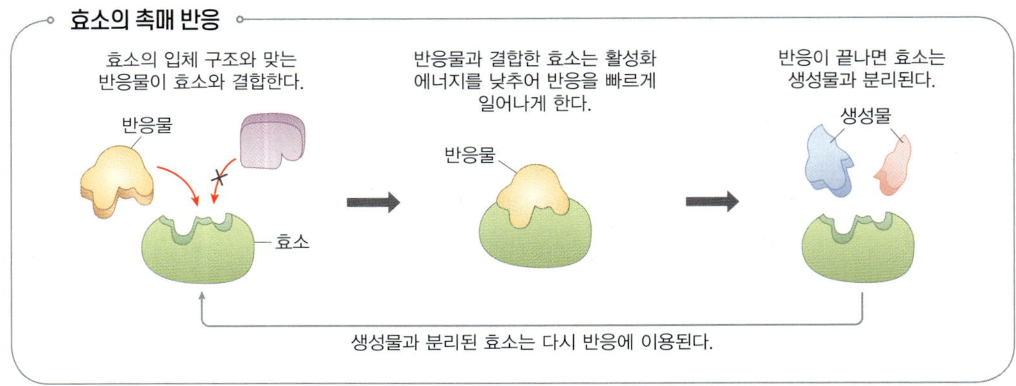

4. 효소의 특징

(1) 반응 속도를 빠르게 한다.
(2) 주성분이 단백질이기 때문에 고온에서 변성이 일어날 수 있다.
(3) 효소는 자신의 입체 구조와 맞는 반응물과만 결합하여 반응을 진행한다. → 효소의 기질특이성

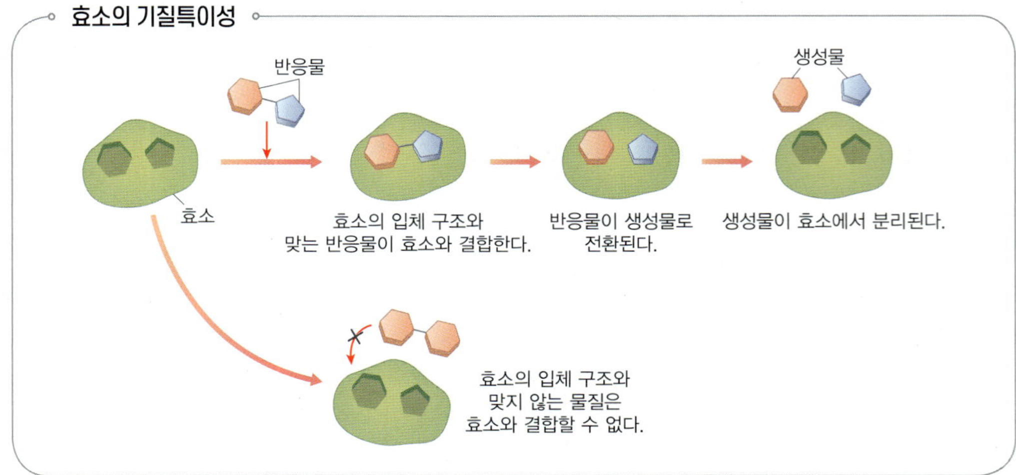

5. 생명체 내에서 일어나는 효소 작용의 예

(1) 식물의 잎에서 빛에너지를 이용한 광합성이 일어날 때 효소가 작용한다.

(2) 사람의 성장에 필요한 단백질의 합성 과정(호르몬 합성, 머리카락을 구성하는 케라틴 단백질 합성 등)에서 효소가 작용한다.

(3) 소화기관에서 섭취한 음식물의 소화 과정에서 효소가 작용한다.

(4) 근육세포에서 포도당이 이산화 탄소와 물로 분해되는 과정에서 효소가 작용한다.

필수 탐구 자료 ⑩ **카탈레이스의 작용**

과정

(가) 시험관 A~C에 과산화 수소수를 3 mL씩 넣는다.

(나) 돼지 생간과 감자를 비슷한 크기로 잘라 준비한다.

(다) A에는 증류수를 넣고, B에는 돼지 생간을, C에는 감자를 각각 1조각씩 넣은 후 변화를 관찰한다.

(라) 향에 불을 붙여 끄고, 꺼져 가는 불씨를 시험관 A~C 속에 넣은 후 변화를 관찰한다.

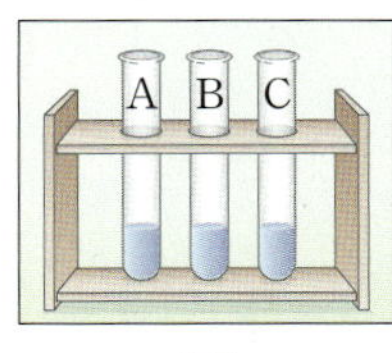 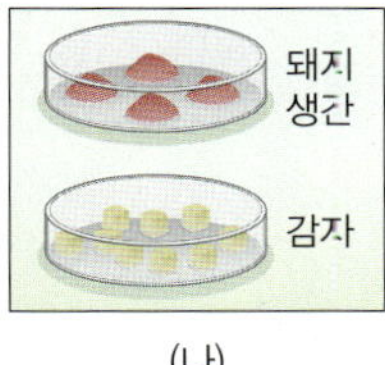 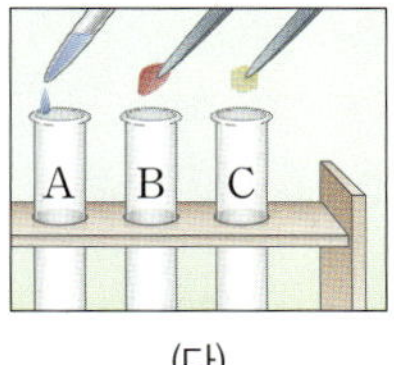 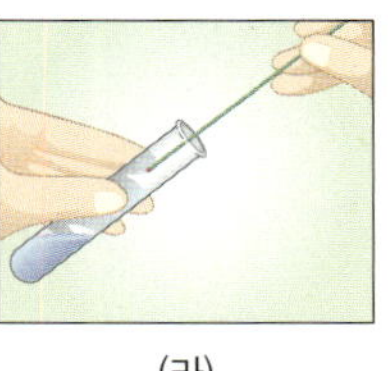

| (가) | (나) | (다) | (라) |

결과 및 해석

시험관	(다)의 결과	(라)의 결과
A	변화 없다.	변화 없다.
B	기포가 발생한다.	불씨가 살아난다.
C	기포가 발생한다.	불씨가 살아난다.

1. A의 증류수에는 과산화 수소를 분해하는 ⑪카탈레이스가 없으므로 (다)에서 기포(산소)가 발생하지 않았고, (라)에서 불씨에 반응이 없었다.

2. B와 C의 돼지 생간과 감자에는 모두 과산화 수소의 분해를 촉진하는 카탈레이스가 있으므로 (다)에서 기포(산소)가 발생하였고, (라)에서 산소에 의해 불씨가 살아났다.

정리

1. 실온에서는 과산화 수소가 느리게 물과 산소로 분해된다. 그러나 돼지 생간과 감자에는 카탈레이스라는 효소가 있어 과산화 수소가 물과 산소로 빠르게 분해된다.

2. 이 실험은 돼지 생간과 감자 속에 있는 카탈레이스에 의한 과산화 수소 분해 여부를 알아보기 위한 것이므로 A는 대조군으로 설정되었다.

6. 효소가 일상생활에서 사용되는 사례

분야	일상생활에서 사용되는 사례
식품	• 된장, 간장 등은 곰팡이나 세균에 있는 단백질분해효소가 작용하여 만들어진다. • 밀가루 반죽에 효모의 효소가 작용하여 이산화 탄소가 발생하고 반죽이 부푼다. • 엿기름에 들어 있는 아밀레이스가 녹말을 엿당으로 분해하여 단맛이 나는 식혜를 만든다.
생활 용품	• 단백질, 지방을 분해하는 효소를 세제에 첨가하여 빨래의 찌든 때를 효과적으로 제거한다. • 섬유소를 분해하는 효소를 이용하여 화장지나 종이를 만든다. • 렌즈 세정제에는 렌즈에 부착된 단백질을 분해하는 효소가 들어 있다.
섬유	• 염색된 청바지에 면 성분을 분해하는 효소를 처리하여 색이 바랜 효과를 만들어 낸다.
환경 정화	• 생활하수나 공장 폐수 등에 섞인 오염 물질을 미생물에 있는 효소를 이용하여 분해한다. • 플라스틱을 분해하는 효소를 활용해 플라스틱을 친환경적으로 처리할 수 있다.
의·약학	• 당산화효소를 이용하여 혈액 속 포도당량을 측정한다. • 요검사지에 포도당분해효소가 들어 있어 소변 속의 포도당을 검출하여 당뇨 가능성을 진단한다.
그 외	• 바이오 에너지, 화학 제품 등 많은 분야에서 효소를 이용한다.

⑩ **카탈레이스**

과산화 수소(H_2O_2)를 물(H_2O)과 산소(O_2)로 분해하는 반응을 촉진하는 효소

꼭! 암기

⑪ **카탈레이스의 작용**

• 카탈레이스는 동물의 간과 감자 등에 들어 있는 효소로, 과산화 수소의 분해 반응을 촉진한다.

• 카탈레이스는 과산화 수소(H_2O_2)를 물(H_2O)과 산소(O_2)로 분해하므로 시험에서 발생한 기포에는 산소(O_2)가 포함되어 있다.

- (**①**   ): 생명 시스템을 구성하는 구조적·기능적 기본 단위
- (**②**   ): 핵 속의 DNA로부터 받은 정보를 이용하여 단백질을 합성하는 세포소기관
- (**③**   ): 빛에너지를 이용하여 물과 이산화 탄소로부터 포도당을 합성하는 반응
- (**④**   ): 생명체 내에서 생명 시스템을 유지하기 위해 일어나는 모든 화학 반응
- 생명체에서 작고 단순한 물질이 크고 복잡한 물질로 합성되는 반응은 (**⑤**   )작용이다.
- 포도당이 이산화 탄소와 물로 분해되는 반응에서 에너지는 (**⑥**   )된다.
- (**⑦**   )는 활성화에너지를 낮추어 생명체에서 화학 반응을 촉매한다.
- 생간과 감자에는 과산화 수소를 분해하는 효소인 (**⑧**   )가 있다.
- 과산화 수소와 생간 조각을 넣은 시험관에 불씨가 꺼져가는 향을 넣었을 때 불씨가 살아난 결과를 통해 과산화 수소의 분해 결과 발생한 기체가 (**⑨**   )라는 것을 알 수 있다.

01
다음은 생명 시스템의 구성 단계를 나타낸 것이다. (   ) 안에 알맞은 말을 쓰시오.

$$\text{세포} \rightarrow \text{㉠ (} \qquad \text{)} \rightarrow \text{㉡ (} \qquad \text{)} \rightarrow \text{개체}$$

02
다음 설명에 해당하는 세포소기관을 [보기]에서 골라 기호로 쓰시오.

보기	
ㄱ. 핵	ㄴ. 골지체
ㄷ. 소포체	ㄹ. 엽록체
ㅁ. 라이보솜	ㅂ. 마이토콘드리아

(1) 동물세포에는 없지만, 식물세포에는 있다. (   )
(2) 핵막과 연결된 구조로, 지질의 합성에 관여한다. (   )
(3) 유전정보를 가진 DNA가 있어 생명활동을 조절한다.
　(   )
(4) 유기물을 분해하여 생명활동에 필요한 에너지를 생성한다.
　(   )

03
물질대사에 대한 설명으로 옳은 것은 ○, 옳지 않은 것은 ×로 표시하시오.

(1) 생명체 내에서 일어나는 모든 화학 반응이다. (   )
(2) 물질대사가 일어나는 과정에 효소가 관여한다. (   )
(3) 물질대사가 일어날 때 에너지의 출입이 일어난다. (   )
(4) 이화작용은 크기가 작고 단순한 물질이 크고 복잡한 물질로 합성되는 과정이다. (   )

04
효소에 대한 설명으로 옳은 것은 ○, 옳지 않은 것은 ×로 표시하시오.

(1) 물질대사를 촉진한다. (   )
(2) 구성 성분에 단백질이 포함된다. (   )
(3) 반응 과정에서 소모되어 없어진다. (   )
(4) 화학 반응의 활성화에너지를 낮춘다. (   )

05
그림은 효소 ㉠에 의해 과산화 수소의 분해가 촉진되는 과정을 나타낸 것이다.

$$2H_2O_2 \xrightarrow{\text{㉠}} 2H_2O + O_2$$

이 반응에 대한 설명으로 옳은 것은 ○, 옳지 않은 것은 ×로 표시하시오.

(1) 카탈레이스는 ㉠에 해당한다. (   )
(2) 이 반응에서 에너지가 방출된다. (   )
(3) ㉠은 이 반응의 활성화에너지를 높인다. (   )
(4) 이 반응 결과 불씨가 꺼져 가는 향의 불씨를 살릴 수 있는 기체가 발생한다. (   )

06
그림은 어떤 화학 반응에서 에너지 변화를 나타낸 것이다.
㉠~㉤ 중 효소가 없을 때의 활성화에너지와 효소가 있을 때의 활성화에너지를 나타낸 것을 기호로 쓰시오.

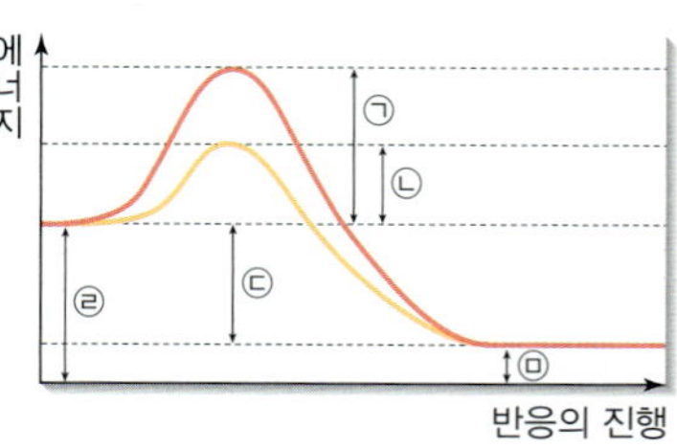

(1) 효소가 없을 때의 활성화에너지:
(2) 효소가 있을 때의 활성화에너지:

생명 시스템에서의 화학 반응

특강 1 ─ 생명활동에 필요한 에너지

(1) 생명체 내에서 일어나는 화학 반응에는 에너지가 필요하며, 이때 필요한 에너지는 마이토콘드리아에서 생성한다. 마이토콘드리아에서는 유기물을 분해하여 ATP를 합성하는데, 이 ATP가 세포 내에서 에너지를 저장하는 역할을 한다.

① ATP의 구조: ATP는 아데노신(아데닌＋라이보스)에 인산 3개가 결합한 구조이며, 인산과 인산은 고에너지 인산 결합으로 연결되어 있다.

② ATP가 ADP로 되는 과정에서 인산 분자 1개가 ATP로부터 분리되어 약 7.3 kcal/mol의 에너지가 방출된다.

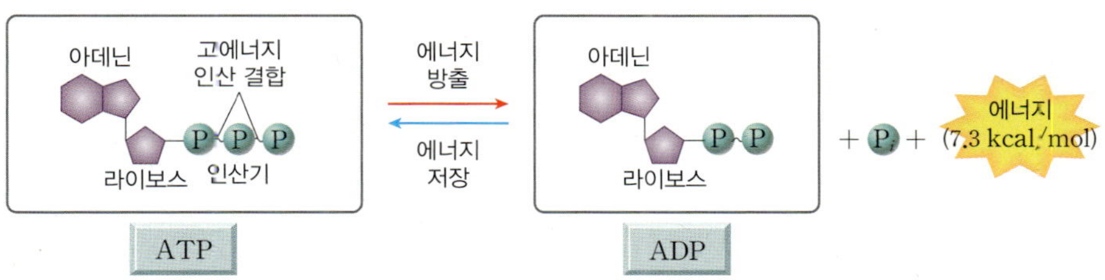

특강 2 ─ 효소의 활성에 영향을 미치는 요인

주성분이 단백질인 효소는 단백질의 구조 변화를 일으킬 수 있는 여러 요인의 영향을 받으므로 효소의 활성은 온도와 pH에 의해 영향을 받는다. 효소의 활성이 최대인 온도와 pH를 각각 최적 온도, 최적 pH라고 하며, 각 효소마다 최적 온도와 최적 pH가 서로 다를 수 있다.

① 온도가 높아질수록 효소와 반응물의 분자 운동이 활발해지면서 반응 속도가 증가한다. 하지만 온도가 최적 온도보다 높아지면 효소를 이루는 단백질의 입체 구조가 변하여 반응물과 결합하기 어려워지므로 반응 속도가 급격히 감소한다.

② 최적 pH에서 효소의 활성이 최대가 되고, 이를 벗어난 pH에서는 효소의 단백질 입체 구조가 변하므로 반응 속도가 급격히 감소한다.

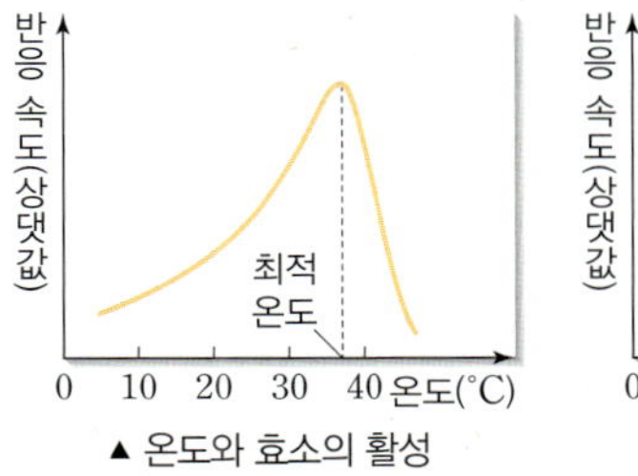

▲ 온도와 효소의 활성

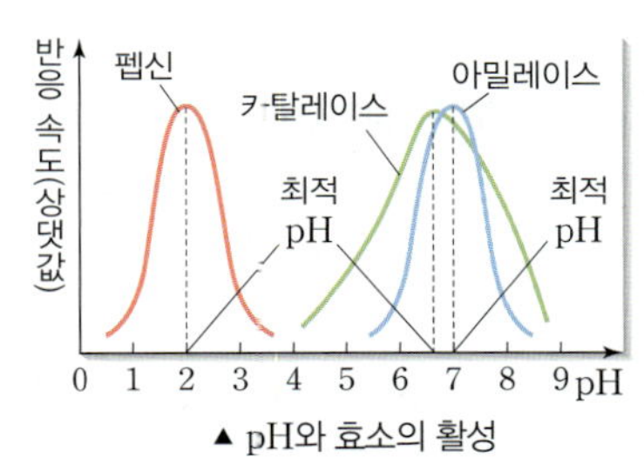

▲ pH와 효소의 활성

특강 3 ─ 효소의 특징 - 반응 과정에서 소모되지 않는다.

그림은 같은 양의 반응물이 들어 있고, 효소 양이 다른 두 시험관 Ⅰ과 Ⅱ를 이용한 실험에서 시간에 따른 반응물의 양을 나타낸 것이다.

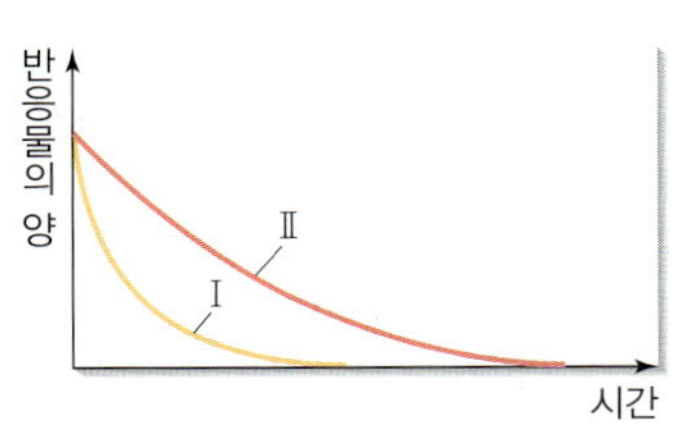

STEP 1 Ⅰ과 Ⅱ에서 반응 시작 전 반응물의 양은 같지만, 반응물이 모두 생성물로 변하는 데 걸린 시간은 Ⅰ에서가 Ⅱ에서보다 짧다. ➡ Ⅰ에서가 Ⅱ에서보다 초기 반응 속도가 빠르다.

STEP 2 효소의 양 비교: 효소의 양이 많을수록 단위 시간당 더 많은 반응물과 결합하여 활성화에너지를 낮추므로 초기 반응 속도가 빠르다. ➡ 효소의 양은 Ⅰ에서가 Ⅱ에서보다 많다.

STEP 3 최종적으로 생성된 생성물의 양은 없어진 반응물의 양과 같다. ➡ 최종 생성물의 양은 Ⅰ에서와 Ⅱ에서가 서로 같다.

개념 ① 생명 시스템의 기본 단위

[01~02] 그림은 어떤 생물의 세포 구조를 나타낸 것이다. A~E는 각각 핵, 액포, 골지체, 엽록체, 마이토콘드리아 중 하나이다.

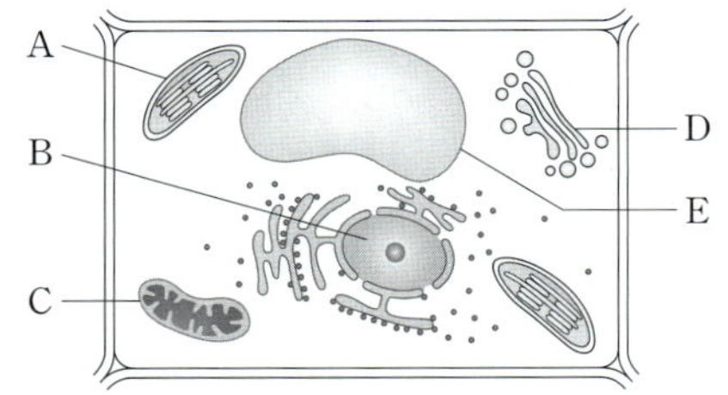

01 이에 대한 설명으로 옳은 것만을 [보기]에서 있는 대로 고른 것은?

보기
ㄱ. A에서 동화작용이 일어난다.
ㄴ. D는 세포 밖으로의 물질 분비에 관여한다.
ㄷ. E는 액포이다.

① ㄱ　　　　② ㄷ　　　　③ ㄱ, ㄴ
④ ㄴ, ㄷ　　　⑤ ㄱ, ㄴ, ㄷ

02 이에 대한 설명으로 옳은 것만을 [보기]에서 있는 대로 고른 것은?

보기
ㄱ. 이 세포는 동물세포이다.
ㄴ. B에는 유전물질인 DNA가 있다.
ㄷ. C에서 산소를 이용한 유기물의 분해가 일어난다.

① ㄱ　　　　② ㄴ　　　　③ ㄱ, ㄴ
④ ㄱ, ㄷ　　　⑤ ㄴ, ㄷ

대표 문제 파헤치기

▶ 파악하기

생명 시스템의 기본 단위인 세포의 구조를 이해하고, 제시된 세포소기관의 형태를 보고 어떤 세포소기관인지를 파악할 수 있어야 한다.

▶ 다가가기

STEP 1 A는 엽록체, B는 핵, C는 마이토콘드리아, D는 골지체, E는 액포라는 것을 파악한다.
STEP 2 엽록체(A)가 있는 세포는 식물세포임을 안다.

개념 ② 생명 시스템에서의 화학 반응

[03~04] 그림 (가)와 (나)는 각각 동화작용과 이화작용의 예를 순서 없이 나타낸 것이다.

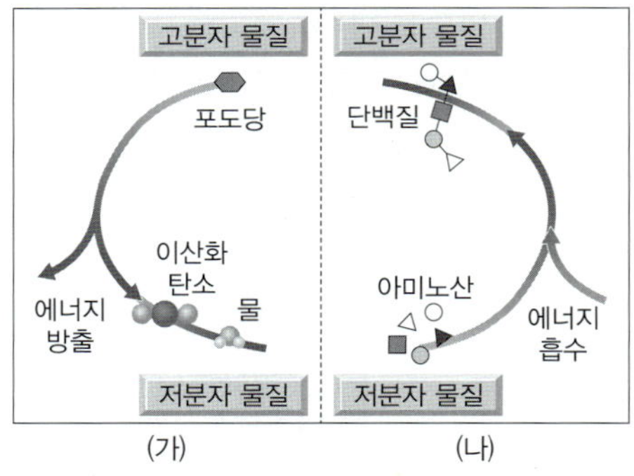

03 (가)와 (나)에 대한 설명으로 옳지 않은 것은?

① (가)에서 효소가 이용된다.
② (가)는 이화작용의 예이다.
③ (나)는 흡열 반응에 해당한다.
④ (가)와 (나)는 모두 물질대사에 해당한다.
⑤ (가)에서는 연소에서와 같이 에너지의 방출이 한 번에 일어난다.

04 이에 대한 설명으로 옳은 것만을 [보기]에서 있는 대로 고른 것은?

보기
ㄱ. 광합성은 (가)에 해당한다.
ㄴ. 라이보솜에서 (나)와 같은 물질대사가 일어난다.
ㄷ. 반응물의 에너지가 생성물의 에너지보다 높은 반응은 (가)와 (나) 중 (가)이다.

① ㄱ　　　　② ㄷ　　　　③ ㄱ, ㄴ
④ ㄴ, ㄷ　　　⑤ ㄱ, ㄴ, ㄷ

대표 문제 파헤치기

▶ 파악하기

화학 반응에서의 물질 전환, 에너지 출입 등을 바탕으로 동화작용과 이화작용을 구분할 수 있어야 한다.

▶ 다가가기

STEP 1 동화작용에서는 에너지가 흡수되고, 이화작용에서는 에너지가 방출된다.
STEP 2 (가)에서는 포도당이 이산화 탄소와 물로 분해되고, (나)에서는 아미노산이 단백질로 합성되므로 (가)는 이화작용의 예, (나)는 동화작용의 예이다.

STEP 3 내신 다지기 문제 난이도 ●○○○

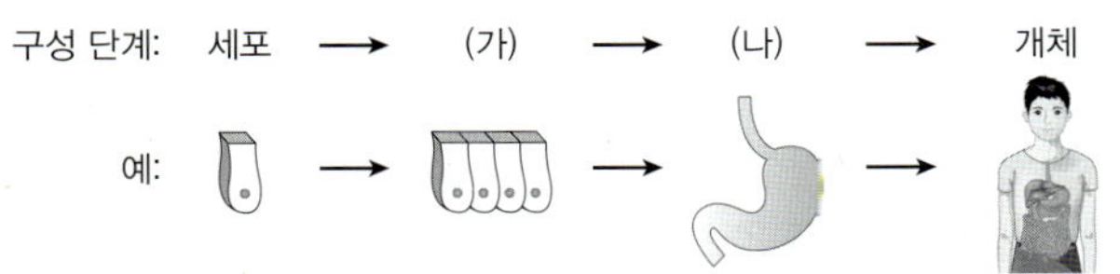

개념 ① 생명 시스템의 기본 단위

01

그림은 생명 시스템의 구성 단계와 예를 나타낸 것이다. (가)와 (나)는 각각 기관, 조직 중 하나이다.

구성 단계: 세포 → (가) → (나) → 개체

이에 대한 설명으로 옳은 것만을 [보기]에서 있는 대로 고른 것은?

──── 보기 ────
ㄱ. 세포는 생명 시스템을 구성하는 기본 단위이다.
ㄴ. (가)는 모양과 기능이 비슷한 세포가 모인 것이다.
ㄷ. 개체는 여러 종류의 (나)로 구성된다.

① ㄱ　　　　② ㄴ　　　　③ ㄱ, ㄷ
④ ㄴ, ㄷ　　　　⑤ ㄱ, ㄴ, ㄷ

02

세포에 대한 설명으로 옳지 <u>않은</u> 것은?

① 생명 시스템의 기본 단위이다.
② 모든 세포는 핵을 가지고 있다.
③ 모든 생물체는 세포로 이루어져 있다.
④ 하나의 세포로 이루어진 생물도 있다.
⑤ 동물에서는 세포가 모여 조직을 이룬다.

03

핵에 대한 설명으로 옳지 <u>않은</u> 것은?

① 핵막으로 싸여 있다.
② 핵에는 DNA가 있다.
③ 원핵세포는 핵막이 없다.
④ 생명활동의 중심적인 역할을 한다.
⑤ 핵막은 마이토콘드리아의 막과 연결되어 있다.

04 중요

그림은 동물세포의 구조를 나타낸 것이다. A~E는 각각 핵, 골지체, 소포체, 라이보솜, 마이토콘드리아 중 하나이다.

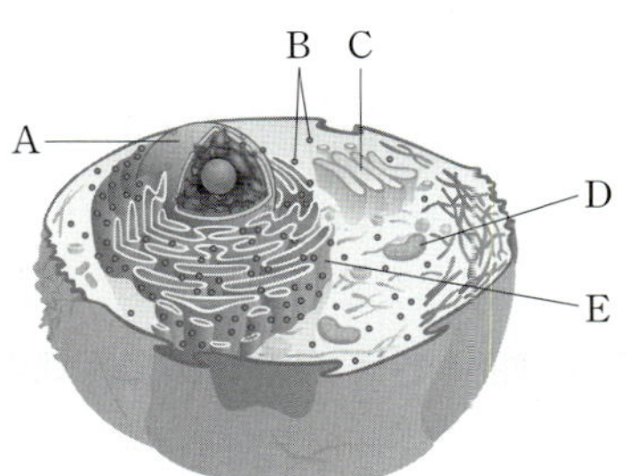

A~E에 대한 설명으로 옳지 <u>않은</u> 것은?

① A는 동물세포와 식물세포에 모두 있다.
② B에서 단백질이 합성된다.
③ C는 단백질을 세포 밖으로 분비한다.
④ D에서 유기물이 분해된다.
⑤ E는 동물세포에만 존재한다.

05

그림 (가)와 (나)는 각각 엽록체와 마이토콘드리아 중 하나를 나타낸 것이다.

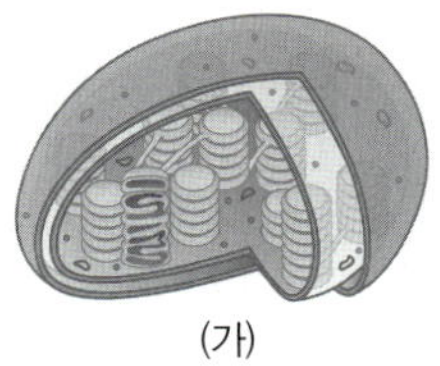
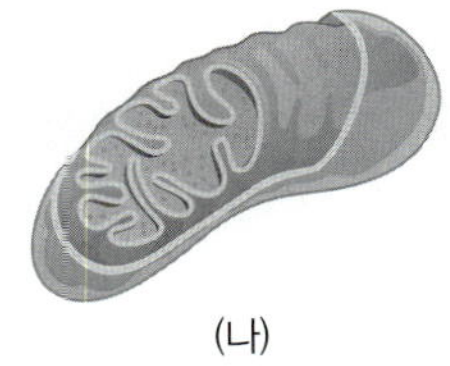

(가)　　　　　　　(나)

이에 대한 설명으로 옳은 것은? (단, 동물과 식물만 고려한다.)

① (가)는 마이토콘드리아이다.
② (가)는 식물세포에만 있다.
③ (나)는 동물세포에만 있다.
④ (가)와 (나)는 모두 포도당을 합성한다.
⑤ (가)와 (나)는 모두 세포막의 일부가 핵막과 연결되어 있다.

06 중요

그림은 식물세포의 구조를 나타낸 것이다. A~C는 각각 엽록체, 라이보솜, 마이토콘드리아 중 하나이다.

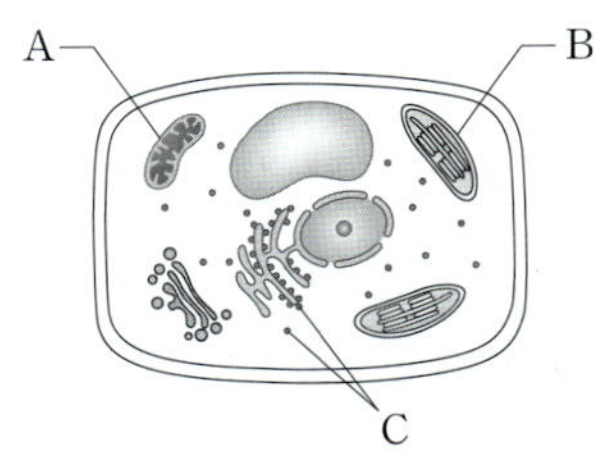

이에 대한 설명으로 옳은 것만을 [보기]에서 있는 대로 고른 것은?

> **보기**
> ㄱ. A는 엽록체이다.
> ㄴ. B는 산소를 이용하여 포도당을 분해한다.
> ㄷ. C에서 동화작용이 일어난다.

① ㄱ   ② ㄷ   ③ ㄱ, ㄴ
④ ㄱ, ㄷ   ⑤ ㄴ, ㄷ

07

표는 사람의 간세포에서 관찰되는 세포소기관 A~C의 특징을 나타낸 것이다. A~C는 각각 핵, 골지체, 라이보솜 중 하나이다.

세포소기관	막 구조	DNA 존재 여부
A	있음	없음
B	있음	있음
C	없음	없음

이에 대한 설명으로 옳은 것은?

① A는 핵이다.
② B는 동물세포에만 존재한다.
③ B에는 뉴클레오타이드가 있다.
④ C에서 지방이 합성된다.
⑤ B와 C에서 모두 인지질을 발견할 수 있다.

08 중요

표는 동물세포와 식물세포에서 세포소기관 A~C의 유무를 나타낸 것이다. A~C는 엽록체, 라이보솜, 마이토콘드리아를 순서 없이 나타낸 것이며, A와 C는 에너지 전환에 관여하는 세포소기관이다.

구분	동물세포	식물세포
A	ⓐ	○
B	○	○
C	○	?

(○: 있음, ×: 없음)

이에 대한 설명으로 옳은 것만을 [보기]에서 있는 대로 고른 것은?

> **보기**
> ㄱ. ⓐ는 '○'이다.
> ㄴ. B에서 합성된 단백질 중 일부는 골지체를 거쳐 소포체로 이동한 후 세포 밖으로 분비된다.
> ㄷ. C에서 유기물이 분해되어 생명활동에 필요한 에너지가 생성된다.

① ㄱ   ② ㄷ   ③ ㄱ, ㄴ
④ ㄴ, ㄷ   ⑤ ㄱ, ㄴ, ㄷ

09

표는 동물세포에서 세포소기관 A~C의 기능 및 특징을 나타낸 것이다. A~C는 소포체, 라이보솜, 마이토콘드리아를 순서 없이 나타낸 것이다.

세포소기관	기능 및 특징
A	단백질을 합성하는 장소이다.
B	유기물을 분해하여 에너지를 생산한다.
C	주머니가 연결된 모양으로 물질을 수송하는 통로이다.

이에 대한 설명으로 옳은 것만을 [보기]에서 있는 대로 고른 것은?

> **보기**
> ㄱ. A는 막으로 싸인 구조를 갖는다.
> ㄴ. B는 마이토콘드리아이다.
> ㄷ. C는 식물세포에도 있다.

① ㄱ   ② ㄴ   ③ ㄱ, ㄷ
④ ㄴ, ㄷ   ⑤ ㄱ, ㄴ, ㄷ

10

물질대사에 대한 설명으로 옳지 <u>않은</u> 것은?

① 효소가 관여한다.
② 세포호흡은 물질대사의 예이다.
③ 고온과 고압에서 물질대사가 진행된다.
④ 물질대사가 일어날 때 에너지 출입이 일어난다.
⑤ 생명 시스템의 유지를 위해 필요한 화학 반응이다.

11

다음은 물질대사의 특징을 나열한 것이다.

> (가) 에너지를 방출한다.
> (나) 에너지를 흡수한다.
> (다) 저분자 물질이 고분자 물질로 합성된다.
> (라) 고분자 물질이 저분자 물질로 분해된다.
> (마) 대표적인 예로 세포호흡이 있다.
> (바) 대표적인 예로 광합성이 있다.

동화작용과 이화작용에 해당하는 것을 옳게 짝 지은 것은?

	동화작용	이화작용
①	(가), (다), (바)	(나), (라), (마)
②	(가), (라), (마)	(나), (다), (바)
③	(가), (라), (바)	(나), (다), (마)
④	(나), (다), (바)	(가), (라), (마)
⑤	(나), (라), (마)	(가), (다), (바)

12  중요

그림은 세포 내에서 일어나는 두 종류의 물질대사에서 반응물과 생성물의 에너지 변화를 나타낸 것이다. ㉠과 ㉡은 각각 동화작용과 이화작용 중 하나이다.
이에 대한 설명으로 옳은 것만을 [보기]에서 있는 대로 고른 것은?

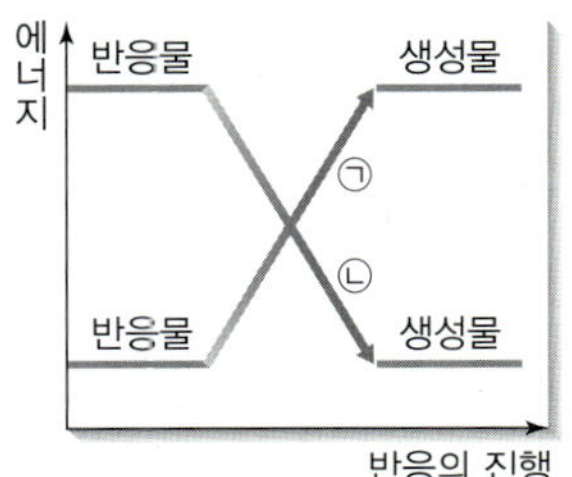

> ───── 보기 ─────
> ㄱ. ㉠은 흡열 반응이다.
> ㄴ. ㉠과 ㉡에는 모두 효소가 관여한다.
> ㄷ. 광합성은 ㉡의 예에 해당한다.

① ㄱ   ② ㄷ   ③ ㄱ, ㄴ
④ ㄱ, ㄷ   ⑤ ㄴ, ㄷ

13 중요

그림은 생명체 내에서 일어나는 두 종류의 물질대사를 나타낸 것이다. (가)와 (나)는 각각 동화작용과 이화작용의 예 중 하나이다.

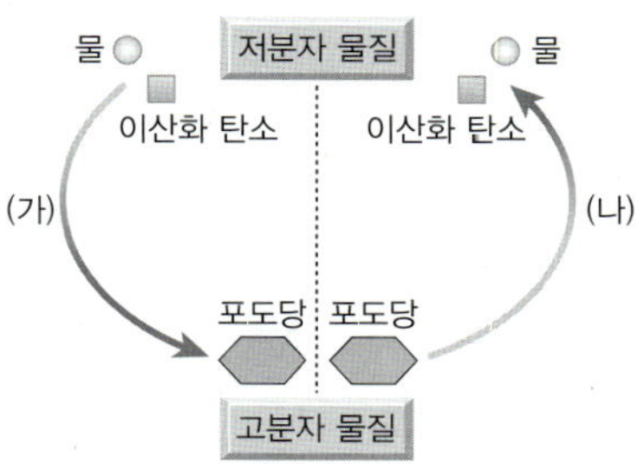

이에 대한 설명으로 옳은 것만을 [보기]에서 있는 대로 고른 것은?

> ───── 보기 ─────
> ㄱ. (가)는 동화작용의 예이다.
> ㄴ. (가)에서는 에너지가 한 번에 방출되고, (나)에서는 에너지가 단계적으로 흡수된다.
> ㄷ. (가)와 (나)는 모두 식물세포에서만 일어나는 물질대사이다.

① ㄱ   ② ㄷ   ③ ㄱ, ㄴ
④ ㄱ, ㄷ   ⑤ ㄴ, ㄷ

14

그림은 포도당이 분해되는 과정을 나타낸 것이다. (가)와 (나)는 각각 연소와 세포호흡 중 하나이다.

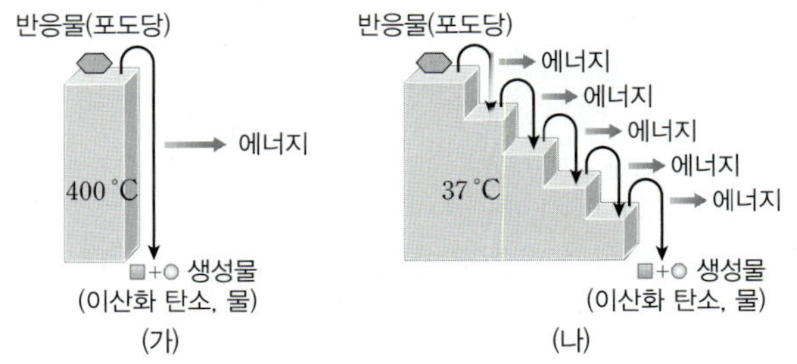

이에 대한 설명으로 옳은 것은?

① (가)는 연소이고, (나)는 세포호흡이다.
② (가)는 이화작용이고, (나)는 동화작용이다.
③ (가)와 (나)에는 모두 생체촉매가 관여한다.
④ (가)와 (나)는 모두 높은 온도를 주어야 반응이 일어난다.
⑤ (가)에서는 에너지가 흡수되고, (나)에서는 에너지가 방출된다.

15 중요

그림 (가)는 물질 X의 작용을, (나)는 물질 X의 유무에 따른 이 화학 반응에서의 에너지 변화를 나타낸 것이다.

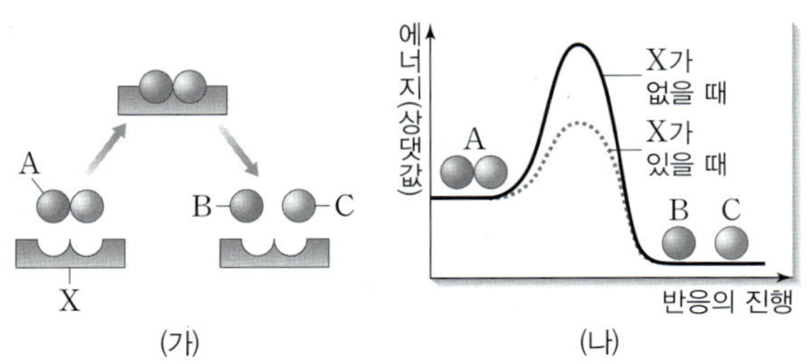

이에 대한 설명으로 옳은 것만을 [보기]에서 있는 대로 고른 것은?

> 보기
> ㄱ. X는 효소이다.
> ㄴ. A는 X가 작용하는 반응의 생성물이다.
> ㄷ. X가 있을 때가 없을 때보다 B와 C의 에너지가 작아진다.

① ㄱ   ② ㄷ   ③ ㄱ, ㄴ
④ ㄱ, ㄷ   ⑤ ㄴ, ㄷ

16

그림은 포도주 제조 과정의 일부를 나타낸 것이다.

> (가) 포도를 씻어 으깬 후 유해한 미생물을 제거한다.
> (나) 으깬 포도와 효모를 섞어 25 °C에서 5일간 공기 중에서 저어 준다.
> (다) 공기와의 접촉을 차단하고 25 °C에서 7일간 보관한다.
>
> 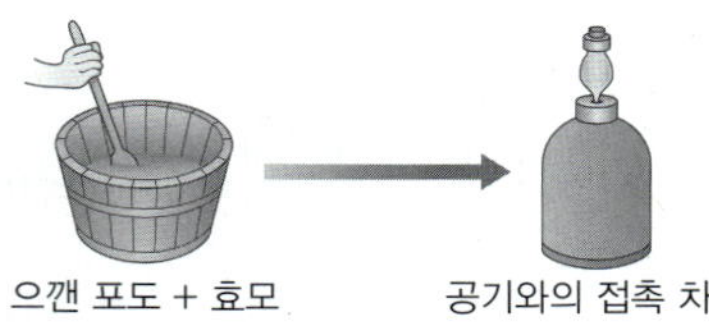
>

이 자료에 대한 설명으로 옳은 것만을 [보기]에서 있는 대로 고른 것은?

> 보기
> ㄱ. 포도주는 효모의 효소를 이용하여 발효한 것이다.
> ㄴ. 효모는 포도당을 이용하여 물질대사를 진행한다.
> ㄷ. 효모를 끓여서 사용해도 같은 결과가 나타난다.

① ㄱ   ② ㄷ   ③ ㄱ, ㄴ
④ ㄱ, ㄷ   ⑤ ㄴ, ㄷ

17

그림은 효소 X의 작용을 나타낸 것이다.

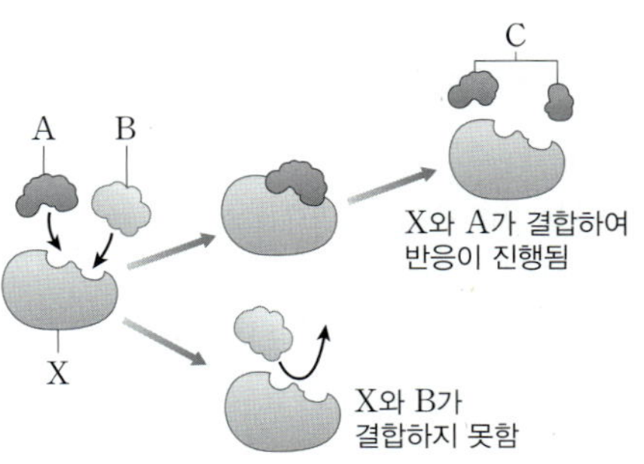

이를 통해 알 수 있는 효소의 특성으로 옳은 것만을 [보기]에서 있는 대로 고른 것은?

> 보기
> ㄱ. 효소는 반응 전후에 변하지 않는다.
> ㄴ. 한 종류의 효소는 여러 종류의 반응물에 작용한다.
> ㄷ. 효소가 반응물에 작용하여 반응이 진행되면 반응물에 아무런 변화가 생기지 않는다.

① ㄱ   ② ㄷ   ③ ㄱ, ㄴ
④ ㄱ, ㄷ   ⑤ ㄴ, ㄷ

18 중요

다음은 감자즙에 있는 어떤 효소의 기능을 알아보기 위한 실험의 일부와 자료이다.

> (가) 시험관 A와 B에 각각 3 % 과산화 수소수를 넣은 후 A에는 증류수를, B에는 감자즙을 넣고, 반응을 관찰하였더니, B에서만 ⊙ 기포가 발생하였다.
> (나) 반응이 끝난 B에 (ⓛ)을(를) 첨가하였더니 기포가 다시 발생하였다.
> (다) 그림은 효소가 없을 때 과산화 수소 분해 반응의 에너지 변화를 나타낸 것이다.
>
> 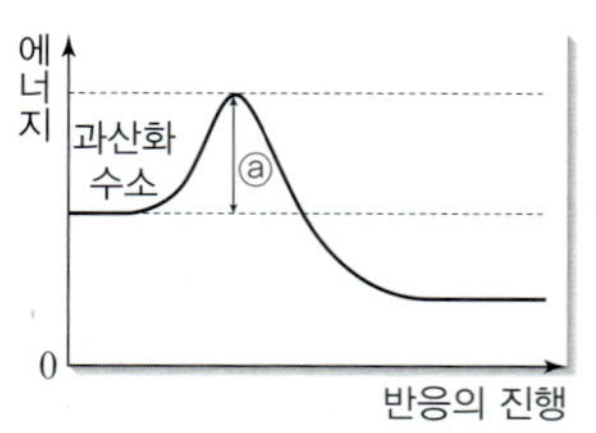
>

이에 대한 설명으로 옳은 것만을 [보기]에서 있는 대로 고른 것은?

> 보기
> ㄱ. ⊙에 산소가 포함된다.
> ㄴ. 감자즙은 ⓛ에 해당한다.
> ㄷ. (가)의 B에서 일어나는 반응의 활성화에너지의 크기는 ⓐ보다 작다.

① ㄱ   ② ㄴ   ③ ㄱ, ㄷ
④ ㄴ, ㄷ   ⑤ ㄱ, ㄴ, ㄷ

서술형 문제

개념 ① 생명 시스템의 기본 단위

19

그림은 생명 시스템의 구성 단계를, 표는 이에 대한 학생 A~C의 발표 내용을 나타낸 것이다. (가)~(다)는 기관, 세포, 조직을 순서 없이 나타낸 것이다.

학생	발표 내용
A	(가)는 생명 시스템의 구조적·기능적 기본 단위입니다.
B	(나)는 동물에 있지만, 식물에 없는 구성 단계입니다.
C	(다)는 여러 종류의 (나)가 모여 고유한 형태와 특정 기능을 수행하는 단계입니다.

(1) (가)~(다)가 무엇인지 각각 쓰시오.

(2) A~C 중 발표 내용이 잘못된 학생의 기호를 쓰고, 발표 내용을 바르게 고쳐 쓰시오.

20

그림은 식물세포의 구조를 나타낸 것이다. A~C는 각각 골지체, 엽록체, 마이토콘드리아 중 하나이다.

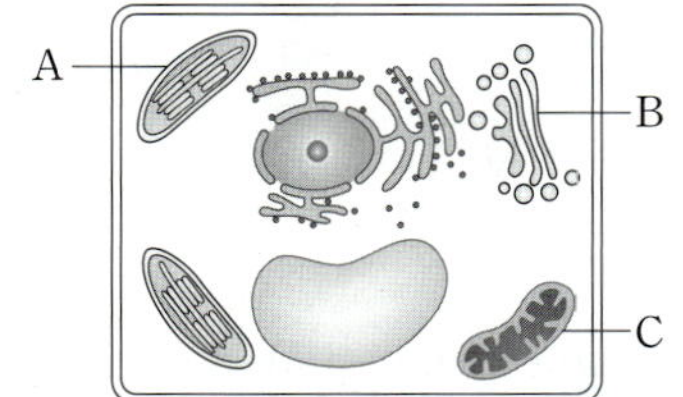

(1) A~C가 무엇인지 각각 쓰시오.

(2) 동물에서 빛에너지를 이용한 포도당의 합성이 일어나지 않은 까닭을 자료에 제시된 A~C 중 하나의 기능을 제시하고 이와 연관 지어 서술하시오.

개념 ② 생명 시스템에서의 화학 반응

21 중요

다음은 엿기름과 밥을 이용하여 식혜를 만드는 과정이다.

> (가) 엿기름을 물에 풀고 걸러 내어 엿기름 추출물을 만든다.
> (나) 엿기름 추출물과 밥을 전기밥솥에 넣고, 5시간 정도 온도를 따뜻하게 유지하여 밥알이 떠오를 때까지 기달린다.
> (다) 끓인 후 식힌다.
> (라) 냉장고에 보관한다.

(1) (가)에서 만든 엿기름 추출물에 들어 있는 물질 중 식혜를 만드는 데 필요한 효소의 기능과 이로 인해 식혜가 어떤 특성을 나타내는지 서술하시오.

(2) 식혜를 만드는 과정을 (가) → (나) → (다) → (라)의 순서가 아니라, (가) → (다) → (나) → (라)의 순서로 진행한다면 식혜가 제대로 만들어질 수 있는지의 여부와 그 까닭을 함께 서술하시오.

22

다음은 카탈레이스를 이용한 실험의 일부이다.

> ○ 시험관 A와 B에 각각 3 % 과산화 수소수 10 mL를 넣고, A와 B 중 하나에는 생간 조각을, 나머지 하나에는 삶은 간 조각을 넣었다.
> ○ A와 B 중 A에서 기포가 발생하였고, ㉠ A에 불씨가 꺼져 가는 향을 넣었더니 불씨가 살아났다.

(1) A와 B 중 생간을 넣은 시험관이 무엇인지를 그렇게 판단한 까닭과 함께 서술하시오.

(2) ㉠을 통해 알 수 있는 기포에 포함된 기체가 무엇인지 쓰시오.

01

표는 생명 시스템의 구성 단계 일부와 예를 나타낸 것이다. (가)~(다)는 기관, 세포, 조직을 순서 없이 나타낸 것이다.

구성 단계	예
(가)	?
(나)	백혈구
(다)	심장

이에 대한 설명으로 옳은 것만을 [보기]에서 있는 대로 고른 것은?

─ 보기 ─
ㄱ. (가)는 조직이다.
ㄴ. (나)는 생명체의 구조적·기능적 기본 단위이다.
ㄷ. 여러 종류의 조직이 모여 (다)를 이룬다.

① ㄱ
② ㄴ
③ ㄱ, ㄷ
④ ㄴ, ㄷ
⑤ ㄱ, ㄴ, ㄷ

02

그림은 식물세포의 구조를 나타낸 것이다. A~C는 각각 핵, 세포벽, 마이토콘드리아 중 하나이다.

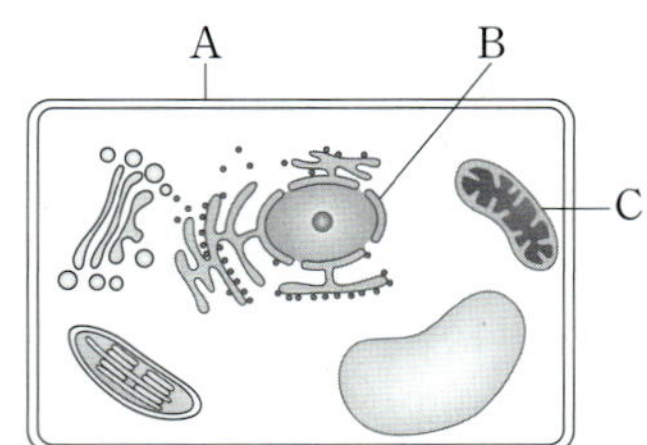

이에 대한 설명으로 옳은 것만을 [보기]에서 있는 대로 고른 것은?

─ 보기 ─
ㄱ. A는 동물세포에 있다.
ㄴ. B에는 기본 단위체가 뉴클레오타이드인 물질이 있다.
ㄷ. C에서 유기물의 분해가 일어난다.

① ㄱ
② ㄷ
③ ㄱ, ㄴ
④ ㄴ, ㄷ
⑤ ㄱ, ㄴ, ㄷ

03

다음은 세포의 구조와 기능에 대한 자료이다.

- (㉠)은 광합성이 일어나는 세포소기관이다.
- (㉡)에서는 (㉢)의 DNA에 있는 유전정보를 이용하여 단백질이 합성된다.
- (㉢)의 막 일부는 소포체와 연결되어 있다.

㉠~㉢에 해당하는 세포 소기관을 옳게 짝 지은 것은?

	㉠	㉡	㉢
①	엽록체	골지체	핵
②	엽록체	라이보솜	핵
③	라이보솜	엽록체	골지체
④	라이보솜	마이토콘드리아	골지체
⑤	골지체	라이보솜	마이토콘드리아

04

그림 (가)는 어떤 세포의 세포소기관 A와 B를, (나)는 물질 ㉠과 ㉡을 나타낸 것이다. A와 B는 각각 엽록체와 마이토콘드리아 중 하나이고, ㉠과 ㉡은 각각 인지질과 포도당 중 하나이다.

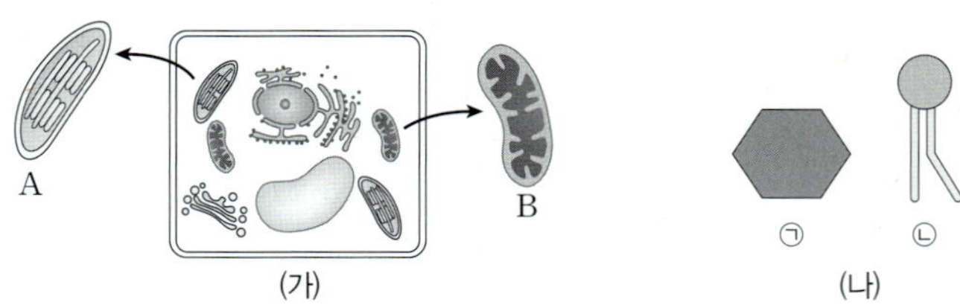

이에 대한 설명으로 옳은 것만을 [보기]에서 있는 대로 고른 것은?

─ 보기 ─
ㄱ. A에서 ㉠이 합성된다.
ㄴ. A와 B의 막에는 모두 ㉡이 있다.
ㄷ. ㉠과 ㉡은 모두 탄소 화합물이다.

① ㄱ
② ㄷ
③ ㄱ, ㄴ
④ ㄴ, ㄷ
⑤ ㄱ, ㄴ, ㄷ

05

| 2020년 고1 11월 교육청 통합과학 8번 |

그림 (가)는 카탈레이스에 의한 반응을, (나)는 이 카탈레이스에 의한 반응에서의 에너지 변화를 나타낸 것이다. ㉠은 생성물이다.

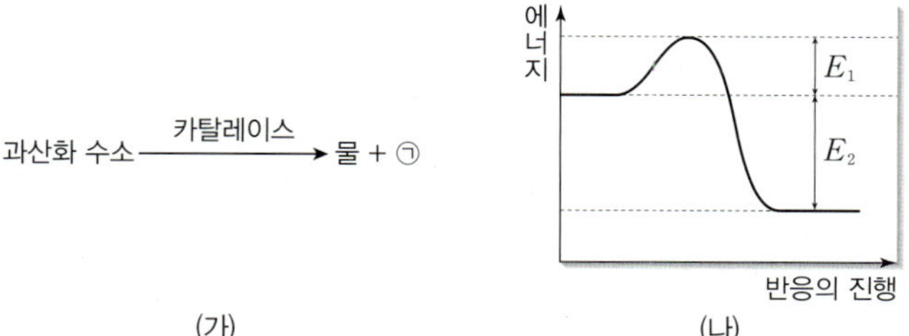

(가)　　　　　　(나)

이에 대한 설명으로 옳은 것만을 [보기]에서 있는 대로 고른 것은?

| 보기 |
ㄱ. ㉠은 산소이다.
ㄴ. (나)에서 활성화에너지는 E_2이다.
ㄷ. 카탈레이스의 주성분은 단백질이다.

① ㄱ　　　　② ㄴ　　　　③ ㄱ, ㄷ
④ ㄴ, ㄷ　　　　⑤ ㄱ, ㄴ, ㄷ

06

다음은 사람에서 일어나는 물질대사에 대한 자료이다.

(가) 단백질은 소화 과정을 거쳐 아미노산으로 분해된다.
(나) 포도당이 ⓐ 세포호흡을 통해 분해된 결과 이산화 탄소가 생성된다.

이에 대한 설명으로 옳은 것만을 [보기]에서 있는 대로 고른 것은?

| 보기 |
ㄱ. (가)에서 이화작용이 일어난다.
ㄴ. 마이토콘드리아에서 ⓐ가 일어난다.
ㄷ. (가)와 (나)에 모두 효소가 이용된다.

① ㄱ　　　　② ㄷ　　　　③ ㄱ, ㄴ
④ ㄴ, ㄷ　　　　⑤ ㄱ, ㄴ, ㄷ

07

그림은 동물세포에서 단백질이 합성되는 과정 (가)의 일부를 나타낸 것이다. ㉠은 단백질의 기본 단위체이다.

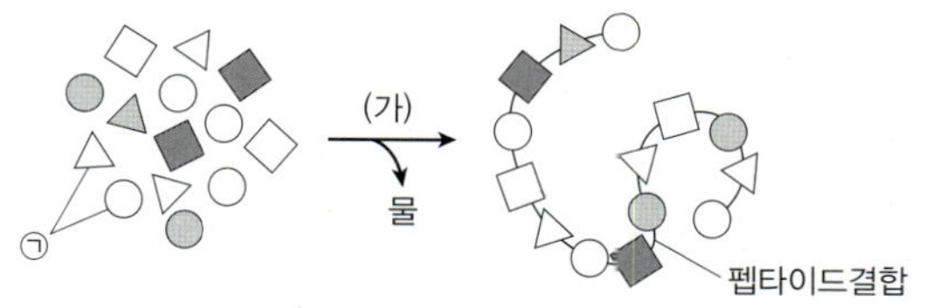

이에 대한 설명으로 옳은 것만을 [보기]에서 있는 대로 고른 것은?

| 보기 |
ㄱ. ㉠은 아미노산이다.
ㄴ. 라이보솜에서 (가)가 일어난다.
ㄷ. (가)에서 에너지의 흡수가 일어난다.

① ㄱ　　　　② ㄴ　　　　③ ㄱ, ㄷ
④ ㄴ, ㄷ　　　　⑤ ㄱ, ㄴ, ㄷ

08

| 2021년 고1 9월 교육청 통합과학 19번 |

그림은 효소가 없을 때 과산화 수소 분해 반응의 에너지 변화를 나타낸 것이다. 표는 3 % 과산화 수소수가 든 시험관 A와 B에 각각 ㉠과 ㉡ 중 하나를 넣었을 때 기포 발생 결과를 나타낸 것이다. ㉠과 ㉡은 각각 감자즙과 증류수 중 하나이다.

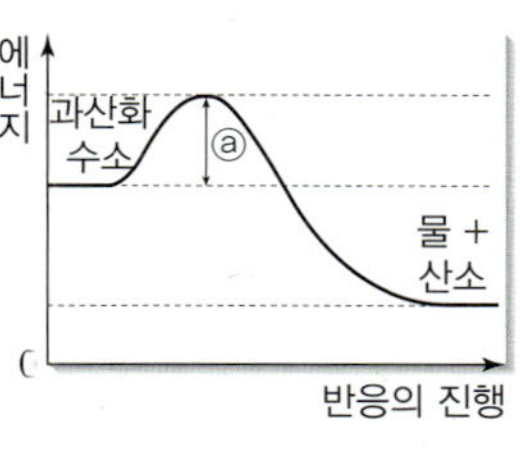

시험관	시험관에 넣은 용액(mL)			기포 발생 결과
	3% 과산화 수소수	㉠	㉡	
A	10	2	0	발생하지 않음
B	10	0	2	발생함

이에 대한 설명으로 옳은 것만을 [보기]에서 있는 대로 고른 것은? (단, 표에서 제시된 조건 이외의 다른 조건은 동일하다.)

| 보기 |
ㄱ. ㉠은 감자즙이다.
ㄴ. ㉡에는 ⓐ를 감소시키는 물질이 들어 있다.
ㄷ. A와 B에서 과산화 수소가 분해되는 속도는 같다.

① ㄱ　　　　② ㄴ　　　　③ ㄱ, ㄷ
④ ㄴ, ㄷ　　　　⑤ ㄱ, ㄴ, ㄷ

세포막을 통한 물질 출입

개념 ① 세포막의 구조

1. 세포막의 구조 ❶인지질 2중층의 곳곳에 단백질이 박혀 있는 구조

┌ 인지질과 단백질은 모두 탄소 화합물이다.

(1) **세포막**: 세포질의 바깥쪽을 둘러싸고 있는 막으로 인지질과 단백질이 주성분이다.

① **인지질**: 지질의 한 종류로 물에 대한 친화성이 있는(친수성) 머리 부분과 물에 대한 친화성이 없는(소수성) 꼬리 부분으로 이루어져 있다.

② **인지질 2중층**: 세포의 안과 밖으로 인지질의 머리 부분이 향하고 있으며, 꼬리 부분은 안쪽으로 서로 마주 보며 배열되어 2중층을 이룬다.

(2) 세포막은 유동성이 있어 인지질의 움직임에 따라 단백질도 움직인다.

└ 크기가 작은 용매나 용질만 통과할 수 있는 반투과성막과 유사한 특성을 갖는다.

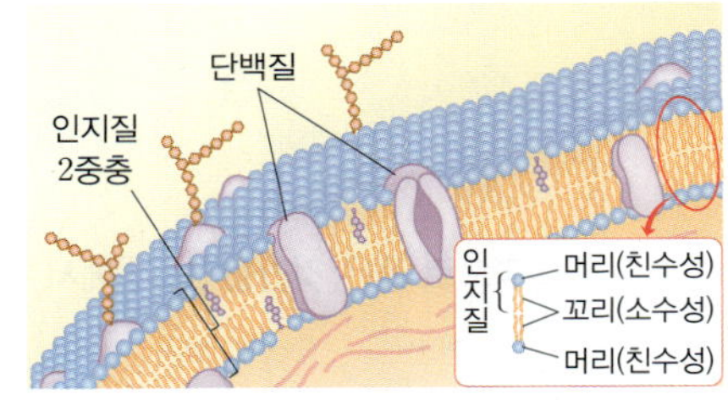

2. ❷세포막의 선택적 투과성

(1) **선택적 투과성**: 물질의 종류, 크기에 따라 세포막을 통한 물질의 이동이 선택적으로 일어나는 현상

(2) 산소(O_2)와 이산화 탄소(CO_2)처럼 크기가 작은 기체 분자는 인지질 2중층을 쉽게 투과하여 확산된다.

(3) 포도당이나 아미노산처럼 크기가 크거나, Na^+, K^+처럼 전하를 띠는 이온은 세포막에 있는 특정 막단백질을 통해 이동한다.

개념 ② 세포막을 통한 물질 출입

1. 확산 세포막을 경계로 농도가 높은 쪽에서 농도가 낮은 쪽으로 ❷용질이 이동하는 현상

┐ 에너지(ATP)가 사용되지 않는다. ┘

● 인지질 2중층과 막단백질을 통한 확산 ●

구분	인지질 2중층을 통한 확산	막단백질을 통한 확산
이동 방식		
이동 물질	지용성 물질, 크기가 작은 기체 분자	전하는 띠는 이온, 분자 크기가 큰 수용성 물질(포도당, 아미노산 등)
예	폐포와 모세혈관 사이에서 일어나는 O_2와 CO_2의 이동	신경세포에서 Na^+ 통로(막단백질)를 통한 Na^+의 이동

2. ❸삼투 물(❷용매)이 세포막을 경계로 용액의 농도가 낮은 쪽에서 높은 쪽으로 이동하는 현상으로, 용질의 크기가 커서 세포막을 통과할 수 없을 때 일어난다.

(1) 동물세포와 식물세포의 ❹삼투 현상

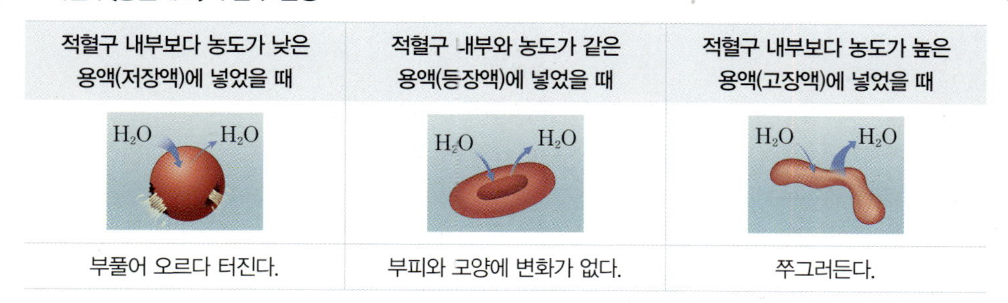

적혈구(동물세포)의 삼투 현상

적혈구 내부보다 농도가 낮은 용액(저장액)에 넣었을 때	적혈구 내부와 농도가 같은 용액(등장액)에 넣었을 때	적혈구 내부보다 농도가 높은 용액(고장액)에 넣었을 때
부풀어 오르다 터진다.	부피와 모양에 변화가 없다.	쭈그러든다.

➡ 적혈구 내부보다 농도가 낮은 용액(저장액)에 넣으면 삼투에 의해 적혈구 안으로 들어오는 물의 양이 많아 부피가 계속 증가하다가 적혈구의 세포막이 터지는 용혈 현상이 일어난다.

양파세포(식물세포)의 삼투 현상

양파세포 내부보다 농도가 낮은 용액(저장액)에 넣었을 때	양파세포 내부와 농도가 같은 용액(등장액)에 넣었을 때	양파세포 내부보다 농도가 높은 용액(고장액)에 넣었을 때
세포가 팽팽해진다.	부피와 모양에 변화가 없다.	세포막이 세포벽에서 분리된다.

➡ 양파세포 내부보다 농도가 높은 용액(고장액)에 넣으면 양파세포 밖으로 물이 빠져 나가 세포막의 일부가 세포벽과 분리되는 원형질분리 현상이 일어난다.

❹ **삼투의 예**
- 과일을 꿀이나 설탕을 이용하여 절일 때 물이 빠져 나가 오랫동안 보관할 수 있다.
- 소금을 뿌려 놓은 배추에서 물이 빠져 나간다.
- 식물의 뿌리에서 땅속의 물을 흡수한다.
- 콩팥의 세뇨관에서 물이 재흡수된다.

필수 탐구 자료 세포막을 통한 물질의 이동(삼투)

과정

(가) 그림과 같이 전자저울을 이용하여 10 %와 20 %의 설탕 용액을 각각 만든다.	(나) 양파의 안쪽 표피를 가로와 세로 각각 5 mm 크기로 칼집을 내고 핀셋으로 벗겨 낸다.	(다) 증류수, 10 % 설탕 용액, 20 % 설탕 용액을 넣은 페트리 접시에 벗겨낸 양파의 표피 조각을 담근다.	(라) 10분 후, 양파의 표피 조각을 각각 꺼내 현미경 표본을 만든 다음, 현미경으로 관찰한다.

결과 및 해석

구분	증류수(저장액)에 담가 둔 양파의 표피 조각	10 % 설탕 용액(등장액)에 담가 둔 양파의 표피 조각	20 % 설탕 용액(고장액)에 담가 둔 양파의 표피 조각
양파세포의 세포 모양	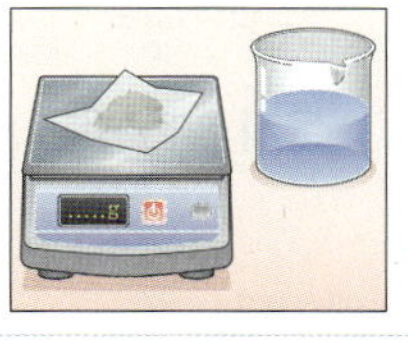 세포의 부피가 커지고 팽팽해진다.	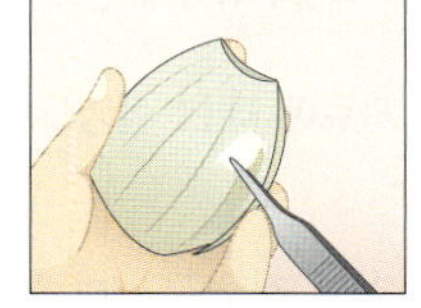 세포의 부피 변화가 없다.	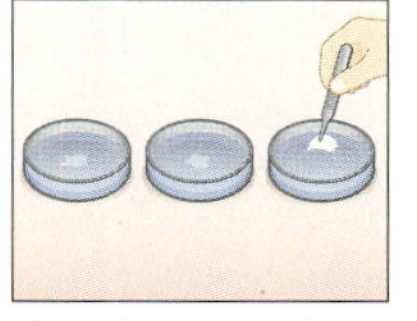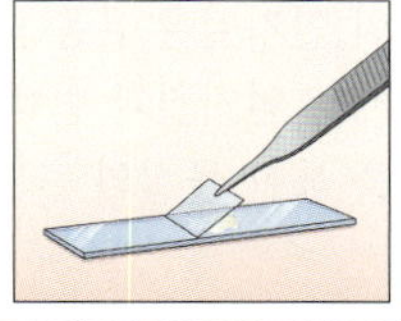 세포막이 세포벽으로부터 분리된다.
물의 이동	삼투에 의해 농도가 낮은 증류수에서 농도가 높은 세포 안으로 물이 들어 왔다. ➡ 세포의 무게가 증가하였다.	세포 안으로 물이 들어가거나 세포 밖으로 물이 빠져나오지 않은 것처럼 보인다 (물의 순이동이 없다).	삼투에 의해 농도가 낮은 세포에서 농도가 높은 20 % 설탕 용액으로 물이 빠져 나갔다. ➡ 세포의 무게가 감소하였다.

정리

1. 양파세포에서 세포막을 통한 물의 이동을 가능하게 하는 원동력은 삼투이다.
2. 세포막을 통한 물의 이동은 세포막을 경계로 농도가 낮은 쪽에서 높은 쪽으로 일어난다.

STEP 1 개념 바로 확인

- (❶   )은 세포질의 바깥쪽을 둘러싸고 있는 막으로, 인지질과 (❷   )이 주성분이다.
- 인지질의 (❸   ) 부분은 물에 대한 친화성이 있고, (❹   ) 부분은 물에 대한 친화성이 없다.
- 세포막은 인지질이 (❺   )으로 배열되어 있는 구조이다.
- (❻   ): 물질의 종류, 크기에 따라 세포막을 통한 물질의 이동이 선택적으로 일어나는 현상
- 기체와 같은 작은 분자는 세포막의 인지질층을 직접 투과해 (❼   )된다.
- 전하를 띠는 이온과 수용성 물질은 세포막의 인지질층에 있는 (❽   )을 통해 이동한다.
- 확산은 세포막을 경계로 농도가 (❾   )은 쪽에서 (❿   )은 쪽으로 용질이 이동하는 현상이다.
- (⓫   )는 용액의 농도가 낮은 쪽에서 높은 쪽으로 용매인 물이 이동하는 현상이다.
- 세포의 내부보다 농도가 낮은 용액에 세포를 넣으면 세포의 부피가 (⓬   )한다.

01

그림은 인지질의 구조를 나타낸 것이다. ㉠과 ㉡은 각각 인지질의 머리 부분과 꼬리 부분 중 하나이다.

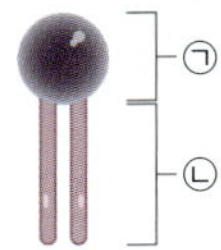

㉠과 ㉡ 중 물에 대한 친화성이 있는 부분의 기호를 쓰시오.

02

세포막에 대한 설명으로 옳은 것은 ○, 옳지 <u>않은</u> 것은 ×로 표시하시오.

(1) 세포막의 인지질은 유동성이 없다. (   )
(2) 세포막에는 인지질과 단백질이 있다. (   )
(3) 세포막을 통한 물질의 출입은 선택적으로 일어난다.
                                        (   )
(4) 세포막을 이루는 인지질 2중층은 소수성 부분이 바깥쪽을 향하고, 친수성 부분이 안쪽을 향해 배열된 구조이다.
                                        (   )

03

다음 설명에 해당하는 물질을 [보기]에서 모두 골라 기호를 쓰시오.

보기
ㄱ. Na^+ ㄴ. 산소(O_2)   ㄷ. 단백질
ㄹ. 포도당   ㅁ. 이산화 탄소(CO_2)
---

(1) 세포막에 있는 인지질층을 직접 투과해 확산된다. (   )
(2) 세포막에 있는 막단백질을 통해 이동한다. (   )

04

세포막을 통한 산소(O_2)의 이동에 대한 설명으로 옳은 것은 ○, 옳지 <u>않은</u> 것은 ×로 표시하시오.

(1) 에너지가 사용된다. (   )
(2) 세포막의 인지질 2중층을 직접 투과한다. (   )
(3) O_2의 농도가 높은 쪽에서 O_2의 농도가 낮은 쪽으로 확산된다.
                                        (   )

05

표는 적혈구를 농도가 서로 다른 용액 A~C에 넣었을 때 적혈구의 부피 변화를 나타낸 것이다.

구분	A	B	C
적혈구의 부피 변화	증가	변화 없음	감소

이 자료에 대한 설명으로 옳은 것은 ○, 옳지 <u>않은</u> 것은 ×로 표시하시오.

(1) A는 적혈구보다 농도가 높은 용액이다. (   )
(2) B에서 적혈구 안으로 들어간 물과 밖으로 빠져나간 물의 양은 서로 같다. (   )
(3) 적혈구를 넣기 전 용액의 농도는 B가 C보다 높다. (   )

06

그림은 식물세포를 증류수 ㉠과 20 %의 소금물 ㉡ 중 하나에 넣었을 때 식물세포의 변화를 나타낸 것이다.

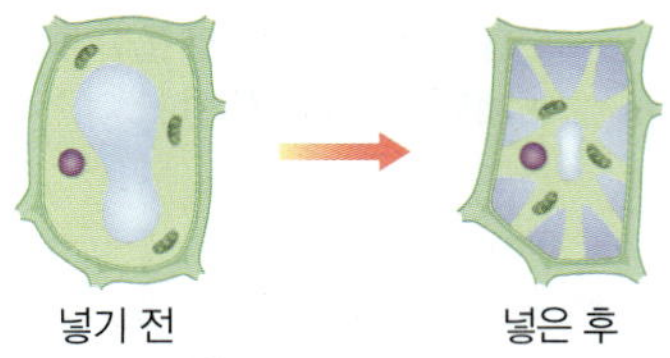

㉠과 ㉡ 중 이 식물세포를 넣은 용액의 기호를 쓰시오.

세포막을 통한 물질 출입

특강 1 세포막을 통한 물질의 이동

① **단순 확산**: 물질이 세포막의 인지질 2중층을 통해 직접 투과하여 이동하는 방식 ➡ 산소(O_2), 이산화 탄소(CO_2), 지용성 물질 등의 이동

② **촉진 확산**: 물질이 세포막의 막단백질을 통해 이동하는 방식 ➡ 이온, 포도당, 아미노산 등 수용성 물질의 이동

확산의 종류	단순 확산	촉진 확산
세포 안팎의 농도 차에 따른 물질 이동 속도	세포 안팎의 농도 차가 클수록 인지질 2중층을 통한 물질의 확산 속도가 증가한다.	세포 안팎의 농도 차가 클수록 막단백질을 통한 물질의 확산 속도가 증가한다. 하지만 일정 농도 차 이상에서는 세포막에 있는 막단백질의 수가 제한되어 있기 때문에 확산 속도가 더 이상 증가하지 않고 일정하다.
공통점	• 물질의 이동에 에너지가 사용되지 않는다. • 물질이 농도가 높은 곳에서 낮은 쪽으로 확산한다. • 물질의 확산에 따라 세포 안팎의 농도 차는 감소한다.	

③ **능동 수송**: 세포막을 사이에 두고 물질의 농도가 낮은 쪽에서 높은 쪽으로 에너지(ATP)를 사용하여 물질을 이동시키는 물질의 이동 방식

특강 2 반투과성막을 이용한 삼투

① 물 분자는 통과하지만, 설탕 분자는 통과하지 못하는 반투과성막이 설치된 U자관을 준비한다.

② U자관의 Ⅰ에는 농도가 낮은 설탕 용액을, Ⅱ에는 농도가 높은 설탕 용액을 넣고, U자관 내 용액의 높이 변화를 관찰한다.

③ 삼투에 의한 물의 이동으로 Ⅱ의 용액 높이가 높아진다.

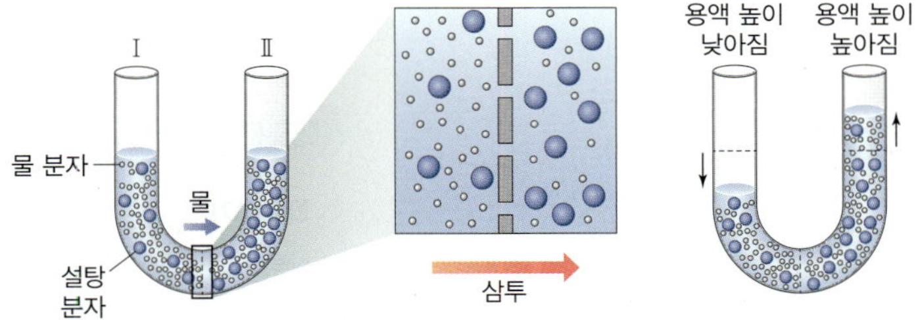

STEP 1 반투과성막을 통해 설탕 분자는 통과하지 못한다. ➡ Ⅰ과 Ⅱ에 넣은 설탕 용액의 농도가 다르지만, 설탕 분자는 반투과성막을 통과하지 못하므로 설탕 분자의 확산은 일어나지 않는다.

STEP 2 반투과성막을 통해 물은 이동할 수 있다. ➡ 용매인 물은 삼투에 의해 농도가 낮은 설탕 용액 쪽에서 농도가 높은 설탕 용액 쪽으로 이동한다.

STEP 3 설탕 용액의 농도는 Ⅰ에서가 Ⅱ에서보다 낮다. ➡ 물은 Ⅰ에서 Ⅱ로 이동하므로 용액의 높이는 Ⅰ에서는 낮아지고, Ⅱ에서는 높아진다.

개념 1 세포막의 구조

[01~02] 그림은 세포막의 구조를 나타낸 것이다. A와 B는 각각 인지질과 막단백질 중 하나이다.

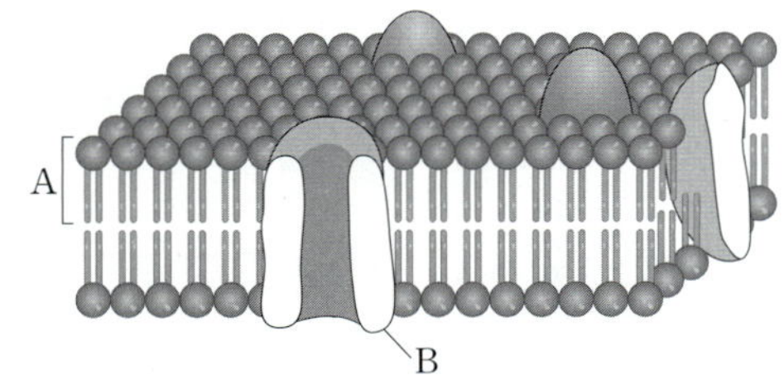

01 이에 대한 설명으로 옳지 <u>않은</u> 것은?

① A는 인지질이다.
② A의 소수성 부분은 A의 2중층에서 안쪽으로 배열된다.
③ A를 통해서 포도당이 이동한다.
④ B는 라이보솜에서 합성된다.
⑤ B는 물질 수송에 관여한다.

02 이에 대한 설명으로 옳은 것만을 [보기]에서 있는 대로 고른 것은?

보기
ㄱ. A는 탄소 화합물이다. ㄴ. 세포막은 선택적 투과성이 있다. ㄷ. 전하를 띤 이온은 B를 통해 이동한다.

① ㄱ ② ㄷ ③ ㄱ, ㄴ
④ ㄴ, ㄷ ⑤ ㄱ, ㄴ, ㄷ

개념 2 세포막을 통한 물질 출입

[03~04] 그림 (가)는 양파세포를 설탕물 A에, (나)는 양파세포를 설탕물 B에 일정 시간 동안 넣어 두었을 때 양파세포의 변화를 나타낸 것이다. A와 B는 각각 등장액과 고장액 중 하나이다. (단, 설탕물 농도 이외의 다른 조건은 동일하다.)

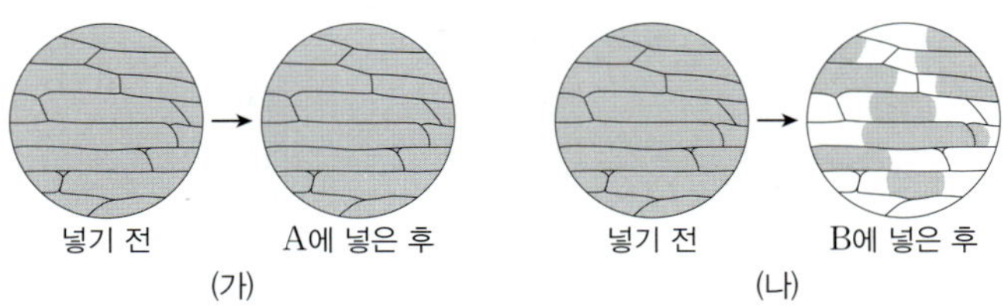

03 이에 대한 설명으로 옳지 <u>않은</u> 것을 모두 고르면? (답 2개)

① A의 농도는 양파세포와 같다.
② 각 용액에 넣은 후 양파세포의 부피는 (나)에서가 (가)에서보다 크다.
③ (나)의 변화가 나타나는 물질 이동 방식은 에너지가 사용된다.
④ (나)의 양파세포에서 세포막과 세포벽의 분리가 일어났다.
⑤ (나)에서 과일을 꿀이나 설탕을 이용하여 절였을 때 오랫동안 보관할 수 있는 원리와 같은 현상이 나타났다.

04 이에 대한 설명으로 옳은 것만을 [보기]에서 있는 대로 고른 것은?

보기
ㄱ. (가)에서 양파세포 안팎으로의 물의 이동은 일어나지 않는다. ㄴ. 양파세포를 넣기 전 설탕물의 농도는 A가 B보다 높다. ㄷ. (나)에서 물은 양파세포에서 B로 이동하였다.

① ㄱ ② ㄷ ③ ㄱ, ㄴ
④ ㄴ, ㄷ ⑤ ㄱ, ㄴ, ㄷ

대표 문제 파헤치기

파악하기
세포 안팎을 구분하는 세포막의 구조와 세포막을 구성하는 성분에 대해 알고 있어야 한다.

다가가기
STEP 1 세포막에서 곳곳에 존재하는 통로 형태의 구조를 가진 B는 막단백질이고, A는 인지질이다.
STEP 2 인지질(A) 2중층과 막단백질(B)을 통해 이동하는 물질의 종류는 서로 다르므로 세포막은 선택적 투과성이 있다.

대표 문제 파헤치기

파악하기
삼투에 의한 물의 이동이 용액의 농도에 따라 어떠한 방향으로 일어나는지 이해하여 A, B, 양파세포의 농도를 추론해야 한다.

다가가기
STEP 1 A에 넣은 양파세포는 부피의 변화가 없지만, B에 넣은 양파세포는 세포막의 일부가 세포벽과 분리되는 현상(원형질분리)이 일어났다.
STEP 2 세포막의 일부가 세포벽과 분리된 B에 넣은 양파세포에서는 물이 양파세포 밖으로 빠져나갔으므로 B는 양파세포보다 농도가 높은 고장액이다.

STEP 3 내신 다지기 문제 난이도 ●○○○

개념 1 세포막의 구조

01  중요

그림은 세포막의 구조를 나타낸 것이다. A와 B는 각각 인지질과 막단백질 중 하나이다.

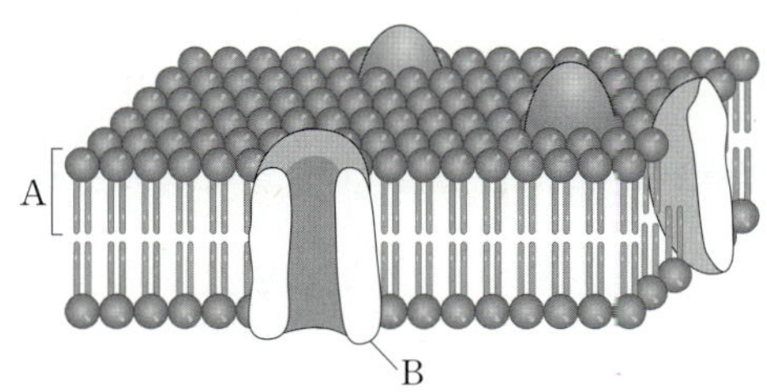

이에 대한 설명으로 옳지 <u>않은</u> 것은?

① A는 막단백질이다.
② 세포막에서 B는 유동적이다.
③ 세포막은 세포의 형태를 유지한다.
④ 세포막은 선택적 투과성이 있어 물질의 출입을 조절한다.
⑤ 핵은 세포막과 같이 인지질 2중층의 막 구조를 갖는 세포소기관이다.

02 ●○○○

그림 (가)는 세포막의 구조를, (나)는 (가)를 구성하는 물질 X를 나타낸 것이다.

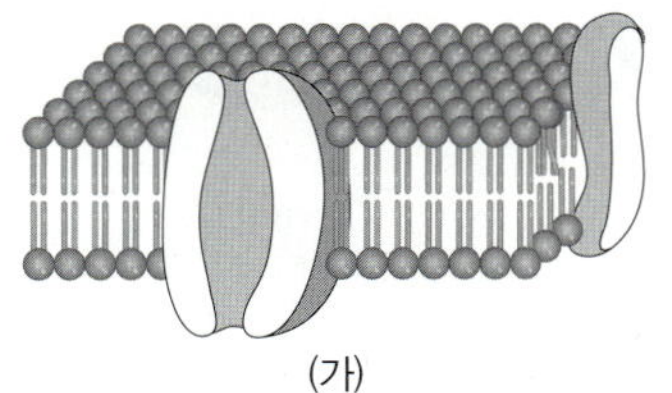

(가)　　　　(나)

이에 대한 설명으로 옳은 것만을 [보기]에서 있는 대로 고른 것은?

보기
ㄱ. (가)는 선택적 투과성이 있다.
ㄴ. X는 단백질이다.
ㄷ. X에는 친수성 부분과 소수성 부분이 모두 있다.

① ㄴ　　　　② ㄷ　　　　③ ㄱ, ㄴ
④ ㄱ, ㄷ　　　　⑤ ㄱ, ㄴ, ㄷ

03 ●●○○

표는 어떤 세포에 있는 세포소기관 (가)와 (나)의 특징을, 그림은 세포막의 구조를 나타낸 것이다. (가)와 (나)는 각각 라이보솜과 마이토콘드리아 중 하나이고, A와 B는 각각 막단백질과 인지질 중 하나이다.

세포소기관	특징
(가)	세포호흡이 일어나는 장소
(나)	단백질의 합성 장소

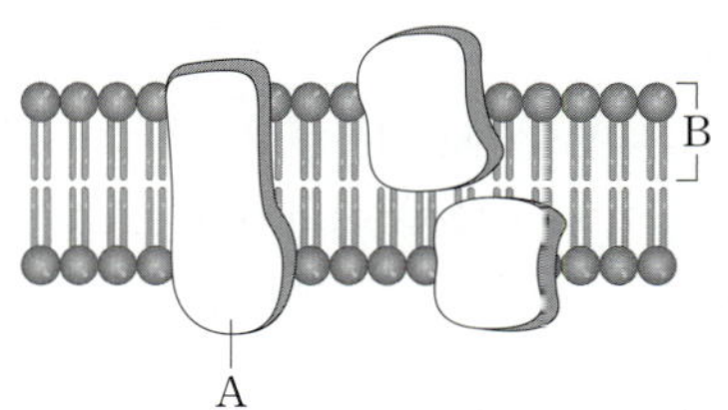

이에 대한 설명으로 옳은 것만을 [보기]에서 있는 대로 고른 것은?

보기
ㄱ. (나)에서 A가 합성된다.
ㄴ. (가)의 구성 성분에 B가 있다.
ㄷ. B에는 소수성 부분과 친수성 부분이 모두 있다.

① ㄱ　　　　② ㄷ　　　　③ ㄱ, ㄴ
④ ㄴ, ㄷ　　　　⑤ ㄱ, ㄴ, ㄷ

개념 2 세포막을 통한 물질 출입

04 ●●○○

삼투의 예에 해당하는 것을 모두 고르면? (답 2개)

① 지질 입자가 세포막을 통과한다.
② 식물의 뿌리털에서 땅속의 물을 흡수한다.
③ 조직 세포에서 모세혈관으로 CO_2가 이동한다.
④ 사람의 폐포에서 모세혈관으로 O_2가 이동한다.
⑤ 소금을 뿌려 놓은 배추에서 물이 빠져나온다.

05 중요

그림은 세포막을 통한 물질의 이동 방식 A와 B를 나타낸 것이다.

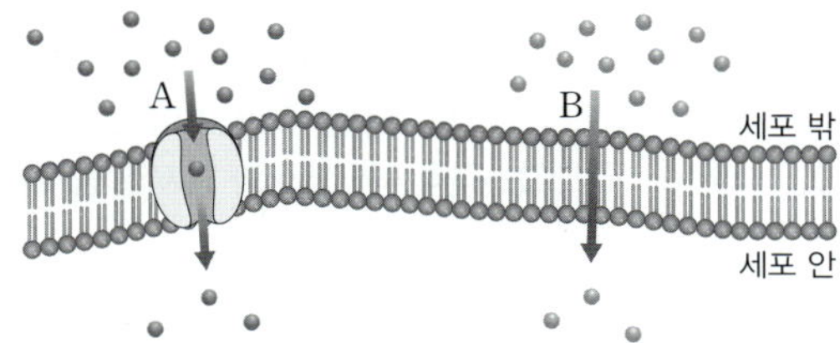

이에 대한 설명으로 옳은 것은?

① A는 확산이다.
② O_2는 A와 같은 방식으로 이동한다.
③ B와 같이 물질이 이동할 때 에너지가 소모된다.
④ B는 저농도에서 고농도로 물질이 이동하는 방식이다.
⑤ 세포막을 통해 전하를 띤 이온이 이동하는 방식은 B와 같다.

07

그림은 세포막을 통한 물질의 이동 방식 A와 B를 나타낸 것이다.

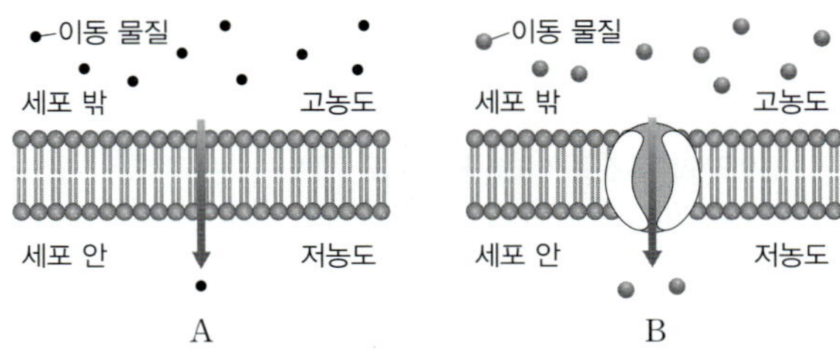

A와 B의 방식으로 이동하는 물질의 예를 옳게 짝 지은 것은?

	A	B		A	B
①	산소(O_2)	아미노산	②	포도당	아미노산
③	포도당	산소(O_2)	④	K^+	산소(O_2)
⑤	K^+	포도당			

06 중요

표는 적혈구와 양파세포를 농도가 다른 용액 X와 Y에 각각 넣었을 때의 상태 변화를 나타낸 것이다.

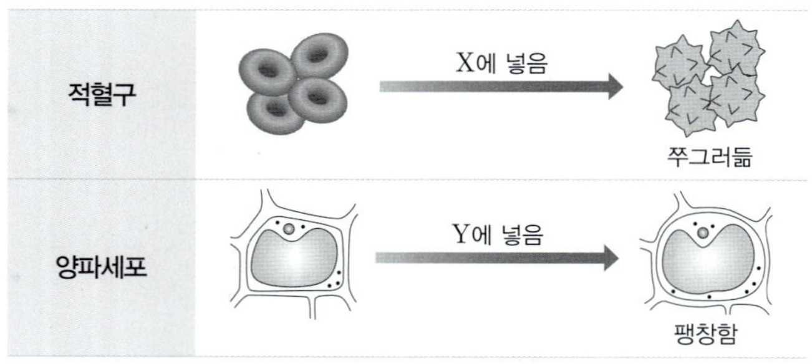

이에 대한 설명으로 옳은 것만을 [보기]에서 있는 대로 고른 것은?

보기
ㄱ. X의 농도는 적혈구의 농도보다 낮다.
ㄴ. 양파세포를 Y에 넣었을 때 세포막과 세포벽의 분리가 일어났다.
ㄷ. 적혈구와 양파세포 중 처음보다 세포의 질량이 감소한 것은 적혈구이다.

① ㄱ　　② ㄷ　　③ ㄱ, ㄴ
④ ㄴ, ㄷ　　⑤ ㄱ, ㄴ, ㄷ

08

그림 (가)는 반투과성막을 설치한 U자관의 Ⅰ과 Ⅱ에 농도가 다른 두 설탕 용액을 같은 양만큼 넣은 모습을, (나)는 (가)가 충분한 시간이 지난 후 더 이상 수면의 높이 변화가 없을 때의 모습을 나타낸 것이다.

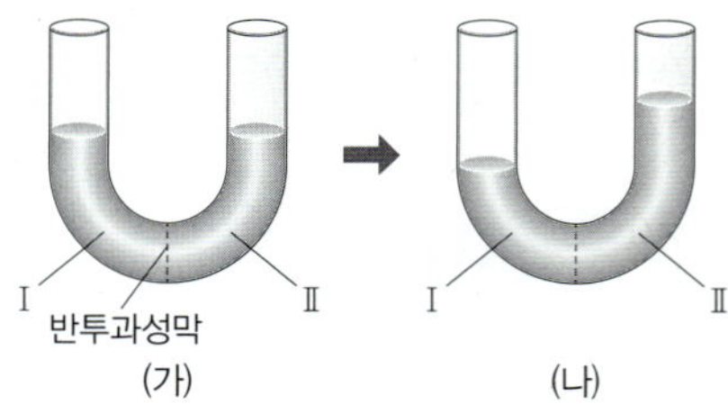

이에 대한 설명으로 옳은 것만을 [보기]에서 있는 대로 고른 것은?

보기
ㄱ. (가)에서 (나)로 변하는 동안 설탕 분자는 Ⅰ에서 Ⅱ로 이동한다.
ㄴ. (가)에서 설탕 용액의 농도는 Ⅰ에서가 Ⅱ에서보다 높다.
ㄷ. (나)의 변화가 나타나기 위한 물질의 이동에 에너지가 소모되지 않는다.

① ㄱ　　② ㄷ　　③ ㄱ, ㄴ
④ ㄴ, ㄷ　　⑤ ㄱ, ㄴ, ㄷ

서술형 문제

개념 ① 세포막의 구조

09 중요

그림은 세포막의 구조와 세포 안팎으로 물질이 확산하는 모습을 나타낸 것이다.

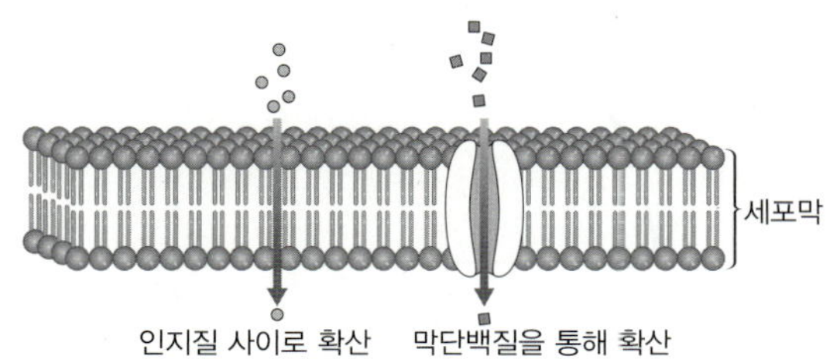

(1) 세포막의 인지질이 2중층으로 배열된 까닭을 인지질의 구조를 이용하여 서술하시오.

(2) 인지질 사이로 확산하는 물질과 막단백질을 통해 확산되는 물질의 예를 각각 한 가지만 쓰시오.
① 인지질 사이로 확산하는 물질:
② 막단백질을 통해 확산하는 물질:

(3) (2)에서와 같이 물질의 종류와 특성에 따라 물질의 이동이 다르게 나타나는 세포막의 특성을 무엇이라 하는지 쓰시오.

개념 ② 세포막을 통한 물질 출입

10

그림은 적혈구를 용액 X에 넣었을 때의 상태 변화 일부를 나타낸 것이다.

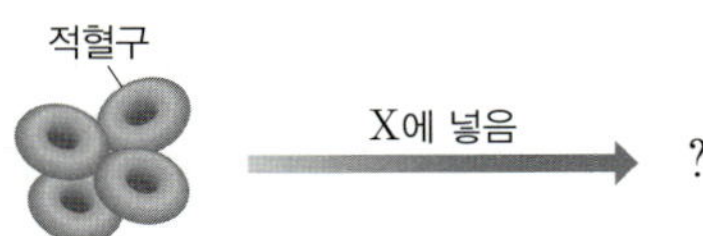

X가 적혈구보다 농도가 높은 설탕 용액일 때와 농도가 낮은 설탕 용액일 때, 적혈구의 세포막을 경계로 일어나는 물의 이동 방향과 적혈구의 부피 변화에 대해 각각 서술하시오.

11

표는 농도가 서로 다른 NaCl 용액 A~C와 등장액에 같은 종류의 식물세포를 각각 넣은 후, 10분이 경과하였을 때의 식물세포 부피를 등장액에서의 식물세포 부피에 대한 상댓값으로 나타낸 것이다.

구분	A	B	C	등장액
10분 후 식물세포의 부피 등장액에서 식물세포의 부피	0.8	1.1	1.2	1.0

삼투에 의한 식물세포의 부피 변화를 서술하고, 식물세포를 넣기 전 A~C의 농도를 비교하시오.

12 중요

그림은 물은 통과하지만 설탕 분자는 통과하지 못하는 반투과성막을 설치한 U자관의 A와 B에 농도가 다른 설탕 용액을 넣은 모습을 나타낸 것이다.

일정 시간 후 A와 B에서 용액의 수면 높이 변화가 더 이상 없을 때

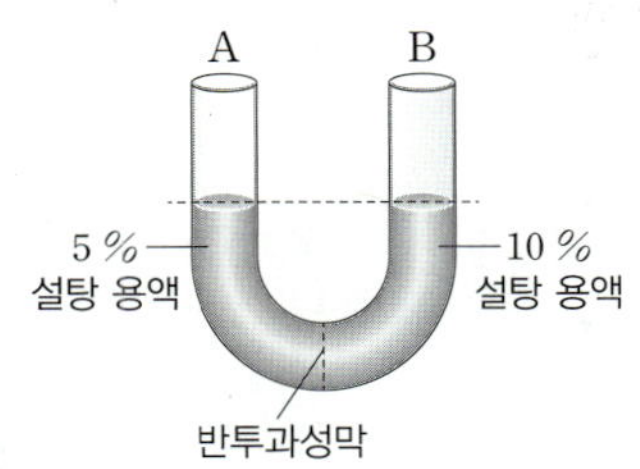

의 모습을 다음 U자관에 그림으로 그리고, 그렇게 판단한 까닭을 삼투 현상과 연관 지어 서술하시오.

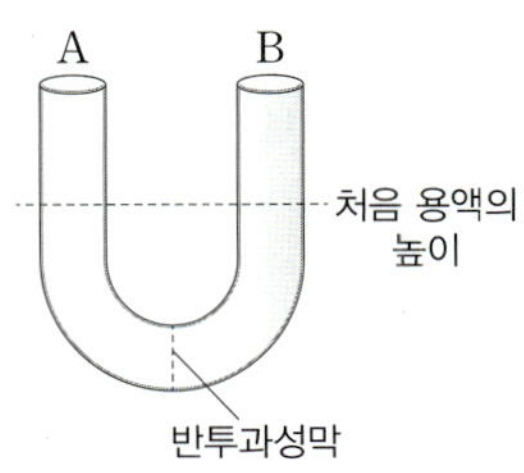

01

| 2018년 고1 9월 교육청 통합과학 15번 |

그림은 세포막의 구조를 나타낸 것이다.

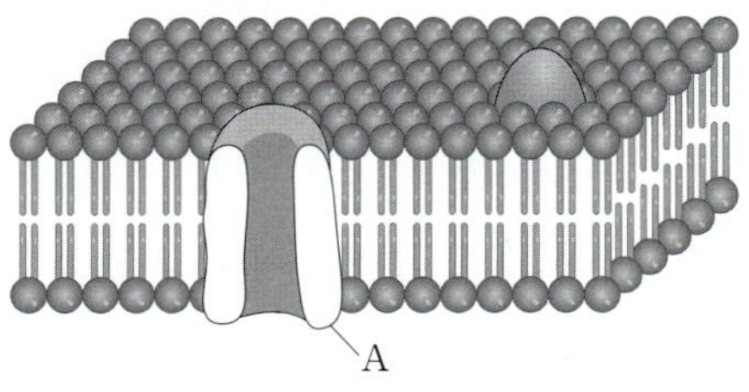

이에 대한 설명으로 옳은 것만을 [보기]에서 있는 대로 고른 것은?

— 보기 —

ㄱ. A는 막단백질이다.
ㄴ. 세포막의 인지질은 2중층으로 배열되어 있다.
ㄷ. 산소(O_2)는 A를 통해서만 세포막을 통과할 수 있다.

① ㄱ ② ㄷ ③ ㄱ, ㄴ
④ ㄴ, ㄷ ⑤ ㄱ, ㄴ, ㄷ

02

그림 (가)는 세포막의 구조를, (나)는 세포막에 있는 A를 형광 물질로 표지한 후 세포막의 일부에서 레이저를 이용하여 형광 물질을 제거하고 일정 시간이 지난 다음 관찰한 결과를 나타낸 것이다. A와 B는 각각 인지질과 막단백질 중 하나이다.

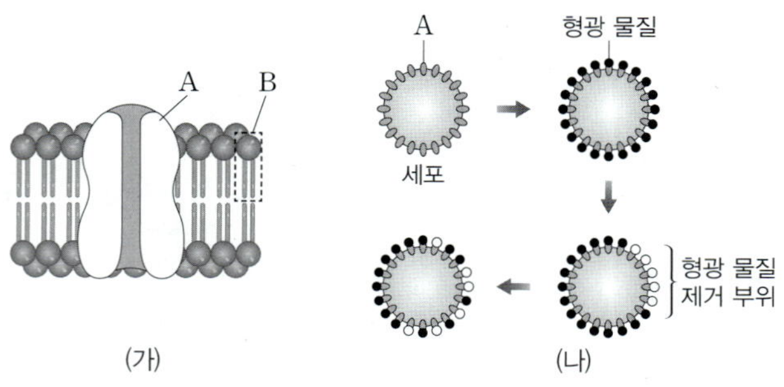

이에 대한 설명으로 옳은 것만을 [보기]에서 있는 대로 고른 것은?

— 보기 —

ㄱ. A는 탄소 화합물이다.
ㄴ. (나)에서 세포막의 유동성을 확인할 수 있다.
ㄷ. B에는 친수성인 부분과 소수성인 부분이 모두 있다.

① ㄱ ② ㄴ ③ ㄱ, ㄷ
④ ㄴ, ㄷ ⑤ ㄱ, ㄴ, ㄷ

03

그림은 세포막을 경계로 물질 ㉠의 농도 차에 따른 확산 속도를 나타낸 것이다. ㉠은 세포막의 막단백질을 통해 확산하는 물질과 인지질 2중층을 직접 투과해 확산하는 물질 중 하나이다.

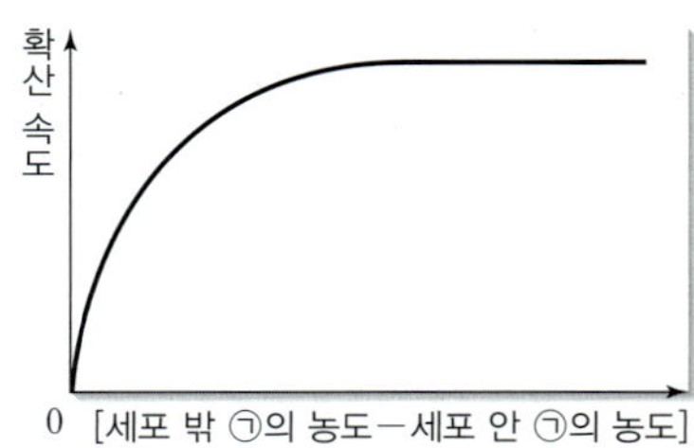

이에 대한 설명으로 옳은 것만을 [보기]에서 있는 대로 고른 것은?

— 보기 —

ㄱ. 아미노산은 ㉠에 해당한다.
ㄴ. 세포막을 통한 ㉠의 이동에 에너지가 소모된다.
ㄷ. ㉠은 세포막을 통해 세포 밖에서 세포 안으로 이동한다.

① ㄱ ② ㄴ ③ ㄱ, ㄷ
④ ㄴ, ㄷ ⑤ ㄱ, ㄴ, ㄷ

04

| 2021년 고2 3월 교육청 생명과학 I 15번 |

다음은 세포막을 통한 물질의 이동 실험이다.

(가) 달걀의 겉껍데기를 제거한 같은 크기의 달걀 2개를 준비하고, 각각의 질량을 측정한다.
(나) 비커 A와 B에 각각 증류수와 10 % 소금물 중 하나를 300 mL씩 넣는다.
(다) A와 B에 (가)의 달걀을 각각 넣고, 일정 시간 후 달걀의 질량을 측정한다. 달걀의 질량은 A에서 증가하였고, B에서 감소하였다.

이에 대한 설명으로 옳은 것만을 [보기]에서 있는 대로 고른 것은?

— 보기 —

ㄱ. 10 % 소금물을 넣은 것은 A이다.
ㄴ. (다)의 A와 B에서 모두 삼투가 일어났다.
ㄷ. (다)의 B에서 달걀 안에서 밖으로 물이 이동하였다.

① ㄱ ② ㄴ ③ ㄱ, ㄷ
④ ㄴ, ㄷ ⑤ ㄱ, ㄴ, ㄷ

05

그림은 어떤 식물세포를 농도가 ㉠인 설탕 용액에 넣었을 때, 식물세포 내 엽록체의 밀도 변화를 나타낸 것이다.

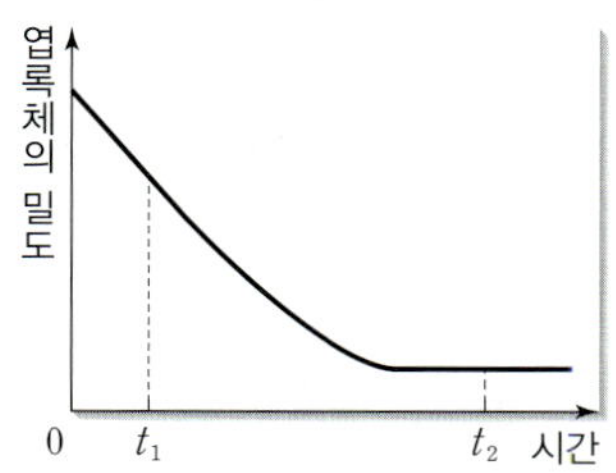

이에 대한 설명으로 옳은 것만을 [보기]에서 있는 대로 고른 것은? (단, 엽록체의 수는 일정하고, 엽록체의 밀도는 엽록체의 수를 세포질의 양으로 나눈 값이다.)

┌─────── 보기 ───────┐
ㄱ. ㉠은 식물세포의 세포질 농도보다 낮다.
ㄴ. t_1일 때 식물세포 안으로 물이 들어온다.
ㄷ. t_2일 때 식물세포의 세포막을 통한 물의 이동은 없다.
└─────────────────────┘

① ㄱ　　　　② ㄷ　　　　③ ㄱ, ㄴ
④ ㄴ, ㄷ　　　⑤ ㄱ, ㄴ, ㄷ

06

그림은 반투과성막으로 설치한 U자관을, 표는 U자관 (가)와 (나)에서의 Ⅰ과 Ⅱ에 각각 농도가 서로 다른 설탕 용액을 같은 양씩 넣고 충분한 시간이 지난 후 더 이상 수면의 높이 변화가 없을 때 Ⅰ의 용액 높이에서 Ⅱ의 용액 높이를 뺀 값(높이 차)을 나타낸 것이다. 설탕은 반투과성막을 통과하지 못한다.

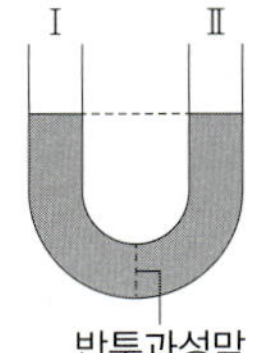

U자관	Ⅰ의 설탕 용액 농도	Ⅱ의 설탕 용액 농도	높이 차 (mm)
(가)	㉠	㉡	−5
(나)	㉢	㉠	+10

이에 대한 설명으로 옳은 것만을 [보기]에서 있는 대로 고른 것은?

┌─────── 보기 ───────┐
ㄱ. 설탕 용액의 농도는 ㉡이 ㉢보다 낮다.
ㄴ. (가)에서 물은 Ⅰ에서 Ⅱ로 이동하였다.
ㄷ. (나)에서 수면의 높이 변화가 없을 때 설탕의 양은 Ⅰ에서가 Ⅱ에서보다 적다.
└─────────────────────┘

① ㄱ　　　　② ㄷ　　　　③ ㄱ, ㄴ
④ ㄴ, ㄷ　　　⑤ ㄱ, ㄴ, ㄷ

07

표는 어떤 생물의 세포 X를 농도가 서로 다른 용액이 담긴 비커 A~C에 각각 넣었을 때 일어난 변화를 나타낸 것이다. X는 동물세포와 식물세포 중 하나이다.

비커	변화
A	변화가 없음
B	X가 쭈그러듦
C	X의 세포막이 터짐

이에 대한 설명으로 옳은 것만을 [보기]에서 있는 대로 고른 것은?

┌─────── 보기 ───────┐
ㄱ. X는 식물세포이다.
ㄴ. A에 담긴 용액의 농도는 X의 농도와 같다.
ㄷ. 용액의 농도는 B에서가 C에서보다 높다.
└─────────────────────┘

① ㄱ　　　　② ㄷ　　　　③ ㄱ, ㄴ
④ ㄴ, ㄷ　　　⑤ ㄱ, ㄴ, ㄷ

08

| 2019년 고1 9월 교육청 통합과학 10번 |

다음은 어떤 인공막을 이용한 물질의 이동 실험이다.

[실험 과정 및 결과]
(가) 20 % 설탕 수용액이 일정량 들어 있는 인공막 주머니 X를 용액이 새지 않도록 묶고 X의 부피를 측정한다.
(나) X를 증류수가 들어 있는 비커에 넣는다.
(다) 일정 시간 후 더 이상 부피가 변화하지 않을 때, X의 부피를 측정한다.
(라) X의 부피가 변화하였음을 확인하였다.

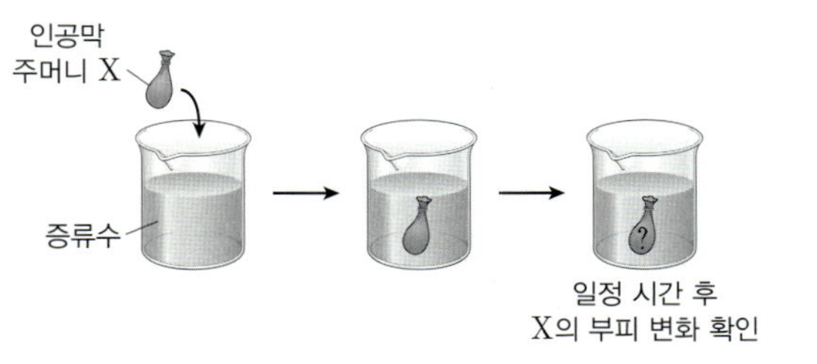

이 실험에 대한 설명으로 옳은 것만을 [보기]에서 있는 대로 고른 것은? (단, 물은 인공막을 통과하고, 설탕은 통과하지 못한다.)

┌─────── 보기 ───────┐
ㄱ. X의 부피는 (가)에서가 (다)에서보다 크다.
ㄴ. (다)에서 X 안의 설탕 수용액 농도는 20 %보다 높다.
ㄷ. X의 부피 변화는 인공막을 통한 물의 이동 때문이다.
└─────────────────────┘

① ㄱ　　　　② ㄷ　　　　③ ㄱ, ㄴ
④ ㄴ, ㄷ　　　⑤ ㄱ, ㄴ, ㄷ

세포 내 유전정보의 흐름

개념 ① 유전자와 단백질

1. 유전물질 세포의 핵 안에 유전물질인 **❶**DNA가 있다.

(1) 세포 분열 시 관찰되는 막대 모양의 **❷**염색체는 핵 안에 실처럼 풀어져 있는 덜 응축된 염색체가 꼬이고 응축된 형태이다. → 하나의 염색체는 많은 수의 뉴클레오솜으로 이루어진다.

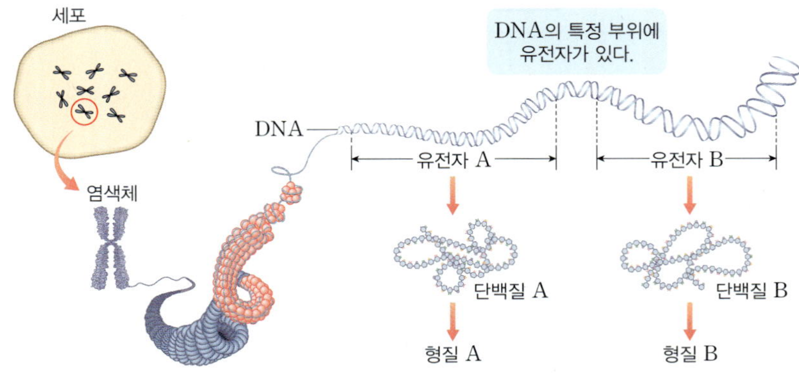

(2) 유전자: DNA의 염기서열에서 특정 **❸**형질의 발현에 필요한 단백질이나 RNA를 만들 수 있는 정보가 담긴 부분으로, 1분자의 DNA에는 여러 개의 유전자가 들어 있다.

(3) 염색체는 DNA와 단백질로 이루어진 **❹**복합체이고, 세포 분열을 하지 않을 때에는 <u>핵 안에 가는 실 모양으로 풀어져 있다.</u>
└ 염색사 형태로 존재

2. 유전자와 단백질의 관계

(1) DNA의 유전자에 저장된 **❺**유전정보에 따라 물질대사에 필요한 효소와 같은 다양한 단백질이 합성된다.

(2) 유전자에 이상이 생기면 합성되는 단백질에 차이가 생겨 형질이 다르게 나타나기도 한다.

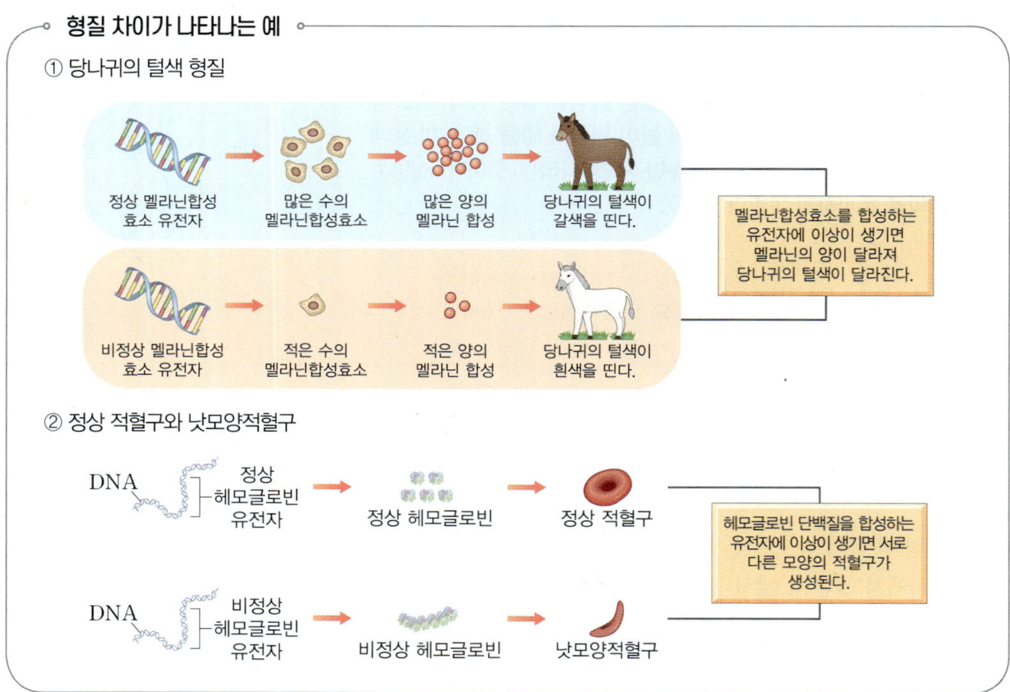

(3) 유전자의 종류에 따라 합성되는 단백질의 종류가 다르며, 그에 따라 다양한 형질의 차이가 난다.

---

❶ DNA
염색체에 있으며, 폴리뉴클레오타이드 두 가닥이 나선으로 꼬여 있는 구조물

❷ 염색체
사람의 체세포에는 46개의 염색체가 있다.

❸ 형질
생물의 모양, 크기, 성질과 같은 고유한 특징

❹ 뉴클레오솜
핵 속의 DNA는 단백질과 결합하여 뉴클레오솜을 형성하고 있다.

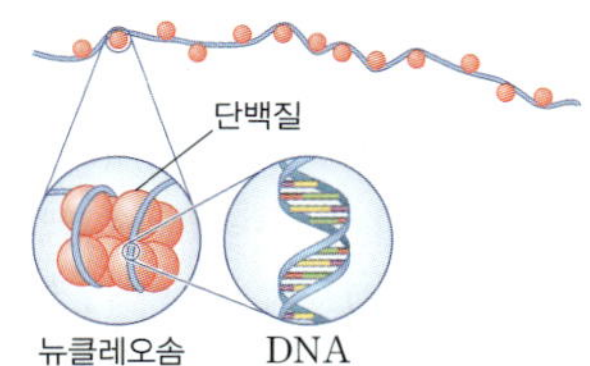

❺ 우리 몸의 유전정보
수정란이 체세포 분열을 통해 개체가 되므로 하나의 개체에서 생식세포를 제외한 모든 세포에는 동일한 유전정보(유전자)가 존재한다.

1. 생명중심원리   생명 시스템 내에서 유전정보의 흐름을 설명하는 원리

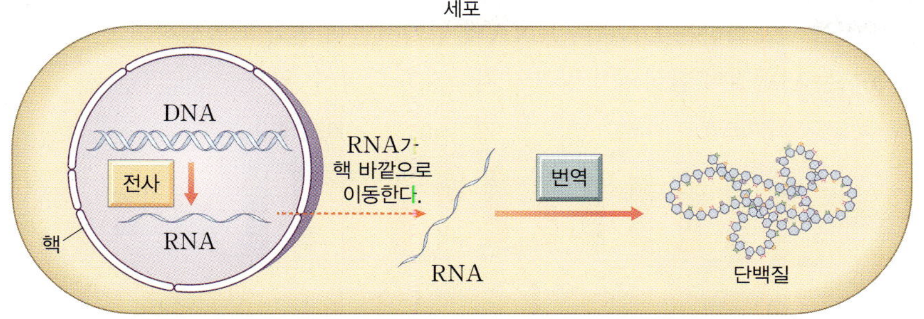

(1) 전사(DNA → RNA): DNA에 저장된 유전정보가 RNA로 전달되는 과정

① 전사를 통해 DNA 염기서열에 ❻상보적인 염기서열로 구성된 RNA가 합성된다.

② DNA를 이루는 두 가닥 중 한 가닥만이 RNA로 전사되는데, 이처럼 RNA의 합성에 이용되는 가닥을 전사 주형 가닥이라고 한다. → DNA, RNA와 같은 핵산을 구성하는 기본 단위체인 뉴클레오타이드는 인산, 당, 염기의 결합으로 구성되어 있다.

> **더 알아보기   전사 주형 가닥으로부터의 RNA 합성**
>
> DNA ⎰ 가닥 Ⅰ … TGCATGGCA …
> 　　　⎱ 가닥 Ⅱ … ACGTACCGT …
>
> ↓
>
> RNA … UGCAUGGCA …
>
> - DNA는 서로 상보적인 2개의 가닥으로 구성되며, 이 중 하나의 가닥의 염기서열과 상보적인 염기서열로 구성된 RNA가 합성된다.
> - 왼쪽 자료에서 RNA의 염기서열은 가닥 Ⅱ와 상보적이므로 이 전사 과정에서 전사 주형 가닥은 가닥 Ⅱ이다.

(2) 번역(RNA → 단백질): RNA에 저장된 유전정보를 바탕으로 단백질이 합성되는 과정

① DNA로부터 전사된 RNA는 ❼핵공을 통해 세포질로 이동하여 라이보솜과 결합한다.

② 라이보솜에서 RNA의 유전정보에 따라 단백질이 합성된다.

> **더 알아보기   전사와 번역이 일어나는 장소**
>
> 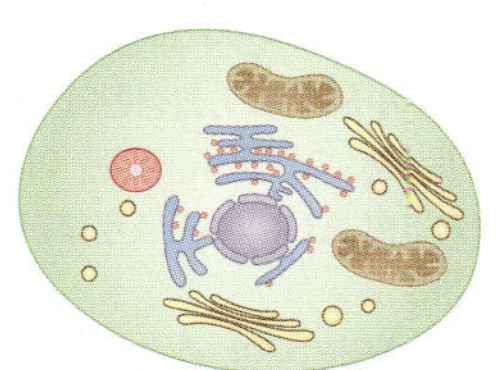
>
>
>
> - 핵막이 있는 진핵세포에서는 유전물질인 DNA는 핵 속에 있고, 라이보솜은 세포질에 있다. 따라서 전사는 핵 속에서 일어나고, 번역은 세포질에서 일어난다.
> - 핵막이 없는 원핵세포에서는 유전물질인 DNA와 단백질의 합성이 일어나는 라이보솜이 모두 세포질에 있다. 따라서 전사와 번역이 모두 세포질에서 일어난다.

2. 유전부호(유전암호)

(1) 유전부호(유전암호): DNA와 RNA의 염기 배열 순서가 특정 아미노산을 지정하는 규칙

① 우리 몸에서 ❽단백질을 합성할 때 사용되는 아미노산은 20종류이므로 유전부호는 20종류 이상이다.

② 3염기조합: DNA의 연속된 3개의 염기로 1개의 아미노산을 암호화한다.

③ 코돈: RNA에서 연속된 3개의 염기로, 1개의 아미노산을 지정한다.

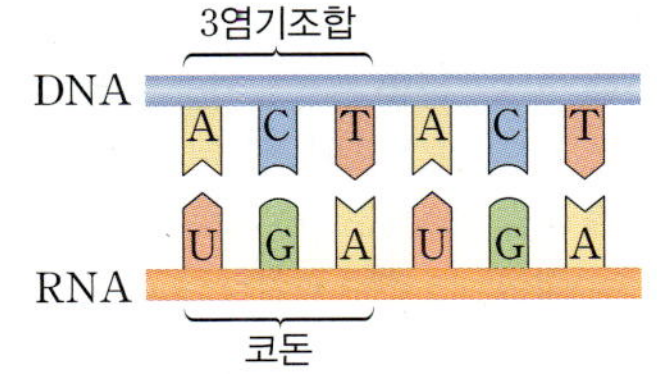

---

❻ 상보결합

핵산을 이루는 뉴클레오타이드에서 아데닌(A)은 타이민(T) 또는 유라실(U)과만, 구아닌(G)은 사이토신(C)과만 결합한다.

❼ 핵공

핵막에 있는 구멍으로 핵과 세포질 사이의 물질 이동 통로

❽ 유전부호를 구성하는 염기 수에 따른 단백질을 구성하는 아미노산의 종류

- 1개의 염기가 유전부호를 구성한 경우: 단백질을 구성하는 아미노산의 종류는 RNA를 구성하는 염기 종류(A, G, C, U)의 수와 같이 최대 4가지이다.
- 연속된 2개의 염기가 유전부호를 구성한 경우: 단백질을 구성하는 아미노산의 종류는 AA, AG, AC, AU, GG, GC GU … 등의 $4^2{=}16$가지이다.
- 연속된 3개의 염기가 유전부호를 구성한 경우: 단백질을 구성하는 아미노산의 종류는 AAA, AAG, AAC, AAU, GGA, GGC GGU … 등의 $4^3{=}64$가지이다.

(2) 유전정보의 발현

① ❾DNA의 유전정보는 RNA로 전사되고, RNA는 단백질로 번역된다. 이 단백질이 기능을 나타내어 형질이 발현된다.

② 특정 단백질을 암호화하는 DNA나 RNA의 염기서열에 변화가 발생하면 원래의 기능을 수행하지 못하는 단백질이 합성되어 형질의 차이가 나타날 수 있다.

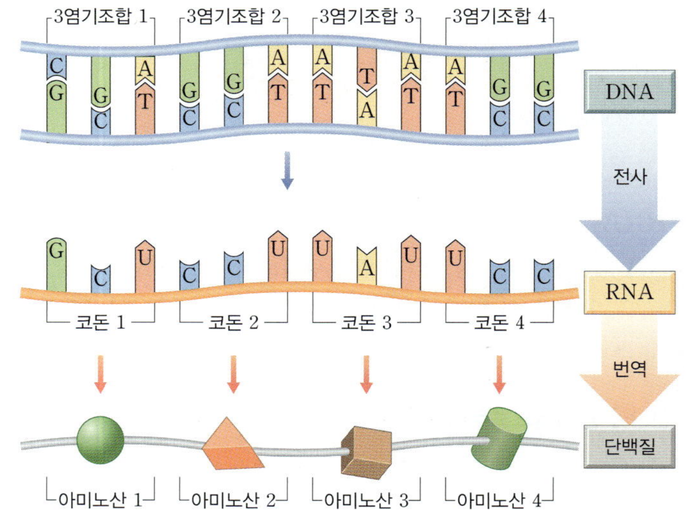

③ 지구상에 존재하는 대부분의 생물에서 특정 아미노산을 암호화하는 유전부호는 동일하다. 모든 생명체는 공통조상으로부터 진화하였음을 의미한다.

(3) 유전정보의 이상과 질환

① 유전정보의 이상: DNA에 저장된 유전자의 유전정보나 유전정보가 전달되는 과정에서 문제가 생기면 제대로 된 단백질이 만들어지지 않아 정상 형질이 나타나지 않는다.

② 유전정보의 이상으로 생긴 질환: 낫모양적혈구빈혈증, 알비노증, 페닐케톤뇨증 등

필수 탐구 자료 생명체 내 유전정보의 흐름 확인하기

그림은 주사위를 나타낸 것이고, 표는 주사위 숫자에 따른 전사에 사용된 DNA 가닥의 3염기조합 일부와 각 3염기조합에 대응되는 RNA의 코돈과 아미노산 종류를 나타낸 것이다.

주사위 숫자	3염기조합	코돈	아미노산 종류
1	AGC	UCG	㉠
2	ACG	UGC	㉡
3	GTA	CAU	㉢
4	CTG	GAC	㉣
5	CCA	GGU	㉤
6	TAC	AUG	㉥

➡ 주사위를 6번 던져 나온 주사위 숫자(6 → 4 → 2 → 1 → 3 → 5)에 따른 DNA 가닥의 염기서열

TACCTGACGAGCGTACCA

결과 및 해석

❶ 3염기조합과 코돈의 관계 : 전사 과정에서 DNA의 염기와 이에 상보적인 염기가 결합하여 RNA가 합성된다. ➡ 아데닌(A)은 유라실(U)과, 구아닌(G)은 사이토신(C)과 타이민(T)은 아데닌(A)과 상보적이기 때문에 DNA의 3염기조합 AGC, GTA로부터 각각 RNA의 코돈 UCG, CAU가 전사되었다.

❷ 전사된 RNA 가닥의 염기서열: 주사위를 6번 던져 나온 주사위 숫자에 따른 DNA 가닥의 염기서열과 이에 상보적인 RNA 가닥의 염기서열은 다음과 같다. ➡ 전사된 RNA에는 타이민(T)이 없는 대신 유라실(U)이 있다.

DNA 염기서열 : TACCTGACGAGCGTACCA
RNA 염기서열 : AUGGACUGCUCGCAUGGU

❸ 번역을 통해 합성된 단백질: RNA의 1개의 코돈은 1개의 아미노산을 지정하므로 전사된 RNA의 염기서열 중 코돈 순서가 단백질을 구성하는 아미노산의 배열 순서이다.

아미노산의 배열 순서: ㉥ − ㉣ − ㉡ − ㉠ − ㉢ − ㉤

➡ 코돈에 따라 지정하는 아미노산의 종류가 다르다.

정리

❶ 코돈의 배열 순서에 따라 합성되는 단백질의 아미노산 배열 순서가 달라지므로 RNA에 저장된 유전정보가 다르면 형질이 다르게 나타난다.

❷ 생명 시스템은 DNA로부터 RNA가 전사되고, RNA로부터 단백질이 합성되는 번역 과정의 정교한 조절을 통해 유지된다.

- (❶): DNA의 염기서열에서 특정 형질의 발현에 필요한 단백질이나 RNA를 만들 수 있는 정보가 담긴 부분
- (❷): 유전정보의 흐름이 DNA에서 RNA, RNA에서 아미노산으로 이어지는 것을 설명하는 원리
- (❸): DNA로부터 RNA가 합성되는 과정
- (❹): RNA에 저장된 유전정보를 바탕으로 단백질이 합성되는 과정
- DNA를 구성하는 염기에는 A, G, C, T이 있고, RNA를 구성하는 염기에는 A, G, C, (❺)이 있다.
- 1개의 유전부호는 연속된 (❻)개의 염기로 구성된다.
- (❼): DNA에서 1개의 아미노산에 대한 정보를 담고 있는 연속된 3개의 염기
- (❽): RNA에서 1개의 아미노산을 지정하는 연속된 3개의 염기

01
그림은 당나귀의 털색이 나타나는 과정을 나타낸 것이다. ㉠과 ㉡은 각각 멜라닌합성효소와 멜라닌 중 하나이다.

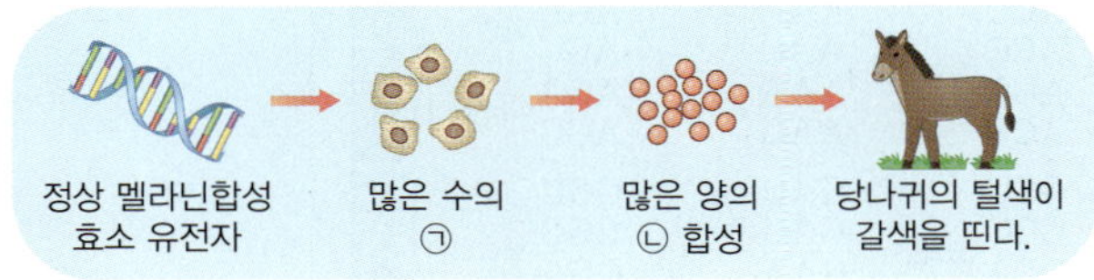

㉠과 ㉡이 무엇인지 각각 쓰시오.

02
그림은 생명중심원리를 나타낸 것이다.

과정 ㉠과 ㉡이 무엇인지 각각 쓰시오.

03
표는 DNA의 3염기조합과 이에 상보적인 코돈을 나타낸 것이다. ㉠~㉣에 들어갈 3염기조합 또는 코돈을 쓰시오.

3염기조합	코돈
ATC	(㉠)
(㉡)	AGC
(㉢)	UAU
GCT	(㉣)

04
유전자와 생명중심원리에 대한 설명으로 옳은 것은 ○, 옳지 않은 것은 ✕로 표시하시오.

(1) 1개의 DNA에는 1개의 유전자만 있다. ( )
(2) DNA에는 단백질의 합성에 필요한 유전자가 있다. ( )
(3) RNA로부터 단백질이 합성되는 과정은 라이보솜에서 일어난다. ( )

05
다음은 DNA를 구성하는 가닥 중 한 가닥의 염기서열을 나열한 것이다.

CAGTGACTTCGA

(1) 이 DNA 가닥으로부터 전사된 RNA의 염기서열을 쓰시오.
(2) (1)의 RNA가 번역에 이용될 때, 합성된 단백질은 최대 몇 개의 아미노산으로 구성될 수 있는지 쓰시오.

06
그림은 생명중심원리에서 유전부호(유전암호)의 일부를 나타낸 것이다. ㉠은 염기이다.

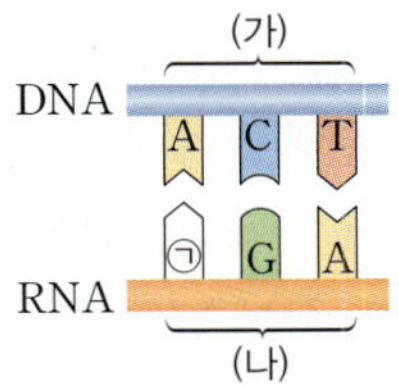

이 자료에 대한 설명으로 옳은 것은 ○, 옳지 않은 것은 ✕로 표시하시오.

(1) ㉠은 타이민(T)이다. ( )
(2) (가)에는 1개의 단백질 정보가 저장되어 있다. ( )
(3) (나)는 코돈이다. ( )
(4) (가)에서 (나)가 합성되는 과정은 전사이다. ( )

세포 내 유전정보의 흐름

특강 1 유전부호의 해독

마셜 니런버그(Marshall Warren Nirenberg)는 유라실(U)만을 갖는 RNA 뉴클레오타이드를 연결하여 인공 RNA를 합성하였다. 이를 이용하여 코돈 UUU는 페닐알라닌(Phe)을 지정하는 유전정보라는 것을 확인하고, 나아가 AAA, CCC, GGG 등에 의해 지정되는 아미노산을 확인하였다. 여러 과학자의 연구로 현재는 64가지 코돈이 각각 지정하는 아미노산이 모두 밝혀졌으며, 표는 이 아미노산을 저장하는 유전부호를 나타낸 것이다.

▲ 니런버그

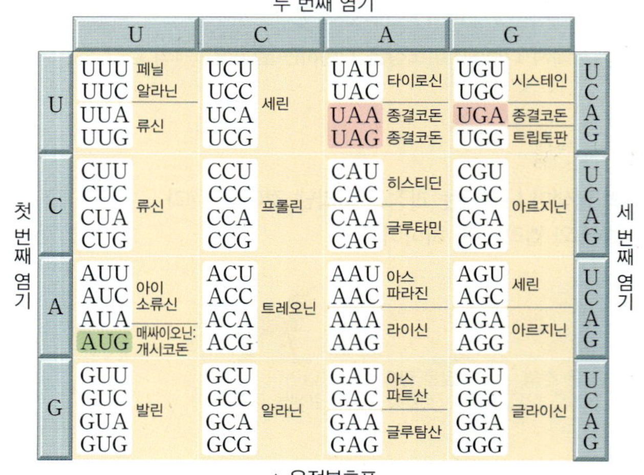

두 번째 염기

첫 번째 염기	U	C	A	G	세 번째 염기
U	UUU UUC 페닐알라닌 / UUA UUG 류신	UCU UCC UCA UCG 세린	UAU UAC 타이로신 / UAA 종결코돈 UAG 종결코돈	UGU UGC 시스테인 / UGA 종결코돈 UGG 트립토판	U C A G
C	CUU CUC CUA CUG 류신	CCU CCC CCA CCG 프롤린	CAU CAC 히스티딘 / CAA CAG 글루타민	CGU CGC CGA CGG 아르지닌	U C A G
A	AUU AUC AUA 아이소류신 / AUG 매싸이오닌: 개시코돈	ACU ACC ACA ACG 트레오닌	AAU AAC 아스파라진 / AAA AAG 라이신	AGU AGC 세린 / AGA AGG 아르지닌	U C A G
G	GUU GUC GUA GUG 발린	GCU GCC GCA GCG 알라닌	GAU GAC 아스파트산 / GAA GAG 글루탐산	GGU GGC GGA GGG 글라이신	U C A G

▲ 유전부호표

- 코돈의 개수는 64개인데, 아미노산의 종류는 20가지이다.
- 일부 코돈의 경우 염기서열이 다르더라도 같은 종류의 아미노산을 지정한다.
- 코돈 CUA에서 아데닌(A)이 유라실(U)로 바뀌더라도 지정하는 아미노산의 종류는 류신으로 동일하므로 DNA나 RNA에 있는 염기서열의 변화가 반드시 다른 종류의 단백질 합성으로 이어지는 것은 아니다.

특강 2 유전정보의 변화로 인해 발생하는 질병의 예(페닐케톤뇨증)

페닐케톤뇨증은 페닐알라닌을 타이로신으로 전환시키는 효소의 유전자에 이상이 생겨 페닐알라닌이 분해되지 못하고 축적되어 뇌 조직에 손상을 일으켜 지능 장애 등이 나타나는 질환이다.

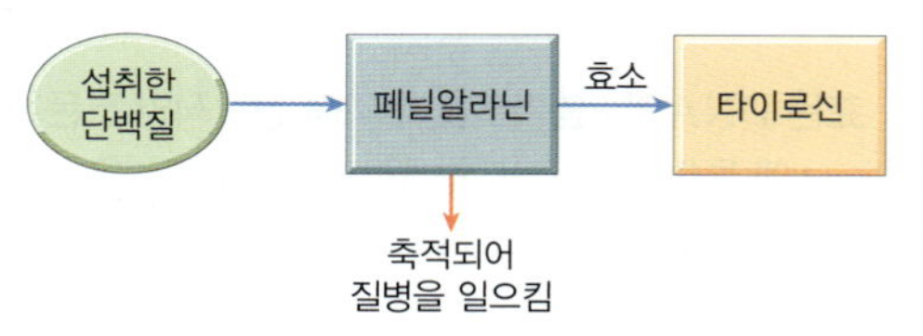

STEP 1 효소는 특정 물질과만 결합하는 특성(기질특이성)을 갖는다.
➡ 효소는 단백질로 구성되며, 단백질의 구조가 달라지면 특정 물질과 결합하기 어렵다.

STEP 2 단백질의 구조는 구성하는 아미노산의 종류와 수, 배열 순서에 의해 결정된다.
➡ 단백질은 RNA의 정보를 이용하여 라이보솜에서 번역을 통해 합성된다.
➡ RNA의 코돈은 1개의 아미노산을 지정하며, RNA의 코돈의 종류가 바뀌면 단백질의 합성 과정에서 다른 종류의 단백질이 합성될 수 있다. 이 경우 단백질이 원래의 기능을 수행하지 못하여 형질 차이가 나타나게 된다.

STEP 3 RNA는 DNA의 염기서열과 상보적인 염기서열을 갖는다.
➡ DNA의 염기서열이 변하면 전사된 RNA의 염기서열도 달라진다.
➡ 페닐케톤뇨증은 페닐알라닌 합성 정보가 있는 염색체의 유전자의 염기서열이 변화되어 정상적인 기능을 수행하는 효소가 결핍되어 나타나는 유전자 이상 질환이다.

개념 ① 유전자와 단백질

[01~02] 그림은 어떤 세포의 유전물질을 나타낸 것이다. ㉠~㉢은 각각 DNA, 단백질, 염색체 중 하나이다.

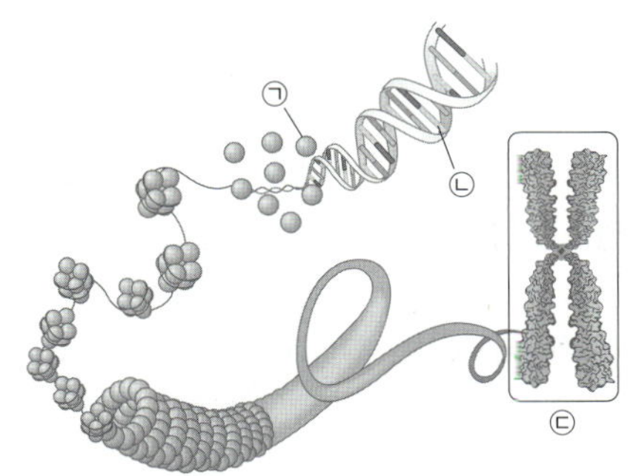

01 이에 대한 설명으로 옳은 것만을 [보기]에서 있는 대로 고른 것은?

—— 보기 ——

ㄱ. ㉠에는 펩타이드결합이 있다.
ㄴ. ㉡에는 특정 단백질의 합성에 대한 정코가 있다.
ㄷ. ㉢에는 여러 개의 유전자가 있다.

① ㄱ　　　② ㄴ　　　③ ㄱ, ㄷ
④ ㄴ, ㄷ　　　⑤ ㄱ, ㄴ, ㄷ

02 이에 대한 설명으로 옳은 것만을 [보기]에서 있는 대로 고른 것은?

—— 보기 ——

ㄱ. ㉠은 라이보솜에서 합성된다.
ㄴ. ㉡에는 유라실(U)이 있다.
ㄷ. ㉢은 염색체이다.

① ㄱ　　　② ㄴ　　　③ ㄱ, ㄷ
④ ㄴ, ㄷ　　　⑤ ㄱ, ㄴ, ㄷ

개념 ② 세포 내 유전정보의 흐름

[03~04] 그림은 어떤 동물의 세포에서 유전정보의 흐름을 나타낸 것이다. (가)와 (나)는 DNA와 RNA를 순서 없이 나타낸 것이고, ⓐ와 ⓑ는 각각 단백질의 단위체이다.

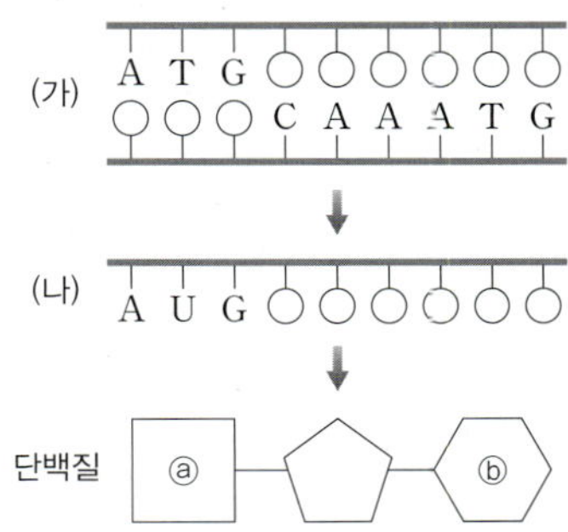

03 이에 대한 설명으로 옳은 것은?

① (가)는 DNA이다.
② (가)에서 뉴클레오타이드의 개수는 9개이다.
③ (가)로부터 (나)가 합성되는 과정은 세포질에서 일어난다.
④ ⓐ와 ⓑ를 지정하는 코돈은 AUG로 서로 같다.
⑤ (나)에는 2개의 사이토신(C)이 있다.

04 이에 대한 설명으로 옳은 것만을 [보기]에서 있는 대로 고른 것은?

—— 보기 ——

ㄱ. (가)에는 단백질 합성 정보가 저장되어 있다.
ㄴ. (가)로부터 (나)가 합성되는 과정은 전사이다.
ㄷ. (나)로부터 단백질이 합성되는 과정은 라이보솜에서 일어난다.

① ㄱ　　　② ㄷ　　　③ ㄱ, ㄴ
④ ㄴ, ㄷ　　　⑤ ㄱ, ㄴ, ㄷ

대표 문제 파헤치기

파악하기

생명체의 형질을 결정하는 유전자가 염색체에 있음을 이해하고, 유전자에 단백질의 합성 정보가 있음을 이해한다.

다가가기

STEP 1　막대 모양의 ㉢은 염색체이고, ㉠과 ㉡으로 구성된다. 이중나선구조를 갖는 ㉡이 DNA이며, ㉠이 단백질이다.

STEP 2　DNA에는 여러 개의 유전자가 있고, 유전자에는 1개의 아미노산에 대한 정보가 담긴 연속된 3염기조합이 있다.

대표 문제 파헤치기

파악하기

DNA로부터 RNA가 합성되는 과정과 RNA로부터 단백질이 합성되는 과정을 통해 생명체 내 유전정보의 흐름을 이해한다.

다가가기

STEP 1　유전정보는 DNA → RNA → 단백질 순으로 전달되므로 (가)는 DNA, (나)는 RNA이다.

STEP 2　DNA로부터 RNA가 합성되는 과정은 전사, RNA로부터 단백질이 합성되는 과정은 번역이다.

개념 1 유전자와 단백질

01

생명체의 유전정보에 대한 설명으로 옳은 것은?

① 염색체에는 유전정보가 존재하지 않는다.
② 사람의 세포에서 한 분자의 DNA에는 하나의 유전자만 들어 있다.
③ DNA에 들어 있는 유전정보가 발현되어 세포가 생명활동을 유지할 수 있다.
④ 하나의 특정한 아미노산을 지정하는 데 필요한 정보가 있는 RNA의 특정 부분을 3염기조합이라고 한다.
⑤ 사람에게서 눈동자 색, 피부색과 같은 형질에 대한 정보는 RNA에 저장되어 다음 세대로 전달된다.

02

그림은 세포 내에서 유전정보를 저장하고 있는 물질을 나타낸 것이다.

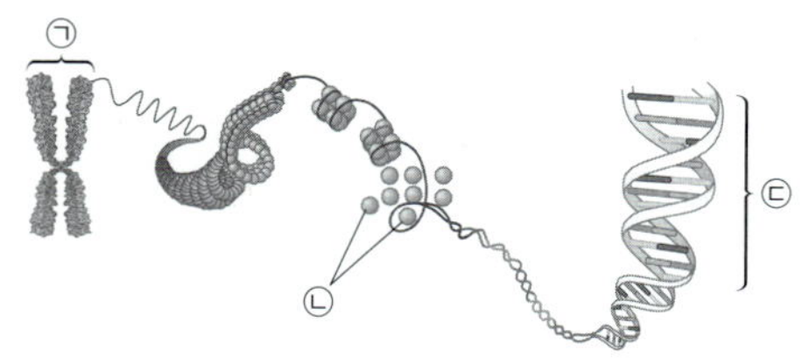

이에 대한 설명으로 옳은 것만을 [보기]에서 있는 대로 고른 것은?

> **보기**
> ㄱ. ㉠은 염색체이다.
> ㄴ. ㉡은 DNA이다.
> ㄷ. ㉢은 DNA로부터 전사된 RNA이다.

① ㄱ ② ㄴ ③ ㄱ, ㄷ
④ ㄴ, ㄷ ⑤ ㄱ, ㄴ, ㄷ

03

그림은 사람의 세포에 있는 염색체의 일부를 확대한 것이다.

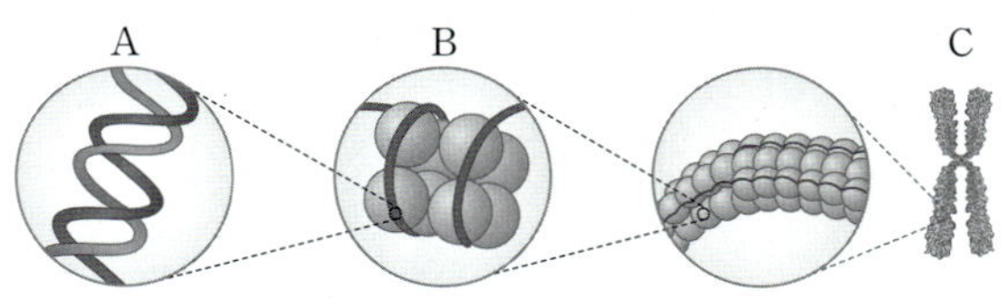

이에 대한 설명으로 옳은 것만을 [보기]에서 있는 대로 고른 것은?

> **보기**
> ㄱ. 염색체 상태에서 A는 DNA와 RNA가 상보결합을 하고 있다.
> ㄴ. B에는 단백질이 없다.
> ㄷ. C에는 유전자가 포함되어 있다.

① ㄱ ② ㄷ ③ ㄱ, ㄴ
④ ㄴ, ㄷ ⑤ ㄱ, ㄴ, ㄷ

04  중요

그림은 정상 멜라닌합성효소 유전자의 유전정보에 따라 당나귀의 털색 형질이 나타나는 과정을 나타낸 것이다.

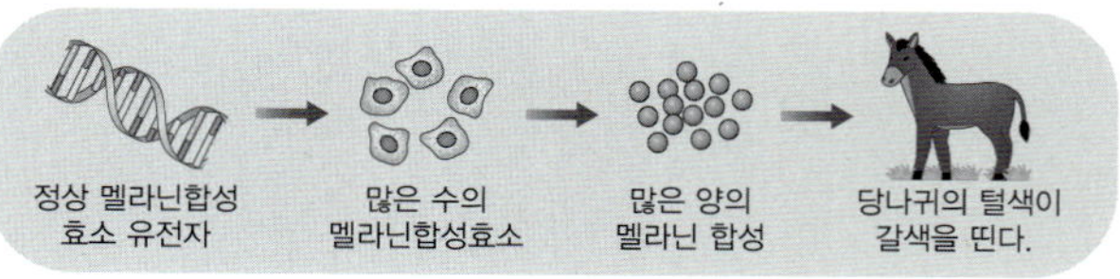

이에 대한 설명으로 옳은 것만을 [보기]에서 있는 대로 고른 것은?

> **보기**
> ㄱ. 정상 멜라닌합성효소 유전자에는 멜라닌합성효소의 정보가 들어 있다.
> ㄴ. 정상 멜라닌합성효소 유전자의 유전정보로부터 합성된 단백질에 의해 형질이 나타난다.
> ㄷ. 정상 멜라닌합성효소 유전자의 이상으로 멜라닌합성효소가 생성되지 않아도 당나귀의 털색은 갈색을 띤다.

① ㄱ ② ㄷ ③ ㄱ, ㄴ
④ ㄴ, ㄷ ⑤ ㄱ, ㄴ, ㄷ

05

다음은 어떤 사람의 단백질 소화 기능이 결정되는 과정을 나타낸 것이다.

> 특정 ⊙ 유전자로부터 합성된 ⓒ 단백질분해효소의 작용에 의해 음식물 속의 단백질 소화 기능이 결정된다.

이에 대한 설명으로 옳지 <u>않은</u> 것은?

① ⊙은 DNA에 있다.
② ⊙은 RNA의 코돈으로 구성된다.
③ ⊙이 전사·번역되어 ⓒ이 합성된다.
④ ⓒ은 단백질 분해 반응의 활성화에너지를 낮춘다.
⑤ 이 사람의 단백질 소화 기능은 ⊙에 저장된 유전정보에 의해 나타나는 형질이다.

06

다음은 사슴에서 털색 형질이 나타나기까지의 과정을 순서 없이 나타낸 것이다.

> (가) 많은 양의 멜라닌이 합성된다.
> (나) 사슴의 털색이 갈색을 띤다.
> (다) ⊙ 멜라닌합성효소가 만들어진다.
> (라) ⓒ 멜라닌합성효소 유전자로부터 RNA가 합성된다.

이에 대한 설명으로 옳은 것만을 [보기]에서 있는 대로 고른 것은?

| 보기 |
ㄱ. ⊙에는 펩타이드결합이 있다.
ㄴ. ⓒ에 돌연변이가 일어나면 ⊙이 정상적으로 합성되지 않을 수 있다.
ㄷ. 털색 형질이 나타나는 과정의 순서는 (라) → (가) → (다) → (나)이다.

① ㄱ   ② ㄷ   ③ ㄱ, ㄴ
④ ㄴ, ㄷ   ⑤ ㄱ, ㄴ, ㄷ

---

07 중요

유전부호에 대한 설명으로 옳지 <u>않은</u> 것은?

① 코돈의 종류는 64가지이다.
② RNA의 유전부호는 DNA로부터 전사된 것이다.
③ 거의 모든 생명체는 동일한 유전부호를 사용한다.
④ 코돈에서 1개의 염기는 1개의 아미노산을 지정한다.
⑤ 연속된 3개의 염기로 이루어진 DNA의 유전부호를 3염기조합이라고 한다.

08

다음은 유전부호에 대한 자료이다.

> • DNA를 구성하는 염기의 종류는 (　⊙　)가지이고, 우리 몸에서 단백질을 합성할 때 사용되는 아미노산의 종류는 20가지이다.
> • 20가지의 아미노산을 지정하기 위해서는 1개의 아미노산에 대한 정보가 연속된 (　ⓒ　)개의 염기에 저장되어야 한다.

⊙과 ⓒ을 더한 값은?

① 4   ② 5   ③ 6
④ 7   ⑤ 8

09 중요

그림은 동물의 세포에서 일어나는 유전정보의 흐름을 나타낸 것이다.

이에 대한 설명으로 옳은 것만을 [보기]에서 있는 대로 고른 것은?

| 보기 |
ㄱ. 과정 (가)에서 전사가 일어난다.
ㄴ. 과정 (나)에 라이보솜이 관여한다.
ㄷ. 과정 (가)와 (나)는 모두 핵 속에서 일어난다.

① ㄱ   ② ㄷ   ③ ㄱ, ㄴ
④ ㄴ, ㄷ   ⑤ ㄱ, ㄴ, ㄷ

10

그림은 세포에서 일어나는 유전정보의 흐름 중 일부를 나타낸 것이다.

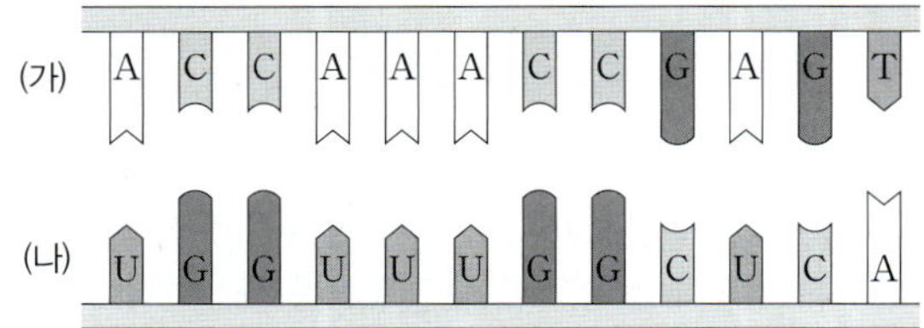

이에 대한 설명으로 옳은 것만을 [보기]에서 있는 대로 고른 것은?

─ 보기 ─
ㄱ. (가)는 RNA이다.
ㄴ. (나)에는 코돈이 있다.
ㄷ. (가)로부터 (나)가 합성된다.

① ㄱ   ② ㄷ   ③ ㄱ, ㄴ
④ ㄱ, ㄷ   ⑤ ㄴ, ㄷ

12

표는 물질 A~C에서 2가지 특징의 유무를 나타낸 것이다. A~C는 DNA, RNA, 단백질을 순서 없이 나타낸 것이다.

구분	타이민(T)이 있음	라이보솜에서 합성됨
A	㉠	없음
B	없음	있음
C	없음	?

이에 대한 설명으로 옳은 것만을 [보기]에서 있는 대로 고른 것은?

─ 보기 ─
ㄱ. ㉠은 '있음'이다.
ㄴ. A에는 유전자가 있다.
ㄷ. B로부터 C가 합성되는 과정은 번역이다.

① ㄱ   ② ㄷ   ③ ㄱ, ㄴ
④ ㄱ, ㄷ   ⑤ ㄴ, ㄷ

11 중요

그림은 세포에서 일어나는 유전정보의 흐름을 나타낸 것이다. (가)는 전사와 번역 중 하나이고, ⓐ와 ⓑ는 같은 종류의 아미노산이다.

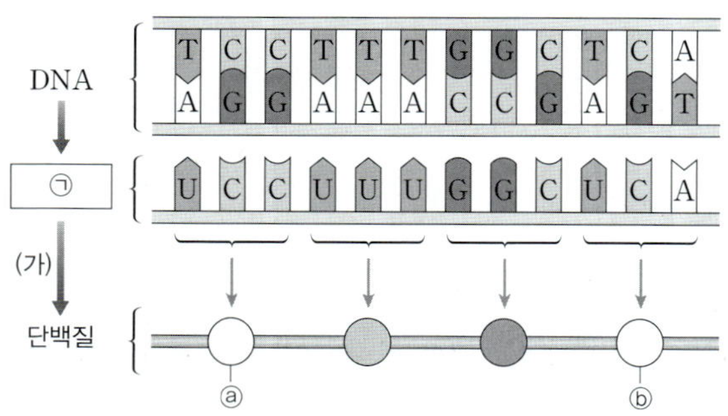

이 자료에 대한 설명으로 옳은 것만을 [보기]에서 있는 대로 고른 것은?

─ 보기 ─
ㄱ. ㉠은 RNA이다.
ㄴ. (가)는 번역이다.
ㄷ. 각 아미노산을 지정하는 코돈은 하나씩만 있다.

① ㄱ   ② ㄴ   ③ ㄷ
④ ㄱ, ㄴ   ⑤ ㄱ, ㄴ, ㄷ

13 중요

그림은 어떤 세포에서 일어나는 유전정보의 흐름 일부를, 표는 유전 부호표 일부를 나타낸 것이다. ⓐ와 ⓑ는 각각 전사와 번역 중 하나이고, ㉠은 아미노산 (가)~(바) 중 하나이다.

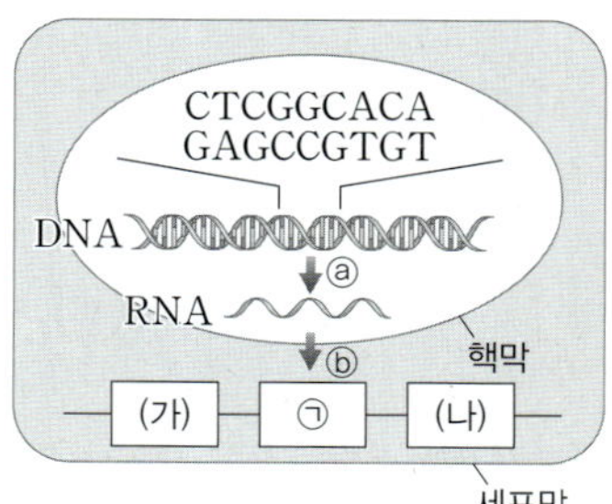

코돈	아미노산
CUC	(가)
ACA	(나)
CCG	(다)
GAG	(라)
GGC	(마)
UGU	(바)

이에 대한 설명으로 옳은 것만을 [보기]에서 있는 대로 고른 것은?

─ 보기 ─
ㄱ. ⓐ는 전사이다.
ㄴ. ⓑ에 라이보솜이 관여한다.
ㄷ. ㉠은 (다)이다.

① ㄱ   ② ㄷ   ③ ㄱ, ㄴ
④ ㄴ, ㄷ   ⑤ ㄱ, ㄴ, ㄷ

서술형 문제

개념 ① 유전자와 단백질

14

그림은 어떤 사람의 DNA에 있는 유전자 A와 B가 전사와 번역 과정을 통해 형질 ㉠과 ㉡이 발현되는 것을 나타낸 것이다.

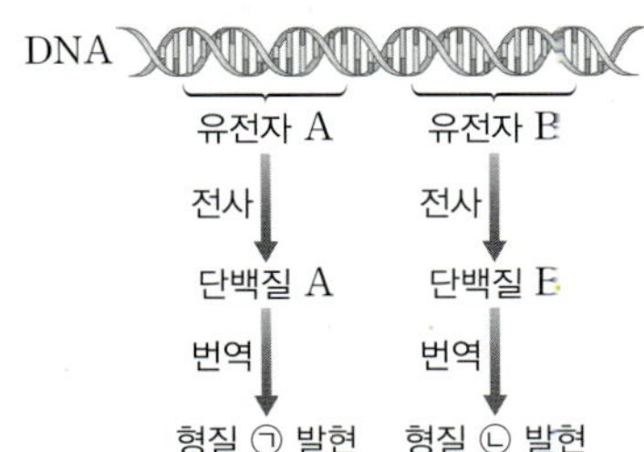

유전자와 단백질의 관계를 설명하고, 위의 자료를 이용하여 유전자의 종류와 발현되는 형질의 관계에 대해 서술하시오.

15

그림은 어떤 세포에서 유전정보가 저장된 물질의 구조를 나타낸 것이다. A~C는 각각 DNA, 단백질, 염색체 중 하나이다.

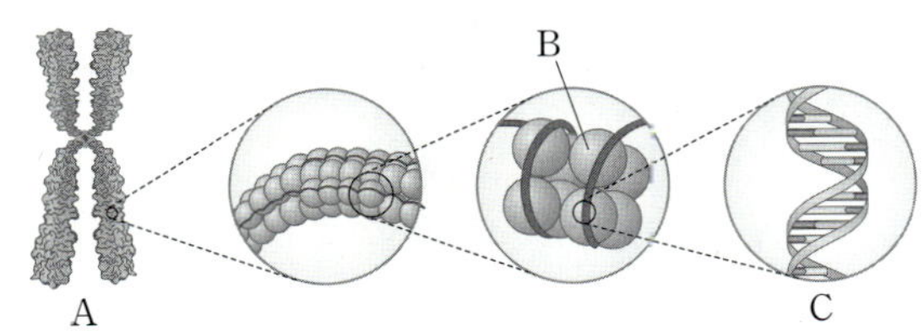

(1) A~C가 무엇인지 각각 쓰시오.

(2) 표는 A~C에 대한 세 학생의 발표 내용을 나타낸 것이다.

학생 ㉮	1개의 A에는 1개의 유전자가 있다.
학생 ㉯	B는 세포의 라이보솜에서 합성된다.
학생 ㉰	C에는 타이민(T)을 가진 뉴클레오타이드가 있다.

발표 내용이 잘못된 학생을 찾아 기호를 쓰고, 발표 내용을 바르게 고쳐 쓰시오.

개념 ② 세포 내 유전정보의 흐름

16 중요

표 (가)는 세포 X에서 일어나는 유전정보의 흐름을, (나)는 X에서 단백질 ㉮의 합성에 이용된 부분의 염기서열 ㉠을 나타낸 것이다. Ⅰ과 Ⅱ는 각각 DNA와 RNA 중 하나이고, ㉮의 합성에 이용된 부분의 염기서열 ㉠은 Ⅰ과 Ⅱ 중 하나이다.

(가)	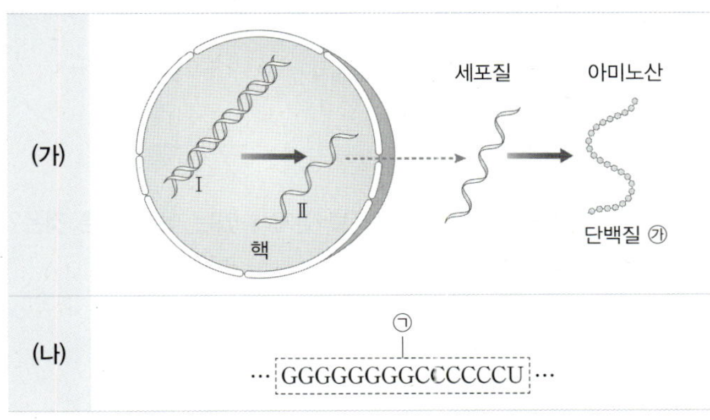
(나)	㉠ ···GGGGGGGGGCCCCCCU···

(1) ㉠은 Ⅰ과 Ⅱ 중 무엇인지 쓰고, 그렇게 판단한 까닭을 서술하시오.

(2) X에서 ㉠으로부터 합성 가능한 아미노산의 최대 개수는 몇 개인지 쓰고, 그렇게 판단하는 까닭을 유전부호와 관련지어 서술하시오.

(3) 표는 유전부호 일부가 지정하는 아미노산을 나타낸 것이다.

코돈	아미노산
CCU, CCC, CCA, CCG	프롤린
GGU, GGC, GGA, GGG	글라이신
GCU, GCC, GCA, GCG	알라닌

Ⅰ에서 프롤린을 암호화하는 3염기조합에서 ⓐ 연속된 2개의 염기가 ⓑ 다른 염기로 바뀌어 글라이신과 알라닌 중 ⓒ 하나를 암호화는 3염기조합이 되었다. 표를 이용하여 ⓐ~ⓒ를 각각 쓰시오.

01

| 2021년 고1 9월 교육청 통합과학 20번 |

그림은 세포에서 일어나는 유전정보의 흐름을 나타낸 것이다.

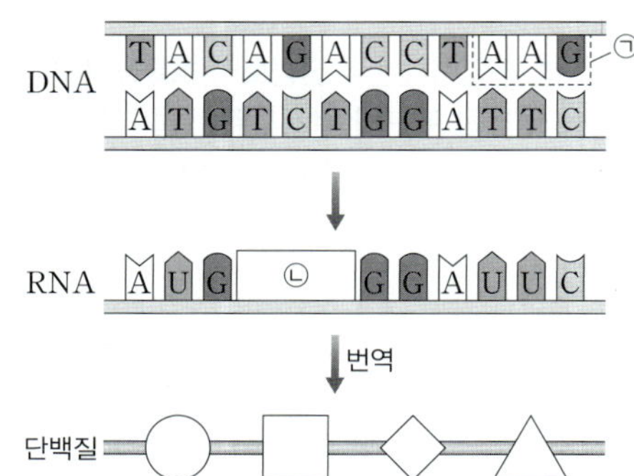

이에 대한 설명으로 옳은 것만을 [보기]에서 있는 대로 고른 것은? (단, 돌연변이는 고려하지 않는다.)

— 보기 —

ㄱ. ㉠의 염기 조합은 코돈이다.
ㄴ. ㉡의 염기서열은 UCU이다.
ㄷ. 번역은 라이보솜에서 일어난다.

① ㄱ　　　　② ㄴ　　　　③ ㄱ, ㄷ
④ ㄴ, ㄷ　　　⑤ ㄱ, ㄴ, ㄷ

02

표는 DNA의 이중나선을 분리하여 얻은 단일 가닥 Ⅰ, Ⅱ와 Ⅰ로부터 전사된 RNA 가닥 Ⅲ의 전체 염기 중 아데닌(A), 구아닌(G), 타이민(T)의 비율을 나타낸 것이다. Ⅰ~Ⅲ 각각에서 총 염기의 개수는 서로 같고, (가)와 (나)는 Ⅱ와 Ⅲ을 순서 없이 나타낸 것이다.

구분	전체 염기 중 비율(%)		
	A	G	T
Ⅰ	10	20	?
(가)	㉠	35	?
(나)	35	㉡	10

이에 대한 설명으로 옳은 것만을 [보기]에서 있는 대로 고른 것은? (단, 돌연변이는 고려하지 않는다.)

— 보기 —

ㄱ. (가)는 Ⅲ이다.
ㄴ. ㉠과 ㉡은 서로 같다.
ㄷ. (나)에는 코돈이 있다.

① ㄱ　　　　② ㄷ　　　　③ ㄱ, ㄴ
④ ㄴ, ㄷ　　　⑤ ㄱ, ㄴ, ㄷ

03

그림은 세포에서 일어나는 유전정보의 흐름을 나타낸 것이다.

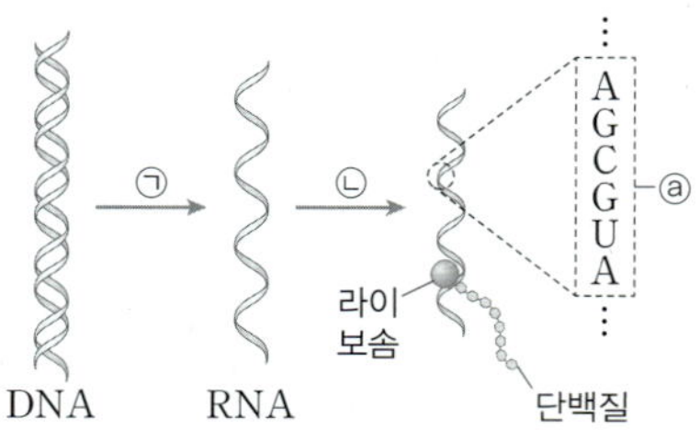

이에 대한 설명으로 옳은 것만을 [보기]에서 있는 대로 고른 것은?

— 보기 —

ㄱ. ㉠은 전사이다.
ㄴ. ㉡은 세포질에서 일어난다.
ㄷ. ⓐ에는 아미노산을 지정하는 코돈이 3개 있다.

① ㄱ　　　　② ㄷ　　　　③ ㄱ, ㄴ
④ ㄴ, ㄷ　　　⑤ ㄱ, ㄴ, ㄷ

04

| 2022년 고1 9월 교육청 통합과학 5번 |

그림은 세포에서 일어나는 유전정보의 흐름을 나타낸 것이다. (가)와 (나)는 각각 번역과 전사 중 하나이고, ㉠~㉢은 아데닌(A), 타이민(T), 유라실(U) 중 하나이다.

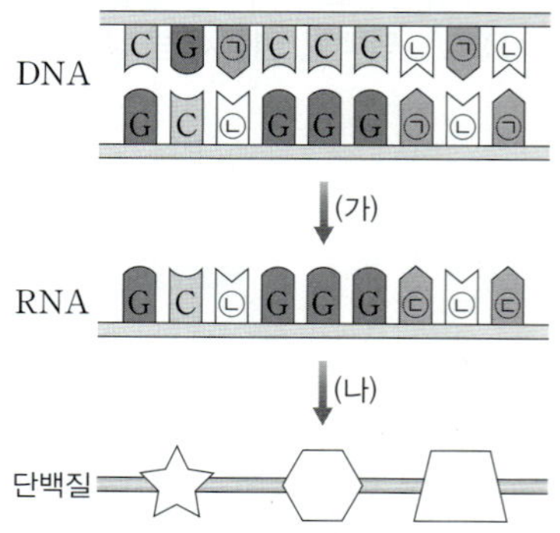

이에 대한 설명으로 옳은 것만을 [보기]에서 있는 대로 고른 것은? (단, 돌연변이는 고려하지 않는다.)

— 보기 —

ㄱ. (가)는 전사이다.
ㄴ. (나)는 핵에서 일어난다.
ㄷ. ㉢은 타이민(T)이다.

① ㄱ　　　　② ㄷ　　　　③ ㄱ, ㄴ
④ ㄴ, ㄷ　　　⑤ ㄱ, ㄴ, ㄷ

05

| 2020년 고1 9월 교육청 통합과학 18번 |

그림은 세포에서 일어나는 유전정보의 흐름을 나타낸 것이다.

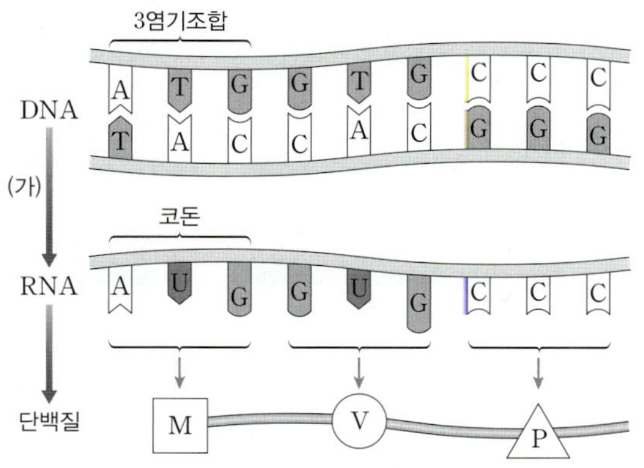

이에 대한 설명으로 옳은 것만을 [보기]에서 있는 대로 고른 것은?
(단, 돌연변이는 고려하지 않는다.)

[보기]

ㄱ. (가) 과정은 번역이다.

ㄴ. DNA는 유전정보를 저장한다.

ㄷ. 코돈 GUG는 아미노산 Ⓥ를 지정한다.

① ㄱ　　　　② ㄷ　　　　③ ㄱ, ㄴ
④ ㄴ, ㄷ　　　⑤ ㄱ, ㄴ, ㄷ

06

표는 정상 유전자와 돌연변이가 일어난 비정상 유전자로부터 전사된 RNA의 염기서열과 이 RNA가 번역된 단백질의 아미노산서열을 나타낸 것이다.

정상 유전자	RNA 염기서열	GCUACGCAGCUUUCG
	아미노산서열	㉠-㉡-㉢-㉣-㉤
비정상 유전자	RNA 염기서열	GCCACGCUGCUUUUG
	아미노산서열	㉠-㉡-㉣-㉣-㉤

이 자료에 대한 설명으로 옳은 것만을 [보기]에서 있는 대로 고른 것은?

[보기]

ㄱ. 코돈 GCU와 GCC는 같은 아미노산을 지정한다.

ㄴ. CUU와 UUG는 서로 다른 아미노산을 지정한다.

ㄷ. 돌연변이에 의해 단백질을 구성하는 아미노산의 종류가 돌연변이가 일어나기 전보다 다양해졌다.

① ㄱ　　　　② ㄷ　　　　③ ㄱ, ㄴ
④ ㄴ, ㄷ　　　⑤ ㄱ, ㄴ, ㄷ

07

| 2C20년 고2 3월 교육청 생명과학 I 19번 |

그림은 어떤 세포에서 일어나는 유전정보의 흐름을, 표는 일부 코돈이 지정하는 아미노산을 나타낸 것이다.

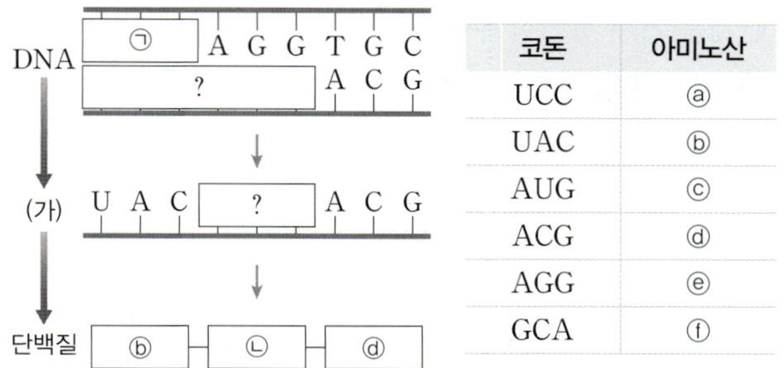

코돈	아미노산
UCC	ⓐ
UAC	ⓑ
AUG	ⓒ
ACG	ⓓ
AGG	ⓔ
GCA	ⓕ

이에 대한 설명으로 옳은 것만을 [보기]에서 있는 대로 고른 것은? (단, 돌연변이는 고려하지 않는다.)

[보기]

ㄱ. (가)는 RNA이다.

ㄴ. ㉠의 염기서열은 TAC이다.

ㄷ. ㉡에 해당하는 아미노산은 ⓐ이다.

① ㄱ　　　　② ㄷ　　　　③ ㄱ, ㄴ
④ ㄱ, ㄷ　　　⑤ ㄴ, ㄷ

08

다음은 낫모양적혈구빈혈증에 대한 자료이다.

- 적혈구의 헤모글로빈 단백질을 만드는 ㉠ 유전자에 이상이 생겨 낫모양적혈구빈혈증이 발생한다.
- ㉡ 헤모글로빈 유전자의 염기 1개가 바뀌면 단백질의 아미노산서열이 달라져 비정상 헤모글로빈이 만들어진다.
- 비정상 헤모글로빈에 의해 원반 모양의 정상 적혈구 대신 ㉢ 낫모양의 적혈구가 생성되어 빈혈을 일으킨다.

이에 대한 설명으로 옳은 것만을 [보기]에서 있는 대로 고른 것은?

[보기]

ㄱ. ㉠은 DNA에 있다.

ㄴ. ㉡ 과정에서 전사와 번역이 일어난다.

ㄷ. ㉢은 정상 적혈구에 비해 산소 운반 능력이 뛰어나다.

① ㄴ　　　　② ㄷ　　　　③ ㄱ, ㄴ
④ ㄱ, ㄷ　　　⑤ ㄱ, ㄴ, ㄷ

◯**1** 생명 시스템에서의 화학 반응

1. 생명 시스템의 체계: (❶　　　　)가 모여 조직, 기관 등의 단계를 거쳐 복잡한 구조를 갖는 개체가 된다.

2. 세포소기관의 종류와 기능

세포소기관	기능
핵	유전정보를 가진 (❷　　　)가 들어 있어 생명활동을 조절한다.
라이보솜	DNA의 유전정보에 따라 (❸　　　)을 합성한다.
소포체	핵막에 연결되어 있는 구조로, 라이보솜에서 합성된 단백질을 골지체나 세포의 다른 부위로 운반한다.
골지체	소포체에서 운반된 단백질을 변형하고 세포 밖으로 분비하는 데 관여한다.
(❹　　　)	생명활동에 필요한 에너지를 합성하는 세포호흡이 일어나는 장소이다.
(❺　　　)	광합성을 하는 식물세포에 존재하고, 빛에너지를 흡수하여 이산화 탄소와 물로부터 포도당을 합성한다.
세포막	세포를 둘러싸는 막으로, 세포 안팎의 물질 출입을 선택적으로 조절한다.
세포벽	세포막 바깥쪽에 있는 두껍고 단단한 구조이다.

3. 물질대사의 종류

구분	(❻　　　)작용	이화작용
정의	작고 간단한 물질을 크고 복잡한 물질로 합성하는 반응	크고 복잡한 물질을 작고 간단한 물질로 분해하는 반응
에너지 출입	에너지 흡수	에너지(❼　　　)
예	광합성, 단백질 합성	소화, 세포호흡
비교	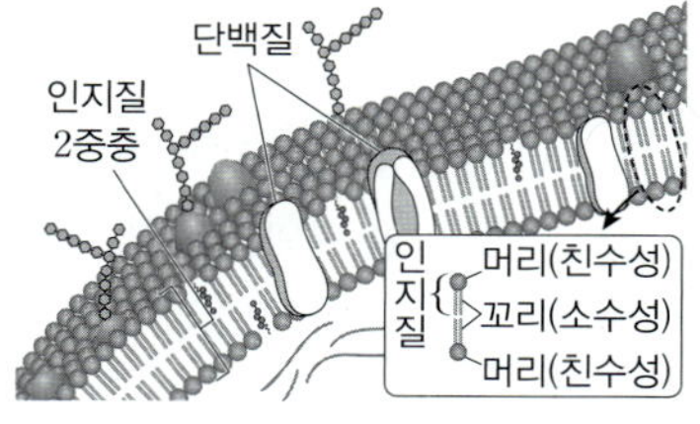 	

4. 효소(생체촉매): 주성분이 (❽　　　)인 효소는 화학 반응의 (❾　　　)를 낮춰 반응 속도를 빠르게 하고, 반응 과정에서 소모되지 않는다.

◯**2** 세포막을 통한 물질 출입

1. 세포막의 구조: 세포막은 (❿　　　) 2중층의 곳곳에 단백질이 박혀 있는 구조로 유동적이고, (⓫　　　) 투과성이 있어 물질 출입을 조절한다.

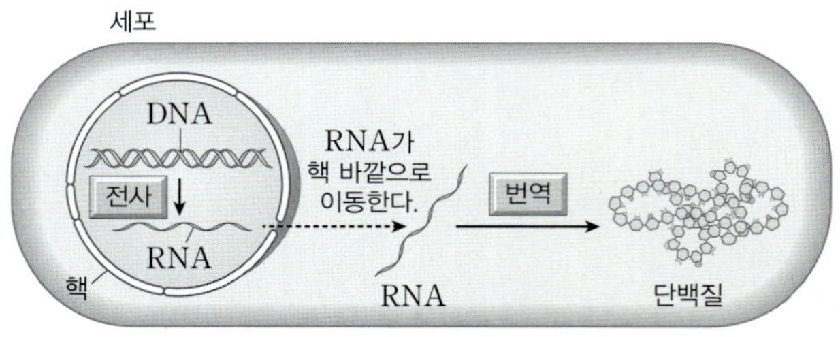

2. (⓬　　　): 에너지를 사용하지 않고, 물질의 농도가 높은 쪽에서 농도가 낮은 쪽으로 용질이 이동하는 현상

구분	인지질 2중층을 통한 확산	막단백질을 통한 확산
이동 방식		
이동 물질	지용성 물질, 산소(O_2), 이산화 탄소(CO_2) 등	이온, 포도당, 아미노산 등
예	폐포와 모세혈관 사이에서 일어나는 O_2와 CO_2의 이동	신경세포에서 Na^+ 통로(막단백질)를 통한 Na^+의 이동

3. (⓭　　　): 에너지를 사용하지 않고, 용질의 크기가 커서 세포막을 통과할 수 없을 때 물(용매)이 세포막을 경계로 용액의 농도가 낮은 쪽에서 높은 쪽으로 이동하는 현상

◯**3** 세포 내 유전정보의 흐름

1. (⓮　　　): 생명 시스템 내에서 유전정보의 흐름을 설명하는 원리

▲ 생명중심원리

(1) (⓯　　　): DNA에 저장된 유전정보가 RNA로 전달되는 과정

(2) (⓰　　　): 세포질(라이보솜)에서 일어나며, RNA에 저장된 유전정보를 바탕으로 단백질이 합성되는 과정

2. 유전부호: DNA와 RNA의 염기 배열 순서가 특정 아미노산을 지정하는 규칙

3염기조합	1개의 아미노산을 암호화하는 DNA의 연속된 3개의 염기
(⓱　　　)	1개의 아미노산을 지정하는 RNA의 연속된 3개의 염기

3. 염기의 상보결합

아데닌(A)은 타이민(T) 또는 (⓲　　　)과, 사이토신(C)은 구아닌(G)과 상보적으로 결합한다.

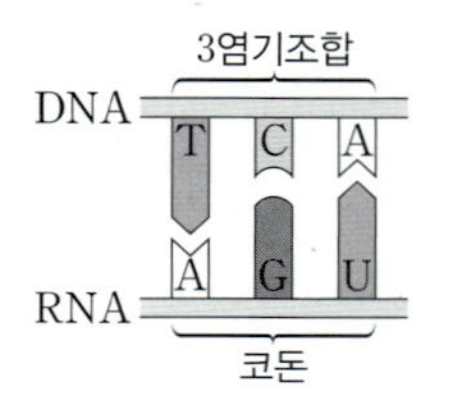

01 생명 시스템에서의 화학 반응

01 단원 통합형 개념 166쪽, 191쪽

그림은 사람 세포의 구조 일부를 나타낸 것이다. (가)와 (나)는 각각 핵과 라이보솜 중 하나이고, A는 (가)의 내부를, B는 (가)의 외부를 나타낸 것이다.

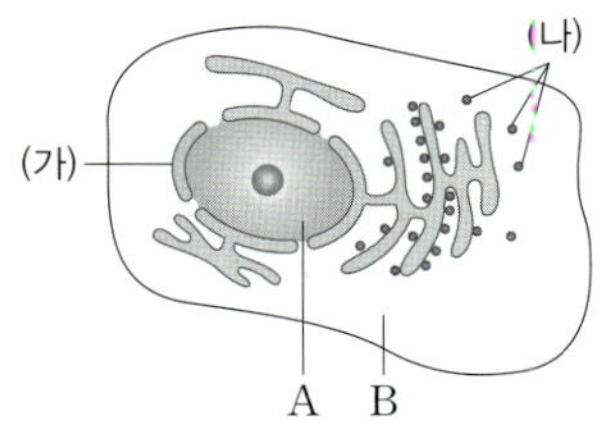

이에 대한 설명으로 옳은 것만을 [보기]에서 있는 대로 고른 것은?

보기
ㄱ. (가)는 핵이다.
ㄴ. (나)에서 아미노산 사이의 펩타이드결합이 형성된다.
ㄷ. A에서는 번역이, B에서는 전사가 일어난다.

① ㄱ ② ㄷ ③ ㄱ, ㄴ
④ ㄴ, ㄷ ⑤ ㄱ, ㄴ, ㄷ

02

그림은 효소 X에 의한 반응에서 X가 있을 때와 없을 때의 에너지 변화를 각각 나타낸 것이다. ⊙과 ⓒ은 각각 X가 있을 때와 X가 없을 때의 에너지 변화 중 하나이다.

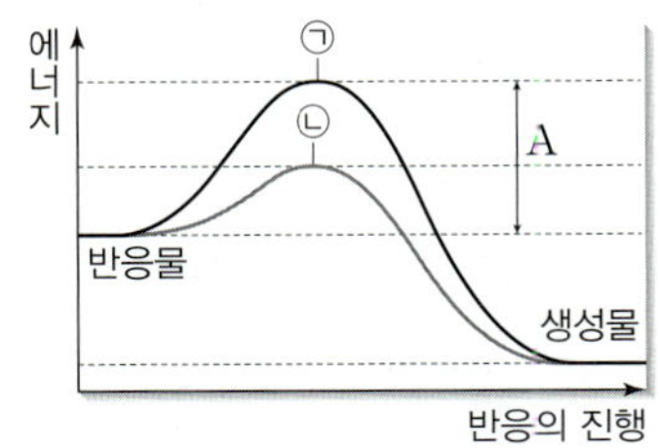

이에 대한 설명으로 옳은 것만을 [보기]에서 있는 대로 고른 것은?

보기
ㄱ. A는 ⊙에서의 활성화에너지이다.
ㄴ. ⓒ은 X가 없을 때의 에너지 변화이다.
ㄷ. $\dfrac{\text{반응물의 에너지}}{\text{생성물의 에너지}}$ 는 X가 있을 때가 X가 없을 때보다 크다.

① ㄱ ② ㄴ ③ ㄱ, ㄷ
④ ㄴ, ㄷ ⑤ ㄱ, ㄴ, ㄷ

03

물질대사에 대한 설명으로 옳은 것만을 [보기]에서 있는 대로 고른 것은?

보기
ㄱ. 효소가 관여한다.
ㄴ. 광합성은 동화작용에 해당한다.
ㄷ. 이화작용에서는 에너지의 방출이 일어난다.

① ㄱ ② ㄴ ③ ㄱ, ㄷ
④ ㄴ, ㄷ ⑤ ㄱ, ㄴ, ㄷ

04

다음은 감자즙에 있는 효소 ⊙을 이용한 과산화 수소 분해 실험이다.

[실험 과정]
(가) 바람을 뺀 고무풍선 2개에 각각 1 cm 간격을 두고 2개의 점을 표시한다.
(나) 5 % 과산화 수소수를 삼각 플라스크 A와 B에 각각 100 mL씩 넣고, 생감자를 갈아 감자즙을 만든다.
(다) 삼각 플라스크 A에는 감자즙 10 mL를, B에는 증류수 10 mL를 넣은 후 잘 섞는다.
(라) 삼각 플라스크 A와 B의 입구에 고무풍선을 동시에 끼우고 일정 시간 동안 관찰한 후, 고무풍선의 두 점 사이의 거리를 측정한다.

[실험 결과]
고무풍선 A와 B 중 하나가 부풀었으며, 풍선에 표시한 두 점 사이의 거리는 [ⓐ].

이에 대한 설명으로 옳은 것만을 [보기]에서 있는 대로 고른 것은?

보기
ㄱ. 카탈레이스는 ⊙에 해당한다.
ㄴ. ⊙의 성분에 단백질이 포함된다.
ㄷ. 'A에서가 B에서보다 멀다.'는 ⓐ에 해당한다.

① ㄱ ② ㄷ ③ ㄱ, ㄴ
④ ㄴ, ㄷ ⑤ ㄱ, ㄴ, ㄷ

○2 세포막을 통한 물질 출입

05

그림은 세포막을 통한 이산화 탄소(CO_2)의 이동을 나타낸 것이다. ㉠과 ㉡은 각각 인지질과 막단백질 중 하나이다.

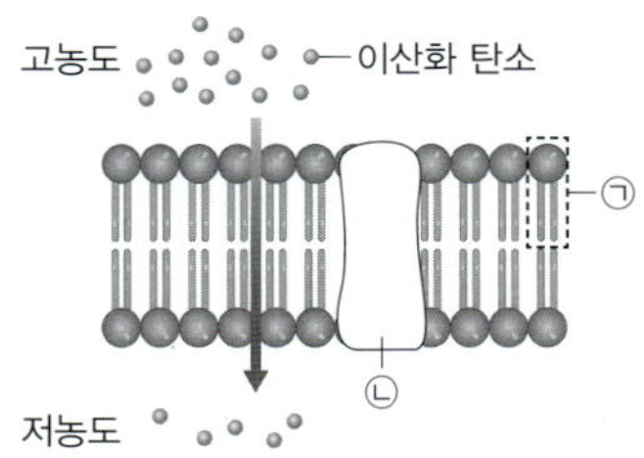

이에 대한 설명으로 옳은 것만을 [보기]에서 있는 대로 고른 것은?

보기
ㄱ. ㉠은 친수성 부분과 소수성 부분으로 구성된다.
ㄴ. 이산화 탄소는 세포막을 통해 확산된다.
ㄷ. ㉡은 탄소 화합물에 해당한다.

① ㄱ　　　　② ㄷ　　　　③ ㄱ, ㄴ
④ ㄴ, ㄷ　　　⑤ ㄱ, ㄴ, ㄷ

06

그림은 물질 X가 들어 있는 배양액에 동물세포를 넣은 후 세포 안팎의 농도 차에 따른 X의 이동 속도를 나타낸 것이다. X는 세포막의 인지질층을 직접 투과하여 확산하는 물질과 막단백질을 통해 확산하는 물질 중 하나이다. C는 세포 안 X의 농도가 세포 밖 X의 농도가 같아졌을 때의 X의 세포 안 농도이다.

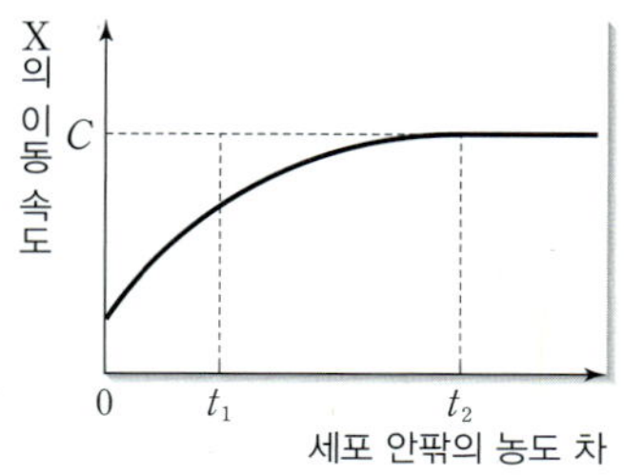

이에 대한 설명으로 옳은 것만을 [보기]에서 있는 대로 고른 것은?

보기
ㄱ. 포도당은 X에 해당한다.
ㄴ. t_1일 때 X는 세포 밖에서 세포 안으로 확산한다.
ㄷ. t_2일 때 세포막을 통한 X의 이동은 일어나지 않는다.

① ㄱ　　　　② ㄷ　　　　③ ㄱ, ㄴ
④ ㄴ, ㄷ　　　⑤ ㄱ, ㄴ, ㄷ

07

다음은 삼투를 이용한 탐구이다.

[실험 과정 및 결과]
(가) 감자를 잘라 동일한 크기의 정육면체 조각 3개를 만든 후 무게를 측정한다.
(나) 서로 다른 농도의 설탕 용액이 담긴 시험관 Ⅰ~Ⅲ을 준비한다.
(다) Ⅰ~Ⅲ에 각각 (가)의 감자 조각을 1개씩 넣고, 일정 시간 둔다.
(라) Ⅰ~Ⅲ에서 감자 조각을 꺼낸 후 무게를 측정하여 (가)에서 측정한 값과 비교한 결과는 표와 같다.

시험관	Ⅰ	Ⅱ	Ⅲ
무게 변화	증가	감소	변화 없음

이에 대한 설명으로 옳은 것만을 [보기]에서 있는 대로 고른 것은?

보기
ㄱ. (나)의 Ⅰ에 담긴 설탕 용액의 농도는 감자세포의 농도보다 높다.
ㄴ. Ⅱ에 담긴 설탕 용액의 농도는 (나)에서가 (라)에서보다 높다.
ㄷ. (다)의 Ⅲ에서 감자세포의 세포막을 통한 물의 이동은 일어나지 않았다.

① ㄱ　　　　② ㄴ　　　　③ ㄱ, ㄷ
④ ㄴ, ㄷ　　　⑤ ㄱ, ㄴ, ㄷ

08

그림은 어떤 식물세포를 설탕 용액에 넣기 전과 넣은 후의 모습을 나타낸 것이다.

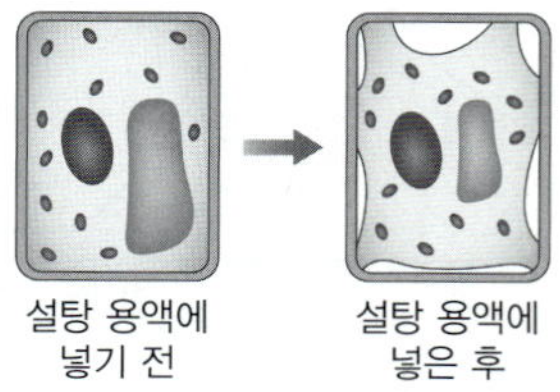

이에 대한 설명으로 옳은 것만을 [보기]에서 있는 대로 고른 것은?

보기
ㄱ. 삼투가 일어났다.
ㄴ. 식물세포 내 세포소기관의 밀도는 감소하였다.
ㄷ. 식물세포를 설탕 용액에 넣은 후 식물세포에서 세포막의 일부가 세포벽과 분리되었다.

① ㄱ　　　　② ㄴ　　　　③ ㄷ
④ ㄱ, ㄷ　　　⑤ ㄴ, ㄷ

◯3 세포 내 유전정보의 흐름

09

그림은 세포 내에서 유전정보를 저장하고 있는 물질의 구조를 나타낸 것이다. ㉠~㉢은 각각 단백질, 염색체, DNA 중 하나이다.

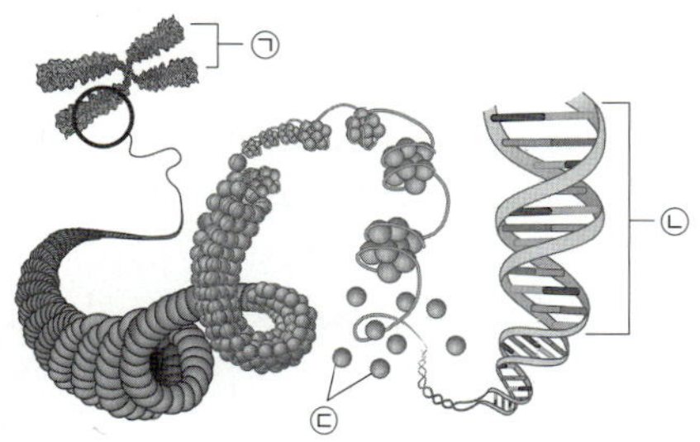

이에 대한 설명으로 옳은 것만을 [보기]에서 있는 대로 고른 것은?

| 보기 |

ㄱ. ㉠에는 1개의 유전자만 있다.
ㄴ. ㉡의 기본 단위체는 뉴클레오타이드이다.
ㄷ. ㉢은 핵 속에서 합성된다.

① ㄱ   ② ㄴ   ③ ㄱ, ㄷ
④ ㄴ, ㄷ   ⑤ ㄱ, ㄴ, ㄷ

10

그림은 어떤 세포에서 유전자가 발현되는 과정을 나타낸 것이다. (가)는 DNA의 이중 가닥 중 한 가닥을 나타낸 것이다.

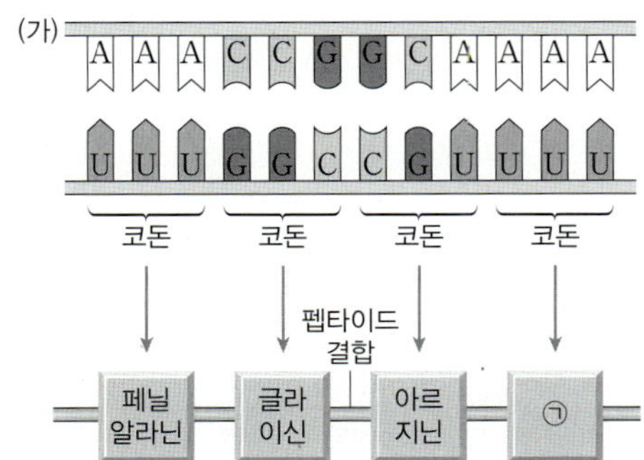

이에 대한 설명으로 옳은 것만을 [보기]에서 있는 대로 고른 것은?

| 보기 |

ㄱ. ㉠은 페닐알라닌이다.
ㄴ. DNA의 3염기조합은 1개의 아미노산을 암호화한다.
ㄷ. (가)의 CCG로부터 코돈 GGC가 합성되는 과정은 전사이다.

① ㄱ   ② ㄴ   ③ ㄷ
④ ㄱ, ㄴ   ⑤ ㄱ, ㄴ, ㄷ

11

표는 DNA의 이중나선을 분리하여 얻은 가닥 Ⅰ, Ⅱ와 Ⅰ로부터 전사가 일어나 합성된 RNA 가닥 Ⅲ의 염기 조성 비율을 나타낸 것이다. (가)~(다)는 Ⅰ~Ⅲ을 순서 없이 나타낸 것이다.

구분	염기 조성 비율(%)					
	A	G	C	T	U	계
(가)	31	?	?	?	?	100
(나)	㉠	?	19	?	31	100
(다)	?	28	?	31	?	100

| 보기 |

ㄱ. ㉠은 22이다.
ㄴ. (가)에는 디옥시라이보스가 있다.
ㄷ. (다)는 Ⅱ이다.

① ㄱ   ② ㄷ   ③ ㄱ, ㄴ
④ ㄴ, ㄷ   ⑤ ㄱ, ㄴ, ㄷ

12 단원 통합형 : 개념 166쪽, 191쪽

그림은 (가)는 동물세포의 구조를, (나)는 유전정보의 흐름을 나타낸 것이다. A와 B는 각각 핵과 라이보솜 중 하나이다.

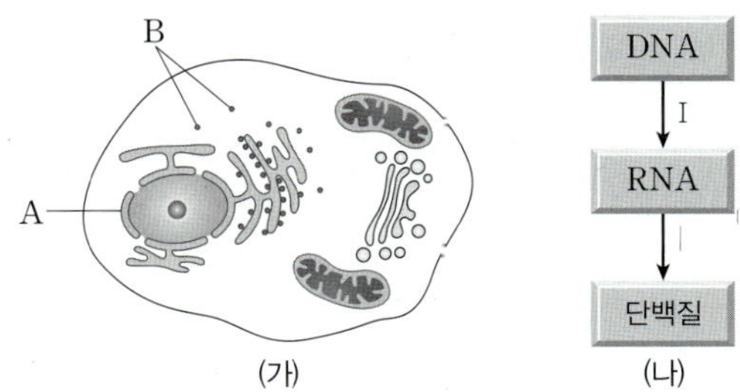

이에 대한 설명으로 옳은 것만을 [보기]에서 있는 대로 고른 것은?

| 보기 |

ㄱ. A는 세포의 생명활동을 조절한다.
ㄴ. 과정 Ⅰ은 B에서 일어난다.
ㄷ. B는 식물세포에도 있다.

① ㄱ   ② ㄴ   ③ ㄱ, ㄷ
④ ㄴ, ㄷ   ⑤ ㄱ, ㄴ, ㄷ

MEMO

이투스북

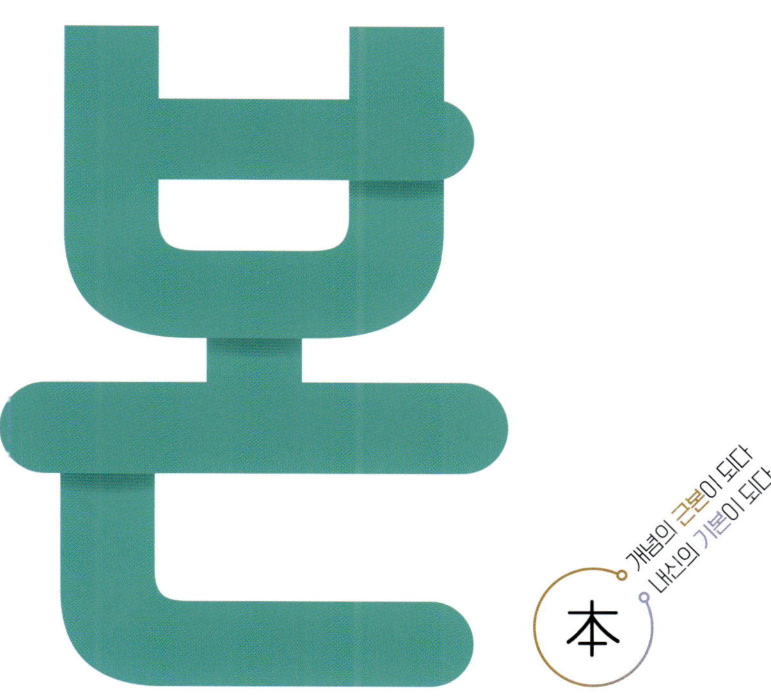

본

통합과학1

정답 및 해설

이투스북

본

本

개념의 근본이 되다
내신의 기본이 되다

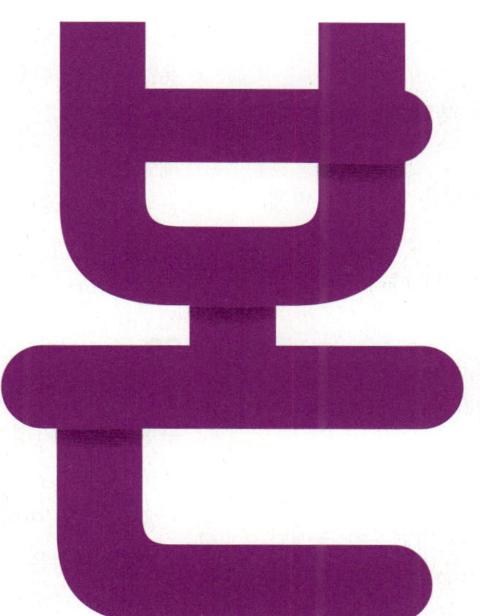

통합과학 1

01 과학의 기본량

STEP 1 개념 바로 확인
12쪽

❶ 자연 세계 ❷ 미시 세계 ❸ 거시 세계 ❹ 규모 ❺ 원자 시계
❻ 거리 ❼ 경험 ❽ 기본량 ❾ 단위 ❿ m(미터) ⓫ 질량
⓬ K(켈빈) ⓭ 유도량

01 (1) ○ (2) × (3) ○ (4) ○ (5) × **02** (1) (다) (2) (나) (3) (가)
03 길이 **04** (1) 7 (2) 전류 (3) 길이 (4) 질량 (5) K(켈빈)
05 ㉠ 기본량, ㉡ m³, ㉢ m/s

01 (2) 나무, 동물, 천체 등은 거시 세계에 해당한다.
(5) 시간과 길이를 측정할 때는 측정 대상의 규모를 고려해 적절한 측정 방법을 사용해야 한다.

02 (1) 현대에는 세슘 원자 시계를 이용해 몇백만 분의 1초 단위까지 정밀하게 시간을 측정할 수 있다.
(2) 현대에는 위성 위치 확인 시스템(GPS)를 이용해 넓은 영역이나 미세한 이동 거리를 측정할 수 있다.
(3) 앙부일구는 조선시대에 만든 해시계로, 태양의 위치에 따라 달라지는 그림자를 이용하여 시각과 절기를 알 수 있었다.

03 물체의 높이나 두께, 어떤 두 지점 사이의 거리 등을 설명하는 기본량은 길이이다.

04 (1) 1960년 국제도량형총회에서 7개의 기본량을 바탕으로 국제단위계(SI)가 확립되었다.
(2) 과학의 기본량으로 시간, 길이, 질량, 전류, 온도, 물질량, 광도 등 7개가 있다. 농도는 과학의 기본량으로 유도된 유도량이다.
(3) m(미터), km(킬로미터) 등은 길이의 단위이다.
(4) 국제단위계(SI)에서는 질량의 단위로 kg(킬로그램)을 사용하고, 물질량의 단위는 mol(몰)을 사용한다.
(5) 국제단위계(SI)에서는 온도의 단위로 K(켈빈)을 사용하지만 일상생활에서는 °C(섭씨도)를 사용하기도 한다.

05 과학 탐구에서 유도량의 단위는 기본량의 단위를 조합하여 표현한다. 부피의 단위는 길이의 단위를 조합하여 m³으로 나타내고, 속력의 단위는 길이와 시간의 단위를 조합하여 m/s로 나타낸다.

STEP 3 내신 다지기 문제
13쪽

01 ② **02** ③ **03** ③ **04** ⑤

---

01 문제 분석

구분	미시 세계	거시 세계
예	(가) 수소 원자	(나) 태양계
모형	전자 / 원자핵	태양 / 지구
공간 규모	수소 원자 지름: 0.1 nm → 나노미터 이하 단위 사용	지구와 태양 사이 거리: 1 AU → 미터, 천문단위 등의 단위 사용
시간 규모	전자가 원자핵 주위를 도는 데 걸리는 시간: 약 150 as → 나노초 이하 단위 사용	지구가 공전하는 데 걸리는 시간: 365일 → 초, 분, 시, 일 등의 단위 사용

ㄱ. (가)는 커서 세계, (나)는 마서 세계에 해당한다. (×)
　　→ 미시　　　　→ 거시
ㄴ. (가)의 수소 원자 지름은 전자 현미경을 이용하여 측정할 수 있다. (○)
ㄷ. (가)와 (나)의 시간 규모는 동일한 도구를 사용해 측정할 수 있다. (×)
　　　　　　　　　　　　　　　　　　　→ 없다.

ㄴ. (가)의 수소 원자 지름은 미시 세계에 해당하므로 전자 현미경을 이용하면 나노 단위로 관찰하고 측정할 수 있다.

오답 피하기 ㄱ. (가) 수소 원자는 미시 세계, (나) 태양계는 거시 세계에 해당한다.
ㄷ. 자연 세계의 규모에 따라 시간과 길이를 측정하는 방법이 다르다. (가)는 나노초, 나노미터 이하를, (나)는 초, 분, 미터, 천문단위 등을 측정할 수 있는 도구를 사용해야 한다.

02 ㄱ. 에라토스테네스는 원에서 호의 길이는 중심각의 크기에 비례한다는 원리를 이용하여 지구 크기를 측정하였다. 따라서 지구가 완전한 구형이라고 가정하고 동일 경도상의 두 지점(시에네, 알렉산드리아)에 대해 비례식을 적용한다. 따라서 지구의 둘레를 x라고 하면 $x : 925\,km = 360° : 7.2°$이다.
ㄴ. 인공위성은 시간에 관한 정보 등을 발신하고 수신하기 위해 정밀한 세슘 원자 시계가 탑재되어 있다.

오답 피하기 ㄷ. 실제 지구는 타원형이지만 에라토스테네스의 지구 크기 측정 방법으로 지구의 크기를 측정할 때는 지구 모형이 완전한 구형이라는 가정이 필요하다.

03 ㄱ. 앙부일구는 시간에 따른 태양의 위치 변화를 그림자로 나타내어 시각을 알려 주는 해시계이다.
ㄴ. 세슘 원자 시계는 세슘(Cs) 원자가 1초 동안 움직이는 횟수인 원자의 고유 진동수를 활용해 정확한 1초를 알아내고, 몇백만 분의 1초 단위까지 정확한 시간 측정이 가능해 미시 세계의 시간을 측정할 수 있다.

오답 피하기 ㄷ. 괘종시계는 진자의 주기가 진폭에 관계없이 일정하다는 것을 이용하여 시간을 측정한다. 괘종시계에 사용되는 시계추, 태엽 등은 온도, 기압, 중력, 마찰 등의 영향을 받기 때문에 오차가 발생할 수 있다.

04 • 영희: 국제단위계(SI)에서 정한 기본량의 단위는 자연에서 항상 일정한 양을 가지는 물리량인 기본 상수를 구하는 실험 방법을 사용해 정의한다.
• 철수: 속력과 가속도는 기본량 중 길이와 시간을 조합하여 설명할 수 있는 유도량이다.

오답 피하기 • 영수: 과학의 기본량으로 시간, 길이, 질량, 전류, 온도, 물질량, 광도 등 7개가 있다. 부피는 길이의 기본량으로부터 유도된 유도량이다.

02 과학의 측정과 우리 사회

❶ 측정 ❷ 어림 ❸ 측정 표준 ❹ 신호 ❺ 정보 ❻ 센서
❼ 아날로그 ❽ 디지털 ❾ 이진수

01 (1) ○ (2) ○ (3) × (4) ○   **02** ㉠ 기기, ㉡ 체계   **03** ㉠ 신호,
㉡ 정보   **04** (1) ㄴ (2) ㄷ (3) ㄹ (4) ㄱ   **05** 101   **06** 디지털 정보
07 (1) 아 (2) 디 (3) 디 (4) 아

01 (1), (2) 어림은 현재 알고 있는 정보를 이용하여 양을 대략 가늠하는 일이다. 측정은 어떤 대상의 물리량을 기준이 되는 양과 비교하여 수치와 단위로 나타내는 것이다.
(3) 저울, 온도계 등 측정 도구의 눈금에도 오차가 있기 때문에 측정 도구로 얻은 측정값은 오차가 있다.
(4) 측정 단위가 다르면 측정값이 달라진다. 따라서 단위 환산을 통해 측정값을 비교한다.

02 같은 물체의 측정값에 대해 누구나 같은 결과를 얻기 위해서는 공통된 기준이 있어야 한다. 어떤 양을 측정하는 기준으로 쓰기 위해 단위를 정의하고 측정 방법, 측정 기기, 체계 등을 정한 것을 측정 표준이라고 한다.

03 자연은 각종 신호를 보내어 앞으로 벌어질 사태를 짐작하게 하는데, 동물들은 자신들만의 신호를 통해 정보를 주고받는다. 동물이 우는 소리와 같이 물리적 혹은 화학적인 형태나 현상을 신호라 하고, 이로부터 얻은 의미 또는 해석의 결과물을 정보라고 한다.

04 (1) 터치스크린은 화면에 손가락이 닿으면 액정 위를 흐르던 전자가 접촉 지점으로 끌려오게 된다. 터치스크린 모퉁이의 압력 센서가 이를 감지해서 입력을 판별한다.
(2) 제어시스템에는 가속도 센서가 있어서 속도의 변화를 감지하여 반응한다.
(3) 금속 탐지기는 하나의 코일로, 전자기 센서가 있어서 코일에서 자기장이 발생하면 이 자기장에 의해 금속에 유도 전류가 흘러 이를 감지한다.
(4) 디지털 카메라는 빛을 인식하거나 빛의 양을 감지하는 광센서를 이용해 물체의 상을 전기적 신호로 변환시킨 후 메모리 소자에 기록하는 방식의 카메라이다.

05 다음과 같은 방법으로 10진수 5를 이진수로 나타내면 101이다.

```
2)  5
2)  2 … 1  ↑
    1 … 0  읽는 순서
```

06 컴퓨터는 이진법의 0과 1로 표시되는 신호만을 처리할 수 있는데, 이와 같이 아날로그 신호를 이진법으로 변환시킨 불연속적인 정보를 디지털 정보라고 한다.

07 아날로그 신호는 자연에서 발생하는 빛, 소리 등과 같이 연속적으로 변하는 신호로, 아날로그 신호를 기록하는 장치에는 바늘 시계, 알코올 온도계 등이 있다. 컴퓨터는 0과 1로 나타낸 정보만 처리할 수 있는데, 이를 디지털 정보라고 한다. 디지털 정보는 저장과 이동이 쉽다.

---

01 ⑤   **02** ③   **03** ⑤   **04** ⑤   **05** ④   **06** ②
07 해설 참조

01 ①, ②, ③, ④ 측정의 한계가 있을 때, 제한된 영역이 있을 때, 값이 알려져 있지 않을 때, 안전상의 한계가 있을 때 등의 이유로 어림을 사용한다.
오답 피하기 ⑤ 측정은 도구나 장치를 이용하여 어떤 대상의 물리량을 기준이 되는 양과 비교하여 수치와 단위로 나타낸다. 따라서 추측으로 양을 가늠하는 어림은 측정에 비해 정밀도가 낮다.

02 ㄱ. 단위를 정의하고 측정 기기, 측정 방법, 체계를 정하였는데, 이를 측정 표준이라고 한다. 이와 같은 측정 표준을 통해 나라마다 측정 단위가 달라 양을 가늠하기 어려워 불편했던 것을 줄일 수 있다.
ㄷ. 인증 표준 물질은 정확한 측정값이 표기된 물질로, 물질 형태의 측정 표준이다. 이를 이용해 측정 기기가 정확한지 주기적으로 확인하고 측정 기기를 교정하여 정확한 측정이 이루어지도록 한다.
오답 피하기 ㄴ. 측정 단위는 필요에 따라 바꾸는 것이 아니라 국제 공통의 표준으로 사용된다.

03 ⑤ 같은 길이를 측정할 때 누구나 같은 결과를 얻으려면 측정의 기준이 필요하다. 측정 기기, 측정 방법, 체계를 정하지 않고 측정하면 사람마다 측정값이 다를 수 있다.
오답 피하기 ①, ② 인치는 길이를 나타내는 단위로, 신체의 일부분을 단위로 정하면 사람마다 1인치(1″)의 길이가 다를 수 있다.
③ 단위를 이용하면 측정한 물리량을 수치와 단위의 곱으로 표현할 수 있다.
④ 길이의 국제 공통의 표준 단위는 m(미터)이다.

04 ⑤ 전자기 센서는 전자기장을 감지하여 그에 대한 정보를 수집하는 센서이다. 주로 자동차, 스마트폰 등 다양한 기기에 사용되며, 도난 방지 시스템, 교통 카드, 자동차의 충돌 경고 시스템 등 다양한 형태로 쓰인다.

05 ㄱ, ㄴ, ㄹ. 광센서는 빛을 인식하거나 빛의 양을 감지하여 전기 신호로 바꾸는 장치로, 스캐너, 광마우스, 가로등의 자동 점멸기 등에 사용된다.
오답 피하기 ㄷ. 터치스크린은 압력 센서가 사용된 예이다.

06 ①, ③, ④, ⑤ 디지털 정보는 오차에 덜 민감하여 안정적이고, 전송 과정에서 정보의 손실이 거의 없으며, 자료의 손상 없이 반영구적 보존이 가능하다. 또한 컴퓨터 프로그램에 의해 대량의 정보를 쉽게 처리할 수 있다.
오답 피하기 ② 디지털 정보는 아날로그 신호의 일부를 기록한 것이므로 원래 정보의 완벽한 재생은 불가능하다.

07 **모범 답안** 렌즈를 통해 들어온 빛 신호는 광센서에서 전기 신호로 변환되는데 이 아날로그 전기 신호를 다시 디지털 신호로 변환한 후 정보를 처리하여 이미지를 얻는다.

채점 기준	배점
용어를 모두 포함하여 옳게 서술한 경우	100 %
용어를 네 가지 이상 포함하여 옳게 서술한 경우	50 %

01 자연의 구성 원소

01 우주의 시작과 원소의 생성

STEP 1 개념 바로 확인

❶ 스펙트럼 ❷ 연속 ❸ 흡수 ❹ 흡수선 ❺ 프라운호퍼선
❻ 빅뱅 ❼ 원자핵 ❽ 3 : 1 ❾ 우주 배경 복사

01 (1) ○ (2) × (3) × (4) ○ **02** (1) ㉠ 태양, ㉡ 수소
(2) (가) 흡수 스펙트럼, (나) 방출 스펙트럼 **03** (1) ○ (2) × (3) ×
04 ㄱ, ㄴ **05** A: 원자핵, B: 양성자, C: 쿼크
06 (다) → (가) → (라) → (나)

01 (2) 흡수 스펙트럼은 연속 스펙트럼에 검은 선(흡수선)이 나타난다.
(3) 백열등에서는 무지개와 같이 빛이 연속적으로 나타나므로 연속 스펙트럼을 관찰할 수 있다.

03 (2) 빅뱅 우주론에 따르면 빅뱅 이후 우주가 팽창하면서 우주의 온도와 밀도는 감소하였다.
(3) 빅뱅 후 3분 무렵에 원자핵이 생성되었고, 약 38만 년 후에 중성 원자가 생성되었다.

05 물질은 원자로 이루어져 있고, 원자는 원자핵(A)과 전자로 이루어져 있다. 원자핵은 양성자(B)와 중성자로 이루어져 있으며, 양성자와 중성자는 쿼크(C)로 이루어져 있다.

06 빅뱅 이후 기본 입자인 쿼크와 전자가 생성되었으며, 우주의 온도가 낮아지면서 양성자와 중성자가 결합하여 중수소, 삼중 수소, 헬륨 등의 원자핵이 생성되었다. 이후 우주의 온도가 약 3000 K으로 낮아지면서 원자핵과 전자가 결합하여 수소 원자와 헬륨 원자가 생성되었다.

STEP 2 내신 대표 문제

01 ④ **02** ⑤ **03** ④ **04** ③

01 문제 분석

(가) 방출 스펙트럼
(나) 흡수 스펙트럼
(다) 연속 스펙트럼

③ (가)와 (나)는 동일한 원소를 관측한 것이다. (×) → 다른 원소
➡ (가)와 (나)의 스펙트럼에 나타난 선의 위치가 다른 것으로 보아 (가)와 (나)는 동일한 원소를 관측한 것이 아니다.
⑤ 고온의 기체를 관측하면 (다)와 같은 종류의 스펙트럼이 나타난다. (×) → (가)
➡ 고온의 기체를 관측하면 (가)와 같은 종류의 방출 스펙트럼이 나타난다.

④ 태양을 관측하면 (나)와 같은 종류의 흡수 스펙트럼이 관측된다.
오답 피하기 ① (가)는 검은 바탕에 밝은 선(방출선)이 나타나므로 방출 스펙트럼이다.
② (나)는 연속 스펙트럼에 검은 선(흡수선)이 나타나므로 흡수 스펙트럼이다. 흡수 스펙트럼에 나타나는 선은 낮은 에너지 준위에서 높은 에너지 준위로 전자가 이동할 때 특정한 에너지를 흡수하여 나타나는 흡수선이다.
③ 동일한 원소는 흡수선과 방출선의 위치가 같은데, (가)의 방출선과 (나)의 흡수선의 위치가 다른 것으로 보아 (가)와 (나)는 동일한 원소를 관측한 것이 아니다.
⑤ 고온의 기체에서는 특정한 파장의 빛을 방출하여 (가)와 같이 검은 바탕에 몇 개의 밝은 선이 나타나는 방출 스펙트럼이 관측된다.

02 ㄱ. 백열등에서는 (다)와 같은 종류의 연속 스펙트럼이 나타난다.
ㄴ. 원소마다 고유한 선 스펙트럼이 있으므로 별빛의 스펙트럼에 나타난 흡수선과 원소의 스펙트럼을 비교하면 그 별의 대기를 구성하는 원소의 종류를 알 수 있다.
ㄷ. 흡수선의 세기는 원소의 밀도에 비례하므로, 흡수선의 선폭을 비교하면 별을 구성하는 원소의 질량비를 알 수 있다.

03 문제 분석

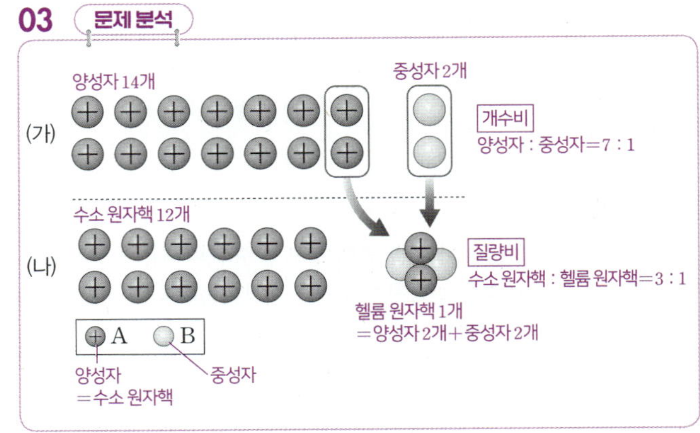

① 헬륨 원자핵이 생성되기 직전에는 중성자에 비해 양성자의 개수가 더 많았다. 따라서 A는 양성자, B는 중성자이다.
② 중성자인 B는 위 쿼크 1개, 아래 쿼크 2개로 이루어져 있다.
③ (가)에서 A는 14개, B는 2개이므로, A와 B의 개수비는 7 : 1이다.
⑤ (나)에서 양성자 2개와 중성자 2개가 결합하여 헬륨 원자핵이 생성되었다.
오답 피하기 ④ (가)는 헬륨 원자핵이 생성되기 직전의 양성자와 중성자의 분포이고, (나)는 헬륨 원자핵 생성 후 수소 원자핵과 헬륨 원자핵의 분포이다. 헬륨 원자핵은 빅뱅 후 약 3분이 지났을 무렵에 생성되었으며, 이때 우주의 온도는 약 10억 K이었다.

04 ㄱ. (가)는 양성자와 중성자의 개수비가 7 : 1로 헬륨 원자핵이 생성되기 전이다.
ㄴ. 빅뱅 후 약 3분이 지났을 때 우주 온도가 약 10억 K으로 낮아지면서 양성자 2개와 중성자 2개가 결합하여 헬륨 원자핵이 생성되었다. 따라서 (나)는 빅뱅 후 약 3분이 지났을 무렵에 일어났다.

오답 피하기 ㄷ. 양성자는 그대로 수소 원자핵이 되었고, 헬륨 원자핵은 양성자 2개와 중성자 2개로 이루어져 있다. 또한 양성자와 중성자의 질량은 거의 같으므로 헬륨 원자핵 1개의 질량은 수소 원자핵 1개의 약 4배이다. 따라서 (나)에서 수소 원자핵과 헬륨 원자핵의 개수비는 12 : 1이므로, 수소 원자핵과 헬륨 원자핵의 질량비는 약 3 : 1이다.

01 ③ **02** ⑤ **03** ③ **04** ③ **05** ④ **06** ④ **07** ③
08 ④ **09** ② **10** ④ **11** ④ **12** ② **13** ② **14** ④
15 ① **16** ① **17** (1) (가) 흡수 스펙트럼, (나) 방출 스펙트럼,
B>A (2) 해설 참조 **18** (1) A, B (2) 해설 참조 **19** (1) 수소 원자핵,
(나) (2) 해설 참조 **20** 해설 참조 **21** 해설 참조

01 ㄱ. 빛의 띠가 연속적으로 나타났으므로 연속 스펙트럼이다.
ㄴ. 연속 스펙트럼은 고온의 백색광에서 관측할 수 있다.

오답 피하기 ㄷ. 외부 은하에서 관측할 수 있는 스펙트럼은 흡수 스펙트럼이다.

02 ⑤ 원소마다 고유한 선 스펙트럼이 있으므로 별빛의 스펙트럼과 원소의 스펙트럼을 비교하면, 별의 대기 구성 성분을 알 수 있다.

오답 피하기 ① 연속 스펙트럼을 배경으로 몇 개의 검은 선(흡수선)이 나타나는 것은 흡수 스펙트럼이다.
② 한 종류의 원소에서 특정 파장의 빛을 여러 개 흡수할 수 있다. 따라서 흡수선의 개수는 별의 대기를 구성하는 원소의 가짓수와 관련이 없다.
③ 별을 구성하는 원소의 밀도가 클수록 빛의 흡수 정도가 크므로, 흡수선의 굵기가 다른 것은 별을 구성하는 원소의 밀도와 관련이 있다.
④ 별에서 빛이 방출될 때 특정 파장의 빛을 대기 성분 원소가 흡수하기 때문에 별빛의 스펙트럼에 흡수선이 나타난다.

03 ③ 원소의 종류에 따라 방출선의 위치가 다르다.

오답 피하기 ① 별빛에서 관측할 수 있는 것은 흡수 스펙트럼이다.
② 백열등에서 관측할 수 있는 것은 연속 스펙트럼이다.
④ 연속 스펙트럼을 배경으로 몇 개의 검은 선(흡수선)이 나타나는 것은 흡수 스펙트럼이다.
⑤ 방출 스펙트럼은 고온의 광원에서 방출된 빛이 분광기를 통과할 때 나타난다.

04 ㄱ. 전자가 높은 에너지 준위에서 낮은 에너지 준위로 이동하면서 에너지를 방출할 때 방출 스펙트럼(㉠)이 나타난다.
ㄴ. 방출 스펙트럼(㉠)은 고온의 기체에서 나온 빛에 의해 나타나고, 흡수 스펙트럼(㉡)은 저온의 기체를 통과한 빛에 의해 나타나므로, 기체의 온도는 A가 B보다 높다.

오답 피하기 ㄷ. ㉠과 ㉡에 나타난 방출선과 흡수선의 위치가 서로 다른 것으로 보아 기체 A와 B의 구성 원소는 다르다.

05 문제 분석

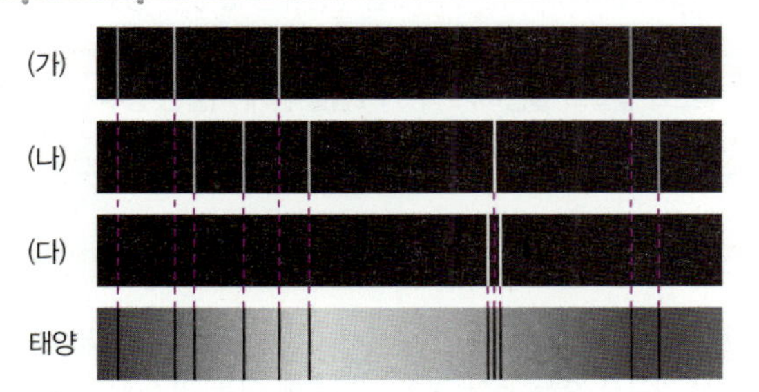

(가), (나), (다) 스펙트럼의 방출선의 위치와 태양 스펙트럼에 나타난 흡수선의 위치가 동일하다. ➡ 태양의 대기에는 (가), (나), (다) 원소가 모두 포함되어 있다.

ㄱ. (가), (나), (다)는 검은 바탕에 밝은 선이 나타나는 방출 스펙트럼이다.
ㄷ. (가), (나), (다) 스펙트럼에 나타난 방출선의 위치가 태양의 스펙트럼에 나타난 흡수선의 위치와 일치한다. 따라서 (가), (나), (다)는 모두 태양의 대기를 구성하는 원소이다.

오답 피하기 ㄴ. 태양의 스펙트럼은 흡수 스펙트럼이다.

06 ㄴ, ㄷ. 별빛 스펙트럼의 흡수선을 원소의 스펙트럼과 비교하면 별의 대기를 구성하는 원소의 종류를 알 수 있고, 흡수선의 선폭을 비교하면 원소의 질량비를 알 수 있다.

오답 피하기 ㄱ. 별빛의 스펙트럼만으로는 우주의 나이를 알 수 없다.

07 ㄱ. 우주 전역의 천체에서 방출되는 빛의 스펙트럼을 분석하여 우주는 주로 수소와 헬륨으로 구성되어 있음을 알아 내었다.
ㄴ. 우주 구성 원소 중 수소가 약 74 %, 헬륨이 약 24 %를 차지하므로, 우주에 분포하는 수소와 헬륨의 질량비는 약 3 : 1이다.

오답 피하기 ㄷ. 수소 원자와 헬륨 원자는 빅뱅 이후 우주 초기에 빅뱅 핵합성에 의해 생성되었다.

08 빅뱅 우주론에 따르면 약 138억 년 전에 고온 고밀도의 한 점에서 빅뱅이 일어나 우주가 탄생하였고, 이후 우주가 팽창함에 따라 우주의 온도가 점차 낮아지면서 기본 입자가 생성되었다.
① 한 점에서 빅뱅이 일어나 우주가 탄생한 후 현재까지 우주는 계속 팽창하고 있다.
② 밀도가 매우 크고 온도가 매우 높은 한 점에서 빅뱅(대폭발)이 일어나 우주가 탄생하였다.
③ 빅뱅 우주론은 우주가 탄생하고 팽창하면서 온도가 낮아져 기본 입자, 원자핵, 원자, 물질이 생성되는 과정을 설명한다.
⑤ 현재 우주에 존재하는 대부분의 헬륨 원자핵은 빅뱅 후 약 3분이 지났을 무렵에 생성된 것으로, 이때 수소 원자핵과 헬륨 원자핵의 질량비는 약 3 : 1이었다. 현재 관측을 통해 알아낸 결과 우주 전역에 분포하는 수소와 헬륨의 질량비는 약 3 : 1로 빅뱅 우주론에서 예측한 값과 거의 일치한다. 따라서 수소와 헬륨의 질량비는 빅뱅 우주론의 증거가 된다.

오답 피하기 ④ 빅뱅 이후 우주가 팽창하면서 우주의 온도와 밀도는 계속 낮아졌다.

09 ㄴ. 빅뱅 후 약 3분이 지났을 무렵에 양성자는 그 자체로 수소 원자핵이 되었고, 양성자 2개와 중성자 2개가 결합하여 헬륨 원자핵이 생성되었다. 이때 수소 원자핵과 헬륨 원자핵의 질량비는 약 3 : 1이다.

오답 피하기 ㄱ. 중성자 2개와 양성자 2개가 결합하여 헬륨 원자핵 1개가 생성되었다.
ㄷ. 빅뱅 후 우주의 온도가 낮아지면서 전자, 쿼크와 같은 기본 입자가 생성되었고, 기본 입자인 쿼크의 결합으로 양성자와 중성자가 생성되었으며, 양성자와 중성자의 결합으로 원자핵이 생성되었다.

10 a는 전자, (가)는 원자, (나)는 원자핵, (다)는 양성자, (라)는 쿼크이다. 빅뱅 초기에 기본 입자인 전자와 쿼크가 생성되었고, 양성자는 쿼크가 결합하여 생성되었다.
① a는 기본 입자인 전자이다.
③ a는 (−) 전하를 띠고 (나)는 (+) 전하를 띠므로 a와 (나) 사이에는 전기적 인력이 작용한다.
④ (가)가 생성되었을 때 빛은 물질과 분리되어 우주 배경 복사가 우주 전역으로 퍼져 나갔고, 투명한 우주가 되었다.

⑤ 원자핵인 (나)는 핵융합 반응으로 생성된다.

 ② 빅뱅 이후 우주 초기에 기본 입자인 전자(a)는 양성자인 (다)보다 먼저 생성되었다.

11 문제 분석

> **빅뱅 후 약 38만 년이 지났을 때 우주의 상태**
> • 우주의 온도가 약 3000 K으로 낮아졌다.
> • 우주의 온도가 낮아지면서 전자의 운동이 느려져서 수소와 헬륨 원자핵이 전자를 붙들 수 있게 되었다.
>   ➡ 수소 원자핵은 전자 1개와 결합하여 수소 원자가 되었고, 헬륨 원자핵은 전자 2개와 결합하여 헬륨 원자가 되었다.
> • 빛이 입자의 방해를 받지 않고 자유롭게 우주 공간으로 퍼져 나갈 수 있게 되었다. ➡ 우주 배경 복사

B. 빅뱅 후 약 38만 년이 지났을 때 우주의 온도가 약 3000 K으로 낮아지면서 원자핵과 전자가 결합하여 수소 원자와 헬륨 원자가 생성되었다.
C. 원자가 생성되면서 빛이 입자의 방해를 받지 않고 자유롭게 퍼져 나가 우주 배경 복사가 우주 전역으로 퍼졌다. 이러한 우주를 투명한 우주라고 한다.

오답 피하기 A. 빅뱅 후 약 3분이 지났을 때 수소와 헬륨의 질량비가 약 3 : 1이 된 후 현재까지 유지되고 있다.

12

빅뱅 이후 우주에서 기본 입자가 생성되고 수소 원자핵과 헬륨 원자핵이 형성되었다. 빅뱅 약 38만 년 후 수소 원자와 헬륨 원자가 형성되었다.
① 원자를 구성하는 가장 작은 입자인 쿼크와 전자를 기본 입자라고 한다. 빅뱅 이후 우주 초기에 양성자와 중성자를 이루는 기본 입자인 쿼크와 전자가 생성되었다.
③ 빅뱅 이후 온도가 낮아지면서 양성자와 중성자, 헬륨 원자핵, 중성 원자가 차례대로 생성되었다. 따라서 우주의 온도는 (다) 시기가 (나) 시기보다 낮았다.
④ 헬륨 원자핵은 양성자 2개와 중성자 2개가 결합되어 생성되었고, 수소 원자핵은 양성자 1개로 구성되므로 입자 1개의 질량은 헬륨 원자핵이 수소 원자핵의 약 4배이다.
⑤ 헬륨 원자핵은 빅뱅 후 약 3분 무렵에 생성되었고, 수소 원자는 빅뱅 후 약 38만 년이 지났을 때 생성되었다. 따라서 (가)에서 (다)까지 걸린 시간은 약 3분이며, (다)에서 (라)까지 걸린 시간은 약 38만 년이다.

오답 피하기 ② 우주 배경 복사는 중성 원자가 생성된 시기인 (라) 시기에 우주 전역으로 퍼져 나갔다.

13

(가)는 기본 입자가 생성된 시기이며, (나)는 중성 원자가 생성된 시기로 우주 배경 복사가 우주 전역으로 퍼져 나간 시기이다.
ㄴ. (나)는 중성 원자가 생성된 시기로 빛이 진로의 방해를 받지 않고 퍼져 나가게 되었다.

오답 피하기 ㄱ. (가)는 빅뱅이 일어난 후 양성자와 중성자를 이루는 기본 입자인 쿼크와 전자 등이 생성된 시기이다.
ㄷ. (나)는 빅뱅 후 약 38만 년이 지났을 때로, 우주의 온도가 약 3000 K으로 낮아지면서 전자의 운동이 느려져 수소 원자핵과 헬륨 원자핵이 전자를 붙들 수 있게 되어 중성 원자가 생성된 시기이다. 따라서 (가)에서 (나)까지 걸린 시간은 약 38만 년이다.

14

① 수소 원자핵은 양성자 1개로 이루어져 있으므로, 양성자는 그 자체로 수소 원자핵이 되었다.
② 양성자 2개와 중성자 2개가 결합하여 헬륨 원자핵이 되었다.
③ 양성자와 중성자의 질량은 거의 같고, 수소 원자핵은 양성자 1개, 헬륨 원자핵은 양성자 2개와 중성자 2개로 이루어져 있으므로, 헬륨 원자핵 1개의 질량은 수소 원자핵 1개 질량의 약 4배이다.
⑤ 빅뱅 후 3분 무렵에 우주의 온도가 낮아지면서 양성자와 중성자가 결합하여 헬륨 원자핵이 생성되었다.

오답 피하기 ④ 삼중 수소 원자핵은 중성자 2개와 양성자 1개로 이루어져 있고, 헬륨 원자핵은 중성자 2개와 양성자 2개로 이루어져 있다.

15

ㄱ. 양성자와 중성자의 질량이 거의 같으므로 헬륨 원자핵 1개의 질량은 수소 원자핵 1개의 약 4배이다.

오답 피하기 ㄴ. 헬륨 원자핵은 양성자 2개와 중성자 2개로 구성되므로, 이 시기에 수소 원자핵과 헬륨 원자핵의 개수비는 12 : 1이다.
ㄷ. 우주 생성 초기 우주에 존재하는 수소 원자핵과 헬륨 원자핵의 개수비가 12 : 1이고, 수소 원자핵과 헬륨 원자핵 1개의 질량비가 약 1 : 4이므로, 수소 원자핵과 헬륨 원자핵의 질량비는 약 3 : 1이다.

16

빅뱅 후 약 38만 년이 되었을 때 우주의 온도는 약 3000 K으로 낮아져 자유롭게 돌아다니던 전자가 원자핵과 결합하여 중성 원자가 생성되었고, 투명한 우주가 되면서 우주 전역으로 빛이 퍼져 나갔는데, 이를 우주 배경 복사라고 한다.
ㄱ. 우주 배경 복사는 빅뱅 우주론의 증거이다.

오답 피하기 ㄴ, ㄷ. 우주 배경 복사는 우주의 온도가 약 3000 K일 때 방출된 것이다. 우주가 팽창함에 따라 우주의 온도는 점차 낮아지면서 파장이 길어져서 현재는 약 2.7 K의 우주 배경 복사가 관측된다.

17

흡수선의 세기는 원소의 밀도에 비례하기 때문에 흡수선의 선폭을 비교하여 원소의 질량비를 알아낼 수 있다. 천체의 스펙트럼 관측에서 우주에는 수소가 약 74 %, 헬륨이 약 24 % 분포함을 알아내었고, 이로부터 질량비가 3 : 1임을 알 수 있었다.

모범 답안 (1) (가) 흡수 스펙트럼, (나) 방출 스펙트럼, B > A
(2) 수소와 헬륨의 질량비가 약 3 : 1이다.

	채점 기준	배점
(1)	(가)와 (나)에 나타나는 스펙트럼의 종류를 모두 옳게 쓰고, A와 B의 온도를 부등호로 옳게 비교한 경우	40 %
	(가)와 (나)에 나타나는 스펙트럼의 종류만 옳게 쓴 경우	20 %
	A와 B의 온도만 부등호로 옳게 비교한 경우	20 %
(2)	수소와 헬륨의 질량비가 약 3 : 1임을 옳게 서술한 경우	60 %
	수소와 헬륨의 질량비를 알 수 있다고만 서술한 경우	30 %

18 모범 답안 (1) A, B

(2) 별빛이 지구로 오는 동안 별의 대기층에 있는 원소들이 특정 파장의 빛을 흡수하므로 지구에서 관찰되는 별빛의 스펙트럼은 흡수 스펙트럼으로 나타난다.

	채점 기준	배점
(1)	A, B를 쓴 경우	50 %
(2)	별의 대기층에 있는 원소들이 특정 파장의 빛을 흡수한다는 내용을 포함하여 서술한 경우	50 %
	별의 대기층에 있는 원소들이 빛을 흡수한다는 내용만 서술한 경우	30 %

19 양성자는 그 자체로 수소 원자핵이므로 가장 먼저 생성된 원자핵은 수소 원자핵이다. 중성 원자가 생성되면서 빛과 물질이 분리되었고, 이때 우주는 투명해졌다.

[모범 답안] (1) 수소 원자핵, (나)

(2) (라), 우주의 온도가 낮아져 중성 원자가 생성되면서 빛이 방해를 받지 않고 퍼져 나가게 되어 빛과 물질이 분리되었다.

	채점 기준	배점
(1)	수소 원자핵, (나)를 모두 옳게 쓴 경우	40 %
	수소 원자핵, (나) 중 한 가지만 옳게 쓴 경우	20 %
(2)	(라)를 옳게 쓰고, 중성 원자가 형성되면서 빛이 방해받지 않고 퍼져 나가 빛과 물질이 분리되었다고 서술한 경우	60 %
	(라)를 옳게 쓰고, 빛이 방해받지 않고 퍼져 나가 빛과 물질이 분리되었다고만 서술한 경우	30 %
	(라)만 옳게 쓴 경우	10 %

20 [모범 답안] 수소 원자핵과 헬륨 원자핵의 개수비가 12 : 1이고, 헬륨 원자핵 1개의 질량은 수소 원자핵 1개의 질량의 약 4배이므로, 총질량 중 헬륨 원자핵이 차지하는 질량의 비율은 약 25 %이다.

채점 기준	배점
원자핵의 개수비를 이용하여 옳게 서술한 경우	100 %
헬륨 원자핵이 차지하는 질량의 비율만 쓴 경우	30 %

21 [모범 답안] • 우주를 구성하고 있는 수소와 헬륨의 질량비가 약 3 : 1이다.

• 우주 배경 복사가 관측된다.

채점 기준	배점
수소와 헬륨의 질량비, 우주 배경 복사를 모두 옳게 서술한 경우	100 %
수소와 헬륨의 질량비, 우주 배경 복사 중 한 가지만 옳게 서술한 경우	50 %

32~33쪽

01 ②　**02** ⑤　**03** ④　**04** ④　**05** ③　**06** ⑤　**07** ②
08 ④

01 ㄴ. ㉠은 수소 기체를 통과한 빛의 스펙트럼이고, ㉡은 수소 기체의 방출 스펙트럼이므로, ㉠에 나타나는 흡수선과 ㉡에 나타나는 방출선의 위치는 같다.

[오답 피하기] ㄱ. ㉠은 흡수 스펙트럼, ㉡은 방출 스펙트럼이다. 수소 기체 방전관에서 나온 빛의 스펙트럼은 방출 스펙트럼이므로 ㉡과 같다.

ㄷ. 태양에서 나온 빛이 태양의 대기를 통과하여 나타나는 스펙트럼은 흡수 스펙트럼이므로 ㉠과 같다.

02 ㄱ. 태양의 스펙트럼에 나타난 헬륨 흡수선의 위치와 ㉡의 방출선의 위치가 같으므로 ㉡은 헬륨이다.

ㄴ. 태양의 스펙트럼에 나타난 수소 흡수선의 위치와 ㉠의 방출선의 위치가 같으므로 ㉠은 수소이다. 태양의 대기에 의해 태양의 스펙트럼에 흡수선이 나타나므로 태양의 대기에는 수소가 있다.

ㄷ. 원소마다 스펙트럼에 나타나는 선의 위치가 모두 다르므로, 우주를 구성하고 있는 천체의 스펙트럼을 분석하면 우주를 구성하고 있는 원소의 종류를 알 수 있다.

03 ㄱ. A는 방출 스펙트럼이므로, 고온의 A는 특정 파장의 빛을 방출한다.

ㄷ. 원소마다 고유한 파장의 에너지를 방출하므로, 별빛의 스펙트럼을 분석하면 별을 구성하는 원소의 종류를 확인할 수 있다.

[오답 피하기] ㄴ. 별 S의 스펙트럼에는 원소 A와 C의 방출선과 동일한 위치에 흡수선이 나타나므로, 별 S의 대기에는 A와 C가 존재한다.

04 ㄴ. 수소 원자핵 4개가 결합하여 헬륨 원자핵 1개로 바뀌는 반응(㉡)은 수소 핵융합 반응이다.

ㄷ. 빅뱅 우주론은 온도와 밀도가 매우 높은 한 점에서 빅뱅(대폭발)이 일어난 후 우주가 팽창하여 현재와 같은 우주가 형성되었다는 우주론이다.

[오답 피하기] ㄱ. 원자를 구성하는 입자 중 원자핵은 양($+$)전하를 띠고, 전자(㉠)는 음($-$)전하를 띤다.

05 ㄱ. 양($+$) 전하를 띠는 원자핵과 음($-$) 전하를 띠는 전자가 결합하여 원자가 생성되므로 '전자'는 ㉠에 해당한다.

ㄷ. B 이후 우주에 존재하는 수소 원자와 헬륨 원자의 질량비는 약 3 : 1이므로, 수소 원자들의 총질량은 헬륨 원자들의 총질량보다 크다.

[오답 피하기] ㄴ. 빅뱅 이후 우주가 팽창하여 온도가 낮아지면서 양성자와 중성자가 생성된 후 원자핵이 생성되었고, 원자핵과 전자가 결합하여 원자가 생성되었다. 따라서 우주의 온도는 A일 때가 B일 때보다 높다.

06 ㄱ. 기본 입자(㉠)에는 쿼크, 전자 등이 있고, 양성자와 중성자는 쿼크가 결합하여 생성되었다.

ㄴ. 헬륨 원자핵(㉡)은 양성자 2개와 중성자 2개로 이루어져 있다.

ㄷ. 빅뱅 후 약 38만 년이 지났을 때 전자와 원자핵이 결합하여 원자(㉢)가 생성되면서 빛이 자유롭게 퍼져 나가 투명한 우주가 되었다.

07 [문제 분석]

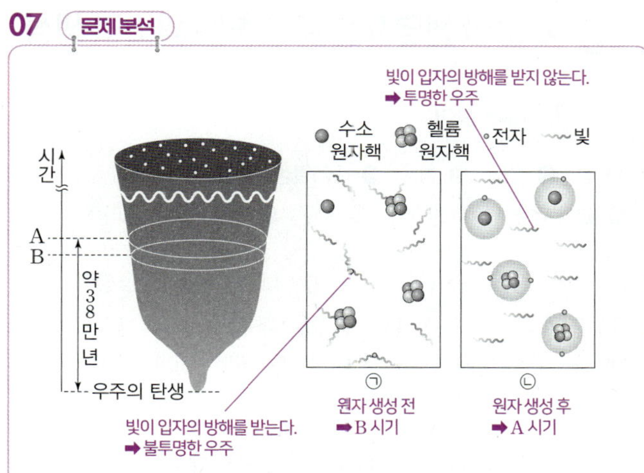

빅뱅 후 약 3분이 지났을 때 헬륨 원자핵이 만들어졌으며, 약 38만 년이 지났을 때 원자핵과 전자가 결합하여 수소 원자와 헬륨 원자가 만들어져 빛과 물질이 분리되었다.

ㄴ. A 시기는 우주가 탄생한 후 약 38만 년이 지났을 때로, 우주가 투명해지면서 빛이 자유롭게 퍼져 나갈 수 있었다. A 시기에 방출된 우주 배경 복사는 우주가 팽창함에 따라 파장이 점차 길어졌다.

오답 피하기 ㄱ. ⊙은 원자가 생성되기 전으로, 빛이 입자의 방해를 받아 자유롭지 못하던 시기이다. 따라서 ⊙은 B 시기에 해당한다.

ㄷ. 빛과 물질이 분리되어 우주가 투명해진 것은 빅뱅 후 약 38만 년이 지난 A 시기이다.

08 ㄴ. 빛이 전하를 띤 입자와 뒤섞여 있는 (가)는 원자가 생성되기 전의 모습이다. 원자핵과 전자가 결합하여 원자가 생성되므로, 빛이 자유롭게 퍼져 나가는 (나)는 원자가 생성된 후 우주의 모습이다. 따라서 우주의 진화 과정은 (가) → (나) 순이다.

ㄷ. 빅뱅 이후 우주가 팽창하면서 우주의 온도는 점점 낮아졌으므로 우주의 온도는 (가)일 때가 (나)일 때보다 높다.

오답 피하기 ㄱ. 우주 생성 초기에는 고온 고밀도 상태로 빛은 전하를 띤 입자들에 막혀 빠져나갈 수 없었고, 우주가 팽창함에 따라 온도가 낮아지면서 빅뱅으로부터 약 38만 년 후 전기적으로 중성인 원자가 형성되었다. 이때 입자의 방해를 받지 않고 퍼져 나간 빛이 우주 배경 복사이다. 따라서 (나)일 때 우주 배경 복사가 방출되었다.

○2 지구와 생명체를 구성하는 원소의 생성

❶ 철　❷ 산소　❸ 성운　❹ 주계열성　❺ 탄소　❻ 철
❼ 원시 태양　❽ 미행성체　❾ 지구　❿ 목성　⓫ 마그마

01 산소　**02** (1) × (2) ○ (3) ○　**03** ⊙ 수소 핵융합, ⓛ 중력
04 (1) × (2) ○ (3) × (4) × (5) ○　**05** (1) 핵융합 반응 (2) 초신성 폭발
(3) 낮은　**06** (1) × (2) ○ (3) × (4) ×　**07** (라) → (나) → (다) → (가)

01 지구는 철(약 35 %), 산소(약 30 %), 규소(약 15 %) 등으로 이루어져 있고, 생명체는 산소(약 65 %), 탄소(약 18 %), 수소(약 10 %) 등으로 이루어져 있다. 따라서 지구와 생명체에 공통적으로 많이 포함되어 있는 원소는 산소이다.

02 (1) 별은 온도가 낮은 성운 내부의 밀도가 큰 영역에서 탄생한다.

04 (1), (2) 원시별이 중력 수축하여 중심부 온도가 1000만 K 이상이 되면 수소 원자핵 4개가 융합하여 헬륨 원자핵 1개를 생성하는 수소 핵융합 반응이 일어나기 시작한다. 따라서 별의 내부에서 핵융합 반응에 의해 처음으로 생성되는 원소는 헬륨이다.
(3) 질량이 태양 정도인 별은 헬륨 핵융합 반응까지 일어나 탄소를 생성한다.
(4) 질량이 태양의 10배 이상인 별의 내부에서도 수소 핵융합 반응에 의해 헬륨이 생성된다.

05 (1) 철은 질량이 태양의 10배 이상인 별의 내부에서 핵융합 반응에 의해 생성된다.
(2) 우라늄과 같은 철보다 무거운 원소는 초신성 폭발에 의해 생성된다.

06 (1) 태양계 성운은 초신성 폭발에 의해 생성되었다.
(3) 원시 행성은 원시 태양계가 형성될 때 원시 원반에 있던 가스와 먼지가 뭉쳐서 형성된 미행성체가 충돌하여 형성된 것이다.

01 ①　**02** ③　**03** ②　**04** ⑤

01 　문제 분석

질량이 태양 정도인 별	• 주계열성: 수소 핵융합 반응에 의해 헬륨이 생성된다. • 주계열성 이후: 헬륨 핵융합 반응에 의해 탄소, 산소가 생성된다.
질량이 태양의 10배 이상인 별	• 주계열성: 수소 핵융합 반응에 의해 헬륨이 생성된다. • 주계열성 이후: 헬륨 핵융합 반응, 탄소 핵융합 반응, 네온 핵융합 반응, 산소 핵융합 반응, 규소 핵융합 반응이 차례로 일어나면서 탄소, 산소, 네온, 마그네슘, 규소, 황, 철까지 생성된다.

ㄱ. (가)에서는 수소 핵융합 반응에 의해 헬륨이 생성되고, 헬륨 핵융합 반응에 의해 탄소와 산소가 생성된다. 질량이 태양의 10배인 별 (나)에도 수소, 헬륨, 탄소, 산소가 모두 존재한다.

오답 피하기 ㄴ. (가)의 중심부에서는 최종적으로 헬륨 핵융합 반응이 일어나 탄소가 생성된다.

ㄷ. (나)의 중심부에서는 최종적으로 철이 생성된다. 우라늄, 금 등의 철보다 무거운 원소는 초신성 폭발에 의해 생성된다.

02 ㄱ. 질량이 태양 정도인 별은 최종적으로 헬륨 핵융합 반응까지만 일어나며, 헬륨 핵융합 반응에 의해 탄소와 산소가 생성된다.

ㄴ. 원시별이 중력 수축에 의해 온도가 상승하여 중심부 온도가 1000만 K 이상이 되면 수소 핵융합 반응이 일어나 헬륨이 생성된다.

오답 피하기 ㄷ. 질량이 태양 정도인 별에서 헬륨 핵융합 반응이 멈추면 탄소 핵융합 반응이 일어날 수 있을 만큼 온도가 상승하지 못하고 별의 바깥층은 팽창하다가 우주로 퍼져 나가 행성상 성운이 되고, 중심부는 수축한다. 이때 별을 구성하고 있던 수소, 헬륨, 탄소, 산소 등의 철보다 가벼운 원소가 우주 공간으로 방출된다.

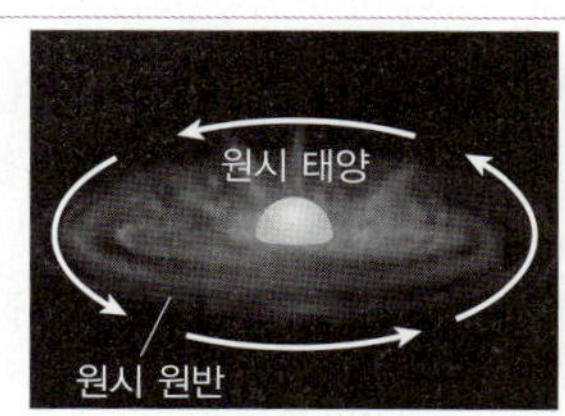
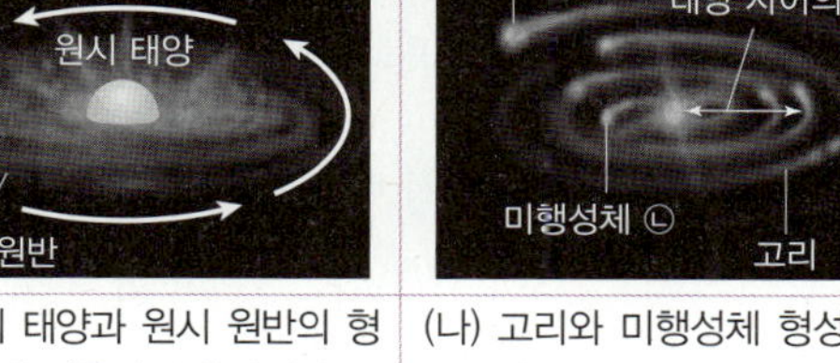

(가) 원시 태양과 원시 원반의 형성: 태양계 성운이 수축하면서 중심부는 온도가 높아지고 밀도가 커져 원시 태양이 형성되었고, 바깥쪽에는 원시 원반이 형성되었다.

(나) 고리와 미행성체 형성: 회전하는 원시 원반에서 고리가 형성되었고, 각 고리에서는 가스와 먼지가 뭉쳐서 미행성체가 형성되었다.

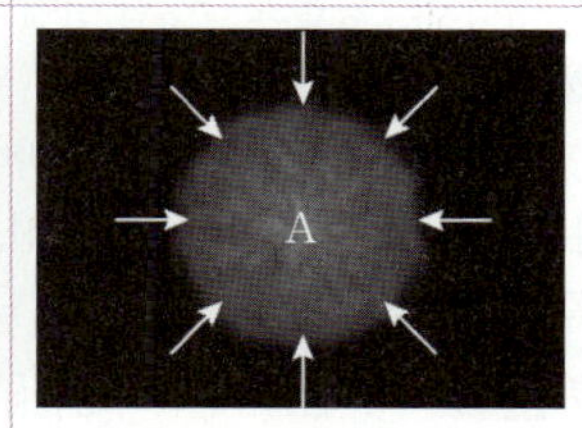

(다) 태양계의 형성: 태양과 가까운 곳에는 무거운 원소(철, 산소 등)로 구성된 지구형 행성, 먼 곳에는 가벼운 원소(수소, 헬륨 등)로 구성된 목성형 행성이 형성되었다.

(라) 태양계 성운(A)의 형성 및 수축: 약 50억 년 전 초신성 폭발로 형성된 태양계 성운이 수축하면서 회전하기 시작하였다.

ㄴ. (가)에서 태양계 성운의 중심부에 형성된 원시 태양은 중력 수축에 의해 온도가 점점 높아진다.

오답 피하기 ㄱ. 태양계의 형성 순서는 태양계 성운의 형성 및 수축 → 원시 태양과 원시 원반의 형성 → 고리와 미행성체의 형성 → 태양계의 형성이므로, (라) → (가) → (나) → (다) 순서이다.

ㄷ. (라)의 A는 태양계 성운으로, 수소와 헬륨 그리고 철을 포함한 미량의 다양한 원소들로 구성되어 있으며, 약 50억 년 전에 탄생하였다.

04 ㄱ. (가)에서는 태양계 성운이 수축할 때 회전 속도가 점점 빨라지면서 태양계 성운의 바깥쪽에서 원시 원반이 형성되었다.

ㄴ. (나)에서 미행성체가 형성될 때 태양과 가까운 곳에 위치한 미행성체는 무거운 원소(철, 규소 등)로 구성되었고, 태양과 먼 곳에 위치한 미행성체는 가벼운 원소(수소, 헬륨 등)로 구성되었다. 따라서 미행성체의 평균 밀도는 ㉠이 ㉡보다 작다.

ㄷ. (라)의 A는 태양계 성운이다. 따라서 A는 초신성 폭발로 형성되었다.

STEP3 내신 다지기 문제

39~41쪽

01 ① **02** ⑤ **03** ③ **04** ⑤ **05** ② **06** ② **07** ③
08 ③ **09** ⑤ **10** ④ **11** ① **12** ⑤ **13** 해설 참조
14 해설 참조 **15** 해설 참조

01 ㄱ. 생명체는 산소(65 %), 탄소(18 %), 수소(10 %) 등으로 이루어져 있고, 지구는 철(35 %), 산소(30 %), 규소(15 %) 등으로 이루어져 있다. 따라서 (가)는 생명체, (나)는 지구이고, A는 산소, B는 철이다.

오답 피하기 ㄴ. A는 산소로, 별의 내부에서 일어나는 여러 핵융합 반응으로 생성된다.

ㄷ. B는 철로, 질량이 태양의 10배 이상인 별의 내부에서 일어나는 여러 단계의 핵융합 반응 중 가장 마지막 단계의 핵융합 반응에 의해 생성된다. 초신성 폭발 과정에서는 금, 납, 우라늄 등의 철보다 무거운 원소가 생성된다.

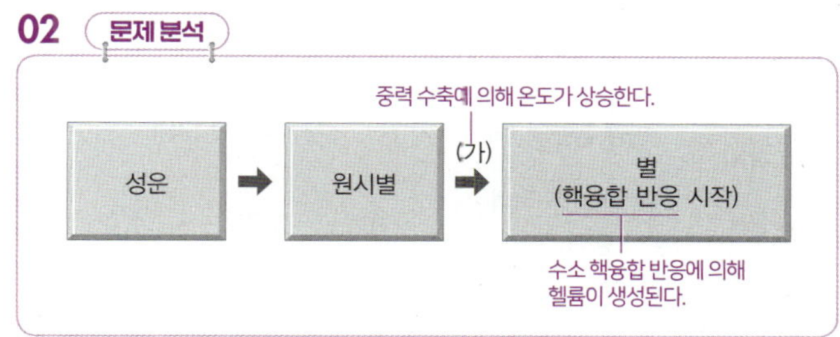

ㄱ. 수소, 헬륨 등의 성간 물질이 모여 형성된 밀도가 큰 가스 구름이 중력의 작용으로 수축하여 성운이 형성된다.

ㄴ. 원시별은 중력에 의해 수축하여 중심부의 온도가 상승하고, 중심부의 온도가 1000만 K 이상이 되면 수소 핵융합 반응이 일어나는 별(주계열성)이 된다.

ㄷ. 원시별이 진화하여 중심부의 온도가 1000만 K 이상이 되면 별의 중심부에서는 수소 핵융합 반응이 일어나 헬륨이 생성된다.

03 ㄱ. 주계열성은 중력과 기체압(내부 압력)이 평형을 이루어 크기가 일정하게 유지된다.

ㄴ. 수소는 별에서 가장 풍부한 원소이므로 별에서 수소 핵융합 반응이 일어나는 시간은 매우 길다. 따라서 별은 일생의 대부분을 주계열성으로 보낸다.

오답 피하기 ㄷ. 주계열성의 중심부에서는 수소 핵융합 반응이 일어나 헬륨이 생성된다.

04 ① 별은 온도가 낮은 성운 내부의 밀도가 큰 영역에서 탄생한다.
② 원시별은 중력에 의해 수축하여 중심부 온도가 상승하며, 중심부의 온도가 1000만 K 이상이 되면 수소 핵융합 반응이 일어난다.
③ 수소는 별에서 가장 풍부한 원소이므로 별에서 수소 핵융합 반응이 일어나는 시간은 매우 길다. 따라서 별은 일생의 대부분을 중심부에서 수소 핵융합 반응이 일어나는 주계열성으로 보낸다.
④ 질량이 태양의 10배 이상인 별은 별의 중심부에서 탄소 핵융합 반응, 산소 핵융합 반응, 규소 핵융합 반응 등을 통해 헬륨보다 무거운 원소들을 생성한다.

오답 피하기 ⑤ 별의 중심부에서 핵융합 반응이 모두 끝나면 중력이 별의 기체압(내부 압력)보다 커져 크기가 작고 밀도가 큰 백색 왜성이나 중성자별, 블랙홀 등이 된다.

05 ㄴ. 별의 중심부로 갈수록 무거운 원소로 이루어져 있으므로, 중심부로 갈수록 온도가 높아진다.

오답 피하기 ㄱ. 별의 내부에 양파 껍질 같은 구조를 가지며, 중심부에 철로 된 핵이 있는 별은 초거성이다. 주계열성의 중심부에서는 수소 핵융합 반응이 일어나므로 수소와 헬륨으로 이루어진 핵이 존재한다.

ㄷ. 철은 자연 상태에서 가장 안정한 원소이므로 시간이 지나도 중심부에서 철 핵융합 반응이 일어나지 않는다.

내부 구조	(가)	(나)
	탄소, 산소 / 헬륨 / 수소	규소, 황 / 산소, 네온, 마그네슘 / 철 / 헬륨 / 수소 / 탄소, 산소
별의 질량	태양 질량의 1배	태양 질량의 10배
진화 과정	주계열성 → 적색 거성 → 행성상 성운 → 백색 왜성	주계열성 → 초거성 → 초신성 폭발 → 중성자별, 블랙홀
최종 생성 원소	탄소, 산소	철

ㄴ. (가)는 태양 질량의 1배, (나)는 태양 질량의 10배인 별의 내부 구조이다.

오답 피하기 ㄱ. 중성자별은 질량이 태양의 10배 이상인 별이 진화한 것이다. (가)는 태양 질량의 1배인 별이므로 시간이 지나면 행성상 성운을 거쳐 백색 왜성이 된다.

ㄷ. 태양 질량의 1배인 별은 중심부의 온도가 탄소 핵융합 반응이 일어나는 온도까지 높아지지 않아 헬륨 핵융합 반응까지만 일어난다. 따라서 중심부 온도는 (가)가 (나)보다 낮다.

07 ㄱ. 질량이 태양 정도인 별은 (가) 행성상 성운 → 백색 왜성으로 진화하고, 질량이 태양의 10배 이상인 별은 진화하여 (나) 초신성 폭발을 일으킨다.

ㄷ. 철보다 무거운 원소는 (나) 초신성 폭발 과정에서 생성된다.

오답 피하기 ㄴ. 질량이 태양의 10배 이상인 별은 초신성 폭발 후 중심부가 더욱 수축하여 중성자별이나 블랙홀이 된다.

08 ㄱ. 태양계 성운은 중력에 의해 수축하고 회전하면서 중심부의 온도가 높아져 원시 태양이 형성되었고, 바깥쪽에서는 원시 원반이 형성되었다.

ㄷ. 태양계 성운은 중력에 의해 점차 수축하면서 중심부의 밀도가 점점 커졌다.

오답 피하기 ㄴ. 태양은 태양계 성운 중심부에 있는 물질들이 모여서 형성되었다. 태양계 성운 바깥쪽에 있는 물질들은 원시 원반을 형성한 후 행성을 포함한 다양한 태양계의 천체들을 형성하였다.

09 ㄱ. 태양계 성운이 자체 중력에 의해 수축하고 회전하면서 원시 태양과 원시 원반이 형성된다. 따라서 A 과정에서 태양계 성운은 수축하므로 성운 중심부의 밀도가 커진다.

ㄴ. B 과정에서 원시 태양이 계속 수축하므로, 이 과정에서 원시 태양 중심부의 온도가 높아진다.

ㄷ. C 과정에서 미행성체들이 뭉쳐져 원시 행성이 형성되고, 미행성체들이 원시 행성에 계속해서 충돌하여 원시 행성의 크기가 커진다. 따라서 C 과정에서 미행성체의 개수는 감소한다.

10 A는 목성형 행성, B는 지구형 행성이다.

ㄴ. B는 지구형 행성으로 표면이 단단한 암석으로 되어 있다.

ㄷ. 목성형 행성(A)은 지구형 행성(B)보다 태양으로부터 멀리 떨어져 있다.

오답 피하기 ㄱ. 목성형 행성(A)의 주요 구성 원소는 수소와 헬륨으로 가벼운 원소이고, 지구형 행성(B)의 주요 구성 원소는 철, 산소, 규소 등의 무거운 원소이다.

11 ㄱ. A 과정과 같이 원시 지구에 미행성체가 충돌하면서 발생한 에너지에 의해 지구의 온도는 점차 높아져 마그마 바다가 형성되었다.

오답 피하기 ㄴ. B 과정에서 미행성체의 충돌이 줄어들면서 지구의 온도가 낮아져 원시 지각이 형성되었다. 따라서 B 과정에서 지구가 미행성체와 충돌하지 않은 것은 아니다.

ㄷ. 지구에서 최초의 생명체는 원시 바다가 형성된 이후에 바다에서 탄생하였다.

12 ㄴ. 원시 지구는 초신성 폭발로 형성된 태양계 성운에서 원시 태양계 형성될 때 가스와 먼지가 뭉쳐져서 형성된 미행성체들이 서로 합쳐져 형성되었다.

ㄷ. 미행성체의 충돌로 발생한 열에 의해 지구 전체가 녹아 마그마 바다가 형성되었다.

ㄹ. 지구가 용융 상태였던 마그마 바다에서 철, 니켈과 같은 무거운 금속 물질은 중심부로 가라앉고, 규소, 산소와 같은 가벼운 규산염 물질은 표면 쪽으로 떠올라 핵과 맨틀이 분리되었다.

오답 피하기 ㄱ. 원시 지각이 형성된 후 화산 활동 등으로 대기에 공급된 수증기가 응결하여 비가 내렸고, 낮은 곳으로 모인 물이 원시 바다를 형성하였다.

13 별의 크기 변화는 별 내부의 핵융합 반응에 의한 기체압과 질량에 의한 중력의 상대적인 크기에 의해 결정된다.

모범 답안 주계열성 내부에서는 별의 바깥쪽으로 작용하는 기체압과 별의 중심쪽으로 작용하는 중력이 평형을 이루고 있기 때문이다.

채점 기준	배점
힘의 작용 방향과 크기 비교를 모두 포함하여 옳게 서술한 경우	100 %
두 힘이 평형을 이루고 있다고만 서술한 경우	50 %

14 별의 내부에서는 중력 수축 에너지에 의해 온도가 상승하는데, 별의 질량이 클수록 중력 수축 에너지가 커서 더 높은 온도까지 상승할 수 있으므로 여러 단계의 핵융합 반응이 일어나 무거운 원소가 생성된다.

모범 답안 질량이 작은 별은 중력 수축 에너지가 작아 탄소 핵융합 반응이 일어날 수 있는 온도까지 높아질 수 없기 때문이다.

채점 기준	배점
별의 질량과 중력 수축 에너지 크기의 관계를 이용하여 옳게 서술한 경우	100 %
탄소 핵융합 반응이 일어날 수 있을 만큼 온도가 상승하지 못한다고만 서술한 경우	50 %

15 **모범 답안** 태양계 성운을 이루고 있는 물질이 중력에 의해 중심부로 모여들어 위치 에너지가 감소하면서 발생한 중력 수축 에너지에 의해 온도가 높아졌다.

채점 기준	배점
중력, 위치 에너지, 중력 수축 에너지를 모두 포함하여 옳게 서술한 경우	100 %
중력 수축 에너지에 의한 온도 변화로만 서술한 경우	50 %

42~43쪽

STEP 4 내신 1등급 문제

01 ③ **02** ③ **03** ⑤ **04** ② **05** ④ **06** ④ **07** ④
08 ①

01 ㄱ. 별 A는 적색 거성을 거쳐 행성상 성운, 백색 왜성으로 진화하므로 질량이 태양 정도인 별이고, 별 B는 적색 초거성을 거쳐 초신성 폭발 이후 중성자별로 진화하므로 질량이 태양의 10배 이상인 별이다. 따라서 별의 질량은 B가 A보다 크다.

ㄴ. 철보다 무거운 원소는 초신성 폭발 과정에서 생성된다.

오답 피하기 ㄷ. 별의 진화 과정에서 수소는 핵융합 반응을 거쳐 무거운 원소가 되므로 별의 탄생과 진화의 순환 과정이 거듭될수록 우주 전체의 수소의 양은 감소한다.

02 ㄱ. (가)는 중심부에서 핵융합을 통해 철까지 생성되었으므로 질량이 태양의 10배 이상인 별이며, 초신성 폭발을 할 수 있다.

ㄴ. (가)는 핵융합 반응에 의해 철 핵이 생성되었고, (나)는 탄소 핵이 생성되었으므로, (가)는 질량이 태양의 10배 이상인 별이고 (나)는 질량이 태양 정도인 별이다. 따라서 별의 질량은 (가)가 (나)보다 크다.

오답 피하기 ㄷ. (나)의 중심부에는 탄소와 산소가 생성되었으므로 최종적으로 일어나는 핵융합 반응은 헬륨 핵융합 반응이다.

03 ㄱ. 초신성 폭발(㉠)이 일어나는 과정에서 금, 납, 우라늄 등의 철보다 무거운 원소가 생성된다.

ㄴ. 게성운은 초신성 잔해로, 중심부에서 핵융합 반응을 통해 철까지 생성하는 별이 진화하여 생성된 것이다. 따라서 ㉡의 질량은 태양의 질량보다 10배 이상 크다.

ㄷ. 게성운을 만든 별은 핵융합(A) 반응을 통해 철까지 생성하고, 초신성 폭발 과정에서 철보다 무거운 원소를 생성하였다.

04 ㄷ. (나)의 초신성 폭발 과정에서 엄청난 에너지가 발생하여 금, 납, 우라늄 등의 철보다 무거운 원소들이 생성되고, 이 원소들이 우주 공간으로 퍼져 나간다.

오답 피하기 ㄱ. 별의 내부로 들어갈수록 무거운 원소가 분포하므로, A는 수소, B는 철이다. 따라서 원소의 질량은 A가 B보다 작다.

ㄴ. 질량이 태양의 10배 이상인 별에서는 수소, 헬륨 핵융합 반응이 끝나고 탄소, 산소, 규소 등의 핵융합 반응이 일어나 철까지 생성된다. 철은 매우 안정한 원소이므로 핵융합 반응이 일어나지 않는다.

05 ㄱ, ㄴ, ㄷ. 태양계 행성들은 회전하면서 수축하는 태양계 성운의 원반상에서 태양과 비슷한 시기에 형성되었다. 따라서 태양계 행성들은 공전 궤도면이 거의 일치하며, 태양의 자전 방향과 같은 방향으로 공전한다.

오답 피하기 ㄹ. 태양에 가까운 곳에는 무거운 암석과 철질로 된 지구형 행성이, 먼 곳에는 가스와 얼음으로 된 목성형 행성이 형성되었다.

06 ㄴ. 원시 태양계에서 중심부에는 원시 태양이 형성되고, 원시 원반에서는 미행성체가 서로 충돌하여 행성이 형성되었다.

ㄷ. 태양계 성운이 회전하며 수축하여 태양계가 형성되었으므로, 현재 행성들의 공전 방향은 태양계 성운의 회전 방향과 같다.

오답 피하기 ㄱ. 성운이 회전하면서 수축함에 따라 성운 중심부의 밀도는 커진다.

07 (가)에서 별의 내부가 양파 껍질과 같은 구조로 이루어져 있으므로 질량이 태양의 10배 이상인 별의 내부 구조이며, 중심에 철로 된 핵이 존재한다. (나)에서 지구를 구성하는 원소 중 가장 많은 질량비를 차지하는 것은 철이고, 두 번째로 많은 질량비를 차지하는 것은 산소이다. 따라서 ㉠은 산소, ㉡은 규소, ㉢은 철이다.

ㄴ. 별 내부에서는 여러 단계의 핵융합 반응을 거쳐 점점 더 무거운 원소가 생성되고, 가장 마지막에 철이 생성된다. 따라서 ㉡(규소)은 ㉢(철)보다 먼저 생성되었다.

ㄷ. (나)에서 지구는 철, 산소, 규소, 마그네슘 등으로 구성되어 있는데, 별의 진화 과정에서 생성된 탄소, 산소, 규소, 철 등의 여러 원소 중 일부는 지구를 형성하는 재료가 되었다.

오답 피하기 ㄱ. ㉠은 산소이다.

08 **문제 분석**

- 태양계의 형성 과정: 태양계 성운의 형성 및 수축 → 원시 태양과 원시 원반의 형성 → 고리와 미행성체의 형성 → 원시 행성의 형성 → 태양계의 형성
- 지구의 형성 과정: 원시 지구의 형성 → 마그마 바다의 형성 및 맨틀과 핵의 분리 → 원시 지각과 원시 바다의 형성 → 생물체의 탄생

ㄱ. 태양계 성운은 주로 우주에 가장 많이 존재하는 원소인 수소와 헬륨으로 구성되어 있다.

오답 피하기 ㄴ. 태양으로부터 가까운 곳에 형성된 원시 행성은 주로 무거운 원소로 구성되었고, 태양으로부터 먼 곳에 형성된 원시 행성은 수소와 헬륨 등 가벼운 기체 성분으로 구성되었다.

ㄷ. 원시 지구는 미행성 충돌열 등으로 인해 마그마 바다가 형성되었다. 이후 지구 내부에서 무거운 물질인 철과 니켈 등은 가라앉아 핵을 형성하였고, 가벼운 물질인 규소와 산소 등은 떠올라 맨틀을 형성하였다.

중단원 핵심 요약   44쪽

❶ 방출   ❷ 종류   ❸ 수소   ❹ 빅뱅   ❺ 전자   ❻ 3 : 1
❼ 우주 배경 복사   ❽ 철   ❾ 성운   ❿ 수소   ⓫ 철   ⓬ 초신성
⓭ 원시 태양   ⓮ 미행성체

중단원 핵심 기출 문제   45~47쪽

01 ①   **02** ②   **03** ④   **04** ②   **05** ②   **06** ③   **07** ①
08 ③   **09** ②   **10** ①   **11** ④   **12** ⑤

01 ㄱ. (가)는 연속 스펙트럼에 검은 선(흡수선)이 나타나 있는 흡수 스펙트럼이다.

오답 피하기 ㄴ. 기체 방전관에서는 방출 스펙트럼이 나타나고, 별에서는 흡수 스펙트럼이 나타나므로 (가)는 별 B, (나)는 원소 A를 관측하여 얻은 스펙트럼이다.

ㄷ. (가)의 흡수선과 (나)의 방출선의 위치가 일치하지 않으므로 별 B의 대기에는 원소 A가 포함되어 있지 않다.

02 **단원 통합형 문제 분석**

ㄱ. 태양을 관측하여 얻을 수 있는 스펙트럼은 (나)이다. (×) → (다)
ㄴ. (나)와 (다)는 동일한 원소에 의해 얻어진 스펙트럼이다. (○)
ㄷ. (가)와 같은 과정이 일어나는 경우 얻을 수 있는 스펙트럼의 종류는 (다)이다. (×) → (나)

ㄴ. (나)의 방출선과 (다)의 흡수선의 위치가 모두 동일하므로 (나)와 (다)는 동일한 원소에 의해 얻어진 스펙트럼이다.

 ㄱ. 태양을 관측하여 얻을 수 있는 스펙트럼은 흡수 스펙트럼이므로 (다)이다.

ㄷ. (가)는 높은 에너지 준위에서 낮은 에너지 준위로 전자가 이동하면서 에너지를 방출하므로 방출 스펙트럼이 나타난다. 따라서 (가)와 같은 과정이 일어나는 경우에는 (나)와 같은 방출 스펙트럼이 나타난다.

03 ㄴ. 빅뱅 후 약 10^{-10}초가 지났을 때 우주에는 양성자와 중성자를 이루는 기본 입자인 쿼크와 전자 등이 생성되었다.

ㄷ. 기본 입자가 생성된 후 우주가 팽창함에 따라 우주의 온도가 낮아지면서 쿼크가 결합하여 양성자와 중성자가 생성되었고, 우주의 온도가 더 낮아지면서 양성자와 중성자가 결합하여 중성자 1개와 양성자 1개로 이루어진 중수소, 중성자 2개와 양성자 1개로 이루어진 삼중 수소, 중성자 2개와 양성자 2개로 이루어진 헬륨 등의 원자핵이 생성되었다.

 ㄱ. 수소 원자핵은 양성자 1개로 이루어져 있다. 즉, 양성자 그 자체로 수소 원자핵이 된다. 반면 헬륨 원자핵은 양성자 2개와 중성자 2개로 이루어져 있다. 양성자는 원자핵보다 먼저 생성되었으므로 수소 원자핵은 헬륨 원자핵보다 먼저 생성되었다.

04 삼중 수소는 양성자 1개와 중성자 2개로 구성되어 있고, 중수소는 양성자 1개와 중성자 1개로 구성되어 있다. 따라서 삼중 수소와 중수소가 핵융합 반응을 하면 양성자 2개와 중성자 2개로 구성된 헬륨 원자핵이 생성되고 중성자 1개가 떨어져 나온다.

ㄴ. 원자핵의 전하는 수소(H)가 +1, 헬륨(He)이 +2이다.

 ㄱ. A는 전하를 띠지 않는 입자이므로 중성자이다. 수소 원자핵은 양성자이다.

ㄷ. 수소 핵융합 반응은 별(주계열성)의 내부에서도 일어난다.

05 ㄴ. B는 양성자와 중성자로, 결합하여 원자핵을 생성한다.

 ㄱ. A는 전자로, 음(−)전하를 띠는 입자이다.

ㄷ. 우주 배경 복사는 원자핵과 전자(A)가 결합하여 원자가 생성되면서, 즉 (가) 시기 이후에 우주 전역으로 퍼져 나갔다.

06 A는 양성자, B는 수소, C는 헬륨, D는 원자이다.

ㄱ. 양성자는 위 쿼크 2개와 아래 쿼크 1개로 구성되어 있다.

ㄴ. 현재 우주에 존재하는 수소(B)와 헬륨(C)의 질량비는 약 3 : 1이다.

 ㄷ. 원자가 생성된 후 우주가 투명해지면서 우주 배경 복사가 우주 전역으로 퍼져 나갔다. 이후 우주가 팽창함에 따라 우주의 온도가 낮아지면서 우주 배경 복사의 파장은 길어졌다.

07 ㄱ. 탄소, 수소, 질소는 지구보다 생명체에서 차지하는 비율이 크다. 따라서 상대적으로 탄소, 수소, 질소의 질량비가 큰 (가)가 생명체, (나)가 지구를 구성하는 원소의 질량비이다.

 ㄴ. 생명체에서 가장 많은 A는 산소로, 별의 내부에서 헬륨 핵융합 반응과 탄소 핵융합 반응으로 생성된다. 따라서 질량이 태양 정도인 별의 내부에서도 생성된다.

ㄷ. 지구를 구성하는 원소 중 가장 많은 B는 철로, 주로 질량이 태양의 10배 이상인 별의 내부에서 마지막 단계의 핵융합 반응으로 생성된다. 빅뱅 직후에 핵합성으로 생성된 원소는 대부분 수소와 헬륨이다.

08 성간 물질이 수축하여 성운을 형성하였고, 온도가 낮은 성운 내 밀도가 큰 영역에서 원시별이 탄생한다. 원시별은 중력 수축에 의해 온도가 높아지며 중심부 온도가 약 1000만 K 이상이 되면 수소 핵융합 반응이 일어나는 별이 된다.

ㄱ. 별의 탄생 과정은 (라) 성간 물질의 수축 → (가) 성운의 형성 → (나) 원시별의 탄생 → (다) 별의 탄생 순이다.

ㄴ. 원시별은 중력 수축에 의해 에너지가 생성되어 중심부의 온도가 상승한다.

 ㄷ. 원시별의 중심부 온도가 약 1000만 K 이상이 되면 중심부에서 수소 핵융합 반응이 일어나는 별(주계열성)이 된다.

09 ㄷ. 질량이 태양의 10배 이상인 별의 내부에서 핵융합 반응이 끝난 후 초신성 폭발이 일어날 때 엄청난 에너지를 방출하면서 한꺼번에 핵융합 반응이 일어나 철보다 무거운 원소들이 생성된다.

 ㄱ. 질량이 태양 정도인 별의 중심부에서는 수소 핵융합 반응에 의해 헬륨이 생성되고, 헬륨 핵융합 반응에 의해 탄소와 산소가 생성된 후 핵융합 반응이 멈춘다.

ㄴ. 질량이 태양의 10배 이상인 별의 중심부에서는 수소, 헬륨, 탄소, 네온 핵융합 반응을 거쳐 규소 핵융합 반응까지 일어나 철 핵을 생성한다.

10 ㄱ. 별 (나)는 중심부에서 규소(Si) 핵융합 반응이 일어나고 있으므로 질량이 태양의 10배 이상인 별이다. 따라서 ㉠은 100보다 크다.

ㄷ. 수소 핵융합 반응은 약 1000만 K 이상이 되면 일어날 수 있고, 헬륨 핵융합 반응은 약 1억 K 이상이 되면 일어날 수 있다. 따라서 헬륨 핵융합 반응이 일어나는 별 (가)의 중심부 온도가 태양의 중심부 온도보다 높다.

 ㄴ. 규소(Si) 핵융합 반응에 의해 생성되는 원소 ㉡은 철(Fe)이다. 철보다 무거운 원소인 납(Pb)은 초신성 폭발에 의해 생성된다.

ㄹ. 별 (가)는 태양보다 질량이 작은 별이므로 중심부에서 헬륨 핵융합 반응까지만 일어난다.

11 ㄴ, ㄷ. 회전하는 성운이 수축함에 따라 중심부에는 물질이 모여 원시 태양이 형성되었고, 주변의 원반부에는 미행성체들이 충돌하여 원시 행성이 형성되었다. 따라서 행성들의 공전 궤도면은 거의 나란하며, 태양의 자전 방향과 같은 방향으로 행성들은 공전한다.

 ㄱ. 태양계 성운이 회전하면서 밀도가 큰 부분을 중심으로 수축하였으므로 밀도는 A가 B보다 크다.

12

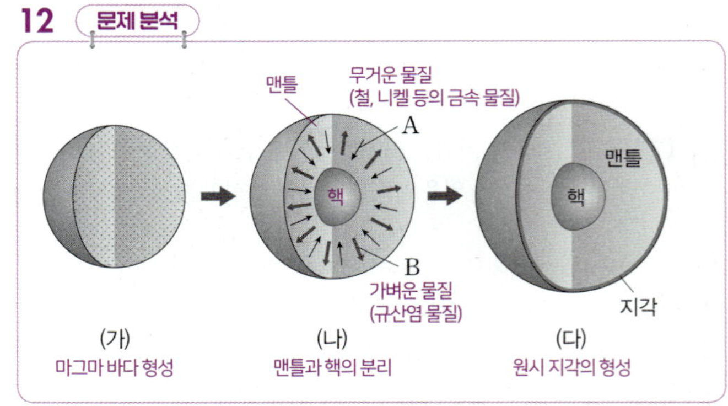

(가)는 마그마 바다가 형성된 시기이고, (나)는 맨틀과 핵이 분리된 시기이며, (다)는 원시 지각이 형성된 시기이다. 마그마 바다가 형성된 후 무거운 물질인 A는 중심부로 가라앉고 가벼운 물질인 B는 바깥쪽으로 떠올랐다.

ㄱ. A는 무거운 금속 물질이고, B는 가벼운 규산염 물질이다.

ㄴ. (가) → (나) 과정에서 지구의 크기가 커졌는데, 그 이유는 미행성체가 지속적으로 충돌하였기 때문이다.

ㄷ. (나) 시기 이후 미행성체의 충돌 횟수가 감소하였으며, 그로 인해 지구의 표면 온도가 낮아져 원시 지각이 형성되었다.

01 원소의 주기성

❶ 원자 번호 ❷ 원자가 전자 수 ❸ 전자 껍질 수 ❹ 양이온
❺ 음이온 ❻ 1 ❼ 1 ❽ 17 ❾ 7 ❿ 수소 ⓫ 염기성
⓬ 수소 화합물 ⓭ 전자 껍질 ⓮ 원자가 전자

---

01 (1) × (2) × (3) ○ (4) ○   **02** (1) ○ (2) ○ (3) ○   **03** (1) ○
(2) ○ (3) × (4) ○   **04** (1) Mg, Al (2) H, C, O   **05** (1) 3 (2) ㉠ 11,
㉡ 전자

02 원자의 전자 배치에서 전자가 들어 있는 전자 껍질 수는 주기 번호
와 같고, 원자가 전자 수는 족 번호의 끝자리 수와 같다.

03 (3) 1주기 1족 원소인 수소(H)는 비금속 원소이다.

01 ④   **02** ⑤   **03** ⑤   **04** ②

01 문제 분석

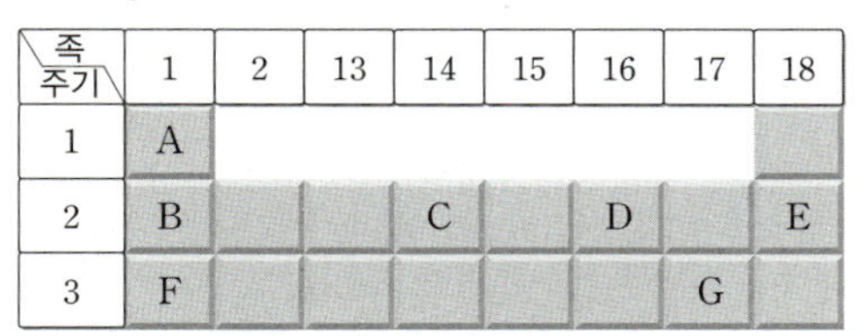

족 주기	1	2	13	14	15	16	17	18
1	A							
2	B			C		D		E
3	F						G	

- 금속 원소는 B, F 2가지이고, 전자를 잃기 쉽다.
- 비금속 원소는 A, C, D, E, G 5가지이고, C, D, E, G는 전자를 얻기
  쉽다.

ㄴ. D는 비금속 원소이므로 전자를 얻기 쉽다.
ㄷ. B~G 중 전자를 잃기 쉬운 원소는 금속 원소이므로 B, F 2가지이다.

오답 피하기 ㄱ. 주기는 주기율표의 가로줄이고, 족은 주기율표의 세로
줄이므로, A와 B는 같은 족 원소이다.

02 ㄱ. 알칼리 금속은 반응성이 매우 커서 공기 중의 산소와 빠르게
반응한다.
ㄴ. 알칼리 금속은 물과 격렬하게 반응하여 수소 기체를 발생시킨다.
ㄷ. 알칼리 금속과 물이 반응하여 생성된 수용액은 염기성을 띤다.

03 문제 분석

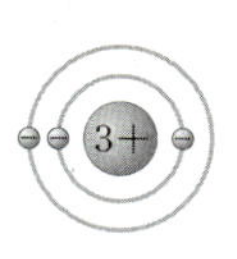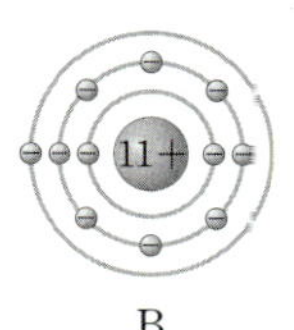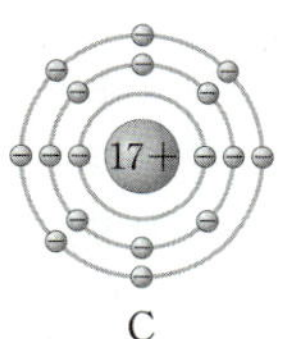

- A~C의 원자가 전자 수는 각각 1, 1, 7이다.
- A~C에서 전자가 들어 있는 전자 껍질 수는 각각 2, 3, 3이다.

ㄱ. A와 B는 원자가 전자 수가 같으므로 같은 족 원소이다.
ㄴ. B와 C는 전자가 들어 있는 전자 껍질 수가 같으므로 같은 주기 원소
이다.
ㄷ. 원자가 전자 수는 C가 7로 가장 크다.

04 원자가 전자는 화학 결합에 참여하므로 원자가 전자 수가 같으면
화학적 성질이 비슷하다. A와 B는 같은 1족 원소이며, 원자가 전자 수
가 1로 같으므로 화학적 성질이 비슷하다.

01 ②   **02** ⑤   **03** ③   **04** ⑤   **05** ⑤   **06** ③   **07** ③
08 ③   **09** ④   **10** ⑤   **11** ③   **12** ②   **13** ②
14 (1) 해설 참조 (2) 해설 참조   **15** (1) 해설 참조 (2) 해설 참조
16 (1) 해설 참조 (2) 해설 참조   **17** (1) 해설 참조 (2) 해설 참조
(3) 해설 참조

01 현대의 주기율표는 원소를 원자 번호(양성자수) 순으로 나열하여
화학적 성질이 비슷한 원소들이 같은 세로줄에 오도록 배열하였다. 원소
의 원자 번호는 원자핵에 들어 있는 양성자수와 같다.

02 ㄴ. 금속 원소는 전자를 잃어 양이온이 되기 쉽고, 비금속 원소는
전자를 얻어 음이온이 되기 쉽다.
ㄷ. 금속 원소는 주로 주기율표의 왼쪽과 가운데에 배열되고, 비금속 원
소는 주로 주기율표의 오른쪽에 배열된다.

오답 피하기 ㄱ. 주기율표에서 세로줄을 족이라고 하며, 같은 족에 있는
원소들은 화학적 성질이 비슷하다.

03 ① X는 알칼리 금속이므로 실온에서 모두 고체 상태이다.
② (가)에서 X를 칼로 잘랐을 때 단면의 광택이 빠르게 사라졌으므로 X
는 공기 중의 산소와 빠르게 반응함을 알 수 있다.
④ (다)에서 X와 물이 반응하여 생성된 수용액에 페놀프탈레인 용액을
떨어뜨렸을 때 붉게 변했으므로 수용액은 염기성임을 알 수 있다.
⑤ 나트륨(Na)은 알칼리 금속이므로 X로 적절하다.

오답 피하기 ③ (가)~(다)의 결과로부터 X는 알칼리 금속임을 알 수 있
다. 알칼리 금속을 물과 반응시켰을 때 발생하는 기체는 수소 기체이다.

04 ⑤ 할로젠은 원자 번호가 작을수록 반응성이 크므로 F, Cl, Br 중
반응성이 가장 큰 것은 F이다.

05 (가)~(다)는 각각 리튬, 나트륨, 플루오린이다.
ㄱ. (가)(리튬)는 알칼리 금속이므로 물과 반응하면 수소 기체가 발생한다.

ㄴ. 알칼리 금속은 원자 번호가 클수록 반응성이 크므로 반응성은 (가)(리튬)가 (나)(나트륨)보다 작다.

ㄷ. (가)(리튬)와 (다)(플루오린)는 모두 2주기 원소이다.

06 ㄱ. (나)에서 ●의 수와 ●(전자)의 수가 같으므로 ●은 양성자이다.

ㄷ. (나)는 양성자수가 2인 헬륨이고, 18족 원소이다.

오답 피하기 ㄴ. ◯은 중성자이므로 (가)와 (나)는 중성자수가 1로 같다.

07 ① 원자는 전기적으로 중성이므로 전자 수와 양성자수가 같고, 양성자수는 원자 번호와 같으므로 원자 번호는 9이다.

② F은 전자가 들어 있는 전자 껍질 수가 2이므로 2주기 원소이다.

④ F은 18족 원소가 아니고, 가장 바깥 전자 껍질에 들어 있는 전자 수가 7이므로 원자가 전자 수는 7이다.

⑤ F은 비금속 원소이므로 전자를 얻어 음이온이 되기 쉽다.

오답 피하기 ③ F은 원자가 전자 수가 7이므로 17족 원소이다.

08 ㄱ. 원자의 전자 수와 양성자수는 같다. 따라서 양성자수는 A~C가 각각 2, 9, 12이므로 C가 가장 크다.

ㄷ. A는 1주기 18족, B는 2주기 17족, C는 3주기 2족이므로 비금속 원소는 A, B 2가지이다.

오답 피하기 ㄴ. A, C의 원자가 전자 수는 각각 0, 2이다. 따라서 A와 C는 화학적 성질이 다르다.

09 ㄴ. 원자가 전자 수가 7인 원소는 17족 원소인 C와 F 2가지이다.

ㄷ. 금속 원소는 B와 D 2가지이다. A는 1주기 1족 원소인 수소(H)이고, 비금속 원소이다.

오답 피하기 ㄱ. 전자가 들어 있는 전자 껍질 수가 2인 원소는 2주기 원소인 B와 C이다.

10 ㄱ. 3주기 원소는 Na, Cl이고, F은 2주기 원소이므로 ⓒ은 F이다. 원자가 전자 수가 7인 원소는 F, Cl이므로 ⊙은 Cl이다. 따라서 ⓒ은 Na이므로 원자 번호는 ⊙>ⓒ>ⓒ이다.

ㄴ. ⓒ(Na)은 금속 원소이므로 전자를 잃고 양이온이 되기 쉽다.

ㄷ. ⊙(Cl)과 ⓒ(F)은 원자가 전자 수가 7로 동일하므로 화학적 성질이 비슷하다.

11 ㄱ. 전자는 원자핵에서 가까운 전자 껍질부터 배치된다.

ㄷ. 원자 번호가 8인 산소(O)는 첫 번째 전자 껍질과 두 번째 전자 껍질에 들어 있는 전자 수가 각각 2, 6이다.

오답 피하기 ㄴ. 첫 번째 전자 껍질에는 최대 2개의 전자가 배치되고, 두 번째 전자 껍질에는 최대 8개의 전자가 배치될 수 있다.

12 ㄴ. Li, Na, Cl 중 3주기 원소는 Na, Cl이고, 이 중 원자가 전자 수가 1인 원소는 Na이다. 따라서 A~C는 각각 Na, Cl, Li이고, 이 중 양성자수가 가장 큰 원소는 원자 번호가 가장 큰 B(Cl)이다.

오답 피하기 ㄱ. C는 Li이다.

ㄷ. A~C는 각각 3주기, 3주기, 2주기 원소이므로 전자가 들어 있는 전자 껍질 수는 A와 B가 3으로 같다.

13 ㄴ. (가)와 (나)의 원자가 전자 수는 각각 5, 1이다.

오답 피하기 ㄱ. (가)와 (나)의 양성자수는 전자 수와 같으므로 각각 7, 11이다.

ㄷ. (가)와 (나)의 전자가 들어 있는 전자 껍질 수는 각각 2, 3이다.

14 **모범 답안** (1) 리튬, 나트륨, 칼륨은 모두 1족 원소이다. 같은 족 원소는 원자가 전자 수가 같아 화학적 성질이 비슷하다.

(2) 알칼리 금속은 공기 중의 산소, 수증기와 쉽게 반응하므로 보관할 때는 물이나 공기와 접촉하지 않도록 액체 파라핀이나 석유에 넣어 보관한다.

	채점 기준	배점
(1)	리튬, 나트륨, 칼륨은 1족 원소이며 원자가 전자 수가 같아 화학적 성질이 비슷함을 옳게 서술한 경우	50 %
	원자가 전자 수를 언급하지 않고, 리튬, 나트륨, 칼륨이 1족 원소이므로 화학적 성질이 비슷하다고만 서술한 경우	30 %
(2)	알칼리 금속이 물이나 산소와 쉽게 반응함을 근거로 하여 옳게 서술한 경우	50 %

15 **모범 답안** (1) A: 2, B: 7, C: 2

(2) A와 C, 원소의 화학적 성질은 원자가 전자 수에 의해 결정된다. A~C 중 원자가 전자 수가 같은 원소는 A와 C이므로 이 2가지 원소는 화학적 성질이 비슷하다.

	채점 기준	배점
	A~C의 원자가 전자 수를 모두 옳게 쓴 경우	30 %
(1)	A~C 중 두 가지 원소의 원자가 전자 수만 옳게 쓴 경우	20 %
	A~C 중 한 가지 원소의 원자가 전자 수만 옳게 쓴 경우	10 %
(2)	화학적 성질이 비슷한 원소를 모두 옳게 쓰고, 원자가 전자 수가 같음을 근거로 하여 까닭을 옳게 서술한 경우	70 %
	화학적 성질이 비슷한 원소만 모두 옳게 쓴 경우	40 %

16 **모범 답안** (1) 원자가 전자 수, 전자 수, 양성자수

(2) 원자 번호는 양성자수와 같고, 원자에서 양성자수는 전자 수와 같다. 따라서 같은 주기 원자에서 원자 번호가 커질수록 양성자수와 전자 수가 커지고 원자가 전자 수도 커진다.

	채점 기준	배점
(1)	원자가 전자 수, 전자 수, 양성자수를 모두 쓴 경우	40 %
	원자가 전자 수, 전자 수, 양성자수 중 두 가지만 쓴 경우	20 %
(2)	원자 번호는 전자 수, 양성자수와 같음을 근거로 하여 까닭을 옳게 서술한 경우	60 %

17 **모범 답안**

(1)

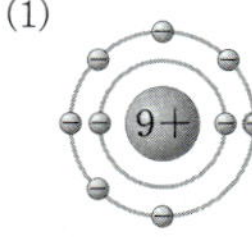 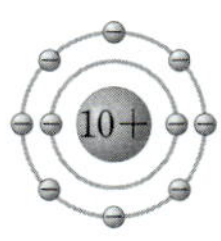 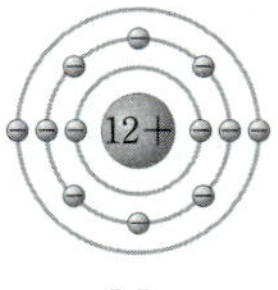 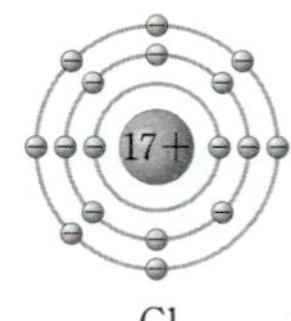

(2) 2주기 원소: F, Ne, 3주기 원소: Mg, Cl

(3) 금속 원소: Mg, 비금속 원소: F, Ne, Cl

	채점 기준	배점
	네 가지 원자의 전자 배치를 모두 옳게 나타낸 경우	40 %
(1)	세 가지 원자의 전자 배치만 옳게 나타낸 경우	30 %
	두 가지 원자의 전자 배치만 옳게 나타낸 경우	20 %
	한 가지 원자의 전자 배치만 옳게 나타낸 경우	10 %
(2)	2주기 원소와 3주기 원소로 모두 옳게 분류한 경우	30 %
(3)	금속 원소와 비금속 원소로 모두 옳게 분류한 경우	30 %

01 ③　**02** ①　**03** ④　**04** ①　**05** ③　**06** ⑤　**07** ③

01 ㄱ. A는 2주기 1족, B는 2주기 16족, C는 2주기 17족, D는 3주기 13족 원소이므로 금속 원소는 A와 D 2가지이다.
ㄴ. A~D의 원자 번호는 전자 수와 같으므로 각각 3, 8, 9, 13이고, 원자가 전자 수는 각각 1, 6, 7, 3이므로 (원자 번호+원자가 전자 수)는 B가 8+6=14, D가 13+3=16이다. 따라서 D가 B보다 크다.

　오답 피하기　ㄷ. 주기율표에서 같은 가로줄에 배열되는 원자들은 같은 주기 원자이다. 따라서 전자가 들어 있는 전자 껍질 수가 2로 같은 A, B, C가 같은 주기 원소이다.

02 F과 Cl는 비금속 원소이면서 할로젠이고, Li과 F은 2주기 원소이다. 따라서 '할로젠'과 '2주기 원소'는 각각 (가)와 (나)로 적절하다.

03 Li, Na, K은 1족 원소인 알칼리 금속이다.
ㄱ. (가)에서 모든 금속 단면의 광택이 사라진 것은 세 금속이 공기 중의 산소와 반응하였기 때문이다.
ㄷ. 실험 결과 세 금속의 화학적 성질이 비슷하고, '가설은 옳다.'는 결론을 내렸으므로 '같은 족의 금속 원소들은 화학적 성질이 비슷하다.'는 ㉠으로 적절하다.

　오답 피하기　ㄴ. (다)에서 모든 수용액이 붉은색으로 변한 것은 모든 수용액이 염기성이기 때문이다.

04 ㄱ. 전자는 원자핵에서 가까운 전자 껍질부터 채워지고 첫 번째 전자 껍질에는 최대 2개, 두 번째 전자 껍질에는 최대 8개의 전자가 채워질 수 있다. 따라서 $x=2$, $y=8$이므로 $x+y=10$이다.

　오답 피하기　ㄴ. A는 1주기 1족, B는 2주기 16족, C는 3주기 1족, D는 3주기 18족 원소이므로 금속 원소는 C 1가지이다.
ㄷ. 원자핵에 가까운 전자 껍질일수록 에너지 준위가 낮으므로 A~D에서 에너지 준위가 가장 낮은 전자 껍질(첫 번째 전자 껍질)에 들어 있는 전자 수는 각각 1, 2, 2, 2이다.

05　문제 분석

- E는 충치 예방용 치약에 사용되므로 2주기 17족 원소인 플루오린(F)이다.
- C는 E(F)와 화학적 성질이 비슷하므로 같은 족인 3주기 17족 원소이다.
- A와 D는 같은 족 원소이므로 주기율표의 같은 세로줄에 위치해 있다.
- B와 D는 전자가 들어 있는 전자 껍질 수가 같으므로 주기율표의 같은 가로줄에 위치해 있다.
- 이를 종합하면, 주기율표에서 A~E의 위치는 다음과 같다.

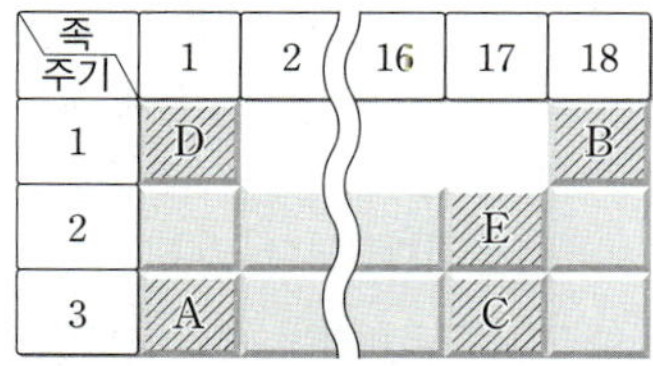

족\주기	1	2	〜	16	17	18
1	D					B
2					E	
3	A				C	

ㄱ. 원자 번호는 3주기 1족 원소인 A가 1주기 18족 원소인 B보다 크다.
ㄴ. A와 C는 같은 3주기 원소이다.

　오답 피하기　ㄷ. 원자가 전자 수는 D가 1, E가 7이므로 E가 D보다 크다.

06 ㄱ. A~C는 각각 2주기 17족 원소, 3주기 1족 원소, 3주기 17족 원소이다. 원자가 전자 수는 A~C가 각각 7, 1, 7이므로 (주기 번호+원자가 전자 수)는 A가 2+7=9, B가 3+1=4이고, 그 크기는 A>B이다.
ㄴ. 원자에서 양성자수는 전자 수와 같으므로 3주기 17족 원소인 C가 가장 크다.
ㄷ. B의 원자 번호는 전자 수와 같은 11이므로 이보다 원자 번호가 작은 금속 원소는 Li(원자 번호 3), Be(원자 번호 4) 2가지이다.

07 ㄱ. 2, 3주기 원자는 전자가 들어 있는 전자 껍질 수가 각각 2, 3이므로 x와 y는 각각 2, 3 중 하나이다. 이때 2, 3주기 원자의 원자가 전자 수는 0~7인데, $x=3$이면 C의 원자가 전자 수는 9가 되므로 $x=2$, $y=3$이다.
ㄷ. A~C는 각각 2주기 1족, 3주기 17족, 2주기 16족 원소이다. 따라서 A~C 중 금속 원소는 A 1가지이다.

　오답 피하기　ㄴ. 전자가 들어 있는 전자 껍질 수가 ($y+1$)이고, 원자가 전자 수가 ($y-1$)인 원자는 4주기 2족 원소의 원자로, 원자 번호는 20이다. 따라서 양성자수는 20이다.

○2 화학 결합과 물질의 성질

❶ 18　❷ 18　❸ 이온 결합　❹ 정전기적 인력　❺ 공유 결합
❻ 전자쌍　❼ Na　❽ Cl　❾ 6　❿ 2　⓫ 이온　⓬ $CaCl_2$
⓭ 이온

01 (1) ×　(2) ○　(3) ○　**02** ㉠ 1, ㉡ 2, ㉢ A^-, ㉣ B^{2+}　**03** BA_2
04 (1) ×　(2) ○　(3) ○　(4) ×　**05** (1) ×　(2) ○　(3) ○　(4) ○

01 (1) 18족 원소는 화학적으로 안정하고, 반응성이 매우 작아 다른 원소와 거의 반응하지 않고 원자 상태로 존재한다.

03 A와 B가 결합할 때 A는 A^-이 되고, B는 B^{2+}이 된다. A^-과 B^{2+}이 결합하여 형성된 물질은 전기적으로 중성이므로 A^-과 B^{2+}은 2 : 1의 개수비로 결합하여 화합물을 형성한다. 이온 결합 물질을 화학식으로 나타낼 때는 양이온, 음이온 순으로 나타내므로 화학식은 BA_2이다.

04 (3) C는 원자가 전자 수가 6이고, 18족 원소가 되기 위해 필요한 전자 수는 2이다. 분자에서 원자는 (8−원자가 전자 수)만큼 전자쌍을 공유하므로 C_2에서 공유 전자쌍 수는 2이다.
(4) 비금속 원소인 A와 C로 이루어진 화합물은 공유 결합 물질이고, 금속 원소 B와 비금속 원소 C로 이루어진 화합물은 이온 결합 물질이다. 이온 결합 물질은 수용액 상태에서 이동할 수 있는 이온이 있으므로 전기 전도성이 있지만, 공유 결합 물질은 분자 상태로 존재하므로 대부분 전기 전도성이 없다.

STEP 2 내신 대표 문제

01 ⑤ **02** ④

01 문제 분석

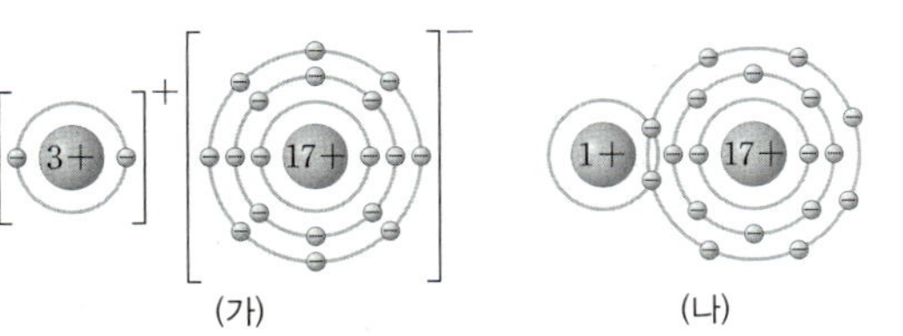

A는 2주기 17족 비금속 원소, B는 3주기 2족 금속 원소, C는 3주기 17족 비금속 원소이다.

ㄱ. B는 3주기 2족 금속 원소이다.

ㄴ. A와 C는 같은 17족 원소이므로 화학적 성질이 비슷하다.

ㄷ. B와 C가 결합할 때 B는 +2가 양이온, C는 −1가 음이온이 되므로 B와 C는 1:2의 개수비로 결합하여 BC_2를 형성한다.

02 문제 분석

(가) (나)

- (가)를 구성하는 원소는 원자가 전자 수가 1인 2주기 금속 원소와 원자가 전자 수가 7인 3주기 비금속 원소이다.
- (나)를 구성하는 원소는 원자가 전자 수가 1인 1주기 비금속 원소와 원자가 전자 수가 7인 3주기 비금속 원소이다.
- (가)와 (나)에서 공통된 원소(C)는 원자가 전자 수가 7인 3주기 비금속 원소이므로 (가)에서 A는 원자가 전자 수가 1인 2주기 금속 원소, (나)에서 B는 원자가 전자 수가 1인 1주기 비금속 원소이다.

ㄴ. B는 원자가 전자 수가 1인 1주기 비금속 원소이고, 18족 원소와 같은 전자 배치를 하기 위해 전자 1개를 내놓아 전자쌍 1개를 만든다. 따라서 B_2의 공유 전자쌍 수는 1이다.

ㄷ. (가)는 이온 결합 물질로, 이온 결합 물질은 수용액 상태에서 이온이 자유롭게 이동할 수 있어 전기 전도성이 있다.

오답 피하기 ㄱ. A는 원자가 전자 수가 1인 2주기 금속 원소이다.

STEP 3 내신 다지기 문제

01 ③ **02** ① **03** ④ **04** ⑤ **05** ② **06** ③ **07** ②
08 ③ **09** ② **10** ② **11** ① **12** ⑤ **13** ③
14 (1) 해설 참조 (2) 해설 참조 **15** 해설 참조 **16** (1) 해설 참조
(2) 해설 참조 **17** (1) 해설 참조 (2) 해설 참조

01 ㄱ. X는 3주기 2족 금속 원소이다.

ㄷ. X는 전자 2개를 잃어 +2가 양이온이 되기 쉽고, Y는 전자 1개를 얻어 −1가 음이온이 되기 쉽다. 따라서 X와 Y의 안정한 이온의 전하 크기는 각각 2, 1이며, X 이온이 Y 이온보다 크다.

오답 피하기 ㄴ. X는 3주기 2족 원소이므로 전자 2개를 잃어 Ne과 같은 전자 배치를 갖고, Y는 3주기 17족 원소이므로 전자 1개를 얻어 Ar과 같은 전자 배치를 가짐으로써 안정해진다.

02 문제 분석

원자 또는 이온	A	B^-	C^{2+}
전자가 들어 있는 전자 껍질 수	2	2	2
가장 바깥 껍질에 들어 있는 전자 수	6	8	8

- A는 2주기 16족 원소이다.
- B는 전자 1개를 얻어 B^-이 된다. B^-은 Ne과 같은 전자 배치를 가지므로 B는 2주기 17족 원소이다.
- C는 전자 2개를 잃어 C^{2+}이 된다. C^{2+}은 Ne과 같은 전자 배치를 가지므로 C는 3주기 2족 원소이다.

② 원자 번호는 3주기 2족인 C가 가장 크다.

③ A와 B는 같은 2주기 원소이다.

④ B는 17족 원소로, 원자가 전자 수가 7로 가장 크다.

⑤ A는 원자가 전자 수가 6인 2주기 16족 원소이므로 전자 2개를 얻어 B^-과 같은 전자 배치를 갖는다.

오답 피하기 ① C는 3주기 2족 원소이다.

03 ㄴ. 안정한 이온의 전자 배치가 Ne과 같은 원소는 2주기 비금속 원소인 B와 C, 3주기 금속 원소인 D이다.

ㄷ. C와 E는 원자가 전자 수가 7인 비금속 원소이므로 전자 1개를 얻어 −1가 음이온이 되기 쉽다.

오답 피하기 ㄱ. A는 1족 원소이지만, 비금속 원소인 수소(H)이고, 주기율표의 오른쪽에 위치하는 B, C, E도 비금속 원소이다. 따라서 비금속 원소는 4가지이다.

04 ㄱ. 분자에서 원자는 18족 원소와 같은 전자 배치를 갖기 위해 (8−원자가 전자 수)만큼 전자쌍을 공유한다. B의 원자가 전자 수는 6이므로 B_2의 공유 전자쌍 수는 8−6＝2이다.

ㄴ. A는 원자가 전자 수가 4인 비금속 원소이므로 원자가 전자 수가 1인 수소 원자 4개와 4개의 전자쌍을 공유하며 AH_4를 형성한다.

ㄷ. B는 원자가 전자 수가 6인 비금속 원소이고, C는 원자가 전자 수가 2인 금속 원소이므로 B와 C가 결합할 때 전자는 금속 원자인 C에서 비금속 원자인 B로 이동한다.

05 ㄷ. C, E, F의 원자가 전자 수는 각각 7, 1, 2이므로 C는 금속 원소와 결합할 때 −1가 음이온이, E와 F는 각각 비금속 원소와 결합할 때 +1가 양이온과 +2가 양이온이 되기 쉽다. 따라서 C와 E는 1:1의 개수비로 결합하여 EC를 형성되고, C와 F는 2:1의 개수비로 결합하여 FC_2를 형성하므로 화학식을 구성하는 원자 수는 C와 F로 이루어진 화합물이 C와 E로 이루어진 화합물보다 크다.

오답 피하기 ㄱ. A와 C는 모두 비금속 원소이므로 AC는 공유 결합 물질이다.

ㄴ. B는 2주기 금속 원소, C는 2주기 비금속 원소이므로 B와 C가 결합할 때 B는 전자를 잃고 1주기 18족 원소와 같은 전자 배치를, C는 전자를 얻고 2주기 18족 원소인 D와 같은 전자 배치를 갖는다.

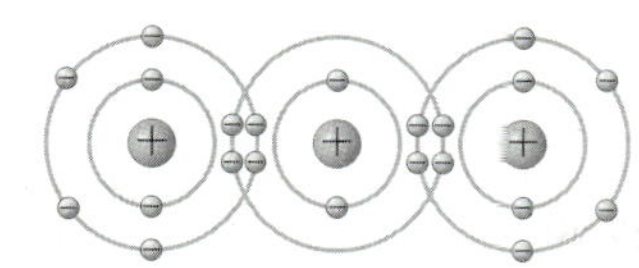

- XY_2에서 X와 Y의 공유 전자쌍 수는 각각 1, 2이고, 원자가 가지는 공유 전자쌍 수는 (8−원자가 전자 수)이므로 X와 Y의 원자가 전자 수는 각각 4, 6이다.
- X와 Y는 전자가 들어 있는 전자 껍질 수가 각각 2이므로 2주기 원소임을 알 수 있다.
- X는 2주기 14족 원소인 탄소(C), Y는 2주기 16족 원소인 산소(O)이다.

ㄱ. X와 Y는 공유 결합하여 XY_2를 형성하였으므로 모두 비금속 원소이다.

ㄴ. X는 2주기 14족 원소, Y는 2주기 16족 원소이므로 양성자수는 Y>X이다.

오답 피하기 ㄷ. X의 원자가 전자 수는 4이다.

07 ㄷ. 2주기 비금속 원소인 O, F과 3주기 금속 원소인 Na은 화합물에서 Ne과 같은 전자 배치를 가져 안정해진다.

오답 피하기 ㄱ. NaF은 금속 원소와 비금속 원소로 이루어진 이온 결합 물질이고, OF_2는 비금속 원소들로 이르러진 공유 결합 물질이다.

ㄴ. NaF은 3주기 원소인 Na과 2주기 원소인 F으로 이루어져 있고, OF_2는 2주기 원소인 O, F으로 이루어져 있다.

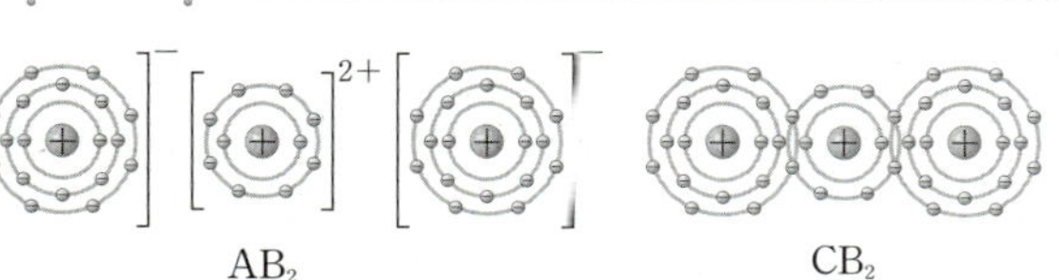

화합물에서 A와 C는 Ne과 같은 전자 배치를, B는 Ar과 같은 전자 배치를 가지므로 A는 3주기 금속 원소, B는 3주기 비금속 원소, C는 2주기 비금속 원소이다.

ㄱ. A와 B는 같은 3주기 원소이다.

ㄷ. C는 CB_2에서 2개의 전자쌍을 공유하고 있으므로 원자가 전자 수가 6인 비금속 원소이다. 따라서 C_2에서 공유 전자쌍 수는 2이다.

오답 피하기 ㄴ. AB_2에서 A는 +2가 양이온이므로 원자가 전자 수가 2이고, B는 −1가 음이온이므로 원자가 전자 수가 7이다. 따라서 A∼C의 원자가 전자 수는 각각 2, 7, 6이므로 B>C>A이다.

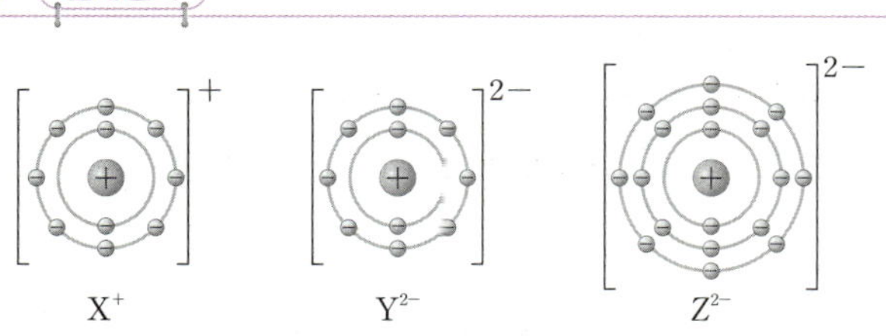

- X^+은 X가 전자 1개를 잃어 생성된 +1가 양이온이고, Y^{2-}, Z^{2-}은 Y와 Z가 각각 전자 2개를 얻어 생성된 −2가 음이온이다.
- X는 3주기 1족 금속 원소, Y는 2주기 16족 비금속 원소, Z는 3주기 16족 비금속 원소이다.

ㄴ. X와 Y가 결합하여 안정한 화합물을 생성할 때 전자는 금속 원소인 X에서 비금속 원소인 Y로 이동한다.

오답 피하기 ㄱ. X는 3주기, Y는 2주기이므로 서로 다른 주기 원소이다.

ㄷ. Z는 원자가 전자 수가 6이고, 분자에서 원자는 (8−원자가 전자 수)만큼 전자쌍을 공유하므로 Z_2의 공유 전자쌍 수는 2이다.

10 (가)는 고체와 수용액 상태에서 모두 전기 전도성이 없으므로 공유 결합 물질이고, (나)는 고체 상태에서는 전기 전도성이 없으나 수용액 상태에서는 전기 전도성이 있으므로 이온 결합 물질이다. 따라서 물(H_2O)은 공유 결합 물질이므로 (가)에 해당하며, 염화 나트륨(NaCl)과 플루오린화 마그네슘(MgF_2)은 이온 결합 물질이므로 (나)에 해당한다.

화합물	(가)	(나)	(다)
수용액 상태에서 전기 전도성	㉠	없음	있음
화학식을 구성하는 $\dfrac{금속\ 원자\ 수}{비금속\ 원자\ 수}$	1	x	y

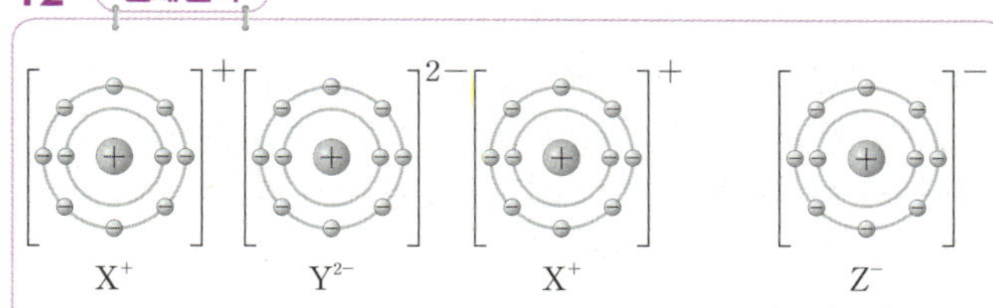

- 수용액 상태에서 전기 전도성이 있는 물질은 이온 결합 물질이므로 (다)는 이온 결합 물질이다.
- (가)는 화학식을 구성하는 $\dfrac{금속\ 원자\ 수}{비금속\ 원자\ 수}=1$이므로 MgO이다.

ㄱ. (가)는 이온 결합 물질인 MgO이므로 '있음'은 ㉠으로 적절하다.

오답 피하기 ㄴ. (다)는 수용액 상태에서 전기 전도성이 있으므로 이온 결합 물질인 $MgCl_2$이다.

ㄷ. (나)는 수용액 상태에서 전기 전도성이 없으므로 공유 결합 물질인 $C_6H_{12}O_6$이며, 비금속 원소로만 이루어져 있다. 따라서 $x=0$이다. (다)($MgCl_2$)에서 화학식을 구성하는 $\dfrac{금속\ 원자\ 수}{비금속\ 원자\ 수}=y=\dfrac{1}{2}$이므로 $x+y=\dfrac{1}{2}$이다.

X^+, Y^{2-}, Z^-의 전자 배치는 모두 Ne과 같다. 따라서 X∼Z는 각각 3주기 1족 원소, 2주기 16족 원소, 2주기 17족 원소이다.

ㄱ. X_2Y는 양이온과 음이온이 결합하여 형성된 물질이므로 이온 결합 물질이다.

ㄴ. Y와 Z는 원자가 전자 수가 각각 6, 7이므로 분자에서 원자가 가지는 공유 전자쌍 수는 각각 2, 1이다. 따라서 공유 전자쌍 수는 $Y_2>Z_2$이다.

ㄷ. X는 금속 원소, Z는 비금속 원소이므로 X와 Z는 결합하여 이온 결합 물질을 형성한다. 이온 결합 물질은 수용액 상태에서 전기 전도성이 있다.

13 ㄱ. B는 고체 상태에서 전기 전도성이 없지만, 수용액 상태에서 전기 전도성이 있으므로 이온 결합 물질인 NaCl이다. A는 $C_6H_{12}O_6$이고, 공유 결합 물질이므로 수용액 상태에서 전기 전도성이 없다. 따라서 '없음'은 ㉠으로 적절하다.

ㄷ. 산화 칼슘(CaO)은 금속 원소인 Ca과 비금속 원소인 O가 이온 결합

하여 형성된 이온 결합 물질이므로 산화 칼슘(CaO)을 이용하여 (가)와
(나)를 반복하면 결과는 B와 같다.

오답 피하기 ㄴ. A는 $C_6H_{12}O_6$이다.

14 모범 답안 (1) A: 2, B: 6
(2) A와 B가 결합할 때 A 원자의 전자 2개가 B 원자로 이동하여 A^{2+},
B^{2-}이 형성된 후 이들 이온 사이에 정전기적 인력이 작용하여 이온 결합
물질 AB가 형성된다.

	채점 기준	배점
(1)	A와 B의 원자가 전자 수를 모두 옳게 쓴 경우	50 %
	A와 B 중 한 가지 원소의 원자가 전자 수만 옳게 쓴 경우	25 %
(2)	[조건]의 내용을 모두 포함하여 옳게 서술한 경우	50 %
	[조건]의 내용 중 한 가지만 포함하여 옳게 서술한 경우	25 %

15 모범 답안 18족에 속하지 않는 원소들은 18족 원소와 같은 전자 배
치를 가져 안정해지려고 한다. O와 N은 원자가 전자 수가 각각 6, 5이
고, 18족 원소의 전자 배치를 갖기 위해 필요한 전자 수가 각각 2, 3이
다. 따라서 분자에서 O는 다른 원자와 전자쌍 2개를 공유하고, N은 다
른 원자와 전자쌍 3개를 공유하여 결합한다.

채점 기준	배점
각 원자의 원자가 전자 수를 언급하여 O_2와 N_2에 각각 이중 결합과 삼중 결합이 형성되는 까닭을 모두 옳게 서술한 경우	100 %
각 원자의 원자가 전자 수를 언급하지 않고 O_2와 N_2에 각각 이중 결합과 삼중 결합이 형성되는 까닭을 모두 옳게 서술한 경우	50 %

16 모범 답안 (1) (가)와 (나)는 각각 이온 결합 물질과 공유 결합 물질
이다. 이온 결합 물질 (가)는 수용액 상태에서 이온이 자유롭게 이동할
수 있어 전기 전도성이 있지만, 공유 결합 물질 (나)는 수용액 상태에서
이온으로 나누어지지 않으므로 전기 전도성이 없다.
(2) X: 2, Y: 6, Z: 4
(가)는 원자가 전자 수가 2인 금속 원소와 원자가 전자 수가 6인 비금
속 원소가 각각 +2가 양이온과 -2가 음이온이 되어 형성된 물질이고,
(나)는 원자가 전자 수가 4, 6인 비금속 원소가 결합하여 형성된 물질이
다. 따라서 (가)와 (나)에 공통으로 들어 있는 원소는 원자가 전자 수가 6
인 Y이므로 X는 원자가 전자 수가 2이고, Z는 원자가 전자 수가 4이다.

	채점 기준	배점
(1)	화학 결합의 종류를 언급하여 전기 전도성을 모두 옳게 서술한 경우	50 %
	화학 결합의 종류를 언급하지 않고 전기 전도성을 모두 옳게 서술한 경우	25 %
(2)	X~Z의 원자가 전자 수를 모두 옳게 쓰고, 그렇게 생각한 까닭을 옳게 서술한 경우	50 %
	X~Z의 원자가 전자 수만 모두 옳게 쓴 경우	20 %

17 모범 답안 (1) A의 양이온
A와 B의 원자가 전자 수는 각각 1, 7이다. 따라서 A와 B가 결합할 때
A는 전자 1개를 잃어 +1가 양이온이 되고, B는 전자 1개를 얻어 -1
가 음이온이 된 후 두 이온 간의 정전기적 인력에 의해 X가 생성되므로
㉠은 A의 양이온이다.
(2) X는 이온 결합 물질이다. 이온 결합 물질은 고체 상태에서는 양이온
과 음이온이 서로 결합하여 이동할 수 없으므로 전류가 흐를 수 없지만,

수용액 상태에서는 양이온과 음이온이 이동할 수 있어 전류가 흐를 수
있다. 따라서 전기 전도성은 수용액 상태일 때가 고체 상태일 때보다 크다.

	채점 기준	배점
(1)	㉠의 정체를 옳게 쓰고, 그 까닭을 옳게 서술한 경우	50 %
	㉠의 정체만 옳게 쓴 경우	20 %
(2)	X가 이온 결합 물질임을 언급하여 고체 상태와 수용액 상태에서의 전기 전도성을 옳게 비교하여 서술한 경우	50 %
	X가 이온 결합 물질임을 언급하지 않고 고체 상태와 수용액 상태에서의 전기 전도성을 옳게 비교하여 서술한 경우	40 %

01 ⑤　02 ③　03 ②　04 ③　05 ④　06 ③　07 ③
08 ⑤

01 ㄴ. 1주기 1족 원소인 A는 비금속 원소이고, C도 비금속 원소이므
로 CA_4는 공유 결합 물질이다.
ㄷ. D는 금속 원소, E는 비금속 원소이므로 DE_2는 이온 결합 물질이다.
따라서 DE_2 수용액은 전기 전도성이 있다.

오답 피하기 ㄱ. A와 B는 같은 1주기 원소이다.

02 ㄱ. A^{2+}의 전자 수는 18이므로 A의 전자 수는 20이다. 원자에서
전자 수는 양성자수와 같으므로 ㉡은 양성자이고, ㉠은 중성자이다.
ㄷ. A는 4주기 금속 원소이고, B는 2주기 비금속 원소이므로 전자가 들
어 있는 전자 껍질 수는 A가 B보다 크다.

오답 피하기 ㄴ. B^{2-}의 전자 수가 10이므로 양성자(㉡)수는 10보다 2만
큼 작은 8이다. 따라서 $x=8$이다.

03 H_2O, MgF_2, 흑연(C), Cl_2 중 1가지 원소로 이루어진 물질은 흑연
(C), Cl_2이고, 이 중 고체 상태에서 전류가 흐르는 물질은 흑연(C)이다.
따라서 (가)와 (나)는 각각 흑연(C), Cl_2이다. 2가지 원소로 이루어진
H_2O, MgF_2 중 모든 구성 입자가 같은 전자 배치를 갖는 것은 MgF_2이
므로 (다)와 (라)는 각각 MgF_2, H_2O이다.

04 ㄱ. X 수용액은 전구에 불이 켜지지 않았으므로 X는 공유 결합 물
질인 $C_{12}H_{22}O_{11}$이고 수용액에서 분자로 존재한다.
ㄴ. Y 수용액은 NaCl 수용액으로 Na^+, Cl^-이 존재하므로 전원 장치
를 연결했을 때 Na^+은 (-)극으로 이동한다.

오답 피하기 ㄷ. 이온 결합 물질인 Y는 고체 상태에서 전기 전도성이
없다.

05 ㄴ. X를 구성하는 입자는 A^-과 B^{2+}이고, 모두 Ne과 같은 전자
배치를 갖는다.
ㄷ. 비금속 원소인 A와 금속 원소인 B로 이루어진 물질 X는 이온 결합
물질이므로 수용액 상태에서 전기 전도성이 있다.

오답 피하기 ㄱ. X를 구성하는 입자는 A^-과 B^{2+}인데, 이온 결합 물질
인 X는 전기적으로 중성이므로 2 : 1의 개수비로 결합한다. 또한 원소
기호는 양이온, 음이온 순으로 써야 하므로 X의 화학식은 BA_2이다.

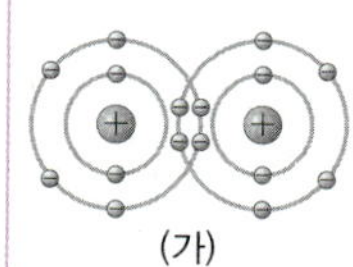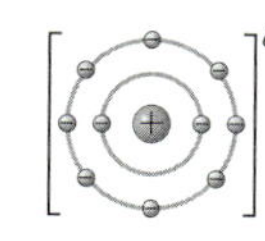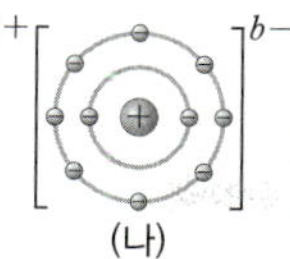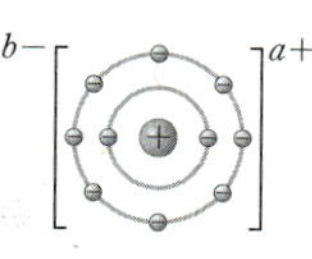

(가)　　　　　　　　　(나)

- (가)를 구성하는 원자는 전자쌍 2개를 공유하므로 원자가 전자 수가 6인 비금속 원소의 원자이다.
- (나)를 구성하는 이온의 전하 크기는 3 이하이므로 (나)에서 $b=2$이고, $a=1$이다. 따라서 (나)에서 음이온은 (가)를 구성하는 원소와 같고, 양이온은 원자가 전자 수가 1인 원소이다.

ㄱ. (가)를 구성하는 원소의 원자가 전자 수는 6이다.
ㄷ. $a=1$, $b=2$이므로 $a+b=3$이다.

오답 피하기　ㄴ. (나)를 구성하는 양이온은 3주기 원소이고, 음이온은 2주기 원소이므로 서로 다른 주기 원소이다.

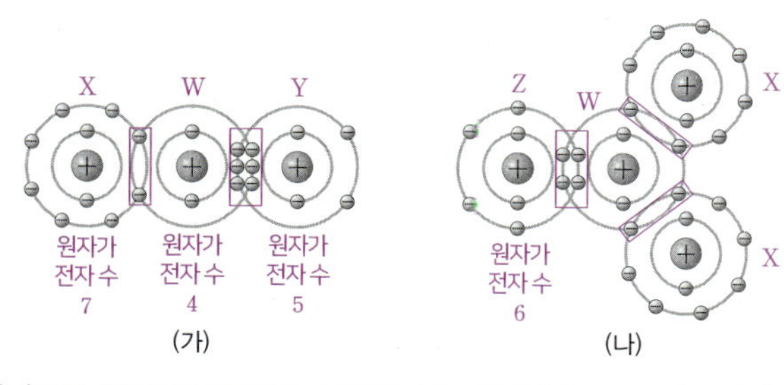

- (가)에서 원자들이 공유하는 전자쌍 수는 왼쪽부터 1, 4, 3이고, (나)에서 원자들이 공유하는 전자쌍 수는 왼쪽부터 2, 4, 1, 1이므로 분자에서 공유하는 전자쌍 수가 1, 4인 원자는 각각 W와 X 중 하나이다.
- (가)에서 Y는 분자에서 전자쌍 3개를 공유하는 원자이므로 원자가 전자 수가 5이고, (나)에서 Z는 분자에서 전자쌍 2개를 공유하는 원자이므로 원자가 전자 수가 6이다.
- 원자가 전자 수는 X>Z이므로 X는 원자가 전자 수가 7이다.
- W는 전자쌍 4개를 공유하므로 원자가 전자 수가 4이다.

ㄱ. 원자가 전자 수는 W~Z가 각각 4, 7, 5, 6이므로 X가 가장 크다.
ㄴ. WZ_2에서 W는 전자쌍 4개를, Z는 전자쌍 2개를 공유하므로 WZ_2에는 이중 결합이 2개 있다.

오답 피하기　ㄷ. Y와 Z가 분자에서 공유하는 전자쌍 수는 각각 3, 2이므로 공유 전자쌍 수는 Y_2와 Z_2에서 각각 3, 2이다. 따라서 공유 전자쌍 수는 Y_2가 Z_2의 $\frac{3}{2}$ 배이다.

08　CB_2에서 공유 전자쌍 수가 2이므로 B와 C는 분자에서 공유하는 전자쌍 수가 각각 1, 2이고 원자가 전자 수가 각각 7, 6인 원소인데, C의 전자 배치는 Ne과 같으므로 C는 2주기 16족 원소이다.
B는 원자가 전자 수가 7이므로 AB에서 B^{a-}은 -1가 음이온이고, 이온 결합 물질은 전기적으로 중성이므로 A^{a+}은 $+1$가 양이온이다. 따라서 A는 원자가 전자 수가 1인 2주기 1족 원소이다.
ㄱ. A~C의 원자가 전자 수는 각각 1, 7, 6이므로 B가 가장 크다.
ㄴ. A는 2주기 1족 원소, C는 2주기 16족 원소이다.
ㄷ. $a=1$이다.

03 지각과 생명체 구성 물질의 규칙성

❶ 규소　❷ 산소　❸ 규산염　❹ 독사슬　❺ 아미노산
❻ 펩타이드결합　❼ 핵산　❽ 상보　❾ DNA　❿ RNA

01　(1) ○ (2) × (3) ×　　02　A: 규소, B: 산소
03　(1) 규산염 (2) ㉠ 4, ㉡ 4 (3) ㉠ 독립형, ㉡ 판상
04　(1) × (2) ○ (3) × (4) ○ (5) ×
05　(1) (가): 당, (나): 염기 (2) ㉠ 타이민(T), ㉡ 유라실(U)
06　아데닌(A), 사이토신(C), 구아닌(G)

01　(2) 지각을 구성하는 원소 중 가장 많은 것은 산소이다.
(3) 지각을 구성하는 원소 중 산소, 규소, 알루미늄, 철 등이 많은 양을 차지하며, 생명체를 구성하는 원소 중 산소, 탄소, 수소, 질소 등이 많은 양을 차지한다. 이들 대부분은 별 내부에서 핵융합 반응에 의해 생성되었다.

04　(1) 단백질의 기본 단위체는 아미노산이다.
(3) 폴리펩타이드를 이루는 아미노산의 종류와 수, 배열에 따라 고유한 입체 구조를 형성하고, 입체 구조에 따라 단백질의 기능이 결정된다.

05　(1) 핵산의 기본 단위체는 뉴클레오타이드로 인산, 당, 염기가 1 : 1 : 1로 결합되어 있다. 따라서 (가)는 당, (나)는 염기이다.

06　핵산을 구성하는 염기의 종류에는 아데닌(A), 사이토신(C), 구아닌(G), 타이민(T), 유라실(U) 총 5가지가 있다. 이중 DNA는 아데닌(A), 사이토신(C), 구아닌(G), 타이민(T)으로, RNA는 아데닌(A), 사이토신(C), 구아닌(G), 유라실(U)로 이루어져 있다.

01 ②　02 ③　03 ①　04 ②

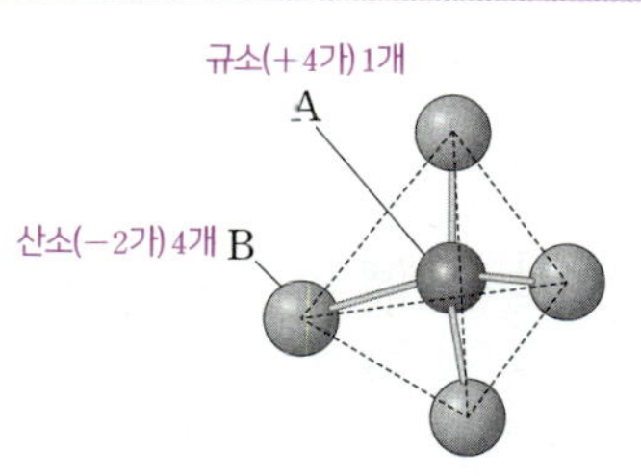

- 규산염 사면체의 기본 구조: 1개의 규소를 중심으로 산소 4개가 결합하여 정사면체 모양을 이룬다.
- 규산염 광물의 형성: 독립적으로 기본 골격을 형성하기도 하고 다른 규산염 사면체와 산소를 공유하면서 결합하여 다양한 구조를 형성하기도 한다.
➡ 공유하는 산소의 개수가 많을수록 복잡한 결합 구조를 형성하며, 결합력이 강해 광물이 풍화에 강하다.

ㄷ. 규소 1개와 산소 4개가 공유 결합을 하여 정사면체 모양의 규산염 사면체를 이룬다.

 ㄱ, ㄴ. A는 규소로 원자가 전자 수는 4개이고, B는 산소로 원자가 전자 수는 6개이다.

02 ㄱ. 1개의 규소(+4가)에 4개의 산소(−2가)가 결합한 규산염 사면체는 전기적 성질이 −4가이므로 음전하를 띤다.

ㄷ. 각섬석은 복사슬 구조를 이루는 대표적인 규산염 광물이다. 복사슬 구조는 규산염 사면체가 산소를 2개 또는 3개를 공유하여 이중 사슬 모양으로 결합한 구조이다.

 ㄴ. (나)의 각섬석은 복사슬 구조이고, 장석은 망상 구조이므로 장석이 각섬석보다 풍화에 강하다.

03 문제 분석

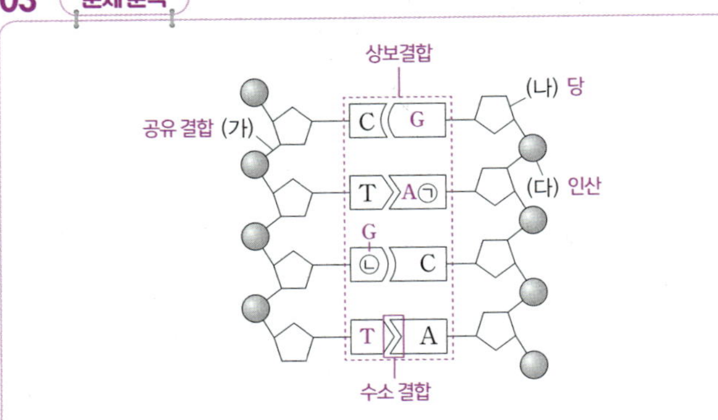

• 당−인산 간의 결합: 공유 결합
• 염기 간의 결합: 수소 결합
• DNA를 이루는 염기 간의 상보결합: 아데닌(A)과 타이민(T), 구아닌(G)과 사이토신(C)

염기로 타이민(T)을 포함하고 있으므로 DNA의 일부이다.

ㄱ. 타이민(T)은 아데닌(A)과 상보결합하므로 ㉠은 아데닌(A)이다.

 ㄴ. ㉡은 사이토신(C)과 상보결합을 하므로 구아닌(G)이다.

ㄷ. 핵산의 기본 단위체는 인산 : 당 : 염기의 개수비가 1 : 1 : 1로 이루어진 뉴클레오타이드이다.

04 ① 당과 인산은 공유 결합으로 연결된다.

③ (나)는 당, (다)는 인산이다.

④ 염기에 타이민(T)이 있으므로 이 핵산은 DNA이다.

⑤ 유전정보는 세포 내 DNA의 염기서열에 저장된다.

 ② (나)는 당이며, DNA의 당은 디옥시라이보스이다.

STEP 3 내신 다지기 문제

82~85쪽

01 ① **02** ④ **03** ④ **04** ③ **05** ⑤ **06** ③ **07** ①
08 ② **09** ③ **10** ④ **11** ② **12** ④ **13** ③ **14** ⑤
15 ③ **16** (1) A: 규소, B: 탄소 (2) 해설 참조
17 (1) (가) 독립형 구조, (나) 복사슬 구조 (2) (가) 감람석, (나) 각섬석
(3) 해설 참조 **18** 해설 참조 **19** 해설 참조 **20** 해설 참조

01 지각에서 두 번째로 많은 원소(B)는 규소이고 세 번째로 많은 원소(A)는 알루미늄이다.

ㄴ. B는 규소로, 4개의 산소와 공유 결합을 하여 규산염 사면체를 이룬다.

 ㄱ. A는 알루미늄이다.

ㄷ. 적색 거성 내부에서는 헬륨, 탄소, 산소 등이 핵융합 반응으로 생성된다.

02 (가)는 지각, (나)는 사람을 구성하는 원소의 질량비이며, 지각을 구성하는 원소 중 가장 많은 두 원소는 산소(A)와 규소(B)이고, 사람을 구성하는 원소 중 가장 많은 두 원소는 산소(C)와 탄소(D)이다.

ㄴ. B는 규소, D는 탄소로, B와 D는 모두 14족 원소이다. 14족 원소는 최대 4개의 원자와 공유 결합이 가능하다.

ㄷ. C는 사람을 구성하는 원소 중 가장 많은 양을 차지하는 산소이다.

 ㄱ. A는 지각을 구성하는 원소 중 가장 많은 양을 차지하는 산소이다. 규산염 사면체의 중심에는 규소가 위치하고, 네 모서리에 각각 산소가 위치한다.

03 ㄱ. 지각은 암석으로, 암석은 광물로 구성되어 있다.

ㄷ. 지각과 생명체를 구성하는 주요 원소에는 산소, 규소, 탄소, 수소, 철 등이 있으며, 이들은 대부분 별의 내부에서 핵융합 반응에 의해 생성될 수 있다.

ㄹ. 산소는 반응성이 커서 다른 원소들과 쉽게 결합할 수 있으므로 지각과 생명체에 공통적으로 많이 들어 있다.

 ㄴ. 생명체를 구성하는 원소 중 가장 많은 양을 차지하는 것은 산소이다.

04 지각을 구성하는 광물 중에서 가장 많은 양을 차지하는 광물은 규산염 광물이고, 규산염 광물의 기본 구조는 1개의 규소와 4개의 산소가 공유 결합하고 있는 규산염 사면체(SiO_4 사면체)이다.

05 중성 원자의 경우 원자 번호, 양성자 수, 전자 수가 모두 같다.

ㄱ. 규소의 전자 수가 14개이므로 원자 번호는 14이다.

ㄴ. 최외각 전자 수는 가장 바깥쪽 전자 껍질에 있는 전자의 개수이다. 따라서 규소의 최외각 전자 수는 4개이다.

ㄷ. 규소는 지각에서 산소 다음으로 많이 분포한다.

06 문제 분석

구분	독립형 구조	복사슬 구조	판상 구조
결합 형태	규소(Si) 산소(O)		
	규산염 사면체 1개가 양이온과 결합	단사슬 구조 2개가 서로 엇갈려 이중 사슬 모양으로 결합	규산염 사면체가 산소 3개를 공유하여 얇은 판 모양으로 결합
광물	감람석	각섬석	흑운모

(가)는 독립형 구조, (나)는 복사슬 구조, (다)는 판상 구조이다.

③ 결합 구조가 복잡할수록 결합력이 강하고 풍화에 강하다. 따라서 결합 구조가 복잡한 (다)가 (가)보다 풍화에 강하다.

 ① (가)는 규산염 사면체 1개가 독립적으로 양이온과 결합한 구조로 감람석에서 볼 수 있다.

② (나)는 단사슬 구조 2개가 서로 엇갈려 이중 사슬 모양으로 결합한 복사슬 구조이다.

④ 산소를 전부 공유하는 규산염 사면체 결합 구조는 망상 구조이다.

⑤ (가), (나), (다)는 모두 규산염 사면체를 기본 구조로 하는 규산염 광물의 결합 구조이다.

07 그림에서 규산염 광물의 결합 구조는 단사슬 구조이다.
ㄱ. 휘석은 규산염 광물 중 결합 구조가 단사슬 구조인 대표적인 광물이다.
오답 피하기 ㄴ. 규산염 사면체는 1개의 규소($+4$가)와 4개의 산소(-2가)가 공유 결합을 하여 형성되므로 전기적 성질이 -4가인 음전하를 띤다.
ㄷ. 이 광물은 규산염 사면체가 산소 2개를 공유하여 단일 사슬 모양으로 결합한 단사슬 구조를 갖는다.

08 ㄴ. A는 독립형 구조에 해당하며, 대표적인 광물로는 감람석이 있다.
오답 피하기 ㄱ. 규산염 사면체는 규소 1개와 산소 4개로 이루어져 있으므로 ㉠은 규소, ㉡은 산소에 해당한다.
ㄷ. B는 규산염 사면체가 양쪽의 산소를 공유하여 한 줄로 길게 결합한 단사슬 구조이다.

09 사람에서 합성되는 아미노산의 종류는 20종류이지만, 단백질의 종류는 수를 셀 수 없을 만큼 다양하다.
ㄱ, ㄴ. 단백질의 종류는 단백질을 구성하고 있는 기본 단위체인 아미노산의 종류와 수, 배열 순서에 따라 매우 다양하다.
오답 피하기 ㄷ. 아미노기와 카복실기 사이의 결합은 펩타이드결합뿐이다.

10 ㄴ. 두 아미노산 사이에서 물 분자 1개가 빠져나오면서 펩타이드결합으로 연결된다.
ㄷ. 아미노산은 단백질의 기본 단위체로, 탄소를 중심으로 아미노기, 카복실기, 수소, 곁사슬이 결합되어 있다.
오답 피하기 ㄱ. 두 아미노산은 펩타이드결합으로 연결되어 있다. 상보결합은 뉴클레오타이드의 염기가 서로 짝이 되는 염기와 결합하는 것을 말한다.

11 기본 단위체들이 펩타이드결합으로 연결되어 있으므로 X는 단백질이다.
ㄴ. ㉠～㉣은 단백질의 기본 단위체인 아미노산이다.
오답 피하기 ㄱ. 유전정보를 저장하는 것은 단백질이 아니라 DNA이다.
ㄷ. 단백질(X)은 고온에서 쉽게 변성되며 온도가 내려가도 기능이 정상적으로 작동하지 않는다.

12 ①, ②, ③, ⑤ 뉴클레오타이드를 구성하는 염기는 총 5가지이며, DNA와 RNA를 구성하는 염기는 각각 4가지씩이다. RNA를 구성하는 염기는 아데닌(A), 사이토신(C), 구아닌(G), 유라실(U)이다.
오답 피하기 ④ 타이민(T)은 DNA를 구성하는 염기이다.

13 DNA와 RNA의 다른 점은 구성하고 있는 당의 종류, 염기의 종류, 가닥의 수이다. 그림을 통해 당의 종류를 확인할 수 없고, 한 가닥만 나타낸 것이므로 이중나선인지의 여부를 확인할 수 없다. 따라서 염기의 종류를 살펴보아야 DNA인지 RNA인지 구분할 수 있다.
ㄱ. DNA와 RNA의 기본 단위체는 모두 뉴클레오타이드이다.
ㄴ. 핵산의 기본 단위체인 뉴클레오타이드에서 인산인 (가)와 당인 (나)의 개수비는 1 : 1이다.
오답 피하기 ㄷ. 염기로 유라실(U)을 가지고 있으므로 DNA가 아니라 RNA이다.

14 뉴클레오타이드는 핵산의 기본 단위체이다.
ㄱ. 핵산의 기본 단위체는 당, 인산, 염기가 1 : 1 : 1의 비율로 결합한 뉴클레오타이드이다.
ㄴ. (가)는 인산이며 (나)는 당이다.
ㄷ. 이웃한 뉴클레오타이드끼리 당－인산 결합으로 연결된다.

15 DNA에서는 마주 보는 뉴클레오타이드를 이루고 있는 특정한 염기들끼리 상보결합으로 연결되어 있다. DNA를 이루고 있는 염기 중 구아닌(G)은 사이토신(C)과만 상보결합을 하고, 아데닌(A)은 타이민(T)과만 상보결합을 한다.

16 지각은 산소, 규소, 알루미늄, 철, 칼슘 등으로 이루어져 있고, 생명체는 산소, 탄소, 수소, 질소 등으로 이루어져 있다.
모범 답안 (1) A: 규소, B: 탄소
(2) 산소는 다른 원소와 쉽게 결합하여 다양한 물질을 만들 수 있기 때문이다.

	채점 기준	배점
(1)	A를 규소, B를 탄소라고 쓴 경우	30 %
(2)	산소가 다른 원소와 쉽게 결합해 다양한 물질을 만들 수 있다고 서술한 경우	70 %
	산소가 다른 원소와 쉽게 결합할 수 있다고만 서술한 경우	40 %

17 (가)는 규산염 사면체 1개가 독립적으로 양이온과 결합한 독립형 구조이고, (나)는 규산염 사면체가 산소 2개 또는 3개를 공유하여 이중 사슬 구조로 결합한 복사슬 구조이다.
모범 답안 (1) (가) 독립형 구조, (나) 복사슬 구조
(2) (가) 감람석, (나) 각섬석
(3) (나)는 (가)보다 규산염 사면체 간의 공유 결합이 복잡하여 결합을 끊는 데 에너지가 많이 필요하기 때문에 (나)에 해당하는 광물이 (가)에 해당하는 광물보다 풍화에 강하다.

	채점 기준	배점
(1)	(가)를 독립형 구조, (나)를 복사슬 구조라고 쓴 경우	20 %
(2)	(가)의 예를 감람석, (나)의 예를 각섬석이라고 쓴 경우	20 %
(3)	(가)와 (나)의 규산염 사면체의 공유 결합이 복잡한 정도와 결합력을 관련지어 풍화 안정도를 옳게 비교한 경우	60 %
	(가)와 (나)의 결합력만 관련지어 풍화 안정도를 비교한 경우	30 %

18 규산염 사면체는 다른 규산염 사면체와 산소를 공유하여 결합하거나 양이온과 결합하여 다양한 규산염 광물을 만든다.
모범 답안 석영/장석, 이 광물은 규산염 사면체가 산소 4개를 모두 공유하여 결합하므로 모든 산소의 전자 껍질에 전자가 채워져서 전기적으로 중성이 된다. 따라서 다른 양이온과 결합하지 않는다.

채점 기준	배점
광물의 이름을 석영 또는 장석으로 옳게 쓰고, 석영의 화학적 결합 특징을 옳게 서술한 경우	100 %
광물의 이름만 옳게 쓴 경우	30 %

19 20종류의 아미노산이 단백질을 형성할 때 아미노산의 종류와 수, 배열 순서에 따라 다양한 단백질이 만들어질 수 있다.
모범 답안 첫 번째 아미노산 자리에 20종류의 아미노산이 올 수 있고, 두 번째 아미노산 자리 역시 20종류의 아미노산이 올 수 있다. 세 번째부터 다섯 번째 아미노산 자리까지 모두 20종류의 아미노산이 올 수 있으므로 5개의 아미노산이 결합하여 만들어질 수 있는 단백질의 종류는 $20 \times 20 \times 20 \times 20 \times 20 = 20^5 = 3200000$종류이다.

채점 기준	배점
각 아미노산 자리에 올 수 있는 경우의 수와 '$20 \times 20 \times 20 \times 20 \times 20 = 20^5$'의 계산 과정을 이용하여 옳게 서술한 경우	100 %
3200000종류라고만 쓴 경우	50 %

20 DNA 이중나선에서 한쪽 가닥의 뉴클레오타이드의 염기는 반대쪽 가닥의 뉴클레오타이드의 염기와 상보결합을 한다.

[모범 답안] TCGGATGAG, DNA에서 아데닌(A)은 타이민(T)과만 상보결합을 하고, 구아닌(G)은 사이토신(C)과만 상보결합을 하기 때문이다.

채점 기준	배점
반대쪽 가닥의 염기서열과 그렇게 판단한 까닭을 옳게 서술한 경우	100 %
TCGGATGAG만 쓴 경우	30 %

STEP 4 내신 1등급 문제

01 ② **02** ② **03** ④ **04** ⑤ **05** ② **06** ⑤ **07** ④ **08** ④

01 사람과 지각을 구성하는 원소에서 공통적으로 질량비가 가장 큰 원소 ㉠은 산소이다. 사람을 구성하는 원소 중 두 번째로 많은 ㉡은 탄소이고, 지각에는 규산염 광물이 많으므로 ㉢은 규소이다.
ㄷ. 규산염 광물은 산소 4개와 규소 1개로 이루어진 규산염 사면체가 기본 구조이므로 ㉠과 ㉢을 포함한다.

[오답 피하기] ㄱ. 사람의 몸은 주로 산소, 탄소, 수소, 질소 등으로 구성되어 있고, 지각은 주로 산소, 규소, 알루미늄, 철 등으로 구성되어 있으므로 (가)는 사람, (나)는 지각을 구성하는 원소의 질량비이다.
ㄴ. ㉡은 탄소이다.

02 ㄷ. (가)와 (나) 모두 구성 원소 중 산소의 질량비가 가장 크다. 산소는 별 내부의 핵융합 반응으로 생성될 수 있다.

[오답 피하기] ㄱ. 지각은 주로 산소, 규소, 알루미늄, 철 등으로 구성되어 있고, 생명체는 주로 산소, 탄소, 수소, 질소 등으로 구성되어 있으므로 (가)는 지각, (나)는 생명체를 구성하는 원소의 질량비를 나타낸 것이다.
ㄴ. (가)는 주로 산소와 규소로 이루어져 있으므로 (가)를 이루는 물질은 주로 규산염 사면체로 이루어져 있고, (나)는 주로 탄수화물, 단백질, 지질, 핵산 등으로 이루어져 있다.

03 ㄴ. (가) → (나) → (다)로 갈수록 규산염 사면체 사이에 공유하는 산소의 개수가 많아진다.
ㄷ. 공유하는 산소의 개수가 많고 복잡하게 결합되어 있을수록 결합력이 강하므로 (나)는 (다)보다 결합력이 약해 풍화에 약하다.

[오답 피하기] ㄱ. (가)는 독립형 구조로 감람석의 결합 구조, (나)는 단사슬 구조로 휘석의 결합 구조, (다)는 판상 구조로 흑운모의 결합 구조이다.

04 ㄱ, ㄴ. 규산염 광물은 규소(㉠) 1개를 중심으로 산소 4개가 결합한 (가) 규산염 사면체를 기본 구조로 한다.

ㄷ. (나)의 흑운모는 규산염 사면체가 얇은 판 모양으로 결합한 구조로, 각각의 규산염 사면체는 산소를 공유한다.

05 [문제 분석]

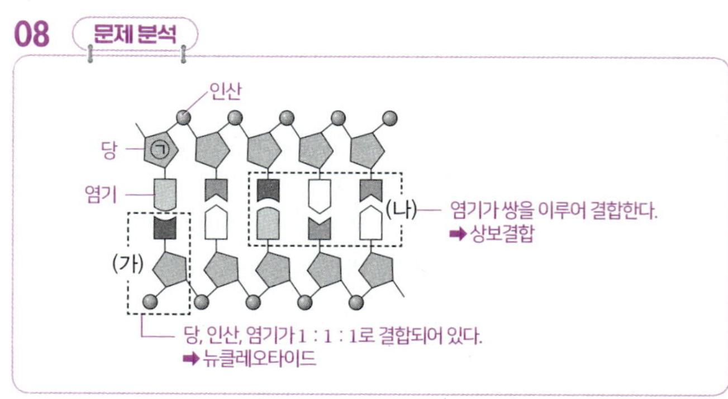

• 단백질의 기본 단위체는 아미노산이므로 A와 B는 모두 아미노산이다.
• 아미노산 A와 B가 펩타이드결합을 통해 연결되면서 물이 빠져나오므로 ㉠은 물(H_2O)이다.

ㄷ. 두 개의 아미노산이 결합하면서 물 분자 한 개가 빠져나오는 결합을 펩타이드결합이라고 한다. 따라서 (가) 결합은 펩타이드결합이다.

[오답 피하기] ㄱ. 단백질을 구성하는 기본 단위체는 아미노산이므로 A와 B는 모두 아미노산이다.
ㄴ. ㉠은 물(H_2O)이므로 수소(H)와 산소(O)로 구성된다.

06 ㄱ. 핵산을 구성하는 염기에는 아데닌(A), 사이토신(C), 구아닌(G), 타이민(T), 유라실(U)이 있다. 이중 아데닌(A), 사이토신(C), 구아닌(G)은 DNA와 RNA에 공통적으로 있고, 타이민(T)은 DNA에만, 유라실(U)은 RNA에만 있다. 따라서 (가)는 DNA 모형이고, (나)는 RNA 모형이다.
ㄴ. DNA는 이중나선구조, RNA는 단일 가닥 구조이다.
ㄷ. DNA와 RNA는 핵산이다. 핵산의 기본 단위체는 뉴클레오타이드로, 인산, 당, 염기가 1 : 1 : 1로 결합되어 있다.

07 ㄴ. 핵산의 기본 단위체인 (가)는 뉴클레오타이드이다.
ㄷ. DNA에서 구아닌(G)은 사이토신(C)과, 타이민(T)은 아데닌(A)과 상보적으로 결합하므로 ㉠은 사이토신(C), ㉡은 아데닌(A)이다.

[오답 피하기] ㄱ. DNA는 두 가닥의 폴리뉴클레오타이드가 꼬여 있는 이중나선구조이고, RNA는 한 가닥의 폴리뉴클레오타이드로 이루어진 단일 가닥 구조이다. 이 핵산은 이중나선구조이므로 DNA이다.

08 [문제 분석]

ㄴ. DNA의 기본 단위체인 (가)는 당, 인산, 염기가 1 : 1 : 1로 결합되어 있는 뉴클레오타이드이다.
ㄷ. (나)에서 아데닌(A)은 타이민(T)과 상보적으로 결합하므로 아데닌(A)의 수와 타이민(T)의 수는 같다.

[오답 피하기] ㄱ. ㉠은 당이다.

○4 물질의 전기적 성질

STEP 1 개념 바로 확인　　　　　　　　　　90쪽

❶ 도체　❷ 부도체　❸ 반도체　❹ 전기 전도성　❺ 규소(Si)
❻ 4개　❼ 잘 흐르지 않지만　❽ 3개　❾ 5개　❿ 트랜지스터
⓫ 다이오드　⓬ 발광 다이오드(LED)　⓭ 태양 전지

01 (1) 도체 (2) 부도체 (3) 반도체　**02** ㉠ 부도체, ㉡ 도체
03 (1) ○ (2) ○　**04** (1) ○ (2) × (3) ○　**05** (1) 태양 전지
(2) 트랜지스터 (3) 발광 다이오드(LED)

02 ㉠ 부도체는 전자가 원자핵으로부터 쉽게 벗어날 수 없어 자유롭게 움직이기 어렵기 때문에 전류가 잘 흐르지 않는다.
㉡ 도체는 하나의 원자에 속해 있지 않고 자유롭게 움직일 수 있는 전자(자유 전자)가 많기 때문에 전류가 잘 흐른다.

04 (2) 순수한 규소(Si) 결정에 원자가 전자가 5개인 원소를 첨가하면 공유 결합에 참여하지 않고 남는 전자가 자유롭게 이동하면서 전류가 흐른다.

STEP 2 내신 대표 문제　　　　　　　　　　91쪽

01 ④　**02** ②　**03** ④

01 〔문제 분석〕

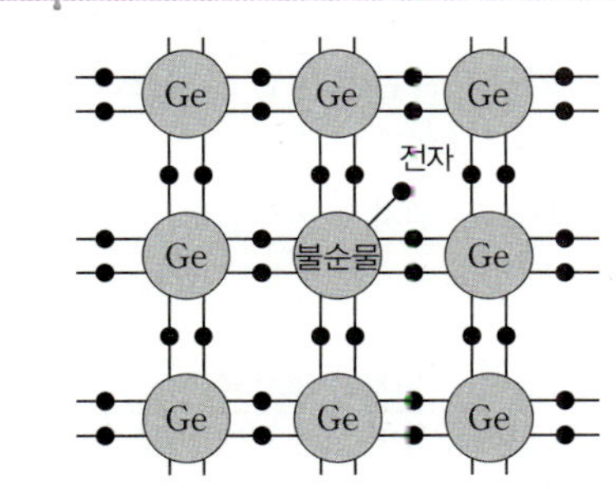

• 순수한 저마늄(Ge)은 원자가 전자가 4개로 공유 결합을 형성하고 있다.
➡ 순수한 저마늄(Ge)은 전류가 잘 흐르지 않는다.
• 순수한 저마늄(Ge)에 원자가 전자가 3개인 13족 원소를 첨가하면 공유 결합을 하지 못한 전자의 빈공간(양공)이 생긴다.
➡ 전자의 빈공간으로 전자가 이동하면서 전류가 흐른다.
• 순수한 저마늄(Ge)에 원자가 전자가 5개인 15족 원소를 첨가하면 공유 결합에 참여하지 않고 남는 전자(자유 전자)가 생긴다.
➡ 남는 전자가 자유롭게 이동하면서 전류가 흐른다.

ㄴ. 순수한 저마늄(Ge)에 원자가 전자가 3개 또는 5개인 원소를 첨가하면 저마늄보다 전기 저항이 작아져 전류가 잘 흐른다.
ㄷ. 순수한 저마늄(Ge)에 원자가 전자가 3개 또는 5개인 원소를 첨가한 불순물 반도체는 다이오드, 발광 다이오드(LED), 트랜지스터 등의 제작에 이용된다.
〔오답 피하기〕 ㄱ. 순수한 저마늄(Ge)은 원자가 전자가 4개인 14족 원소이며, 원자가 전자가 3개(13족) 또는 5개(15족)인 원소를 불순물로 사용할 수 있다.

02 ㉠ 규소(Si)는 도자기나 유리의 자료로 사용된다.
㉡ 순수한 규소(Si)는 전류가 잘 흐르지 않는다.
㉢, ㉣ 순수한 규소(Si)에 미량의 원소를 첨가하여 전류가 잘 흐르게 전기적 성질을 변화시킨 소재를 반도체라고 한다.

03 ㄴ. 다이오드는 n형 반도체와 p형 반도체를 결합하여 만든 반도체 물질로 전류를 한쪽 방향으로만 흐르게 한다.
ㄹ. 트랜지스터는 미량의 원소를 첨가한 반도체 3개를 결합하여 만든 반도체 소자로 증폭 작용과 스위치 작용을 한다.
〔오답 피하기〕 ㄱ. 네오디뮴은 자기적 성질을 이용한 물질이다.
ㄷ. 초전도체는 특정 온도 이하에서 전기 저항이 0이 되는 물질로 반도체를 이용한 기술이 아니다.

STEP 3 내신 다지기 문제　　　　　　　　　　92쪽

01 ③　**02** ①　**03** ④　**04** (1) ㉠ 규소(Si), 저마늄(Ge)
㉡ 공유 결합 (2) 해설 참조

01 ㄱ. 도체는 전기 저항이 작아 전류가 잘 흐르는 물질로 철, 구리, 알루미늄 등이 도체에 해당한다.
ㄴ. 부도체는 전류가 잘 흐르지 않는 성질을 가진 물질이다. 도선의 피복에는 전류가 잘 흐르지 않아야 하므로 부도체는 도선의 피복에 사용된다.
〔오답 피하기〕 ㄷ. 반도체는 전기 전도성이 도체와 부도체의 중간 정도인 물질로 규소(Si), 저마늄(Ge) 등이 있다. 철, 니켈, 코발트는 도체에 해당한다.

02 ㄱ. (가)는 순수 반도체인 규소(Si)에 원자가 전자가 3개인 갈륨(Ga)를 첨가한 반도체로, 공유 결합을 하지 못한 전자의 빈공간으로 전자가 이동하여 순수한 규소보다 전류가 잘 흐른다.
〔오답 피하기〕 ㄴ. (나)는 순수 반도치인 규소(Si)에 원자가 전자가 5개인 비소(As)를 첨가한 반도체이다.
ㄷ. (가)에 첨가한 물질의 원자가 전자 수는 3개이고, (나)에 첨가한 물질의 원자가 전자 수는 5개이다. 따라서 첨가한 물질의 원자가 전자 수는 (나)에서가 (가)에서보다 2개 더 많다.

03 ㄴ. 순수한 규소(Si)나 저마늄(Ge)에 미량의 원소를 첨가하면 전류를 잘 흐르게 할 수 있다. 따라서 ㉢에는 '전류가 잘 흐르는'이 적절하다.
ㄷ. 규소를 이용하여 만든 반도체는 트랜지스터, 다이오드, 집적 회로 등 항공 및 우주 산업 분야에서도 중요하게 사용된다.
〔오답 피하기〕 ㄱ. 붕소(B)는 원자 번호 5번으로 13족 원소이고, 비소(As)는 원자 번호 33번으로 15족 원소이다. 따라서 붕소의 원자가 전자는 3개이고, 비소의 원자가 전자는 5개이므로 원자가 전자 수는 붕소와 비소가 같지 않다.

04 〔모범 답안〕 (1) ㉠ 규소(Si), 저마늄(Ge) ㉡ 공유 결합
(2) 발광 다이오드(LED)는 n형 반도체와 p형 반도체를 결합하여 만든 반도체 소자이다. 발광 다이오드는 전류가 흐를 때 빛을 방출하므로 영상 장치, 조명 등에 이용한다.

	채점 기준	배점
	발광 다이오드의 특징과 이용을 모두 옳게 쓴 경우	100 %
(2)	발광 다이오드의 특징만 옳게 쓴 경우	40 %
	발광 다이오드의 이용만 옳게 쓴 경우	30 %

STEP 4 내신 1등급 문제

01 ⑤ **02** ③ **03** ④ **04** ⑤

01 ㄱ. 컴퓨터 중앙 처리 장치(CPU)와 발광 다이오드(LED)는 반도체의 전기적 성질을 이용한다.

ㄴ. 규소(Si)와 저마늄(Ge)은 대표적인 반도체 물질로 순수한 규소와 저마늄에 미량의 다른 원소를 첨가하여 반도체에 전류가 잘 흐르게 할 수 있다.

ㄷ. 발광 다이오드(LED)는 반도체를 활용한 장치로 전기 에너지를 빛에너지로 전환할 수 있다.

02 ③ 반도체는 전기적으로 도체와 부도체의 중간 정도의 특성을 가진다. 지각을 구성하는 원소 중 산소 다음으로 풍부한 규소(Si)는 반도체를 이용한 전기 소자를 만드는 데 이용된다. 따라서 A는 반도체, ⊙은 규소가 가장 적절하다.

03 ㄴ. 순수한 저마늄(Ge)은 전류가 잘 흐르지 않지만, (나)와 같이 순수한 저마늄에 원자가 전자가 5개인 원소를 추가하면 남는 전자가 자유롭게 이동하면서 전류가 흐른다. 따라서 (나)는 순수한 저마늄보다 전기 전도성이 좋다.

ㄷ. 다이오드는 (가) p형 반도체와 (나) n형 반도체를 결합하여 만든 반도체 소자로 전류를 한 방향으로만 흐르게 한다.

오답 피하기 ㄱ. (가)는 순수한 저마늄(Ge)에 원자가 전자가 3개인 붕소(B)를 첨가하여 공유 결합을 하지 못한 전자의 빈공간으로 전자가 이동하여 전류가 흐르는 반도체이다. 따라서 붕소의 원자가 전자는 3개이다.

04 ㄱ. 순수한 반도체는 규소(Si)와 저마늄(Ge)이므로 규소로만 이루어진 물질은 ⊙에 해당한다.

ㄴ. 순수한 반도체인 규소(Si)나 저마늄(Ge)에 미량의 다른 원소(불순물)를 첨가하면 순수한 반도체의 전기적 성질을 변화시킬 수 있다.

ㄷ. 태양 전지는 불순물 반도체를 이용한 장치로 빛에너지를 전기 에너지로 전환한다.

중단원 핵심 요약

❶ 원자 번호 ❷ 양이온 ❸ 음이온 ❹ 산소 ❺ 수소 ❻ 염기성
❼ 이원자 ❽ 2 ❾ 8 ❿ 원자가 전자 ⓫ 원자가 전자 수
⓬ 전자 껍질 수 ⓭ 원자가 전자 수 ⓮ 18족 ⓯ 정전기적 인력
⓰ 양이온 ⓱ 음이온 ⓲ 이온 결합 ⓳ 공유 결합 ⓴ 산소
㉑ 규산염 사면체 ㉒ 판상 ㉓ 아미노산 ㉔ 당 ㉕ 라이보스
㉖ 도체 ㉗ 부도체 ㉘ 반도체 ㉙ 규소(Si) ㉚ 4개
㉛ 공유 결합 ㉜ 전류 ㉝ 3개 ㉞ 5개 ㉟ 트랜지스터
㊱ 다이오드 ㊲ 빛 ㊳ 빛의 색 ㊴ 전류

중단원 핵심 기출 문제

01 ③ **02** ② **03** ④ **04** ② **05** ④ **06** ③ **07** ⑤
08 ④ **09** ⑤ **10** ① **11** ② **12** ④ **13** ② **14** ⑤
15 ④ **16** ③

01 ㄱ. 금속 원소는 B, E 2가지이고, 비금속 원소는 A, C, D 3가지이다.

ㄷ. 전자가 들어 있는 전자 껍질 수는 주기 번호와 같으므로 B는 2, E는 3이다.

오답 피하기 ㄴ. 원자가 전자 수는 C가 6으로 가장 크다. A와 D는 18족 원소로 안정하므로 원자가 전자 수가 0이다.

02 **문제 분석**

전자 껍질 수가 같은 원소는 서로 이웃하지 않게 두어야 하므로 Na과 Cl, K과 Br은 서로 이웃하지 않게 두어야 하며, 실온에서 액체인 Br 옆에는 원자 번호가 가장 작은 Li이 있어야 한다. 이 규칙을 고려하여 배치하면 오른쪽 그림과 같다.

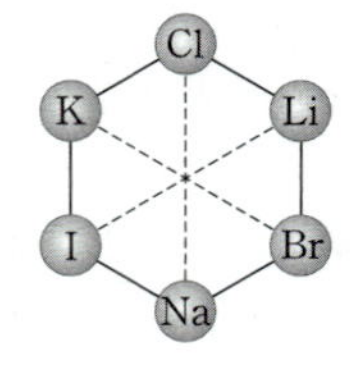

ㄷ. Br의 양 옆에는 원자 번호가 3인 Li과 11인 Na이 있으므로 원자 번호를 더하면 14이다.

오답 피하기 ㄱ. Cl의 맞은편에는 Na이 있다.

ㄴ. I의 맞은편에는 알칼리 금속 중 물과의 반응성이 가장 작은 Li이 있다.

03 ㄴ. X^+은 X가 전자 1개를 잃어 Ne과 같은 전자 배치가 되었으므로 X는 3주기 1족 원소이고, Y^{2+}은 Y가 전자 2개를 잃어 Ne과 같은 전자 배치가 되었으므로 Y는 3주기 2족 원소이다. Z^-은 Z가 전자 1개를 얻어 Ar과 같은 전자 배치가 되었으므로 Z는 3주기 17족 원소이다. 따라서 X~Z의 원자가 전자 수는 각각 1, 2, 7이므로 Z가 가장 크다.

ㄷ. X~Z는 모두 3주기 원소이다.

오답 피하기 ㄱ. 양성자수는 원자 번호가 클수록 크므로 3주기 17족 원소인 Z의 양성자수가 가장 크다.

04 2, 3주기 원자의 $\dfrac{\text{원자가 전자 수}}{\text{전자가 들어 있는 전자 껍질 수}}$를 정리하면 다음과 같다.

Li	Be	B	C	N	O	F	Ne
$\dfrac{1}{2}$	1	$\dfrac{3}{2}$	2	$\dfrac{5}{2}$	3	$\dfrac{7}{2}$	0

Na	Mg	Al	Si	P	S	Cl	Ar
$\dfrac{1}{3}$	$\dfrac{2}{3}$	1	$\dfrac{4}{3}$	$\dfrac{5}{3}$	2	$\dfrac{7}{3}$	0

ㄴ. 2, 3주기 원자 중 $\dfrac{\text{원자가 전자 수}}{\text{전자가 들어 있는 전자 껍질 수}}$ 비가 A : B : C=3 : 4 : 18인 원자 A~C는 각각 Li, Mg, O이므로 2주기 원소는 A(Li), C(O) 2가지이다.

오답 피하기 ㄱ. B는 Mg이다.

ㄷ. A(Li)는 금속 원소이므로 전자를 잃기 쉬우나, C(O)는 비금속 원소이므로 전자를 얻기 쉽다.

05 ㄴ. A는 할로젠이므로 17족 원소이고, C는 15족 원소이며, 원자가 전자 수는 A>B>C이므로 A~C의 원자가 전자 수는 각각 7, 6, 5

이다. 따라서 B는 16족 원소이고, 분자에서 A~C가 공유하는 전자쌍 수는 각각 1, 2, 3이다. CA₃와 BA₂에서 공유 전자쌍 수는 각각 3, 2이 므로 CA₃>BA₂이다.

ㄷ. A, B, C로 이루어진 삼원자 분자에서 중심 원자는 공유 전자쌍 수를 가장 많이 갖는 C이다. A와 C는 1개의 전자쌍을 공유하고, B와 C는 2개의 전자쌍을 공유하므로 A, B, C로 이루어진 삼원자 분자에서 공유 전자쌍 수는 3이다.

오답 피하기 ㄱ. A~C의 안정한 이온은 각각 A^-, B^{2-}, C^{3-}이므로 안 정한 이온의 전하 크기는 C가 3으로 가장 크다.

06 ㄱ. A와 B는 원자가 전자 수가 각각 6, 7이므로 A₂와 B₂에서 공 유 전자쌍 수는 각각 2, 1이다.

ㄴ. B는 비금속 원소이고, C는 금속 원소이므로 B와 C가 결합할 때 전 자는 C에서 B로 이동한다.

오답 피하기 ㄷ. AB₂는 비금속 원소들이 공유 결합하여 형성된 물질이 고, DB₂는 금속 원소인 D와 비금속 원소인 B가 이온 결합하여 형성된 물질이다. 따라서 수용액 상태에서 전기 전도성은 DB₂가 AB₂보다 크다.

07 ㄱ. Y는 17족 원소이므로 전자 1개를 얻어 −1가 음이온이 되기 쉽다. (나)는 Y 이온과 Z 이온이 1 : 1의 개수비로 결합하여 형성되었고, Y 이온은 −1가 음이온이므로 Z는 원자가 전자 수가 1인 금속 원소이 다. (가)와 (나)에서 X~Z의 전자 배치는 모두 Ne과 같으므로 X는 2주 기 16족 원소, Y는 2주기 17족 원소이고, Z는 3주기 1족 원소이다. 따 라서 원자 번호는 Z가 가장 크다.

ㄴ. X와 Y의 원자가 전자 수는 각각 6, 7이므로 (가)에서 X, Y가 공유 하는 전자쌍 수는 각각 2, 1이다. 따라서 (가)는 XY₂이다. (나)는 $\dfrac{\text{Y 이온 수}}{\text{Z 이온 수}}=1$이므로 화학식이 ZY이다. 따라서 화학식을 구성하는 원 자 수는 (가)가 3, (나)가 2이므로 (가)가 (나)보다 크다.

ㄷ. (가)는 비금속 원소들로 이루어진 공유 결합 물질이고, (나)는 양이 온과 음이온으로 이루어진 이온 결합 물질이다. 이온 결합 물질인 (나)는 수용액 상태에서 전류가 흐른다.

08 ㄱ. AB에서 A 이온은 +2가 양이온, B 이온은 −2가 음이온이 며, 전자 배치는 Ne과 같으므로 A는 3주기 2족, B는 2주기 16족 원소 이다. C₂에서 C는 전자쌍 1개를 공유하고 있으며 전자 배치는 Ne과 같 으므로 2주기 17족 원소이다. 따라서 A~C의 원자가 전자 수는 각각 2, 6, 7이므로 C가 가장 크다.

ㄷ. A는 금속 원소, C는 비금속 원소이므로 A와 C가 결합할 때 전자는 A에서 C로 이동한다.

오답 피하기 ㄴ. 분자에서 B와 C의 전자쌍 수는 각각 2, 1이다. BC₂에 서 B는 C 원자 2개와 각각 전자쌍 1개씩을 공유하므로 공유 전자쌍 수 는 2이고, B₂에서 B 원자들은 각각 전자쌍 2개씩을 공유하므로 공유 전 자쌍 수는 2이다. 따라서 BC₂와 B₂에서 공유 전자쌍 수는 2로 같다.

09 A는 규소, B는 알루미늄, C는 철이다.

ㄱ. A는 규소로 최외각 전자 수가 4개이다.

ㄴ. 지각을 구성하는 원소의 질량비는 산소>규소>알루미늄>철>···인 데, 지각을 구성하는 금속 원소 중에서 가장 많은 것은 알루미늄(B)이다.

ㄷ. C는 철로, 초거성 내부에서 여러 단계의 핵융합 반응 중 가장 마지막 에 일어나는 규소 핵융합 반응에 의해 생성된다.

10 단원 통합형 문제 분석

ㄱ. B는 지각과 생명체에서 가장 높은 질량비를 차지하는 원소이다. (○)

ㄴ. A와 B는 주기율표에서 같은 족에 속한다. (×)
→ 주기율표에서 규소는 14족, 산소는 16족에 속한다.

ㄷ. 휘석은 (가)와 같은 결합 구조를 가지는 대표적인 광물이다. (○)

ㄹ. (나)에서 규산염 사면체는 이웃한 규산염 사면체와 A를 공유한다. (×)
→ B

A는 규소, B는 산소이고, (가)는 단사슬 구조, (나)는 복사슬 구조이다.

ㄱ. 지각과 생명체에서 가장 높은 질량비를 차지하는 원소는 산소(B)이다.

ㄷ. (가)와 같은 단사슬 구조의 대표적인 광물은 휘석이고, (나)와 같은 복사슬 구조의 대표적인 광물은 각섬석이다.

오답 피하기 ㄴ. 규소는 14족에 해당하여 원자가 전자가 4개이고, 산소 는 16족에 해당하여 원자가 전자가 6개이다.

ㄹ. (나)에서 규산염 사면체는 이웃한 규산염 사면체와 산소(B)를 공유하 여 이중 사슬 모양으로 결합한다.

11 2개의 아미노산이 결합할 때 펩타이드결합을 형성하고, 이때 하나 의 물 분자가 빠져나온다. 많은 수의 아미노산이 펩타이드결합으로 길게 연결되면 폴리펩타이드가 형성된다. 폴리펩타이드를 이루는 아미노산의 종류와 수, 배열에 따라 고유한 입체 구조를 형성하고, 입체 구조에 따라 단백질의 기능이 결정된다.

12 (가)는 긴 사슬 모양의 폴리펩타이드인 단백질이고, (나)는 이중나 선구조의 핵산인 DNA이다.

ㄴ. 단백질의 기본 단위체는 아미노산이고, 핵산의 기본 단위체는 인산, 당, 염기가 1 : 1 : 1로 결합된 뉴클레오타이드이다.

ㄷ. 사람의 몸을 구성하는 비율은 단백질이 DNA보다 높다.

오답 피하기 ㄱ. (가)는 단백질이다.

13 ② 철, 구리, 알루미늄과 같이 전기 저항이 작아 전류가 잘 흐르는 물질을 도체(㉠), 고무, 유리, 플라스틱과 같이 전기 저항이 매우 커서 전 류가 거의 흐르지 않는 물질을 부도체(㉡), 온도나 압력 등 조건에 따라 전기 저항이 변하여 도체처럼 활용할 수 있는 물질을 반도체(㉢)라 한다.

14 ㄱ. 트랜지스터는 약한 신호를 강한 신호로 증폭시키는 증폭 작용 과 전류를 흐르거나 흐르지 않게 하는 스위치 작용을 한다.

ㄴ. 태양 전지는 빛을 비추면 전류가 흐르는 장치로 빛에너지를 전기 에 너지로 전환한다.

ㄷ. 발광 다이오드(LED)는 전류가 흐르면 빛을 방출하는 장치로 영상 장치, 조명 등에 이용한다.

15 ㄴ. 순수한 규소(Si)에 미량의 다른 원소를 첨가하여 전류가 잘 흐 르는 반도체는 스마트폰의 부품으로 이용되고 있다.

ㄷ. 트랜지스터와 발광 다이오드를 연결하는 회로는 규소(Si)를 이용한 반도체를 결합하여 만들 수 있다.

오답 피하기 ㄱ. 규소(Si)를 이용한 반도체는 순수한 규소에 붕소(B)를 소량 첨가하여 전류를 잘 흐르게 만든 소재이다.

16 ㄱ. A에는 공유 결합에 참여하지 않고 남는 전자가 있으므로 순수 한 규소(Si)에 원자가 전자가 5개인 원소 a를 첨가한 물질이다.

ㄷ. A에서는 공유 결합에 참여하지 않고 남는 전자가 자유롭게 이동하 여 규소(Si)보다 전류가 잘 흐른다.

오답 피하기 ㄴ. a는 원자가 전자가 5개인 물질로 인(P), 비소(As) 등이 해당한다. 붕소(B)는 원자가 전자가 3개이다.

01 지구시스템

01 지구시스템의 구성과 상호작용

STEP 1 개념 바로 확인
107쪽

❶ 지구시스템 ❷ 지권 ❸ 맨틀 ❹ 혼합층 ❺ 심해층
❻ 성층권 ❼ 생물권 ❽ 외권 ❾ 태양 ❿ 에너지 ⓫ 태양
⓬ 지권

01 (1) ○ (2) ○ (3) × (4) × (5) ○
02 (1) 맨틀 (2) 지각 (3) 외핵 (4) 내핵
03 (1) A: 대류권, B: 성층권, C: 중간권, D: 열권 (2) A, C (3) D
04 (1) A (2) D (3) C (4) B **05** (1) × (2) ○ (3) ○ (4) × (5) ○

01 (3) 해수의 성층 구조는 깊이에 따른 수온 분포를 기준으로 혼합층, 수온 약층, 심해층으로 구분한다.
(4) 기권의 중간권에서는 대류가 일어나지만, 수증기가 없어 기상 현상이 나타나지 않는다.

03 (3) 오로라는 태양에서 방출된 대전 입자가 지구 대기로 진입하면서 공기 입자와 충돌하여 빛을 내는 현상으로 열권에서 나타난다.

04 (1) 황사의 발생은 지권과 기권의 상호작용(A)이다.
(2) 오존층 형성에 의한 육상 생물의 출현은 기권과 생물권의 상호작용(D)이다.
(3) 바람에 의해 표층 해류가 발생하는 것은 기권과 수권의 상호작용(C)이다.
(4) 해저 화산이 폭발하여 지진 해일이 발생하는 것은 지권과 수권의 상호작용(B)이다.

05 (1) 지구 내부 에너지는 주로 방사성 원소의 붕괴열에 의해 발생한다. 달과 태양의 인력에 의해 발생하는 에너지원은 조력 에너지이다.
(4) 지구의 평균 기온이 낮아지면 빙하의 부피가 증가하고 해수면은 낮아지지만, 지구 전체적으로는 물이 순환하면서 평형을 이루고 있기 때문에 지구 전체에 분포하는 물의 양은 일정하게 유지된다.

STEP 2 내신 대표 문제
108~109쪽

01 ⑤ **02** ② **03** ③ **04** ② **05** ④ **06** ④

---

01 문제 분석

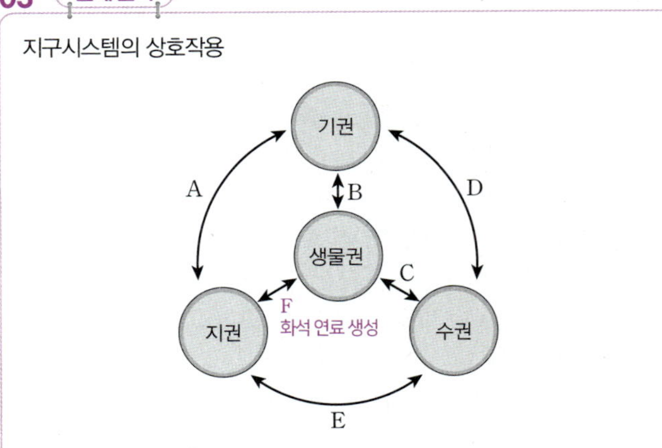

(가)에서 A는 대류권, B는 성층권, C는 중간권, D는 열권이다.
ㄱ. 대류권(A)에서는 높이 올라갈수록 지표에서 방출되는 지구 복사 에너지가 적게 도달하기 때문에 기온이 낮아진다.
ㄴ. 성층권(B)의 높이 약 20~30 km에는 오존층이 존재한다. 오존층은 태양으로부터 오는 해로운 자외선을 흡수하여 지구상의 생물을 보호하는 역할을 한다.
ㄷ. 중간권(C)에서는 높이 올라갈수록 기온이 낮아지므로 대류가 일어나지만, 수증기가 거의 없어 기상 현상은 나타나지 않는다.

02 (가)에서 A는 대류권, B는 성층권, C는 중간권, D는 열권이고, (나)에서 ㉠은 혼합층, ㉡은 수온 약층, ㉢은 심해층이다.
ㄷ. 성층권(B)에서는 높이 올라갈수록 기온이 높아지므로 대류가 일어나지 않아 안정하다. 수온 약층(㉡)에서는 깊이가 깊어질수록 수온이 급격히 낮아지므로 대류가 일어나지 않아 안정하다.

오답 피하기 ㄱ. 기권에서는 높이 올라갈수록 공기가 희박해지므로, 공기의 평균 밀도는 대류권(A)에서 가장 크다.
ㄴ. 해수의 혼합층(㉠)은 바람에 의해 혼합되어 형성되므로, 바람의 세기가 강할수록 두껍게 발달한다.

03 문제 분석

지구시스템의 상호작용

기권
A
B
D
생물권
C
F
화석 연료 생성
지권
수권
E

ㄱ. 화산 가스 방출로 대기 조성이 변하는 것은 A에 해당한다. ┐
ㄴ. 화석 연료 생성은 C에 해당한다. (×) 생물권↔지권(F)   (○) 지권↔기권
ㄷ. 표층 해류의 발생은 D에 해당한다. (○) 기권↔수권

ㄱ. A는 지권과 기권의 상호작용이다. 화산 가스는 지권, 대기는 기권에 해당하므로 화산 가스 방출로 대기 조성이 변하는 것은 A에 해당한다.
ㄷ. 표층 해류는 바람에 의해 발생하므로, 기권과 수권의 상호작용(D)에 해당한다.

오답 피하기 ㄴ. 화석 연료는 생물의 유해가 지층 속에 묻힌 후 높은 열과 압력을 받아 생성되므로, 생물권과 지권의 상호작용에 해당한다.

04 ① 모래 먼지(지권)가 바람(기권)에 날려 황사를 일으키는 것은 지권과 기권의 상호작용(A)이다.

③ 수중 식물(생물권)의 광합성으로 해수(수권)에 산소를 공급하는 것은 생물권과 수권의 상호작용(C)이다.

④ 대기 대순환(기권)에 의해 해수의 표층 순환(수권)이 발생하는 것은 기권과 수권의 상호작용(D)이다.

⑤ 흐르는 물(수권)에 의한 침식 작용으로 V자곡(지권)이 형성되는 것은 수권과 지권의 상호작용(E)이다.

오답 피하기 ② 식물(생물권)에 의해 암석이 풍화 작용을 받아 토양이 생성되는 것은 생물권과 지권의 상호작용이다.

05 문제 분석

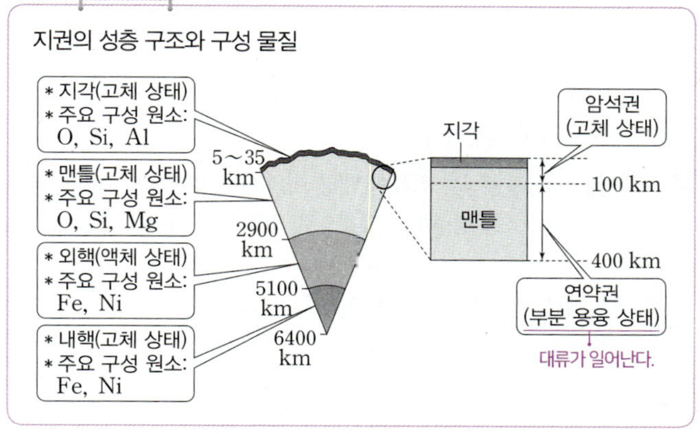

ㄴ. 화산 활동이 일어날 때 화산 가스에 포함된 이산화 탄소가 대기 중으로 방출되므로, 대기 중의 탄소량은 증가한다.

ㄷ. 해수의 탄산 이온은 수권에 속하고, 석회암은 지권에 속하므로 해수의 탄산 이온이 침전되어 석회암이 생성되는 과정은 수권에서 지권으로의 이동인 B에 해당한다.

오답 피하기 ㄱ. 식물은 광합성을 통해 기권의 이산화 탄소를 흡수하므로 탄소는 기권에서 생물권으로 이동한다. A 과정에서는 생물의 호흡에 의해 이산화 탄소가 기권으로 이동한다.

06 ① 탄소는 탄산염(석회암)의 형태로 지권에 가장 많이 분포한다.

② 기권에서 탄소는 주로 이산화 탄소의 형태로 존재한다.

③ 수온이 상승하면 C와 같이 수권에 녹아 있는 이산화 탄소가 기권으로 방출되는데, 이 과정에서 태양 에너지를 흡수한다.

⑤ 화산 폭발은 지구 내부 에너지가 지표로 전달되었다가 급격히 방출될 때 일어나는 현상 중 하나로, 화산 폭발이 일어나 이산화 탄소가 기권으로 이동할 때, 즉 D 과정에서 지구 내부 에너지가 방출된다.

오답 피하기 ④ 지구 온난화가 일어나면 기권의 탄소의 양은 증가하지만, 지구시스템 전체에 존재하는 탄소의 양은 일정하게 유지된다.

STEP3 내신 다지기 문제

110~113쪽

01 ③　**02** ④　**03** ②　**04** ②　**05** ⑤　**06** ③　**07** ①
08 ④　**09** ③　**10** ⑤　**11** ⑤　**12** ②　**13** ②　**14** ③
15 ⑤　**16** ⑤　**17** ④　**18** ①　**19** 해설 참조
20 (1) 해설 참조 (2) 해설 참조　**21** 해설 참조　**22** 해설 참조
23 해설 참조　**24** (1) A, E (2) 해설 참조

---

01 ㄱ. 지권은 주성분이 철과 산소 등이고 주로 고체 상태이며, 기권은 주성분이 질소와 산소인 기체 상태이다. 따라서 평균 밀도는 기권이 지권보다 훨씬 작다.

ㄷ. 생물권은 외권을 제외한 모든 지구시스템의 권역에 분포한다.

오답 피하기 ㄴ. 육수에서 가장 많은 양을 차지하는 빙하는 고체 상태이다. 따라서 수권이 모두 액체 상태로 되어 있는 것은 아니다.

02 ④ 태양과 지구 자기권은 지구시스템의 외권에 해당한다. 외권은 지구를 둘러싸고 있는 기권 밖의 영역으로 지구의 자기권이 분포하며, 외권으로부터 태양 복사 에너지가 지구로 유입된다.

03 문제 분석

A는 지각, B는 맨틀, C는 외핵, D는 내핵이다.

ㄴ. B는 맨틀로, 전체적으로는 고체 상태이지만 부분 용융되어 있는 영역(연약권)에서 대류가 일어난다.

ㄹ. C는 외핵으로 주로 철과 니켈로 이루어져 있다. B는 맨틀로 주로 산소, 규소, 마그네슘 등으로 이루어져 있고, D는 내핵으로 주로 철과 니켈로 이루어져 있다. 따라서 C의 성분은 B보다 D와 비슷하다.

오답 피하기 ㄱ. A는 지각으로, 대륙 지각과 해양 지각으로 구분되며, 두께는 해양보다 대륙에서 두껍다.

ㄷ. C는 외핵으로 액체 상태, D는 내핵으로 고체 상태이다.

04 A는 혼합층, B는 수온 약층, C는 심해층이다.

ㄷ. 심해층(C)은 태양 에너지가 거의 도달하지 않아 수온이 매우 낮고, 계절에 따른 수온 변화가 거의 없다.

오답 피하기 ㄱ. A층은 혼합층으로 바람이 강할수록 두껍게 발달한다.

ㄴ. B층은 수온 약층으로, 수심이 깊어질수록 수온이 낮아져서 안정하다. 따라서 대류가 일어나지 않기 때문에 A층과 C층의 물질 교환을 차단하는 역할을 한다.

05 ⑤ 오존층에서 태양의 자외선을 흡수하므로 성층권에서는 높이 올라갈수록 기온이 높아진다.

오답 피하기 ① 대류권은 높이 올라갈수록 기온이 낮아지므로 대류가 일어나지만, 열권에서는 높이 올라갈수록 기온이 높아지므로 대류가 일어나지 않는다.

② 태양의 자외선은 주로 성층권의 오존층에서 흡수된다.

③ 낮과 밤의 기온 차가 가장 큰 층은 대기가 희박한 열권이다.

④ 중간권에서는 대류가 일어나지만 수증기가 거의 없어 기상 현상이 나타나지 않는다.

06 ㄱ. 태양계 행성 중 지구에만 생명체가 존재하므로 생물권은 지구에만 존재한다.

ㄴ. 생물권은 지권, 기권, 수권에 걸쳐 분포하므로 지표의 변화를 일으키기도 하며, 광합성과 호흡을 통해 대기 조성 변화에 영향을 주기도 한다.

 ㄷ. 지구시스템의 구성요소 중에서 생물권은 가장 나중에 형성되었다.

07 지하수(수권)에 의해 석회 동굴(지권)이 형성되는 과정은 수권과 지권의 상호작용, 화산 분출(지권)에 의해 대기 조성(기권)이 변하는 과정은 지권과 기권의 상호작용, 고생물의 유해(생물권)가 쌓여서 화석 연료(지권)가 생성되는 과정은 생물권과 지권의 상호작용이다.

08 A는 기권이 수권에, B는 수권이 기권에 영향을 주는 상호작용이다.

ㄴ. 물의 증발은 수권이 기권에 영향을 주는 상호작용으로 B에 해당한다.

ㄹ. 표층 해류 발생은 바람에 의한 것이므로, 기권이 수권에 영향을 주는 상호작용으로 A에 해당한다.

 ㄱ. 광합성은 식물이 태양 에너지와 이산화 탄소를 이용한 후 대기 중으로 산소를 방출하는 작용으로, 생물권이 기권에 영향을 주는 상호작용이다.

ㄷ. 황사 발생은 지권이 기권에 영향을 주는 상호작용이다.

09 ① 유성은 태양계를 떠도는 유성체가 지구 대기로 들어올 때 공기와의 마찰로 타면서 빛을 내는 것으로, 외권과 기권의 상호작용이다.

② 오로라는 태양에서 방출된 대전 입자의 일부가 지구 자기장에 이끌려 대기로 들어오면서 공기 입자와 충돌하여 빛을 내는 현상으로, 외권과 기권의 상호작용이다.

④ 밀물과 썰물은 태양과 달의 인력에 의해 발생하므로 외권과 수권의 상호작용이다.

⑤ 성층권의 오존층에서 태양의 자외선을 흡수하는 것은 외권과 기권의 상호작용이다.

 ③ 지진 해일은 해저 화산 폭발이나 지진에 의해 파도의 높이가 높아지는 현상으로, 지권과 수권의 상호작용이다.

10 태풍은 수온이 27 ℃ 이상인 열대 해상에서 발생한 열대 저기압으로, 중심 부근의 최대 풍속이 17 m/s 이상이며 강한 폭풍우를 동반하는 기상 현상이다.

ㄱ. 태풍은 열대 해상의 공기가 해수로부터 열과 수증기를 공급받아 발생한다. 따라서 태풍의 발생(㉠)은 기권과 수권의 상호작용에 해당한다.

ㄴ. 폭풍 해일은 태풍과 같은 강한 바람에 의하여 바닷물이 비정상적으로 높아지는 현상이다. 따라서 폭풍 해일의 발생(㉡)은 기권과 수권의 상호작용에 해당한다.

ㄷ. 강풍에 의해 발생한 산사태(㉢)는 기권과 지권의 상호작용에 해당한다.

11 ⑤ 고생물의 유해가 매몰되어 화석 연료가 생성되는 것은 생물권이 지권에 영향을 주는 작용(E)이다.

 ① 먹이 사슬 유지는 생물권과 생물권의 상호작용이다.

② 화산 가스 방출은 지권이 기권에 영향을 주는 상호작용이다. B의 예로는 풍화, 침식 작용 등이 있다.

③, ④ 물의 증발은 수권이 기권에 영향을 주는 상호작용(D)이고, 표층 해류 발생은 기권이 수권에 영향을 주는 상호작용(C)이다.

12 ② 무역풍은 기권에서 나타나는 현상이고, 동태평양 적도 부근 해역에서의 수온 상승은 수권에서 나타나는 현상이다. 따라서 엘니뇨는 기권과 수권의 상호작용에 의해 나타나는 현상이다.

13 A는 지구 내부 에너지, B는 조력 에너지, C는 태양 에너지이다.

ㄷ. 풍화와 침식 작용을 일으키는 C는 태양 에너지로, 지구시스템의 에너지원 중 가장 많은 양을 차지하며 가장 중요한 역할을 한다.

 ㄱ. A는 지구 내부 에너지이다. 태풍은 수온이 27 ℃ 이상인 열대 해역에서 열과 수증기를 공급 받아 형성되는데, 열대 해역의 해수가 갖고 있는 열에너지는 태양 에너지(C)가 근원 에너지이다.

ㄴ. B는 조력 에너지로 달과 태양의 인력으로 발생한다.

14 ㄱ. 대기와 해수의 순환은 태양 에너지에 의해 일어나는 자연 현상이다.

ㄷ. 풍화와 침식 작용을 받아 지표면의 지형이 변하는 것은 태양 에너지에 의해 일어나는 자연 현상이다.

 ㄴ. 조수 간만의 차는 조력 에너지에 의해 일어난다.

15 대기, 바다, 육지에서 각각 유입되는 물의 양과 유출되는 물의 양은 같다.

ㄱ. 바다에서 물의 유입량과 유출량이 같으므로 'B+284=320'이고 B는 36이다. 육지에서 물의 유입량과 유출량이 같으므로 'A+B=96'이고 A는 60이다. 따라서 (A−B)는 24이다.

ㄴ. 수권의 물은 태양 에너지를 흡수하여 증발해 기권의 수증기가 된다. 이처럼 물의 순환을 일으키는 주요 에너지원은 태양 에너지이다.

ㄷ. 지구 온난화가 증대되어 지구의 평균 기온이 높아지면 육수 중에서 가장 많은 양을 차지하는 빙하가 녹아 바다로 흘러 들어가는 물의 양(B)이 증가할 것이다.

16 ① 물이 순환하는 동안 구름과 강수 현상이 나타나므로, 물의 순환은 날씨 변화에 영향을 준다.

② 물의 순환에서 흐르는 물과 해수의 움직임은 침식, 운반, 퇴적 작용을 통해 지형을 변화시키는 역할을 한다.

③ 물은 상태를 변화하면서 지구시스템 각 권역 사이를 순환하는데, 이때 에너지를 흡수하거나 방출하면서 에너지를 이동시킨다.

④ 수권의 물은 태양 에너지를 흡수하여 증발해 기권의 수증기가 된다. 이처럼 물의 순환을 일으키는 주요 에너지원은 태양 에너지이다.

 ⑤ 수권에서 물이 태양 에너지를 흡수하여 수증기가 되어 기권으로 이동하고, 기권으로 이동한 물은 에너지를 방출하면서 응결하여 구름이 되었다가 강수 현상으로 다시 지권이나 수권으로 이동한다. 이처럼 수권과 기권 사이에서는 물의 순환과 함께 에너지의 흐름도 나타난다.

17

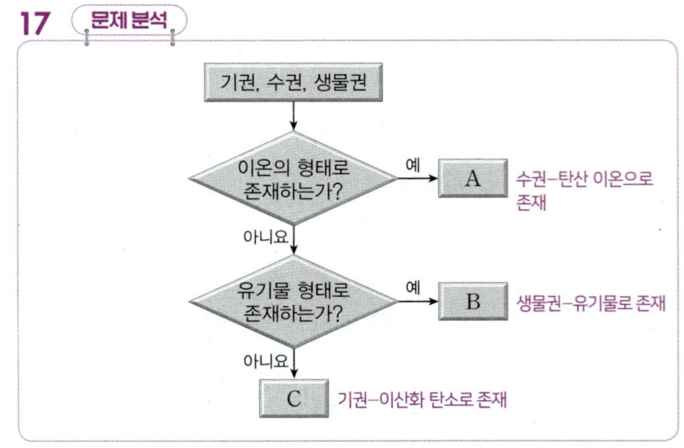

④ 탄소는 지구시스템의 각 권역에서 다양한 형태로 존재하며, 끊임없이 순환하며 지구시스템에 영향을 주고 있다. 탄소가 주로 이온 형태(탄산이온)로 존재하는 권역은 수권(A)이며, 주로 유기물의 형태로 존재하는 권역은 생물권(B)이다. 탄소는 기권(C)에서 주로 이산화 탄소 형태로 존재한다.

18 〔문제 분석〕

- 기권의 탄소량을 증가시키는 요인: 화석 연료 연소, 생물의 호흡, 화산 활동, 해수의 온도 상승에 따른 이산화 탄소 방출량 증가 등
- 기권의 탄소량을 감소시키는 요인: 식물의 광합성, 해수에 용해 등

A는 화산 활동에 의한 탄소의 이동, B는 해양 생물 사체의 퇴적에 의한 탄소의 이동, C는 식물의 광합성에 의한 탄소의 이동이다.
A. 화산 활동에 의해 지권의 탄소가 기권으로 이동하므로 기권의 탄소량은 증가한다.
〔오답 피하기〕 B. 해양 생물 사체의 퇴적에 의해 탄소가 생물권에서 지권으로 이동하므로 기권의 탄소량 변화에 직접적으로 영향을 주지 못한다.
C. 식물의 광합성에 의해 탄소가 기권에서 생물권으로 이동하므로 기권의 탄소량은 감소한다.

19 〔모범 답안〕 외핵: 액체, 내핵: 고체, 철과 니켈 등의 무거운 금속 물질은 지구 중심부로 가라앉아 외핵과 내핵을 구성하였고, 상대적으로 가벼운 규산염 물질은 지권의 바깥쪽으로 떠올라 맨틀과 지각을 구성하였다.

채점 기준	배점
외핵과 내핵을 구성하는 물질의 상태를 옳게 쓰고, 무거운 물질(철, 니켈)과 가벼운 물질(규산염 물질)이 분리되어 성층 구조가 형성되었다고 옳게 서술한 경우	100 %
지권의 성층 구조가 형성된 과정만 옳게 서술한 경우	60 %
외핵과 내핵을 구성하는 물질의 상태만 옳게 쓴 경우	30 %

20 기권은 기온의 연직 분포에 따라 대류권, 성층권, 중간권, 열권으로 구분하며, 이 중 대류권과 중간권은 높이 올라갈수록 기온이 낮아지는 불안정한 층이다.
〔모범 답안〕 (1) 대류권은 높이 올라갈수록 기온이 낮아져서 기층이 불안정하기 때문이다.
(2) 성층권에는 오존층이 존재하는데, 오존층을 구성하는 오존이 태양의 자외선을 흡수하기 때문이다.

	채점 기준	배점
(1)	높이에 따른 기온 변화와 불안정한 기층의 상태를 옳게 서술한 경우	50 %
	높이에 따라 기온이 낮아지기 때문이라고만 서술한 경우	20 %
	기층이 불안정하기 때문이라고만 서술한 경우	20 %
(2)	오존의 자외선 흡수를 포함하여 옳게 서술한 경우	50 %
	오존층이 존재하기 때문이라고만 서술한 경우	20 %

21 〔모범 답안〕 (가)는 수권과 지권의 상호작용, (나)는 외권과 기권의 상호작용, (다)는 생물권과 지권의 상호작용이다.

채점 기준	배점
(가), (나), (다)의 상호작용을 모두 옳게 서술한 경우	100 %
(가), (나), (다) 중 두 가지의 상호작용만 옳게 서술한 경우	60 %
(가), (나), (다) 중 한 가지의 상호작용만 옳게 서술한 경우	30 %

22 〔모범 답안〕 • 오존층에서 태양으로부터 오는 해로운 자외선을 차단한다.
- 우주로부터 날아오는 유성체를 차단한다. 등

채점 기준	배점
두 가지를 모두 옳게 서술한 경우	100 %
한 가지만 옳게 서술한 경우	50 %

23 지구의 평균 기온이 높아지면 빙하가 용해되어 바다로 흘러들어가는 등 육수와 해수의 물의 양은 변하지만 지구에 분포하는 물의 총량은 일정하다.
〔모범 답안〕 지구의 평균 기온이 높아지면 빙하의 용해로 육수의 양은 감소하지만, 지구에 분포하는 물의 총량은 일정하게 유지된다.

채점 기준	배점
육수의 양과 지구에 분포하는 물의 총량의 변화에 대해 모두 옳게 서술한 경우	100 %
빙하가 용해되어 해양으로 이동하므로 육수의 양은 감소한다고만 서술한 경우	50 %
지구에 분포하는 물의 총량은 일정하다고만 서술한 경우	50 %

24 〔모범 답안〕 (1) A, E
(2) 기권에서 탄소는 주로 이산화 탄소로 존재하며, 수권에 용해되면 탄산 이온으로 변한다.

	채점 기준	배점
(1)	두 가지 모두 옳게 쓴 경우	40 %
	두 가지 중 한 가지만 옳게 쓴 경우	20 %
(2)	기권과 수권에서의 존재 형태를 모두 옳게 서술한 경우	60 %
	기권과 수권에서의 존재 형태 중 한 가지만 옳게 서술한 경우	30 %

STEP 4 내신 1등급 문제 *114~115쪽*

01 ① **02** ⑤ **03** ② **04** ④ **05** ③ **06** ⑤ **07** ③ **08** ④

01 ㄱ. 해수의 층상 구조는 깊이에 따른 수온 변화에 따라 혼합층, 수온 약층, 심해층으로 구분한다. 혼합층은 태양 복사 에너지에 의해 가열되고 바람에 의해 혼합되어 수온이 높고 일정한 층이며, 수온 약층은 깊이에 따라 수온이 급격하게 낮아지는 층이고, 심해층은 태양 복사 에너지가 거의 도달하지 않아 수온이 낮고 일정한 층이다. 따라서 (가)에서 온도는 혼합층이 심해층보다 높다.
〔오답 피하기〕 ㄴ. 내핵은 고체 상태이고, 외핵은 액체 상태이다.
ㄷ. 지구 내부에서 깊이 들어갈수록 밀도가 증가하므로, 밀도는 외핵이 맨틀보다 크다.

02 (가)에서 A는 중간권, B는 대류권이고, (나)에서 C는 맨틀이다.
ㄱ. 대류권(B)에서는 강수, 바람 등의 기상 현상에 의해 지표의 변화가 일어난다.
ㄴ. 맨틀(C)은 지권에서 차지하는 부피가 가장 크다.
ㄷ. 대류권과 중간권에서는 높이 올라갈수록 기온이 낮아져서 대류 현상이 일어나고, 맨틀에서는 맨틀 대류가 일어난다.

03 ② 대기 중으로 화산 가스가 방출되는 것(A)은 지권과 기권의 상호작용, 해수의 증발로 인한 태풍 발생(B)은 수권과 기권의 상호작용, 식물체로부터 석탄이 생성되는 것(C)은 생물권과 지권의 상호작용이다.

04 ④ 지하수에 의해 석회 동굴이 생성되는 것(㉠)은 수권(A)과 지권의 상호작용이고, 생물체의 사체가 쌓여서 화석 연료가 생성되는 것(㉡)은 생물권(B)과 지권의 상호작용이며, 중국이나 몽골 지역의 모래 먼지가 바람에 날려 이동하여 발생하는 황사(㉢)는 기권(C)과 지권의 상호작용이다.

05 ㄱ. 태양 에너지는 대기와 물을 순환시켜 기상 현상을 일으킨다.
ㄴ. 달과 태양의 인력이 지구에 작용하여 생기는 조력 에너지는 밀물과 썰물을 일으켜 해수면의 높이를 변화시킨다.
오답 피하기 ㄷ. 태양 에너지는 지구시스템의 에너지원 중 가장 많은 양을 차지한다.

06 ㄱ, ㄴ. 물은 주로 태양 에너지에 의해 순환하고, 물의 순환 과정을 통해 물질과 에너지가 이동한다.
ㄷ. V자곡은 물의 순환 과정에서 물이 지표를 따라 낮은 곳으로 흐르면서 침식 작용과 퇴적 작용을 통해 지표가 변화되어 형성된 지형이다.

07 문제 분석

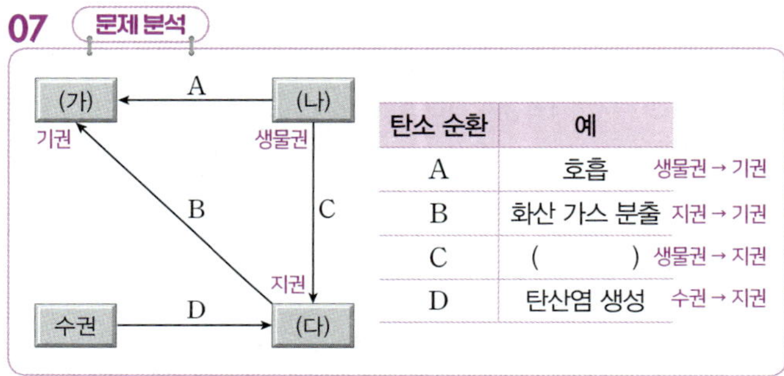

(가)는 기권, (나)는 생물권, (다)는 지권이다.
ㄱ. 호흡(A)을 통해 생물권에서 기권으로 탄소가 이동하므로 (나)는 생물권, (가)는 기권이다.
ㄴ. 화석 연료는 생물의 유해가 지층에 매몰되어 생성되므로 생물권에서 지권으로 탄소가 이동한다. 따라서 화석 연료의 생성은 C의 예에 해당한다.
오답 피하기 ㄷ. 화산 가스 분출(B)을 통해 지권에서 기권으로 탄소가 이동하며, 탄산염이 생성되는 과정(D)에서 탄소는 수권에서 지권으로 이동하므로 (다)는 지권이다. 지권에서 탄소는 주로 탄산염 형태로 존재한다.

08 ㄴ. 식물의 사체가 화석 연료가 되는 것은 생물권에서 지권으로 탄소가 이동하는 과정에 해당하므로 C의 예이다.
ㄷ. 수권에 녹아 있는 탄산 이온이 침전하여 굳어지면 주로 석회암의 형태로 지권에 저장된다.
오답 피하기 ㄱ. 광합성 과정에서 식물이 대기 중의 이산화 탄소를 흡수하면 기권의 탄소는 감소한다. 따라서 ㉠은 기권의 탄소를 감소시키는 요인이다.

○2 지권의 변화와 영향

❶ 변동대 ❷ 암석권 ❸ 연약권 ❹ 판 구조론 ❺ 맨틀 대류
❻ 수렴형 ❼ 발산형 ❽ 보존형 ❾ 충돌형 ❿ 보존형
⓫ 지권

01 (1) × (2) ○ (3) ○ (4) × (5) ○
02 A: 암석권(판), B: 연약권, C: 맨틀(상부 맨틀)
03 (1) × (2) ○ (3) × **04** (1) 발 (2) 수 (3) 보 (4) 발 (5) 보 (6) 수
05 (1) ○ (2) × (3) ○ **06** ㉠ 화산 가스, ㉡ 용암, ㉢ 화산 쇄설물

01 (1) 지진과 화산 활동 등의 지각 변동을 일으키는 에너지원은 지구 내부 에너지이다.
(4) 지진대와 화산대는 거의 일치하며, 대부분 대륙 주변부에 좁고 긴 띠 모양으로 분포한다.

02 암석권(A)은 지각과 상부 맨틀(C)의 일부를 포함하는 약 100 km 두께의 암석으로 이루어진 부분이며, 연약권(B)은 암석권 아래의 깊이 약 100~400 km의 구간으로, 부분 용융되어 있어 유동성을 띠는 영역으로 맨틀 대류가 일어난다.

03 (1) 판은 지각과 상부 맨틀 일부를 포함한 단단한 암석권의 조각이며, 암석권 아래에는 맨틀 대류가 일어나는 연약권이 있다.
(3) 발산형 경계와 섭입형 경계에서는 화산 활동이 일어나지만, 보존형 경계와 충돌형 경계에서는 화산 활동이 거의 일어나지 않는다.

05 지권의 변화는 지권 자신을 포함한 지구시스템의 다른 권역에 다양한 영향을 미친다.
(1) 대기 중으로 다량의 화산재가 분출하면 햇빛을 차단하여 지구의 평균 기온이 낮아진다.
(2) 지진 해일은 해저에서 발생하는 지각 변동에 의해 지반의 수직 운동이 일어날 때 발생한다.
(3) 화산이 분출하기 직전 무렵에는 지하에 있는 마그마에 의한 압력이 높아짐에 따라 화산체의 사면 경사가 증가한다.

06 화산 가스는 화산 활동으로 분출되는 기체 물질로, 대부분 수증기이고, 이산화 탄소, 이산화 황 등이 포함되어 있다. 용암은 마그마에서 화산 가스가 빠져나가고 남은 고온의 액체 물질이 지표로 흘러나온 것이다. 화산 쇄설물은 화산 활동으로 분출되는 고체 물질로, 입자의 크기에 따라 화산암괴, 화산력, 화산재, 화산진 등으로 구분한다.

01 ② **02** ⑤ **03** ③ **04** ②

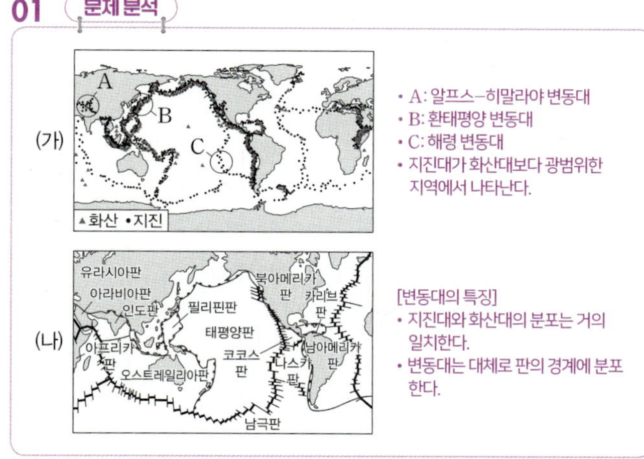

① A는 알프스–히말라야 변동대, B는 환태평양 변동대, C는 해령 변동대이다.

③ 지진과 화산 활동은 주로 판의 상대적인 운동에 의해 발생하므로, 변동대는 주로 판의 경계를 따라 좁고 긴 띠 모양으로 분포한다.

④ 태평양 주변부에 분포하는 지진대와 화산대는 거의 일치한다.

⑤ C는 태평양에 위치한 해령 변동대로, 대체로 태평양 해저에 발달한 해령을 따라 분포한다.

오답 피하기 ② 화산 활동이 일어날 때는 지진이 함께 발생하지만, 지진이 일어나는 곳에서 항상 화산 활동이 일어나는 것은 아니다. 따라서 지진대가 화산대보다 광범위한 지역에서 나타난다.

02 ㄱ. 대서양에서는 대서양 중앙 해령이 위치하여 판이 서로 멀어지는 발산형 경계를 따라 지진과 화산 활동이 발생한다.

ㄴ. A는 인도판과 유라시아판이 충돌하여 히말라야산맥이 형성된 곳으로, 지진은 발생하지만 화산 활동은 거의 발생하지 않는다.

ㄷ. B는 태평양판과 유라시아판이 충돌하는 수렴형 경계에 해당한다.

03 문제 분석

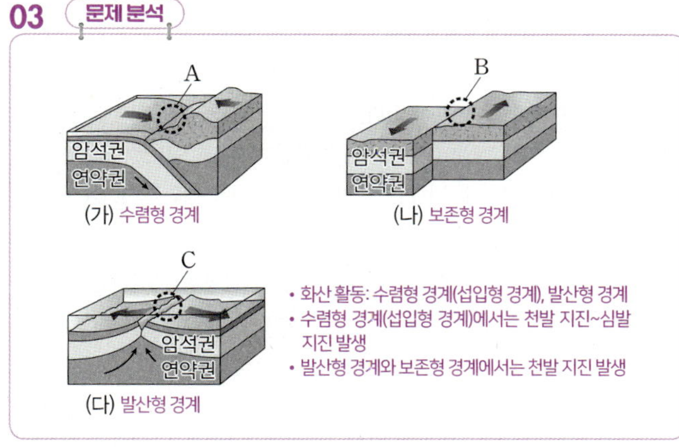

③ (가)는 해양판이 대륙판 아래로 섭입하는 수렴형 경계이고, (나)는 판이 서로 어긋나는 보존형 경계이며, (다)는 해양판이 서로 멀어지는 발산형 경계이다. 섭입형 경계에서 발달하는 지형은 해구(A)이고, 보존형 경계에서 발달하는 지형은 변환 단층(B)이며, 발산형 경계에서 발달하는 지형은 해령(C)이다.

04 ㄷ. 해구가 발달하는 A 부근에서는 천발 지진~심발 지진이 일어나고, 변환 단층이 발달하는 B와 해령이 발달하는 C 부근에서는 천발 지진만 일어난다. 따라서 A, B, C에서는 공통적으로 천발 지진이 일어난다.

오답 피하기 ㄱ. (가)는 판의 섭입이 일어나는 수렴형 경계이고, (나)는 보존형 경계, (다)는 발산형 경계이다.

ㄴ. 해구가 발달하는 A 부근과 해령이 발달하는 C 부근에서는 화산 활동이 일어나지만, 변환 단층이 발달하는 B 부근에서는 화산 활동이 일어나지 않는다.

STEP3 내신 다지기 문제

124~127쪽

01 ② **02** ③ **03** ④ **04** ⑤ **05** ① **06** ③ **07** ②
08 ② **09** ⑤ **10** ② **11** ① **12** ④ **13** ③ **14** ③
15 ① **16** ④ **17** 해설 참조 **18** (1) 해설 참조 (2) 해설 참조
19 해설 참조 **20** 해설 참조 **21** 해설 참조

01 ㄴ. 지진, 화산 활동 등과 같은 지각 변동을 일으키는 에너지원은 지구 내부 에너지이다.

오답 피하기 ㄱ. 지하에 있던 마그마가 지각의 약한 틈을 뚫고 지표 위로 나올 때, 그 주변 지역에서 대부분 지진이 발생하므로 화산 활동은 지진을 동반하지만, 지진이 일어날 때 화산 활동이 항상 동반되지는 않는다.

ㄷ. 지진대와 화산대는 전 세계에 고르게 분포하지 않고 주로 대륙 주변부에 좁고 긴 띠 모양으로 분포한다.

02 ㄱ. 지하에 있던 마그마가 지각의 약한 틈을 뚫고 지표 위로 나올 때, 그 주변 지역에서 대부분 지진이 발생하므로 화산 활동은 지진을 동반한다. 따라서 화산 활동이 활발한 곳에서는 지진도 활발하다.

ㄷ. 전 세계 지진과 화산 활동의 약 80 %는 태평양의 주변부에서 발생한다. 대서양에서는 주로 대서양 중앙부를 따라 지각 변동이 일어난다.

오답 피하기 ㄴ. 해령은 주로 대양의 중앙부에 분포하고, 해구는 주로 태평양의 주변부에 분포한다.

03 A는 알프스–히말라야 지진대와 화산대, B는 환태평양 지진대와 화산대, C는 해령 지진대와 화산대이다. 환태평양 변동대는 태평양 주변부를 따라 분포하며 전 세계 지진과 화산 활동의 약 80 %가 이 지역에서 발생한다.

ㄴ. A는 히말라야산맥 주변의 변동대로 알프스–히말라야 지진대와 화산대에 속한다.

ㄷ. B는 일본 해구 부근의 변동대로 환태평양 지진대와 화산대에 속하며, C는 동태평양 해령 부근의 변동대로 해령 지진대와 화산대에 속한다. 두 지역에서는 모두 화산 활동이 활발하게 일어난다.

오답 피하기 ㄱ. 변동대는 좁고 긴 띠 모양으로 주로 대륙 주변부에 분포한다.

04 A는 지각, B는 상부 맨틀의 일부로 단단한 암석 영역, C는 연약권이다.

ㄱ. 지각인 A와 상부 맨틀의 일부인 B를 합친 부분은 암석권이다.

ㄴ. 지각 아래에 위치한 B와 C는 맨틀에 해당한다.

ㄷ. C는 연약권으로 암석권 아래의 깊이 약 100~400 km 구간이며, 부분 용융되어 있어 유동성을 띠는 영역으로 맨틀 대류가 일어난다.

05 연약권에서 온도가 높은 부분은 밀도가 작아져 상승하고, 점차 식으면서 이동하여 온도가 낮아지면 밀도가 커져 하강하면서 맨틀 대류가 일어나고, 연약권 위에 떠 있는 판이 맨틀 대류를 따라 이동한다.

06 ③ 대륙판은 대륙 지각을 포함하고, 해양판은 해양 지각을 포함하므로, 대륙판은 해양판보다 두껍다.

오답 피하기 ① 판마다 이동 속도와 이동 방향이 서로 다르다.
② 판은 지각과 상부 맨틀의 일부로 이루어져 있는 두께 약 $100\,km$ 구간의 암석권의 조각이다. 따라서 판의 두께는 지각의 두께보다 두껍다.
④ 지구 표면은 크고 작은 10여 개의 판으로 이루어져 있다.
⑤ 대체로 지진과 화산 활동은 판의 경계부에서 일어나지만, 전 세계의 모든 지진과 화산 활동이 모두 판의 경계에서 일어나는 것은 아니다.

07 문제 분석

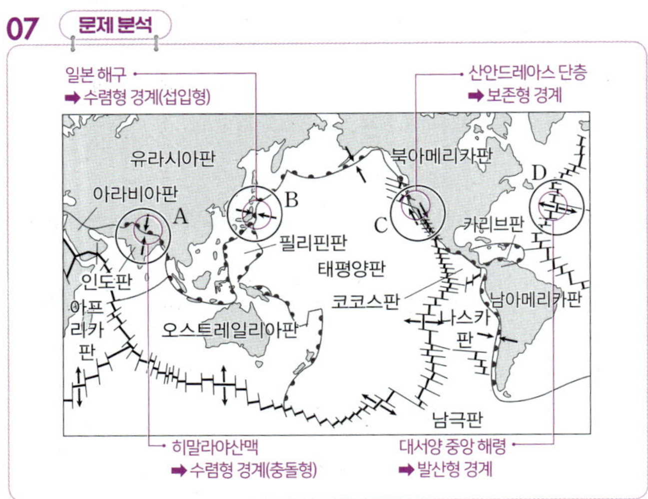

ㄷ. 대륙 지각은 밀도가 작은 화강암질 암석으로 이루어져 있고, 해양 지각은 밀도가 큰 현무암질 암석으로 이루어져 있다. 따라서 판의 밀도는 태평양판(해양판)이 유라시아판(대륙판)보다 크다.

오답 피하기 ㄱ. 그림을 보면 태평양판 내부에서 판의 이동 방향이 모두 같지 않다는 것을 확인할 수 있다.
ㄴ. A와 B는 수렴형 경계(히말라야산맥과 일본 해구), C는 보존형 경계(산안드레아스 단층), D는 발산형 경계(대서양 중앙 해령)이다.

08 두 판이 서로 멀어지는 판의 경계는 발산형 경계이다.
ㄱ. 해령은 해양판과 해양판이 서로 멀어지는 발산형 경계에 발달하는 지형이다.
ㄷ. 열곡대는 대륙판과 대륙판이 서로 멀어지는 발산형 경계에 발달하는 지형이다.

오답 피하기 ㄴ. 해구는 밀도가 큰 해양판이 상대적으로 밀도가 작은 해양판이나 대륙판 아래로 섭입하는 수렴형 경계에 발달하는 지형이다.
ㄹ. 변환 단층은 이웃한 두 판이 반대 방향으로 어긋나는 보존형 경계에 발달하는 지형이다.

09 ㄱ. A는 보존형 경계로 변환 단층이 발달한다.
ㄴ. B는 발산형 경계로 해령이 발달하며, 해령에서는 새로운 해양판이 생성된다.
ㄷ. 보존형 경계에서는 지진은 일어나지만 화산 활동이 일어나지 않는다. 발산형 경계에서는 지진과 화산 활동이 활발하다. 따라서 화산 활동은 A보다 B에서 활발하다.

10 ㄷ. D는 해양판이 대륙판 아래로 섭입하는 수렴형 경계이다.

오답 피하기 ㄱ. 보존형 경계는 두 판이 반대 방향으로 어긋나는 판의 경계이다. 그런데 A는 이웃한 판이 서로 같은 방향으로 이동하므로 보존형 경계가 아니다.

ㄴ. B는 보존형 경계, C는 발산형 경계로, 보존형 경계에서는 화산 활동은 일어나지 않고, 발산형 경계에서는 화산 활동이 활발하게 일어난다.

11 모든 판의 경계부에서 공통적으로 발생하는 지각 변동은 지진이다.
① 해령과 변환 단층에서는 주로 천발 지진이, 해구에서는 천발 지진, 중발 지진, 심발 지진이 모두 발생한다.

오답 피하기 ② 열곡은 발산형 경계에서 발달한다.
③ 습곡 산맥은 수렴형 경계에서 발달한다.
④ 맨틀 물질이 상승하는 곳은 발산형 경계이다.
⑤ 화산 활동은 주로 발산형 경계와 섭입형 수렴 경계에서 발생한다.

12 (가)는 충돌형 경계, (나)와 (다)는 섭입형 경계로 모두 이웃한 두 판이 서로 가까워지는 수렴형 경계에 해당한다.
ㄴ. 수렴형 경계는 맨틀 대류 하강부에 형성된다.
ㄷ. 대륙판과 대륙판이 충돌하여 습곡 산맥이 형성되는 지형의 대표적인 예는 히말라야산맥이다.

오답 피하기 ㄱ. 충돌형 경계에서는 화산 활동은 거의 일어나지 않고, 섭입형 경계에서는 화산 활동이 활발하게 일어난다.

13 마리아나 해구는 수렴형 경계, 동태평양 해령은 발산형 경계, 산안드레아스 단층은 보존형 경계에 해당한다.
ㄱ. 마리아나 해구에서는 태평양판(해양판)과 필리핀판(해양판)이 수렴한다.
ㄴ. 동태평양 해령에서는 용암이 분출하여 새로운 해양 지각이 생성된다.

오답 피하기 ㄷ. 보존형 경계인 산안드레아스 단층에서는 천발 지진이 발생하고, 심발 지진은 발생하지 않는다.

14 A는 화산 쇄설물, B는 화산 가스, C는 용암이다.
ㄱ. 화산 폭발로 많은 양의 화산 쇄설물(A)이 지표에 쌓이면 퇴적암이 생성되면서 지형이 변화될 수 있다.
ㄷ. 유동성이 큰 용암(C)이 분출되면 지표를 따라 흐르면서 도로가 파괴되고 마을이나 농경지를 뒤덮는 등의 직접적인 피해를 주며, 화재와 같은 이차적인 피해를 주기도 한다.

오답 피하기 ㄴ. 화산 가스(B) 중에서 가장 많은 양을 차지하는 것은 수증기이다.

15 ② 지진이나 화산 활동에 의해 지진 해일(쓰나미), 용암류, 산사태가 발생하면 지형이 변한다.
③ 지구 내부를 통과한 지진파를 분석하면 지구 내부 구조를 파악하여 지하자원을 찾을 수 있다.
④ 화산 가스에 의해 지표수가 오염되어 산성화될 수 있다.
⑤ 용암이 지표를 흐르면서 굳으면 용암 대지, 용암 동굴 등의 다양한 화산 지형을 만들고, 화산 폭발로 많은 양의 화산 쇄설물이 지표에 쌓이면 퇴적암이 생성되면서 지형이 변할 수 있다.

오답 피하기 ① 식물 성장에 필요한 무기질이 풍부한 화산재가 쌓인 후 오랜 시간이 지나면 토양이 비옥해진다. 토양의 산성화에 영향을 주는 주요 분출물은 화산 가스이다.

16 〔문제 분석〕

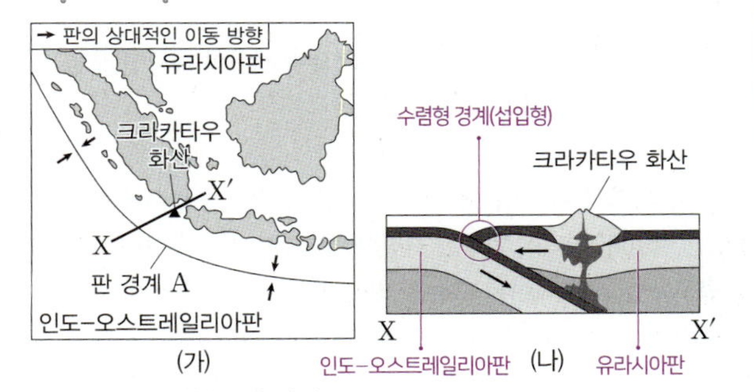

- 지진 해일은 해저 지각 변동에 의해 지반의 상하 이동이 일어날 때 발생하는 해파이다. ➡ 지각 변동이 수권에 영향을 주어 발생한다.
- 지진 해일은 육지 쪽으로 접근해 오면서 수심이 얕아지므로 해저면과의 마찰에 의해 전파 속도가 느려지고 파고는 높아지며, 파고가 높을 때는 해안 지역에 큰 피해를 준다.

④ 지진이나 화산 활동이 지권에 영향을 주어 용암 분출, 산사태 등이 발생할 수 있다. 지진 해일은 지각 변동이 수권에 영향을 주어 발생한 현상이다.

17 〔모범 답안〕 지진과 화산 활동은 대부분 판의 경계에서 판의 상대적 운동에 의해 발생하기 때문이다.

채점 기준	배점
지진과 화산 활동이 판의 경계에서 판의 상대적 운동에 의해 발생한다고 옳게 서술한 경우	100 %
지진과 화산 활동이 판의 경계부에서 일어나기 때문이라고만 서술한 경우	70 %

18 〔모범 답안〕 (1) 대륙판: C, 해양판: D, 판의 두께는 대륙판이 해양판보다 두껍고, 판의 밀도는 해양판이 대륙판보다 크다.
(2) E, 연약권, 연약권은 부분 용융되어 있어 유동성을 띠는데, 온도가 높은 부분은 밀도가 작아져 상승하고, 온도가 낮은 부분은 밀도가 커져 하강하면서 맨틀 대류가 일어나게 된다.

	채점 기준	배점
(1)	대륙판과 해양판의 기호를 옳게 쓰고, 판의 두께와 밀도를 모두 옳게 비교하여 서술한 경우	40 %
	대륙판과 해양판의 기호만 옳게 쓴 경우	20 %
(2)	맨틀 대류가 일어나는 곳의 기호와 명칭을 옳게 쓰고, 맨틀 대류가 일어나는 과정을 주어진 내용을 모두 포함하여 옳게 서술한 경우	60 %
	맨틀 대류가 일어나는 곳의 기호와 명칭을 옳게 쓰고, 맨틀 대류가 일어나는 과정을 부분 용융으로만 서술한 경우	40 %
	맨틀 대류가 일어나는 곳의 기호와 명칭만 옳게 쓴 경우	20 %

19 〔모범 답안〕 일본에서 우리나라 쪽으로 올수록 지진이 발생한 깊이는 대체로 깊어진다. 그 까닭은 태평양판이 유라시아판 아래로 섭입하면서 두 판의 접촉면을 따라 지진이 발생하기 때문이다.

채점 기준	배점
지진의 발생 깊이 변화를 쓰고, 그 까닭을 옳게 서술한 경우	100 %
지진의 발생 깊이 변화만 쓴 경우	50 %

20 〔모범 답안〕 충돌형 수렴 경계(충돌형 경계), 히말라야산맥은 과거에 떨어져 있던 인도판(대륙판)과 유라시아판(대륙판)이 서로 가까워지다 충돌하는 과정에서 융기하여 형성되었다.

채점 기준	배점
판의 경계를 쓰고, 형성 과정을 옳게 서술한 경우	100 %
판의 경계만 옳게 쓴 경우	50 %

21 〔모범 답안〕 • 기권에 미치는 영향: 햇빛을 차단하여 지구의 평균 기온을 낮춘다. 화산 가스로 방출된 이산화 탄소, 수증기 등이 온실 효과로 지구의 기온을 높인다.
- 지권에 미치는 영향: 무기질이 풍부한 화산재가 쌓여 오랜 시간이 지나면 토양을 비옥하게 한다. 용암, 화산 쇄설물, 산사태 등에 의해 지형이 변한다.

채점 기준	배점
기권에 미치는 영향과 지권에 미치는 영향을 각각 한 가지씩 옳게 서술한 경우	100 %
기권에 미치는 영향과 지권에 미치는 영향 중 한 가지만 옳게 서술한 경우	50 %

01 ②   **02** ②   **03** ①   **04** ①   **05** ②   **06** ⑤   **07** ③   **08** ⑤

01 ㄴ. C는 두 해양판이 서로 멀어지는 발산형 경계이다. D는 해양판이 대륙판 아래로 섭입하는 수렴형 경계이다. 따라서 인접한 두 판의 밀도 차는 C가 D보다 작다.

〔오답 피하기〕 ㄱ. A는 두 대륙판이 충돌하는 수렴형 경계이다. 충돌형 수렴 경계인 A에는 습곡 산맥이 발달하며, 해구는 섭입형 수렴 경계에서 발달한다.
ㄷ. B와 D는 해구가 발달해 있는 수렴형 경계이다. 따라서 두 지역 모두 맨틀 대류의 하강부에 위치한다.

02 〔문제 분석〕

- 판 경계 A: 섭입형 수렴 경계
- 수렴형 경계에서 판이 섭입할 때 밀도가 큰 판이 밀도가 작은 판 아래로 들어간다. ➡ 판의 밀도: 인도-오스트레일리아판 > 유라시아판

ㄴ. 크라카타우 화산에서 용암이 분출될 때와 같이 화산 활동이 일어날 때는 지구 내부 에너지가 방출된다.

〔오답 피하기〕 ㄱ. 판 경계 A는 인도-오스트레일리아판과 유라시아판이 서로 가까워지는 경계인 수렴형 경계이다.
ㄷ. 크라카타우 화산은 유라시아판에 속하므로 인도-오스트레일리아판이 유라시아판 아래로 섭입하고 있다. 따라서 판의 밀도는 인도-오스트레일리아판이 유라시아판보다 크다.

03 A는 발산형 경계에 발달한 동아프리카 열곡대, B는 충돌형 경계에 발달한 히말라야산맥, C는 보존형 경계에 발달한 산안드레아스 단층이다.
ㄱ. 두 판이 서로 멀어지는 발산형 경계에 위치한 A는 맨틀 대류의 상승부에 위치한다.

오답 피하기 ㄴ. 충돌형 경계에 위치한 B에서는 화산 활동은 거의 일어나지 않고, 천발 지진과 중발 지진이 활발하게 일어난다.
ㄷ. 보존형 경계에 위치한 C에서는 판의 생성이나 소멸이 없다.

04 이 지역에서는 천발 지진~심발 지진이 발생하고 있으므로 판이 섭입하는 수렴형 경계가 형성되어 있다.
ㄱ. 섭입형 경계에서는 대부분의 지진이 일어나는 판 아래로 다른 판이 섭입하므로 판 A는 ⓛ 방향으로 이동하고 있다.

오답 피하기 ㄴ. 밀도가 큰 판이 밀도가 작은 판 아래로 섭입하므로 섭입하는 판 A의 밀도는 판 B의 밀도보다 크다.
ㄷ. ⓐ 경계의 왼쪽에 위치한 판 B에 대부분의 진앙이 위치하고, 판의 경계에서 멀어질수록 진원의 깊이가 대체로 깊어지므로 ⓐ에서는 판이 섭입하여 소멸한다.

05 A는 보존형 경계, B는 발산형 경계에 해당한다.
ㄴ. 보존형 경계에서는 지진이 활발하지만 화산 활동은 일어나지 않고, 발산형 경계에서는 지진과 화산 활동이 모두 활발하므로, 지진은 ⓛ에 속한다.

오답 피하기 ㄱ. 보존형 경계(A)에서는 변환 단층이 발달하고, 발산형 경계(B)에서는 해령이 발달한다.
ㄷ. ⓒ은 지진을 제외한 발산형 경계에서 나타나는 지형이나 지각 변동이므로 해령, 화산 활동 등이 이에 속한다. 습곡 산맥은 수렴형 경계에서 발달하는 지형이다.

06 ㄱ. 화산재는 대기에 오래 머물게 되면 태양 빛을 차단하여 지표면에 도달하는 태양 복사 에너지를 감소시킨다.
ㄴ. 내용에서 연기는 화산 가스, 불꽃같은 것은 용암을 나타내며, 비릿한 냄새는 화산 가스에 포함되어 있는 황 성분 때문이다. 또한, 화산재가 떨어졌다고 하였으므로 백두산 폭발로 화산 가스, 용암, 화산 쇄설물 등의 다양한 화산 분출물이 방출되었음을 알 수 있다.
ㄷ. 무기질이 풍부한 화산재는 퇴적 후 오랜 시간이 지나면 토양을 비옥하게 만들어 주기도 한다.

07 ㄱ. 지진의 에너지는 규모로 나타내며, 숫자가 클수록 방출된 에너지가 큰 것이다. 따라서 발생한 지진의 에너지는 칠레가 아이티보다 크다.
ㄷ. 규모는 칠레가 아이티보다 컸지만, 칠레는 건축물에 내진 설계가 되어 있고 아이티는 내진 설계가 되지 않은 건물이 많았기 때문에 사망자 수는 칠레가 아이티보다 훨씬 적었다고 예상할 수 있다. 따라서 건축물의 내진 설계는 지진의 피해를 줄이기 위한 중요한 방법 중 하나이다.

오답 피하기 ㄴ. 규모는 칠레가 아이티보다 크지만 사망자 수는 아이티가 칠레보다 훨씬 많았다. 지진의 피해는 진도가 클수록 크다.

08 ㄱ. 맨틀 대류를 일으키는 지구 내부 에너지의 급격한 방출에 의해 지진과 화산 활동이 발생한다.
ㄴ. 화산재(ⓐ)가 대량으로 성층권에 유입될 경우 지표에 도달하는 태양 복사 에너지량이 일시적으로 감소하여 기온이 떨어질 수 있다.
ㄷ. 화산 가스(ⓛ)에 포함된 이산화 황은 대기 중의 황산염 농도를 증가시키고 산성비의 원인이 된다.

중단원 핵심 요약

❶ 맨틀　❷ 오존　❸ 물질　❹ 태양　❺ 태양　❻ 지권
❼ 판의 경계　❽ 지각 변동　❾ 연약권　❿ 발산형　⓫ 변환 단층
⓬ 화산 가스

중단원 핵심 기출 문제

01 ①　02 ④　03 ③　04 ③　05 ③　06 ③　07 ②
08 ②　09 ④　10 ③　11 ①　12 ④

01 〔문제 분석〕

구분		깊이(km)	주요 구성 물질
A	해양 지각	0~5	규산염 물질
B	대륙 지각	0~35	(ⓐ 규산염 물질)
C	맨틀	5(35)~2900	(ⓛ 규산염 물질)
D	외핵	2900~5100	(ⓒ 철, 니켈 등)
E	내핵	5100~6400	철, 니켈 등의 금속 물질

ㄷ. D는 고체 상태, E는 액체 상태이다. (×)
➡ 외핵(D)은 액체 상태이고, 내핵(E)은 고체 상태이다.
ㄹ. ⓛ의 성분은 ⓐ보다 ⓒ과 비슷하다. (×)
➡ 내핵과 외핵은 금속 성분으로, 지각과 맨틀은 암석 성분으로 이루어져 있다.

ㄱ. A는 두께가 얇은 해양 지각, B는 두께가 두꺼운 대륙 지각이다.
ㄴ. C는 맨틀로 지권 중에서 가장 큰 부피를 차지한다.

오답 피하기 ㄷ. D는 외핵으로 액체 상태, E는 내핵으로 고체 상태이다.
ㄹ. 맨틀의 주요 구성 물질은 규산염 물질(산소, 규소, 마그네슘 등)이다. 내핵과 외핵은 대부분 금속 물질(철과 니켈 등)로 이루어져 있고, 지각은 주로 규산염 물질(산소, 규소, 알루미늄 등)로 이루어져 있다. 따라서 맨틀의 주요 구성 물질인 ⓛ의 성분은 대륙 지각의 주요 구성 물질인 ⓐ과 비슷하다.

02 수권은 태양 에너지를 저장하여 온도를 일정하게 유지시키고, 물이 순환하는 과정을 통해 에너지를 지구 전체에 고르게 분산시킨다.
ㄴ. 육지의 물이 지표 또는 지하에서 흘러 바다로 이동하는 과정에서 지권의 일부가 풍화·침식을 받아 지형이 변한다.
ㄷ. 해수의 순환은 저위도의 남는 에너지를 고위도로 수송하여 저위도와 고위도의 온도 차를 줄여 위도별 에너지 불균형을 해소시키는 역할을 한다.

오답 피하기 ㄱ. 수권은 많은 양의 태양 에너지를 저장하여 지구의 기온을 일정하게 유지시켜 생명체가 살기 적합한 환경을 만든다.

03 (가) 태풍(기권)으로 인해 폭풍 해일(수권)이 발생하는 것은 기권과 수권의 상호작용이다.
(나) 해수에 녹아 있던 탄산 이온(수권)이 침전되어 퇴적암(지권)이 생성되는 것은 수권과 지권의 상호작용이다.
(다) 지하수(수권)에 의해 석회 동굴(지권)이 만들어지는 것은 수권과 지권의 상호작용이다.

04 ① 화산이 폭발할 때 대기 중으로 분출된 화산재는 지권에 해당하고, 이로 인해 지구의 기온이 낮아진 것은 기권에 영향을 준 것이므로 지권과 기권의 상호작용(A)에 해당한다.

② 파도는 수권에 해당하고, 해식 동굴은 지권에 해당하므로 수권과 지권의 상호작용(B)에 해당한다.

④ 식물은 생물권에 해당하고, 대기 중 산소는 기권에 해당하므로 식물의 광합성 작용으로 대기 중의 산소 농도가 증가하는 것은 생물권과 기권의 상호작용(D)에 해당한다.

⑤ 식물은 생물권에 해당하고, 토양은 지권에 해당하므로 식물의 사체가 썩어 토양에 흡수되는 것은 생물권과 지권의 상호작용(E)에 해당한다.

오답 피하기 ③ 성층권의 오존층은 기권에 해당하고, 지구에 도달하는 자외선은 외권의 태양으로부터 오므로, 기권과 외권의 상호작용에 해당한다.

05 ㄴ. 화산 활동이나 지진과 같은 지각 변동은 지구 내부 에너지에 의해 발생한다.

ㄷ. 지진 해일은 해저 화산 폭발이나 해저에서 발생한 지진에 의해 일어난다.

오답 피하기 ㄱ, ㄹ. 태풍과 해수의 증발은 태양 에너지에 의해 발생한다.

06 **문제 분석**

지구시스템에서 탄소의 존재 형태

구분	기권	수권	지권	생물권
주요 형태	이산화 탄소	탄산 이온	탄산염 (석회암), 화석 연료	유기물

탄소는 기권에서는 주로 이산화 탄소, 지권에서는 주로 탄산염(석회암), 수권에서는 주로 탄산 이온, 생물권에서는 주로 유기물의 형태로 존재한다.

ㄱ. A는 기권에서 수권으로 탄소가 이동하는 과정이다.

ㄴ. B는 수권에서 기권으로 탄소가 이동하는 과정이다. 이산화 탄소의 용해도는 수온이 높을수록 낮아진다. 지구 온난화가 진행되면 해수의 온도가 높아져 수권의 탄소가 기권으로 이동하는 양이 증가한다.

오답 피하기 ㄷ. (가)는 지권에 해당하므로, (가)에서 탄소는 주로 탄산염의 형태로 존재한다.

07 A는 동아프리카 열곡대(발산형 경계), B는 히말라야산맥(충돌형 수렴 경계), C는 산안드레아스 단층(보존형 경계), D는 페루−칠레 해구(섭입형 수렴 경계)이다.

ㄷ. B와 D는 수렴형 경계로 맨틀 대류가 하강하는 곳에 위치한다.

오답 피하기 ㄱ. A는 대륙판이 갈라지는 곳에서 형성된 동아프리카 열곡대로 길고 좁은 골짜기가 발달해 있다.

ㄴ. C는 보존형 경계로 심발 지진은 발생하지 않고 주로 천발 지진이 발생한다.

08 (가)는 대륙판과 대륙판이 서로 멀어지는 발산형 경계, (나)는 해양판이 대륙판 아래로 섭입하는 수렴형 경계, (다)는 해양판과 해양판이 서로 반대 방향으로 어긋나는 보존형 경계이다.

ㄴ. (나)에서는 밀도가 큰 해양판이 밀도가 작은 대륙판 아래로 비스듬히 섭입해 들어가면서 섭입대를 따라 지진이 발생하고, 그 과정에서 화산 활동이 일어나 분출한다. 따라서 (나)에서 지각 변동은 해양판보다 밀도가 작은 대륙판에서 주로 일어난다.

오답 피하기 ㄱ. (가)에서는 대륙판과 대륙판이 서로 멀어지면서 열곡대가 형성된다. 습곡 산맥은 대륙판과 대륙판이 만나는 경계에서 형성된다.

ㄷ. (다)는 해양판과 해양판이 서로 반대 방향으로 어긋나는 보존형 경계이다. 따라서 (다)는 대체로 해령을 거의 수직으로 절단하는 형태로 나타난다.

09 **문제 분석**

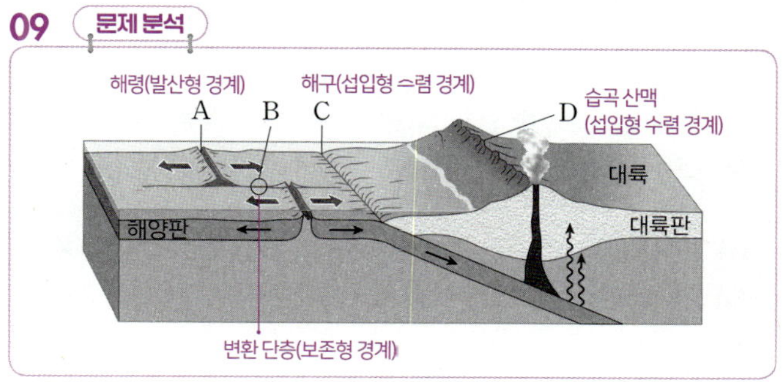

ㄴ. C는 섭입형 경계에 발달한 해구로, 해양판이 대륙판 아래로 섭입하면서 소멸한다.

ㄷ. D는 섭입형 경계에 발달한 습곡 산맥으로, 대표적인 예로는 안데스 산맥이 있다.

오답 피하기 ㄱ. A는 발산형 경계로 맨틀 대류가 상승하는 곳이지만, B는 보존형 경계로 맨틀 대류가 상승하거나 하강하는 곳이 아니다.

10 ㄱ. 동아프리카 열곡대는 맨틀 대류의 상승부에 위치하여 대륙판인 아프리카판이 열곡을 중심으로 갈라지면서 서로 멀어지는 발산형 경계에 발달한 지형이다.

ㄴ. 동아프리카 열곡대와 같은 발산형 경계에서는 지진과 화산 활동이 활발하게 일어난다.

오답 피하기 ㄷ. A가 속한 판과 B가 속한 판은 모두 대륙판인 아프리카판이다.

11 ㄱ. 대륙판과 대륙판이 수렴하는 충돌형 경계에서는 두 대륙판이 충돌하여 습곡 산맥을 형성하며, 천발 지진과 중발 지진이 발생하지만 화산 활동은 거의 없다.

오답 피하기 ㄴ. 수렴형 경계는 맨틀 대류의 하강부에 위치한다. 맨틀 대류의 상승부에는 해령과 열곡대가 발달한다.

ㄷ. 충돌형 경계에서는 지진은 일어나지만, 화산 활동은 거의 일어나지 않는다.

12 화산 활동으로 분출된 다양한 물질들은 지구시스템의 각 권역에 영향을 미친다.

ㄴ, ㄷ. 화산 주변 지역에서는 화산 활동에 의해 화산의 일부가 무너져 내리는 산사태가 발생할 수 있으며, 이 과정에서 화산 지형이 변하는데 이는 지권과 지권의 상호작용에 해당한다.

오답 피하기 ㄱ. 대기 중으로 분출된 화산재는 대기 중에 오랫동안 머물면서 햇빛을 차단하여 지구의 기온을 낮춘다.

01 중력을 받는 물체의 운동

❶ 중력 ❷ 자유 낙하 운동 ❸ 중력 가속도 ❹ 중력
❺ 등속 직선 운동 ❻ 등가속도 운동 ❼ 등속 원운동 ❽ 접선
❾ 중력 ❿ 지구 중심

01 (1) 5 N (2) 5 N **02** (1) × (2) ○ (3) ○ **03** (1) ○ (2) ○ (3) ×
04 (1) ○ (2) × (3) × **05** (1) ○ (2) ○ (3) ×

01 (1) 사과에 작용하는 중력의 크기는 질량과 중력 가속도의 곱으로 구할 수 있으므로 $0.5 \, \text{kg} \times 10 \, \text{m/s}^2 = 5 \, \text{N}$이다.
(2) 사과가 지구를 당기는 힘의 크기는 지구가 사과를 당기는 힘인 사과에 작용하는 중력의 크기와 같으므로 5 N이다.

02 (1) 물체에 작용하는 중력의 크기는 물체의 질량과 중력 가속도의 곱이므로 물체의 질량에 비례한다.
(2) 물체의 가속도의 크기는 물체의 질량과 관계없이 중력 가속도로 일정하다.
(3) 물체는 중력만을 받으며 아래로 떨어지는 자유 낙하 운동을 한다.

03 (3) 물체의 낙하 시간은 물체의 연직 방향 운동과 관계 있다. 따라서 물체의 낙하 시간은 수평 방향으로 던진 속력과 관계없다.

04 (2) A와 B는 연직 방향으로 자유 낙하 운동을 동일하게 하므로 A와 B는 바닥에 동시에 도달한다.
(3) 물체의 낙하 시간은 물체의 연직 방향 운동과 관계가 있으므로 B의 처음 속력과 관계없이 A와 B는 바닥에 동시에 도달한다.

05 (3) 지구 주위를 공전하는 물체에는 지구 중심 방향으로 중력이 작용한다. 따라서 물체의 운동 방향에 따라 작용하는 힘의 방향이 계속하여 변하므로 물체는 가속도의 방향이 변하는 가속도 운동을 한다.

01 ① **02** ②

01 [문제 분석]

자유 낙하 하는 물체는 지표면을 향해 운동한다.
➡ 물체는 A, B를 지나 지표면에 도달한다.
자유 낙하 하는 물체는 지구 중심 방향으로 중력을 일정하게 받는다.
➡ 물체는 등가속도 운동을 한다.
등가속도 운동을 하는 물체의 속력은 일정하게 증가한다.
➡ 일정한 시간 간격에 따른 물체의 위치 간격이 시간이 지날수록 점점 넓어진다.

ㄱ. 물체는 지구 중심 방향으로 중력만을 일정하게 받아 등가속도 운동을 하며 A, B를 지나 지표면에 도달한다. 따라서 물체의 속력은 A보다 B에서 더 크다.

[오답 피하기] ㄴ. 자유 낙하 운동하는 물체의 가속도는 모든 지점에서 중력 가속도로 일정하다. 따라서 물체의 가속도는 A에서와 B에서 모두 중력 가속도로 같다.

ㄷ. 물체에 작용하는 중력의 크기(무게)는 물체의 질량과 중력 가속도를 곱한 값이다. 물체의 질량과 중력 가속도가 일정하므로 A에서와 B에서 물체에 작용하는 중력의 크기는 같다.

02 ② 수평 방향으로 던진 물체에는 중력만 작용한다. 따라서 물체에 작용하는 가속도는 지구 중심(연직 아래) 방향으로 약 $9.8 \, \text{m/s}^2$이다.

[오답 피하기] ① 수평 방향으로 물체에 작용하는 힘은 없고, 연직 방향으로 중력이 작용하므로 물체에 작용하는 힘의 방향은 연직 아래 방향이다.
③ 물체에 수평 방향으로 작용하는 힘이 없으므로 물체는 수평 방향으로 등속 직선 운동을 한다.
④ 물체에 연직 방향으로 중력이 일정하게 작용하므로 연직 방향으로 등가속도 운동을 한다.
⑤ 물체의 낙하 시간은 물체의 연직 방향 운동과 관계가 있으므로 물체의 낙하 시간은 물체를 수평 방향으로 던지는 속력과 관계없다.

01 ④ **02** ④ **03** ⑤ **04** ① **05** ④ **06** ⑤ **07** ①
08 ⑤ **09** (1) 해설 참조 (2) 해설 참조 **10** (1) 해설 참조 (2) 해설 참조 **11** (1) 해설 참조 (2) 해설 참조 **12** (1) 해설 참조 (2) 해설 참조

01 ① 중력은 지구가 물체를 끌어당기는 힘이다.
② 무게는 물체의 질량과 중력 가속도를 곱한 값으로 중력의 크기와 같다.
③ 물체에 작용하는 중력의 방향은 지구 중심(연직 아래) 방향이다.
⑤ 지구에서 높은 곳에 있는 물체는 중력에 의해 지표면으로 떨어진다.

[오답 피하기] ④ 중력의 크기는 물체의 질량과 중력 가속도를 곱한 값으로 물체의 질량에 비례한다.

02 ④ 지구 중심 방향으로 향하는 힘인 중력의 영향으로 식물의 뿌리는 아래로 자라고, 태양과 지구, 달과 지구 사이에 작용하는 중력으로 밀물과 썰물 현상이 발생한다.

03 ㄱ. A에서 물체의 속력이 1초에 8.2 m/s씩 증가하므로 A에서 물체의 가속도의 크기는 8.2 m/s^{2}이다.

ㄴ. 물체의 가속도의 크기는 8.2 m/s^{2}이므로 물체의 속력은 1초에 8.2 m/s씩 증가한다. 3초일 때 물체의 속력이 24.6 m/s이므로 4초일 때 물체의 속력은 32.8 m/s이다.

ㄷ. 물체에 작용하는 중력의 크기는 질량과 중력 가속도를 곱한 값이다. 물체의 질량은 A에서와 지구에서가 같지만 중력 가속도는 A에서가 8.2 m/s^{2}이고 지구에서가 약 9.8 m/s^{2}이다. 따라서 물체에 작용하는 중력의 크기는 A에서가 지구에서보다 작다.

04 ㄱ. 물체는 자유 낙하 운동을 하고 있으며, 중력 가속도가 10 m/s^{2}이므로 물체의 속력은 1초에 10 m/s씩 증가한다. p를 지날 때 물체의 속력이 5 m/s이고, p를 지난 순간부터 2초 후 q를 지나므로 $v=5$ m/s $+(10$ m/s$\times 2$ s$)=25$ m/s이다.

[오답 피하기] ㄴ. 정지해 있던 물체를 가만히 놓아 물체가 자유 낙하 운동을 하므로 물체의 가속도는 중력 가속도인 10 m/s^{2}이다. p를 지나는 순간 물체의 속력은 5 m/s이므로 물체는 0.5초일 때 p를 지난다.

ㄷ. 자유 낙하 운동 하는 물체는 등가속도 운동을 하므로 물체의 속력은 시간에 따라 일정하게 증가한다. 따라서 물체의 이동 거리는 시간에 따라 점점 증가하는 운동을 한다.

05 ④ 높은 곳에서 수평 방향으로 던진 물체는 중력만을 받으므로 물체는 수평 방향으로는 등속 직선 운동을, 연직 방향으로는 자유 낙하 운동(등가속도 운동)을 한다.

06 ㄱ. 공기 저항을 고려하지 않으므로 A가 포물선 운동을 하여 바닥에 도달할 때까지 A에는 중력만 작용한다.

ㄴ. 수평 방향으로 던진 물체에는 수평 방향으로 작용하는 힘이 0이다. 따라서 A는 수평 방향으로 등속 직선 운동을 하므로 A의 수평 방향 속력은 v로 일정하다.

ㄷ. 플라스틱 자를 더 많이 휘게 하여 A를 튕기면 A의 낙하 시간은 동일하나 A의 수평 방향 속력이 증가한다. 따라서 s는 증가한다.

07 ① 물체가 운동하는 동안 A와 B는 중력만 받으므로 A와 B의 가속도의 크기는 중력 가속도로 일정하다.

[오답 피하기] ② 물체가 운동하는 동안 A와 B에 작용하는 힘은 중력이다. 중력은 물체의 질량에 비례하고 A와 B의 질량이 각각 m, $2m$이므로 운동하는 동안 작용하는 힘의 크기는 B가 A의 2배이다.

③ A와 B는 지표면에 동시에 도착하므로 운동 시간이 같고, A와 B의 수평 방향 속력은 각각 $2v$, $3v$이다. 따라서 $L_A : L_B = 2 : 3$이다.

④ 수평 방향으로 던진 물체는 연직 방향으로 자유 낙하 운동을 하므로 A와 B는 지표면에 동시에 도착한다.

⑤ 수평 방향으로 던진 물체에는 연직 방향으로 중력이 작용하므로 수평 방향으로 작용하는 힘은 0이다. 따라서 A와 B는 수평 방향으로 등속 직선 운동을 한다.

08 ㄱ. 수평 방향으로 발사된 포탄에는 중력이 작용하여 포탄이 지표면으로 떨어진다.

ㄴ. 포탄의 속력이 충분히 크면 지구가 둥글기 때문에 지표면에 떨어지지 않고 지구를 한 바퀴 돌아 원래의 자리로 되돌아올 수 있다.

ㄷ. 포탄의 속력이 충분히 크면 지구가 둥글기 때문에 지표면에 떨어지지 않고 지구를 한 바퀴 돌아 원래의 자리로 되돌아올 수 있다는 생각은 오늘날 인공위성이 지구 주위를 돌고 있는 것에 대한 기초가 되었다.

09 [모범 답안] (1) 진공 중에서 깃털과 쇠구슬에는 연직 방향으로 크기와 방향이 일정한 중력만 작용하므로 깃털과 쇠구슬에 작용하는 가속도의 크기는 중력 가속도로 같다.

(2) 진공 중에서 깃털과 쇠구슬에는 중력만 작용하여 자유 낙하 운동을 한다. 따라서 깃털과 쇠구슬의 처음 속력은 0이고, 가속도는 중력 가속도로 같으므로 깃털과 쇠구슬의 낙하 시간은 같다.

	채점 기준	배점
(1)	중력과 중력 가속도를 이용하여 깃털과 쇠구슬에 작용하는 가속도의 크기를 비교하여 옳게 서술한 경우	60 %
	가속도의 크기만을 비교하여 옳게 서술한 경우	30 %
(2)	중력과 중력 가속도를 이용하여 깃털과 쇠구슬의 낙하 시간을 옳게 서술한 경우	40 %
	낙하 시간이 같다고만 쓴 경우	20 %

10 [모범 답안] (1) A와 B는 출발 후 가속도가 중력 가속도로 같은 운동을 한다. 따라서 A와 B가 운동하는 동안 A와 B의 속력 차이는 처음의 속력 차이인 2 m/s가 유지되므로 지면에 도달할 때까지 A와 B의 높이 차이는 1초에 2 m씩 커진다.

(2) A와 B의 가속도는 중력 가속도로 같고, 중력 가속도는 물체의 질량과 관계가 없으므로 A와 B의 운동에 질량이 미치는 영향은 없다.

	채점 기준	배점
(1)	A와 B의 높이 차이를 가속도를 이용하여 옳게 서술한 경우	50 %
	높이 차이만 옳게 서술한 경우	20 %
(2)	A와 B의 운동에 질량이 미치는 영향을 중력 가속도를 이용하여 옳게 서술한 경우	50 %
	질량이 미치는 영향만 서술한 경우	30 %

11 [모범 답안] (1) 물체에 수평 방향으로 작용하는 힘이 없으므로 물체는 수평 방향으로 등속 직선 운동을 한다.

(2) 물체에 연직 방향으로 크기와 방향이 일정한 중력이 작용하므로 물체는 연직 방향으로 등가속도 운동을 한다.

	채점 기준	배점
(1)	물체의 수평 방향 운동을 알짜힘과 속력과 관련지어 옳게 서술한 경우	50 %
	물체의 수평 방향 운동만 서술한 경우	25 %
(2)	물체의 연직 방향 운동을 알짜힘과 속력과 관련지어 옳게 서술한 경우	50 %
	물체의 연직 방향 운동만 서술한 경우	25 %

12 [모범 답안] (1) A, B, C는 연직 방향으로 자유 낙하 운동을 하므로 가속도가 모두 중력 가속도로 동일하다. 따라서 같은 시간 동안 속력의 변화량이 같으므로 같은 거리만큼 낙하한다.

(2) B와 C에 수평 방향으로 작용하는 힘이 없으므로 B와 C는 수평 방향

으로 던지는 처음 속력으로 등속 직선 운동을 한다. 따라서 처음 속력은 물체 B와 C가 수평 방향으로 이동하는 거리에 영향을 준다.

	채점 기준	배점
(1)	A, B, C가 연직 방향으로 같은 거리를 낙하하는 이유를 중력 가속도와 속력의 변화량을 이용하여 옳게 서술한 경우	50 %
	A, B, C의 연직 방향의 가속도인 중력 가속도라고만 서술한 경우	30 %
(2)	B와 C의 수평 방향의 이동 거리 차이와 등속 직선 운동을 이용하여 서술한 경우	50 %
	B와 C의 수평 방향의 이동 거리 차이만 서술한 경우	30 %

STEP 4 내신 1등급 문제

144~145쪽

01 ① **02** ③ **03** ③ **04** ⑤ **05** ③ **06** ③ **07** ③ **08** ⑤

01 ㄱ. 물체에 작용하는 중력의 크기는 물체의 질량과 중력 가속도의 곱이다. 중력 가속도는 같고 물체의 질량은 A가 B보다 크므로 중력의 크기는 A가 B보다 크다.

오답 피하기 ㄴ. A와 B는 자유 낙하 운동을 하므로 A와 B의 가속도는 중력 가속도로 같다. 따라서 A와 B가 수평면에 도달하는 데 걸리는 시간은 같다.

ㄷ. A와 B의 가속도가 중력 가속도로 같으므로 A와 B의 단위 시간 동안 속도 변화량의 크기는 중력 가속도로 같다.

02 ㄱ. 지표면 근처의 물체에는 지구 중심 방향으로 중력이 작용하므로 A에는 중력이 작용한다.

ㄴ. 연직 아래로 떨어지는 물체에 중력만 작용하는 등가속도 운동을 한다. 따라서 A는 시간에 따라 속력이 일정하게 증가한다.

오답 피하기 ㄷ. 지구 주위를 공전하는 인공위성은 등속 원운동을 한다. 지구 주위를 공전하는 물체는 지구 중심 방향으로 중력을 받고, 등속 원운동을 하는 물체의 운동 방향은 매 순간 원의 접선 방향이다. 따라서 B에 작용하는 힘의 방향과 B의 운동 방향은 수직이다.

03 ③ B의 속력은 $2\,m/s$이고 A와 B가 충돌할 때까지 B가 이동한 거리가 $6\,m$이므로 A와 B가 충돌할 때까지 걸린 시간은 3초이다. 따라서 A의 처음 속력이 $2.5\,m/s$이고, A는 운동하는 동안 수평 방향으로 등속 직선 운동을 하므로 L은 $2.5\,m/s \times 3\,s = 7.5\,m$이다.

04 ㄱ. B의 낙하 시간은 4초이고, B가 수평 방향으로 이동한 거리는 $20\,m$이다. 따라서 $v = \dfrac{s}{t} = \dfrac{20\,m}{4\,s} = 5\,m/s$이다.

ㄴ. A와 B는 연직 방향으로 자유 낙하 운동을 하므로, 2초일 때 A와 B의 연직 방향 속력은 같다. A는 연직 방향으로만 운동하고 B는 연직 방향과 수평 방향으로 운동하므로 2초일 때 물체의 속력은 B가 A보다 크다.

ㄷ. A와 B는 연직 방향으로 자유 낙하 운동을 하므로 같은 시간 동안 A와 B의 연직 방향의 이동 거리는 같다. B가 4초일 때 수평면에 도달하므로 4초 동안 B의 연직 방향 이동 거리는 h이다. 따라서 4초 동안 A의 연직 방향 이동 거리도 h이므로 4초일 때 A의 높이는 $2h - h = h$이다.

05 ㄱ. A는 자유 낙하 운동을 하므로 낙하하는 동안 A의 속력은 증가한다.

ㄴ. 낙하하는 동안 A와 B에는 지구 중심(연직 아래) 방향으로 중력만이 작용한다. 따라서 낙하하는 동안 A, B에 작용하는 힘의 방향은 지구 중심 방향으로 같다.

오답 피하기 ㄷ. A와 B는 연직 방향으로 자유 낙하 운동을 하므로 A와 B는 동시에 수평면에 도달한다.

06 ㄱ. A와 B에는 지구 중심(연직 아래) 방향으로 중력이 작용한다. 따라서 A와 B에 작용하는 알짜힘의 방향은 지구 중심 방향으로 같다.

ㄷ. B에는 중력만 작용하므로 B의 수평 방향으로 작용하는 알짜힘은 0이다. 따라서 B는 수평 방향으로 등속 직선 운동을 한다.

오답 피하기 ㄴ. A와 B는 중력만 받아 운동하므로 A와 B의 가속도는 중력 가속도로 같다. 따라서 가속도의 크기는 A와 B가 같다.

07 ㄱ. A는 중력만 받아 자유 낙하 운동을 한다. 따라서 A에 작용하는 가속도는 중력 가속도로 일정하므로 A의 속력은 일정하게 증가한다.

ㄴ. B는 수평 방향으로 0.1초 동안 $0.1\,m$ 이동한다. 따라서 B의 수평 방향 속력은 $\dfrac{0.1\,m}{0.1\,s} = 1\,m/s$이다.

오답 피하기 ㄷ. 중력의 크기는 물체의 질량과 중력 가속도의 곱이고 질량은 A가 B의 2배이므로 물체에 작용하는 중력의 크기(무게)는 A가 B의 2배이다.

08 ㄱ. A와 B에 작용하는 힘은 중력이다. 따라서 A와 B는 연직 방향으로 동일하게 자유 낙하 운동을 하므로 A와 B는 동시에 바닥에 닿는다.

ㄴ. B는 중력만 받아 운동하므로 B의 연직 방향 가속도는 중력 가속도로 일정하다. 따라서 B는 연직 방향으로 등가속도 운동을 하므로 B의 연직 방향 속력은 일정하게 증가한다.

ㄷ. B에는 중력만 작용하므로 낙하하는 B가 받는 힘의 방향은 연직 아래 방향이다.

○2 운동과 충돌

STEP 1 개념 바로 확인

150쪽

❶ 관성 ❷ 정지 ❸ 등속 직선 운동 ❹ 운동량 ❺ 질량
❻ 속도 ❼ 충격량 ❽ 힘 ❾ 시간 ❿ 운동량의 변화량
⓫ 감소한다

01 (1) ✕ (2) ○ (3) ○   **02** (1) ○ (2) ○ (3) ✕   **03** (1) ○ (2) ✕ (3) ✕
04 (1) ✕ (2) ○ (3) ○   **05** (1) ○ (2) ✕ (3) ○ (4) ○

01 ⑴ q를 재빨리 당기면 무거운 추가 계속 정지해 있으려는 관성에 의해 q가 끊어진다.

02 ⑶ '운동량=질량×속도'이므로 속도가 같을 때 운동량의 크기는 질량이 클수록 크다.

03 (2) 충격력이 같을 때 물체가 받는 충격량은 충격력이 작용하는 시간이 길수록 크다.

(3) 충격량이 같을 때 물체가 받는 충격력은 충격력이 작용하는 시간에 반비례한다.

04 (2) 힘-시간 그래프 아랫부분의 면적이 C가 A의 1.5배이므로 물체의 운동량의 변화량은 C가 A의 1.5배이다. 따라서 t초일 때 속력이 C가 A의 1.5배이면 A와 C의 질량은 같다.

(3) 힘-시간 그래프 아랫부분의 면적이 C가 가장 크므로 물체가 받은 충격량의 크기는 C가 가장 크다. 물체에 힘이 작용한 시간은 모두 t로 같으므로 0초부터 t초까지 물체가 받은 충격력(평균 힘)의 크기가 가장 큰 물체는 C이다.

05 (2) 타자가 야구 방망이를 끝까지 휘두르는 것은 야구공에 힘이 작용하는 시간이 길어져 충격량이 증가하는 원리를 이용한 것으로 충격력의 크기와는 관계없다.

01 ②   **02** ③

01 문제 분석

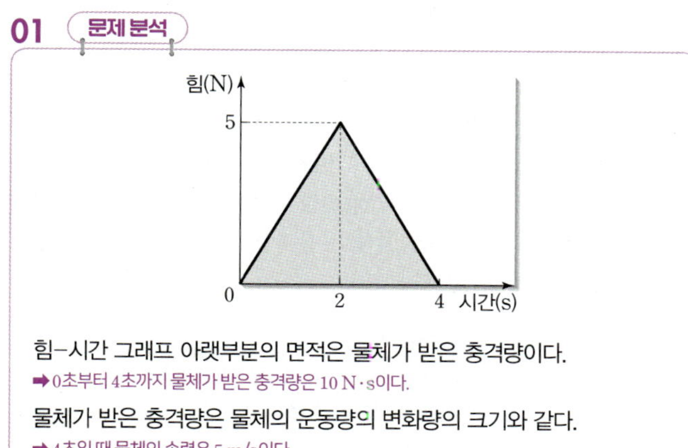

힘-시간 그래프 아랫부분의 면적은 물체가 받은 충격량이다.
➡ 0초부터 4초까지 물체가 받은 충격량은 10 N·s이다.
물체가 받은 충격량은 물체의 운동량의 변화량의 크기와 같다.
➡ 4초일 때 물체의 속력은 5 m/s이다.

ㄷ. 물체에 가해진 충격량의 크기는 힘-시간 그래프의 아랫부분의 면적과 같다. 따라서 0초부터 4초까지 물체에 가해진 충격량의 크기는 10 N·s이다.

오답 피하기   ㄱ. 0초부터 2초까지 물체가 받은 충격량은 5 N·s이고 물체의 질량은 2 kg이므로 2초일 때 물체의 속력은 2.5 m/s이다.

ㄴ. 0초부터 4초까지 물체가 받은 충격량은 10 N·s이므로 4초일 때 물체의 운동량은 10 kg·m/s이다.

02 ㄱ. (가)에서 달걀이 콘크리트 바닥에 충돌하면서 달걀이 깨졌으므로 달걀이 충돌하면서 받는 충격력은 콘크리트 바닥에 충돌할 때가 방석에 충돌할 때보다 크다. 따라서 달걀이 콘크리트 바닥에 충돌하는 경우는 A이다.

ㄷ. B는 (가)에서 달걀이 방석에 충돌하는 경우이므로 충돌 시간을 길게 하여 충격력을 감소시키는 자동차의 범퍼, 에어백의 원리와 같다.

오답 피하기   ㄴ. S_A와 S_B가 같으므로 달걀이 받는 충격량의 크기는 콘크리트 바닥에 충돌할 때와 방석에 충돌할 때가 같다.

01 ③   **02** ④   **03** ③   **04** ⑤   **05** ④   **06** ①   **07** ③
08 ③   **09** ②   **10** ⑤   **11** ②   **12** ③   **13** ①   **14** (1) 해설
참조 (2) 해설 참조   **15** 해설 참조   **16** 해설 참조   **17** 해설 참조

01 ㄱ. 관성은 물체가 원래의 상태를 유지하려는 성질로 정지한 물체는 정지 상태를 계속 유지하려고 한다.

ㄷ. 정지한 물체에 힘이 작용하지 않으면 물체는 관성에 의해 계속 정지 상태를 계속 유지하려고 한다.

오답 피하기   ㄴ. 관성의 크기는 물체의 질량에 비례한다.

02 ④ 관성 법칙에 의해 외부에서 작용하는 힘을 받지 않으면 정지한 물체는 계속 정지해 있고, 운동하는 물체는 계속 등속 직선 운동을 한다.

03 ① (가)에서 버스는 출발하지만 사람은 정지해 있으려는 관성 때문에 사람이 뒤로 밀린다.

② (나)에서 버스는 정지하지만 사람은 운동 상태를 유지하려는 관성 때문에 사람이 앞으로 밀린다.

④ (가)에서 정지해 있던 버스가 갑자기 출발할 때와 (나)에서 달리던 버스가 갑자기 정지할 때 사람이 앞뒤로 쏠리는 현상은 모두 관성에 의한 현상이다.

⑤ 버스가 직선 도로에서 일정한 속력으로 달리고 있을 때는 버스와 사람의 속력이 같으므로 사람이 앞이나 뒤로 밀리지 않는다.

오답 피하기   ③ (가)에서 버스가 출발하는 가속도의 크기가 클수록 버스 안에서 정지해 있는 사람의 관성이 증가하므로 사람이 뒤로 밀리는 정도가 증가한다.

04 운동하는 물체의 운동량의 크기는 물체의 질량과 속도의 크기의 곱이다. 따라서 A, B, C의 운동량의 크기는 각각 $2mv, 3mv, 6mv$이므로 운동량의 크기를 비교하면 C>B>A이다.

05 ㄱ. $F_1=2\,\mathrm{kg}\times3\,\mathrm{m/s^2}=6\,\mathrm{N}$이고, $F_2=3\,\mathrm{kg}\times1\,\mathrm{m/s^2}=3\,\mathrm{N}$이다. 따라서 $F_1 : F_2=2 : 1$이다.

ㄷ. B의 가속도가 $1\,\mathrm{m/s^2}$이므로 B의 속력은 1초에 $1\,\mathrm{m/s}$씩 증가한다. 정지한 물체에 일정한 힘이 작용하였으므로 4초일 때 B의 속력은 $4\,\mathrm{m/s}$이고 B의 운동량의 크기는 $12\,\mathrm{kg\cdot m/s}$이다.

오답 피하기   ㄴ. 0초에서 4초까지 A가 받은 충격량의 크기는 A의 운동량의 변화량의 크기와 같다. A의 가속도가 $3\,\mathrm{m/s^2}$이므로 4초일 때 A의 속력은 $12\,\mathrm{m/s}$이다. 따라서 4초일 때 A의 운동량의 크기는 $24\,\mathrm{kg\cdot m/s}$이고, 0초에서 4초까지 A가 받은 충격량의 크기는 $24\,\mathrm{N\cdot s}$이다.

06 ① 충격량은 운동량의 변화량과 같으므로 왼쪽 방향을 (+)라 하면 $20=5v-5\times(-3)$이므로 $v=1(\mathrm{m/s})$이다.

07 ㄱ. A와 B의 질량이 같고, 1초일 때 A와 B의 속력도 v로 같으므로 1초일 때 A와 B의 운동량은 같다.

ㄴ. 충격량의 크기는 운동량의 변화량의 크기와 같으므로 0초부터 2초까지 B가 받은 충격량의 크기는 $2mv$이다.

 ㄷ. 0초부터 2초까지 A는 등속 직선 운동을 하므로 A의 운동량의 변화량은 0이고, B의 운동량의 변화량은 $2mv$이다. 충격량의 크기는 운동량 변화량의 크기이므로 0초부터 2초까지 A와 B가 받은 충격량의 크기는 같지 않다.

08 ㄱ. 1초일 때 물체의 운동량의 크기가 $10\,kg\cdot m/s$이고 물체의 질량이 $1\,kg$이므로 1초일 때 물체의 속도의 크기는 $10\,m/s$이다.
ㄴ. 충격량은 물체에 작용하는 힘과 힘이 작용한 시간의 곱이고, 이는 운동량의 변화량과 같다. 0초부터 1초까지 물체의 운동량의 변화량이 $10\,kg\cdot m/s$이고 힘이 작용한 시간이 1초이므로 0초부터 1초까지 물체에 작용한 힘의 크기는 $10\,N$이다. 따라서 운동량–시간 그래프의 기울기는 물체에 작용하는 알짜힘을 나타낸다.
 ㄷ. 0초부터 2초까지 물체가 받은 충격량의 크기는 0초부터 2초까지 물체의 운동량의 변화량과 같다. 1초부터 2초까지 물체의 운동량의 변화량이 없으므로 0초부터 2초까지 물체가 받은 충격량의 크기는 $10\,N\cdot s$이다.

09 ㄴ. 힘–시간 그래프에서 아랫부분의 면적은 충격량으로 운동량의 변화량과 같다. 따라서 0초부터 4초까지 물체가 받은 충격량의 크기는 $12\,N\cdot s$이다.
 ㄱ. 0초부터 2초까지 물체에는 크기가 $4\,N$인 일정한 힘이 작용하므로 0초부터 2초까지 물체는 등가속도 운동을 한다.
ㄷ. 0초부터 4초까지 물체가 받은 충격량의 크기는 $12\,N\cdot s$이다. 충격량의 크기는 운동량의 변화량의 크기와 같고, 물체의 질량이 $2\,kg$이므로 4초일 때 물체의 속력은 $6\,m/s$이다.

10 ㄴ. 포수가 야구공을 받기 전 야구공의 속력은 일정하고 포수가 야구공을 받은 후 야구공은 정지하기 때문에 야구공의 운동량 변화량의 크기는 같다. 야구공이 받은 충격량의 크기는 야구공의 운동량 변화량의 크기와 같으므로 야구공이 받은 충격량의 크기는 같다. 따라서 A와 B의 충격량의 크기는 같다.
ㄷ. 충격량의 크기는 A와 B가 같고, 공이 충격력을 받은 시간은 A보다 B가 길다. 따라서 충격력의 크기는 A가 B보다 크다.
 ㄱ. 손을 뒤로 빼면서 야구공을 받으면 충돌 시간이 길어지므로 손을 뒤로 빼면서 야구공을 받는 경우는 B이다.

11 ㄴ. (나)에서 에어백은 더미 인형이 충돌하는 시간을 길게 하여 더미 인형이 받는 충격력의 크기를 줄여 준다.
 ㄱ. 자동차의 범퍼는 충돌 시간을 길게 해 주어야 하기 때문에 잘 찌그러지도록 제작되어야 한다.
ㄷ. 에어백은 더미 인형이 충돌하는 시간을 길게 해 주는 역할을 하고, 충격량의 크기에는 영향을 주지 않는다.

12 ㄱ. 체조 선수가 착지할 때 무릎을 구부리면서 착지하면 체조 선수가 힘을 받는 시간이 길어져 체조 선수가 받는 충격력(평균 힘)의 크기가 감소한다.
ㄴ. 야구공을 받는 포수의 글러브는 투수의 글러브보다 두꺼워 포수가 야구공을 받을 때 힘을 받는 시간이 길어져 포수가 받는 충격력(평균 힘)의 크기가 감소한다.
 ㄷ. 타자가 야구공을 더 큰 힘으로 치면 야구공이 받는 충격량이 증가하여 야구공이 더 멀리 날아간다.

13 ㄱ. 힘–시간 그래프에서 그래프 아랫부분의 면적은 충격량이고, 충격량은 운동량의 변화량과 같다. (나)에서 그래프 아랫부분의 면적이 $10mv$이므로 A의 운동량 변화량의 크기는 $10mv$이다. 왼쪽 운동 방향을 $(-)$라 하면, 오른쪽 운동 방향은 $(+)$가 되므로 $m_A(3v-(-2v))=10mv$에서 $m_A=2m$이다.
 ㄴ. (나)에서 그래프 아랫부분의 면적이 $10mv$이므로 B의 운동량의 변화량은 $10mv$이다. B의 질량이 m이므로 $m(v_B-(-5v))=10mv$에서 $v_B=5v$이다.
ㄷ. A와 B가 충격량의 크기는 $10mv$로 같으나 힘을 받은 시간은 B가 A의 2배이다. 따라서 공이 받은 충격력의 크기는 A가 B의 2배이다.

14 　모범 답안　 (1) 두루마리 휴지의 끝 부분을 잡고 갑자기 당기면 두루마리 휴지의 끝 부분은 계속 운동하려고 하지만 두루마리 부분은 관성에 의해 계속 정지해 있으려고 하므로 휴지의 중간 부분이 끊어진다.
(2) 망치 손잡이를 단단한 바닥에 내리치면 망치 손잡이는 정지하려고 하지만 망치 머리는 관성에 의해 계속 운동하려고 하기 때문에 망치 머리가 망치 손잡이에 박힌다.

	채점 기준	배점
(1)	정지 관성과 운동 관성을 모두 옳게 서술한 경우	50 %
	정지 관성과 운동 관성 중 한 가지만 옳게 서술한 경우	25 %
(2)	정지 관성과 운동 관성을 모두 옳게 서술한 경우	50 %
	정지 관성과 운동 관성 중 한 가지만 옳게 서술한 경우	25 %

15 　모범 답안　 볼링공의 속력을 크게 하기 위해서는 볼링공의 운동량을 크게 해야 한다. 볼링공의 운동량 변화량의 크기는 충격량의 크기와 같으므로 폴로 스루(follow through)를 함으로써 볼링공에 힘이 작용하는 시간을 길게 하여, 볼링공이 받는 충격량의 크기를 크게 하면 볼링공의 속력을 크게 할 수 있다.

채점 기준	배점
볼링공에 힘이 작용하는 시간을 길게 하여 충격량의 크기를 크게 해 주기 위해서라고 이유를 옳게 서술한 경우	100 %
시간의 관계를 구체적으로 설명하지 못하고 충격량의 크기를 크게 해 주기 위해서라고만 서술한 경우	50 %

16 　모범 답안　 기타를 넣은 케이스가 충돌하는 상황에서 기타 케이스 내부의 기타가 받는 충격량의 크기는 기타 케이스 내부에 완충재가 있을 때와 없을 때와 같다. 그러나 기타 케이스 내부에 완충재가 포함되어 있으면 기타 케이스가 충돌할 때 기타가 충격력을 받는 시간을 길게 하여 기타가 받는 충격력의 크기를 감소시킨다.

채점 기준	배점
충격량, 충격력, 시간의 관계를 이용하여 옳게 서술한 경우	100 %
충격량, 충격력, 시간의 관계 중 두 가지만 이용하여 옳게 서술한 경우	50 %

17 　모범 답안　 두 차의 충격량의 크기는 같으므로 두 차의 운동량의 변화량의 크기도 같다. 따라서 질량이 작을수록 속도의 변화량이 크기 때문에 질량이 작은 승용차의 운전자가 더 위험하다.

채점 기준	배점
운동량과 충격량의 관계를 이용하여 승용차의 운전자가 더 위험함을 옳게 서술한 경우	100 %
운동량과 충격량의 관계를 이용하지 못하고 승용차의 운전자가 더 위험함을 옳게 서술한 경우	50 %

01 ⑤　**02** ⑤　**03** ⑤　**04** ⑤　**05** ⑤　**06** ④　**07** ④
08 ④　**09** ⑤　**10** ③　**11** ②　**12** ②

01 ㄱ, ㄴ, ㄷ. 자동차의 범퍼, 태권도 선수의 보호대, 높이뛰기 경기장의 매트는 충돌 시 발생하는 피해를 줄이기 위한 안전장치로, 충돌 시간을 길게 하여 충돌 시 작용하는 평균 힘의 크기를 줄여 준다.

02 ㄱ. 운동하던 물체가 벽과 충돌하여 정지하였으므로 충돌하는 동안 물체의 운동량의 크기는 감소한다.
ㄴ. (나)의 힘-시간 그래프에서 시간 축과 곡선이 이루는 면적 S는 물체가 벽으로부터 받은 충격량의 크기와 같다.
ㄷ. 충격량은 힘과 시간의 곱으로 구할 수 있다. (나)의 그래프에서 물체가 벽으로부터 받은 충격량의 크기는 S이고, 물체와 벽의 충돌 시간은 T이므로 물체가 벽으로부터 받은 평균 힘의 크기는 $\dfrac{S}{T}$이다.

03 ㄱ. 그래프에서 각 곡선이 시간 축과 이루는 면적인 S_1과 S_2가 같으므로 충돌하는 동안 물체가 받은 충격량의 크기는 A와 B가 같다.
ㄴ. 충돌하는 동안 물체가 받은 충격량의 크기는 같고, A와 B의 충돌 시간은 각각 $2t$, $3t$이다. 충격량의 크기가 같을 때 충돌 시간과 평균 힘의 크기는 반비례하므로 충돌하는 동안 물체가 받은 평균 힘의 크기는 A가 B보다 크다.
ㄷ. 충격량의 크기는 운동량의 변화량의 크기와 같다. A와 B의 충격량의 크기는 같으므로 A와 B의 운동량의 변화량의 크기도 같다. 실험 결과에서 속도의 변화량이 A가 B보다 작으므로 물체의 질량은 A가 B보다 크다.

04 ㄱ. 힘-시간 그래프에서 아랫부분의 면적은 충격량으로 0초~2초 동안 물체가 받은 충격량의 크기는 20 N·s이고, 2초~3초 동안 물체가 받은 충격량의 크기는 15 N·s이다. 따라서 물체가 받은 충격량의 크기는 0초~2초까지가 2초~3초까지보다 크다.
ㄴ. 힘-시간 그래프에서 아랫부분의 면적은 충격량이고, 충격량은 운동량의 변화량과 같다. 물체가 받은 충격량의 크기는 0초~1초일 때 10 N·s이고, 0초~2초일 때 20 N·s이다. 따라서 물체의 운동량의 크기는 2초일 때가 1초일 때의 2배이다.
ㄷ. 0초~3초 동안 물체가 받은 충격량의 크기는 35 N·s이고, 운동량의 변화량의 크기와 같다. 물체의 질량이 5 kg이므로 3초일 때 물체의 속력은 7 m/s이다.

05 ㄱ. 운동량의 크기는 물체의 질량과 속도의 곱이므로 충돌 전 A의 운동량의 크기는 mv이다.

ㄴ. 물체가 받은 충격량의 크기는 운동량의 변화량의 크기와 같다. 충돌 전후의 A와 B의 운동량의 변화량의 크기가 mv로 같으므로 충돌하는 동안, A가 P로부터 받은 충격량의 크기는 B가 Q로부터 받은 충격량의 크기와 같다.
ㄷ. A와 B의 운동량 변화량의 크기가 같으므로 A와 B가 받은 충격량의 크기도 같다. 따라서 $F_0 \times t_0 = \dfrac{1}{3} F_0 \times$㉠이므로 ㉠$=3t_0$이다.

06 ④ 충격량의 크기는 운동량의 변화량의 크기와 같다. 따라서 A, B, C의 운동량 변화량의 크기는 각각 $3mv$, $2mv$, $4mv$이므로 A, B, C가 빨대 속에서 받은 충격량의 크기는 $I_C > I_A > I_B$이다.

07 ④ 힘-시간 그래프에서 아랫부분의 면적은 충격량의 크기이고, 운동량의 변화량의 크기와 같다. 따라서 그래프의 아랫부분의 면적은 0초부터 6초까지가 0초부터 2초까지의 3배이므로 충격량의 크기는 0초부터 6초까지가 0초부터 2초까지의 3배이다. 2초일 때 물체의 속력이 v이므로 6초일 때 물체의 속력은 $3v$이다.

08 B: 자동차가 급정거하면 관성에 의해 자동차 안의 탑승자는 앞으로 몸이 쏠리게 된다. 안전띠는 자동차가 급정거할 때 관성에 의해 탑승자의 몸이 앞으로 쏠리는 것을 막아 준다.
C: 자동차가 충돌하여 멈출 때 자동차 안의 탑승자가 받는 충격량의 크기는 같지만, 에어백은 탑승자에게 충격이 가해지는 시간을 길게 하여 탑승자가 받는 힘의 크기를 감소시킨다.
오답 피하기 A: 자동차의 범퍼는 자동차가 충돌할 때 탑승자가 힘을 받는 시간을 길게 하여 탑승자가 받는 힘의 크기를 감소시키는 역할을 한다. 따라서 범퍼는 충돌할 때 쉽게 찌그러질 수 있게 제작하여 탑승자가 힘을 받는 시간을 길게 한다.

09 ⑤ 운동량-시간 그래프에서 기울기는 물체가 받는 알짜힘을 뜻하므로 A, B가 받는 알짜힘은 0이다. 따라서 A, B는 각각 등속 직선 운동을 한다. 운동량은 질량과 속도의 곱이며, 동일한 거리를 A와 B가 이동하는 데 걸린 시간이 A가 B의 3배이므로 $v_A : v_B = 1 : 3$이다. 운동량의 크기는 A가 B의 2배이므로 A의 질량은 B의 질량의 6배이다. 따라서 $\dfrac{m_A}{m_B} = 6$이다.

10 ㄱ. A가 B를 미는 과정에서 A가 B에게 받은 힘의 크기는 B가 A에게 받은 힘의 크기와 같고, 서로에게 힘을 받은 시간도 같다. 충격량의 크기는 힘의 크기와 힘을 받은 시간의 곱이므로 밀면서 받은 충격량의 크기는 A와 B가 같다.
ㄴ. B의 운동량 변화량의 크기는 $40 \times (5-2) = 120$(kg·m/s)이고, 밀면서 받은 충격량의 크기는 A와 B가 같다. 따라서 충격량의 크기는 운동량 변화량의 크기와 같으므로 밀기 전후 A의 운동량의 변화량의 크기는 120 kg·m/s이다.
오답 피하기 ㄷ. 밀기 전후 A의 운동량의 변화량의 크기는 120 kg·m/s이고, A의 질량은 60 kg이므로 A의 속도의 변화량은 2 m/s이다. B의 속력이 증가하였으므로 A의 속력은 감소한다. 따라서 밀고 난 후 A의 속력은 4 m/s이다.

11 힘-시간 그래프에서 아랫부분의 면적은 충격량이고, 충격량은 운동량의 변화량과 같다. 그래프의 아랫부분의 면적은 40 N·s이고 물체의

질량이 2 kg이므로 물체의 속도의 변화량은 20 m/s이다. 따라서 물체의 처음 속력이 10 m/s이므로 2초 후 물체의 속력은 10 m/s＋20 m/s ＝30 m/s이다.

12 ㄷ. (나)에서 시간 축과 A, B의 곡선이 각각 이루는 면적이 같으므로 충돌하는 동안 A와 B가 받은 충격량의 크기는 같다. 충격량의 크기가 같을 때 힘과 힘이 작용하는 시간은 반비례하고 충돌 시간이 A가 B보다 크므로 벽과 충돌하는 동안 벽으로부터 받는 평균 힘의 크기는 A가 B보다 작다.

 ㄱ. 힘−시간 그래프의 아랫부분의 면적은 충격량이고, 충격량은 운동량의 변화량과 같다. (나)에서 시간 축과 A, B에 대한 곡선이 각각 만드는 면적이 같으므로 벽과 충돌하기 전 운동량의 크기는 A와 B가 같다.

ㄴ. A와 B가 같은 거리를 이동하였으며, 기준선을 동시에 통과한 후 A가 B보다 충돌을 먼저 하였으므로 물체가 벽까지 이동하는 데 걸린 시간은 A가 B보다 작다. 따라서 속력은 A가 B보다 크고, 운동량의 변화량이 같으므로 질량은 B가 A보다 크다.

160쪽

❶ 중력 ❷ 자유 낙하 운동 ❸ 중력 ❹ 일정한 ❺ 정지
❻ 등속 직선 운동 ❼ 질량 ❽ 속도 ❾ 힘 ❿ 시간 ⓫ 충격량
⓬ 운동량의 변화량 ⓭ 증가 ⓮ 증가 ⓯ 작아진다 ⓰ 같다
⓱ 작다

161-163쪽

01 ③ 02 ① 03 ③ 04 ④ 05 ⑤ 06 ④ 07 ②
08 ③ 09 ② 10 ③ 11 ② 12 ③

01 ① 중력은 질량이 있는 두 물체 사이에 서로 끌어당기는 힘으로, 두 물체 사이에 서로 작용하는 중력의 크기는 같고 방향은 반대 방향이다.
② 중력은 질량이 있는 모든 물체 사이에서 상호작용 하는 힘으로, 두 물체가 떨어져 있어도 작용한다.
④ 지표면 근처의 물체에 작용하는 중력의 크기는 물체의 질량에 비례하고, 지구의 중심으로부터 물체까지의 거리의 제곱에 반비례한다.
⑤ 지구에서 쏜 대포는 중력에 의해 포물선 운동을 하고, 지구 주위를 공전하는 달은 지구 중심 방향으로 달이 중력을 받아 원운동한다.

 ③ 중력은 두 물체가 서로 끌어당기는 방향으로 작용한다.

02 ㄱ. 공기 저항을 무시하면 지표면 근처에서 낙하하는 물체의 가속도는 중력 가속도로 일정하다.

 ㄴ. 물체는 가속도가 중력 가속도로 일정한 등가속도 운동을 하므로 물체의 처음 높이가 높아질수록 물체의 낙하 시간은 길어진다.
ㄷ. 물체는 가속도가 중력 가속도로 일정한 등가속도 운동을 하므로 물체의 속력은 증가한다. 따라서 물체가 매 초 이동한 거리는 점점 증가한다.

03 ③ (나)는 진공 상태이므로 깃털과 A의 가속도는 중력 가속도로 같다. 따라서 (나)에서 깃털과 A는 동시에 바닥에 도착한다.

 ① (가)에서 깃털과 A의 가속도가 다르므로 (가)는 공기가 들어 있는 상태이다.
② (가)에서 깃털의 가속도는 A의 가속도보다 작으므로 (가)에서 깃털의 가속도는 중력 가속도보다 작다.
④ 중력은 질량과 중력 가속도의 곱으로 구할 수 있고, 질량은 깃털이 A보다 작으므로 (나)에서 깃털에 작용하는 중력의 크기는 A에 작용하는 중력의 크기보다 작다.
⑤ (가)는 공기가 들어 있는 상태이고, (나)는 진공 상태이다. 따라서 A의 가속도는 (가)에서가 (나)에서보다 작으므로 (가)와 (나)에서 각각 A를 동시에 낙하시키면 A는 (가)에서가 (나)에서보다 바닥에 늦게 도달한다.

04 ㄴ. 중력의 크기는 질량과 중력 가속도의 곱으로 구할 수 있다. ㉠, ㉡, ㉢의 질량이 같으므로 ㉠, ㉡, ㉢에 작용하는 중력의 크기는 같다.
ㄷ. 지구가 둥글기 때문에 대포알의 속력이 충분히 크면 대포알이 지표면에 떨어지지 않고 지구를 한 바퀴 돌아 원래의 자리로 되돌아올 수 있다.

 ㄱ. 수평 이동 거리가 ㉠이 가장 작으므로 ㉠의 발사 속도가 가장 작다.

05 ㄱ. A와 B는 연직 방향으로 중력만 작용하므로 A와 B의 연직 방향 가속도는 중력 가속도로 같다. 따라서 A와 B는 연직 방향으로 자유 낙하 운동을 동일하게 하므로 A와 B는 동시에 바닥에 도달한다.
ㄴ. B에는 수평 방향으로 작용하는 힘이 없으므로 B는 수평 방향으로 등속 직선 운동을 한다.
ㄷ. B는 연직 방향으로 중력만 작용하므로 B는 연직 방향으로 자유 낙하 운동을 한다.

06 ㄴ. 책상 면을 떠나는 순간부터 수평면에 도달할 때까지 걸린 시간은 A와 B가 같으므로 A와 B의 수평 도달 거리는 책상 면에서 A와 B의 속력에 각각 비례한다. 따라서 수평 도달 거리는 B가 A의 2배이므로 책상 면에서 속력은 B가 A의 2배이다.
ㄷ. 책상 면에서 A와 B의 운동량의 크기는 같고, 책상 면에서 속력은 B가 A의 2배이다. 따라서 질량은 A가 B의 2배이다.

 ㄱ. 책상 면을 떠나는 순간부터 수평면에 도달할 때까지 A와 B는 연직 방향으로 자유 낙하 운동을 한다. 따라서 책상 면을 떠나는 순간부터 수평면에 도달할 때까지 걸린 시간은 A와 B가 같다.

07 관성은 물체에 작용하는 알짜힘이 0일 때 원래의 운동 상태를 유지하려는 성질이다. 종이를 빠르게 칠 때 종이는 날아가고 동전은 컵 속으로 떨어지는 현상은 관성으로 설명할 수 있다.
② 달리기를 하던 사람의 발이 돌에 걸리면 사람의 발은 멈추게 되지만 사람의 몸은 달리는 상태를 유지하려 하기 때문에 넘어지게 되는데, 이는 관성으로 설명할 수 있다.

 ① 로켓이 가스를 분출하면 가스도 로켓에 힘을 작용하여 로켓이 날아간다.
③ 일정한 속력으로 원운동을 하는 물체는 원의 중심 방향으로 구심력이 작용한다. 따라서 물체에 작용하는 알짜힘이 0이 아니므로 관성으로 설명할 수 없다.
④ 운동하던 물체가 반대 방향으로 힘을 받으면 속력이 감소하는 현상은 물체에 작용하는 알짜힘이 0이 아니므로 관성으로 설명할 수 없다.
⑤ 지구가 중력에 의해 달을 당기면, 지구에도 달이 지구를 당기는 힘이 작용한다. 두 힘은 서로에게 같은 크기로 작용하며, 힘의 방향은 서로 반대 방향이다.

08 ㄱ. 운동량의 크기는 질량과 속도의 곱이다. 따라서 충돌 전의 운동량의 크기는 6 kg·m/s이고, 충돌 후의 운동량의 크기는 4 kg·m/s이므로 운동량의 크기는 충돌 전이 충돌 후보다 크다.

ㄷ. 벽이 A로부터 받은 충격량의 크기는 A의 운동량의 변화량의 크기와 같은 10 N·s이다.

 ㄴ. 오른쪽 방향을 (−)라 하면 왼쪽 방향은 (+)이다. 따라서 운동량의 변화량의 크기는 $(2\ kg \times 2\ m/s) - (2\ kg \times (-3\ m/s)) = 10\ kg·m/s$이다.

09 ㄷ. 힘−시간 그래프에서 아랫부분의 면적은 충격량이다. (나)에서 0초부터 6초까지 그래프의 아랫부분의 면적은 8 N·s이므로 0초부터 6초까지 물체가 받은 충격량의 크기는 8 N·s이다.

 ㄱ. 힘−시간 그래프에서 아랫부분의 면적은 충격량이고, 충격량은 운동량의 변화량과 같다. 0초부터 6초까지 물체가 받은 충격량의 크기는 8 N·s이므로 6초일 때 물체의 속력은 16 m/s이다.

ㄴ. 2초부터 4초까지 물체에 작용하는 힘이 2 N으로 일정하므로 물체는 2초부터 4초까지 등가속도 운동을 한다.

10 ㄱ. (나)에서 A보다 B가 힘을 받는 시간이 길므로 손을 뒤로 빼면서 받는 경우는 B이다.

ㄴ. 포수가 동일한 속도의 야구공을 받으므로 야구공의 운동량의 변화량은 손을 내밀면서 받는 경우와 손을 뒤로 빼면서 받는 경우가 같다. (나)에서 시간 축과 곡선이 이루는 면적은 충격량이고, 충격량은 운동량의 변화량이므로 A와 B의 면적은 같다.

 ㄷ. 포수가 동일한 속도의 야구공을 받으므로 야구공의 운동량의 변화량은 A와 B가 같다. 충격량은 운동량의 변화량이므로 충격량은 A와 B가 같다.

11 ㄷ. 에어 매트와 에어캡 포장지는 물체가 받는 충격력을 감소시킨다.

 ㄱ. 물체가 받는 충격량은 에어 매트와 에어캡 포장지와 관계없이 일정하다.

ㄴ. 에어 매트와 에어캡 포장지는 물체가 충격력을 받는 시간을 길게 하여 물체가 받는 충격력을 감소시킨다.

12 철수: P 부분이 잘 찌그러져야 자동차가 충돌할 때 힘을 받는 시간이 길어져 자동차가 받는 힘의 크기를 감소시킨다.

영희: 자동차가 받는 충격량의 크기는 운동량의 변화량의 크기와 같으므로 P 부분이 찌그러지는 정도와 무관하다.

 민수: P 부분이 잘 찌그러져야 자동차가 충돌할 때 받는 힘의 크기가 감소하므로 P 부분이 찌그러지는 것과 안전은 상관관계가 있다.

○1 생명 시스템에서의 화학 반응

STEP 1 개념 바로 확인　170쪽

❶ 세포　❷ 라이보솜　❸ 광합성　❹ 물질대사　❺ 동화　❻ 방출
❼ 효소　❽ 카탈레이스　❾ 산소

01 조직, ㉡ 기관　**02** ㉠ (1) ㄹ (2) ㄷ (3) ㄱ (4) ㅂ
03 (1) ○ (2) ○ (3) ○ (4) ×　**04** (1) ○ (2) ○ (3) × (4) ○
05 (1) ○ (2) ○ (3) × (4) ○　**06** (1) ㉠ (2) ㉡

01 조직(㉠)은 모양과 기능이 비슷한 세포들이 모인 것이고, 기관(㉡)은 여러 조직이 모여 고유한 형태와 특정한 기능을 나타낸다.

02 (1) 엽록체와 세포벽은 동물세포에 없고, 식물세포에 있다.
(2) 핵막과 연결된 구조를 갖는 소포체는 지질의 합성에 관여한다.
(4) 마이토콘드리아는 유기물을 분해하여 생명활동에 필요한 에너지(ATP)를 생성한다.

03 (2) 생명체에서의 화학 반응은 반응의 활성화에너지를 낮추는 효소의 도움으로 체온 정도의 온도와 낮은 압력에서 일어난다.

04 (3), (4) 효소는 화학 반응에서 변하지 않아 반응 후 재사용되고, 화학 반응의 활성화에너지를 낮추어 반응 속도를 빠르게 한다.

05 (4) 과산화 수소의 분해 과정에서 산소(O_2)가 방출되므로 불씨가 꺼져 가는 향을 가져다 대면 불씨가 살아날 수 있다.

06 효소에 의해 활성화에너지가 낮아진다. 따라서 ㉠은 효소가 없을 때의 활성화에너지이고, ㉡은 효소가 있을 때의 활성화에너지이다.

STEP 2 내신 대표 문제　172쪽

01 ⑤　**02** ⑤　**03** ⑤　**04** ④

01

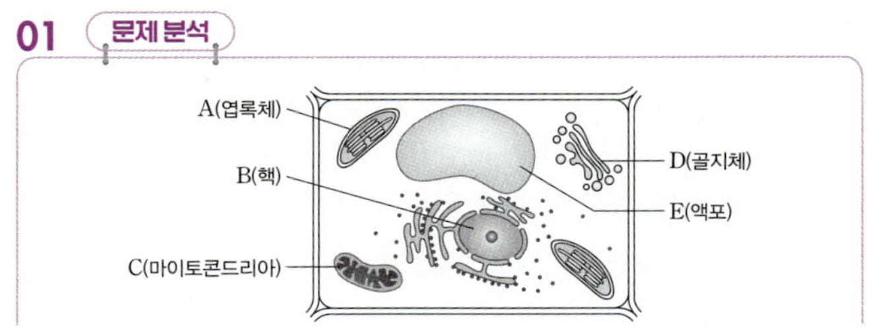

- A에는 동전을 쌓아 놓은 모양을 한 구조가 있다. ➡ A는 엽록체이다.
- B의 막과 연결된 세포소기관이 있다.
  ➡ 막이 서로 연결된 두 세포소기관은 핵(B)과 소포체이다.
- D는 납작한 작은 주머니가 여러 겹친 구조이고, E는 하나의 커다란 막 구조이다.
  ➡ D는 골지체이고, E는 액포이다.

ㄱ. 엽록체(A)에서는 이산화 탄소와 물을 이용하여 크고 복잡한 물질인 포도당을 합성하는 광합성이 일어난다. 따라서 엽록체(A)에서는 동화작용이 일어난다.

ㄴ. 골지체(D)는 소포체로부터 수송된 단백질 등을 세포 밖으로 분비하는데 관여한다.

ㄷ. 식물세포에 주로 존재하는 액포(E)는 노폐물 등을 저장하는 역할을 한다.

02 ㄴ. 핵(B) 속에는 단백질의 합성 등에 필요한 유전정보를 저장하고 있는 DNA가 있다.

ㄷ. 마이토콘드리아(C)에서는 산소를 이용하여 유기물을 분해하고, 생명 활동에 필요한 에너지를 생성한다.

오답 피하기 ㄱ. A는 엽록체이다. 엽록체(A)는 동물세포에 없으므로 이 세포는 식물세포이다.

03 **문제 분석**

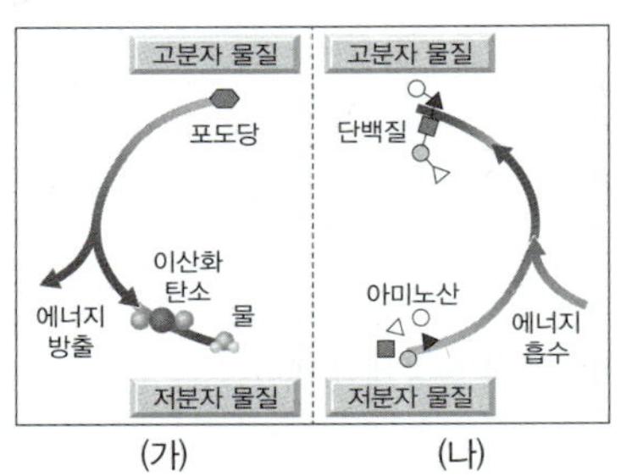

- (가)는 포도당이 이산화 탄소와 물로 분해된다.
  ➡ (가)는 이화작용의 예로, 에너지가 방출되는 발열 반응이다.
- (나)는 아미노산이 결합하여 단백질로 합성된다.
  ➡ (나)는 동화작용의 예로, 에너지가 흡수되는 흡열 반응이다.

① 물질대사에는 효소가 이용된다.

② 포도당이 이산화 탄소와 물로 분해되는 (가)는 이화작용의 예이다.

③ (나)에서 에너지 흡수가 일어나므로 (나)는 동화작용의 예이고, 흡열 반응에 해당한다.

④ 동화작용과 이화작용은 모두 물질대사에 해당한다.

오답 피하기 ⑤ 연소에서는 반응물이 가진 에너지가 한 번에 열에너지와 빛에너지 형태로 방출되지만, 물질대사에서는 에너지가 단계적으로 방출된다.

04 ㄴ. 라이보솜에서는 여러 아미노산 사이에서 펩타이드결합이 형성되어 단백질이 합성되므로 (나)와 같은 물질대사가 일어난다.

ㄷ. (가)는 이화작용의 예이고, (나)는 동화작용의 예이다. 이화작용에서는 에너지가 방출되고, 동화작용에서는 에너지가 흡수되므로 반응물의 에너지가 생성물의 에너지보다 높은 반응은 (가)와 (나) 중 (가)이다.

오답 피하기 ㄱ. 광합성은 이산화 탄소와 물을 이용하여 포도당을 합성하므로 (나)에 해당한다.

STEP 3 내신 다지기 문제

01 ⑤ **02** ② **03** ⑤ **04** ⑤ **05** ② **06** ② **07** ③
08 ② **09** ④ **10** ③ **11** ④ **12** ③ **13** ① **14** ①
15 ① **16** ③ **17** ① **18** ③
19 (1) (가): 세포, (나): 조직, (다) 기관 (2) 해설 참조
20 (1) A: 엽록체, B: 골지체, C: 마이토콘드리아 (2) 해설 참조
21 (1) 해설 참조 (2) 해설 참조 **22** (1) 해설 참조 (2) 산소(O_2)

01 (가)는 조직, (나)는 기관이다.

ㄱ. 세포는 생명 시스템을 구성하는 구조적·기능적 기본 단위이다.

ㄴ. 조직(가)은 모양과 기능이 비슷한 세포가 모인 단계이다.

ㄷ. 개체는 여러 종류의 기관(나)으로 구성된다.

02 ① 세포는 생명 시스템의 기본 단위이다.

③, ④ 모든 생물체는 여러 개 또는 하나의 세포로 구성된다.

⑤ 다세포 생물인 동물에서는 서로 모양과 기능이 비슷한 세포가 모여 조직을 이룬다.

오답 피하기 ② 원핵세포는 핵을 가지고 있지 않다.

03 ①, ②, ④ 핵막으로 싸인 핵에는 유전정보를 가진 DNA가 있어 생명활동의 중심적인 역할을 한다.

③ 원핵세포에는 핵막이 없다.

오답 피하기 ⑤ 핵막은 소포체의 막과 연결되어 있다.

04 A는 핵, B는 라이보솜, C는 골지체, D는 마이토콘드리아, E는 소포체이다.

① 핵(A)은 동물세포와 식물세포에 모두 있다.

②, ③ 라이보솜(B)에서 합성된 단백질의 일부는 소포체(E), 골지체(C)를 거쳐 세포 밖으로 분비된다.

④ 마이토콘드리아(D)에서 유기물이 분해되는 세포호흡이 일어나 생명 활동에 필요한 에너지가 생성된다.

오답 피하기 ⑤ 소포체(E)는 동물세포와 식물세포에 모두 존재한다.

05 ② (가)는 엽록체, (나)는 마이토콘드리아이다. 엽록체(가)는 식물세포에는 있고, 동물세포에는 없다.

오답 피하기 ① (가)는 엽록체이다.

③ 마이토콘드리아(나)는 동물세포와 식물세포에 모두 있다.

④ 포도당을 합성하는 것은 엽록체(가)이다.

⑤ (가)와 (나)는 모두 세포막의 일부가 핵막과 연결되어 있지 않다.

06 A는 마이토콘드리아, B는 엽록체, C는 라이보솜이다.

ㄷ. 라이보솜(C)에서 아미노산을 이용하여 단백질을 합성하므로 동화작용이 일어난다.

오답 피하기 ㄱ. A는 마이토콘드리아이다.

ㄴ. 엽록체(B)는 이산화 탄소와 물을 이용하여 포도당을 합성하며 산소를 방출한다.

07 A는 골지체, B는 핵, C는 라이보솜이다.

③ 핵(B)에 있는 DNA는 기본 단위체가 뉴클레오타이드이다.

오답 피하기 ① DNA가 없고, 막 구조가 있는 A는 골지체이다.

② 핵(B)은 동물세포와 식물세포에 모두 존재한다.
④ 라이보솜(C)에서는 단백질이 합성되고, 지방은 소포체의 일부에서 합성된다.
⑤ 핵(B)에서는 핵막을 구성하는 인지질이 발견되지만, 라이보솜(C)에서는 막이 없어서 인지질이 발견되지 않는다.

08 A는 엽록체, B는 라이보솜, C는 마이토콘드리아이다.
ㄷ. 에너지 전환에 관여하는 세포소기관 C는 식물세포와 동물세포에 모두 있는 마이토콘드리아이다. 마이토콘드리아(C)에서 유기물이 분해되어 생명활동에 필요한 에너지(ATP)가 생성된다.
오답 피하기 ㄱ. 엽록체는 동물세포에 없고, 식물세포에만 있으므로 A는 엽록체이고, ⓐ는 '×'이다.
ㄴ. 라이보솜(B)에서 합성된 단백질의 일부는 소포체를 거쳐 골지체로 이동한 후 세포 밖으로 분비된다.

09 A는 라이보솜, B는 마이토콘드리아, C는 소포체이다.
ㄴ. 마이토콘드리아(B)는 유기물을 분해하여 생명활동에 필요한 에너지를 생산한다.
ㄷ. 막의 일부가 핵막과 연결된 소포체(C)는 식물세포에도 있다.
오답 피하기 ㄱ. 단백질을 합성하는 A는 라이보솜이고, 라이보솜은 막으로 싸인 구조를 갖지 않는다.

10 ① 물질대사를 할 때 효소가 관여한다.
②, ④ 세포호흡은 물질대사의 이화작용에 해당하는 예이며, 물질대사가 일어날 때 에너지의 출입이 일어난다.
⑤ 생명체는 끊임없는 물질대사를 통해 생명 시스템을 유지한다.
오답 피하기 ③ 물질대사는 생명체 내에서 일어나는 화학 반응으로, 효소가 관여하므로 체온 정도의 온도와 낮은 압력에서의 환경에서 진행된다.

11 ④ 작고 단순한 물질(저분자 물질)을 크고 복잡한 물질(고분자 물질)로 합성(다)하는 동화작용에서는 에너지가 흡수(나)되고, 대표적인 예로 광합성(바), 단백질 합성 등이 있다. 크고 복잡한 물질(고분자 물질)을 작고 단순한 물질(저분자 물질)로 분해(라)하는 이화작용에서는 에너지가 방출(가)되고, 대표적인 예로 세포호흡(마), 소화 등이 있다.

12 문제 분석

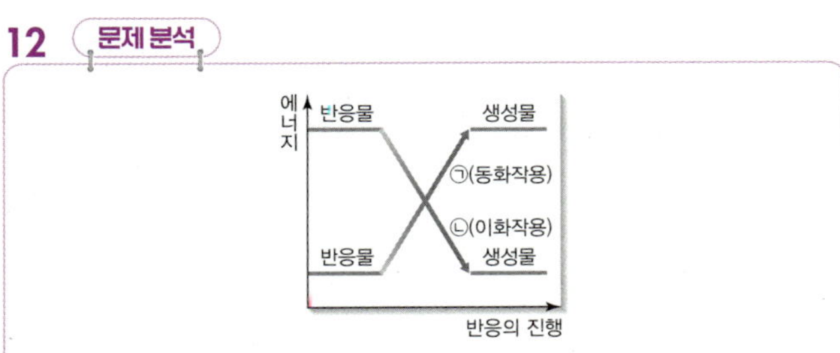

• ㉠에서는 반응물의 에너지가 생성물의 에너지보다 작다.
➡ ㉠은 에너지의 흡수가 일어나는 동화작용이다.
• ㉡에서는 반응물의 에너지가 생성물의 에너지보다 크다.
➡ ㉡은 에너지의 방출이 일어나는 이화작용이다.

ㄱ. ㉠은 흡열 반응이고, ㉡은 발열 반응이다.
ㄴ. 세포 내에서 일어나는 물질대사에는 모두 효소가 관여한다.
오답 피하기 ㄷ. 광합성에서는 빛에너지를 흡수하여 이산화 탄소와 물을 포도당으로 합성하는 동화작용이 일어난다. 따라서 광합성은 ㉠(동화작용)의 예에 해당한다.

13 ㄱ. (가)에서 저분자 물질이 고분자 물질로 합성되었으므로 (가)는 동화작용의 예이다.
오답 피하기 ㄴ. (가)와 (나)는 모두 생명체 내에서 일어나는 물질대사이므로 효소가 관여하며, 단계적으로 에너지의 변화가 일어난다.
ㄷ. 동화작용과 이화작용은 동물세포와 식물세포에서 모두 일어난다.

14 ① 에너지의 변화가 한 번에 일어나는 (가)는 연소이고, 에너지의 변화가 단계적으로 일어나는 (나)는 세포호흡이다.
오답 피하기 ② (가)는 생명체 내에서 일어나는 반응이 아니므로 물질대사가 아니고, (나)는 포도당이 분해되는 반응이므로 이화작용이다.
③ 생체촉매인 효소는 물질대사인 (나)에만 관여한다.
④ 높은 온도가 주어진 상황에서 일어나는 것은 (가)이고, 생물체 내에서 일어나는 (나)는 효소에 의해 반응의 활성화에너지가 낮아지므로 체온 정도의 낮은 온도에서도 반응이 진행된다.
⑤ (가)와 (나)에서 모두 반응물의 에너지가 생성물의 에너지가보다 많으므로 에너지가 방출된다.

15 문제 분석

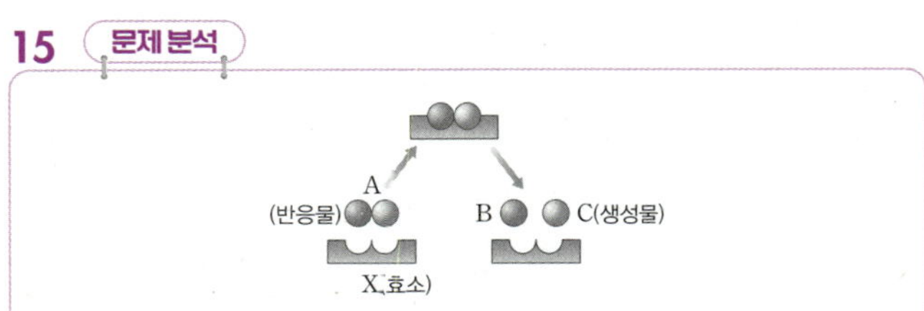

• 화살표의 진행 방향으로 반응이 일어나므로 X와 A가 결합하여 B와 C가 생성된다.
➡ A는 반응물, B와 C는 생성물이다. 반응 과정에서 효소인 X는 변하지 않으므로 재사용이 가능하다.

ㄱ. X가 있을 때 활성화에너지가 감소하므로 X는 생체촉매인 효소이다.
오답 피하기 ㄴ. A는 X가 작용하는 반응의 반응물이다.
ㄷ. 생성물(B와 C)의 에너지는 X의 유무에 의해 달라지지 않는다. X의 유무에 따라 달라지는 것은 반응의 활성화에너지이다.

16 ㄱ, ㄴ. 포도를 씻어 으깬 후 으깬 포도와 효모를 섞어 포도주를 만드는 과정은 효모가 가진 효소가 포도당을 분해(발효)하는 과정을 이용한 것이다.
오답 피하기 ㄷ. 효모가 가진 효소의 성분은 단백질이고, 효모를 끓이면 효모가 가진 효소의 입체 구조가 바뀌므로 포도당을 분해하는 효소가 정상적인 기능을 수행할 수 없다. 따라서 효모를 끓여서 사용하면 같은 결과가 나타나지 않는다.

17 ㄱ. X와 A가 결합하여 반응이 진행된 후 C가 생성되었고, 반응 후 효소인 X의 구조는 변하지 않았다.
오답 피하기 ㄴ. X는 A와 B 중 A와만 반응하므로 한 종류의 효소는 한 종류의 반응물에 작용함을 알 수 있다.
ㄷ. X가 A에 작용하여 C가 생성되므로 반응물(A)이 생성물(C)로 변화했다는 것을 알 수 있다.

18 ㄱ. 카탈레이스는 과산화 수소를 물과 산소로 분해하는 반응을 촉매한다. 따라서 감자즙을 넣은 B에서 발생한 기포(㉠)에는 산소가 포함된다.

ㄷ. 효소는 반응의 활성화에너지를 낮추어 반응 속도를 빠르게 한다. (가)의 B에 카탈레이스가 있는 감자즙을 넣었으므로 B에서 일어나는 과산화 수소의 분해 반응의 활성화에너지는 효소가 없을 때의 활성화에너지인 ⓐ보다 작다.

오답 피하기 ㄴ. 효소는 반응 과정에서 소모되지 않으므로 반응이 끝난 B에는 카탈레이스가 있고, 과산화 수소가 없다. 따라서 다시 기포가 발생하기 위해서는 B에 감자즙이 아닌 과산화 수소를 넣어야 한다. 따라서 감자즙은 ⓛ에 해당하지 않는다.

19 모범 답안 (1) (가): 세포, (나): 조직, (다): 기관
(2) B, (나)는 동물과 식물에 모두 있는 구성 단계입니다.

	채점 기준	배점
(1)	(가)~(다)를 각각 옳게 쓴 경우	30 %
(2)	학생의 기호와 수정된 발표 내용을 모두 옳게 쓴 경우	70 %
	학생의 기호와 수정된 발표 내용 중 하나만 옳게 쓴 경우	30 %

20 모범 답안 (1) A: 엽록체, B: 골지체, C: 마이토콘드리아
(2) 빛에너지를 이용하여 포도당을 합성하는 광합성은 엽록체(A)에서 일어난다. 동물세포에는 식물세포에 있는 엽록체(A)가 없으므로 빛에너지를 이용한 포도당의 합성이 일어나지 않는다.

	채점 기준	배점
(1)	A~C를 각각 옳게 쓴 경우	30 %
(2)	엽록체의 기능과 동물세포가 엽록체를 갖지 않는다는 점을 제시하여 빛에너지를 이용한 포도당 합성이 일어나지 않는다고 옳게 서술한 경우	70 %
	엽록체의 기능과 동물세포가 엽록체를 갖지 않는다는 점 중 하나만 옳게 서술한 경우	40 %

21 모범 답안 (1) 엿기름 추출물 속의 효소(아밀레이스)가 녹말을 엿당으로 분해하므로 식혜에서 단맛이 난다.
(2) 식혜가 제대로 만들어질 수 없다. 엿기름 추출물 속에 있는 효소는 단백질로 이루어져 있어서 끓이면 구조가 변화되어 그 기능을 제대로 하지 못하기 때문이다.

	채점 기준	배점
(1)	효소의 기능과 식혜의 특성을 모두 옳게 서술한 경우	50 %
	효소의 기능과 식혜의 특성 중 하나만 옳게 서술한 경우	30 %
(2)	식혜가 제대로 만들어질 수 있는지에 대한 여부와 까닭을 모두 옳게 서술한 경우	50 %
	식혜가 제대로 만들어질 수 있는지에 대한 여부와 까닭 중 하나만 옳게 서술한 경우	30 %

22 모범 답안 (1) A, 삶은 간 조각에서 과산화 수소를 분해하는 효소는 구조가 변화되어 기능을 하지 못하기 때문에 기포가 발생한 A가 생간을 넣은 시험관이다.
(2) 산소(O_2)

	채점 기준	배점
(1)	시험관 기호와 까닭을 모두 옳게 서술한 경우	70 %
	시험관 기호와 까닭 중 하나만 옳게 서술한 쓴 경우	40 %
(2)	기포에 포함된 기체를 옳게 쓴 경우	30 %

STEP 4 내신 1등급 문제

01 ⑤ 02 ④ 03 ② 04 ⑤ 05 ③ 06 ⑤ 07 ⑤
08 ②

01 (가)는 조직, (나)는 세포, (다)는 기관이다.
ㄱ. 백혈구는 세포, 심장은 기관이므로 (가)는 조직이다.
ㄴ. 세포(나)는 생명체의 구조적·기능적 기본 단위이다.
ㄷ. 기관(다)은 여러 종류의 조직이 모여 고유한 형태와 특정한 기능을 수행하는 단계이다.

02 A는 세포벽, B는 핵, C는 마이토콘드리아이다.
ㄴ. 핵(B)에는 뉴클레오타이드를 기본 단위체로 하는 DNA가 있다.
ㄷ. 마이토콘드리아(C)는 유기물을 분해하는 세포호흡이 일어나 생명활동에 필요한 에너지를 생성한다.

오답 피하기 ㄱ. 세포벽(A)은 동물세포에는 없고, 식물세포에 있다.

03 ② 광합성이 일어나는 ㉠은 엽록체이고, 라이보솜(ⓛ)에서는 핵(ⓒ)의 DNA에 있는 유전정보를 이용한 단백질의 합성이 일어난다. 또한 핵(ⓒ)의 막 일부는 소포체와 연결되어 있다.

오답 피하기 골지체는 소포체에서 전달된 물질을 세포 외부로 분비하고, 마이토콘드리아는 유기물을 분해하여 생명활동에 필요한 에너지를 생산한다.

04 문제 분석

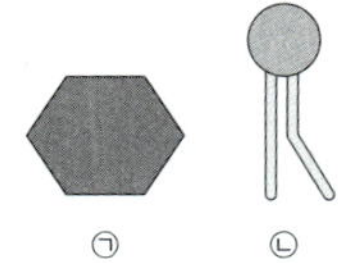

· 포도당은 6개의 탄소가 고리 형태로 배열된 구조를 갖는다. ➡ ㉠은 포도당이다.
· 인지질은 친수성 성질을 갖는 머리 부분과 소수성 성질을 갖는 꼬리 부분으로 이루어져 있다. ➡ ⓛ은 인지질이다.

A는 엽록체, B는 마이토콘드리아이고, ㉠은 포도당, ⓛ은 인지질이다.
ㄱ. 엽록체(A)에서는 빛에너지를 이용하여 이산화 탄소와 물을 포도당(㉠)으로 합성한다.
ㄴ. 엽록체(A)와 마이토콘드리아(B)는 인지질 2중층으로 구성된 막 구조를 가지므로 모두 인지질(ⓛ)이 있다.
ㄷ. 포도당(㉠)과 인지질(ⓛ)은 모두 탄소 화합물에 해당한다.

05 ㄱ. 카탈레이스에 의해 과산화 수소 분해 반응이 촉진되어 물과 산소(㉠)가 생성된다.
ㄷ. 카탈레이스를 비롯한 효소의 주성분은 단백질이다.

오답 피하기 ㄴ. 카탈레이스에 의해 과산화 수소 분해 반응의 활성화에너지가 감소하고, 반응열(반응물과 생성물의 에너지 차이)은 변하지 않는다. 따라서 활성화에너지는 E_1이다.

06 ㄱ. 단백질이 소화 과정을 거쳐 기본 단위체인 아미노산으로 분해되는 과정은 크고 복잡한 물질이 작고 단순한 물질로 분해되는 이화작용에 해당한다.
ㄴ. 마이토콘드리아에서 유기물이 분해하여 생명활동에 필요하는 에너지가 생산되는 세포호흡(ⓐ)이 일어난다.

ㄷ. (가)와 (나)는 모두 생명체 내에서 일어나는 이화작용(물질대사)에 해당하므로 효소가 이용된다.

07 ㄱ. 단백질을 구성하는 기본 단위체는 아미노산(㉠)이다.
ㄴ. 동물세포의 세포소기관 중 라이보솜에서 단백질이 합성되므로 라이보솜에서 (가)가 일어난다.
ㄷ. 아미노산이 펩타이드결합으로 연결되어 크고 복잡한 단백질이 되는 과정은 동화작용에 해당하므로 (가)에서 에너지의 흡수가 일어난다.

08 〔문제 분석〕

시험관	시험관에 넣은 용액(mL)			기포 발생 결과
	3 % 과산화 수소수	㉠	㉡	
A	10	2	0	발생하지 않음
B	10	0	2	발생함

- 기포 발생 결과에서 기포가 발생하지 않은 A에서는 과산화 수소가 분해되지 않았고, B에서만 과산화 수소가 분해되었음을 알 수 있다.
➡ ㉠은 증류수, ㉡은 감자즙이다.

ㄴ. ㉡을 넣은 B에서 기포가 발생하였으므로 B에서는 과산화 수소가 분해되는 반응이 일어났으며, ㉡은 감자즙이다. 감자즙에는 카탈레이스가 있어 과산화 수소 분해 반응의 활성화에너지(ⓐ)를 감소시킨다.
〔오답 피하기〕 ㄱ. ㉠은 증류수, ㉡은 감자즙이다.
ㄷ. A에는 카탈레이스가 없고, B에는 카탈레이스가 있으므로 과산화 수소가 분해되는 속도는 B에서가 A에서보다 빠르다.

○2 세포막을 통한 물질 출입

STEP 1 개념 바로 확인
182쪽

❶ 세포막 ❷ 단백질 ❸ 머리 ❹ 꼬리 ❺ 2중층 ❻ 선택적 투과성 ❼ 확산 ❽ 막단백질(또는 단백질) ❾ 높 ❿ 낮 ⓫ 삼투 ⓬ 증가

01 ㉠ **02** (1) × (2) ㉠ (3) ○ (4) × **03** (1) ㄴ, ㅁ (2) ㄱ, ㄹ
04 (1) × (2) ○ (3) ○ **05** (1) × (2) ○ (3) × **06** ㉡

01 ㉠은 인지질의 머리로 물에 대한 친화성이 있는(친수성) 부분이고, ㉡은 인지질의 꼬리로 물에 대한 친화성이 없는(소수성) 부분이다.

02 (1) 세포막의 인지질은 한 자리에 고정되어 있지 않고, 유동적으로 움직인다. 그 결과 세포막에 있는 단백질도 인지질과 같이 유동적으로 움직인다.
(4) 세포막을 이루는 인지질은 친수성인 머리 부분과 소수성인 꼬리 부분으로 구성된다. 세포막의 안팎은 물이 풍부하므로 인지질 2중층은 인지질의 친수성 머리 부분이 바깥쪽을 향하고, 소수성인 꼬리 부분이 안쪽을 향해 배열된 구조이다.

03 (1) 세포막의 인지질층을 직접 투과해 확산되는 물질은 산소, 이산화 탄소 등의 기체와 지용성 물질이다.
(2) 세포막의 막단백질을 통해 이동하는 물질은 전하를 띠는 입자(이온)와 포도당, 아미노산 같은 수용성 물질이다. 단백질은 분자 크기가 커서 세포막의 인지질층을 직접 투과하거나 막단백질을 통해 이동할 수 없다.

04 (1) 세포막을 통한 기체인 산소(O_2)의 이동 원리는 확산이고, 확산에 의한 물질의 이동에는 에너지가 사용되지 않는다.

05 (2) 적혈구와 같은 농도의 용액(등장액)에 적혈구를 넣으면 세포 안팎으로 출입하는 물의 양이 같아 적혈구의 부피 변화가 없다.(＝물의 순이동이 없다.)
(3) 적혈구를 C에 넣었을 때 적혈구의 부피가 감소하므로 세포에서 물이 빠져나갔다. 따라서 C는 적혈구보다 농도가 높은 용액(고장액)이고, B는 적혈구의 부피 변화가 없으므로 적혈구와 농도가 같은 용액(등장액)이다.

06 식물세포에서 세포막의 일부가 세포벽과 분리되는 원형질분리가 일어났으므로 세포를 넣은 용액은 세포보다 농도가 높은 20 %의 소금물 ㉡이다.

01 ③ **02** ⑤ **03** ②, ③ **04** ②

01 〔문제 분석〕

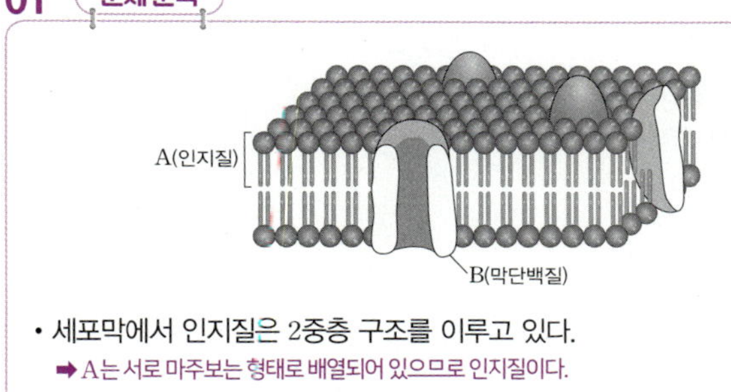

- 세포막에서 인지질은 2중층 구조를 이루고 있다.
➡ A는 서로 마주보는 형태로 배열되어 있으므로 인지질이다.
- 세포막에서 막단백질은 인지질 2중층 곳곳에 존재한다.
➡ B는 막단백질이다.

① A는 세포막에서 2중층 구조를 이루는 인지질이다.
② 세포 안팎은 대부분 물이 풍부하므로 인지질(A)의 소수성 부분은 2중층 구조에서 안쪽으로 배열된다.
④ 세포에서 막단백질(B)은 라이보솜에서 합성된다.
⑤ 막단백질(B)을 통해 수용성 물질이 이동한다.

〔오답 피하기〕 ③ 포도당과 같은 수용성 물질은 세포막에 있는 막단백질(B)을 통해 이동한다.

02 ㄱ. 인지질(A)과 막단백질(B)은 모두 탄소를 중심으로 여러 원소가 결합한 탄소 화합물이다.
ㄴ. 세포막은 세포 안팎으로의 물질 출입을 조절하는 선택적 투과성이 있다.

ㄷ. 전하를 띤 이온, 포도당, 아미노산과 같은 수용성 물질은 막단백질
(B)을 통해 이동한다.

03 문제 분석

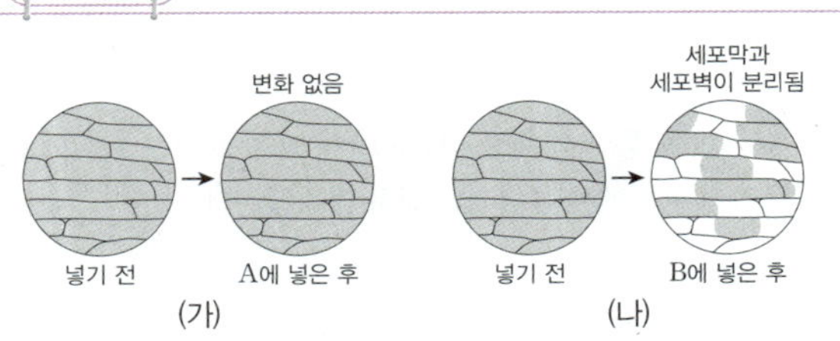

- (가)에서 설탕물 A에 넣은 양파세포는 부피의 변화가 없다.
  ➡ 양파세포의 안팎으로 출입한 물의 양이 같다.
  ➡ 양파세포와 A의 농도는 같으므로 A는 등장액이다.
- (나)에서 설탕물 B에 넣은 양파세포는 세포막의 일부가 세포벽과 분리
  되었다.
  ➡ 양파세포에서 물이 밖으로 빠져나갔다.
  ➡ 양파세포의 농도는 B의 농도보다 낮으므로 B는 고장액이다.

① A는 양파세포의 농도와 같은 등장액이다.
④ (나)에서 원형질분리가 일어났다.
⑤ 과일을 꿀이나 설탕을 이용하여 절여 오랫동안 보관할 수 있는 것은
삼투를 이용한 현상이다.

오답 피하기 ② 양파세포의 부피는 (나)에서가 (가)에서보다 크지 않다.
③ 삼투에 의한 물의 이동에는 에너지가 사용되지 않는다.

04 ㄷ. B는 양파세포보다 농도가 높으므로 (나)에서 물은 양파세포에
서 B로 이동하였다.

오답 피하기 ㄱ. 등장액인 A에 넣은 양파세포는 세포 안으로 들어오는
물의 양과 밖으로 빠져나가는 물의 양이 같으므로 부피에 변화가 없다.
따라서 물의 이동이 일어나지 않는 것은 아니다.
ㄴ. A는 등장액, B는 고장액이므로 양파세포를 넣기 전 설탕물의 농도
는 A가 B보다 낮다.

STEP 3 내신 다지기 문제
185~187쪽

01 ① **02** ④ **03** ⑤ **04** ②, ⑤ **05** ① **06** ② **07** ①
08 ② **09** (1) 해설 참조 (2) ① 지용성 분자, 산소(O_2), 이산화 탄소
(CO_2) 중 하나 ② 포도당, 아미노산, 이온 중 하나 (3) 선택적 투과성
10 해설 참조 **11** 해설 참조 **12** 해설 참조

01 세포막은 인지질(A)과 막단백질(B)로 구성된다.
② 세포막의 인지질(A)은 한 자리에 고정되지 않고 유동적이므로 인지
질 2중층 곳곳에 있는 막단백질(B)도 유동적이다.
③, ④ 세포막은 세포의 형태를 유지하고, 세포 안팎으로의 물질 출입을
조절한다.
⑤ 핵은 세포막과 같이 인지질 2중층으로 구성된 막 구조를 갖는 세포소
기관이다.

오답 피하기 ① A는 인지질이다.

02 ㄱ. 세포막은 세포 안팎의 물질 출입을 조절하므로 선택적 투과성
을 갖는다.
ㄷ. 인지질(X)은 친수성 머리 부분과 소수성 꼬리 부분으로 구성된다.

오답 피하기 ㄴ. X는 인지질이다.

03 (가)는 마이토콘드리아, (나)는 라이보솜이고, A는 막단백질, B는
인지질이다.
ㄱ. 라이보솜(나)에서 막단백질(A)의 합성이 일어난다.
ㄴ. 마이토콘드리아(가)는 막 구조를 갖는 세포소기관이므로 구성 성분
에 인지질(B)이 있다.
ㄷ. 인지질(B)은 친수성인 머리 부분과 소수성인 꼬리 부분으로 구성되
어 있다.

04 ②, ⑤ 식물에서 농도가 높은 뿌리털 쪽으로 땅속 물이 이동하는
과정과 소금을 배추에 뿌려 배추에서 물이 빠져나오는 것은 모두 삼투의
예이다.

오답 피하기 ① 지질 입자가 인지질 2중층을 직접 투과해 세포막을 통
과하는 것은 확산의 예이다.
③, ④ 조직 세포와 사람의 폐포에서 모세혈관으로 기체가 이동하는 것
은 확산의 예이다.

05 ① A와 B는 모두 물질의 농도가 높은 쪽에서 낮은 쪽으로 이동하
므로 확산이다.

오답 피하기 ② 산소(O_2)는 세포막의 인지질 2중층을 직접 투과하여 확
산하므로 B와 같은 방식으로 이동한다.
③ 확산에 의한 물질 이동에는 에너지가 소모되지 않는다.
④ 확산은 고농도에서 저농도로 물질이 이동하는 방식이다.
⑤ 세포막을 통해 전하를 띤 이온이 이동하는 방식은 A와 같다.

06 ㄷ. 적혈구를 X에 넣으면 쭈그러들고, 양파세포를 Y에 넣으면 팽
창하므로 적혈구에서는 물이 세포 밖으로 빠져나갔고, 양파세포에서는
물이 세포 안으로 들어왔다. 따라서 적혈구와 양파세포 중 처음보다 세
포의 질량이 감소한 것은 적혈구이다.

오답 피하기 ㄱ. X에 넣은 적혈구에서 물은 세포 밖으로 빠져나갔으므
로 X의 농도는 적혈구의 농도보다 높다.
ㄴ. 양파세포를 Y에 넣었을 때 세포 안으로 물이 들어와 팽창하므로 세
포막과 세포벽이 분리되는 원형질분리는 일어나지 않았다.

07 A는 인지질 2중층을 물질이 직접 투과하여 확산하는 방식이고, B
는 막단백질을 통해 물질이 확산하는 방식이다.
① 산소(O_2)는 세포막의 인지질 2중층을 직접 투과하고, 아미노산은 세
포막의 막단백질을 통해 이동한다.

오답 피하기 기체 분자, 지용성 물질 등은 세포막의 인지질 2중층을 직
접 투과하여 확산되고, 포도당, 아미노산, 전하를 띤 이온(K^+) 등이 세
포막의 막단백질을 통해 이동한다.

08 ㄷ. 반투과성막을 경계로 U자관 내 양쪽 용액의 높이가 달라졌으
므로 물의 이동(삼투)이 일어났다. 삼투에 의한 물의 이동에는 에너지가
소모되지 않는다.

오답 피하기 ㄱ. 삼투는 반투과성막(또는 세포막)을 용질이 이동할 수
없을 때 일어나므로 (가)에서 (나)로 변하는 동안 설탕 분자는 A에서 B
로 이동하지 않는다.

ㄴ. (나)에서 Ⅱ에서의 용액 높이는 Ⅰ에서의 용액 높이보다 높으므로 U자관 내 물의 이동은 Ⅰ에서 Ⅱ로 일어났다. 삼투는 농도가 낮은 용액에서 농도가 높은 용액으로 물이 이동하는 현상이므로 (가)에서 설탕 용액의 농도는 Ⅰ에서가 Ⅱ에서보다 낮다.

09 [모범 답안] (1) 인지질은 친수성인 머리 부분과 소수성인 꼬리 부분으로 구성되는데, 세포 안팎은 물이 풍부하므로 친수성인 머리 부분이 물과 닿는 바깥쪽에 배열되고, 소수성인 꼬리 부분이 안쪽에 배열되기 때문이다.
(2) ① 지용성 물질, 산소(O_2), 이산화 탄소(CO_2) 중 하나
② 포도당, 아미노산, 이온 중 하나
(3) 선택적 투과성

	채점 기준	배점
(1)	세포막의 인지질이 2중층으로 배열된 까닭을 인지질의 구조와 연관 지어 옳게 서술한 경우	50 %
	인지질의 구조만 옳게 서술한 경우	30 %
(2)	인지질 사이와 막단백질을 통해 확산하는 물질 한 가지씩 옳게 쓴 경우	30 %
(3)	선택적 투과성이라고 옳게 쓴 경우	20 %

10 [모범 답안] X가 적혈구보다 농도가 높은 설탕 용액일 때는 물이 적혈구 밖으로 빠져나가고, 적혈구의 부피가 감소한다. X가 적혈구보다 농도가 낮은 설탕 용액일 때는 물이 적혈구 안으로 들어오고, 적혈구의 부피가 증가한다.

채점 기준	배점
X의 농도에 따른 물의 이동 방향과 세포의 부피 변화를 모두 옳게 서술한 경우	100 %
X의 농도에 따른 물의 이동 방향과 세포의 부피 변화 중 하나만 옳게 서술한 경우	50 %

11 [모범 답안] 삼투에 의한 물의 이동은 저농도에서 고농도로 일어나므로 부피가 감소한 식물세포는 농도가 높은 NaCl 용액에 넣은 것이고, 부피가 증가한 식물세포는 농도가 낮은 NaCl 용액에 넣은 것이다. B에서 식물세포의 부피는 C에서보다 덜 증가하였으므로 식물세포 안으로 들어온 물의 양은 B에 넣은 식물세포에서가 C에 넣은 식물세포에서보다 적다. 따라서 식물세포를 넣기 전 A~C의 농도는 A>B>C 순이다.

채점 기준	배점
A~C의 농도를 식물세포의 부피와 관련지어 모두 옳게 비교하여 서술한 경우	100 %
A~C의 농도 비교와 식물세포의 부피에 대한 서술 중 하나만 옳게 서술한 경우	50 %

12 [모범 답안]

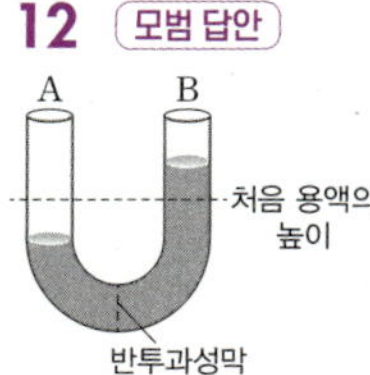

삼투는 농도가 낮은 쪽에서 높은 쪽으로 물이 이동하는 현상으로 A에 넣은 설탕 용액의 농도가 B에 넣은 설탕 용액의 농도보다 낮으므로 물이 A에서 B로 이동하여 A에서 용액의 높이는 감소하고, B에서 용액의 높이는 증가한다.

채점 기준	배점
그림과 까닭을 삼투 현상과 관련지어 모두 옳게 서술한 경우	100 %
그림과 까닭 중 하나만 옳게 서술한 경우	50 %

STEP 4 내신 1등급 문제

01 ③ **02** ⑤ **03** ③ **04** ④ **05** ③ **06** ③ **07** ④
08 ②

01 ㄱ, ㄴ. 세포막은 인지질과 막단백질(A)로 구성되며, 세포막에서 인지질은 소수성인 꼬리 부분이 안쪽으로 배열되어 마주보는 2중층 구조를 이룬다.

[오답 피하기] ㄷ. 산소(O_2)는 인지질 2중층을 직접 투과해 확산하는 물질이다.

02 [문제 분석]

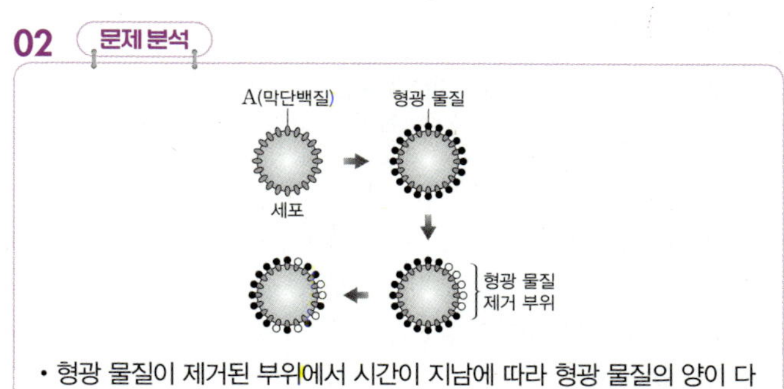

· 형광 물질이 제거된 부위에서 시간이 지남에 따라 형광 물질의 양이 다시 증가한다.
➡ 세포막에 있는 막단백질(A)이 유동적이라는 것을 알 수 있다.

ㄱ. 막단백질(A)과 인지질(B)은 모두 탄소 화합물이다.
ㄴ. (나)에서 형광 물질 제거 부위에 점차 형광 물질이 관찰되므로 세포막의 유동성을 확인할 수 있다.
ㄷ. 인지질(B)은 물에 대한 친화성이 있는 친수성인 머리 부분과 물에 대한 친화성이 없는 소수성인 꼬리 부분으로 구성된다.

03 [문제 분석]

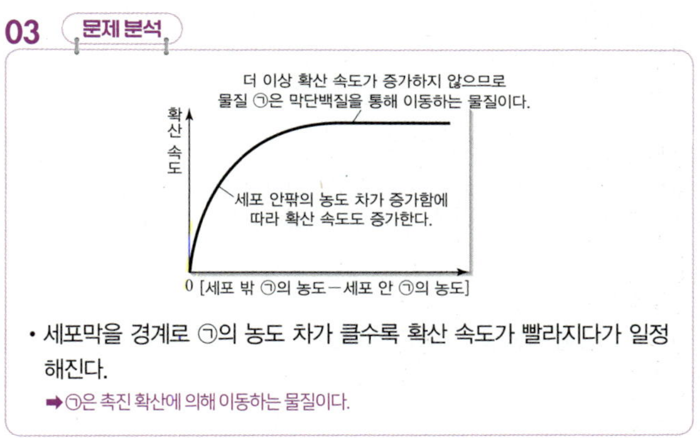

· 세포막을 경계로 ㉠의 농도 차가 클수록 확산 속도가 빨라지다가 일정해진다.
➡ ㉠은 촉진 확산에 의해 이동하는 물질이다.

ㄱ. 포도당, 아미노산, 이온 등의 물질은 세포막에 있는 막단백질을 통해 이동하므로 ㉠에 해당한다.
ㄷ. 세포 밖 ㉠의 농도에서 세포 안 ㉠의 농도를 뺀 값이 증가함에 따라 확산 속도가 증가하므로 ㉠은 세포 밖 농도가 세포 안 농도보다 높다. 따라서 ㉠은 세포 밖에서 세포 안으로 확산된다.

[오답 피하기] ㄴ. ㉠은 세포막을 통해 확산되는 물질이고, 확산에는 에너지가 소모되지 않는다.

04 ㄴ. (다)의 A와 B에서 모두 질량의 변화가 나타났으므로 삼투가 일어났다.

ㄷ. (다)의 B에서 달걀의 질량은 감소하였으므로 물은 달걀 안에서 밖으로 이동하였다.

오답 피하기 ㄱ. 증류수는 달걀보다 농도가 낮으므로 증류수에 넣은 달걀의 질량은 증가한다. 따라서 질량이 감소한 B가 10 % 소금물에 넣은 것이다.

05 문제 분석

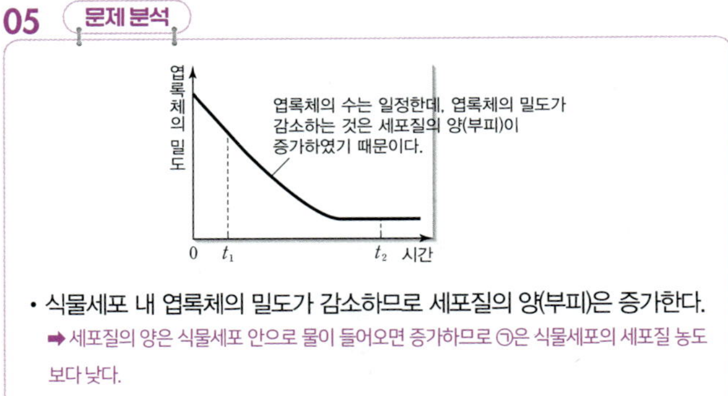

• 식물세포 내 엽록체의 밀도가 감소하므로 세포질의 양(부피)은 증가한다.
➡ 세포질의 양은 식물세포 안으로 물이 들어오면 증가하므로 ⊙은 식물세포의 세포질 농도보다 낮다.

ㄱ. 식물세포 안으로 물이 들어오므로 ⊙은 식물세포의 세포질 농도보다 낮다.
ㄴ. t_1일 때 엽록체의 밀도가 감소하고 있으므로 식물세포 안으로 물이 들어오고 있다.

오답 피하기 ㄷ. t_2일 때 엽록체의 밀도가 변하지 않으므로 세포 안으로 들어오는 물의 양과 세포 밖으로 나가는 물의 양이 같다. 물의 순이동이 없는 것이지, 물의 이동이 없는 것은 아니다.

06 ㄱ, ㄴ. ⊙과 ⓒ을 넣은 (가)에서 Ⅰ과 Ⅱ의 용액 차는 −5 mm이므로 Ⅰ의 용액 높이가 Ⅱ의 용액 높이보다 낮다. 따라서 (가)에서 물은 Ⅰ에서 Ⅱ로 이동하였으며, 설탕 용액의 농도는 ⓒ이 ⊙보다 높다. (나)에서 Ⅰ과 Ⅱ의 용액 높이 차가 +10 mm이므로 Ⅱ에서 Ⅰ로 물이 이동하였으며 (가)에서보다 더 많은 높이 차가 나므로 ⊙과 ⓒ의 농도 차보다 ⊙과 ⓔ의 농도 차가 더 크다. 따라서 설탕 용액의 농도는 ⓒ이 ⓔ보다 낮다.

오답 피하기 ㄷ. 설탕은 반투과성막을 통과하지 못하므로 수면의 높이 변화는 물이 이동하는 삼투에 의해서만 나타난다. (나)에서 수면의 높이 변화가 없을 때 설탕의 양은 Ⅰ에서가 Ⅱ에서보다 많다.

07 ㄴ. A에 넣은 X는 변화가 없으므로 A에 담긴 용액의 농도는 X의 농도와 같다.
ㄷ. B에서는 X의 부피가 감소하여 쭈그러들었고, C에서는 X의 부피가 증가하여 세포막이 터졌으므로 용액의 농도는 B에서가 C에서보다 높다.

오답 피하기 ㄱ. X를 C에 넣었을 때 X의 세포막이 터졌으므로 X는 세포벽이 없는 동물세포이다.

08 ㄷ. (라)에서 X의 부피가 변화하였으며, 이는 물의 이동에 의한 결과이다.

오답 피하기 ㄱ, ㄴ. X에는 20 % 설탕 수용액이 들어 있으며, 이를 증류수가 있는 비커에 넣었으므로 물은 X 안으로 들어간다. 따라서 X의 부피는 증가하고, X 안의 설탕 용액의 농도는 감소하여 20 %보다 낮아진다.

03 세포 내 유전정보의 흐름

❶ 유전자 ❷ 생명중심원리 ❸ 전사 ❹ 번역 ❺ U ❻ 3
❼ 3염기조합 ❽ 코돈

01 ⊙: 멜라닌합성효소, ⓒ: 멜라닌 **02** ⊙: 전사, ⓒ: 번역
03 ⊙: UAG, ⓒ: TCG, ⓔ: ATA, ⓐ: CGA
04 (1) × (2) ○ (3) ○   **05** (1) GUCACUGAAGCU (2) 4개
06 (1) × (2) × (3) ○ (4) ○

01 당나귀의 털색은 멜라닌 색소의 농도에 의해 결정되고, 멜라닌은 멜라닌합성효소에 의해 합성된다. 따라서 ⊙은 정상 멜라닌합성효소 유전자로부터 전사·번역되어 만들어진 많은 수의 멜라닌합성효소이고, ⓒ은 멜라닌합성효소로부터 합성된 많은 양의 멜라닌이다.

02 생명중심원리는 생명 시스템에서 DNA에 저장된 유전자의 유전정보의 흐름을 설명하는 원리이다. DNA에 저장된 유전정보가 RNA로 전달되는 과정을 전사, RNA에 저장된 유전정보를 바탕으로 단백질이 합성되는 과정을 번역이라고 한다.

03 DNA를 구성하는 뉴클레오타이드는 염기로 아데닌(A), 구아닌(G), 사이토신(C), 타이민(T)을 가지고, RNA를 구성하는 뉴클레오타이드는 염기로 아데닌(A), 구아닌(G), 사이토신(C), 유라실(U)을 갖는다. DNA의 염기와 RNA 염기는 서로 상보적으로 결합하며, 아데닌(A)은 유라실(U) 또는 타이민(T)과, 구아닌(G)은 사이토신(C)과만 결합한다.

04 (1) 1개의 DNA에는 여러 개의 유전자가 있다.
(3) DNA에 저장된 유전정보가 RNA로 전사되는 과정은 핵에서, RNA로부터 단백질이 합성되는 번역 과정은 라이보솜에서 일어난다.

05 (2) DNA의 3염기조합 또는 RNA의 코돈은 각각 연속된 3개의 염기로 구성되며, 1개의 아미노산에 대한 정보를 담고 있다. 따라서 제시된 가닥은 12개의 염기로 구성되므로 최대 4개의 코돈을 만들 수 있고, 합성된 단백질을 구성하는 아미노산은 최대 4개이다.

06 (1) DNA의 아데닌(A)에 상보적인 RNA의 염기는 유라실(U)이다. 따라서 ⊙은 유라실(U)이다.
(2) (가)는 DNA의 3염기조합으로, 1개의 아미노산에 대한 정보가 담겨 있다. 단백질은 여러 개의 아미노산으로 구성된다.
(3) RNA에서 1개의 아미노산에 대한 정보가 담긴 연속된 3개의 염기를 코돈이라고 한다.
(4) DNA로부터 RNA가 합성되는 과정을 전사, RNA로부터 단백질이 합성되는 과정을 번역이라고 한다.

01 ⑤ **02** ③ **03** ① **04** ⑤

01 문제 분석

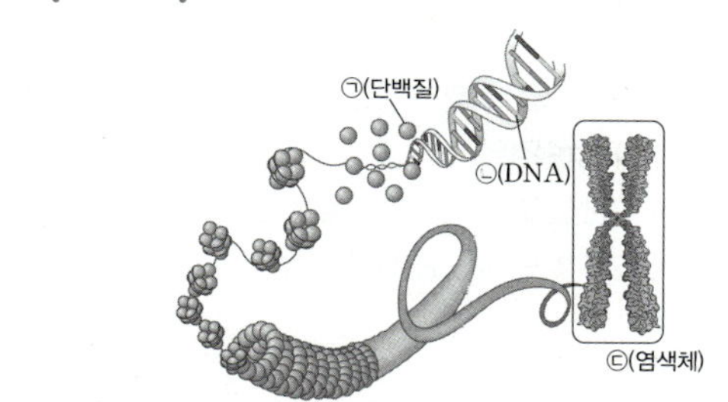

• ㉡은 이중나선구조를 갖는다. ➡ ㉡은 DNA이다.
• DNA에는 유전정보가 저장되어 있으며, 핵 속에는 DNA가 응축된 염색체가 있다. ➡ ㉢은 염색체이고, ㉠은 단백질이다.

ㄱ. ㉠은 단백질이고, 단백질은 기본 단위체인 아미노산이 펩타이드결합으로 연결된 구조이다. 따라서 ㉠에는 펩타이드결합이 있다.
ㄴ. DNA(㉡)에는 특정 단백질의 합성에 대한 정보가 있는 유전자가 있다.
ㄷ. 염색체(㉢)는 DNA가 단백질과 결합하여 응축된 구조물로 여러 개의 유전자가 있다.

02 ㄱ. 세포에서 단백질(㉠)의 합성은 세포질에 있는 라이보솜에서 일어난다.
ㄷ. DNA가 단백질과 결합하여 응축된 막대 모양의 ㉢은 염색체이다.

오답 피하기 ㄴ. DNA(㉡)에는 유라실(U)이 없다.

03 문제 분석

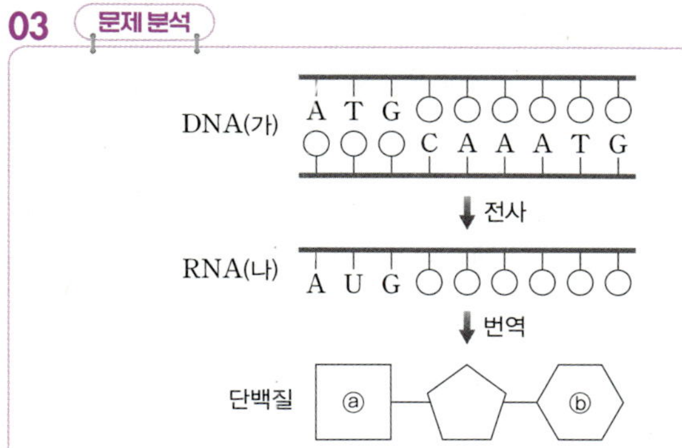

• (가)에는 타이민(T)이 있고, (나)에는 유라실(U)이 있다.
  ➡ (가)는 DNA, (나)는 RNA이고, (가)로부터 (나)가 합성되는 과정에서 DNA의 염기와 상보적인 RNA 염기가 전사하므로 (나)의 서열은 AUGGUUUAC이다.
• ⓐ와 ⓑ는 단백질의 기본 단위체인 아미노산이고, 도형의 모양이 서로 다르다.
  ➡ ⓐ와 ⓑ를 지정하는 RNA의 코돈은 서로 다르다.

① (가)는 두 가닥으로 구성되고, 타이민(T)이 있으므로 DNA이다.

오답 피하기 ② DNA(가)는 두 가닥으로 구성되어 있으므로 DNA(가)에서 뉴클레오타이드의 개수는 18개이다.
③ 동물세포에서 (가)로부터 (나)가 합성되는 과정은 핵에서 일어난다.
④ ⓐ를 지정하는 코돈은 AUG이고, ⓑ를 지정하는 코돈은 UAC이다.
⑤ (나)에는 1개의 사이토신(C)이 있다.

04 ㄱ. DNA(가)에는 단백질의 합성 정보가 저장된 유전자가 있다.
ㄴ. DNA(가)로부터 RNA(나)가 합성되는 과정은 전사이다.
ㄷ. RNA(나)로부터 단백질이 합성되는 과정은 번역이고, 번역은 라이보솜에서 일어난다.

---

01 ③ **02** ① **03** ② **04** ③ **05** ② **06** ③ **07** ④
08 ④ **09** ③ **10** ⑤ **11** ④ **12** ③ **13** ③ **14** 해설 참조
15 (1) A: 염색체, B: 단백질, C: DNA (2) 해설 참조
16 (1) 해설 참조 (2) 해설 참조 (3) ⓐ: GG, ⓑ: CC, ⓒ: 글라이신

01 ③ DNA에 저장된 유전정보의 발현으로 합성된 단백질이 정상적으로 기능을 하여 세포는 생명활동을 유지할 수 있다.

오답 피하기 ①, ② 염색체에는 단백질의 합성 정보가 저장되어 있는 여러 개의 유전자가 있다.
④ 하나의 특정한 아미노산을 지정하는 데 필요한 정보를 가지고 있는 DNA의 특정 부분을 3염기조합이라고 한다.
⑤ 사람에게서 형질에 대한 유전정보는 DNA에 저장되어 다음 세대로 전달된다.

02 ㄱ. ㉠은 염색체이다.

오답 피하기 ㄴ, ㄷ. ㉡은 단백질이고, ㉢은 이중나선구조의 DNA이다.

03 ㄷ. 염색체(C)는 DNA(A)와 단백질로 구성되고, DNA(A)에는 유전자가 포함되어 있다.

오답 피하기 ㄱ. 염색체 상태에서 DNA는 RNA와 결합하고 있지 않다.
ㄴ. B는 DNA와 단백질이 결합된 구조물(뉴클레오솜)로 단백질이 있다.

04 ㄱ. 정상 멜라닌합성효소 유전자에는 멜라닌합성효소의 합성 정보가 들어 있다.
ㄴ. 정상 멜라닌합성효소 유전자에는 단백질 합성에 필요한 유전정보가 저장되어 있어, 유전자로부터 합성된 단백질에 의해 형질이 나타난다.

오답 피하기 ㄷ. 정상 멜라닌합성효소 유전자의 이상으로 멜라닌합성효소가 생성되지 않으면 멜라닌이 합성되지 않아 당나귀의 털색은 갈색을 띠지 않는다.

05 ① 유전자는 특정 단백질 합성 정보가 저장된 DNA의 일부분이다.
③ 유전자(㉠)로부터 RNA가 합성되는 전사, 단백질이 합성되는 번역을 통해 단백질분해효소(㉡)가 합성된다.
④ 단백질분해효소(㉡)는 단백질 분해 반응의 활성화에너지를 낮춘다.
⑤ 단백질분해효소(㉡)의 작용으로 음식물 속의 단백질 소화 기능이 결정되므로, 이 사람의 단백질 소화 기능은 ㉠에 저장된 정보에 의해 나타나는 형질이다.

오답 피하기 ② 유전자는 DNA의 특정 부분으로, 코돈이 아닌 3염기조합으로 구성된다.

06 ㄱ. 멜라닌합성효소(㉠)의 주성분은 단백질이고, 단백질은 여러 아미노산 사이의 펩타이드결합으로 구성된다.
ㄴ. 멜라닌합성효소 유전자(㉡)에 돌연변이가 일어나면 아미노산서열이 달라져 멜라닌합성효소(㉠)가 정상적으로 합성되지 않을 수 있다.

오답 피하기 ㄷ. 털색 형질이 나타나는 과정의 순서는 (라) → (다) → (가) → (나)이다.

07 ① 코돈을 구성하는 염기의 조합은 최대 4^3가지=64가지이다.
② RNA의 유전부호(코돈)는 DNA로부터 전사된 것이다.

③ 모든 생명체에서는 유전정보의 흐름이 일어나며, 대부분의 생명체에서 동일한 유전부호를 사용한다.

⑤ 연속된 3개의 염기로 이루어진 DNA의 유전부호는 3염기조합이다.

오답 피하기 ④ RNA에서 코돈은 연속된 3염기로 구성되며, 1개의 아미노산을 지정한다.

08 ④ DNA를 구성하는 뉴클레오타이드는 염기(A, G, C, T)의 종류에 따라 4가지이며, 1개의 아미노산을 지정하는 DNA의 유전부호는 3개의 염기로 구성된 3염기조합이다.

09 ㄱ. DNA로부터 RNA가 합성되는 과정 (가)에서 전사가 일어난다.

ㄴ. 라이보솜에서 단백질의 합성이 일어난다.

오답 피하기 ㄷ. 과정 (가)는 핵 속에서 일어나고, 과정 (나)는 세포질에서 일어난다.

10 ㄴ. (나)는 코돈이 있는 RNA이다.

ㄷ. 유전정보의 흐름에서 DNA(가)로부터 RNA(나)가 합성된다.

오답 피하기 ㄱ. 타이민(T)이 있는 (가)는 DNA이다.

11 ㄱ. 유라실(U)이 있는 ㉠은 RNA이다.

ㄴ. RNA(㉠)로부터 단백질이 합성되는 (가)는 번역이다.

오답 피하기 ㄷ. ⓐ와 ⓑ는 같은 종류의 아미노산이고, ⓐ는 코돈 UCC, ⓑ는 코돈 UCA에 의해 지정되므로 각 아미노산을 지정하는 코돈이 하나씩만 있는 것은 아니다.

12 ㄱ. B와 C에는 타이민(T)이 없으므로 A는 타이민(T)이 있는 DNA이다.

ㄴ. DNA(A)에는 단백질 합성 정보가 저장된 유전자가 있다.

오답 피하기 ㄷ. B는 라이보솜에서 합성되는 단백질이고, C는 RNA이다. 유전정보의 흐름에서 RNA(C)로부터 단백질(B)이 합성되는 과정이 번역이다.

13 ㄱ. ⓐ는 DNA로부터 RNA가 합성되는 과정으로, 전사이다.

ㄴ. ⓑ는 번역으로, RNA로부터 단백질이 합성되는 과정이다. 단백질은 세포질에 있는 라이보솜에서 합성된다.

오답 피하기 ㄷ. (가)를 지정하는 코돈은 CUC, (나)를 지정하는 코돈은 ACA이므로 DNA 가닥 중 아래쪽 가닥으로부터 RNA가 합성되었다. 따라서 ㉠을 지정하는 코돈은 GGC이므로 ㉠은 (마)이다.

14 모범 답안 유전자에는 특정 형질의 발현에 관여하는 단백질 합성 정보가 들어 있다. A는 형질 ㉠의 발현에 관여하는 단백질의 합성 정보를, B는 형질 ㉡의 발현에 관여하는 단백질의 합성 정보를 갖고 있고, 서로 다른 형질이 발현되었으므로 유전자의 종류가 다르면 발현되는 형질도 다르다는 것을 알 수 있다.

채점 기준	배점
유전자와 단백질의 관계를 설명하고, 문제의 자료를 이용하여 유전자의 종류와 발현되는 형질의 관계를 옳게 서술한 경우	100 %
유전자와 단백질의 관계를 설명하고, 문제의 자료를 이용하지 않고 유전자의 종류와 발현되는 형질의 관계를 옳게 서술한 경우	60 %
유전자와 단백질의 관계만 옳게 설명한 경우	40 %

15 모범 답안 (1) A: 염색체, B: 단백질, C: DNA

(2) 학생 ㉮, 1개의 염색체(A)에는 여러 개의 유전자가 있다.

	채점 기준	배점
(1)	A~C를 각각 옳게 쓴 경우	30 %
(2)	학생의 기호와 고친 발표 내용을 모두 옳게 쓴 경우	70 %
	학생의 기호와 고친 발표 내용 중 하나만 옳게 쓴 경우	50 %

16 모범 답안 (1) Ⅱ, ㉮의 합성에 이용된 부분의 염기서열 ㉠에 유라실(U)이 있으므로 ㉠은 RNA(Ⅱ)이다.

(2) 5개, RNA에서 1개의 아미노산을 지정하는 유전부호인 코돈은 연속된 3개의 염기로 구성되기 때문이다.

(3) ⓐ: GG, ⓑ: CC, ⓒ: 글라이신

	채점 기준	배점
(1)	㉠이 Ⅰ과 Ⅱ 중 무엇인지 쓰고, 그렇게 판단한 까닭을 모두 옳게 서술한 경우	40 %
	㉠과 그렇게 판단한 까닭 중 하나만 옳게 서술한 경우	20 %
(2)	X에서 ㉠으로부터 합성 가능한 아미노산의 최대 개수와 판단 까닭을 모두 옳게 서술한 경우	40 %
	X에서 ㉠으로부터 합성 가능한 아미노산의 최대 개수와 판단 까닭 중 하나만 옳게 서술한 경우	20 %
(3)	ⓐ~ⓒ를 각각 옳게 쓴 경우	20 %

01 ④　**02** ③　**03** ③　**04** ①　**05** ④　**06** ①　**07** ④　**08** ③

01 ㄴ. RNA 가닥 중 AUG는 DNA의 위쪽 가닥과 상보적이다. 따라서 ㉡의 염기서열은 AGA와 상보적인 UCU이다.

ㄷ. 번역을 통해 단백질이 합성되고, 단백질의 합성은 라이보솜에서 일어난다.

오답 피하기 ㄱ. DNA에서 1개의 아미노산을 암호화하는 유전부호는 3염기조합이다. 코돈은 RNA에서 1개의 아미노산을 지정하는 유전부호이다.

02 문제 분석

구분	전체 염기 중 비율(%)		
	A	G	T
Ⅰ	10	20	? (35)
(가)	㉠ (35)	35	? (0)
(나)	35	㉡ (35)	10

• RNA는 타이민(T)을 가지지 않는다.
➡ (나)에 T이 있으므로 (나)는 DNA의 단일 가닥 Ⅱ, (가)는 RNA 가닥 Ⅲ이다.

• Ⅰ과 Ⅱ(나)는 서로 상보적이고, Ⅰ과 Ⅲ도 서로 상보적이다.
➡ Ⅱ(나)에서 A의 비율이 35 %이므로 Ⅰ에서 T의 비율도 35 %이다. 전체 염기 비율은 100 %이므로 Ⅰ에서 C의 비율은 35 %이다.

ㄱ. (나)에 타이민(T)이 있으므로 (나)는 DNA 가닥 Ⅱ, (가)는 RNA 가닥 Ⅲ이다.

ㄴ. ㉠과 ㉡은 각각 35로 서로 같다.

오답 피하기 ㄷ. Ⅱ(나)는 DNA를 이루는 가닥이므로 RNA의 유전부호인 코돈이 없다. 코돈은 RNA인 Ⅲ(가)에 있다.

03 ㄱ. DNA로부터 RNA가 합성되는 ㉠은 전사이다.

ㄴ. RNA에 라이보솜이 결합하여 단백질이 합성되는 ㉡은 번역 과정으로 세포질에서 일어난다.

오답 피하기 ㄷ. RNA의 일부 구간인 ⓐ에는 6개의 염기가 있으며, RNA의 코돈은 연속된 3개의 염기로 구성되므로 아미노산을 지정하는 코돈이 최대 2개 있다.

04 ㄱ. DNA로부터 RNA가 합성되는 (가)는 전사이다.

오답 피하기 ㄴ. (나)는 RNA로부터 단백질이 합성되는 번역 과정으로 세포질에서 일어난다.

ㄷ. ㉢은 DNA에 없는 염기이므로 유라실(U)이다. DNA에서 ㉠과 ㉡은 상보적인 염기이고, RNA의 염기서열로부터 DNA의 ㉡과 ㉢이 서로 상보적인 염기임을 알 수 있으므로 ㉠은 타이민(T), ㉡은 아데닌(A)이다.

05 ㄴ. DNA의 3염기조합으로부터 RNA의 코돈 → 아미노산으로 유전정보가 전달되므로 DNA는 유전정보를 저장한다.

ㄷ. 코돈 GUG가 지정하는 아미노산은 ⓥ이다.

오답 피하기 ㄱ. (가)는 DNA로부터 RNA가 합성되는 과정으로 전사이다.

06 ㄱ. 정상 유전자로부터 전사된 RNA의 코돈 GCU는 ㉠을 지정하고, 비정상 유전자로부터 전사된 RNA의 코돈 GCC도 ㉠을 지정하므로 코돈 GCU와 GCC는 같은 아미노산을 지정한다.

오답 피하기 ㄴ. 코돈 CUU와 UUG는 모두 아미노산 ⓔ을 지정한다.

ㄷ. 단백질을 구성하는 아미노산의 종류는 정상 유전자로부터 합성된 단백질이 5종류, 돌연변이가 일어난 비정상 유전자로부터 합성된 단백질이 3종류이다.

07 문제 분석

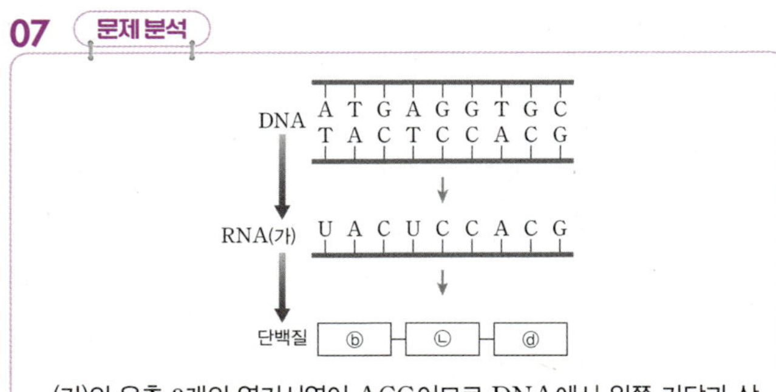

- (가)의 우측 3개의 염기서열이 ACG이므로 DNA에서 위쪽 가닥과 상보적인 염기가 RNA(가)를 구성한다.
➡ ㉠은 코돈 UAC와 상보적인 염기서열인 ATG이고, ㉡은 3염기조합 AGG와 상보적인 염기서열인 UCC이다.

ㄱ. (가)에는 유라실(U)이 있으므로 (가)는 RNA이다.

ㄷ. ㉡을 지정하는 RNA(가)의 코돈은 UCC이고, 표에서 코돈 UCC는 아미노산 ⓐ를 지정한다.

오답 피하기 ㄴ. ㉠의 염기서열은 RNA(가)의 코돈 UAC와 상보적이므로 ATG이다.

08 ㄱ. 유전자(㉠)는 DNA의 특정 부분으로 특정 단백질 합성 정보를 저장하고 있다.

ㄴ. 헤모글로빈 유전자로부터 비정상 헤모글로빈(단백질)이 합성되는 과정에서 전사와 번역이 모두 일어난다.

오답 피하기 ㄷ. 낫모양의 적혈구(㉢)가 생성되어 빈혈이 일어나므로 낫모양의 적혈구(㉢)는 정상 적혈구에 비해 산소 운반 능력이 낮다.

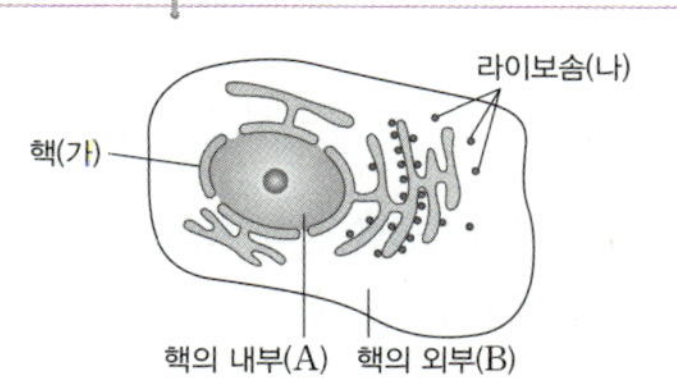

202쪽

❶ 세포 ❷ DNA ❸ 단백질 ❹ 마이토콘드리아 ❺ 엽록체 ❻ 동화 ❼ 방출 ❽ 단백질 ❾ 활성화에너지 ❿ 인지질 ⓫ 선택적 ⓬ 확산 ⓭ 삼투 ⓮ 생명중심원리 ⓯ 전사 ⓰ 번역 ⓱ 코돈 ⓲ 유라실(U)

중단원 핵심 기출 문제 203~205쪽

01 ③ **02** ① **03** ⑤ **04** ⑤ **05** ⑤ **06** ③ **07** ②
08 ④ **09** ② **10** ⑤ **11** ⑤ **12** ③

01 단원 통합형 문제 분석

ㄱ. (가)는 핵이다. (○)
ㄴ. (나)에서 아미노산 사이의 펩타이드결합이 형성된다. (○)
ㄷ. A에서는 번역이, B에서는 전사가 일어난다. (×)
　　　　전사　　　　　　번역

ㄱ. (가)는 유전정보가 저장된 DNA가 있는 핵이다.

ㄴ. 단백질을 합성하는 라이보솜에서 아미노산 사이의 펩타이드결합이 형성된다.

오답 피하기 ㄷ. 전사는 핵의 내부(A)에서 일어나고, 번역은 핵의 외부(B)인 세포질에서 일어난다.

02 ㄱ. A는 X가 없을 때(㉠) 일어나는 반응의 활성화에너지이다.

오답 피하기 ㄴ. 효소는 활성화에너지를 낮추어 반응 속도를 빠르게 하므로 ㉠은 X가 없을 때의 에너지 변화이고, ㉡은 X가 있을 때의 에너지 변화이다.

ㄷ. 반응물의 에너지와 생성물의 에너지는 효소의 유무에 영향을 받지 않으므로 $\dfrac{\text{반응물의 에너지}}{\text{생성물의 에너지}}$ 는 X가 있을 때와 X가 없을 때가 서로 같다.

03 ㄱ. 생명체에서 일어나는 물질대사에는 효소가 관여한다.

ㄴ. 빛에너지를 흡수하여 이산화 탄소와 물을 포도당으로 합성하는 광합성은 대표적인 동화작용의 예에 해당한다.

ㄷ. 이화작용은 크고 복잡한 물질이 작고 단순한 물질로 분해하는 반응으로, 에너지의 방출이 일어나는 발열 반응이다.

04 ㄱ. 감자즙에는 과산화 수소를 분해하는 카탈레이스(㉠)가 있다.

ㄴ. 효소의 주성분은 단백질이므로 ㉠의 성분에 단백질이 포함된다.

ㄷ. 감자즙에 있는 카탈레이스(㉠)에 의해 과산화 수소가 분해되면 산소가 발생한다. 산소가 발생하면 고무풍선이 부풀어 오르므로 풍선에 표시한 두 점 사이의 거리는 감자즙을 넣은 A에서가 증류수를 넣은 B에서보다 멀다. 따라서 'A에서가 B에서보다 멀다.'는 @에 해당한다.

05 ㄱ. 인지질(㉠)은 친수성인 머리 부분과 소수성인 꼬리 부분으로 구성된다.
ㄴ. 이산화 탄소는 세포막의 인지질층을 통해 직접 투과하며, 고농도에서 저농도로 이동하므로 세포막을 통해 확산된다.
ㄷ. 인지질(㉠)과 막단백질(㉡)은 모두 탄소 화합물에 해당한다.

06

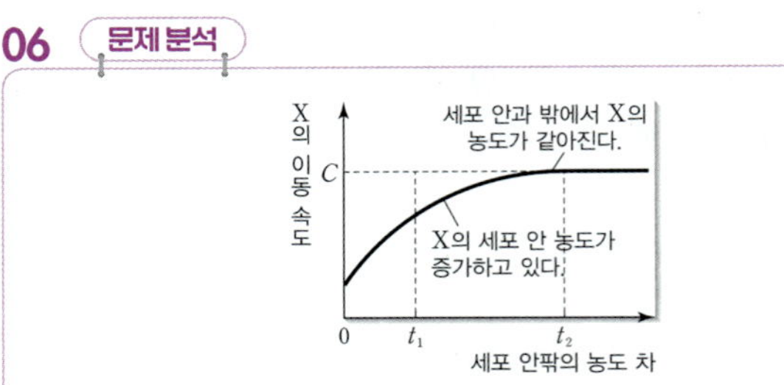

- X의 이동 속도가 빨라져 세포 안 농도가 증가하고 있다.
  ➡ X의 농도는 세포 밖이 세포 안보다 높다.
- 일정 시간 후 세포 안과 밖에서 X의 농도가 같아져 X의 이동 속도가 일정하게 유지된다.
  ➡ 확산은 더 이상 일어나지 않지만, 세포 안팎으로 출입하는 X의 양이 같으므로 농도의 변화가 없다.

ㄱ. X는 세포막에 있는 막단백질을 통해 확산하는 물질이다. 포도당, 아미노산 등이 세포막의 막단백질을 통해 확산하는 물질이므로 포도당은 X에 해당한다.
ㄴ. t_1일 때 X의 이동 속도가 빨라져 세포 안 X 농도가 증가하고 있으므로 X는 세포 안으로 확산되고 있다. 확산은 농도가 높은 쪽에서 낮은 쪽으로 물질이 이동하는 현상이므로 t_1일 때 X의 농도는 세포 밖에서가 세포 안에서보다 높고, X는 세포 밖에서 세포 안으로 확산한다.
 ㄷ. t_2일 때 X의 이동 속도는 일정하게 유지되므로 세포 안팎의 X의 농도는 서로 같다. 따라서 세포막을 통해 세포 안으로 들어오는 X의 양과 세포 밖으로 빠져나가는 X의 양이 일정하게 유지되므로 t_2일 때 세포막을 통한 X의 이동은 일어난다.

07 ㄴ. Ⅱ에 담긴 설탕 용액에 넣은 감자 조각의 무게는 감소하였으므로 감자세포에서 설탕 용액으로 물이 빠져나왔다. 따라서 설탕 용액의 물의 양은 (나)에서가 (라)에서보다 적으므로 설탕 용액의 농도는 (나)에서가 (라)에서보다 높다.
 ㄱ. Ⅰ에 넣은 감자 조각의 무게가 증가하였으므로 감자세포 안으로 물이 이동하였다. 삼투는 물이 용액의 농도가 낮은쪽에서 농도가 높은 쪽으로 이동하는 현상이므로 (나)의 Ⅰ에 담긴 설탕 용액의 농도는 감자세포의 농도보다 낮다.
ㄷ. (다)의 Ⅲ에서 감자세포의 세포막을 통해 출입하는 물의 양이 서로 같아 부피의 변화가 나타나지 않았다.

08 ㄱ, ㄷ. 식물세포를 설탕 용액에 넣은 결과 세포막의 일부가 세포벽과 분리되는 변화(원형질분리)가 나타났으므로 삼투가 일어났다.
 ㄴ. 식물세포 내 세포소기관의 수는 일정한데, 식물세포의 물이 세포 밖으로 빠져나가므로 식물세포 내 세포소기관의 밀도는 증가하였다.

09 ㄴ. DNA(㉡)는 뉴클레오타이드를 기본 단위체로 한다.
 ㄱ. 염색체(㉠)에는 여러 개의 유전자가 있다.
ㄷ. 단백질(㉢)은 세포질의 라이보솜에서 합성된다.

10 ㄱ. ㉠을 지정하는 코돈의 염기서열은 UUU이고, 그림에서 코돈 UUU는 페닐알라닌을 지정하고 있다.
ㄴ. 1개의 코돈은 1개의 아미노산을 지정하며, 코돈은 DNA의 3염기조합이 전사된 것이다.
ㄷ. (가)에 있는 3염기조합 CCG로부터 코돈 GGC가 합성되는 과정은 전사이다.

11

구분	염기 조성 비율(%)					
	A	G	C	T	U	계
(가)	31	?(19)	?(28)	?(22)	?(0)	100
(나)	㉠(22)	?(28)	19	?(0)	31	100
(다)	?(22)	28	?(19)	31	?(0)	100

- (나)에는 유라실(U)이 있고, Ⅰ로부터 전사가 일어나 Ⅲ이 합성되었다.
  ➡ (나)는 RNA 가닥 Ⅲ이고, (가)는 Ⅰ, (다)는 Ⅱ이다.
- Ⅰ(가)은 DNA의 전사 주형 가닥, Ⅱ(다)는 전사 주형 가닥과 상보적인 DNA의 나머지 가닥, Ⅲ(나)은 Ⅰ(가)로부터 전사된 RNA 가닥이다.
  ➡ Ⅱ(다)와 Ⅲ(나)은 Ⅰ(가)과 서로 상보적인 염기를 가진다.
  ➡ Ⅲ(나)에서 유라실(U)의 비율은 31 %, Ⅱ(다)에서 타이민(T)의 비율은 31 %인데, Ⅱ(다)와 Ⅲ(나)은 유라실(U)과 타이민(T)을 제외한 나머지 염기 조성이 동일하다.
  ➡ Ⅱ(다)와 Ⅲ(나)에서 구아닌(G)의 비율은 모두 28 %, 사이토신(C)의 비율은 모두 19 %이므로 아데닌(A)의 비율은 모두 22 %이다. 따라서 ㉠은 22이다.

ㄱ. Ⅰ(가)에서 타이민(T)의 염기 조성 비율이 22 %이므로 Ⅰ로부터 전사된 RNA 가닥인 Ⅲ(나)에서 아데닌(A)의 염기 조성 비율도 22 %이다. 따라서 ㉠은 22이다.
ㄴ. Ⅰ(가)은 DNA의 가닥이므로 뉴클레오타이드에 디옥시라이보스가 있다.
ㄷ. (다)는 Ⅱ이다.

12

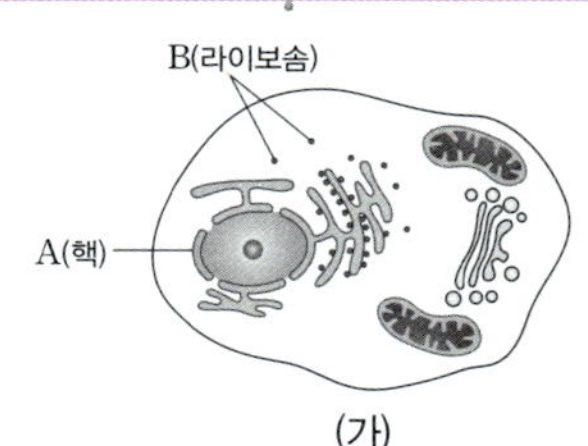

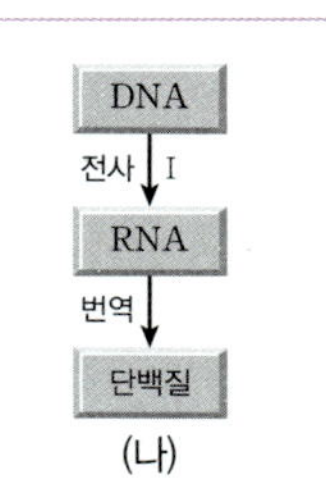

ㄱ. A는 세포의 생명활동을 조절한다. (○)
ㄴ. 과정 Ⅰ은 B에서 일어난다. (×)
                    A
ㄷ. B는 식물세포에도 있다. (○)

ㄱ. A는 핵이고, 핵은 유전정보를 저장하고 있는 DNA가 있어 세포의 생명활동을 조절한다.
ㄷ. 단백질을 합성하는 라이보솜(B)은 동물세포와 식물세포에 모두 있다.
 ㄴ. DNA로부터 RNA가 합성되는 과정 Ⅰ은 전사이다. 전사는 핵 속에서 일어나고, 라이보솜(B)에서는 RNA의 유전정보를 이용한 단백질의 합성이 일어난다.

본

통합과학1